U0298718

中国石油勘探开发研究院年鉴

（2021）

中国石油勘探开发研究院　编

石油工业出版社

编 辑 说 明

一、《中国石油勘探开发研究院年鉴》是中国石油天然气股份有限公司勘探开发研究院组织编纂的专业性年鉴，以马克思列宁主义，毛泽东思想、邓小平理论、"三个代表"重要思想，科学发展观和习近平新时代中国特色社会主义思想为指导，以"存史、资政、育人"为目的，是一部全面、系统、客观地反映中国石油勘探开发研究院工作情况的综合性纪实材料，旨在为领导决策提供参考资料，为有关人士了解中国石油勘探开发研究院提供直观资料。

二、本卷年鉴主要记述中国石油勘探开发研究院2020年科技创新、企业管理和改革发展等方面的基本情况和重要事项，展示中国石油勘探开发研究院为推进科技创新创效、支撑中国石油发展所作出的努力和取得的成绩。

三、本年鉴采用分类编纂，点面结合，综合记述和条目记述相结合方式，力求全面反映所记事项。全书分为类目、分目和条目三个层次，以文字记述为主，辅以必要的图表和照片。本卷共设10个类目：总述、职能部门、北京总院、西北分院、杭州地质研究院、科研成果、书刊论文、大事记、规章制度、机构与人物。

四、为行文简洁，机构名称一般在首次出现时用全称，随后出现时用简称，如"中国石油天然气集团有限公司"简称为"集团公司"，"中国石油天然气股份有限公司"简称为"股份公司"，"中国石油天然气股份有限公司勘探开发研究院"简称为"中国石油勘探开发研究院""研究院"等。

五、本年鉴稿件、资料主要由中国石油勘探开发研究院各部门、各单位提供。遵照年鉴编纂的有关规范，编辑部对撰稿人提供的稿件进行了必要的编辑加工，主要是统一全书体例，规范专业名词术语，删除了明显重复，补充部分资料，理顺语言文字，力求做到文字顺畅、资料翔实、叙述简洁、数据准确。

六、年鉴编纂涉及面广、内容繁杂，是一项复杂的系统工程。谨向为本年鉴提供稿件和资料、审查稿件，以及提供各种帮助的专家学者致以诚挚谢意，并恳请读者对疏漏和不足之处提出批评意见。

序

2020 年，面对新冠肺炎疫情和超低油价等前所未有的严峻考验，中国石油勘探开发研究院坚持以习近平新时代中国特色社会主义思想为指导，深入学习贯彻习近平总书记重要指示批示精神，认真落实中国石油天然气集团有限公司党组决策部署，坚持"一部三中心"职责定位，进一步深化战略研究、强化研发服务、优化组织管理，圆满完成科研生产各项任务，各方面工作展现新气象。我们积极谋划发展蓝图，全面提出"12345"总体发展思路，扎实开展世界一流研究院对标研究，科学编制研究院"十四五"总体发展规划纲要，使全院上下行有方向、干有目标。我们持续深化创新创效，全力抓好国家和集团公司重大科技项目攻关组织，积极推进油气勘探开发理论技术创新，全面加强国内重点盆地和海外油气合作区靠前技术支持，有力支撑集团公司国内外油气产量当量"三个 1 亿吨"目标实现。我们充分发挥党建引领保障作用，有效推动改革发展和管理提升，着力打造高端人才队伍和优秀创新团队，不断优化科研条件和园区环境，赢得了令人自豪的发展成就。

2021 年是中国共产党成立 100 周年，是"十四五"开局之年，也是中国石油勘探开发研究院迈上建设世界一流研究院新征程的起步之年。新的一年，研究院将深入学习贯彻习近平新时代中国特色社会主义思想和党的十九大精神，认真落实集团公司 2021 年工作会议精神和各项工作部署，全面贯彻新发展理念和构建新发展格局要求，紧扣高质量发展主题，突出决策支撑、研发服务、管理提升、深化改革以及队伍建设，提升党建工作质量，创建和谐美丽园区，努力实现"八个新发展"，确保"十四五"开好局、起好步，为保障国家能源安全和支撑集团公司高质量发展作出新的更大贡献，以优异成绩献礼建党 100 周年。

中国石油勘探开发研究院院长、党委书记

2020 年 2 月 2 日，中国石油天然气集团有限公司董事长、党组书记戴厚良到
中国石油勘探开发研究院检查指导新冠肺炎疫情防控工作

2020 年 11 月 23 日，中国石油天然气集团有限公司董事长、党组书记戴厚良到基层党建联系点
——中国石油勘探开发研究院石油天然气地质研究所党支部宣讲党的十九届五中全会精神

2020 年 4 月 9 日，中国石油天然气集团有限公司总经理、党组副书记李凡荣到
中国石油勘探开发研究院调研

2020 年 4 月 21—22 日，中国石油天然气集团有限公司副总经理、党组成员焦方正
到中国石油勘探开发研究院调研

2020 年 7 月 1 日，中国石油天然气集团有限公司副总经理、党组成员黄永章到
中国石油勘探开发研究院调研

2020 年 1 月 2 日，中国石油天然气集团有限公司纪检监察组组长、党组成员徐吉明
到中国石油勘探开发研究院调研

2020 年 1 月 3 日，国务院国资委副主任、党委委员任洪斌到中国石油勘探开发研究院
看望全国劳动模范方义生

2020 年 12 月 22 日，集团公司外部董事一行到中国石油勘探开发研究院调研

2020 年 4 月 2 日，中国石油勘探开发研究院召开 2020 年工作会议暨职代会

2020 年 4 月 3 日，中国石油勘探开发研究院召开 2020 年党风廉政建设和反腐败工作会

2020 年 8 月 7 日，中国石油勘探开发研究院召开 2020 年领导干部会暨上半年科研工作会议

2020 年 5 月 25 日，中国石油勘探开发研究院举办"战严冬、转观念、勇担当、上台阶"主题教育活动形势任务宣讲会

2020 年 1 月 16 日，中国石油勘探开发研究院召开 2020 年安全生产与保密工作会议

2020 年 4 月 8 日，国家油气战略研究中心工作会议在中国石油勘探开发研究院召开

2020 年 9 月 22 日，国家油气战略研究中心和中国石油勘探开发研究院联合发布
《全球油气勘探开发形势及油公司动态（2020 年）》

2020 年 5 月 29 日，中国石油测井企校协同创新联合体揭牌

2020 年 5 月 29 日，中国石油天然气集团有限公司纳米化学重点实验室
首届学术委员会会议在中国石油勘探开发研究院召开

2020 年 12 月 23 日，中国石油勘探开发研究院召开 2020 年石油非常规油气
重点实验室学术委员会会议

2020 年 7 月 2 日，中国石油勘探开发研究院人工智能研究中心成立

2020 年 6 月 12 日，中国石油勘探开发研究院召开海外油气业务
"十四五"勘探开发专业规划阶段审查会

2020 年 5 月 27 日，中国石油勘探开发研究院
与中国石油天然气集团有限公司咨询中心签订战略合作协议

2020 年 8 月 12 日，中国石油勘探开发研究院与东方地球物理公司签订战略合作协议

2020 年 12 月 28 日，中国石油勘探开发研究院与中国石油玉门油田公司
签订新能源业务合作协议

2020 年 12 月 30 日，中国石油勘探开发研究院与中油国际拉美公司签订合作协议

2020 年 12 月 15 日，中国石油勘探开发研究院与华为技术有限公司签订战略合作框架协议

2020 年 6 月 30 日，中国石油勘探开发研究院与海峡能源有限公司签订战略合作协议

2020 年 6 月 12 日，中国石油勘探开发研究院与中国地质大学（北京）签订战略合作协议

2020 年 12 月 15 日，中国石油勘探开发研究院与深圳清华大学研究院签订战略合作协议

2020 年 10 月 16 日，中国石油勘探开发研究院院长马新华获
第二十九届孙越崎能源科学技术奖能源大奖

2020 年 1 月 10 日，中国石油勘探开发研究院"中东巨厚复杂碳酸盐岩油藏亿吨级
产能工程及高效开发"成果获国家科技进步奖一等奖

2020 年 11 月 20 日，中国石油勘探开发研究院召开改革三年行动实施部署暨对标世界一流提升行动启动会

2020 年 12 月 30 日，中国石油勘探开发研究院召开院领导班子会议

2020 年 8 月 10 日—9 月 21 日，中国石油天然气股份有限公司第五期复合型物探人才实训班在中国石油勘探开发研究院举办

2020 年 8 月 26 日，中国石油勘探开发研究院举办共青团第六次代表大会

2020 年 12 月 18 日，中国石油勘探开发研究院举办新任领导干部"六个一"廉洁从业教育

2020 年 9 月 18 日，科学技术部中国科学技术交流中心第三党支部与中国石油勘探开发研究院科技咨询中心、能源战略综合研究部党支部共同举办党课联学活动

2020 年 10 月 23 日，中国石油勘探开发研究院院长马新华到西北分院调研

2020 年 10 月 21 日，中国石油勘探开发研究院院长马新华
到甘肃省庆阳市镇原县新集乡吴塬村调研脱贫攻坚帮扶工作

2020 年 1 月 17 日，中国石油勘探开发研究院举办离退休职工 2020 年新春茶话会

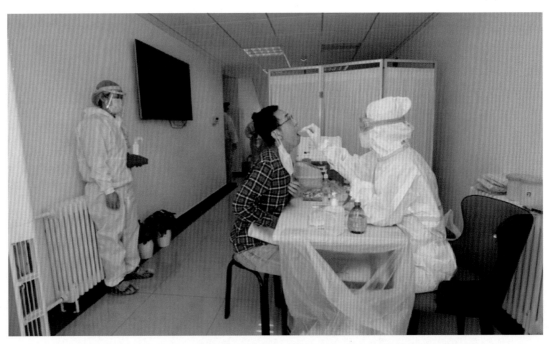

2020 年 5 月 26 日，中国石油勘探开发研究院组织全院职工核酸检测

目　　录

第二篇 职能部门

第三篇 北京院

科研单位

第四篇　西北分院

第五篇　杭州地质研究院

第六篇　科研成果

第七篇　书刊论文

第八篇　大事记

第九篇 规章制度

第十篇 机构与人物

第一篇

总　　述

综 述

中国石油勘探开发研究院基本情况

中国石油天然气股份有限公司勘探开发研究院（英文缩写 RIPED）是面向中国石油全球油气勘探开发业务的综合性研究机构，是中国石油国内外油气业务发展的战略决策参谋部、重大理论与高新技术研发中心、技术支持与服务中心和高层次科技人才培养中心（简称"一部三中心"）。

研究院包括北京总院（含廊坊院区）、西北分院和杭州地质研究院，业务领域涉及油气勘探、油气田开发、油气井工程、信息化与标准化、新能源勘探开发、技术培训与研究生教育等方面。截至 2020 年底，有员工 2801人，其中两院院士 10 人、教授级高级工程师138 人、高级工程师 1352 人，具有硕士研究生以上学历 1952 人；建有提高石油采收率国家重点实验室、国家能源页岩气研发（实验）中心、国家能源二氧化碳驱油与埋存技术研发（实验）中心、国家能源致密油气研发中心和国家油气战略研究中心 5 个国家级重点实验室（研究中心），以及 17 个公司级重点实验室，拥有众多国内外高精尖仪器设备，科研条件优越；与国内外知名油公司、研究机构和高等院校建立了广泛的交流与合作关系，出版《石油勘探与开发》等一批优秀刊物，在国内外油气行业和科技界具有良好影响力。

一、历史沿革

研究院成立于 1958 年，建院以来先后参与国内主要油气田的勘探发现和开发建设，直接参与中国石油天然气集团有限公司海外五大油气合作区几乎所有项目的立项、启动、建设和发展，有力支撑国内海外上游业务的起步与健康发展；创立发展中国陆相、海相石油地质，油气田开发以及跨国油气勘探开发理论技术体系，持续引领我国常规、非常规油气理论技术创新，成功应用于国内海外生产实践；培养造就以 19 名院士、400 余名教授为代表的一批专家团队，打造一支敬业奉献、开拓创新的老中青科技人才队伍，为中国石油事业发展提供不竭的科技动力和智力支撑；大力弘扬石油精神和大庆精神铁人精神，牢固树立新时代科学家精神，为石油优良传统在科技领域薪火相传提供了滋养沃土。

第一阶段（1958—1972 年）是艰苦奋斗、奠定基业的石油科学研究院阶段。

1955 年，石油工业部成立。1958 年 11月 15 日，经国务院批准，石油工业部决定，在北京石油地质勘探研究所和石油炼制研究所两个筹建处的基础上，合并成立石油工业部石油科学研究院。1970 年，石油工业部、煤炭工业部、化学工业部合并，组建燃料化学工业部。作为新中国石油工业第一个面向全国的综合性科研机构，研究院立足科技报国，开展地质调查、机理研究和技术攻关，编制一系列重要的基础地质与评价图件，为石油工业勘探发展寻找新方向、新领域。以邱中建、李德生、童宪章、刘文章等为代表的一大批科研人员直接参与大庆油田勘探、早期评价和快速开发上产建设工作，为大庆油田发现、快速探明和上产做出突出贡献，推动中国陆相石油地质与油田开发理论技术体系的建立和发展，为新中国石油工业和科技事业的快速起步发挥重要作用。抽调以李德生、胡见义等为代表的一批技术骨干参加渤海湾盆地石油会战，为胜利和大港等主力油田的发现做出重要贡献。

第二阶段（1972—1978年）是乘势而行、恢复发展的石油勘探开发规划研究院阶段。

1972年5月16日，燃料化学工业部决定，将原石油科学研究院的地质研究机构独立设置，成立石油勘探开发规划研究院。1975年1月，燃料化学工业部撤销，分别成立煤炭工业部和石油化学工业部。作为中国石油工业上游领域以规划决策研究为主的全国性科研机构，研究院坐镇北京、面向全国，全面领导国内各油田勘探开发与生产建设、技术发展及管道建设等规划的审查与编制，组织开展多次全国性的经验技术交流和重大技术攻关，直接参与大庆、胜利、大港、辽河、四川、新疆、吉林、江苏、河南等油田的勘探开发生产实践，为各油气田的建设发展做出历史性贡献，为我国石油工业迅速恢复发展和原油产量上产1亿吨发挥重要参谋决策与技术支撑作用。

第三阶段（1978—1998年）是锐意探索、阔步前行的石油勘探开发科学研究院阶段。

1978年4月26日，石油工业部决定，将原来管道设计、规划建设职能分出，成立规划设计总院；石油勘探开发规划研究院转变职能，成立石油勘探开发科学研究院，立足油气勘探开发相关的基础地质与关键技术研究和学科建设，开始以研发与技术服务为主的新阶段。1988年，以石油工业部为基础，组建中国石油天然气总公司。研究院坚持面向一线、贴近生产，以科学探索井项目为纽带，推动发现吐哈油田与陕北气田，开辟西北地区侏罗系与陕甘宁盆地天然气勘探新领域；参加塔里木和吐哈等油田会战，为吐哈油田年产原油300万吨上产建设，稳定东部、发展西

部和增储上产做出重要贡献；成立冀东勘探开发公司，探索将科研成果直接向生产转化的科研生产联合体发展之路；组织开展两次全国油气资源评价研究摸清石油工业发展的家底，为国家制定能源战略和经济发展规划提供科学依据；以思考和解剖渤海湾盆地各主力油田形成分布特征等为切入点，建立形成以复式油气聚集（区）带理论、源控论、煤成气形成与分布理论、稠油热采开发技术等为代表的完整配套的油气勘探开发理论技术体系，确立研究院在我国油气勘探开发研发领域的重要地位。

第四阶段（1998—2008年）是重组改制、持续发展的中国石油勘探开发研究院阶段。

1998年，中国石油石化行业实现战略重组，两大集团公司正式挂牌。1999年7月16日，中国石油天然气集团公司决定在原石油勘探开发科学研究院基础上，成立中国石油勘探开发研究院，并赋予"一部三中心"新的职责定位。作为中国石油工业上游最主要的综合性研究机构，研究院完成重组改制和机构调整，由国家大院大所转变为油公司上游研发服务中心。研究院以支持中国石油国内与海外上游业务健康发展为己任，全面参与油气勘探开发增储上产建设，在岩性地层油气藏、天然气地质学、煤成油机理、大幅度提高采收率技术与产品以及钻井工程装备、工艺技术研究等方面取得一系列重要成果，获得显著的经济与社会效益，在集团公司上游业务快速发展中发挥了科技主力军作用。研究院加强上游发展战略规划研究和决策支持体系建设，高质量完成由中国工程院主持的"中国可持续发展油气资源战略研究"任务，获得国务院领导高度评价；主持集团公司风险勘探项目实施，通过自主研究和联合推举目标，推动实现四川安岳、吉林长深等气田的重大发现，为国内油气储量保持高峰增长做出重要贡献；成立海外研究中心，全面支撑苏

丹、委内瑞拉和哈萨克斯坦等项目的评价优选和上产建设，发挥了集团公司"海外油气勘探开发生命线"的作用。

第五阶段（2008年至今）是改革创新、跨越前进的中国石油勘探开发研究院阶段。

2008年以来，集团公司加快走出去步伐，海外业务规模发展对技术支持和服务的需求急剧增长。为充分发挥中国石油整体科研实力和技术优势、实现海外业务规模优质发展，集团公司决定将海外研究中心并入研究院，成立新的中国石油勘探开发研究院，把海外业务作为研究院发展的重要板块之一。研究院立足国内、布局全球，加快转型升级、加速业务全球化发展，进一步聚焦集团公司上游业务发展重大战略规划和生产需求，强化高端智库建设，牵头成立国家油气战略研究中心，打造《决策参考》《全球油气勘探形势与油公司动态》等系列品牌，为支撑国家能源战略发展、公司科学决策提供有力支撑；注重基础、平行和合作三个层次研发组织与蓝天计划、重大应用技术与生产服务等近中远三个阶段研究安排，依托国家和公司级重大专项，在古老碳酸盐岩油气成藏、中低丰度天然气藏大型化成藏、中国页岩气经济成矿条件与富集规律及有效开发、高含水老油田二次开发与三次采油新技术等方面取得一系列重大成果；加大靠前技术支持服务力度，成立国内重点盆地研究中心和油田项目部，为确保公司石油产量长期稳产在1亿吨以上、天然气产量突破1000亿立方米大关做出贡献；构建全方位海外技术支持服务体系，与中油国际共享共建新的海外研究中心，以迪拜技术支持中心为桥头堡，以支撑中国石油获得NEB资产群领导者为标志，为集团公司海外业务优质高效可持续发展做出重要贡献。

二、发展现状

近年来，研究院立足"一部三中心"定位职责，着力加强战略研究和科技创新，持续推进人才强院、深化改革和管理提升，坚持党的领导、加强党的建设，圆满完成科研生产各项任务，为集团公司高质量发展提供强有力科技支撑。

着力战略研究，做强国家能源战略研究中心，全力支撑集团公司国家高端智库建设，围绕能源转型战略选择、公司中长期发展战略、国际油价走势研判、重点地区生产挑战与对策、海外业务生产经营策略等重大问题开展深入研究，提供具有前瞻性、战略性和针对性的决策建议和咨询服务，持续打造决策支持特色品牌，为保障国家能源安全、构建新发展格局、实现高质量发展提供决策支撑。

着力创新驱动，围绕国家和集团公司重大需求，以推动国家和集团公司重大科技项目为抓手，持续加强基础研究、应用基础研究和超前技术储备，持续深耕重点盆地高效勘探和重点油气田提高采收率技术攻关，全力打造降本增效工程技术利器，加大海外技术支持力度，加快推进信息化建设，收获一批具有重要影响力和竞争力的原创成果，全面支撑集团公司增储上产，提升核心竞争力。

着力人才强院，大力实施石油科学家、国际化人才和青年科技英才培养"三大工程"，全面落实"双序列"职级体系，充分发挥院士专家引领作用，依托重大项目研究、海外技术支持、研究生教育及高端技术培训平台，拓宽人才成长成才通道，优化完善"生聚理用"机制，持续加强高层次人才引进，提速青年人才成长步伐，充分激发干部员工干事创业的积极性和主动性，打造形成一批具有全球视野和国际水平的人才队伍和高水平创新团队。

着力深化改革，大力实施综合改革，深化"一院两区"调整，打造"一体两翼"发展格局，瞄准集团公司上游业务重大需求和发展趋势，持续优化调整业务布局，对部分重复交叉设置的专业和机构进行重组、合并或撤销，统筹规划各板块的职责定位、方向目标与研发重点，构建勘探、开发、工程、天然气和海外五大板块，积极推动优势力量向重点方向、核心业务和关键环节聚拢，业务布局更趋合理，发展方向更加明确，研发组织更有抓手和针对性。

着力环境建设，抓实抓细重点学科和研发平台建设，建成以国家和集团公司级重点实验室为主体的科研条件平台，成为原创成果的重要孵化器和对外合作交流的重要平台，推动与国内外多家企业、院校和科研机构建立良好伙伴关系；研究制定科技成果转化创效激励政策，探索科研成果转化路径，充分激发创新创效活力动力；推动园区环境改善，大力实施一批优化办公生活环境改造工程，呈现"管理有序、人文和谐、宜居宜研"新风貌。

坚持党建引领，贯彻落实党中央和集团公司党组关于全面从严治党、加强党的建设的重要部署，围绕"两学一做""不忘初心、牢记使命"学习教育等规定动作抓思想建设，围绕知识分子团队特点抓组织建设，围绕重点领域的突出问题抓作风建设，围绕两个责任筑牢防线抓反腐倡廉建设，围绕科学规范管理抓制度建设，以思想政治工作提振士气，以文化传承释放活力，全力营造团结向上、携手共进、争创一流的良好氛围。

今后一个时期，研究院将贯彻落实党中央和集团公司党组部署要求，围绕建设世界一流研究院发展目标，准确把握发展方向，科学布局发展重点，提升研发服务能力，持续完善体制机制，加强人才培养和文化传承，争当集团公司科技创新"支撑当前、引领未来"的先锋主力，为支撑集团公司高质量发展、保障国家能源安全做出更大贡献。

（韩伟业）

2020 年中国石油勘探开发研究院工作情况概述

2020 年是研究院新一届领导班子承前启后、继往开来、创造性开创工作新局面的第一个完整年头，这一年极不寻常、极不平凡、极具挑战，面对新冠疫情和超低油价等前所未有的严峻考验，研究院党委深入学习贯彻习近平总书记系列重要讲话和指示批示精神，坚决贯彻集团公司党组决策部署，落实集团公司董事长戴厚良"支撑当前、引领未来"等工作要求，团结带领全体干部员工完成科研生产各项任务，在"大战""大考"之年经受住考验，为集团公司成功闯过"至暗时刻"、实现稳增长保稳定任务提供高质量科技供给。

（一）突出疫情防控，全面实现工作生活园区"双零"目标

坚持把员工生命安全和身心健康放在首位，全力以赴打好疫情防控遭遇战阻击战持久战。第一时间成立研究院疫情防控工作领导小组，全年召开 22 次领导小组会，学习传达习近平总书记关于疫情防控工作重要指示批示和中央有关文件精神，深入贯彻北京市和集团公司总体部署，全面落实集团公司董事长戴厚良到研究院检查疫情防控工作指示要求，快速科学制定疫情防控工作方案和应急预案，扎实抓好值班值守、信息报送、重点人群盯防、重点场所消杀、人员车辆管控与防疫物资保障等措施，妥善完成离返京人员隔离管理与健康监测，关心关爱坚守海外和一线员工，倾力配合地方政府抓好社区防控，有序安排复工复产，建立完善常态化防控机制，

持续提升员工疫情风险意识和防控能力，做到疫情防控和科研生产两手抓、两不误，确保员工群众的健康安全。

（二）突出战略谋划，清晰擘画未来发展蓝图

聚焦主责主业，汇聚众智众力，全面提出"12345"总体发展思路❶，明确建设世界一流研究院总目标，支撑公司当前发展、引领公司未来发展两项责任，风险勘探、提高采收率和海外技术支持三大业务，技术立院、人才强院、文化兴院和开放办院四个战略，以及业务全球化、人才国际化、信息智能化、综合一体化和管理科学化五化发展要求，进一步凝聚未来发展信心和动力。引进专业咨询机构，开展世界一流研究院对标研究，组建"十四五"发展规划编制领导小组，坚持顶层设计和集思广益相统一，紧密对接集团公司"十四五"发展规划，召开专题咨询研讨会，广泛征集院士专家和各方面意见建议，持续明晰发展路径、细化重点任务，形成研究院"十四五"总体规划纲要，使全院上下行有方向、干有目标。

（三）突出决策支撑，充分发挥智囊高参作用

整合全院战略研究资源，成立科技咨询中心，组建能源战略综合研究部，做实国家油气战略研究中心，承办国家能源局页岩油勘探开发推进会、疫情冲击下中国能源安全与油气储备战略研讨会等高端会议，加大能源战略、行业政策和发展规划研究力度，牵头和合作编写智库报告 11 篇，正式刊发 4 篇，其中《大变局下谋划中国"能源独立"战略的建议》获得国务院领导同志批示，在国家高端智库建设中发挥重要支撑作用，获得集团公司董事长戴厚良充分肯定。研究疫情和低油价影响下国内外上游业务生产经营策略和技术发展方向，全力支撑集团公司"十四五"科技和业务发展规划编制，持续打造研究院决

策支持特色品牌，发布《全球油气勘探开发形势及油公司动态》（2020），向集团公司总部编报高水平《决策参考》35 篇、《工作建议》17 篇，多篇获得领导批示和部门关注，为总部科学决策和重点工作推进提供重要依据。

（四）突出创新引领，持续加强应用基础研究

落实高效勘探要求，成立风险勘探工作领导小组，组建跨院区、多学科联合的风险勘探研究中心，深耕重点盆地基础研究和目标优选，明确海相碳酸盐岩、深层、新区新领域和页岩油气等主攻方向，加大自主风险勘探目标研究和推举力度，推动蓬探 1、康探 1 和轮探 1 等井位取得战略突破，开辟全新战略接替领域。聚焦效益开发需求，推进"二三结合"理论技术攻关和推广应用，加强 CO_2 驱油机理研究和注气开发试验，创建致密油产能建设新模式，发展多介质蒸汽驱、立体井网 SAGD 等新一代热采技术，有效助力稳油增气。围绕快速上产需求，发展常规气"控水开发"和非常规气"体积开发"理论技术，创建复杂地质条件气藏型储气库理论技术体系，推动天然气业务跨越式发展。依托国家能源页岩气研发中心，加强川南页岩气"甜点区"评价、开发政策研究和工程技术支持，为建成储量超万亿、年产超百亿立方米页岩气大气区做出重要贡献。紧盯转型发展需要，提速新能源新业务发展步伐，加强页岩油原位改质、煤炭地下气化、太阳能制氢、地热利用等技术研发，积极打造未来发展优势。

（五）突出生产服务，有效推动提质增效

---

❶ "12345"总体发展思路：明确建设世界一流研究院总目标，扛起支撑公司当前发展、引领公司未来发展两项责任，突出风险勘探、提高采收率和海外技术支持三大业务，实施技术立院、人才强院、文化兴院和开放办院四个战略，推进业务全球化、人才国际化、信息智能化、综合一体化和管理科学化"五化"发展。

发展

加强重点盆地技术支持，坚定不移革成本之命，系统评价已开发油田1215个开发单元不同油价下的经济可采储量，制定创新驱动增加14亿吨经济可采储量的技术路线，为集团公司制定原油低成本开发战略、实施大幅度提高老油田经济可采储量专项行动提供重要依据。全面加强海外技术支持，与中油国际推进海外研究中心共建，开展超前选区和新项目评价，推动南美、非洲等地区规模增储，强化"二次开发"技术创新应用，助力海外权益产量当量1亿吨和利润、现金流"双正"目标实现。作为中东技术支持团队的主要执行者，克服疫情影响、坚定履行职责，推动NEB资产群开发方式重大转换，被外方评价为"卓越的资产领导者"和"通过技术创新为油田现场增加价值的典范"。持续推动工程技术进步，自主研发柔性钻具侧钻、纳米智能驱油剂等新技术新产品，攻关形成压裂系统软件1.0版本，做好集团公司造价与监督管理支持，为降本增效提供技术利器和管理支撑。

（六）突出队伍建设，积极构筑人才智力高地

做强高端人才队伍，提升院士专家待遇，充分发挥院士专家在学科建设、科学研究、人才培养等方面的引领作用，完善"双序列"职级体系，选聘23名首席专家、66名企业技术专家，明确行政领导与专家的责权利划分，进一步完善考核和淘汰机制，赋予项目长和科研骨干更多自主权，引导科研人员走技术发展之路。拓宽人才成长成才通道，加大人才引进力度，提升毕业生引进数量和质量，通过春秋两季招聘择优引进毕业生61名，改善研究生和博士后待遇，持续提升人才吸引力。依托重大项目研究、海外技术支持、研究生教育及高端技术培训平台，加速石油科学家、国际化人才和青年英才培育，获得国家"创新

人才培养示范基地"称号。疏通年轻干部晋升通道，按程序选拔一批优秀年轻干部，探索"成长档案"制度，实行跟踪培养和动态管理，加快干部队伍年轻化进程，17名40岁以下干部走向处级领导岗位。

（七）突出管理提升，显著增强服务保障能力

强化国家重大专项攻关研究和管理支撑，加强三项集团公司关键核心技术攻关项目组织管理，成立攻关领导小组，落实"四个一"要求，加强专家跟踪和定期督查，确保攻关目标顺利实现。成立大庆古龙页岩油勘探开发研究工作专班，设立专题项目并配套经费保障，深入研究古龙页岩油重大基础科学问题，助力规模效益开发。优化科研管理体制机制，加强院科委会和科技咨询委员会建设，建立科研信息工作进展形势分析会、协调会以及月报等制度，推行科研项目分级分类管理，实施一级项目授权管理试点，落实国家和集团公司科技成果转化创效激励政策，构建差异化考核评价和精准激励机制，有效激发创新活力。制定研究院改革三年行动方案，明确24项具体措施和66项重点任务；开展对标世界一流管理提升行动，落实8个方面30项主要任务，持续推进治理体系和治理能力现代化。牢固树立"过紧日子"思想，深化组织机构优化整合，完成10%机构压减目标，持续建设精干高效的服务型机关，严格执行合规管理，大力推进简政放权，高效跟踪督查督办，提升制度体系的科学性、系统性和操作性。

（八）突出条件建设，培育壮大赋能核心优势

紧跟集团公司数字化转型智能化发展步伐，组建信息化建设领导小组，成立信息化管理处，整合信息化研发力量，超前谋划云计算、大数据、人工智能等技术发展，扎实推进勘探开发云平台、勘探开发专家智慧共享平

台等项目实施,构建全院勘探开发协同工作环境,推动先进信息技术与勘探开发业务的深度融合。强化北京院区和廊坊科技园区建设,组建廊坊科技园区管委会,切实将"一院两区"落实落地,推进"国家能源油气地下储库工程研发中心""页岩油实验室"和"新能源实验室"建设,有效支撑基础研究和学科建设。持续打造产学研深度融合新模式,与集团公司咨询中心、玉门油田、中国地质大学(北京)、华为公司、深圳清华大学研究院等单位签订战略合作协议,开展联合攻关研究,培育重大原创性科技成果和行业领军人才。

(九)突出党建引领,提供坚强政治保证

坚持党对科技事业的领导,深入学习贯彻党的十九届四中、五中全会精神,扎实开展"战严冬、转观念、勇担当、上台阶"主题教育活动,推动党的建设与科研创新、提质增效、改革发展相融相促,把党组织政治优势转化为推动高质量发展的实践举措。构建"大党建"工作格局,规范中心组学习制度,全年开展12次中心组学习、4次专题讲座和4期领导干部轮训,完善党建工作制度体系,结合实际制修订12项党建制度,加强机关党的建设和作风建设,进一步发挥党支部在重大事项和重要科研生产活动中的参与决策作用,选配有责任心、善于做思想工作的领导干部担任党支部书记,配齐配强支部委员,严格执行"三会一课"制度,激励党员在科研生产中发挥先锋模范作用。扎实推进党风廉政建设和反腐败工作,全面落实主体责任和监督责任,构建廉洁风险防控体系,完成对西北分院、杭州地质研究院巡察,做好巡察"回头看"和巡视巡察"后半篇"文章,加强警示教育和监督执纪,提升健康发展能力。大力弘扬石油精神和大庆精神、铁人精神,倡导以奋斗者为本理念,树立新时代科学家精神,引导科研人员矢志创新创效。履行社会责任,开展各类扶贫项目,依托西北分院,经过4年持续努力,推动帮扶村实现脱贫梦想,为决战决胜脱贫攻坚贡献力量。

(十)突出环境改善,稳步打造开放和谐园区

深化国际合作,新加入15个科技共享联盟组织,围绕信息化、人工智能、新能源等领域,深化与哈里伯顿公司、卡尔加里大学、俄气天然气研究院等机构科技合作,持续构建国际化科研创新环境。打造多元化交流平台,举办国际前沿能源科技系列讲座,积极参加AAPG、SPE、SEG等国际学术会议,《石油勘探与开发》SCI影响因子再创新高,进一步提升国际影响力和话语权。加快推动科技园区建设,基本完成"三供一业"分离移交,积极推进南厂区清退,实施北实验区办公场所、工字楼职工公寓以及第三职工餐厅改造项目,实现新员工和异地进京职工"一人一间公寓"的住宿条件,稳妥完成离退休人员社会化管理,构建宜居宜研、安全和谐的环境。

(韩伟业)

特　载

支撑当前　引领未来
奋力开创世界一流研究院建设新局面

——在研究院 2020 年工作会议暨职代会上的报告

院长、党委书记　马新华

（2020 年 4 月 2 日）

各位代表，同志们：

今天，我们召开研究院 2020 年工作会议暨职代会，主要任务是深入贯彻习近平新时代中国特色社会主义思想，认真落实集团公司 2020 年工作会议部署，全面总结过去一年工作成绩，分析面临的形势任务，安排部署 2020 年重点工作，动员全体干部员工认真学习贯彻习近平总书记系列重要批示指示精神，聚焦集团公司高质量发展重大需求，紧紧围绕"一部三中心"定位职责，着力加强高端战略决策参谋、高新理论技术研发、高效生产支持服务和高层次人才培养，支撑当前发展、引领未来发展，为集团公司建设世界一流示范企业、保障国家能源安全做出更大贡献。

下面，我向大会作报告，题目是《支撑当前，引领未来，奋力开创世界一流研究院建设新局面》。

一、过去一年的主要成果

一年来，在集团公司党组的正确领导下，在总部部门和专业板块的指导帮助下，研究院以认真开展"不忘初心、牢记使命"主题教育为重点，以做实"一部三中心"定位职责为主线，全面推进年初部署的十个方面重点工作，圆满完成了各项任务，党的建设、科技创新、生产创效、人才培养各项工作再上新台

阶，世界一流研究院建设迈出坚实步伐。

（一）2019 年重点抓的七件大事要事

一是深入学习贯彻习近平总书记贺信等重要指示批示和讲话精神。召开党委会、院务会传达中央精神，组织中心组专题学习研讨，教育引导全体干部员工深刻领悟习近平总书记重要指示批示和讲话蕴含的真理力量、思想光芒和实践伟力，进一步提高政治站位，"四个意识"更加牢固，"四个自信"更加坚定，"两个维护"更加坚决。二是精心组织"不忘初心、牢记使命"主题教育。结合科研生产实际，注重将主题教育与"四个诠释"岗位实践、"一部三中心"作用发挥和高质量发展相结合，高标准推动主题教育全员覆盖、入脑入心，得到集团公司第 11 巡回指导组充分肯定，有力提升了全体党员干部勇担使命、干事创业的激情活力。三是扎实抓好巡视问题整改工作。严格对照集团公司党组第五巡视组反馈意见和要求，压实压紧整改工作责任，上下联动形成合力，整改率达到 100%，整改工作得到集团公司充分肯定，显著提高各级领导干部政治定力和工作能力。四是持续加强高端领军人才培养。依托高端科研平台，大力实施领军人才培养工程，加速石油科学家培育和青年科技英才成长，李宁教授当选

中国工程院院士,研究院累计培养造就两院院士19名,进一步巩固了高层次人才和智力中心地位。五是不断提升《决策参考》编写质量水平。充分发挥国家油气战略研究中心智囊高参作用,组织编写的天然气和页岩油业务发展两个报告,获中央领导同志重要批示,为国家科学制定油气行业政策提供了高水平决策支持。六是突出抓好科技创新重点工作。"中东巨厚复杂碳酸盐岩油藏亿吨级产能工程及高效开发"项目获得国家科技进步奖一等奖;"多类型复杂油气藏叠前地震直接反演技术及基础软件工业化"获得国家科技进步奖二等奖。"一种高成熟凝析油油源确定方法"获得国家专利银奖。三项成果入选2019年中国石油十大科技进展。七是全力推进上游科技园区环境建设。北实验区改造和工字楼治理工程全面竣工,南厂区清退工作取得阶段性成果,实现了现代化上游科技园区建设的全面升级。

(二)年初部署的十方面工作成效

一是围绕战略支撑做高决策参谋,高端智库建设取得新进展。落实习近平总书记关于加大国内油气勘探开发力度重要批示精神,依托国家油气战略研究中心,开展统筹空间发展与油气资源开发重大问题研究、中国陆相页岩油勘探开发现状与前景研究等,引起中央领导同志高度重视,有力推动国家相关政策制定。积极支撑集团公司"十四五"国内外上游业务和科技发展规划编制,强化全球常规—非常规油气资源潜力评价、国内重大勘探领域研究,围绕高效勘探、低成本开发,编制年度勘探开发部署方案和优化建议,有效支撑国内外上游业务和科技创新健康发展。持续打造科研成果特色载体,发布《全球油气勘探开发形势及油公司动态(2019)》,为国内油公司"走出去"开展能源合作及制定国家能源发展战略提供可靠依据;高质量编报61期《决策参考》,其中23期被国家部委采纳,5期获党组成员批示,进

一步凸显研究院智囊高参作用。

二是聚焦重大接替领域准备,勘探业务取得新突破。全面加强风险勘探目标评价,围绕海相碳酸盐岩、深层、新区新领域和页岩油气四大领域85个重点区带,统一评价风险目标,推动54个目标部署上钻,支撑高探1、玛页1、车探1、城页1、城页2等5口井获得重要突破。持续深化地质基础理论创新,开展古老烃源岩形成与分布主控因素基础地质研究,完成鄂尔多斯盆地长7页岩油原位转化先导试验区优选、方案编制和松辽盆地嫩江组页岩油资源量评价、有利区优选。强化特色软件研发,创新发展智能物探新技术、多波处理技术和非均质储层预测技术,研发并推广了SEC油气储量独立自评估管理系统,推进iPreSeis2.0、Ciflog3.0等特色软件开发,为复杂油气识别与评估提供技术利器。

三是强化提高采收率技术攻关和海外中东业务技术支持,开发业务取得新实效。围绕油田开发业务发展,组织开展公司油气开发对标分析,深入论证重点油田上产稳产的资源接替方式与规模。积极倡导并强力推进"控递减和提高采收率"重大战略工程,与新疆油田携手攻关,连续两年实现老油田超产,为老油田焕发青春引领示范。全力做优中东业务技术支持,助推中方主导的首个伊拉克国际合作项目如期实现日产目标,作为阿布扎比国家石油公司资产群领导者,实现特低渗油藏气驱转加密注水开发方式的突破,显示了中石油技术实力,赢得了资源国的赞誉。加快老油田气驱开发方式转换,按照"多气并举、因藏施气"的思路,提出5个亿吨级注气开发试验规划,为公司实现2025年气驱技术产量达到目标奠定基础。加强低品位资源有效动用技术研究,利用缝网匹配水驱调整、空气泡沫驱、重力驱、烃类和CO_2混相驱等技术,低渗透-致密油等低品位资源提高采收率效果明显。加强稠油高效动用技术研究,

发展多介质辅助注蒸汽技术，蒸汽驱后老油田有望实现进一步稳产，多井型驱泄复合的效益开发模式采收率达到 70% 以上，火驱工业化应用稳步推进。

四是突出重大难题破解，工程业务形成新亮点。强化工程技术攻关，第四代分层注水油藏工程一体化技术在吉林、大庆等示范区推广应用 21 口井，缝控压裂改造技术在新疆和长庆致密油、昭通页岩气实现规模应用，有力推动稳油增气提效。纳米驱油技术在长庆姬源油田先导试验取得初步效果，为低渗致密油藏有效开发提供了新手段。做大工程技术有形化品牌，自主研发适用于页岩气平台井的泡沫排水智能化集群加注设备，在浙江油田、重庆气矿等成功应用；完成采油采气优化决策系统升级换代，在长庆、大庆等油田规模应用 1.9 万井次，系统效率平均提高 2.8 个百分点；创新形成基于物联网和大数据的油井智能生产系统，在大庆、长庆、吉林、大港 4 个油田现场应用，首次实现低成本物联网条件下油井高精度工况诊断。持续优化生产管理，构建标准化管理成熟度量化考核方法，发布集团公司工程技术服务市场化计价规则，完成 44 口风险探井钻井方案研究审查及 959 口重点井钻井动态跟踪分析，保障工程质量和安全。

五是立足大气区发现与上产建设，天然气业务做出新贡献。推进天然气勘探发现，推动松辽盆地南部深层天然气勘探，长深 40 风险井有望获得千亿方规模储量；建立塔里木盆地库车坳陷白垩系沉积新模式，博孜 9 风险井完钻试油获高产。保障气田稳产上产，牵头开展公司 17 个已开发主力气田稳产潜力与对策分析，首次系统开展长庆气区、气田、区块、气井四级产量递减规律及提高采收率研究，提交西南气区高磨震旦系灯四气藏 8 口开发新井位，为气田高效开发和产能建设提供重要依据。承担天然气保供安全重任，深化储气库机理研究，加大盐穴储气库关键技术攻关，创新提出中国特色储气库地质理论体系，有效推动集团公司首次年调峰气量超百亿方的保供方案编制。推动新能源业务战略布局与创新，建成太阳能制氢与新材料储能实验室并取得初步成果；推进地热、铀矿、油田水锂资源等新能源发展；推动煤炭地下气化这一颠覆性能源技术通过公司重大立项，初步优选 3 个试验目标区。

六是围绕公司海外业务优质高效发展，海外研究中心做出新支撑。大力推进新项目开拓，结合油气地质、资源潜力和合作环境，超前优选 26 个有利合作区块，完成 55 个新项目系统评价，成功支撑北极 LNG-2、莫桑比克 M 区块、巴西勘探区块中标，延期阿曼 5 区块合同。积极推动储量规模发展，解剖 10 个重点勘探领域和区带，推荐 16 个风险勘探目标，支撑两个亿吨级场面发现；苏丹 6 区、乍得 H 区、哈萨克 PK 项目、安第斯 T 区等成熟探区精细勘探多点开花，新增地质储量 4862 万吨油当量。科学部署油气田效益开发，完成 20 个油田开发及调整方案编制，提供新井井位 1517 口、措施井位 1077 口，支撑海外油气权益产量突破 1 亿吨。精准实施工程增效，攻关高密井网防碰绕障、长井段水平井造斜段井壁稳定等特色钻完井技术，研发固体酸酸化、水平井分段压裂等技术，支撑措施年增油 700 万吨。强化海外经营策略研究，首次系统开展海外项目发展能力评价，完善开发动态分析、经济评价模型与 SEC 储量管理平台。

七是始终坚持党的领导，党的建设跃上新台阶。高度重视思想建党，以开展"不忘初心、牢记使命"主题教育和整改巡视反馈问题为契机，深化习近平新时代中国特色社会主义思想和党的十九届四中全会精神系统学习，通过读原著、学原文、悟原理，广大党员干部理论认识水平跃升到新高度。深化基层党建工作,坚持每季度召开党支部书记例会和座谈会,持续完善基层党组织"三会一课"制度,督导基层党支部开展特色活动,控规保质发展党员 30 名,显著提升战斗堡垒作用。强化干部队伍建设,健全选人用人制度体系,加大优秀年轻干部培养选拔力度,实施差异化精准化干部考核测评,严格执行领导干部个人事项报告制度,干部队伍素质和能力稳步提升。传承弘扬石油精神,推进意识形态工作责任制全面落实,以庆祝新中国成立 70 周年为契机,组织职工中英文演讲比赛等系列活动,进一步凝聚干事创业的精神力量。

八是落实全面从严治党要求,作风建设展现新气象。严格落实"两个责任"、做实"一岗双责",逐级签订党风廉政建设责任书916 份、党员干部廉洁从业承诺书 2328 份。强化监督执纪问责,坚持领导干部述职述廉、诫勉谈话制度,加强警示教育,全年组织处理17 人,诫勉谈话 7 人,党纪政纪处分 3 人,正风肃纪效果显著。建立廉洁风险防控体系,梳理重点领域廉洁风险点 168 条,强化对重点领域关键环节的风险管控。一体化推进"三不腐"有效机制建设,切实将党风廉政建设与反腐败工作不断向基层延伸。深入开展违反中央八项规定精神和"四风"问题专项整治,组织形式主义、官僚主义专项检查,对18 家单位和部门加大内部巡察力度,做好领导干部利用名贵特产类特殊资源谋取私利问题自查工作,持续营造风清气正的政治生态。

九是大力提升服务保障能力,队伍建设释放新活力。统筹推进管理服务创效,积极做好有关国家部委和集团公司领导同志来院调研筹备工作,持续提升机关管理和服务意识,强化国家重大专项经费管理和执行,依规高效安排年度投资和大修计划,扎实推进财务共享工作实施,持续强化合规管理和风险防控,圆满完成内部审计监督和服务工作,升级院外事管理系统,推进首批院级国际科技合作项目落地实施。持续优化人才队伍建设,向集团公司推荐两名首席专家作为石油科学家培育对象,继续做好 35 岁以下科研单位副总师选拔聘任,27 名 35 岁以下优秀青年专业技术人员晋升高工;首次招聘掌握俄、英、汉三种语言的外籍员工,举办两期国际化青年英才能力提升班,派出 11 名青年到国外大学和研究机构深造,鼓励技术骨干参与国际交流合作,50 余人任职国际学术组织,为业务全球化战略储备人才。

十是积极推进科研条件和园区建设,生产生活环境展现新风貌。稳步开展"国家能源油气地下储库工程研发(实验)中心"和"油气物联网国家重点实验室"申请工作,充分发挥实验平台对基础研究的支撑作用;推动勘探开发认知计算分析平台研发,综合管理平台与科研管理公共信息平台实现融合,初步形成勘探开发业务领域大数据、人工智能技术发展规划,推进院网络安全攻防实验室、集团公司网络安全力量建设;《石油勘探与开发》SCI 影响因子突破 2.5,在全球石油工程类 SCI 期刊中排名第三。强化安全管理和基础保障,确保重要时间节点安全稳定和各类会议活动顺利开展;完成工字楼改造、北实验区办公条件配备及搬迁工作,如期移交居委会社区管理服务职能,合规完成全年物资采购任务,幼儿园、卫生所服务质量稳步提升。

扎扎实实为职工群众办好十件实事。一是落实劳保用品管理规定,启动工服订制工作,保障员工安全与健康;二是提升就餐服务,增设早中餐现场烹饪和自助晚餐,提供网上预选、送货上门等便民服务;三是落实环保要求,完成北京院区餐厅油烟净化设备更新、实验区排风净化装置安装和廊坊院区燃气锅炉低氮改造等项目;四是开通廊坊北京院区往返班车,实现公务用车削减目标,为职工通勤提供便利;五是关注员工健康,邀请北医三院专家团队来院开展体检报告个体咨询和健康指导；六是加强安全隐患治理，完成信息楼钢梁防火涂料修缮一期，主楼屋面防水保温修缮，住宅一、二期散水垮塌与外墙瓷砖脱落修缮等工作；七是改造居民区雨水、污水系统，解决了困扰居民生活的排污问题；八是配合海淀区政府，推进老旧住宅加装电梯，12号楼电梯顺利投用；九是加装电动自行车充电桩，方便职工群众；十是推出工作区"3000"一号通、一站式物业服务专员、手机APP报修等多项便民服务新举措。

同志们，回顾过去一年，研究院各项工作进展顺利、成果丰硕。全年获国家、公司、省部级科技奖励共39项。其中，国家科学技术进步奖一等奖1项、二等奖1项、中国专利奖银奖1项；集团公司科学技术进步奖特等奖1项、技术发明奖一等奖3项、基础研究奖一等奖1项、专利金奖1项。制修订行业标准12项；获得授权发明专利257件、实用新型专利28件；获得软件著作权236项；出版专著55部，发表论文1267篇，其中SCI收录279篇、EI收录251篇。油田开发研究所魏晨吉获"中央企业劳动模范"称号。石油地质研究所杨智入选国家"万人计划"青年拔尖人才。"老油田二次挖潜创新团队"获集团公司"科技创新团队"荣誉称号。

（三）近期开展的重点工作

2019年11月29日，研究院召开干部大会，宣布了集团公司党组关于研究院主要领导调整的决定。新一届领导班子到位后，认真贯彻党组决策部署，马不停蹄开展工作，努力开创科研生产各项工作新局面。

一是围绕中心工作全面加强党的建设。严格落实中心组学习制度，围绕加强党的政治建设、提升现代化治理能力、深化科技体制机制改革、推进油公司改革等内容开展专题学习研讨，用理论武装头脑、指导实践的能力进一步增强。加强机关党的建设，成立机关

党委，围绕抓好机关"三基"工作、转变机关作风、提升群团组织活力三项重点任务，着力打造具有凝聚力、战斗力、号召力的新时代机关干部队伍。

二是深入基层调研全面掌握情况。召开务虚会，对照高质量发展要求，围绕改革发展、科技创新、人才队伍建设、体制机制调整、党建与反腐倡廉建设等主题进行交流研讨，共同思考和描绘未来发展蓝图。深入基层调研，听取机关9个部门以及勘探、开发、工程、天然气、海外、信息各路工作汇报，通过交流研讨传递了理念，交流了思想，统一了认识，发现了问题，明确了方向。

三是聚焦主责主业完善机构设置。做实国家油气战略研究中心，成立专家委员会和能源战略综合研究部，整合现有战略研究资源和力量，自主开展综合性、前瞻性、战略性研究，为国家和集团公司在能源领域科学决策提供高水平支撑。成立科技咨询中心，更好地发挥院士、专家在咨询评估、技术把关、专项支撑、学术交流等方面的领军作用。组建廊坊科技园区管委会，形成了条块结合的大院一体化管理新模式，保障廊坊院区"三个基地"建设平稳推进。

四是应对新冠疫情实施全面升级管理。第一时间成立疫情防控工作领导小组，坚决贯彻落实党中央、北京市政府和集团公司部署要求，迅速统一思想认识，认真研究防控办法，及时印发疫情防控工作方案，采取每日信息报送、领导值班值守、重点人群盯防、人员车辆管控与防疫物资保障等严格措施内防外控，有序安排返京员工复工复产，科研生产与疫情防控两手抓、两不误，确保了办公场所和生活社区零疫情。

五是探索科研管理新举措追求效率提升。根据分管业务领域调整领导班子分工，全面梳理行政、党内规章制度，大力推行简政放权，切实减轻基层科研人员负担。充分论

证专家岗位设置,完成院首席专家评聘工作,参照行政管理岗位标准提升院级专家待遇,鼓励科研人员走技术专家发展之路。探索科研项目分级分类管理、差异化考核、公司混合所有制改革等体制机制调整,充分调动科研人员积极性,营造良好政策环境。

六是坚持以人为本改善科研生活环境。与华油集团签订战略合作框架协议和业务外包协议,全面收回中油宾馆、华府酒楼,面向研究院职工提供公寓住宿、内部接待、员工就餐及各类学术会议服务等职能。召开院安全生产与保密工作会议,构建质量安全、生产安全、环保安全、网络安全、保密安全"五位一体"的大安全总体工作格局。

同志们,回顾一年来的工作,殊为不易、成之惟艰。这些成绩的取得,离不开集团公司党组的正确领导,离不开总部机关部门和专业分公司的大力支持,离不开全院干部员工的共同努力,也离不开老领导、老专家和全院离退休职工的关心指导和建言献策。在此,我谨代表院党委和院领导班子,向全院广大干部员工一年里付出的辛苦和做出的贡献,向员工家属给予的理解和支持,向各位院士、老领导、老专家和离退休老同志给予的关心、关怀和帮助表示衷心感谢!

二、面临形势与任务

当前,我国已进入中国特色社会主义新时代,党的十九大进一步明确了"两个一百年"奋斗目标,绘就了新时代全面深化改革的宏伟蓝图,对推动高质量发展做出了一系列重大战略部署。集团公司深入贯彻党的十九大精神和习近平总书记"四个革命、一个合作"的能源安全新战略,积极顺应世界经济发展和能源革命大势,坚持稳健发展方针,坚持推动高质量发展,明确了建设世界一流综合性国际能源公司宏伟目标。面对这一重要时间节点,我们要全面深入分析面临的机遇和挑战,明确肩负的重大责任和新任务新目标,统筹谋划好"十四五"和 2020 年各项工作。

从国家层面看,党中央对石油工业和集团公司发展寄予厚望,我们使命光荣。近年来,习近平总书记对国有企业、能源行业以及集团公司的改革发展先后做出一系列重要指示批示,要求加强天然气产供储销体系建设、大力提升国内油气勘探开发力度,中央也就深化国有企业改革、推动科技创新、保障能源安全提出一系列重要战略部署、制定出台一系列配套支持政策,这些都为集团公司高质量发展指明了方向。从公司层面看,集团公司即将迈上世界一流综合性国际能源公司建设新台阶,我们责任重大。在年初召开的 2020 年集团公司工作会议上,集团公司党组深入总结了近几年的主要成绩和重要启示,提出要聚焦高质量、决胜"十三五",进一步坚定了我们创建世界一流示范企业的信心和决心。同时,受全球经济形势、地缘政治、贸易保护以及国内市场竞争、生态环境保护、新冠疫情等因素影响,以及近期国际原油价格暴跌、全球金融市场持续动荡,集团公司提质增效发展面临的形势愈趋复杂严峻。从研究院自身看,研究院要加快推动高质量发展、开创建设世界一流研究院新局面,我们任务艰巨。面对悄然而至的第四次工业革命浪潮,面对国内外油气勘探开发工作层出不穷的挑战,研究院的业务结构、自主创新能力、管理体制机制、国际化程度等方面仍然存在不少矛盾和问题。

为此,研究院应该正视机遇和挑战,以满足集团公司上游业务高质量发展的重大需求为出发点,自觉肩负起新时代赋予我们的新使命。经过领导班子认真研究,研究院当前和今后一个时期工作的指导思想是:以习近平新时代中国特色社会主义思想为指导,认真落实集团公司党组决策部署,牢牢把握"一部三中心"定位职责,瞄准世界一流研究院总目标，坚持技术、人才、文化与开放四大战略，走业务全球化、人才国际化发展之路。持续深化改革，不断释放创新活力，全面加强党的建设，努力营造干事创业良好环境，做高决策支持、做强人才队伍、做深理论技术、做实生产服务，为集团公司创建世界一流示范企业、保障国家能源安全做出新的更大贡献。

根据这一指导思想，研究院下一步总体发展思路概括为"12345"，即：明确一个目标、扛起两项责任、突出三大业务、实施四个战略、推进五化发展。

明确一个目标，就是要进一步明确建设世界一流研究院的总目标。按照既定部署，2020年是推进世界一流研究院建设进入新阶段的关键之年。纵观全球，世界一流研究院普遍具备清晰的战略定位和明确的发展方向、卓越的创新能力和领先的技术优势、高效的管理方式和完善的组织架构、合理的人才结构和先进的激励机制、宽广的全球视野和共赢的合作理念等特征标志。目前，研究院对照这些标志仍有不小差距，我们还要进一步深化与世界一流研究院的对标分析，瞄准战略决策参谋一流、核心业务支撑一流、科技创新引领一流、企业治理能力一流，找出差距挑战、细化奋斗目标、明确实现途径，用共同愿景凝聚强大动力，一步一个脚印，用扎实的奋斗垒筑美好未来。

扛起两项责任，就是要支撑公司当前发展、引领公司未来发展。这是集团公司党组书记、董事长戴厚良同志来院检查指导工作时对研究院提出的总体要求，是新时期我们科研生产各项工作的出发点和落脚点，时刻鞭策和激励我们不断前进。支撑当前发展就是加强科研与生产、技术与需求的结合，坚持服务生产、贴近生产、面向生产的科研工作导向，着力解决重大生产瓶颈问题和急需问题，提高研发工作的针对性、时效性和应用性，支撑当前储量产量规模效益发展；引领未来发展就是瞄准世界油气科技前沿，抓住能源转型重大战略机遇，加强基础理论和关键技术研发，深化重要领域自主创新，提高研发工作的创新性、超前性和颠覆性，引领公司在未来油气理论技术和全面竞争中占据战略主动。

突出三大业务，就是要突出风险勘探、提高采收率和海外技术支持业务。风险勘探是资源战略的重中之重，是研究院直接发挥作用的重要平台，我们要与油田研究院站开距离，聚焦重点盆地和重大领域，发挥多学科一体化优势，整合研究力量，强化基础研究，在战略突破发现中发挥主导作用，积极推动油气重大突破发现和储量持续高峰增长。提高采收率是油气开发的永恒追求，我们要紧盯资源品位劣质化、开发对象复杂化等挑战，聚焦集团公司降本增效需求，持续推进特色技术、配套装备及软件研发与转化应用，努力为公司油气稳产增产提供最佳解决方案。走向海外是我们未来发展的必由之路，我们要继续扩大海外技术支持体系，以五大油气合作区勘探部署、开发方案编制、新项目评价和经营策略谋划为抓手，有效支撑海外业务优质高效发展。

实施四个战略，就是要实施人才强院、技术立院、文化兴院和开放办院战略。要把人才队伍建设摆在优先位置，坚持以人为本、围绕业务迭代、做好选用育留、培养领军人才，打造规模适度、结构合理、素质一流的高水平科研团队。要把理论技术创新摆在核心位置，破解发展瓶颈、攻克关键技术、提升原创能力、抢占科技前沿，主导并努力引领中国油气科技发展方向。要把思想文化建设摆在基础位置，加强党建引领、做好文化传承、弘扬石油精神、尊重探索创新，营造矢志创新、勇攀高峰的文化氛围。要把对外交流合作摆在突出位置，整合全球资源、加强学习引进、促进互利合作、扩大国际影响，提升核心竞争力和行业话语权。

推进五化发展，就是要推进业务全球化、人才国际化、信息智能化、综合一体化和管理科学化。业务全球化，就是要建立国内外一体化研发支持体系，主动融入集团公司全球油气勘探开发业务，提供全方位技术支持和服务。人才国际化，就是要完善人才布局和梯队建设，吸引一批国际一流人才，培养一批享誉国内外的专家学者，推动员工国际化程度明显提升，在国际舞台上展示风采、发挥作用，成为公司核心竞争力的典型代表。信息智能化，就是要大力推进集团公司和研究院信息智能化系统建设和发展，实现对科技创新资源全过程的信息掌控和综合管理，显著提升多学科、跨专业协同设计管理与研发能力。综合一体化，就是要实现北京院区和京外单位一体化、国内与海外一体化、研发与应用一体化、支撑总部与服务生产一体化、业务与党建一体化、学科建设与人才培养一体化、项目分级分类与双序列专家评聘一体化，推动全院工作实现一盘棋布局和一体化发展。管理科学化，就是要推进体制机制改革和管理流程优化，形成与国际先进理念接轨、组织架构合理与开放包容、运行高效、充满生机活力的现代化治理体系。

以上这"12345"，就是研究院未来发展的总体思路和目标。全院干部员工一定要铭记在心、践之于行，在今后工作中始终把牢发展方向，明确主攻阵地、重点任务和突破点，心往一处想、劲往一处使，用坚持不懈的努力，积跬步至千里，将美好蓝图变为沉甸甸的收获、实实在在的成效，不断开创研究院改革发展的新局面。

三、2020 年工作部署

2020 年是全面建成小康社会和"十三五"规划的收官之年，是集团公司建设世界一流综合性国际能源公司和创建世界一流示范企业的关键之年，也是研究院新一届领导班子承前启后、开创改革发展新局面的开局之年。这既是决胜期，也是攻坚期，更是蓄势期。我们要全面贯彻落实集团公司 2020 年工作会议部署和党组的新要求，坚持"一部三中心"定位职责，扎实推进四个方面二十项重点工作，努力实现"十三五"完美收官和"十四五"顺利开局，为集团公司上游业务高质量发展提供新支撑、做出新贡献。

（一）突出重点，培育亮点，抓好六项科研生产任务

油气勘探开发是集团公司主营业务，科研生产是研究院中心工作。要积极应对国内油气资源劣质化和海外稳产上产的挑战，围绕集团公司"三个 1 亿吨"部署，全方位支撑公司国内外油气业务发展。

1. 构建高层次战略参谋部，服务国家战略和公司发展

决策参谋是研究院最重要的职能之一，也是科研成果的最高级表现形式。今年工作要把握三个重点：一是全力支持集团公司国家高端智库建设，做大做强"国家油气战略研究中心"，整合战略研究力量，围绕"一带一路"油气合作、全球能源转型与能源战略、新冠肺炎全球蔓延、持续低油价冲击、公司重点地区发展、重大生产挑战、生产经营和效益发展风险化解等方向，开展综合性、前瞻性、战略性研究，构建高端油气战略与能源安全研究咨询机构。二是加强集团公司中长期战略规划、勘探部署、开发对策、经营策略等重大问题研究，支撑"十四五"上游业务与科技发展规划、重点探区可持续发展规划研究编制工作，抓好国内外油气产量当量突破 3 亿吨的稳产上产对策研究，服务公司战略发展和领导决策。三是持续打造决策支持特色品牌，精准选题、严格把关，高质量编报 40—50 期《决策参考》，提高采纳率和影响力；发布国内和全球油气勘探开发形势及油公司动态报告，主导行业话语权。

2. 聚焦战略接替领域准备，推动油气发

现取得新突破

资源是油公司生存发展的基础,也是集团公司重大战略。近年来,研究院全力支撑风险勘探,促进了国内油气勘探的持续有效发展和油气储量高峰期工程的实现。今年工作要把握四个重点:一是强化风险勘探组织管理,成立风险勘探工作领导小组,完善大院一体化协同工作机制,以北京院风险勘探支持团队为核心,发挥各院区技术优势,做好风险目标的统一审查,加大原创目标研究和推举力度,力争获得2—3个重大突破发现。二是强化重大勘探领域基础地质研究与关键技术研发,深化中新元古界-下古生界深层成藏规律认识,总结提升前陆复杂构造带成藏地质理论与地震测井配套技术,发展完善岩性地层大油气区地质理论与评价技术,深化海相碳酸盐岩有利储集相带与油气成藏条件研究,推动地震采集质量监控、天然气预测等配套软件系统研发升级和应用创效。三是突出非常规油气新领域评价,聚焦国际理论技术前沿,深入开展常规-非常规一体化的全油气系统地质理论创新。四是强化油田勘探生产支持,加强勘探规划编制和年度部署研究,做好矿权政策跟踪分析以及矿权和储量评估技术支持。

3. 加强提高采收率技术攻关,提升国内外油田开发效益

当前国内老油田总体进入"双高"阶段,新区进入非常规时代,效益开发难度加大;中东地区占据公司海外业务"半壁江山",巨厚复杂碳酸盐岩油藏开发同样面临挑战。今年工作要把握四个重点:一是针对已开发油田高含水后期和低品位资源水驱的局限性,大力推动转换开发方式气驱提高采收率技术的试验与跟踪,做好室内实验和技术完善。二是形成以多介质蒸汽驱、立体井网 SAGD、高温火驱为主的新一代热采技术,破解稠油开发"高能耗、高成本"的困局,保障千万吨持

续稳产。三是加强储备技术攻关与研发,挑战提高采收率极限,研发微生物细胞工厂技术、风/光/热储一体化蒸汽发生技术,实现智能找油、全油藏自动波及、驱替残余油,在三次采油基础上,力争实现采收率大幅提高。四是强化中东地区碳酸盐岩油藏开发技术对策研究,继续做好中东项目跟踪评价与优化调整,强化 NEB 资产领导者的技术支持,形成分工明确、前后方协调有序、支撑有力的技术服务体系。

4. 强化新技术、新工具、新产品研发与应用,助推资源规模动用和降本增效

工程技术进步是突破瓶颈难题、推动勘探开发的动力。要聚焦低品位和复杂储量有效动用及非常规资源效益开发,打造更多稳油增气降本增效利器。今年工作要把握五个重点:一是持续攻关超高温压裂液、耐高温酸液等新产品,推进致密油、页岩油、页岩气缝控压裂技术规模应用,突出抓好压裂酸化和施工过程优化软件设计研发,力争发布 1.0 版本。二是持续推进纳米智能驱油现场应用,推进水平井化学控水、稠油降黏水驱等技术先导试验,构建油化剂安全环保风险分类分级分析系统。三是持续开展柔性钻具超短半径侧钻取心等技术攻关研究,加强趾端滑套、全金属可溶桥塞等关键工具的研发应用。四是持续做好纳米泡排剂系列化与智能加注技术的攻关和现场试验,做好机采井"数据采集、传输、分析与调控"一体化系统研发,依托梦想云平台,建立油井智能生产模式。五是持续做好公司造价管理、标准化管理、工程监督管理等支持服务工作,力争取得良好成效。

5. 突出常规天然气稳定发展与非常规资源高效开发,支撑公司天然气业务快速上产

天然气是朝阳产业,是集团公司战略成长性产业和效益增长点。今年工作要把握四

个重点：一是抓好常规天然气稳产与提高采收率攻关，提升天然气作为公司核心主营业务的地位和作用，支撑公司天然气上产 1 亿吨油当量。二是深化中浅层页岩气开发指标优化研究，不断提升开发效果，落实深层页岩气规模建产"甜点"区，促进公司页岩气快速上产与西南 500 亿立方米大气区建设。三是做好储气库重大成果总结提升，发挥技术优势支持西南气区和长庆气区两个 100 亿立方米超大规模调峰气库建设，开展盐穴气库水平造腔、双井单腔等低成本高效建库先导实验。四是加快布局新能源业务发展，创新氢能、煤炭地下气化、地热利用、火山岩富锂水开发等关键技术，推进新能源、水合物相关实验室建设。

6. 深化重点合作区生产支持服务，支撑海外业务优质高效发展

海外业务是集团公司重要组成部分，是未来发展的增长点，也是研究院今后进一步发挥作用的重要战场。今年工作要把握四个重点：一是突出超前优选做好新项目评价，做好巴西、黎巴嫩和莫桑比克等领域超前选区研究，重点做好莫桑比克陆上 M 区块、阿布扎比第二轮勘探区块招标、伊拉克富拉特油田等 9 个新项目评价，推动获取 1—2 个油气田开发作业者项目和勘探项目。二是突出高效勘探，加强乍得 Bongor 盆地等成熟区块滚动勘探潜力评价，强化滨里海含盐盆地等新区、新领域油气地质研究和风险勘探，推动海外油气储量有效增长。三是突出阿克纠宾、阿姆河、哈法亚、乍得、尼日尔等重点项目，优化开发方案编制及先进成熟技术的推广应用，努力提高单井产量，加强注水开发和工程技术支持等工作，助推海外权益产量 1 亿吨以上可持续发展。四是突出战略规划和经营策略研究，构建统一规范的经济评价方法，优化资产结构和业务布局，助推海外业务在低油价下实现"双正"目标。

（二）增强动力，激发活力，抓好四项深化改革举措

改革是推进发展的强力引擎。要抓好国家、集团公司各项科技体制改革政策落地，持续推动重要领域和关键环节改革取得新进展，充分激发科研人员积极性、主动性和创造性。

1. 强力推进"三项制度"改革，全面完成目标任务

今年是集团公司完成"三项制度"改革任务的最后一年，要根据集团公司《深化人事劳动分配制度改革实施方案》，突出抓好优化业务和组织结构、优化人力资源配置、强化薪酬分配激励约束、建设高素质专业化干部队伍、拓展人才成长发展通道等重点任务，创新完善精简高效的组织运行机制、能上能下的选人用人机制、"去行政化"的分级分类评价机制、畅通灵活的市场化用工机制、导向清晰的全员绩效考核机制、绩效挂钩的薪酬分配激励机制和严格有效的考核评价机制，全面完成集团公司提出的机构和人员控减目标，进一步增强研究院人才创新活力、科技创效动力和市场竞争力，为建设世界一流研究院提供人力资源支撑。

2. 试点推行项目分级分类管理，探索项目管理新模式

认真贯彻落实集团公司 2019 年领导干部会议精神和集团公司关于进一步深化科技体制改革的若干措施，打破科研人员行政界面的束缚，建立高效研发组织体系，试点推行以科研项目分级定岗和分级授权管理为核心的项目制管理。建立五级三层项目管理模式，推行项目长竞聘上岗、分级授权制度，赋予不同级别项目长相应的责权利；实行项目分级定岗激励，形成与双序列技术岗位的深度融合；实施项目全生命周期专家跟踪制度，提升项目水平和成果质量；年内开展 3—5 个项目制分级授权试点，不断探索改进顶层设计、完善分级标准和实施细则，形成适合研究院特点的科研项目分级定岗和分级授权管理制度，为"十四五"全面铺开奠定基础。

3. 积极探索混合所有制改革，努力拓展激励渠道

在集团公司持续深化混合所有制改革的基础上，多方争取政策支持，继续探索瑞德公司与海峡能源混合所有制改革新路径，加快新技术、新装备推广和产业化进程，强化向科研一线倾斜的激励政策制定，充分释放科研人员科技创新与生产创效的激情和活力。大胆探索外部合作，聚焦集团公司重点部署和研究院实际需求，做大做强有形化成果产业化推广工作。

4. 扎实推进简政放权，切实减轻科研人员负担

以设立机关党委为契机，抓好机关管理部门机构整合和职能转变，由以管理为主转变为以服务为主，建设精干高效的服务型机关，加强规章制度的制修订和监督执行，制定权力清单，下放管理权限，优化管理流程，用好信息手段，跟踪督查督办，提高管理效率。要围绕院科研和技术服务中心工作，进一步改进管理作风、提升管理绩效，减少对项目实施过程的干预，从根本上缓解基层材料多、会议多、文件多、检查多、汇报多现象，减轻项目承担主体和科研人员负担。要坚持聚焦主业，坚持有所为有所不为，充分利用外部资源，通过业务外包等形式，提升日常服务工作的专业化水平，保障各项工作高效顺畅运行。

（三）夯实基础，厚植优势，抓好六项管理服务提升

全面推进各项基础工作，开展"管理服务提升年"活动，大力提升管理科学化和服务专业化水平，为科研生产工作提供坚实保障。

1. 着力抓好"十三五"收官和"十四五"开局，做好承前启后工作

立足当前、面向长远，统筹抓好"十三五"和"十四五"工作衔接，清晰勾绘未来发展路线。一是突出总结提升，认真抓好"十三五"重大成果的梳理、总结和凝练升华。以重大、有形化、有应用显示度的成果为重点，梳理"十三五"期间研究成果，加大自然科学奖和技术发明奖申报组织力度，确保"十三五"顺利收官和重大成果颗粒归仓。二是突出超前谋划，落实新发展理念和高质量发展要求，着力抓好"十四五"各项部署的思考、规划和落地措施，推进国家油气重大专项验收和接续项目启动，支撑集团公司"十四五"科技与勘探开发规划编制。三是抓好研究院"十四五"发展规划编制，全面对标世界一流油公司研发机构，做好顶层设计，细化指标途径，形成引领未来发展的全院总体规划。

2. 强力推动海外中心共建，推进业务全球化发展

加强与海外板块沟通协调，做大做强海外研究中心，努力实现统一管理、统一考核、统一薪酬、统一评聘的共建目标。聚焦海外业务发展需求，借鉴迪拜和阿布扎比研究中心的建设发展经验，适时在中亚、美洲等重点油气合作区组建区域技术支持中心，强力支撑海外业务优质高效发展。优化研究力量配备，按中油国际总部、中方作业者项目、小股东项目三个层次部署力量，统筹协调 1+14 海外技术支持力量，充分发挥海外技术支持龙头地位和主体作用，为保障海外权益产量 1 亿吨做贡献。

3. 大力加强人才队伍建设，夯实高质量发展智力基础

树立人才是"第一资源"的强烈意识，拓宽人才选拔、培养渠道，加强重点学科建设和领军人才、国际化人才培养，规范研究生教育，强化全员培训和岗位实践，创新青年科技英才培养方式，构建结构合理的人才队伍，打

造高端特色创新团队。继续开展院级专家评聘工作,从研究院自身发展和公司重大需求出发,把优秀科技人员吸引到专家岗位上来,明确行政领导与专家的责权利划分。完善差异化的科技成果评价制度和绩效考核,根据国家和集团公司关于科技创新考评的最新导向,构建基础研究、技术服务、决策支持项目分类评价体系,修订完善业绩考核办法,力求实现精准激励,引导科研人员争当专家、走技术发展之路。

4. 加快升级信息化建设,推动数字化转型发展

落实集团公司 2020 年信息化工作会议精神,成立院网络和信息化工作领导小组,筹备召开院网络和信息化领导小组会议,修订完善信息化工作管理办法,加强信息化队伍建设,确保信息化工作规范、有序、高效开展,力争年内有成效、三年实现颠覆性创新。抓住集团公司勘探开发梦想云平台等项目建设机遇,加强信息技术发展趋势跟踪研究,超前谋划云计算、大数据、人工智能等信息化工作,助推集团公司数字化转型智能化发展。整合院内应用软件研发力量,扎实推进勘探开发云平台、勘探开发专家智慧共享平台、综合管理平台以及智能化在勘探开发中的应用等具体项目的实施,推动先进信息技术与勘探开发业务深度融合。积极建设全院勘探开发协同工作环境,加强网络安全管理力度,推进文献档案资料的数字化,实现研究院自身的数字化转型,大幅提高科研工作的质量效率。

5. 持续扩大对外交流合作,提升地位和影响力

抓好勘探开发国际科技合作示范基地建设,分批次与国内外高校、科研院所签订战略合作协议,持续深化全方位、深层次、多样化的对外科技合作,组织开展各类技术交流和联合攻关,提升研发服务的层次和水平。加强"走出去""请进来",鼓励专家在国内外高端会议发声或国际学术组织任职,积极参与国际标准制修订,邀请行业内外知名专家来院开展学术讲座,提升科技期刊水平和影响力,打造具有研究院特色的品牌学术会议和交流平台。

6. 切实抓好院区建设,改善科研条件和生活环境

积极推进"国家能源油气地下储库工程研发(实验)中心"和"油气物联网国家重点实验室"两个国家重点实验室的申请建设,继续做好"页岩油实验室"和"新能源实验室"的建设工作,提升重点实验室运行水平,为科技创新夯实基础。开展科技园区环境统筹规划和建设,完成办公用房资源调配、地质楼、员工第三餐厅修缮改造等工作,健全办公用房、职工公寓管理制度体系,改善职工食堂和公寓条件,继续为职工办好十件实事。扎实推进"大安全"管理体系建设,抓好实验室等高风险安全环节的专项监管。提升后勤保障水平,真心实意服务离退休老同志和社区居民。强化廊坊科技园区建设和管理,切实将"一院两区"落实落地,充分发挥廊坊院区既有创新优势和区位优势,努力推进"三个基地"建设,实现廊坊院区可持续发展。

(四)提振士气,涵养正气,抓好四项党的建设重点工作

紧紧围绕新时代党的建设总要求,牢牢把握院党委把方向、管大局、保落实定位,坚持和加强党的全面领导,推动党建和科研生产工作相互促进、相互提升,为建设世界一流勘探开发研究院提供坚强保证。

1. 全面加强党的领导、党的建设,提供坚强政治保证

坚持党对科技创新的领导,以党的政治建设为统领,全面推进党的各项建设,始终做到旗帜鲜明讲政治,牢固树立"四个意识",坚定"四个自信",坚决做到"两个维护",全面落实习近平总书记重要指示批示精神，坚定不移推动科技创新、改革发展等重点任务，把坚决保证党和国家方针政策以及集团公司党组决策部署的贯彻执行，作为检验政治建设成效的重要标准，切实把党的政治优势转化为发展优势。

巩固"不忘初心、牢记使命"主题教育成果，常态长效推动学习贯彻习近平新时代中国特色社会主义思想，持续开展"形势、目标、任务、责任"教育，完善党委理论中心组学习、党员干部教育培训制度，丰富学习内容，创新学习方式，真正做到往深里走、往心里走、往实里走。坚持全面从严治党向纵深发展，推进党内制度体系建设，深化"三重一大"决策制度顶层设计、流程完善和运行保障建设，严格执行重大事项请示报告制度，认真落实民主生活会、组织生活会等制度。深化意识形态工作责任制，提升宣传工作水平和质量，构建遵规守纪、干事创业良好政治生态。

不断强化党建基础，推动党建工作提质增效。贯彻集团公司党建工作会议精神，落实党建工作责任制，突出领导干部"一岗双责"，构建"大党建"工作格局。用好党建平台应用，开展提高基层党建工作质量等课题研究，推动党建工作与科研生产深度融合。坚持重心在基层，将2020年作为基层党建工作巩固提升年，突出基层党组织参与重大决策作用，开展党支部达标晋级管理，选配党性意识强、群众威望高、善做思想工作的干部担任基层党支部书记，规范建设支部活动阵地，抓好"三会一课"、民主生活会、组织生活会、主题党日等制度执行，推动基层党建全面进步、全面过硬。

2. 弘扬石油精神和科学家精神，汇聚事业发展正能量

继承弘扬石油精神，深入开展大庆精神铁人精神再学习再教育再实践，举办"弘扬石油精神、重塑良好形象"活动周，创新组织各类文化活动，不断发挥优秀文化的引领作用。发展提升研究院文化，编制院企业文化"十四五"规划，精心修订企业文化手册，使研究院文化更加符合既定发展战略、更具鲜明时代特征和更有石油科研特色。

大力倡导新时代科学家精神、工匠精神和劳模精神，加强科研诚信和学风建设，充分利用门户网站、新媒体等宣传阵地，突出老一辈科学家事迹和新时期先进典型，弘扬埋头苦干、求真务实的实干精神，勇攀高峰、敢为人先的创新精神，追求真理、严谨治学的求实精神，淡泊名利、潜心研究的奉献精神，营造尊重人才、遵循规律和鼓励创新、包容失败的良好氛围。

充分发挥群团组织工作优势，维护职工合法权益，丰富业余文化生活，开展技能竞赛，加大送温暖、慰问帮扶等组织关爱力度，增强团青组织对青年的凝聚力、组织力、号召力，引导干部员工为推动高质量发展贡献智慧力量，展现良好的精神风貌。

3. 加强党风廉政与反腐败工作，营造风清气正政治生态

始终坚持党风廉政建设工作不放松，认真落实集团公司党风廉政建设和反腐败工作部署，紧盯重点领域、重要环节、关键人员，加强廉洁风险防控体系建设，加强常态化廉政警示教育，紧盯"四风"问题新形式、新动向，突出对中央八项规定、《准则》《条例》等党内法规落实情况的监督检查。针对重点业务和重大风险隐患持续开展专项整治，加强财务、合同等运行过程闭环管理，有效防范廉洁风险。抓好巡视问题持续整改，重点组织好对西北分院、杭州地质研究院党委巡察，坚持做好巡察"回头看"和巡视巡察"后半篇"文章，巩固和深化巡视巡察成果。全力支持驻院纪检组履行职责，加强监督管理，强化监督执纪，共同筑就牢固防线。

4. 统筹抓好疫情防控和科研生产,做到两手抓两促进

当前,全院各级党组织加强自身建设、践行"两个维护"最重要、最紧迫的政治任务就是把深入学习贯彻落实习近平总书记重要指示批示精神与总书记关于统筹做好疫情防控和经济社会发展的重要讲话和指示精神结合起来,一手抓疫情防控,毫不松懈地抓紧抓实抓细各项措施,确保疫情防控"双零"目标实现;一手抓科研生产和改革发展,矢志为提质增效发展贡献科技力量,有力支撑公司高质量发展。

同志们,等闲识得东风面,万紫千红总是春。疫情终将消散,春天已然降临。让我们坚守矢志找油、科技兴油的初心使命,坚持爱国奉献、求真务实的科学精神,坚定创新驱动、引领发展的使命担当,全力保障集团公司原油产量稳中上升、天然气产量快速增长,全力推动集团公司上游业务转型升级发展,支撑当前、引领未来,奋力开创世界一流研究院建设新局面,为支撑集团公司高质量发展、保障国家能源安全做出新的更大的贡献!

谢谢大家!

专　文

戴厚良到研究院检查指导疫情防控工作

2020年2月2日，集团公司董事长、党组书记、集团公司新型冠状病毒感染肺炎疫情防控工作领导小组组长戴厚良一行到研究院检查指导新型冠状病毒感染肺炎疫情防控工作，看望慰问疫情防控一线的干部职工。戴厚良参观中国石油集团公司数据中心监控大厅，视察所辖集团统建信息系统及网络，听取研究院院长、党委书记马新华关于研究院总体情况、疫情防控工作举措以及下一步工作安排的汇报，充分肯定研究院在疫情防控中所做的努力，并对研究院下一步疫情防控和科研生产工作提出明确要求。

戴厚良指出，研究院是科技人才聚集高地，做好疫情防控工作意义重大。要进一步提高认识、落实责任，围绕重点防控人群，进一步强化细化疫情防控工作。一是要充分认清当前严峻复杂形势，学习传达习近平总书记关于疫情防控工作重要批示指示和中央有关文件精神，深入贯彻集团公司关于防控疫情部署和要求，切实提高思想认识和政治站位，全面做好疫情防控工作。二是石油大院工作区和生活区人员众多、情况复杂，要进一

步细化防控措施，紧盯重点疫区返京和第三方员工两个重点人群，不怕"十防九空"，但千万不能"失防万一"，确保不出现确诊和疑似病例。

戴厚良强调，集团公司2020年工作会议明确提出，要全力推动国内油气产量当量突破2亿吨、海外油气权益产量当量在1亿吨以上稳定增长。研究院作为集团公司上游业务的"一部三中心"，实力雄厚、基础扎实，有着优良传统和重要地位，在下一步工作中，要不忘初心、牢记使命，大力弘扬石油精神，切实担当起找油找气的重要责任，深入思考如何以科技创新支撑公司当前发展、引领公司未来发展，为集团公司创建世界一流示范企业做出新贡献。

马新华表示，研究院将全面落实中央精神和集团公司决策部署，一手抓好疫情防控，一手抓好科研生产，确保各项工作稳妥向前推进。会后，院领导班子召开专题会议，学习贯彻戴厚良指示要求，细化落实疫情防控工作部署，加强重点人群和关键环节管控，不折不扣把疫情防控措施落到实处。

戴厚良到基层党建联系点
宣讲党的十九届五中全会精神

2020年11月23日，集团公司董事长、党组书记戴厚良到基层党建联系点研究院石

油天然气地质研究所党支部宣讲党的十九届五中全会精神，与党员干部面对面座谈交流，

代表集团公司党组看望慰问干部员工。

戴厚良围绕习近平总书记在党的十九届五中全会上的重要讲话精神，从全会基本情况和重大意义，深刻认识我国进入新发展阶段的重大意义、有利条件和重要特征，新发展阶段的新机遇新挑战，准确把握2035年远景目标和"十四五"时期我国发展的指导方针、主要目标和重点任务，深刻认识构建新发展格局，坚持党的全面领导、动员各方面力量为实现"十四五"规划和2035年远景目标而团结奋斗等方面，对党的十九届五中全会精神进行全面宣讲和深入解读。

戴厚良强调，要深入学习贯彻党的十九届五中全会精神，深刻领会其中的新思想、新观点、新论断、新要求，下功夫学深悟透做实，增强"四个意识"、坚定"四个自信"、做到"两个维护"，自觉把思想和行动统一到党中央决策部署上来，把学习贯彻全会精神转化为立足岗位做贡献的强大动力，在稳增长、抓改革、促创新、强党建、防风险等方面扎实工作，为全面建成小康社会、确保"十四五"开好局、起好步做出新的更大贡献。

关于进一步加强党支部建设，戴厚良提出四点要求。一要提高政治站位，把深入学习贯彻习近平新时代中国特色社会主义思想作为党支部教育党员的首要任务。二要夯实基层基础，加强党支部标准化规范化建设，将基层党建"三基本建设"与"三基"工作有机融合。三要建强人才队伍，树立科学人才观，持续完善"生聚理用"工作机制，强化战略科学家和科技领军人才培养，为人才发挥聪明才智创造良好条件，充分释放各类人才的创新活力。四要推动党建和科研工作深度融合，加强党员干部队伍建设，把骨干培养成党员，把党员培养成骨干，把科研攻关的难点作为党建工作的重点，将传承石油精神与弘扬新时代科学家精神结合起来，以优良作风推动科研工作迈上更高水平。

石油天然气地质研究所党支部书记杨威介绍该所党建与科研融合推动油气发现等情况，7名同志围绕"学习五中全会精神，加强科技创新，推动油气勘探大发现"交流学习体会。

集团公司总经理助理杨华，总部有关部门和研究院有关负责同志，以及地质所全体党员参加座谈。

李凡荣到研究院调研

2020年4月9日，集团公司总经理、党组副书记李凡荣到研究院调研，听取院长、党委书记马新华工作汇报及集团公司上游业务形势分析，围绕集团公司国内外上游业务高质量发展进行交流研讨。股份公司副总裁兼勘探与生产分公司总经理、党委副书记李鹭光，中油国际董事长、党委书记叶先灯陪同调研。

李凡荣指出，受到新冠肺炎疫情全球迅速蔓延和国际油价持续低位震荡的双重冲击，集团公司生产经营正面临着前所未有的巨大挑战。作为集团公司上游业务发展的"一部三中心"，在当前的严峻形势下，研究院应该勇于承担起使命重任，充分学习领会习近平总书记关于科技创新的系列重要论述精神，切实增强推进科技创新的责任感、紧迫感、使命感，深入贯彻落实集团公司董事长戴厚良到院检查指导工作时提出的"支撑当前、引领未来"指示要求，继承和发扬优良传统，继续坚持"一部三中心"定位职责，坚定

"12345"总体发展思路，率先在战略决策支持、核心业务支撑、科技创新引领、现代企业治理四个方面达到世界一流水平，为集团公司创建世界一流示范企业、保障国家能源安全做出新贡献。

对研究院下一步工作，李凡荣提出五点要求。一要提高政治站位，准确把握习近平总书记关于坚持党对国有企业的领导、对科技创新的领导等重要指示精神，扎实做好中央巡视反馈意见和主题教育发现问题整改工作，严格落实中央八项规定精神，为推动科技创新提供坚强政治保证。二要坚定信心，突破常规思维界限，加大矿权和储量管理，进一步夯实资源基础，努力以理论创新、思维创新引领国内外油气勘探发现不断取得突破。三要牢记使命，以降本增效为目标，认真思考保障集团公司国内原油1亿吨稳产的实现路径，努力以技术创新、管理创新促进集团公司持续健康发展。四要强化战略研究，思考提出集团公司上游业务转型升级发展的对策建议，为集团公司创建世界一流示范企业提供高水平战略谋划和战略支撑。五要加强人才队伍建设，着力打造一流的研发服务团队，加大靠前支持力度，为集团公司各油气田增储上产提供高效精准的技术支持和服务。

李鹭光强调，研究院要立足大盆地、瞄准大目标，不断创新地质理论认识，持续加强风险勘探支持研究；要抓好老油田提高采收率攻关试验，推动老油田持续稳产；要加强非常规油气资源勘探开发研究，为新区效益建产做出突出贡献；要大力推动数字化、智能化油气田建设，支撑集团公司数字化转型加快发展；要重点做好矿权流转、页岩油原位改质和"十四五"规划的研究与支持，为集团公司上游业务稳健发展做出新贡献。

叶先灯表示，中油国际将与研究院进一步加大共享共建海外研究中心力度，在健全管理体系、推动同工同酬、畅通出国审批渠道等方面积极争取政策支持；同时也希望研究院继续加强海外研究中心技术支持服务力量，适时考虑在中亚、美洲等地区建立技术支持分中心，加强资源国政治、法律和商务运作研究，推动集团公司海外上游业务优质高效发展。

马新华表示，研究院作为集团公司上游最重要的研发服务机构之一，一定会在艰难时刻勇往直前、勇担重任，切实把思想和行动统一到党组的决策部署上来，不负重托、不辱使命、主动作为、积极进取，用实实在在的科技创新和扎实有力的支持服务，为党组分忧、为集团公司解难，努力为集团公司高质量发展提供强有力的科技支撑。

焦方正到研究院调研

2020年4月21—22日，为进一步贯彻落实集团公司提质增效工作会议精神，落实集团公司董事长戴厚良提出的推进高效勘探、降低成本具体要求，集团公司副总经理、党组成员焦方正到研究院调研国内油气勘探开发工作。股份公司副总裁兼勘探与生产分公司总经理、党委副书记李鹭光、科技管理部匡立春总经理及相关部门主要领导出席会议。研究院院长、党委书记马新华等院领导，戴金星、胡见义、韩大匡、苏义脑、袁士义、赵文智、刘合、孙金声、李宁等院士参加调研汇报，副院长雷群、宋新民、邹才能，总地质师胡素云分别围绕工程技术、油田开发、气田开发、油气勘探作报告。

焦方正充分肯定研究院在理论认识创新、科技攻关方面取得的新成果、新进展，高度评价研究院在支撑引领集团公司上游勘探业务发展发挥的核心作用。随着新型冠状病毒疫情在全球的散播或蔓延，对世界经济、石油市场影响的广度和深度在不断扩大，集团公司上游板块经营形势非常严峻。上游业务是集团公司盈利的核心，研究院作为集团公司上游研究领域的中坚力量，要认清形势，直面现实，勇担使命，在依靠创新驱动、鏖战严冬这场硬仗中充当排头兵，勇当先锋队，扛起保障国家能源安全的责任，扛起集团公司效益发展的责任。

焦方正要求，针对勘探下一步工作，要进一步加强勘探力度，尤其是低油价时期更需要勘探大突破、大发现和高效勘探。一是聚焦海相碳酸盐岩、非常规油气、前陆冲断带、深层等新领域，强化地质研究，指导风险勘探取得更多重大的战略性突破；二是聚焦"4

油、4气"等大场面，强化勘探核心技术攻关，支撑高效勘探取得更大更多的发现；三是保持战略定力，凝聚智慧，发挥高端智库的引领作用，大力推进理论认识、技术的自主创新，坚决打好高效勘探进攻仗。针对开发下一步工作，要以效益为中心，把大幅度增加经济可采储量和降低开发成本作为开发工作的主题，全面提升油气田开发水平。一是持续创新高/特高含水后期开发、致密油气田、页岩气体积开发、碳酸盐岩油气藏开发理论；二是强化提高采收率、水平井钻完井、智能化的采油等核心技术创新；三是在推进油公司体制建设、推进智能化油田建设等方面强化管理创新；四是开辟增储上产新阵地，加大安岳气田规模建产、加快川南页岩气规模发展、稳健扩大鄂尔多斯碳酸盐岩、库车山前带规模，加快培育玛湖地区、长7页岩油、塔里木海相碳酸盐岩等原油上产阵地，全面提高油气田的开发效益。

焦方正强调，研究院要强化一流智慧、一流创新、一流文化的引领作用，坚定信心，砥砺前行，确保取得打赢低油价效益发展攻坚战保卫战的决定性胜利。

黄永章到研究院调研

2020年7月1日，集团公司副总经理、党组成员黄永章到研究院调研，看望慰问全院干部职工，参观院展览馆，听取全院工作汇报以及海外研究中心和新能源业务汇报，围绕集团公司科技创新、海外业务优质高效发展和技术支持体系建设、新能源业务高质量发展开展交流研讨并讲话。集团公司总经理助理、国际部（外事局）总经理李越强，科技管理部总经理匡立春，规划计划部副总经理

张品先，国际部（外事局）副总经理陈欣荣，中油国际董事长、党委书记叶先灯，中油国际高级副总经理、中亚公司总经理卞德智，中油国际总地质师刘合年等陪同调研。研究院领导班子、首席技术专家、海外研究中心主要负责人、相关职能部门和海外研究中心各研究所负责人参加调研会议。

黄永章指出，研究院在集团公司建设世界一流示范企业的征程中，肩负着"支撑当

前、引领未来"的光荣使命，是石油行业上游科技研发的最高殿堂，是国家油气科技创新体系的重要力量，也是集团公司海外油气业务技术支持的龙头单位，多年来为中国石油工业和集团公司的发展壮大以及石油科技事业的不断进步发挥了重要驱动和支撑作用，形成了深厚的理论技术和人才积淀，为集团公司高质量发展做出了重要贡献。海外研究中心共享共建逐步完善，海外生产经营技术支持工作稳步推进，同时新能源业务蓬勃发展，为集团公司打赢提质增效攻坚战，实现 3 个 1 亿吨目标提供强力支撑。海外研究中心在集团公司海外业务的广阔舞台上，在研究院 60 多年发展的深厚积淀上，具有无比美好的发展前景。

黄永章强调，下一步研究院要重点做好六个方面工作：一是要全面履行海外油气业务"一部三中心"职能，全力支撑海外油气业务提质增效和优质高效发展；二是不断完善海外技术支持体系，做实做强海外研究中心

在海外技术支持体系中的主体地位和龙头地位；三是继续推动海外研究中心共建共享，持续优化海外研究中心管理运行模式；四是加强国际化人才队伍建设，激发科技团队创新活力；五是超前谋划新能源业务发展方案，为集团公司新能源业务发展起到决策参谋作用；六是要坚持和加强党的领导，确保科研工作始终沿着正确的方向前进，为科技创新提供根本政治保证。

研究院院长、党委书记马新华表示，研究院作为集团公司海外业务发展最重要的技术支持机构，将不忘初心、牢记使命，坚决落实集团公司党组决策部署，立足"一部三中心"定位职责，全力做高决策支持、做强人才队伍、做深理论技术、做实生产服务，积极推进海外中心共建共享各项工作，强力支撑集团公司海外业务优质高效发展，发挥好龙头作用，为保障海外权益产量 1 亿吨、夺取疫情防控和生产经营双胜利做出更大的贡献。

集团公司外部董事到研究院调研

2020 年 12 月 22 日，集团公司外部董事王久玲、刘国胜来院调研，参观提高石油采收率国家重点实验室，听取油气勘探开发科技进展和新能源新产业发展现状与前沿研究进展汇报。集团公司办公厅副主任王龙、董事会秘书处处长张奎陪同调研。研究院副院长宋新民，副院长邹才能，党委副书记、工会主席郭三林，相关职能部门和科研单位负责人参加调研。

外部董事对研究院在中国石油工业发展过程中不可替代的重要地位和做出的突出贡献给予高度评价，并对研究院下一步

科技创新和改革发展提出殷切希望和明确要求。

刘国胜表示，石油勘探开发是中国位于世界前列的技术领域，此次到研究院调研开眼界、受鼓舞。从保障国家能源安全角度看，勘探开发技术的发展十分重要，研究院的地位和作用举足轻重。希望集团公司大力提升勘探开发力度，重视新能源新业务培育和超前技术储备。研究院要育得出、引得进、留得住、用得好核心关键技术人才，筑牢建设世界一流研究院的基础。

外部董事表示，研究院作为集团公司上

游最重要的研发服务机构之一、历史光荣、贡献突出、目标远大，此次调研让人深感震撼、自豪和鼓舞。希望研究院进一步增强使命感，当好集团公司建设世界一流示范企业的排头兵。要坚持传统能源领域和新能源领域"双轮驱动"，充分发挥科技创新支撑当前、引领未来作用，保持"国家队"地位不褪色。要借助市场和资本力量，探索推进混合所有制改革，探索建立市场化激励机制，为技术开发和成果转化插上翅膀。

王久玲表示，石油勘探开发离不开技术支撑，研究院在保障国家能源安全、支撑经济社会发展方面做出了宝贵贡献。希望集团公司"十四五"发展规划进一步充实科技创新

方面部署安排，抓住第四次工业革命带来的机遇，围绕能源生产和能源消费两大环节，发挥科技创新的引领支撑作用。研究院要看准新能源发展方向，盘活集团公司现有资源，减少传统能源消耗和浪费，加强储能技术研究，做好超前技术储备，同时加强跨界融合发展，加快创建世界一流综合性国际能源公司进程。

研究院副院长邹才能代表研究院感谢三位董事的肯定和鼓励，表示研究院将落实三位董事的要求和建议，扎实抓好决策参谋、科技创新、生产支撑和改革发展，为建设世界一流示范企业、保障国家能源安全做出新的更大贡献。

研究院召开 2020 年工作会议暨职代会

2020 年 4 月 2—3 日，研究院召开 2020 年工作会议暨职代会，深入贯彻习近平新时代中国特色社会主义思想，落实集团公司2020 年工作会议部署，全面总结 2019 年工作成绩，深入分析面临的形势任务，安排部署2020 年重点工作。

研究院院长、党委书记马新华作题为《支撑当前、引领未来，奋力开创世界一流研究院建设新局面》的工作报告，并作会议总结讲话；副院长穆龙新通报安全环保和疫情防控工作情况；驻研究院纪检组组长吴忠良通报党风廉政建设和反腐败工作情况；院党委副书记、工会主席郭三林作职工提案答复报告。

马新华在工作报告中指出，2019 年，在集团公司党组的正确领导下，研究院以扎实开展"不忘初心、牢记使命"主题教育为重点，以做实"一部三中心"定位职责为主线，

全面推进年初部署的十个方面重点工作，着力抓好七件大事要事，党的建设、科技创新、生产创效、人才培养各项工作迈上新台阶。

马新华强调，面对新的形势与任务，研究院要始终坚持以习近平新时代中国特色社会主义思想为指导，落实集团公司党组决策部署，牢牢把握"一部三中心"定位职责，瞄准建设世界一流研究院总目标，坚持"12345"总体发展思路，即明确建设世界一流研究院的总目标，扛起支撑公司当前发展、引领公司未来发展两项责任，突出风险勘探、提高采收率和海外技术支持三大业务，实施人才强院、技术立院、文化兴院和开放办院四个战略，推进业务全球化、人才国际化、信息智能化、综合一体化和管理科学化五化发展，做高决策支持、做强人才队伍、做深理论技术、做实生产服务，为集团公司创建世界一流示范企业、保障国家能源安全做出新的更大贡献。

马新华要求，2020 年，研究院要进一步扎实推进四个方面二十项重点工作：一是构建高层次战略参谋部，聚焦战略接替领域准备，加强提高采收率技术攻关，强化新技术、新工具、新产品研发与应用，突出常规天然气稳定发展与非常规资源高效开发，深化重点合作区生产支持服务六项科研生产任务；二是推进"三项制度"改革，推行项目分级分类管理，探索混合所有制改革，推进简政放权四项深化改革举措；三是抓好"十三五"收官和"十四五"开局，推动海外研究中心共建，加强人才队伍建设，加快升级信息化建设，扩大对外交流合作，抓好院区建设六项管理服务提升；四是全面加强党的领导、党的建设，弘扬石油精神和科学家精神，加强党风廉政建设与反腐败工作，统筹抓好疫情防控和科研生产四项党的建设重点工作，努力实现"十三五"完美收官和"十四五"顺利开局，为集团公司上游业务高质量发展提供新支撑、做出新贡献。

马新华在总结讲话中强调，全院领导干部员工要直面挑战、勇担重任，为世界一流示范企业建设迈上新台阶做出新贡献；要瞄准目标、凝心聚力，准确把握世界一流研究院建设的总体部署；要深化改革、激发活力，大胆探索有利创新提速发展的"油公司"改革新模式；要强化党建引领、固本强基，真正汇聚干事创业推动发展的强大正能量。

同时，会议还开展分组讨论，签订《安全环保稳定责任书》《党风廉政建设责任书》和业绩合同，组织领导班子开展年度考核测评。

研究院领导、院士、离退休老领导、首席技术专家、副总师、派驻研究院纪检组、院属各部门、各单位党政主要领导，西北分院和杭州地质研究院领导和职能部门负责人，以及各院区职工代表在主会场和六个视频分会场参加会议。

研究院召开 2020 年党风廉政建设和反腐败工作会议

2020 年 4 月 3 日，研究院召开党风廉政建设和反腐败工作会议，深入学习贯彻习近平新时代中国特色社会主义思想和十九届中央纪委四次全会精神，落实集团公司党风廉政建设和反腐败工作会议要求，全面总结研究院 2019 年党风廉政建设和反腐败工作，安排部署 2020 年重点工作任务。

研究院院长、党委书记马新华出席会议并讲话，副院长雷群传达集团公司党风廉政建设和反腐败工作会议精神，驻研究院纪检组组长吴忠良作题为《聚焦监督执纪问责，助推企业改革发展，着力构建风清气正的政治生态》的主题报告，党委副书记、工会主席郭三林主持会议。

马新华指出，2019 年，在以习近平同志为核心的党中央坚强领导下，研究院各级党组织深入贯彻党的十九大和历次全会精神，坚守责任担当，多措并举精准施策，驻研究院纪检组"派""驻"结合，严明纪律精准执纪，"两个责任"落地落实。在新形势下，要深刻把握中央和集团公司党组对党风廉政建设和反腐败工作提出的新期待和新要求，充分认识研究院新的发展理念，打造四项工程：一是把握好激励干部担当作为与容错纠错的关系，打造"人才清源"工程；二是把握好科技创新创效与廉洁风险防控的关系，打造"科技安全"工程;三是把握好业务全球化人才国际化与依法依规治院的关系,打造"作风涵养"工程;四是把握好敢想敢干深化改革和筑牢廉洁堤坝的关系,打造"权力入笼"工程。

针对进一步深化党风廉政建设和反腐败工作,马新华提出六点要求:一是切实提高政治站位,做"两个维护"的坚定执行者;二是严格落实"两个责任",做"双轮驱动"的行为助推者;三是抓紧抓实作风建设,做正风肃纪的勇敢实践者;四是优化细化制度建设,做遵规守纪的坚决维护者;五是善做善成巡视巡察,做固本强基的自我完善者;六是强化疫情防控监督检查,做"双零目标"的忠实捍卫者。

吴忠良指出,2019 年,研究院以习近平新时代中国特色社会主义思想为指引,始终坚持政治监督立信念,始终保持正风肃纪强态势,始终坚持依规依纪严问责,始终坚持日常监督全覆盖,始终坚持严明纪律建

队伍。院党委履行主体责任,坚定不移推进全面从严治党向纵深发展。驻研究院纪检组忠诚履职,担当作为,稳中求进,成效显著。

吴忠良强调,2020 年,党风廉政建设和反腐败工作形势依然严峻复杂,全面从严治党任务任重道远,要重点抓好五个方面工作:一是做到"两个维护",强化主体责任落实,把政治建设抓具体抓深入;二是深化纪检监察体制改革,大力推进制度建设,持续释放治理效能;三是深化"三转",开展专项监督,做实做细日常监督,持续净化政治生态;四是抓实抓活廉洁教育,强化宗旨意识,持续筑牢不想腐的思想防线;五是加强队伍建设,提高履职能力,打造过硬纪律铁军。

研究院党委委员、首席技术专家、副总师、派驻纪检组全体人员、院属各部门、各单位主要领导、纪检委员,西北分院和杭州地质研究院领导与职能部门负责人分别在主会场和六个视频分会场参加会议。

研究院召开 2020 年领导干部会暨上半年科研工作会议

2020 年 8 月 7 日,研究院召开 2020 年领导干部会暨上半年科研工作会议,传达学习集团公司 2020 年领导干部会议精神,总结回顾重组改制以来研究院治理体系和治理能力建设的探索实践,研究部署推动研究院治理体系和治理能力现代化的思路目标和重点任务,同时进行上半年科研工作总结和下半年工作部署。

研究院院长、党委书记马新华全面传达集团公司董事长、党组书记戴厚良在集团公

司 2020 年领导干部会上所作题为《深入学习贯彻党的十九届四中全会精神,推进公司治理体系和治理能力现代化》的重要讲话精神,摘要传达集团公司总经理、党组副书记李凡荣所作生产经营和提质增效情况通报的主要精神,作题为《深入学习贯彻集团公司领导干部会议精神,推进研究院治理体系和治理能力现代化》的主题讲话。副院长穆龙新主持会议。

马新华指出,2019 年底以来,研究院新

一届领导班子推动业务整合和机构调整，持续完善体制机制、健全制度体系、提升治理能力，推进改革创新，为各项事业发展提供有力保障。研究院关于治理体系和治理能力建设的探索实践，积累八条经验：一是坚持党对研究院和科技事业的全面领导；二是坚持我为祖国献石油的主旋律；三是坚持全院"一盘棋"发展；四是坚持深化改革创新；五是坚持扩大开放合作；六是坚持依法合规治企；七是坚持以人为本；八是坚持共同理想信念和价值追求。

马新华强调，当前和今后一段时期，研究院治理体系和治理能力现代化建设的总体思路是：以习近平新时代中国特色社会主义思想为指引，深入贯彻党的十九大和十九届二中、三中、四中全会精神，牢固树立新发展理念，全面落实集团公司党组总体部署，扎实推进"12345"世界一流研究院发展战略，坚持高质量发展、深化改革开放、依法合规治企、全面从严治党，逐步构建适应现代经济、遵循创新规律、符合定位职责、具有科研特色的体制机制和制度体系，增强科技创新能力、核心竞争力和抗风险能力，把国有企业研究院制度优势更好地转化为治理效能，为建设世界一流综合性国际能源公司提供有力支撑。

研究院工作总体目标是：到2025年，研究院党的领导与治理体系有机统一，管理体制顺畅高效，研发服务机制建立健全，制度体系基本成熟定型，治理体系和治理能力现代化取得显著成效。到2035年，各方面管理制度更加健全完善，体制机制更加科学高效，核心竞争力和影响力大幅提升，基本实现治理体系和治理能力现代化。到21世纪中叶，全面实现研究院治理体系和治理能力现代化。

优化完善治理体系的六项重点任务是：一是坚持把党的领导融入研究院治理体系建设，充分发挥院党委把方向、管大局、保落实的核心作用，基层党组织战斗堡垒作用和派驻纪检组监督保障作用；二是充分发挥发展战略对治理体系建设的引领作用，坚持"技术立院、人才强院、文化兴院、开放办院"四个发展战略不动摇；三是着力构建以业务主导为核心的科研总体布局，聚焦主责主业推动科研业务优化整合，加大海外技术支持力度，超前谋划发展新能源新业务；四是建立更加灵活高效的科研管理体系，进一步明确各管理层级职责作用，推行项目分级管理与项目长分级授权相融合的管理模式，建立健全差异化考核评价体系；五是推动信息化支撑体系建设，加快数字化转型，大幅提高全院治理的精准性、协同性和有效性；六是持续推进改革创新，抓好各项改革政策落实落地，有效增强人才创新活力、科技创效动力和市场竞争力。

提升治理能力和水平的四项重点任务是：一是树立现代治理理念，坚持守正创新、依法合规和共治共享理念，进一步解放思想，变"管理"为"治理"；二是提升领导治理能力，加强"政治领导、战略决策、改革攻坚、团结奋进和风险防控"五种能力建设；三是强化科技创新能力，努力提升创新引领发展能力、创新资源整合能力、创新力量凝聚能力，以思想认识的新飞跃打开工作新局面；四是夯实制度执行能力，坚定制度自信，加强制度宣贯培训，维护制度权威，强化制度监督，把制度优势更好地转化为治理效能。

马新华要求，2020年下半年要重点抓好八方面科研工作。一是加强形势研判分析，突出战略引领，做好"十四五"规划编制；二是聚焦公司重大需求，提高政治站位，助推国内勘探开发效益发展；三是围绕海外业务发展，坚持共建共享，完善海外技术支持体系；

四是瞄准关键核心技术,科学组织运行,强化项目全生命周期过程管理;五是应对能源革命,明晰发展路径,科学谋划新能源业务发展;六是加快信息化建设步伐,优化顶层设计,推进数字化转型智能化发展;七是提升创新质量,培植重大成果,探索成果推广转化创效新路径;八是面向世界科技前沿,实施开放共享,全面深化科技创新合作交流。

研究院领导、海外研究中心领导、首席技术专家、副总师、派驻纪检组、院属各部门、各单位党政主要领导,以及西北分院和杭州地质研究院领导与职能部门负责人等150余人在主会场和三个视频分会场参加会议。

研究院召开"战严冬、转观念、勇担当、上台阶"主题教育活动形势任务宣讲会

2020年5月25日,研究院召开"战严冬、转观念、勇担当、上台阶"主题教育活动形势任务宣讲会,研究院院长、党委书记马新华作题为《战严冬、转观念、勇担当、上台阶,全力支撑集团公司打赢提质增效攻坚战》的主题报告。副院长、党委委员雷群主持会议。

马新华指出,2020年年初以来,受新冠肺炎疫情影响,全球经济面临大衰退,国内经济增速大幅下降,国际油价断崖式暴跌,石油石化行业进入"严冬",集团公司生产经营受到前所未有的严重冲击。要认清形势、直面挑战,切实增强推进提质增效的紧迫感,把思想和行动统一到集团公司党组的决策部署上来,变"熬冬"为"冬训",强体魄上台阶,坚决打赢效益实现保卫战。

马新华强调,面对严峻形势和挑战,研究院作为集团公司全球上游业务发展的"一部三中心",应该全面落实支撑公司当前发展、引领公司未来发展两项责任,以提质增效专项行动为抓手,集中力量攻克关键核心技术、加大科技创新力度、加强科技人才队伍建设,以科技创新和管理创效支撑集团公司穿越当前的"至暗时刻"。

马新华要求,要强化党建抓实教育,凝聚夺取降本增效新的强大活力。一是按照集团公司党组要求,把"战严冬、转观念、勇担当、上台阶"主题教育活动作为贯穿全年、覆盖全员的一项重点工作和基础性工程来抓,与提质增效专项行动有机融合、一体推进。二是坚持问题导向、目标导向、结果导向,通过强化形势任务教育、员工思想引导、舆论氛围营造、典型示范引领,强力助推提质增效专项行动方案的贯彻落实。三是深化对标世界一流研究院分析,瞄准战略决策参谋一流、核心业务支撑一流、科技创新引领一流、企业治理能力一流,找出差距挑战、细化奋斗目标、明确实现途径,推动全面从严管党治党、高质量发展,以及治理体系和管控能力、自主创新能力、重大风险防范能力建设迈上新台阶。

研究院领导、海外研究中心领导、首席技术专家、副总师、派驻纪检组、院属各部门、各单位党政主要领导,以及西北分院和杭州地质研究院领导与职能部门负责人等180余人在主会场和四个视频分会场参加会议。

国家油气战略研究中心工作会议召开

2020 年 4 月 8 日，研究院召开国家油气战略研究中心工作会议，国家油气战略研究中心副主任邹才能主持会议，国家油气战略研究中心领导、专家委员会主任、各战略研究部主任及副主任、能源战略综合研究部全体员工等参加会议。

会上，人事处（党委组织部）王盛鹏处长宣读国家油气战略研究中心组织机构调整及领导任职文件，能源战略综合研究部张国生主任作国家油气战略研究中心工作汇报，国家油气战略研究中心专家委员会主任院士赵文智对战略中心工作提出意见建议，国家油气战略研究中心主任马新华院长作总结讲话。

根据研究院"一部三中心"定位职责和构建高层次战略参谋部的需要，研究院党委决定对国家油气战略研究中心组织机构调整和人员充实完善，成立能源战略综合研究部，同时依托科研单位设立八个战略研究部，形成"1+8"的组织运行体系。国家油气战略研究中心发展定位为油气战略、能源安全研究咨询机构，主要围绕国家和集团公司油气发展战略、我国能源供应安全、全球能源发展态势等领域，自主与联合开展综合性、前瞻性、战略性研究，为国家和集团公司在能源领域决策提供支撑。

赵文智指出，国家油气战略研究中心在工作中要牢牢把握"国字号"研究中心的定位，在新形势下全力做好对国家能源局和集团公司的战略决策支撑。

马新华对国家油气战略研究中心下一步工作提出三点要求，一要提高政治站位，真正把思想和行动统一到中央、集团公司和研究院党委决策部署上来。深入学习贯彻习近平总书记重要指示批示精神，聚焦集团公司"三个 1 亿吨"部署，围绕研究院 2020 年工作会议"做高战略决策支持"指导思想开展工作。二要强化使命担当，尽快推动各项工作开展。做实国家能源局决策支持、做高战略课题研究、做强《决策参考》特色品牌、做精形势报告、做响高端会议。三要加强队伍建设，做到精诚合作、无缝连接、科学部署、精准发力，学以增智、学以致用、固本培元、心存敬畏，全力支撑国家油气战略研究中心做实做大做强。

邹才能在总结发言中表示，国家油气战略研究中心全体干部员工要学习领会 3 月 31 日集团公司软科学研究与管理专题部署会的会议精神和两位领导的讲话精神，充分发挥战略研究合力，为世界一流研究院建设添砖加瓦、为一流高端智库建设贡献更大力量。

研究院举办《全球油气勘探开发形势与油公司动态（2020 年）》发布会

2020 年 9 月 22 日，国家油气战略研究中心和研究院在北京联合举办《全球油气勘探开发形势及油公司动态（2020 年）》发布

会。来自国家能源局、国务院发展研究中心、自然资源部、中国地质调查局、中国石油、中国石化、中国海油、中化集团、振华石油、延长

石油、中国科学院、中国石油大学(北京)、中国地质大学(北京)等相关部委、企业、高校、研究机构的110余位领导、院士和专家以及近十家新闻媒体参加发布会。

随着中国经济的持续发展,油气对外依存度逐年快速攀升,合理有效利用国外油气资源,缓解国内能源需求压力,成为中国国家油公司和有志参与国际油气合作的各类企业的责任,更是国家油气战略研究中心义不容辞的义务。尤其是在2020年受国际油价暴跌和新冠肺炎疫情的"两面夹击",石油企业的油气产品销量、价格和利润均出现大幅下挫的形势下,《全球油气勘探开发形势及油公司动态(2020)》的发布恰逢其时,为中国油公司、政府管理部门及油气行业相关机构"走出去"拓展海外油气业务、制定发展战略提供了依据和参考,对中国油公司共克时艰、求发展、谋长远,提升海外油气合作水平意义重大,为做大做优国家油气战略研究中心的平台作用,统筹优势资源和力量,建成国家倚重、社会信任、特色鲜明、国际知名的油气上游战略智库发挥重要推动作用。

中国石油测井企校协同创新联合体揭牌

2020年5月29日,"中国石油测井企校协同创新联合体"签约暨揭牌仪式在北京举行。研究院院长马新华、中国石油大学(华东)校长郝芳、中国石油大学(北京)校长张来斌共同为联合体成立签约并揭牌。

马新华指出,当前全球油气勘探正由浅层向超深层、由浅海向深海、由常规向非常规进军,作为发现和探明油气藏的关键技术手段,测井面临诸多难题和挑战。创新联合体的核心在于联合和创新。要注重瞄准世界油气测井行业前沿领域,聚焦中国石油重大技术需求,强化基础研究,引领关键核心技术发展,突出核心技术突破应用的示范性。

郝芳表示,创新联合体是企校联合、科教融合的重要形式和手段,对推动石油工业和教育也具有重要意义。

作为创新联合体的技术负责人,中国工程院院士李宁强调,中国石油测井企校协同创新联合体是一项长远战略,同时联合体也是一种创新开放的科研组织形式,未来将继续吸纳有能力、有意愿合作的企业单位和院校加盟。

研究院入选国家创新人才培养示范基地

2020年,研究院入选国家创新人才推进计划创新人才培养示范基地。研究院是该计划实施以来油气领域唯一入选的科研单位,标志着研究院建设国家级平台取得重大突破。

创新人才推进计划由国家科学技术部发起并组织实施,旨在通过创新体制机制、优化政策环境、强化保障措施,培养和造就一批具有世界水平的科学家、高水平的科技领军人才和工程师、优秀创新团队和创业人才,打造一批创新人才培养示范基地,加强高层次创新型科技人才队伍建设,引领和带动各类科技人才的发展，为提高自主创新能力、建设创新型国家提供有力的人才支撑。

入选创新人才推进计划，展现了研究院优质的人才培养工作基础、突出的科研领域特色和较强的科研实力，对研究院打造人才培养政策、体制机制特区，发挥示范、辐射和带动作用具有重要意义，为青年人才、拔尖人才、人才国际交流与合作等全方位高层次人才培养提供新的保障和动力。同时，对研究院建设具有原始创新能力和重要核心技术的科技创新基地起到加速推动作用。

中国石油成立国内首个储气库评估中心

2020 年 6 月 9 日，中国石油在京挂牌成立中国石油储气库评估中心。标志着储气库业务向专业化建设与管理迈进一步，有助于储气库业务科学、规范、有效、可持续发展。

评估中心是国内第一个储气库专业评估机构，采用"一大四小"架构，依托储气库公司运行，库容、井工程、安全及经济四个分中心分别由研究院、工程技术研究院、规划总院、石油管工程技术研究院牵头组建和运行。研究院负责储气库库容评估分中心，主要承担库容评估技术和指标体系建设、指导地区公司储气库库容评估、负责集团公司储气库年度评估报告以及相关技术培训交流和人才培养等工作，为储气库优化调整、市场化经营、有效益可持续发展提供重要的技术支撑。

规划建设、科技创新、安全注采、效益运行以及快速有效地提高储气调峰能力，是当下及未来储气库的一项长期的重要工作。储气库评估中心的成立，将加快建立与我国复杂地质条件相适应的成套评估技术体系，推动储气库为 2023 年实现储气能力目标提供强力技术支持和保障。

第 29 届孙越崎能源科学技术奖颁奖

2020 年 10 月 16 日，第 29 届孙越崎能源科学技术奖颁奖大会在北京举行。马新华、郭建春等获能源大奖。

第 29 届孙越崎能源科学技术奖评选出能源大奖 4 人、青年科技奖 20 人、家乡教育奖 9 人、优秀学生奖 165 人。中国石油勘探开发研究院院长、党委书记马新华，西南石油大学副校长郭建春，山东能源集团首席技术专家孟祥军，西安科技大学教授、长江学者毕银丽荣获能源大奖。中国石油石油管工程技术研究院冯春等 20 人荣获科技青年奖，中国矿业大学孙越崎学院的李炳宏等 165 人荣获优秀学生奖。

能源大奖获得者马新华、郭建春、孟祥军、毕银丽等分别作题为"四川盆地油气勘探开发新成果与新认识""压裂酸化改造技术现状与发展趋势""微生物复垦与生态自修复演变"等主题汇报。

集团公司纳米驱油技术先导试验取得实效

2020 年 5 月底,由研究院和集团公司多家单位联合研发的纳米驱油技术在长庆姬塬油田先导示范区试验取得新进展,实施 9 口注入井,不到 10 个月,对应 38 口采油井,自然递减率由 1.48% 下降至负 0.7%,累计递减增油 1712 吨,实施效果明显,有望成为油藏水驱进一步提高采收率和储量动用的主体技术。纳米驱油剂使原来无法建立水驱驱替关系的超低渗储层,建立水驱驱替关系,转变超低渗油藏开发方式,深化低渗透油藏水驱开发理论,规模应用潜力巨大,对油田增加可采储量、提高采收率具有里程碑意义。

2011 年,集团公司科技部创新提出“尺寸足够小、强憎水强亲油、分散油聚并”的纳米智能驱油战略思想,设立纳米智能驱油剂研制颠覆性研究课题。研究院随即建立集团公司纳米化学重点实验室,支撑研制纳米智能驱油剂。在近 10 年攻关研究中,纳米智能驱油研发团队针对鄂尔多斯盆地油藏地质结构和驱油机理,通过纳米驱油机理基础课题研究,发展经典的提高采收率理论,取得新认识,分析提出针对油田注水困难的主要原因是普通水分子氢键缔合作用形成“超级弱凝胶”。纳米驱油剂减弱或消除水分子间氢键缔合作用,使普通水变成小分子水,即纳米水,能够抵达常规水驱难以波及的低渗区域,增加可采储量,提高采收率。研制出的纳米驱油剂产品,增加常规水驱不可波及的低渗透区域波及体积,可大幅度提高可采储量。

纳米驱油技术 2018 年入选国家“引发产业变革的重大颠覆性技术”,并被集团公司评为“未来 10 年极具发展潜力的 20 项油气勘探开发新技术”之一,2019 年入围集团公司“十大科技进展”项目。

中国首口海陆过渡相页岩气风险探井压裂成功

2020 年 4 月 19 日,研究院压裂酸化技术中心完成煤层气公司吉平 1H 井全部 23 段水平井压裂施工,创造单井用液量、单井加砂量、单段加砂量和单段加砂强度等多项技术新指标,标志着国内第一口海陆过渡相页岩气水平井重点风险探井压裂成功。作为海陆过渡相页岩气风险探井,吉平 1H 井具有储层塑性强、地层压力系数低、天然裂缝不发育、钻遇岩性复杂多样等特征。为加快落实资源潜力,探索规模建产可行性,集团公司高度重视这口井的压裂试气工作。

按照勘探与生产分公司统一部署,研究院压裂酸化技术服务中心成立专项技术团队,重点负责整口井的压裂设计及现场实施的监督指导。技术团队经多次方案论证,最终制定地质工程一体化、段内不同簇数、小簇间距、高强度加砂、连续加砂模式、不同砂粒径比例及暂堵方式等技术对策。

吉平 1H 井压裂施工的成功,探索适应海陆过渡相页岩气压裂技术,充分认识海陆过渡相页岩储层的特殊性,积累具有针对性的压裂工艺方法和经验,为中国石油稳油增气拓展新的资源领域。

研究院召开改革三年行动实施部署会暨对标世界一流管理提升行动启动会

2020年11月20日，研究院召开改革三年行动实施部署会暨对标世界一流管理提升行动启动会。研究院总会计师曹建国主持会议并讲话，驻研究院纪检组、院机关各部门负责人及相关人员参加会议。

曹建国指出，改革三年行动实施与对标世界一流管理提升行动是贯彻落实习近平总书记重要指示批示精神的重要举措，是对国企各项改革重大举措的再深化再落实，是贯彻党的十九届四中全会精神的具体行动。研究院要深刻理解集团公司关于改革三年行动及对标提升世界一流的目标要求、核心要义，结合研究院中长期发展战略规划目标及"十四五"规划要求，统筹谋划三年行动各项改革任务落实落地，真正实现高质量发展。

曹建国强调，开展改革三年行动与对标世界一流管理提升行动，重点要做好四个方面工作：一是成立改革三年及对标管理提升工作领导小组，明确职责分工，进一步落实牵头部门与配合部门，形成工作合力，切实推动方案编制工作落实落地。二是贯彻落实国务院国资委及集团公司有关文件精神，结合实际、超前谋划、系统思考，将改革三年行动和对标世界一流管理方案编制工作与院"12345"发展目标和"十四五"规划编制结合，统筹推进各项工作。三是坚持一张蓝图绘到底，牢牢把握改革三年行动与对标世界一流的主线，充分发挥"一部三中心"的定位职责，从整体发展进行谋划，全面提升管理水平，增强研究院的竞争力、创新力、控制力、影响力和抗风险能力。四是充分发挥各部门专业优势，完善研究院制度建设，持续深化业务结构转型，持续提升自主创新能力，探索推进混合所有制改革，建立健全研究院运行机制，突出抓好党的领导和党的建设，确保研究院各项改革部署稳步有序落实。

中国石油与香港科技大学学术交流活动在研究院举办

2020年1月15日，中国石油与香港科技大学学术交流活动在研究院举办。本次会议由集团公司人事部、科技管理部主办，研究院承办。来自集团公司、香港科技大学的160余人参加本次活动。

香港科技大学5名专家教授围绕人工智能与大数据的主题作分享报告，展示香港科技大学人工智能的实力和一批国际领先成果。

研究院、规划总院、化工院、东方物探、中油测井5家科研生产单位介绍大数据和人工智能在石油应用方面的19项需求。其中，研究院提出勘探开发和工程领域等7个方面的需求和合作方向；规划总院围绕智能炼厂、智慧物流、智慧加油站、智能管网、智慧燃气方面强化研究和核心产品的研发提出合作建议。两家单位分别与香港科技大学签署合作意向备忘录。

集团公司人事部、科技管理部相关负责人表示,中国石油将集中优势力量加大科技攻关力度,大幅提高油气可视化,对发展人工智能等新技术提出明确要求。通过本次交流,双方相互了解,寻找能够合作的突破点,从而将学术知识更好地转换为生产力。

马新华一行到深圳调研

2020年12月14—15日,研究院院长、党委书记马新华一行到深圳华为技术有限公司和深圳清华大学研究院调研。研究院副院长雷群、邹才能、穆龙新,总会计师曹建国,总地质师胡素云,驻勘探开发研究院纪检组组长吴忠良,党委副书记、工会主席郭三林,以及相关职能部门与科研单位负责人陪同调研。

12月14日,马新华一行到深圳华为技术有限公司,参观华为总部园区和企业ICT(信息与通信)数字化转型展厅、华为智能运营中心、全球网络安全与隐私保护透明中心,听取华为在企业文化与核心价值观、研发管理制度与IPD(集成产品开发)流程变革、数字化转型实践与经验以及智慧园区运营方面的专题介绍,与华为企业BG(业务集团)常务副总裁马悦、华为云人工智能领域总裁贾永利等举行座谈。双方围绕科技研发管理、数字化转型、智慧园区建设、企业文化发展和未来业务合作方向等方面开展深入交流和热烈讨论。副院长穆龙新与华为北京政企业务总经理张东亚代表双方签署战略合作框架协议。

马新华表示,华为技术有限公司是全球领先的信息与通信技术解决方案供应商,是中国最具国际竞争力的企业之一,是民族科技的骄傲。华为公司运营管理的先进理念和经验给大家提供很多启发和借鉴,"以客户为中心,以奋斗者为本,长期坚持艰苦奋斗"的企业价值观给大家留下深刻印象。华为作为世界一流科技公司的企业文化、发展思路、管理模式,以及在信息技术研究领域的国际化视野、专业性研发能力、开拓进取的创新精神,将会为研究院推动信息智能化建设、打造智慧研究院、推动中国石油上游领域数字化转型发展提供强大助力。希望双方以这次交流和签约为契机,进一步增进友谊、深化合作,明确战略合作的总体目标和攻关方向,努力实现优势互补、互利共赢,合力为中国石油建设世界一流综合性能源公司做出新贡献。

马悦表示,华为公司愿充分发挥在企业数字化转型、数字平台、信息化基础设施等领域的资源优势,深入探索5G、云、人工智能、大数据等新一代ICT技术在勘探开发研究院信息智能化建设中的实践应用,助力研究院信息智能化发展和中国石油数字化转型。

12月15日,马新华一行到深圳清华大学研究院,参观展厅和智慧油气研发中心实验室,听取深圳清华大学研究院院长嵇世山介绍本单位历史沿革、发展现状和重点孵化项目,智慧油气研发中心主任龙威博士介绍自主研发的油气基因检测技术及产业化应用情况,技术创新部晢成部长介绍与大型央企合作的情况与进展。双方围绕科技成果转化及机制体制创新等问题展开务实热烈的讨论,对下一步合作方向和重点达成许多共识。研究院总地质师胡素云和深圳清华大学研究院常务副院长刘伟强代表双方签订战略合作框架协议。

在交流研讨中,马新华介绍研究院基本情况和成果转化方面存在的问题,对深圳清华大学研究院体制机制创新及所取得的创新孵化成果给予充分肯定。马新华表示，深圳清华大学研究院成功的经验值得总结和推广，研究院要解放思想，与深圳清华研究院加强交流合作，充分借助外部资源，突破瓶颈和束缚，瞄准难点和堵点，细化工作方案，在新形势下探索出一条科技体制机制改革的有效路径。

稽世山表示，深圳清华大学研究院将与研究院通力合作，共同遵循"优势互补、资源共享、共赢发展"原则，充分发挥各自特色和优势，聚焦能源行业重大技术需求，探索构建产学研用深度融合的科技创新孵化体系与机制，助力国家能源安全与创新驱动发展战略实施。

研究院组织国际化青年英才 "跨专业、跨学科、跨领域"综合能力培训班

2020年12月10—11日，研究院在中国石油运输公司组织国际化青年英才"跨专业、跨学科、跨领域"综合能力培训班，50名学员参加培训。

培训聚焦学科交叉综合能力提升和石油科技前沿与创新，邀请多名院士和专家等进行授课。培训充分尊重青年特点，注重互动分享，现场学习和团队合作，收到良好的效果。通过分组讨论和学员分享，以科技创新驱动高质量发展为主题，针对人才国际化的短板与方向、科技创新的切入点和着力点以

及青年英才培养方式方法和课程设置等进行深入的探讨和交流。

此次培训打破专业、学科、领域的壁垒，采用学术研讨、头脑风暴等多种形式，进行"跨专业、跨学科、跨领域"学术交流，促进跨界合作、学科交叉和科技创新，加强研究院青年成为复合型国际化人才的责任感、使命感和紧迫感，增进研究院三期国际化青年英才培训班学员之间的学习交流，为研究院业务全球化打下坚实的人才基础。

研究院全力抓好新冠肺炎疫情防控工作

新冠肺炎疫情发生以来，研究院党委立即行动、紧急动员，贯彻落实集团公司党组书记、董事长戴厚良到研究院检查指导工作时关于"一手抓好疫情防控、一手抓好科研生产"的指示精神，围绕零确诊和零疑似的"双零"目标，坚持"六个一"，对全院疫情防控工作和科研生产工作进行全面部署，确保职工群众身体健康和科研生产平稳运行。

第一时间启动应急响应，坚决把职工群

众健康安全放在第一位。研究院党委提高站位，坚持把疫情防控工作作为当前重大政治任务来抓，第一时间启动应急响应，建立健全领导机构，成立由院长、党委书记马新华担任组长的新型冠状病毒感染肺炎疫情防控领导小组，全面领导院防疫工作。召开多次疫情防控工作会议，学习传达习近平总书记重要指示精神和党中央重大决策部署，贯彻集团公司和北京市相关工作要求，迅速制订下发

《关于进一步加强新型冠状病毒感染肺炎疫情防控工作的通知》《新型冠状病毒感染肺炎疫情防控工作方案》和《关于在疫情防控期间灵活安排工作的通知》等文件通知,全面部署各项防疫工作。研究院党委强调坚决把职工群众健康安全放在第一位,升级管理举措,构建起一套完整的疫情防控体系和配套措施,确保疫情防控各项工作安全有序开展。

坚守疫情防控第一线,切实扛起疫情防控第一责任。研究院党委书记切实担负起防疫工作第一责任人责任,带头坚守疫情防控第一线,确保疫情防控责任层层落实到位。各基层党组织负责人作为各单位防疫工作第一责任人,统一思想认识,不折不扣贯彻落实研究院党委决策部署,推动各项措施扎实落地。迅速建立完善人员流动状况信息收集与及时填报制度,全面动态掌握全院员工动向及身体状况,盯紧盯准重点群体。落实上级关于疫区返京人员的隔离要求,做好隔离措施,落实责任,后勤保障到位。配合街道和社区,加强院内外社区管理,严格管控车辆和人员出入,并做好电梯、卫生间、办公室等重要部位保洁消毒工作。多种渠道紧急调配口罩、测温枪、消毒液、防护服等基本防疫物资,科学发放使用,优先满足防疫一线人员工作需求。充分发挥各基层党组织战斗堡垒和党员先锋模范作用,注重依靠群团力量,加强驻院纪检组监督执纪,凝心聚力,共同做好防疫工作。

落实集团公司董事长"三个1亿吨"要求,前线后方科研生产一体化运行。集团公司董事长戴厚良到研究院检查指导疫情防控工作时强调,集团公司2020年工作会议明确提出,要全力推动国内油气产量当量突破2亿吨、海外油气权益产量当量在1亿吨以上,稳定增长。研究院要不忘初心、牢记使命,大力弘扬石油精神,切实担当起找油找气的重要责任,深入思考如何以科技创新支撑公司当前发展、引领公司未来发展,为集团公司创建世界一流示范企业做出新贡献。研究院坚决贯彻落实戴厚良指示精神,根据中央、集团公司和北京市相关要求,疫情期间抓好灵活办公,实现前线后方科研生产一体化运行,确保安全健康前提下科研生产各项工作稳妥向前推进。严格按照返岗要求安排返岗复工人员,做好复工人员体温测量、消毒、餐饮等安全保障工作。要求各科研单位认真学习戴厚良指示精神,立足岗位实践,结合"十三五"规划收官和"十四五"规划编制工作,围绕更好支撑公司当前发展、引领未来发展,保障实现"三个1亿吨油气当量"等问题开展深入思考。所长、项目长和课题长梳理科研生产工作要点、细化任务安排,给居家办公人员布置一系列非涉密的资料汇总、论文撰写、软件编程等工作。非担负紧急任务的科研人员通过电话、网络等灵活方式居家办公完成相应科研任务,确保科研生产工作平稳运行。

马新华到西北分院帮扶点调研脱贫攻坚工作

2020年10月21日,研究院院长、党委书记马新华一行到西北分院帮联的甘肃庆阳镇原县新集镇吴塬村调研脱贫攻坚帮扶工作。研究院西北分院院长杨杰、党委书记陈蟒蛟,镇原县委副书记张笑阳、新集镇镇长张永璞等陪同调研。

马新华参观由西北分院援助建办的众富黄花菜加工基地和扶贫车间,访问农户薛进张、李金娟家，并出席吴塬小学扶贫助学捐赠仪式和电教室揭牌仪式。

马新华指出，2020年是脱贫攻坚收官之年，全国上下齐心协力，攻坚克难，各帮扶单位合力攻坚，使乡亲们的生产生活条件有了明显改善，乡村面貌焕然一新。近年来，按照甘肃省委工作部署，研究院全面履行央企定点帮扶责任，组织扶贫工作队深入开展帮扶工作，推动村支部阵地建设、文化下乡、村级主干道亮化，开办爱心超市，组织评选致富带头人、"孝老敬亲"模范、"五净一规范"家庭，树文明新风，推进整村脱贫目标如期实现，充分履行中国石油的政治责任和社会责任。

马新华强调，扶贫必扶智，促进教育事业发展是全村脱贫致富的根基，研究院坚持立足教育扶贫，坚持每年为学校捐赠图书文具、文体用品，发放新录取本科生助学奖、援助吴塬小学和大湾掌小学建成电教室。孩子们可以利用网络资源丰富知识、开阔视野、增进学识、增加技能。希望孩子们勤奋学习，学以致用，成为乡村振兴、民族复兴的栋梁之材，为祖国创造出更加美好的明天。

院士李德生献爱心

"我是李德生。我和老伴要向组织交纳两万元大额党费，支援抗疫一线的同志们。请党组织接受。"接到98岁高龄的离休干部、老党员李德生院士的电话，研究院离退休职工管理处立即向院党委组织部汇报李院士的请求。

随后，离退处处长王凤江和院党委组织部江珊来到李德生家中。李德生郑重地把早已装好的两万元大额党费递到他们手中，满怀深情地说："一方有难，八方支援。在这个全国人民共患难、渡难关的关键时刻，我们一定要为党、为人民做些力所能及的事情，奉献一点微薄力量，为奋战在一线的工作人员战胜疫情增加一分信心和决心。"

李德生是中国科学院院士、石油地质学家，1949年参加工作，长期从事石油勘探开发和地质研究工作，是大庆油田发现过程中的地球科学工作者之一。离休后，他时刻不忘践行初心使命，用实际行动诠释着"离休不离党，退休不褪色"的诺言。

第二篇

职能部门

驻勘探开发研究院纪检组

【概况】

2017年9月,按照集团公司《关于党组纪检组派驻纪检组机构编制有关事项的通知》(人事〔2017〕352号)文件精神,成立驻勘探开发研究院纪检组。

组长:吴忠良,主持纪检组全面工作。负责纪检队伍建设、组内干部教育管理、政策理论研究、制度建设和对外宣传统筹协调等工作。协助驻在单位党委开展党风廉政建设与反腐败工作和党内巡察工作。

书记、副组长:宁宁,负责党风监督、履职监督、巡视巡察等工作。负责党支部工作。

副组长:刘明锐,负责信访与案件监督管理、执纪审查组织等工作。联系规划总院。

副组长:郑海新,负责执纪审理、合规管理监督、HSE管理、专项检查等工作,参与安全事故和环境事件调查工作。联系研究院。

张瑞雪(正处级纪检员):负责廉洁从业教育、廉洁风险防控、合规管理监察、案件审理等工作。

王子龙(副处级纪检员):借调集团公司工作。

彭建春(高级主管):负责问题线索处置、立案审查、联合监督、执纪安全管理、保密管理、党群组织等工作。

李世欣(高级主管):负责信访举报受理、问题线索管理、综合性文字、电子监察、教育培训、宣传、统计、档案管理、文书、内部核算、行政事务和对外联络等工作。

截至2020年底,驻勘探开发研究院纪检组在册职工6人。其中男职工5人,女职工1人。当年,刘明锐、张瑞雪调离。

【业务工作情况】

2020年,驻勘探开发研究院纪检组在使命引领、形势任务相统一的基础上,坚持问题导向,落实两个责任,着力强化政治监督。在统筹兼顾、一体推进监督全覆盖的基础上,坚持聚焦重点,补齐短板,做实做细日常监督。在找准职责定位、深化"三转"的基础上,坚持融入中心,主动服务大局,着力推进研究院改革发展。在精准运用"四种形态"、一体推进"三不"的基础上,坚持严管厚爱相结合,着力实现政治效果、纪法效果和社会效果的有机统一。在培育政治素养、提升履职能力的基础上,坚持强化自我监督自我约束,着力推进纪检工作高质量发展。最终形成体制机制不断完善、履职能力明显提升、高压态势有效巩固、政治生态向善向好的局面。

一、着眼提高整体性,构建纵向联动监督体系,推进监督工作深度

整合监督力量,上下联动,推进监督下沉落地,构建"派驻纪检组+下级纪委+基层党组织纪检委员"的协同监督体系。强化下级纪委专责监督作用,及时化解各类矛盾。制定《关于加强驻在单位基层党组织纪检委员落实党风廉政建设监督责任的实施意见》,明确纪检委员监督六项职责,落实责任清单,完善沟通联络机制和考核评价机制,首次落实纪检委员年度工作报告制度,做好对班子成员"画像"评价工作,切实发挥基层纪检委员在监督体系中"神经末梢"作用。

二、着眼提高实效性,构建横向协同监督体系,拓宽监督工作广度

牵头组织,统筹协调,强化监督检查,构建形成成果运用共通共享、工作衔接协调协同的监督工作机制。做好节假日期间"四风"问题、公务用车使用情况、形式主义官僚主义问题等专项监督检查;针对化公为私问题、以食堂采购名义公款购买地方特产或礼品用于送礼、领导人员及其亲属违规经商办企业、领导干部利用名贵特产类特殊资源谋取私利等问题，牵头开展专项检查；针对重要会议决议和上级文件落实、专项资金使用、市场准入、党费使用、科研项目管理及经费计划落实情况，组织开展专项检查和自查自纠。全年共召开联合监督会4次，以各种形式开展监督检查共41项。

三、着眼提高针对性，聚焦"三个关键"，提升监督工作精准度

针对监督执纪过程中发现的个别单位信访数量集中、班子合力不强等问题，聚焦"关键少数"，落实党内谈心谈话制度，及时与主要领导和分管领导沟通交流，推动压实主体责任和"一岗双责"。聚焦关键环节，强化对权力运行的监督和制约，通过参加重要会议，加强决策过程的监督。全年对拟提拔、进一步使用人选、评先选优表彰人选等回复党风廉政意见共428人次，根据信访受理和线索处置情况，提出暂缓提拔4人次的意见建议。聚焦招生面试、"三重一大"事项、领导干部选拔任用等关键领域，规范管理，保障制度的执行力。

【党建与精神文明建设】

截至2020年底，驻勘探开发研究院纪检组党支部有党员6人。

党支部：书记宁宁，委员吴忠良、郑海新、李世欣。

工会：主席彭建春。

2020年，驻勘探开发研究院纪检组党支部坚决贯彻落实中央纪委、集团公司纪检监察组和研究院党委的工作部署，加强党建工作，增强"四个自信"，坚定"四个意识"，坚决做到"两个维护"，为研究院科研发展提供坚强纪律保障。

一、履行党建工作责任

坚持把党的政治建设摆在首位，增强政

治敏锐性，提高政治觉悟。制定党支部全年党建工作计划，包括指导思想、重点工作和进度安排，并严格执行。深化"四个诠释"岗位实践、开展红色主题教育活动等八项重点工作。全面推进党风廉政建设和反腐败工作，强化"两个责任"、落实"一岗双责"。落实组务会等各项制度，加强内部学习和交流，促进政治能力和业务能力"双提升"。

二、加强领导班子和干部队伍建设

适应新形势新任务新要求，加强组内班子建设，发挥"头雁效应"，高标准锻造纪检监察铁军。聚焦监督第一职责，探索创新监督检查；贯通运用"四种形态"，有力减存量、有效遏增量精准实施审查调查，提升审查调查工作质效。力戒形式主义、官僚主义，持续深化组内作风建设活动，加强自我监督管理，坚决防止"灯下黑"。抓好组内全员及驻在单位纪检委员培训，组织开展实践性理论研讨，推动领导班子和干部队伍建设不断迈上新台阶。

三、强化基层党建工作

坚持"三会一课"，学习《习近平谈治国理政》第三卷、《习近平总书记全国两会讲话》等，深入研讨，下发学习资料和辅导读本，推动党的路线方针政策和党中央重大决策部署不折不扣精准落实。扎实开展"战严冬、转观念、勇担当、上台阶"主题教育活动，组长带头讲党课，组织参观香山革命纪念地和平西抗日纪念馆等活动，进一步提高思想认识，增强政治自觉。

四、加强党风廉洁建设

强化"两个责任""一岗双责"落实，坚持党支部工作与监督执纪工作同安排、同部署、同落实、同检查、同考核。推进三不腐机制建设，严肃执纪问责。加强信访举报归口管理，严格问题线索交办督办，健全交叉办案、联合办案、督察督办等工作机制。对巡视巡察发现问题督促整改落实,督促受处分干部在民主生活会上主动说明被约谈、诚勉、受处分及整改情况,让红脸出汗成为常态。强化廉洁风险防控工作的建立和实施,针对风险点倒查相关制度规定,在制度中增加负面清单,强化追责,切实增强制度的体系化和实用功能。通过"四个诠释"岗位实践、网上答题竞赛、纪检委员培训等方式开展廉洁教育,增强党员干部政治定力、纪律定力、道德定力和抵腐定力。

【大事记】

11月14日,刘明锐任中国石油大庆炼化公司纪委书记(中油党字〔2020〕186号)。

11月27日,张瑞雪任中国石油勘探开发研究院海外研究中心纪委书记(勘研党干字〔2020〕14号)

(卜海、吴忠良)

办公室（党委办公室）

【概况】

办公室（党委办公室）是研究院政务、事务综合协调部门，是沟通上下、联系左右、协调内外的中枢机构。肩负着为研究院领导服务、为科研服务、为基层服务等主要职责，对于全院各项工作的协调、组织和推进具有十分重要的作用。

2020年，办公室（党委办公室）全面贯彻落实集团公司和研究院2020年重要会议精神和部署要求，坚持"服务领导、服务科研、服务机关、服务基层"工作职责，统筹抓好综合协调、服务保障、决策参谋各项重点工作，做到办文办事快捷稳妥、信息传递及时准确、调查研究有的放矢、内部协调规范顺畅，保障全院政令畅通和科研生产顺利开展。

主任：张宇（至12月），赵玉集（12月起）。负责组织、协调和推进全面工作。负责研究院领导日常办公和公务活动安排，研究院重大决策、重要工作情况检查督办以及日常事务管理。

书记：刘志舟（至3月），张宇（3—12月），赵玉集（12月起）。作为第一责任人负责党建、意识形态与全面从严治党工作。负责分管岗位（科室）党建、意识形态与党风廉政建设工作。

副主任：刘志舟（至6月），负责研究院重要文件起草、综合性材料组织、深化改革推进、研究院保密管理等工作。

副主任：张士清（至12月）。负责分管岗位（科室）党建、意识形态与党风廉政建设工作。负责重要会议及活动组织、筹备、接待和

日常值班工作，与上级部门、友邻单位、地方及研究院各部门之间协调沟通，研究院办公楼、职工住宅楼管理分配等工作。分管综合岗和信访岗。

信访办主任、保密办主任：张士清（至12月），赵玉集（12月起）。负责维稳信访和保密管理工作。

副主任、副书记：李芬。作为直接责任人负责党建、意识形态与全面从严治党工作。负责分管岗位（科室）党建、意识形态与党风廉政建设工作。负责办公室（党委办公室）和党风廉政建设工作。分管党务岗。3月起免去副书记职务。

副主任：熊波（至3月）。负责分管科室党建、意识形态与党风廉政建设工作。负责廊坊院区日常管理工作。

副主任、保密办副主任：张红超。负责分管岗位（科室）党建、意识形态与党风廉政建设工作。负责重要文件、领导讲话和工作总结等文字材料的起草、政策研究、年鉴编纂、保密管理等工作。分管政研岗。

副主任：徐斌（6月起）。负责分管岗位的党建、意识形态与党风廉政建设工作。负责文电管理、印章管理、院重大决策、重要工作的督察督办。分管文秘岗。

副主任、信访办副主任：史立勇（12月起）。协助主任抓好综合管理和信访维稳工作。兼任准噶尔盆地研究中心党支部副书记，分管综合岗、信访岗。

2020年6月，办公室（党委办公室）根据工作需要，撤销原政策研究室、秘书一科、秘

书二科、保密管理科、接待管理科、生产调度科、房产科等7个科室;全面推行岗位管理,下设政研岗、党务岗、文秘岗、综合岗、信访岗5个岗位。

政研岗:负责组织调研,起草研究院向总部上报材料及重要建议、研究院领导汇报材料及重要讲话、研究院重要报告及会议纪要,发挥决策参谋作用。高级主管韩伟业。

党务岗:负责研究院党委向中油集团公司党组报送部分报告的组织,党委重要材料起草、党委文件的核稿盖章、党内规章制度制(修)订,党委有关活动、内部会议的组织等工作。主管姚健欢。

文秘岗:负责研究院领导和研究院办公室职工的日常行政管理,承办行政文件登记、传阅和归档工作,负责发送文件信函、管理公章、保密管理等工作。高级主管刘卓、侯梅芳、杨宁、梁爽。

综合岗、信访岗:负责日常服务管理、会议办公设备管理,提供优质的会议服务和接待工作;负责接待来访群众,接收信访件,维护研究院和谐稳定。高级主管史立勇(至12月)。

截至2020年底,办公室(党委办公室)在册职工15人。其中男职工10人,女职工5人;博士3人,硕士12人;高级职称9人,中级职称4人,初级职称2人;35岁及以下5人,36—45岁7人,46岁及以上3人。当年,韩伟业、杨宁、梁爽调入,廖峻入职,李巧云、王影调出。因优化机关职能,房产科赵海涛、吴丹,值班室刘兵、赵泳、赵宝玉、钱瑞春、廊坊院区综合办公室张剑锋、张银红、彭菊凤、赵波、朱洁调出。

【业务工作情况】

2020年,办公室(党委办公室)深入学习习近平新时代中国特色社会主义思想和总书记系列重要指示批示精神,贯彻集团公司2020年工作会议、领导干部会议精神和集团公司领导调研要求,全面落实研究院2020年工作会议、领导干部会议精神和研究院党委部署安排,坚持以服务领导、服务科研、服务基层为工作职责,统筹抓好综合协调、服务保障、决策参谋各项重点工作,做到办文办事快捷稳妥、信息传递及时准确、调查研究有的放矢、内部协调规范顺畅,为确保全院政令畅通和科研生产各项工作顺利开展做出重要贡献。

一、顾大局,坚决抓好疫情防控,高质量完成重大活动组织保障工作

第一时间响应,按要求统筹做好全院防控工作,实现各项工作平稳运行。牵头组织并完成院2020年工作会议暨职代会和领导干部会议相关筹备工作,起草会议材料,上线专题网页,保障会议顺利召开,督促会后贯彻落实,确保会议精神和工作部署覆盖全院。协调组织"战严冬、转观念、勇担当、上台阶"主题教育各项工作,组织完成材料起草、院领导基层调研等工作。完成国家有关部委和集团公司领导到研究院调研和检查的会议组织、服务保障、沟通协调以及材料撰写等工作,为上级领导进一步了解研究院情况、给予政策支持提供坚实保障。协调相关责任单位抓好巡视巡察反馈问题整改工作,确保反馈问题整改落实、取得扎实成效。

二、重实效,严格落实研究院党委工作部署,高效完成重点工作督察督办

强化对研究院党委重点部署的理解力和执行力,加快工作部署传达速度,加强重要事项督察督办力度,创新工作方式方法,高质量推进各项工作。全面参与研究院院长办公会、研究院党委会、研究院领导班子工作例会、科研形势分析会、专题会议及各类重要会议组织工作,起草会议纪要近百篇,向各部门征集材料,及时向院领导汇报,协调会议时间与议题。牵头组织职能部门工作例会,协调推进各项管理和服务保障工作,发挥督察督办作用,切实做到以管理为主转变为以服务为主,充分保障科研生产。

三、求高度,突出决策支撑职能,充分发挥智囊参谋作用

打造决策支持特色品牌,向国家部委报送重要研究信息 17 篇,向集团公司编报高水平《决策参考》35 篇、《工作建议》12 篇,多篇建议获得领导批示和部门关注,研究院被评为集团公司信息工作先进单位。参与编制研究院"十四五"规划,在总体框架和综合规划编制中发挥重要作用。强化年鉴史志工作,加强政策研究软科学研究,提升研究院地位和影响力,研究院被评为集团公司年鉴工作先进集体和集团公司政策研究工作先进集体。

四、抓服务,履行综合协调职能,做好日常管理和保障服务

做好公文及印章管理,推进办公平台建设,提升工作效率。优化会议管理,提高会议质量,做好公务接待,规范公车使用审批制度,做好维稳信访、值班值守等日常工作,推进大院一体化建设和发展。强化保密管理,抓好专项检查和保密宣教。强化研究院商业秘密保护,加强保密软硬件基础设施建设,完善院保密规章制度 4 项,牵头起草集团公司保密制度 1 项,强化保密宣传教育,提高保密意识。持续推进房产管理,抓好服务保障和隐患治理。完成公用房整体规划,推进实验室建设、办公室、职工宿舍调整,加强办公用房安全管理,及时消除安全隐患。

【党建与精神文明建设】

截至 2020 年底,办公室(党委办公室)

党支部有党员 13 人。

党支部:书记张宇(至 2020 年 12 月)、赵玉集(2020 年 12 月起),纪检委员张士清,组织委员李芬,宣传委员徐斌,青年委员张红超。

工会:主席刘卓。

青年工作站:站长姚健欢。

2020 年,办公室(党委办公室)党支部聚焦院党委工作部署,以疫情防控、主题教育等各项重点工作为抓手,以党建质量提升为目标,切实增强党建工作的主动性和创新性,进一步加强党的思想、组织和作风建设,推动党建工作和业务工作深度融合。

一、推动决策部署扎实落地,强化政治引领举旗定向

聚焦党建主责主业,履行抓党建"第一责任人"责任,将业务和党建工作同谋划、同部署、同推进,结合院党委重点工作,制定支部年度计划,确保支部工作踏上制度化、规范化轨道。严格党建责任落实,有序开展支部换届工作,班子成员全部进支委,督促班子成员落实"一岗双责",构建业务党建齐抓并进、深度融合的领导机制。疫情防控期间,落实防控措施,全员提前上岗,为科研生产正常运转和"双零"目标实现提供坚强保证。组织推动院党委制度制修订 10 余项,打造线上系统性制度学习平台,明确制度宣贯执行机制,有力提升研究院党内制度建设质量水平。扎实有序推进无纸化办公进程、办公云平台建设和纸质审批表单线上审批。

二、推动干部员工队伍建设,强化凝聚强大思想共识

精简机构和人员配备,强化责任分工,"一人一岗"充分锻炼全体员工办事能力和担当精神。督促班子成员参加领导干部培训,组织党员进行线上培训,切实提升干部领导能力水平和党员思想政治素养。结合岗位实践搭建真诚交流、平等互助的思想平台,促进干部队伍凝心聚力、团结协作。继续开展"师带徒",加强年轻力量培养,充分彰显青年干事创业激情活力。

三、推动党建基础建设,厚实党支部发展根基

强化党员思想政治教育,严格党内组织生活,狠抓"三会一课"落实,组织召开党员大会5次、支委会12次、党课1次、主题党日12次。深入贯彻落实习近平总书记关于疫情防控等工作重要论述和党的十九届四中全会精神,组织学习《习近平谈治国理政》。利用组织重要会议活动和编纂重大材料契机,深入学习院工作会议、领导干部会议、党风廉政建设会议等会议精神,紧跟上级要求推动各项工作落实。扎实推进"战严冬、转观念、勇担当、上台阶"主题教育活动,按照机关党委部署,制定方案计划,开展基层调研,针对反馈的四方面问题,明确具体举措、开拓思路方法,助推提质增效落实落地。强化督促检查,制定督促检查办法,着力推动方式方法转型升级,全力推进重大决策部署、重要会议决定等落地见效。

四、推动优秀文化源远流长,强化构建和谐良好氛围

严格落实意识形态工作责任,针对苗头性倾向性问题及时分析研判,确保抓早抓小、防患未然。注重宣传工作,在党建平台、院主页发布新闻稿件16篇,弘扬主旋律、传播正能量。组织参观香山革命纪念馆、"一带一路"国际合作高峰论坛展览,观看《夺冠》等爱国主义电影,传承红色基因、弘扬优秀传统文化。关心关爱员工群众,扎实开展谈心谈话,做好节日慰问,组织慕田峪长城秋游、技术比武等文体活动,提升团队凝聚力向心力。

五、推动主体责任压紧压实,强化党风廉政保驾护航

严格落实主体责任,组织全院签订《党风廉政责任书》《廉洁从业承诺书》,设定个性化内容,增强党风廉政建设的针对性实效性。扎实开展警示教育活动,教育党员引以为戒、举一反三,强化廉洁意识,抵制不正之风。强化干部员工服务意识,坚决抵制形式主义、官僚主义,提升部门良好形象。推进建立机关例会制度,构建部门协调机制,定期或不定期进行交流沟通,强化工作安排顶层设计,切实为科研基层单位减轻负担。

【大事记】

3月11日,免去熊波研究院办公室(党委办公室)副主任职务(勘研人〔2020〕34号)。

3月14日,免去刘志舟研究院办公室(党委办公室)党支部书记职务;免去李芬研究院办公室(党委办公室)党支部副书记职务;张宇任研究院办公室(党委办公室)党支部书记(勘研党干字〔2020〕4号)。

6月2日,撤销研究院办公室(党委办公室)原政策研究室、秘书一科、秘书二科、保密管理科、接待管理科、生产调度科、房产科7个科室;全面推行岗位管理,设置:政研岗、党务岗、文秘岗、综合岗、信访岗5个岗位(人事〔2020〕19号)。

6月22日,徐斌任研究院办公室(党委办公室)副主任,免去刘志舟研究院办公室(党委办公室)副主任、保密办主任职务(勘研人〔2020〕109号)。

同日,机关部门内设机构及职能进行优化,将原隶属于研究院办公室(党委办公室)的值班室、房产科人员及业务并入综合服务中心(基建办公室),业务领导归院办公室(党委办公室);将原隶属于研究院办公室(党委办公室)的采购办公室职能调整至科研管理处(勘研人〔2020〕95号)。

12月8号,免去张宇研究院办公室主任职务;免去张士清研究院办公室副主任兼信访办主任职务;史立勇任研究院办公室副主任(勘研人〔2020〕191 号)。

同日,免去张宇研究院党委办公室主任职务;免去张士清院党委办公室副主任职务;史立勇任研究院党委办公室副主任(勘研党干字〔2020〕14 号)。

12 月 10 日,赵玉集任研究院办公室主任,免去其廊坊科技园区管理委员会副主任职务(勘研人〔2020〕204 号)。

同日,赵玉集任研究院党委办公室主任,免去其廊坊科技园区管理委员会党总支书记职务(勘研党干字〔2020〕16 号)。

12 月 25 日,免去张宇研究院办公室(党委办公室)党支部书记职务;赵玉集任办公室(党委办公室)党支部书记(机关党字〔2020〕3 号)。

(廖峻、张红超)

科研管理处

【概况】

科研管理处的职责是负责全院科技发展中长期规划和年度科研计划编制;科研项目组织、协调与管理;科研经费落实、拨款与检查监督;科研成果鉴定、验收与评奖;知识产权保护、技术产品的展览和宣传;科研装备规划及年度计划组织制定与实施;科研设备与实验室管理;科技政策和科技管理办法制定等科技管理工作。

2020年,科研管理处贯彻研究院工作会议精神,着力加强国家、公司重大项目的组织推进,完成年度项目立项、检查评估、经费管理与年度科技成果奖励申报等重点工作;推进页岩油、新能源重点实验室申请建设工作。

院长助理兼科研管理处处长:曹宏。负责全面工作。

副处长:李辉。协助处长抓好全面工作。

科研管理处下设4个岗位。

综合管理岗:负责科技交流与合作、科研经费管理、科技统计等日常工作。高级主管王拥军。

项目管理岗:负责集团公司、板块、院级项目管理工作。高级主管刘磊。

条件管理岗:负责科研设备计划和重点实验室的科研管理工作。高级主管齐明明。

成果管理岗:负责全院知识产权管理、成果申报奖励等管理工作。高级主管杨胜建。

截至2020年底,科研管理处在册职工14人。其中男职工9人,女职工5人;博士(后)5人,硕士9人;教授级高级工程师1人,高级工程师9人,工程师4人;35岁以下2人,36—45岁8人,46—55岁3人。当年,陈建军、赵明清、张弢、熊波、韩永科调离,关

德师退出领导岗位,曹宏调入任院长助理兼科研管理处处长。

【业务工作情况】

2020年,科研管理处贯彻落实研究院工作会议精神,围绕建设世界一流勘探开发研究院和业务全球化战略,加强管理,提升服务,全面完成各项业绩指标,保障科研工作取得丰硕成果,为全面提升管理创新能力提供有力支撑。

一、重点组织年度科研交底、项目检查和成果验收工作,提升管理效能

全面加强24个项目的立项、评估、过程及经费管理,并实行动态调整机制,保证直属院所基金项目成为院青年科技人员培育的试验田和学术增长极;按照"年初交底、年中检查、年底收获"原则,完成各所年度科研交底工作,科研交底到位率90%以上;组织半年科研检查,对照年初重点工作安排和计划任务书,查实物工作量、查进展、查短板、定措施,全院共检查课题630个,占比94%,实现对研究院科研项目质量的全面把控,保证全院科研工作的落实和推进。全年经费拨付及时率100%,全院完成创新成果数60项以上,成果应用率达85%以上。

二、统筹安排申报国家、北京市、集团公司等有关科技成果奖励工作,及时完成院级成果奖励评审工作

组织国家、北京市、集团公司及行业协会等有关科技成果奖励申报与推荐工作,推动院自主研究成果获得集团公司科技进步奖16项,其中特等奖2项、一等奖3项、二等奖8项、三等奖2项;获集团公司技术发明一等奖1项;获得集团公司基础研究奖2项,其中一等奖1项、三等奖1项。

三、完成项目分类分级管理相关制度的制定、试行，推进项目制度落地见实效

修订完善以项目分级定岗、项目分级授权为核心内容的科技项目管理办法，进一步赋予项目长和科研人员自主权，激发科技创新活力。探索全面推行项目制管理的体制机制，实施一级项目授权管理试点，技术发展之路对科研人员的吸引力显著增强。

【党建与精神文明建设】

截至2020年底，科研信息联合党支部有党员13人。

科研信息联合党支部：书记曹宏，副书记兼纪检委员赵明清，组织委员王夏阳，宣传委员乔德新，青年委员李辉。

工会：主席王拥军。

青年工作站：站长王夏阳。

2020年，科研信息联合党支部以"不忘初心、牢记使命"主题教育为契机，提高站位，加强党的建设。

一、提高政治站位，坚决贯彻落实上级各项决策部署

以党的政治建设为统领，着力强化理论武装，夯实党建工作基础。全面贯彻执行党中央、集团公司党组、研究院党委、机关党委决策部署及相关要求，及时传达重要工作会议精神，确保在实际工作中落实落地。组织全体党员学习党章、《准则》和《条例》等，严格遵守党的政治纪律和组织纪律，强化理论武装，促进科研管理业务高质量发展。严格执行"三重一大"决策制度和程序规定，落实支部前置审查程序，对全处重大事项实现集体讨论、民主决策。

二、注重组织建设，夯实党务工作基础

强化领导班子和支委队伍建设，参加各项培训，团队政治素养和业务能力显著提升。明确"一岗双责"，压紧压实党建责任和基层党组织党建工作。严格按照党内选举制度，按期完成党组织换届选举工作，形成更具战斗力、凝聚力的科研信息党建队伍。落实"三会一课"制度，严肃党内政治生活。贯彻落实"将骨干培养成党员、将党员培养成骨干"方针，完成党的发展对象确认工作。合规开展党费的收缴和使用，重要党务活动坚持落实经费前置审查程序，做好党务事项公开工作。按照党员轮训的相关要求，按期组织党员学习党史、新中国史和《全国两会精神解读》《习近平谈治国理政》等书籍。

三、强化作风建设，提高反腐倡廉能力

切实履行"一岗双责"，逐级签订《党风廉政建设责任书》及《干部廉洁从业承诺书》，认真编制主体责任报告及清单。加强警示教育，贯彻研究院相关要求，将四风问题相关典型案例向全处进行传达、警示。组织员工参观"明镜昭廉"明代反贪尚廉历史文化园，筑牢理想信念，坚守廉洁底线。落实机关联系基层制度，与"结对子"单位油田制定计划方案，联合开展活动，进一步加强作风建设。

四、做好青年工作，凝聚干事创业合力

高度重视年轻人才培养，坚持"双培养"原则，在促进业务能力提升的基础上，将年轻同志充实到党支部、工会、青工站等岗位上，提高政治素养，提升综合能力。坚持党建带群团，开创群团工作新局面。组织青年员工参加院2020年青年岗位创新大赛，支持青年工作站与计划财务处、人事处（党委组织部）青工站联合组织开展配音比赛活动；支持工会开展温暖工程、生日会、健步走、观看音乐会、户外秋游、有奖答题等文体活动，提高团队凝聚力，丰富员工文化生活；团结民主党派、无党派人士，邀请参加有关活动，倾听大家对党建工作和业务工作的意见建议，为共同目标持续团结奋斗。

（巴丹、韩永科）

计划财务处

【概况】

计划财务处(简称计财处)是研究院计划、财务工作归口管理部门,主要负责研究院总体规划和投资、项目管理工作,统筹预算管理、财务分析、会计核算、资金管控、资产管理及财务监督等职能的协同协调,发挥决策支持、价值管理和风险管控等作用,确保研究院计划财务工作高效有序运行。

2020年,计财处贯彻集团公司工作部署和研究院工作会议精神,加强预算管理和规划计划执行,强化成本费用管控,扎实推进提质增效专项行动,充分发挥计划财务的管理和监督职能,保证全院科研生产运行,为领导经营决策当好参谋和助手。

处负责人、支部书记:李东堂。主持处全面业务工作、支部工作、支部党风廉政建设工作,负责工会管理、青年管理、规划计划管理、统计管理、造价管理、后评价管理;负责处内涉及西北分院、杭州地质研究院计划财务重大事项协调管理工作。分管综合管理岗、综合计划与造价管理岗。

副处长:高利生。负责海外财务管理工作及处信息化管理工作。分管迪拜技术支持中心、北迪石油科技公司财务管理工作。

副处长:华山。负责支部纪检工作,负责处预算管理、资金管理、资产管理、稽查税价管理及廊坊科技园区管理委员会、物业和公司财务业务的协调工作。协助李东堂分管计划管理工作,分管政策研究与预算管理岗、资金与商业保险管理岗、资产与清欠管理岗、会计与系统管理岗、稽查与内控管理岗。

副处长:苏艳琪。负责支部组织工作,负责处财务核算管理工作。分管股份业务财务管理岗、集团业务财务管理岗。

资深高级主管:宋育红。协助华山负责会计与信息系统以及清欠管理业务。

计划财务处根据具体管理职能设置9个岗位。

综合计划与造价管理岗:主要负责院总体规划和投资、项目管理工作,组织制定相关规章制度;负责编制和下达研究院投资和大修计划,组织执行情况考核工作;负责项目跟踪实施,确保项目工程质量;组织实施项目后评价分析工作;负责全院综合统计管理工作。岗位负责人种盛琦。

综合管理岗:主要负责日常行政事务、制度制定、安全生产、办公设备、办公环境、保密管理、纪律考勤等工作。岗位负责人郭利新。

政策研究与预算管理岗:主要负责财务政策研究及预算的编报、分解、控制、分析、考核等管理工作。岗位负责人宋育红。

股份业务财务管理岗:主要负责股份业务日常财务核算、资金、财务管理工作;做好财务分析工作,为决策提供真实、可靠、完整的财务信息。岗位负责人王雪飞。

集团业务财务管理岗:主要负责集团业务和重大专项日常财务核算、资金、财务管理工作;做好财务分析工作,为决策提供真实、可靠、完整的财务信息。岗位负责人朱艳清。

会计与系统管理岗:主要负责研究院期初建账、规范会计科目、指导日常财务核算;负责岗位分工、协调、检查和考评工作;负责财务决算工作,做好财务分析,为领导决策提供真实、可靠、完整的财务信息;负责财务信息系统维护工作。岗位负责人孙淑岭。

稽查与内控管理岗:主要负责税收、内控、稽查、审计工作;做好审计检查配合工作,及时沟通梳理相关问题,监督各单位对审计问题进行整改落实。岗位负责人余兰。

资产与清欠管理岗:主要负责固定资产、

无形资产核算和报表工作，规范资产日常管理工作，提高资产利用率；主要负责分解落实、检查监督本单位各项往来清欠管理工作，确保完成股份公司下达的年度清欠业绩指标；负责维护单位往来信息，及时清理单位往来款项。资产业务负责人张杨，清欠业务负责人董齐辉。

资金与商业保险管理岗：主要负责研究院资金计划、银行账户、授信担保、商业保险等工作，规范资金管理工作，确保资金使用高效安全。岗位负责人展坤。

截至2020年底，计财处在册职工26人。其中男职工4人，女职工22人，硕士9人，本科12人；资深高级主管1人，高级主管15人，主管6人；35岁以下11人，36—45岁3人，46—55岁10人，55岁以上2人。当年，李凌调入，朱慧颖入职，陈苑、马荣调出，郑晓静退休。

【业务工作情况】

2020年，计财处贯彻集团公司工作部署和研究院工作会议精神，加强预算管理和规划计划执行，强化成本费用管控，扎实推进提质增效专项行动，在全院各部门的大力支持、配合下，通过全体职工上下齐心努力，完成各项工作任务。

一、计划工作

加强投资计划管理，突出质量效益。坚持稳健发展，突出规划引领，把握好"稳增长、调结构、补短板、提效益、防风险"的总体要求，坚持有所为有所不为。

深化项目前期工作，履行和完善投资项目决策程序，组织召开年度基建大修项目审查会，加强项目方案论证及优化，严格把好质量关。

加强制度建设，梳理业务流程，修改并完善研究院大修项目管理办法，制定研究院投资管理实施细则。根据集团公司要求，将所有设备购置项目纳入统一的投资计划中，实现投资计划"一本账"管理。全年无计划外和超投资项目。

狠抓项目落实，推进一系列重点项目建设，促进院科研条件支撑力度不断提升。

二、财务工作

扎实推进提质增效专项行动开展，结合研究院管理实际印发研究院提质增效专项行动方案，分解任务、细化措施，持续推进专项行动落地落实。

严肃预算编制、执行与考核。综合考虑新冠肺炎疫情和国际油价下跌带来的双重影响，统筹"机构运行费预算原则上维持以收定支、收支平衡政策"总体原则，坚守"经营不亏损、现金流为正"两条底线，牢固树立"一切成本皆可降"理念，强化预算的日常管理和监督。

严格资金计划管理。按照"年计划、月预算、周控制、日安排"原则，结合研究院实际情况，细化全院资金年度预算、月度计划和日结算的管理，提高资金计划执行率，确保资金使用高效安全。

加强资产清查清欠工作。加强对资产的购置、验收、入账、计提折旧、摊销、报废、处置管理等工作，实现资产全周期管理；加大清欠工作力度，推动清欠工作由事后清欠向事前防范、事中监督的转变，完成清欠工作目标任务。

完善财务管理制度体系建设。及时出台、健全和补充各类财务管理制度、办法和要求，使财务各项工作的开展规范化、科学化，为全院各项工作的有序开展提供保障。

加大稽查监管力度。注重日常基础工作监管力度，完善各项资金、财务工作流程，提供真实可靠的财务资料，全年各单位无小金库等违规违纪事件。

稳步实施财务共享五项费用审核职能移交工作，推进业财融合和会计人员转型，有效发挥财务参与分析决策的职能。

加大重大专项经费管理力度,跟进承担项目的研究进度及实施进展,督促科研人员合理安排财政经费的执行,确保"十三五"国家油气重大专项顺利收官。

【党建与精神文明建设】

截至2020年底,计划财务处党支部有党员20人、预备党员1人。

党支部:书记李东堂,组织委员苏艳琪,纪检委员华山,宣传委员展坤,青年委员姬智霞。

工会:主席孙淑岭,委员种盛琦、胡清。

青年工作站:站长李笑雪。

2020年,计财处党支部围绕院党建工作要点,强化政治建设和思想建设,加强组织建设和党风廉政建设,持续开展"战严冬、转观念、勇担当、上台阶"主题教育活动,扎实推进提质增效专项行动等方面工作。

一、强化党的政治建设,提高全体党员的政治站位,统一思想认识

传达学习研究院2020年工作会议精神、研究院党风廉政建设和反腐败工作情况报告、研究院2020年党建工作要点、研究院党内规章制度汇编等文件,统一全体员工思想认识;组织打赢疫情防控攻坚战,做好全处员工健康状况统计上报工作,关注员工思想动态和情绪疏导,紧急筹措防疫物资保障员工防控安全,发挥党员的先锋模范作用,特殊时期坚守工作岗位,保证工作正常开展。

二、推进党的思想建设,深化理论思想武装,时刻筑牢思想防线

组织开展不同层面不同内容的学习教育,完成第一批次和第二批次的党员培训工作,组织集中学习《习近平治国理政》第三卷相关内容,组织深入学习贯彻党的十九届四中全会精神推进公司治理体系和治理能力现代化相关内容;加强意识形态管理工作,向主管院领导进行意识形态管理的专题工作汇报,密切关注职工心理健康和动态,做好引导和情绪疏导等工作,高度重视阵地管理,加强舆情管理和舆论引导;开展"战严冬、转观念、勇担当、上台阶"主题教育活动,从预算管理、投资计划管理、纳税筹划等提质增效的关键点出发,开展主题岗位实践活动。

三、注重党的组织建设和基础党建工作,巩固党建基础

加强计财处领导班子和干部队伍建设,完成撤科设岗工作,增加1名领导干部,培养选拔优秀年轻干部,优化领导班子成员结构;组织完成党支部换届选举工作,成立新一届党支部委员会,补充新鲜血液,落实新委员工作分工,推进党支部各项工作开展;组织开展主题党日活动,落实"三会一课"制度;做好党员发展工作以及党费收缴和使用工作。

四、抓好党风廉政建设,培养风清气正的工作作风

增强廉洁自律意识,学习研究院业绩考核中关于违规违纪处分事项进行扣分规定,传达研究院纪检委员培训班精神,做好党风廉政建设责任书和廉洁从业承诺书签订工作;强化警示教育,学习纪检监察方面典型案例,通报国庆和中秋违反中央八项规定精神案例,强调财务人员要严格执行院规章制度,把握好原则性和灵活性的界限,履行好计划财务监督管理的职责。

五、推动管理创新和部门作风建设,助推高质量发展

扎实推进提质增效工作,通过加强全面预算管理,大力压减非生产性预算;加强计划管理,强化投资管控;全面加强纳税筹划,降低企业税费成本等各项措施,在疫情和油价下跌情况下,通过精细管理和经营分析提升价值管理水平,保障研究院科研生产的正常运行;落实"结对子"工作方案,与地下储库研究中心结合,充分发挥党组织、青年工作站、工会的作用,开展群团活动和联合主题党日活动。

六、加强统战群团工作,夯实群众工作基础

充分发挥青年工作站对青年职工的号召力和凝聚力,紧紧围绕"求变"和"团结"两个关键词,为青年员工搭建交流和展示的平台,激励青年员工勇挑重担,勇克难关;充分发挥工会团结全体员工的智慧和力量,组织各类活动,团结最广大职工的凝聚力和向心力。

【大事记】

3月,种盛琦任计划科科长(人事〔2020〕4号)。

12月,苏艳琪任计划财务处副处长(勘研人〔2020〕191号)。

(展坤、李凌、华山)

人事处（党委组织部）

【概况】

人事处（党委组织部）是研究院重要职能部门之一，主要职责是负责贯彻落实国家有关组织、人事、巡察方面政策；负责党的建设，负责制定研究院人事管理相关政策制度；负责干部管理、技术人才培养、员工培训、薪酬保险、人事监督、档案管理、巡察办公室等具体工作。

2020年，人事处（党委组织部）重点落实党中央对党建工作决策部署和集团公司党组规定要求，全面巩固全国国有企业党的建设工作会议精神落实成果，持续推进党建基础工作建设，加快推动党建工作提质、增效、升级，促进科研工作与党建工作有机结合；推进实施2020年两轮内部巡察工作，推动全面从严治党不断向纵深发展，为加快建设世界一流研究院提供坚强政治保证；全面推进三项制度改革工作，深化组织机构优化整合，推行院属单位分级分类管理，完成院属单位全面定编定员，构建形成科学合理的薪酬分配机制，完成三项制度改革相关制度建设；完善干部选拔任用制度，落实干部任期制，大力选拔优秀年轻干部，加强干部年度和任期考核，加大考核结果运用。

处长（部长）：王盛鹏（至2020年12月）、张宇（2020年12月起）。负责全面工作，主管综合业务。

副处长（副部长）：张德强。负责研究院党建、巡察、干部监督、教育培训工作，分管党建与干部监督管理岗、巡察管理岗。

副处长（副部长）：王晓梅。负责干部管理、技术干部管理及档案管理工作，分管干部与人才引进管理岗、技术干部与培训管理岗、档案与综合管理岗。

副处长（副部长）：姚子修（至2020年7月）。负责机构、员工、薪酬、保险、统计、信息、考核及年鉴组织史工作，分管薪酬与保险管理岗。

副处长（副部长）：杨晶（2020年11月起）。

巡察专员（二级正）：严开涛（2020年3月起）。

巡察副专员（二级副）：杨遂发（2020年3月起）。

2020年5月，人事处（党委组织部）根据工作需要，撤销原干部与综合科、党建与干部监督科（巡察办）、技术干部与培训科、薪酬与保险科4个科室，全面推行岗位管理，设置：干部与人才引进管理岗、党建与干部监督管理岗、巡察管理岗、技术干部与培训管理岗、薪酬与保险管理岗、档案与综合管理岗6个岗位；8月，根据工作需要，党建与干部监督管理岗更名为党建管理岗，档案与综合管理岗更名为人事监督与档案综合管理岗。

党建管理岗：负责党的组织建设工作和党员发展、教育和管理工作；负责研究院党组织关系接转、党费收缴、党组织经费管理等工作；指导基层党组织健全"三会一课"等党的组织生活制度；牵头做好研究院领导班子民主生活会的组织协调工作，指导基层党组织做好民主生活会的组织工作；协助党委办公室做好研究院党代会的组织筹备和上级党代会代表的酝酿选举工作；负责指导基层党组织做好换届工作；负责牵头组织党建工作责任制考核评价工作；会同党委办公室、党委宣传部做好党建信息化平台的推广、使用工作。高级主管江珊。

巡察管理岗：负责传达贯彻中央、集团公

司党组、院党委和巡察工作领导小组的决策和部署，向领导小组报告工作情况。统筹推进、组织协调研究院内部巡察工作，指导党委巡察组开展巡察工作，会同党委巡察组对被巡察党组织整改落实情况进行督促检查。开展调查研究，总结经验做法，探索创新组织制度和方式方法，建立和完善巡察工作制度体系。协调、指导被巡察单位党组织为巡察组开展工作提供必要的服务保障。加强巡察工作宣传，会同有关部门建立协作机制，有效应对涉巡舆情。配合有关部门对巡察人员进行培训、考核、监督和管理，加强巡察队伍建设等。高级主管杨伟为。

干部与人才引进管理岗：负责领导班子和干部队伍建设工作，组织开展对院属各级单位领导班子的考核评价、调整配备，以及领导人员、处级、科级和后备干部的选拔任免、培训培养、教育考察、管理监督工作；负责人才引进、招聘，毕业生接收、人员调派、托福考试、户口办理等工作。高级主管马琳芮，主管马丽亚、黄家旋。

技术干部与培训管理岗：负责各级专家和技术人员的聘任、考核和奖惩等管理工作；负责专业技术人员管理，组织职称评审工作；负责专业技术人员培训项目计划的编制；负责集团公司年度培训计划的落实；负责研究院培训计划的制定、实施、协调与考核；负责培训的实施效果评估、培训档案的归档；负责员工职业技能鉴定工作；负责员工在职教育管理、托福考试等工作。高级主管明华，主管万洋。

薪酬与保险管理岗：负责全院工资总额管理；负责建立基本工资制度和薪酬分配的激励机制，制定考核奖惩办法；负责员工薪酬福利政策的制定及薪酬福利的发放；负责劳务费管理等工作；负责研究院组织机构和定编定员方案的制定和实施；负责员工队伍结构和劳动组织改革；负责员工日常管理、人力资源信息系统管理、人事统计、市场化用工管理等工作；负责员工社会保险、企业年金、补充医疗保险和住房公积金等管理工作；负责离退休人员待遇管理。高级主管王叶、刘烨、王博扬。

人事监督与档案综合管理岗：负责研究制定人事监督工作有关的制度、规定和政策，建立和完善工作制度体系和机制；负责对研究院及院属各单位关于干部选拔任用工作有关制度的执行情况实施监督；负责组织处理的调查核实、处理意见提出和宣布实施工作，负责领导人员任中、离任审计安排等工作；负责人事档案管理工作；负责处日常管理、综合文字性材料起草、合同管理、核算资产等工作。高级主管王莹莹，主管韩冰洁。

截至2020年底，人事处（党委组织部）在册职工19人。其中男职工10人，女职工9人；博士后2人，硕士11人，本科6人；正高级职称1人，副高级职称5人，中级职称12人；35岁以下14人，36—45岁2人，46—55岁3人。借调人员1人。当年，李乐天、吴丽萍退休，张宇、严开涛、杨遂发调入，王盛鹏、蔡德超调出，姚子修、陈哲龙调离。

【业务工作情况】

2020年，人事处（党委组织部）全面贯彻落实研究院2020年工作会议部署的重点任务，严格履行业绩合同明确的各项要求，完成研究院领导和上级部门下达的工作任务以及人事组织的日常工作，创新工作方式，推进管理与服务工作，为科研生产提供良好的支持和保障。

制定《研究院全面从严治党责任清单》《研究院领导干部民主生活会若干规定》《研究院基层党支部工作条例》《研究院党建工作责任制考核评价实施办法（试行）》等系列制度文件，研究制定基层党支部委员制度，通过制度压实责任，推动党建责任落实纵深发展，为加强全院党建工作提供制度保障。

按照院党委巡察工作部署，在西北分院和杭州地质研究院扎实深入开展巡察工作，重点巡察分院党委并以延伸覆盖支部的方式对分院党委开展为期两个月的巡察工作，完成年度巡察工作任务。

贯彻落实集团公司人事劳动分配制度改革要求，制定下发院人事劳动分配制度改革行动方案等一系列文件，完成改革初着陆工作。结合研究院现有组织机构业务特点及结构，坚持机构瘦身与健体相结合，加大业务相近、体量偏小机构的整合力度，撤并低效无效机构，建立"纵向分级、横向分类"的院属单位和领导人员岗位层级类别动态管理机制，新型高效组织体系更加优化完善。

加强干部人才队伍建设，通过正思想、锻作风、教方法加强后备干部的教育培训；以政治训练和实践锻炼为重点，建立干部动态"成长档案"；开展研究院优秀年轻干部的培养与推荐工作，重点加强年轻干部源头管理，夯实人才基础，储备后备力量；拓宽选人视野和用人渠道，加大选拔力度，优化干部队伍年龄和知识结构，提升干部队伍的活力。王盛鹏、王晓梅、杨遂发获研究院管理创新一等奖，韩冰洁获研究院青年岗位管理创新大赛一等奖。

全面开展第二届专业技术序列岗位选聘工作，充分考虑未来5—10年主营业务和新业务的发展，弥补业务和学科短板，优化岗位设置。实行评聘分开、动态管理，坚持人员定岗、项目分级、竞聘上岗、待遇随动的基本原则，促进专业技术岗位人员更好地履职尽责、提升技术业绩，严格执行跨序列和专业技术岗位序列内均不实行兼岗兼职的规定，树立正向良性的竞争意识，充分激发专业技术岗位人员的活力、动力和创造力。

落实集团公司要求，调整新一届各层级专家和科研人员的岗位工资、技术津贴及月度奖金额度；实施海外研究中心全院绩效考核与薪酬分配制度；根据《研究院薪酬分配与绩效考核改革实施方案》，在全院范围内开展季度绩效考核工作，合理调整发薪模式，提升员工满意度，稳步推进退休人员统筹外项目专项整改工作和退休人员社会保险转移工作。

【党建与精神文明建设】
截至2020年底，人事处（党委组织部）党支部有党员18人。

党支部：书记张宇，委员张德强、王晓梅、杨晶。

工会：主席王莹莹，副主席兼女工委员马琳芮，文体委员明华。

青年工作站：站长黄家旋，副站长马丽亚，组织委员韩冰洁，文体委员马琳芮，宣传委员王茜。

2020年，人事处（党委组织部）党支部重点围绕贯彻中央和集团公司党组、研究院党委关于基层党建工作部署要求，全面落实从严治党责任，重点做好党建与人事工作的融合，围绕三项制度改革和年度重点工作任务抓党建。

深入开展习近平新时代中国特色社会主义思想和党的十九大精神再学习，扎实推进"战严冬、转观念、勇担当、上台阶"主题教育工作，将理论学习的成果与工作实践相结合，增强宗旨意识。及时传达学习贯彻集团公司和研究院工作会议、党风廉政建设和反腐败工作会议等重要会议精神。

严格落实"三重一大"事项集体决策和集体领导，进一步规范完善人事处领导班子议事规则和决策工作实施办法，处长、书记带头执行民主集中制，严格落实"一岗双责"，保证权力正确行使，防止权力滥用，营造风清气正、作风优良的政治生态和工作环境。

组织理论学习、开展文化传承活动，明确党支部意识形态工作、形成重点职责任务清单、确定意识形态工作阵地，严格对意识形态阵地进行规范管理、登记备案，在研究院主页发布支部学习、主题党日新闻稿件10次，展示支部良好的精神风貌与助力研究院高质量发展的信心与决心。

全体党员干部坚持在学中干、干中学，敢于直面问题矛盾，勇于啃硬骨头挑重担，把主题教育贯彻到人事组织工作的具体实践中，与提质增效专项行动有机融合、一体推进，用实干业绩交出合格答卷，为打赢提质增效攻坚战贡献智慧和力量。

执行组织生活会、谈心谈话、民主评议党员等组织生活制度，持续强化党支部的凝聚力、吸引力、战斗力，落实"三会一课"制度，每月组织召开支委会就如何开展当月支部工作与党日活动进行讨论和研究，全面推行支部主题党日，处长、书记先后作题为《学习跟进、认识跟进、行动跟进，把习近平新时代中国特色社会主义思想学习宣传贯彻引向深入》《换个角度发现和解读另一个自己》的专题党课，取得良好学习成效。

支部、工会、青年工作站携手开展党工团活动，包括专项业务工作培训、人事业务交流拓展、春游踏寻红色足迹、开展爱国主义在线学习、观看爱国主义影片，以及组织"重走红色背篓之路、传承红色背篓精神""登百望山赏秋，缅黑山扈英雄"徒步和参观"明镜昭廉"反贪尚廉历史文化园等活动，进一步增强党支部凝聚力。

【大事记】

3月11日，严开涛任人事处（党委组织部）巡察专员（二级正），杨遂发任人事处（党委组织部）巡察副专员（二级副）（勘研党干字〔2020〕4号）。

11月27日，杨晶任人事处（党委组织部）副处长（副部长）职务（勘研人〔2020〕191号、勘研党干字〔2020〕14号）。

12月1日，张宇任人事处（党委组织部）处长（部长）职务，免去王盛鹏（党委组织部）处长（部长）职务（勘研人〔2020〕191号、勘研党干字〔2020〕14号）。

（韩冰洁、张宇）

党群工作处

【概况】

党群工作处(党委宣传部、工会、青年工作部/团委)是研究院党委的重要职能部门之一。主要负责研究制定研究院思想政治、新闻宣传、企业文化、基层建设、统战、群团等业务规章制度,并组织实施;负责全院意识形态工作,落实意识形态工作责任制;负责组织安排和实施研究院党委中心组学习,指导院属各党组织的理论研究、学习和宣传,负责组织全院党员思想政治学习和形势教育,引导正确的舆论方向;负责内外宣传工作;负责对党的路线方针政策、重要会议精神和集团公司党组、研究院党委重大决策的宣传工作;负责组织开展弘扬石油精神、传承研究院优秀文化以及上级部署的其他主题教育活动工作;负责院新闻发布、电子屏与视频的宣传管理工作;对外开展与石油主流媒体的联络、合作,负责科研成果和典型人物事迹的对外报道以及通讯员队伍建设工作;负责党建网站、公众号和新媒体的建设、组织运维、统筹管理工作;负责网络媒体信息联动、舆情管理和监控工作;负责企业文化建设工作;负责统一战线相关工作;负责政研会科研分会和政研会党建分会的统筹组织工作;负责工会相关工作,制定工作计划、活动方案,负责推进民主监督管理、员工健康管理、帮扶救助等工作;负责国家计划生育政策落实、计生工作管理和女工发展和健康等工作;负责青年及共青团工作等。

处长、宣传部部长、工会副主席:王建强。主要负责全面工作。

副处长:梁忠辉。主要负责企业文化、理论教育工作。

副处长、宣传部副部长:闫建文。主要负责对内外宣传报道、统战工作、新媒体、政研会科研分会等相关工作。

副处长、团委书记:韦东洋。负责共青团和青年工作。

党群工作处下设5个岗位:综合管理岗、宣传思想文化事务管理岗、工会事务管理岗、计划生育管理岗、团委事务管理岗。

综合管理岗:负责全处日常事务综合管理工作;对外工作联系、会议通知、工作计划、员工考勤、合同管理、安全健康环保等工作。高级主管辛海燕。

宣传思想文化事务管理岗:负责全员思想政治学习、形势教育、思想动向、舆情监控等工作的统筹计划、组织和实施;对内、外宣传党政工作部署、管理经验与做法、突出科研成果和典型人物的报道、负责网络门户、新媒体与视频的宣传管理;政研会科研分会工作及统战工作;院企业文化策划、传承和文化景观布置、文化产品与文化环境设计的组织工作;员工职业道德建设工作。高级主管魏东、窦晶晶、穆歌。

工会事务管理岗:负责工会相关工作,制定工作计划、活动发案,负责推进民主监督管理、员工健康管理、帮扶救助等工作。高级主管王志辉、闵路明。

计划生育管理岗:负责国家计划生育政策落实、计生工作管理和女工发展健康等有关工作。高级主管郝桐笛。

团委事务管理岗:负责共青团和青年工作;落实院党政对青年工作要求,组织适时学习与交流活动,开展青年教育与培训,搭建青年成长平台与通道,引领青年健康发展、快速成才。主管张磊。

截至2020年底,党群工作处在册职工

12人。其中男职工8人，女职工4人；博士2人，硕士6人，本科4人；高级工程师6人，工程师6人；35岁以下3人，36—45岁5人，46—55岁4人。当年，尹月辉、翟振宇调出。

【业务工作情况】

2020年，党群工作处适应新形势明确新定位，发挥政治优势、组织优势和群体优势，围绕中心服务大局，牢记使命积极作为，高标准高质量完成各项任务。

一、加强宣传工作，提高宣传质量

组织人员开展企业文化建设专项规划编制组织工作。深入研究研究院特色科研文化与世界一流企业文化对标，明确"十四五"企业文化建设专项规划发展定位和发展目标，提出企业文化建设专项五项工作重点及布局，以及实施企业文化理念体系、完善创新项目等工作规划；完成第四版《企业文化手册》编纂工作。

加强内部媒体管理，准确摸排查清现有媒体平台，增强意识形态安全风险管控。修订研究院《门户与外部网站管理办法》，规范信息门户与对外网站建设、信息发布安全及日常运维管理；开展网络清理整治，切实维护网络意识形态安全；协助完成西北分院和杭州地质研究院的意识形态工作责任制落实情况专项检查。

贯彻落实研究院党委有关要求，拍摄制作研究院形象宣传片，通过研究院党委审核。

扎实开展"战严冬、转观念、勇担当、上台阶"主题教育活动。4月中旬—7月下旬集中开展，下半年深化推进，抓好"四项工作"，落实"五个一"要求，全力支撑集团公司打赢提质增效攻坚战。

全年组织完成研究院党委中心组学习12次，专题讲座4次，邀请技术有限公司华为、德勤会计师事务所和人大法制委员会等单位知名专家举办数字化转型、对标世界一流、创新管理和警示教育为主题的四期专题讲座。编辑整理发放学习参考12期、学习图书660余册。

全年对外纸媒宣传稿件累积发表新闻报道99篇，其中《中国石油报》61篇，石油商报34篇。完成中东项目技术支持团队优秀事迹宣传视频的拍摄制作，有力助推团队成功获评集团公司模范集体。完成李宁创新团队成果宣传片的拍摄制作工作。官微"石油大院RIPED"全年累计发稿280篇，累计阅读量298990，粉丝数为5152。

做好抗击疫情宣传工作，在研究院主页开辟抗击疫情专栏，及时更新集团公司及研究院疫情防控工作最新动态；采取线上方式组织研究院"云游大院"第三季"中国石油开放日"活动；做好我国天然气战略储备能力建设（储气库）专项系列宣传，在CCTV等国家电视台及科技日报等国家级媒体跟进深度报道；配合集团公司总部部门，承担侯祥麟星命名仪式的各项筹备工作；参与业内重点图书的编撰，完成《中国科技之路——加油争气（石油卷）》等图书的编写；《回望石油发现井》一书获中国石油企业协会2020年优秀石油石化科普图书二等奖；《辉煌六十年》获集团公司第四届新媒体内容创作大赛宣传片二等奖；参与完成《持续融合工程管理模式创新与实践》，获集团公司管理创新奖三等奖。

二、加强工会管理工作，为职工办实事

召开2020年工会会员代表大会，安排部署全年工作；疫情期间，各基层工会发放口罩、消毒剂等防疫物资63万余元，慰问走访名海外员工及家属20名；关注职工子女入学需求，协调协助17名院集体户职工子女就读石油附小，完成7名职工子女转学工作；围绕提质增效专项行动，开展职工优秀合理化建议和经济技术创新成果征集；为廊坊院区购置健身器材；完成2020年度职工健康疗养费发放工作，核定1096人疗养信息，发放疗养费358万元。

疫情期间，线上组织推动各协会和各单位工会加强员工健康管理，各协会开展"团结抗击疫情，拥抱舞蹈春天"视频、"愿你芳华自在，愿你灼灼其华"太极拳评比、"战疫情，诗词传真情"诗词征集等专项活动。

做好职工代表提案征集工作，回复率达到90%以上；做好精准帮扶和个性化慰问工作；组织指导开展院所两级文化类活动；严格落实计划生育奖励政策，做好服务转型工作。

三、加强团青工作，激励青年成长

召开共青团中国石油勘探开发研究院第六次代表大会，选举产生共青团院第六届委员会，委员会第一次全体会议选举产生书记、副书记。

召开研究院2020年共青团和青年工作视频会议；组织疫情防控青年志愿者为大院服务；推动29个基层青年工作站完成换届。推进RIPED青年公众号建设；多次组织青年参加联谊活动；高质量完成直属青年思想问卷调查、青年思想引领课题研究等工作，成为上级团组织的有力依靠。

召开五四青年座谈会，组织"我与祖国共奋进，我为祖国献石油""不同的回信，共同的初心"等主题团日活动；组织开展"提质增效战严冬，青春建功勇担当"为主题的青年岗位创新大赛；持续开展青年十大科技进展评选工作；组织为期100天的共青团魅力夜校，联合相关部门共同举办第三期国际化青年英才培训班，开展国际化青年英才"跨专业、跨学科、跨领域"综合能力专题培训。

【党建与精神文明建设】

截至2020年底，党群工作处党支部有党员12人。

党支部：书记王建强，委员梁忠辉、闫建文、韦东洋、辛海燕。

工会：主席郗桐笛。

青年工作站：站长穆歌。

2020年，党群工作处党支部围绕抓实党

务工作、做好文化传承、凝聚职工队伍、加强青年培养、坚定反腐倡廉、构建激励机制等方面创造性地开展工作，党建工作成效显著。

一、思想政治建设

始终坚持党的领导、加强党的建设，在思想上政治上行动上同以习近平同志为核心的党中央保持高度一致，坚持以习近平新时代中国特色社会主义思想武装头脑、指导实践、推动工作。组织参加院内报告会，精心举办串讲辅导、组织学习交流，加深理解消化、释疑解惑，进一步深化巩固近年"形势、目标、任务、责任"主题教育成果。弘扬石油精神和大庆精神铁人精神，倡导以奋斗者为本理念，树立新时代科学家精神，引导部门人员矢志创新创效。切实增强"四个意识"、坚定"四个自信"、践行"两个维护"，抓实意识形态责任制，弘扬石油精神和优秀文化。

二、党组织建设

深入学习贯彻党的十九届四中、五中全会精神，扎实开展"战严冬、转观念、勇担当、上台阶"主题教育活动，把党组织政治优势转化为推动高质量发展。规范党支部学习制度，开展14次支部学习、2次专题讨论，结合实际制修订党支部相关工作制度，加强机关党的建设和作风建设，进一步发挥党支部在重大事项中的参与决策作用。组织支部委员参加院内集中学习，提升党建工作业务素养、提高参与支部管理意识能力，围绕如何做好下步基层党建工作进行交流探讨，进一步统一思想、凝聚共识。配齐配强支部委员，严格执行"三会一课"制度，激励党员发挥先锋模范作用。

三、人才队伍建设

始终坚持以人为本，持续打造爱国爱党、矢志创新的管理队伍，为石油精神、科学家精神注入新时代内涵，汇聚推动研究院高质量发展的强大合力。充分发挥部门资深骨干引领作用,明确各项工作责权利划分,进一步完善考核机制,赋予各岗位业务主管更多自主权。拓宽人才成长成才通道,提高青年职工待遇,有效激励青年职工素质提升愿望。依托党建重大项目及集团公司技术培训平台,加速青年职工培育。疏通年轻干部晋升通道,探索"成长档案"制度,实行跟踪培养和动态管理,加快干部队伍年轻化进程。

四、党风廉政建设

坚持全面从严治党,扎实推进党风廉政建设和反腐败工作,全面落实主体责任和监督责任。组织开展党风廉政建设责任书和廉洁从业承诺书签订工作,按照"业务工作延伸到哪里、责任书签订到哪里"的原则,有针对性、分层级签订个性化党风廉政建设责任书,全体党员及管理人员签订廉洁从业承诺书。按研究院统一工作安排,重大节日期间,深入开展违反中央八项规定精神和"四风"问题专项整治,做好巡察"回头看"和巡视巡察"后半篇"文章,加强警示教育和监督执纪,加强廉洁教育和监督执纪,推动政治生态持续向好,健康发展能力进一步提升。

【大事记】

8月26日,召开共青团中国石油勘探开发研究院第六次代表大会。

(赵昕、王建强)

信息化管理处

【概况】

2020年6月22日,根据勘研人〔2020〕102号文件,研究院信息化管理处成立。

主要工作职责为负责组织编写研究院数字化转型与智能化发展规划并负责组织推动落实,协调院内外信息化建设相关事务;负责制定研究院信息化相关管理制度、实施细则、标准和规范;负责编制研究院信息化工作年度计划、经费预算;负责研究院信息项目的组织、协调、管理和监督工作;负责研究院信息业务招标组织管理工作;负责研究院信息化软硬统筹管理工作;负责研究院网络安全组织工作;负责研究院信息技术交流、对外合作和业务培训组织工作;负责研究院所属各单位信息化工作考核、评优工作;承担研究院网络与信息化工作领导小组办公室职责,执行研究院信息化工作领导小组的决策,完成上级领导交办的其他工作任务。

信息化管理处作为院属职能管理部门,下设信息综合管理岗、基础通用信息管理岗和勘探开发信息管理岗,定员10人,二级管理人员职数为3人。

信息化管理处主要负责组织编写研究院数字化转型与智能化发展规划并负责组织推动落实,协调院内外信息化建设相关事务;负责制定研究院信息化相关管理制度、实施细则、标准和规范;负责编制研究院信息化工作年度计划、经费预算;负责研究院信息项目组织、协调、管理和监督工作;负责研究院信息业务招标组织管理工作;负责研究院信息化软硬统筹管理工作;负责研究院网络安全组织工作;负责研究院信息技术交流、对外合作和业务培训组织工作;负责院所属各单位信息化工作考核、评优工作;承担研究院网络与信息化工作领导小组办公室职责,执行研究院信息化工作领导小组的决策,完成上级领导交办的其他工作任务。

2020年,信息化管理处紧紧围绕集团公司数字化转型、智能化发展战略,落实研究院"12345"总体发展思路和目标,扎实组织推进研究院新时期信息化升级建设,推动数字化转型取得新进展、新成效。

处长:赵明清(6月起)。主要负责党政全面工作,落实研究院网络安全与信息化工作领导小组的各项工作部署。主管党建群团、人事、财务、关键绩效指标落实等工作。分管基础通用信息化管理方面的工作。

副处长:乔德新(6月起)。主要负责协助处长开展本处各项工作。主管安全保密、培训、信息化项目及成果管理等工作。分管勘探开发信息化管理和综合管理方面的工作。

副处长:张娜(11月起),负责协助处长开展本处各项工作。主管规划计划、信息经费管理、党建群团等工作。分管综合管理工作(原由乔德新副处长分管的综合管理工作调整为由张娜副处长负责)。

截至2020年底,信息化管理处在册职工3人。其中男职工2人,女职工1人;博士1人,硕士1人,本科1人;教授级高级工程师1人,高级工程师2人;36—45岁1人,46—55岁1人,55岁以上1人。2020年,张娜调入。

【业务工作情况】

2020年,信息化管理处按照研究院统一部署和安排,围绕集团公司数字化转型、智能化发展战略要求,坚持加强组织建设,强化顶层设计,发挥职能作用,在信息化升级建设,推动数字化转型方面取得丰硕成果,为集团公司信息化建设提供有力支撑。

一、强化顶层设计,加强组织建设,发挥职能作用

成立以研究院主要领导为组长的信息化领导小组,完成信息化组织机构调整和力量整合,形成信息一路,开创信息化发展新局面。信息管理处作为研究院职能管理部门和信息化领导小组办公室,强化统筹协调,推进资源、业务、项目整合和管理。梳理调整后信息一路所面临的技术服务、经费、业务审批流程等问题,加强沟通,协调解决,发挥全院各处所信息主管领导和信息专办员作用,使信息化工作在各单位不断深入。完成研究院"12345953"的数字化转型、智能化发展规划框架方案,明确方向、目标和战略,规划业务重点及实施项目,为研究院"十四五"信息规划打下坚实基础。

二、与上级部门对接,全面支撑集团公司信息化建设

完成与信息管理部年度对接,明确2020年承担的集团公司信息化工作任务,精心组织,强化落实。做好认知计算平台试点项目,建成先进的集团公司层面认知平台,完成 5 个应用场景研发及测试,准备上线运行;加强合同管理系统 2.0 建设,共有 120 多家企事业单位上线推广应用;推进HiSIM 软件为主的软件研发,做好 A2、A11、数据中心、办公管理系统、门户系统、电子邮件等信息系统运维工作,保障安全稳定运行。发挥研究院技术优势,加强与勘探与生产分公司和科技管理部沟通,做好上游勘探开发信息化专家中心调整和专家团队建设等工作。组织完成《勘探与生产信息化顶层设计与"十四五"建设规划》,参与完成《勘探开发人工智能应用技术发展规划和顶层设计》,编制集团公司基础设施和综合管理"十四五"规划等,推动先进信息技术与勘探开发业务深度融合。

三、加强协调管理,深入推进全院信息化升级建设

按照研究院数字化转型、智能化发展规划,深入推进院级信息化项目落地实施。持续推进勘探开发研究云平台建设,进入设备部署和功能测试阶段。扩展综合管理平台管理业务功能,深化移动应用。启动勘探开发知识成果共享与协同研究平台和区域数据湖建设工作,加强智慧院区规划设计。汇同科研管理处,对研究院专业软件实行统一采购管理,加强共享应用,有 7 款软件实现共享。加大信息化对全院科研和管理工作支持力度,通过中油即时通信、视频会议、VPN 网络访问等支持,降低疫情影响。推进软件正版化,发放正版化 Office 和 WPS 软件 1200多套。

四、加大信息化交流合作力度,强化网络安全

通过视频等多种手段,加大信息化交流合作力度,促进开放合作发展。加强与阿里巴巴(中国)有限公司、香港科技大学等公司、重点院校技术交流;与华为、哈里伯顿等业内知名公司签署战略合作协议;参加中国智慧石油和化工论坛、中国石油石化企业信息技术交流大会等重要会议,提升研究院影响。做好研究院安全大检查和集团公司"HW2020"网络攻防演习,加强与总部安全运行中心沟通互动,及时上传下达,及时发现问题认真整改,确保网络安全。

【党建与精神文明建设】

信息化管理处成立初期,党组织关系依然隶属于科研管理处(信息管理处)党支部,赵明清任党支部纪检委员。

7月,科研管理处(信息管理处)党支部支部委员调整,赵明清任纪检委员,乔德新任宣传委员。

8月,科研管理处(信息管理处)党支部

支部委员再次调整,赵明清任副书记兼纪检委员,乔德新任宣传委员。

12月,科研管理处(信息管理处)党支部更名为科研信息联合党支部(机关党字〔2020〕4号),赵明清任副书记(机关党字〔2020〕3号)。

【大事记】

6月22日,成立信息化管理处(勘研人〔2020〕102号)。

6月,赵明清任信息化管理处处长,乔德新任信息化管理处副处长(勘研人〔2020〕108号)。

11月,张娜任信息化管理处副处长(勘研人〔2020〕191号)。

(辛海燕、张娜)

质量安全环保处

【概况】

质量安全环保处是研究院质量、健康、安全、环保、交通、节能工作的归口管理部门，负责研究院健康安全环境（HSE）委员会、社会治安综合治理领导小组和新型冠状病毒感染肺炎疫情防控工作领导小组办公室日常工作，负责全院科研安全、环境保护、质量计量、节能节水、职业健康、事故灾难应急、消防、治安维稳、工程安全监督、标准化、道路交通、地下空间、防汛和集体户籍管理工作，为确保全院科研生产正常、高效运行提供相应的管理与服务支持。

2020年，质量安全环保处贯彻集团公司关于安全生产的系列指示和研究院工作会议精神，严格遵循"五严五狠抓"和"五个不放松"的工作思路，立足当前严格监管，着眼长远标本兼治，强化红线意识、树立底线思维，深化QHSE管理体系建设、强化火灾事故预防和网格化安全监督管理等重点工作，始终把握隐患治理、事故防范和风险管控主动权，杜绝各类安全生产事故发生，超额完成业绩考核指标任务，实现零火灾、零重大伤亡、零群体上访、零环境污染"四零"目标，为保障研究院科研生产和工作生活做出重要贡献。

处长、书记：路金贵。协助研究院主管院领导开展全院质量安全环保工作，负责院质量安全环保处全面工作和党支部工作。

副处长：曹锋。主持质量安全环保处日常工作，协助处长负责院质量、安全环保、安保等各项工作。

2020年5月，质量安全环保处撤销综合管理科、安全生产科、体系建设科、节能环保科、治安维稳科5个科室，推行岗位管理，设置综合管理岗、安全生产与体系管理岗、节能环保岗（人事〔2020〕15号）。

综合管理岗：负责与院内职能部门和院外对口单位协调沟通；负责网格、警队、内保、应急、门禁及集体户籍等工作的组织、协调和处理。高级主管杨静波。

安全生产与体系管理岗：负责消防安全、科研安全、车辆及道路交通、地下空间、人民防空、防汛及工程施工审批、质量与HSE体系建设、计量及标准化等工作的组织、协调和处理。资深高级主管买炜。

节能环保岗：负责危化品、节能、温室气体排放管理及特种作业审批等工作的组织、协调和处理。高级主管刘姝。

截至2020年底，质量安全环保处在册职工8人。其中男职工7人，女职工1人；博士2人，硕士3人，本科3人；教授级高级工程师1人，高工3人，工程师3人；35岁及以下3人，36—45岁2人，46岁以上3人。

【业务工作情况】

2020年，质量安全环保处严格贯彻集团公司"以人为本、质量至上、安全第一、环保优先"理念，督促落实安全责任，强化风险辨识和隐患治理，大力开展HSE培训，强化技防手段和人防管理，加强检查与监督，推进QHSE管理体系有效运行，实现保障安全环保"四零"目标和院疫情防控"双零"目标，有力支撑科研生产和院区稳定。

一、强化责任落实，超额完成关键绩效指标

全年实现消防设备设施完好有效，危险化学品安全受控、综治平稳、三废排放环保达标，未发生安全环保事故；研究院QHSE管理体系于11月顺利通过中油认证中心认证审核；2020年度安全隐患治理计划完成率

100%,超额完成工作任务。

二、搭建智慧安防综合管理平台,全面提升院区智能化水平

全面启动安全信息化建设,以研究院数字化转型与智能化发展规划为指引,着力搭建花园式智慧园区,从提高效率、降低成本的角度出发,进一步提升企业形象、提高科研人员整体工作效率、提升全体员工幸福指数。全面实现工作区智能化管理,包括智能安防、智慧门禁、环境感知、智能食堂、智慧物业、综合分析展示等系统建设,以智慧工作环境激发创新活力、降低运行成本、节省人力投入,促进园区管理体制创新。

三、运用信息化手段,实现危化品全生命流程的安全管控

针对研究院化学品库房危险品出库、入库、报废、存量等存在的采购清单无电子数据支撑、盘点工作极其不便等安全隐患和漏洞,加强信息化进程,建设危化品信息管理平台,实现化学品各个环节流动记录可追溯性,提升化学品管理安全性,提升科研实验人员工作效率,有效保障人员安全。

四、建立健全公共卫生应急管理机制,构建研究院特色疫情防控工作体系

作为研究院疫情防控领导小组办公室,负责全院疫情防控工作协调组织和推进落实,全处上下全力投入到疫情防控中,迅速组建信息报送、安全保卫、物资发放3个工作团队,适时转变工作重心,按照"轻重缓急、有条不紊"的原则,坚持理性与科学研判,开展各项常态化防控措施,实现疫情防控"双零"目标,保障石油大院职工和居民生命与健康。

五、抓实安全管理基础工作,提升本质安全水平

开展"消除事故隐患,筑牢安全防线"安全生产月、"聚焦实体质量提升,助力高质量发展"质量月、消防月防火知识宣传与应急演练、节能宣传周和全国低碳日系列宣传等多系列活动,扩大宣传范围、深化活动主题,增强员工安全意识、质量意识和理念、节能低碳理念和素质,加强全员消防业务常识与消防设备操作水平,熟练应急预案流程,达到提升本质安全的目的。

2020年,研究院获北京市海淀区2020年度交通安全先进单位,买炜被评为北京市海淀区2020年度交通安全优秀管理干部。

【党建与精神文明建设】

2020年3月,研究院机关党委决定,撤销质量安全环保处党支部,整合成立质量安全环保审计联合党支部(简称联合党支部)(机关党字〔2020〕1号)。

2020年5月,质量安全环保审计联合党支部经过选举,路金贵同志任联合党支部书记,赵清同志任联合党支部副书记,曹锋同志任联合党支部组织委员、张力文同志任联合党支部纪委委员、冯进千同志任联合党支部宣传委员。

截至2020年底,质量安全环保审计联合党支部有党员11人。

工会:主席冯进千。

青年工作站:站长宋佳辉。

2020年,质量安全环保审计联合党支部以习近平新时代中国特色社会主义思想和十九大精神为指导,持续提升党建工作质量,充分发挥党支部"把方向、管大局、保落实"作用,为研究院质量安全环保和审计工作提供重要思想和组织保证。

一、贯彻落实上级重要决策部署

落实上级指示和要求,坚持党建引领疫情防控的基本方针,充分发挥模范带头作用,用实际行动履行共产党员的责任与担当,推动打赢疫情防控阻击战。贯彻集团公司关于安全生产的系列指示和研究院工作会议精神,深化QHSE管理体系建设、强化火灾事故预防和网格化安全监督管理等重点工作,始终把握隐患治理、事故防范和风险管控的主

动权,全年超额完成业绩考核指标任务,实现"四零"目标;充分发挥内部审计监督和服务职能,完成集团公司审计部下达的各项审计任务和研究院 2020 年审计计划。

二、强化基础党建工作

坚持把思想政治建设摆在首位,及时传达学习贯彻集团公司和研究院工作会议、党建与党风廉政建设会议精神,深入开展"战严冬、转观念、勇担当、上台阶"主题教育,重点对党的十九届五中全会、党章党规及习近平总书记系列重要指示批示精神进行全面系统学习,以"四个诠释"岗位讲述活动为抓手,引领全体党员守初心、明职责、找差距,真正做到用理论武装头脑、指导实践、推动工作。加强基层组织建设,按照研究院党委和机关党委对机关各支部的调整部署,组建质量安全环保审计联合党支部,形成新一届支部委员;落实机关党委关于建立机关联系基层制度要求,与采油采气装备研究所合作开展"结对子"工作,联合举办党务学习活动;加强党员管理,按期缴纳党费,合规使用党费;持续推进党务工作信息化建设,倡导并有效落实党建平台每日签到及学习答题任务。

三、开展主题教育和特色党建活动

开展"战严冬、转观念、勇担当、上台阶"主题教育,加强学习研讨、调查研究、检视问题、整改落实等环节重点工作,切实将主题教育工作中形成的好经验和好做法坚持好、运用好、发展好,巩固深化主题教育成果。开展主题党日活动。通过参观香山革命纪念馆、观赏爱国影片和红色话剧等党建活动,加强和谐团队建设。

【大事记】

3 月 14 日,免去王新民质量安全环保处处长职务(勘研人〔2020〕33 号),免去王新民质量安全环保处党支部书记职务(勘探党干字〔2020〕3 号),免去张宝林质量安全环保处副处长职务(勘研人〔2020〕34 号),免去宋清源质量安全环保处副处长职务(勘研人〔2020〕34 号)。路金贵任质量安全环保处处长(勘研人〔2020〕34 号),曹锋任质量安全环保处副处长(勘研人〔2020〕34 号)。

5 月 12 日,路金贵任联合党支部书记。

5 月 15 日,撤销质量安全环保处党支部、整合成立质量安全环保审计联合党支部(机关党字〔2020〕1 号)。

5 月,质量安全环保处撤销综合管理科、安全生产科、体系建设科、节能环保科、治安维稳科 5 个科室,推行岗位管理,设置综合管理岗、安全生产与体系管理岗、节能环保岗(人事〔2020〕15 号)。

(杨静波、路金贵)

企管法规处(审计处)

【概况】

根据文件《关于企管法规处与审计处合署办公的通知》(勘研人〔2020〕96号),为加强研究院专业管理职能机构的优化整合,充分发挥专业管理合力,经研究院研究决定,企管法规处与审计处合署办公,组建企管法规处(审计处)。

主要职责为负责研究院管理及改革政策的研究,法律事务管理及普法宣传,处理法律纠纷,规章制度管理及执行监督,合同管理及执行监督,工商事务管理,合规管理及培训,内部控制管理及运行监督,风险管理及风险预警,资本运营管理及决策支持,招标管理及监督等业务工作;负责研究院审计工作,负责制定和落实审计工作制度,负责制定并组织实施审计工作计划,对研究院的生产经营、经济经营活动进行监督和评价,负责审计档案管理、文件管理、统计管理、业务培训,负责审计信息化工作。

企管法规处(审计处)作为研究院职能管理部门,主要职责为负责研究院管理及改革政策的研究,法律事务管理及普法宣传,处理法律纠纷,规章制度管理及执行监督,合同管理及执行监督,工商事务管理,合规管理及培训,内部控制管理及运行监督,风险管理及风险预警,资本运营管理及决策支持,招标管理及监督等业务工作;负责院审计工作,负责制定和落实审计工作制度,负责制定并组织实施审计工作计划,对研究院生产经营、经济经营活动进行监督和评价,负责审计档案管理、文件管理、统计管理、业务培训,负责审计信息化工作。

根据文件《关于企管法规处(审计处)岗位设置的批复》(人事〔2020〕25号),撤销企管法规处原综合管理科、合同管理科、法律事务科、资本运营管理科、招标管理科5个科室;全面推行岗位管理,设置综合管理岗、合同管理岗、法律事务岗、资本运营管理岗、招标管理岗、审计管理岗6个岗位。

企管法规处处长:王家禄。负责企管法规处全面工作。分管综合管理岗、合同管理岗、资本运营管理岗和招标管理岗。

审计处处长:赵清。负责审计处全面工作。分管审计管理岗。

企管法规处副处长:邹冬平。负责法律、内控业务。分管法律事务岗。

综合管理岗:负责管理及改革政策研究、日常业务处理,规章制度计划、组织制定和审查,执行监督检查。资深高级主管许刚。

合同管理岗:负责合同统一管理、审查,信息系统维护和统计,合规管理平台应用、员工合规培训和测试、登记。高级主管朱亚清、王菁。

法律事务管理岗:负责管理和处理各类法律纠纷、诉讼、普法宣传,院内控及风险管理体系的建设、运行、测试和持续改进管理。高级主管翟振宇;助理主办陶怡名。

资本运营管理岗:负责院属企业议案审理、决策支持意见,组织所属企业股权决算及处置工作,院工商登记、变更、注销和证照使用管理。高级主管李黎明。

招标管理岗:负责院内招标评审专家抽

取、招标过程监督、招标统计管理,招标问题协调。高级主管邹博华。

审计管理岗:负责研究院审计工作,负责制定和落实审计工作制度,负责制定并组织实施审计工作计划,对院生产经营、经济经营活动进行监督和评价,负责审计档案管理、文件管理、统计管理、业务培训,负责审计信息化工作。高级主管王承卫、张力文;助理主办方骁。

截至2020年底,企管法规处(审计处)在册职工13人。其中男职工5人,女职工8人;博士2人,硕士7人,本科4人;高级工程师6人,工程师5人,助理工程师2人;26—35岁5人,36—45岁2人,46—56岁6人。

【2020年工作情况】

2020年,企管法规处(审计处)落实研究院工作会议精神,深化体制机制改革,对标国际先进管理理念,优化管理流程、改进管理作风、提升管理绩效,建立全方位内控与风险防控体系,有力推进依法治企和合规管理。

一、加强制度建设,完善制度管理体系

建立"年初上报,下达执行,定期跟踪,重点督办,年底考核评价"的完整规章制度建设年度计划管理体系。召开规章制度合规性审查会,确保全院制度"立改废"依法合规。全年组织召开合规性审查会议8次,对院属各单位新修订、新制订的42项规章制度进行合规性审查,其中新制订制度23项、修订制度15项、废止制度18项、不公开发布制度4项(根据保密要求)。

二、加强内控体系建设,提升管控效能

修订《内控手册(2020年版)》。对北京、廊坊、西北、杭州4个院区开展内控测试工作,对例外事项进行及时反馈,提出整改建议,督促整改落实,完成内控测试报告。建立

重大经营风险事件报告工作机制,出台研究院重大经营风险事件报告工作管理办法;持续开展重大风险预判研究,组织重大风险评估,确保风险评估结果科学准确。2020年全院无重大风险事故发生。

三、严格招标、合同管理,加强业务外包专项检查

加大招标力度,严把可不招标审批关,提高招标率,扩大公开招标数量。落实合同管理工作重点及目标,按要求完成年度合同管理工作;加强合同管理信息化,作为合同系统2.0试点单位,配合完成前期上线准备工作,于2020年6月1日正式上线运行;加大案件管理力度,充分维护研究院及员工合法权益。牵头开展研究院业务外包专项检查工作,制定检查方案,摸清全院业务外包情况,成立专项工作组,现场开展专项核查,确保研究院业务外包检查工作全覆盖、无死角。

四、强化规划设计,提升全院治理效能

组织编制研究院"十四五"体制机制与人力资源专项规划,制订以"单位考核"为核心的特色考核制度,完善业绩考核管理体系,梳理研究院(2020年)授权管理清单,首次组织开展2020年度研究院管理创新成果申报、评奖工作,推动研究院管理体系建设。完成研究院治理体系和治理能力现代化研究报告,推进研究院治理体系和治理能力现代化建设,定对标世界一流管理提升行动实施计划与清单,结合国企改革三年行动、"十四五"规划,全面统筹推进,切实抓好组织实施,全力提升治理效能。

【党建与精神文明建设】

截至2020年底,企管法规处(审计处)有党员7人,组织关系分别隶属于国际企管联合党支部和质量安全环保审计联合党

支部。

企管法规处(审计处)工会:主席许刚。

企管法规处(审计处)青年工作站:站长翟振宇。

【大事记】

3月,免去陈东企管法规处党支部书记职务(勘研党干字〔2020〕4号)。

本月,研究院设立廊坊科技园区管理委员会,原企管法规处副处长王德建任廊坊科技园区管理委员会常务副主任,原企管法规处法律事务科靳昕任廊坊科技园区管理委员会企管法规部主任(勘研人〔2020〕28号)。

5月,撤销企管法规处党支部和审计处党支部,整合成立国际企管联合党支部和质量安全环保审计联合党支部(机关党字〔2020〕1号)。

6月,企管法规处与审计处合署办公,组建企管法规处(审计处)(勘研人〔2020〕96号)。

7月,撤销企管法规处原综合管理科、合同管理科、法律事务科、资本运营管理科、招标管理科5个科室;全面推行岗位管理,设置综合管理岗、合同管理岗、法律事务岗、资本运营管理岗、招标管理岗、审计管理岗6个岗位(人事〔2020〕25号)。

(陶怡名、赵清)

国际合作处

【概况】

国际合作处是研究院国际交流与合作工作的职能管理部门,主要承担7项业务:国际科技合作管理、国际交流管理、因公出国管理、支撑公司间科技战略合作、支撑公司参与国际组织及其活动、支持院国际化人才培养和支持院海外业务发展。

处长、书记:夏永江。负责党政全面工作。主管党建群团、人事、财务、保密、安全等工作。分管国际科技合作、国际交流、战略合作伙伴、国际组织等工作。

副处长:李莹。负责信息、法规工作。分管因公出国、全球业务发展外事支持、国际化人才培养支持等工作。

2020年5月,国际合作处撤销原综合管理科、出国管理科、对外交流科、项目管理科4个科室,全面推行岗位管理,设置综合管理岗、因公出国管理岗、国际科技合作管理岗、国际交流管理岗4个岗位。

综合管理岗:负责处日常业务、行政管理、后勤保障及财务报销等工作。高级主管唐萍。

因公出国管理岗:负责院因公出国业务管理、境外人员HSE等工作。高级主管于爱丽、邹懵。

国际科技合作管理岗:负责研究院国际科技合作项目组织管理等工作。高级主管赵亮东、卞亚南。

国际交流管理岗:负责研究院国际学术交流、国际组织秘书处、战略合作伙伴、来访接待等工作。资深高级主管王青任,高级主管吴颖、杨春霞,主管刘建桥。

截至2020年底,国际合作处在册职工11人。其中男职工4人,女职工7人;博士(后)2人,硕士8人,本科1人;高级工程师6人,工程师5人;35岁以下2人,36—45岁7人,46—55岁2人。当年,张兴阳、廖逸原调离,叶芍宏离职。

【业务工作情况】

2020年,国际合作处按照研究院统一部署和安排,以"12345"总体发展目标与思路为指导,坚持深化国际科技合作与科技交流,为公司间战略科技合作和公司参与国际组织重要活动、研究院国际化人才培养与海外业务发展提供有力支撑。

一、强化国际科技合作项目管理与服务,推进勘探开发国际科技合作示范基地建设

稳步推进实施2019—2021年院级国际科技合作项目规划,组织完成28个院级国际科技合作项目中期检查,组织完成公司国际科技合作专题评估与验收,按管理办法开展66个各类国际科技合作项目的过程管理,国际科技合作项目管理水平明显提升。

二、加强国际交流活动管理,规范因公出国管理与服务

编制《国际交流管理办法》,对研究院业务中涉及外事接待、国际会议与展览、国际组织、战略合作伙伴关系等各工作明确规定流程;落实研究院推进治理体系和治理能力现代化部署,国际交流工作管理愈加规范高效。编制研究院国内外学术会议分级方案,举办前沿重点领域国际会议与交流活动,策划邀请国外专家讲学,提升对外交流水平。修订实施《因公出国管理办法》;出台在线参加国际会议管理流程,提高研究院因公出国管理与服务质量。拓展外事管理平台功能与一站式代办服务类型,强化出国人员健康安全保密管理,推进出访成果共享交流,提升因公出国管理与服务的质量及信息化水平。

三、支撑上游战略科技合作,提高在国际组织话语权和行业影响力

履行公司间上游科技战略合作秘书处职责,负责集团公司与12家国外油公司科技合作日常翻译联络与组织协调工作,增强公司间科技战略合作实效性。深入推进院级国外战略科技合作伙伴关系建设,协调推进加入科技共享联盟组织,2020年全院新加入科技共享联盟组织15个,加入科技共享联盟组织数量达到39个。履行公司参与国际组织活动秘书处职责,负责公司与7个国际组织联络协调或代表公司参会行权任务,组建集团公司董事长戴厚良任中方组长的"金砖国家工商理事会能源与绿色经济组"中方支持团队并协调高效开展工作,提升公司在国际组织话语权、影响力和研究院参与国际组织活动的层次。

四、推动人才国际化,支撑海外技术分中心建设

编制院《国际化人才培养分类培训方案》,举办国际化人才能力提升培训班,提升国际合作交流能力。加大海外项目因公出国支持力度,完成《关于海外业务技术支持的思考及建议》,为研究院海外技术支持政策制定提供参考,为研究院海外技术支持业务提供坚强外事保障。

五、做好院"十四五"规划业务发展规划,促进世界一流研究院建设

牵头编制完成"十四五"总体规划业务发展规划部分,初步明确各项业务总体思路与发展目标、业务领域与重点任务、发展指标与奖励政策、组织运行与业务规模。开展世界一流研究院标志调研与对标咨询,形成调研报告。邀请国际知名咨询公司开展"对标世界一流引领高水平十四五规划"专题讲座,牵头完成"培育世界一流研究院与对标管理提升"咨询项目招标工作,推动世界一流研究院建设。

六、做好境外人员新冠肺炎疫情防控工作,为境外员工的身心健康提供有力保障

制定研究院因公出国人员疫情防控方案,形成境外员工疫情报告、归国申请、返岗境外申请、境外疫情巡查制度、信息报送等各类制度,构建疫情联防联控机制。设立疫情防护品购置费、购买短期医疗保险、提供报销病毒检测及治疗费报销政策等方式,降低访问学者因顾虑费用带来的延误诊治等风险。加强归国管理,制定并严格执行归国防控方案,降低归国感染及境外输入风险。做好返岗出国员工健康评估、疫苗接种、核酸检测等防控工作,掌握恢复海外项目现场支持主动性,降低返岗出国感染风险。新冠肺炎疫情暴发时,研究院境外因公出国人员49人,动迁回国47人,零确诊、零疑似,实现疫情防控阶段性"双零"目标。

【党建与精神文明建设】

截至2020年底,由国际合作处与企管法规处组成的国际企管联合党支部,有党员11人,分为两个党小组,国际合作处党小组党员8人,企管法规处党员3人。

党支部:书记夏永江,副书记王家禄,委员邹冬平、李莹、于爱丽。

工会:主席唐萍,副主席杨春霞。

青年工作站:站长邹憬。

2020年,国际企管联合党支部贯彻落实中央和上级党委各项工作部署,稳步推进党建与精神文明建设工作,为业务发展提供重要思想和组织保证。

一、履行党建工作责任

制订并落实《2020年党建考核内容与责任清单》《2020年党务及工会青年站活动安排计划》,强化理论武装,集中学习十九大和十九届四中全会精神,安排自学《习近平治国理政》第三卷,提升政治能力。开展"战严冬、转观念、勇担当、上台阶"主题教育活动和提质增效专项行动,做好规定动作,结合两处业务,开展提质增效专项特色工作,促进党

建与业务工作深入融合。

二、加强领导班子和干部队伍建设

通过参加主题教育活动、集团公司党性教育培训班及院领导干部培训班，提升党员领导干部党性修养。组织召开年度民主生活会，加强思想作风建设。开展参观"一二·九"运动纪念亭、体验式户外红色教学实践"中国行–长征之行"、观赏红色爱国影片《金刚川》《我和我的祖国》等团建活动，加强和谐团队建设。落实"结对子"工作，参加中东研究所"结合马克思主义立场观点方法谈谈油气田开发"专题党课活动，联合组织观看大型原创抗疫话剧《逆行》，增进国际合作处对海外技术支持工作的了解，感受海外疫情防控的艰辛，促进国际合作管理与服务工作。

三、强化基层党建工作

严肃党内政治生活，规范联合支部各项日常党务工作，有序落实"三会一课"，召开党员大会4次、支委会12次、主题党日活动12次，支部书记讲授党课2次，组织支委学习党员发展流程等党支部工作实务，保障党务工作有序开展。按期缴纳党费，合规使用党费。持续推进党务工作信息化建设，按期完成上级部署各项线上任务，实现党建平台上党员发展全流程操作，落实党建平台每日学习答题。

四、做好宣传思想工作

在举办培训班及各类国际交流活动中注意舆论阵地建设，借助外事管理平台进行线上舆情防控教育，加强中东地区两个技术支持中心及赴外团组的党建工作特定管理和风险防御，按规定向研究院主管领导汇报意识形态工作。加强对外宣传，编制院英文外网改版方案，在院网发布新闻报道10余篇、《中国石油报》发表新闻报道1篇，加强企管法规和国际合作工作正面宣传。全年无负面影响事件发生。

五、加强党风廉洁建设

学习《中国共产党纪律处分条例》《集团公司管理人员违纪违规行为处分规定》《党员领导干部违纪违法典型案例警示录》等党内制度、法规与文件，努力提高党规党纪认识水平。执行领导班子议事规则和集体决策制度，发展党员、党费支出等重要事项经联合支部支委会充分讨论，打造清正廉洁的联合党支部。执行两处《党风廉政建设主体责任清单》，逐级签订《党风廉政建设责任书》及《廉洁从业承诺书》，落实研究院机关职能部门监管责任清单，坚持对员工进行廉洁自律提醒，完成《提质增效专项行动监督情况报告》。全年无违纪违规情况发生。

【大事记】

3月，撤销国际合作处党支部、企管法规处党支部，整合成立国际企管联合党支部（机关党字〔2020〕1号）。

5月，国际企管联合党支部换届选举，国际合作处张兴阳同志任支部书记，企管法规处王家禄同志任支部副书记，国际合作处夏永江同志任纪律检查委员、于爱丽同志任组织委员，企管法规处邹冬平同志任宣传委员。

本月，撤销国际合作处原综合管理科、出国管理科、对外交流科、项目管理科4个科室，全面推行岗位管理，设置综合管理岗、因公出国管理岗、国际科技合作管理岗、国际交流管理岗4个岗位（人事〔2020〕17号）。

6月12日，李莹任国际合作处副处长（勘研人〔2020〕109号）。

11月27日，夏永江任国际合作处处长；免去张兴阳国际合作处处长职务，另有任用（勘研人〔2020〕191号）。

12月25日，夏永江任国际企管联合党支部书记，免去张兴阳同志国际企管联合党支部书记职务（机关党字〔2020〕3号）。

（唐萍、于爱丽）

机关党委

【概况】

2020 年 3 月 14 日，根据勘研党字〔2020〕7 号文件，研究院设立机关党委。

机关党委是研究院党委的重要职能部门之一，主要职责是负责宣传和执行党的路线方针政策，宣传和执行党中央、上级组织和研究院党委的决议，充分发挥党组织的战斗堡垒作用和党员的先锋模范作用；负责机关党的组织建设、制度建设和队伍建设，结合机关实际情况，完善规章制度、制定活动计划、组织相关活动；负责机关党员发展、教育、管理和服务，监督机关支部，党员履行义务，在参加活动的同时，保障党员的权利不受侵犯；负责机关作风、党风廉政、安全和信息化，以及党员阵地建设等相关工作；负责做好机关工作人员的思想政治工作，了解和反映群众的意见，维护职工正当权益，帮助解决实际困难，推进机关社会主义精神文明建设与和谐机关建设；协助研究院党委管理机关基层党组织和群众组织的干部；对机关党组织进行考核和民主评议；对机关评先选优等工作提出意见和建议；指导机关工会、共青团等群众组织依照各自的章程开展工作，以及做好上级交办的其他各项工作。

机关党委书记：郭三林（兼）。履行党建工作第一责任人职责，全面主持工作。

机关党委副书记：陈东。负责协助机关党委书记做好机关党委各项工作。

机关党委委员：王盛鹏。负责纪检工作。

机关党委委员：张宇。负责组织工作。

机关党委委员：王建强。负责宣传工作。

机关党委下设办公室和 1 个岗位。

办公室综合管理岗：具体负责机关党委日常事务综合管理工作、制度完善与推行、支部联络与建设、党员发展与教育、党费使用与管理、会议通知与组织、工作总结与计划、机关工会团青工作，以及院党委及相关部门下发任务协调督导等工作。岗位负责人蔡德超。

截至 2020 年底，机关党委在册职工 3 人。其中男职工 3 人；硕士 2 人，本科 1 人；高级工程师 3 人；36—45 岁 1 人，46—55 岁 2 人。

【业务工作情况】

2020 年，机关党委坚持以加强政治建设为统领，以提升支部组织力为重点，以服务核心业务为宗旨，以打造业务能力过硬的服务型机关为目标，贯彻落实研究院党委年度工作部署，按照研究院院长马新华对机关党委职责定位的三项工作要求，严格履行党建责任，全面夯实党的政治、思想、组织、纪律、制度建设，围绕贯彻落实十九届四中全会精神、主题教育活动和提质增效专项行动、治理体系和治理能力建设、机关作风建设等推进各项工作开展。快速筹备和完成机关党委的组建，有针对性开展和推进机关作风建设各项工作。

一、聚焦做到"两个维护"，持续推进政治建设

依托主题教育活动，统筹设计，统一要求，督导党员轮训和支部委员培训工作，借助党员教育培训、集体学习或调研讨论等方式，教育引导党员干部始终把对党绝对忠诚作为首要政治原则、政治本色、政治品质。结合组织部围绕庆祝新中国成立 71 周年和建党 99 周年系列活动，推荐机关优秀支部参加院2020 年度基层党建案例大赛。教育党员尊崇、维护和学习党章，敦促机关党员自觉、按时和足额交纳党费，增强党员的政治责任和党性意识。

二、聚焦强化理论武装，加强思想建设

紧抓主题教育，鼓励学习分享，在"战严冬、转观念、勇担当、上台阶"主题教育学习期间，督促各支部定期组织学习研讨，上报阶段总结，主要领导带头讲党课，分享学习心得。巩固教育成果，深化岗位实践，在各支部完成年度主题教育规定动作基础上，鼓励各部门结合自身业务特点，深入开展岗位实践活动，总结创新，评先选优，用实际行动诠释研究院机关踏实肯干、爱岗敬业、勇于创新、服务科研的石油精神和工作作风。关注时事教育，强化阵地意识，邀请对世界石油经济及国际政治有深入研究的专家来院交流，授课解惑，活动反响热烈，广受好评。

三、聚焦打造战斗堡垒，着力夯实组织建设

组织机关 9 个（联合）党支部重组和内部委员选举工作，为后续其他支部换届选举工作顺利开展"打响第一枪"，推进人才建设规范化。统筹管理机关党员发展及教育工作，整合机关支部各项党务工作、党员关系转接、党费收缴、报销审核等基础工作及党务信息化平台管理工作，提升机关基础党建工作效率，推动党务统筹管理整合化。推进机关学习制度建设，监督机关各（联合）支部"三会一课"制度严格执行，提高党内政治生活制度化水平。机关基层联动常态化。深化机关联系基层、党员联系群众工作，通过机关部门和基层单位"结对子"方式，逐步建立起一套行之有效的机关与基层联系制度，强调沟通交流、互通有无，切实增强机关服务意识，提升工作效率，加强和改进机关工作作风，为践行群众路线打下坚实基础。

四、聚焦履行监督职责，切实抓好纪律建设

力戒形式主义和官僚主义，贯彻集团公司和研究院党委部署要求，将"严规矩、敢作为、转作风"融入机关党委日常工作，严格落实"短、实、新"的文风会风，规范材料报送，切实减少机关部门负担。上紧廉政发条，组织机关干部和关键岗位负责人签署《党风廉政建设责任书》《廉洁从业承诺书》，突出内容个性化定制和重要岗位"全覆盖"，严把核心业务，紧盯关键少数，建立完善反腐倡廉长效机制。组织机关全体党员前往"明镜昭廉"明代反贪尚廉历史文化园参观学习，教育引导广大党员干部吸取历史经验教训，提高拒腐防变和抵御风险能力。

五、聚焦增强服务意识，持续深化作风建设

梳理和汇总主题教育活动中调研征求意见，针对意见进行整改和落实，督促机关各部门主动认领问题和建议，做好问题整改和建议吸纳，提出应对措施，牵头制定机关工作例会制度、机关联系基层"结对子"制度。组织学习集团公司近期关于机关作风建设的新要求，以落实"首问负责制"和"限时办结制"为切入点，从机关业务的服务质量与效率提升入手，组织调研，完善规章制度，结合集团公司党建信息化工作培训内容，持续推进机关服务信息化平台建设、程序模块设计以及机关业务流程规范化设计，促进党建和业务相融互促。

六、聚焦管理工作规范，逐步完善制度建设

紧密联系机关实际工作，深刻理解管理型机关逐步向服务型机关转变的重要意义，扎实推进制度创新，全面提升主动服务意识、合规管理意识和处理问题的综合能力。在严格执行研究院党委各项制度的同时，及时总结和大量调查研究，吸收其他单位的好经验、好做法，结合机关党务工作开展特点，制定和完善机关党建工作制度，先后制定机关党委工作制度、委员工作职责和分工、会议制度和

学习制度等,在实际工作中发挥重要指导作用。

【大事记】

5月7日,根据《关于同意机关党委组成人员的批复》,研究院党委副书记、工会主席郭三林兼任机关党委书记、陈东任专职副书记。机关党委领导班子由2人组成,郭三林履行党建工作第一责任人职责,全面主持机关党委工作。陈东负责协助机关党委书记做好机关党委各项工作(组委选〔2021〕1号)。

5月24日,根据《关于同意研究院机关党委委员组成及分工的批复》,确定机关党委由5名委员组成,增补3名机关党委委员:张宇负责组织工作、王盛鹏负责纪检工作、王建强负责宣传工作。

5月,机关党委组织对机关基层党组织进行整合,整合后的机关党委包含9个基层党组织(含3个联合党支部),正式党员131人。

(蔡德超、王建强)

第三篇

北京院

科 研 单 位

石油天然气地质研究所

【概况】

　　石油天然气地质研究所(简称地质所)是研究院在油气勘探方面的主力研究所之一,拥有一支理论水平高、经验丰富、结构合理、专业能力强的科研人才队伍,以及先进的科研实验仪器设备。主要职责定位是:立足国内、着眼全球,以深化油气成藏条件与分布规律理论认识为纽带,开展重大勘探领域、有利区带和风险目标评价,推动油气勘探战略发现与储量增长。做好"重大勘探领域与风险目标评价、勘探技术支持与服务、勘探理论创新与集成应用"三方面工作,力争成为集团公司"油气预探领域的推动者、突破发现的贡献者、增储上产的参与者、勘探理论的形成者"。

　　2020年,地质所以研究院工作会议精神和勘探一路工作推进会要求为指导,以国家重大专项和集团公司重点项目为依托,以寻求油气勘探战略突破为己任,突出"油气风险勘探、基础理论技术研发、重点探区技术服务、团队建设与人才培养"四大工作重点,坚持"强化基础、创新认识、发展技术"有效做法,形成有影响力的创新成果,为勘探新突破和优质储量发现做出重要贡献。

　　所长、副书记:李建忠。负责所全面工作。

　　书记、副所长:杨威(2020年6月起)。负责党支部工作。

　　副所长:易士威(2020年6月起)。负责风险勘探工作。

　　副所长:王居峰。负责风险勘探、HSE/QHSE管理工作。

　　副所长:王铜山。负责科研管理和保密工作。

　　地质所下设12个研究室和1个办公室。

　　所办公室:主要负责财务报销、后勤和行政管理等工作。副主任闫继红。

　　渤海湾研究室:主要负责渤海湾盆地勘探领域评价、风险目标优选与油气分布规律研究。主任刘海涛,副主任张春明。

　　中部研究室:主要负责四川盆地勘探领域评价、风险目标优选与油气分布规律研究。主任谷志东。

　　西部研究室:主要负责以准噶尔盆地为主的西部地区勘探领域评价、风险目标优选与油气分布规律研究。主任卫延召,副主任杨春、杨帆。

　　新领域综合研究室:主要负责非常规油气成藏综合研究。主任方向,副主任庞正炼。

　　风险勘探研究室:主要负责风险勘探领域、目标的研究与部署。主任袁庆东。

　　塔里木盆地研究室:主要负责塔里木盆地勘探领域评价、风险目标优选与油气分布规律研究。副主任曹颖辉、马德波。

　　鄂尔多斯盆地综合室:主要负责鄂尔多斯盆地勘探领域评价、风险目标优选与油气分布规律研究。主任徐旺林。

　　超前领域研究室:主要负责扬子、华北、塔里木三大克拉通元古界—寒武系油气地质研究,超前开展基础研究与勘探评价,创新地质认识,发展评价技术,超前储备勘探接替领域和区带。主任王铜山(兼),副主任李秋芬。

中东勘探二室:主要负责中东地区区域地质条件综合评价和油气富集规律研究。副主任李永新。

松辽研究室:主要负责松辽盆地的领域评价、目标优选与油气分布规律研究。主任周海燕。

碳酸盐岩成藏研究室:主要负责深层碳酸酸盐成藏综合研究。主任陶小晚。

遥感油气地质研究室:主要负责油气田环境遥感监测与评估以及油气勘探遥感应用研究。室主任刘杨、于世勇,副主任王文志、曾齐红、周红英。

截至2020年底,地质所在册职工123人。其中男职工73人,女职工50人;博士84人,硕士28人,本科6人;教授级高级工程师11人,高级工程师78人,工程师28人,助理工程师5人;35岁以下24人,36—45岁48人,46—60岁51人。当年,王媛、张婧雅、刘畅入职,侯连华、卞从胜、刘伟、白斌、田鸣威、王明磊、赵霞、李永新调离;李军、郑红菊退休。

【课题与成果】

2020年,地质所承担各类课题50项,其中国家级课题17项、公司级课题17项、横向课题12项、院级项目4项。获省部级科技奖5项,其中获集团公司专利银奖1项、科技进步一等奖2项;获局级科技奖2项;授权发明专利9件,其中国际发明专利3件、中国发明专利6件;在国内外学术会议及期刊上发表论文90篇,其中SCI收录41篇。

2020年石油天然气地质研究所承担科研课题一览表

类别	序号	课题名称	负责人	起止时间
国家级课题	1	下古生界—前寒武系碳酸盐岩油气成藏规律与勘探方向	汪泽成、刘伟	2016—2020
	2	四川盆地及邻区下古生界—前寒武系成藏条件研究与区带目标评价(专题)	谷志东	2016—2020
	3	塔里木盆地奥陶系—前寒武系成藏条件研究与区带目标评价	朱光有	2016—2020
	4	鄂尔多斯地区寒武系—中新元古界天然气地质条件综合评价及勘探潜力分析(专题)	赵振宇	2016—2020
	5	致密油形成条件、富集规律与资源潜力	陶士振、白斌	2016—2020
	6	重点盆地致密油资源潜力、甜点区预测与关键技术应用	杨智	2016—2020
	7	准噶尔盆地二叠系大型地层油气藏成藏控制因素与区带、圈闭评价研究	杨帆	2017—2020
	8	渤海湾盆地北部油气富集规律与油气增储领域研究	刘海涛、李永新	2016—2020
	9	华北中新元古界潜力评价和有利区带预测(专题)	王铜山	2016—2020
	10	海相克拉通盆地深层油气形成条件与有利区综合评价	李秋芬	2017—2020
	11	含油气盆地深层油气分布规律与勘探方向	王铜山	2017—2020
	12	东部裂谷盆地深层油气形成条件与有利区综合评价	刘海涛	2017—2020
	13	致密气资源潜力评价、富集规律与有利区带优选	刘俊榜	2016—2020
	14	超深层及中新元古界油气资源形成保持机制与分布预测	李建忠	2018—2021
	15	深地资源勘查开采理论与技术集成	徐安娜	2018—2021
	16	稀有气体追踪水溶气成藏及定量化研究方法	秦胜飞	2019—2023
	17	准噶尔盆地石炭系凝灰质烃源岩发育环境与生烃潜力研究	龚德瑜	2019—2021

类别	序号	课 题 名 称	负责人	起止时间
公司级课题	18	深层—超深层油气成藏过程与勘探新领域	王铜山	2018—2021
	19	深层烃源岩形成与分布	朱光有	2018—2020
	20	致密油形成地质条件与富集高产主控因素	白 斌	2017—2020
	21	碳酸盐岩—膏盐岩共生体系成藏特征与勘探潜力研究	曹颖辉	2018—2021
	22	碳酸盐岩油气藏三定技术研发与成藏过程重建	朱光有	2018—2021
	23	华北中新元古界潜力评价和有利区带预测	王铜山	2016—2020
	24	准噶尔盆地侏罗系、白垩系成藏条件与目标评价	卫延召	2018—2021
	25	塔里木盆地寒武—奥陶系新层系新领域成藏条件与有利区带评价	李洪辉	2018—2021
	26	准噶尔盆地整体研究与资源潜力评价	曹正林	2018—2021
	27	鄂尔多斯盆地新层系新领域研究与有利区带评价	徐旺林	2018—2021
	28	松辽盆地致密油/页岩油富集机理与甜点区评价	周海燕	2018—2021
	29	渤海湾盆地新层系新领域研究与有利区带评价	王居峰	2018—2021
	30	重点地区风险勘探目标研究	李建忠	2020
	31	中国石油风险勘探重点领域评价及2021年部署研究	李建忠	2020
	32	中国石油2020年度风险勘探目标评价、优选及部署	李建忠	2020
	33	东北前白垩系石油地质条件研究及区带优选	方 向	2019—2021
	34	"十三五"后三年致密油勘探开发跟踪评价与可持续发展研究	陶士振	2020
横向课题	35	合川—潼南区块大格架天然气地质条件研究及有利勘探区带优选	李秋芬	2018—2020
	36	准噶尔盆地重点勘探领域区带评价与目标优选	杨 帆	2020
	37	四川盆地震旦纪-寒武纪克拉通内裂陷周缘成藏规律研究	姜 华	2017—2020
	38	准噶尔盆地重点勘探领域区带评价与目标优选	曹正林	2020
	39	鄂尔多斯盆地西部奥陶系地层划分与对比研究	赵振宇、付 玲	2020
	40	北疆石炭系有效烃源岩分布特征与勘探潜力评价(二期)	龚德瑜	2019—2020
	41	鄂尔多斯盆地西缘上古生界成藏地质条件综合研究	赵振宇、付 玲	2020
	42	鄂尔多斯盆地中东部奥陶系烃源岩生烃潜力评价分析实验	高建荣	2020
	43	多层系潜山油气成藏规律与有效增储技术研究	王居峰	2018—2020
	44	南堡凹陷沙三段及中古生界石油地质综合研究与区带评价	王居峰	2019—2020
	45	中国矿产地质与成矿规律综合集成和服务	陶士振	2018—2020
	46	准噶尔盆地南缘油气成藏条件与区带目标评价	齐雪峰、刘 刚	2020
院级课题	47	鄂尔多斯盆地基底断裂多期活化对上覆层系油气成藏条件的控制作用	赵振宇	2017—2020
	48	晚震旦—早寒武世克拉通裂陷形成机制与演化研究——以四川盆地为例	谷志东	2016—2020
	49	断缝系统控制下碳酸盐岩流体—岩石作用机理及应用	石书缘	2017—2020
	50	页岩油原位转化机理与评价参数优化研究	罗 霞	2018—2021

【交流与合作】

4月,徐兆辉参加 BEG 泥岩系统工业联盟年会。

5月,谷志东参加欧洲地球科学联合会(EGU)会议。

6月,陶小晚参加 Goldschmidt 国际会议。

9月,刘杨、张楠楠参加第40届国际地球科学与遥感会议。

9月,庞正炼参加 AAPG ACE 会议。

10月,徐兆辉参加 SEG 线上会议。

11月,谷志东参加美国得克萨斯大学奥斯汀分校第32届 AGL 年会。

【科研工作情况】

2020年,地质所落实研究院工作会议精神和勘探一路工作部署会议要求,明确工作思路与措施,围绕重点任务安排,按照"五交六知"要求组织推动实施,落实时间进度和阶段目标,推动风险勘探、基础理论、生产服务等各项工作取得新进展。

强化风险勘探,全面履行风险勘探研究中心职责,牵头组织推动研究院风险勘探研究工作,立足重点盆地重点领域,加强风险勘探区带优选,明确勘探部署主攻方向,加大目标评价和推举力度,在24个重点区带提出风险目标41个,其中上会论证24个、通过终审12个,助力集团公司风险勘探取得一批重要突破发现。

加强超前领域基础研究,聚焦海相碳酸盐岩、超深层、页岩油气、致密油等重点领域,创新集成克拉通盆地深层结构与原盆恢复技术,建立超深层近源古隆起型、近源斜坡型和远源调整型3类成藏模式,创建古老克拉通内构造分异控制碳酸盐岩油气富集区新理论,发展陆相致密油4类储层沉积发育模式,推动油气勘探领域战略接替。

加强页岩油原位转化机理研究,揭示长7和嫩江页岩生油气符合交替反应模型。推进页岩油选区评价和先导试验,完善原位转化评价方法,推动松辽盆地嫩江组资源选区评价、鄂尔多斯长7页岩油先导试验取得新进展。

深化遥感技术研究及应用,数字露头、现代源汇系统、铀矿识别表征研究取得新进展。加强遥感监测中心基础建设,提升环境遥感监测能力,完成油气田监测年度任务。

【党建与精神文明建设】

截至2020年底,地质所党支部有党员93人。

党支部:书记杨威,副书记李建忠,委员易士威、王居峰、王铜山、赵振宇、杨敏。

工会:主席闫继红,委员张天舒、卢山、姜华、龚德瑜、李宁熙、李婷婷。

青年工作站:站长庞正炼,副站长翟秀芬,委员付玲、宋微、杜德道、孙琦森、刘刚、张洪。

2020年,地质所党支部深入学习贯彻习近平总书记重要指示批示精神,贯彻党中央、集团公司党组和研究院党委部署要求,持续加强党的建设,扎实开展"战严冬、转观念、勇担当、上台阶"主题教育活动,着力推进提质增效专项行动,充分发挥党支部战斗堡垒和党员先锋模范作用,完成全年党建工作任务。

强化党建引领,学习贯彻习近平新时代中国特色社会主义思想和党的十九届四中、五中全会精神,及时贯彻落实集团公司党组、研究院党委重大决策部署和重要会议精神,执行组织生活会、谈心谈话、民主评议党员等组织生活制度,高质量开好领导班子民主生活会,做好党员教育和管理,加强党员活动阵地建设,以高质量党建引领高质量发展。

推进领导班子和人才队伍建设,从"选人、实践、沟通、制度"等方面入手,着力提高领导班子成员超前谋划、把握全局、科学分析、善于创新的水平和能力,建设成为组织放心、群众满意的领导班子。加强人才队伍建设，突出青年人才培养，坚持每月开展一次青年成才培训活动，加快青年人才成长节奏。一批先进典型脱颖而出，杨智获院"十三五"创新标兵荣誉称号，赵振宇、姜华获研究院优秀共产党员荣誉称号，徐安娜、马德波获研究院先进个人荣誉称号。

夯实基础工作，坚持"围绕科研抓党建、抓好党建促科研"指导方针，建立健全促进党建工作与科研生产深度融合的制度机制，做好党组织换届选举和党员发展工作，严格执行党费收缴和使用规定，持续构建"大党建"工作格局。地质所党支部被评为研究院先进基层党组织。

加强宣传工作，以践行初心思想为指导，以落实"六个　"工程为途径，通过丰富宣传内容、拓宽宣传范围、加大宣传力度等方式，多渠道、多形式、多角度地开展内外部宣传工作，扩大宣传工作影响，营造领导重视、部门协力、全方位宣传的良好氛围。

加强党风廉政建设，学习贯彻党中央、国资委党风廉政建设决策部署，坚决执行集团公司党组、研究院党委和驻勘探开发研究院纪检组工作要求，全面落实中央八项规定，扎实推动建立不敢腐、不能腐、不想腐机制体制，强化警示教育和谈心谈话，党员干部员工遵规守纪意识明显增强。

【大事记】

6月，石油地质研究所更名为石油天然气地质研究所，原天然气地质所的风险勘探业务及科研人员划归石油天然气地质研究所，原测井与遥感所遥感业务及科研人员划归石油天然气地质研究所（勘研人〔2020〕98号）。

（李宁熙、李建忠）

油气资源规划研究所

【概况】

油气资源规划所（简称资源规划所）是研究院核心研究所之一。主要任务是根据研究院"一部三中心"定位要求，以推进股份公司上游油气战略与规划研究中心建设为目标，开展油气资源评价与勘探战略研究、油气矿权区块评价、油气储量评估与管理、油气勘探目标经济评价与决策分析、重点预探项目跟踪分析与年度勘探部署方案编制、勘探及科技中长期发展战略规划方案编制、非常规油气资源与新能源评价等工作，提供高层次、前瞻性与可操作的建议和方案，充分发挥战略决策支撑作用。

2020年，资源规划所坚决贯彻研究院"12345"总体发展思路，立足"决策参谋部"定位要求，突出新形势下矿权政策分析和资源评价核心技术研发，聚焦勘探规划与年度部署、探矿权退减、SEC储量评估等重大方案编制，持续推进中国石油勘探决策平台（UP-LAN）建设，打造核心竞争力，为研究院高质量发展贡献力量。

所长：杨涛。负责全面工作。主管安全环保、保密工作。分管勘探部署室、储量评价室、院士工作室和所办公室工作。

书记：张福东。负责党支部全面工作。主管工会、青年工作站工作。分管资源评价室和新领域工作室。

副所长：梁坤。负责所科研管理及相关工作。分管战略规划室和矿权研究室工作。

资源规划所下设7个研究室和1个办公室。

资源评价研究室：主要从事矿权区块常规与非常规油气资源评价、剩余油气资源空间分布预测、重点勘探领域与有利目标方向研究，通过油气资源经济性评价和生态环境允许程度评价，明确油气资源勘探开发利用制约因素，提出应对策略。总体思路与宗旨是，立足油气基础地质研究与油气成藏研究，明确油气资源分布富集特征，研发相适应的常规与非常规油气资源评价方法，制定油气资源评价标准，实现国内油气资源系统评价和动态跟踪评价，提高中国石油油气资源评价领域话语权，助推集团公司"资源为王"战略。负责人王建，协助负责人于京都。

战略规划研究室：主要从事油气发展战略与规划综合研究，主要承担国家和集团公司油气发展战略方向、油气勘探业务与科技发展中长远规划、勘探投资优化组合与效益评价、勘探项目经济评价与后评价、资源信息平台建设等研究工作。总体思路和宗旨是聚焦上游业务发展重大战略问题，关注全球能源发展趋势，把握油气未来发展方向，着眼集团公司中长远发展，着力战略规划技术研发和信息平台建设，精耕油气上游发展战略和中长期规划业务，为油气上游业务高质量发展提供有力决策支撑。负责人林世国，协助负责人陈晓明、王坤、佘源琦。

勘探部署研究室：主要从事油气勘探规划及计划部署研究，包括中国石油勘探动态跟踪分析及部署调整建议、规划计划研究、勘探潜力与决策建议三方面重点工作。总体思路与宗旨是立足服务集团公司油气勘探生产，突出高效勘探、成本效益意识、领域区带研究和关键问题分析，提出勘探规划计划部署建议方案和决策参考，为集团公司提质增效发展做贡献。负责人黄福喜，协助负责人高阳、宋涛。

新领域评价室：主要从事含油气盆地新区新领域勘探评价优选和发展规划研究。主要业务涵盖油气资源、油区伴生资源等新领域的勘探跟踪评价、潜力分析、经济性评价与有利区优选和相应评价技术的研发与应用，以及致密油气、页岩油气、地热等新领域的发展战略和规划部署等。负责人郭彬程，协助负责人詹路锋。

储量评价研究室：主要从事油气储量评价技术研究，包括国内标准常规油气藏、复杂岩性及非常规油气藏储量评价技术、SEC 储量评估技术以及储量动态跟踪、信息管理及评审备案等工作。总体思路是服务集团公司勘探与生产，严把储量入口关，突出储量的经济性和可动用性，推进储量精细化和动态化管理，为促进公司储量高效开发利用贡献力量。负责人毕海滨，协助负责人徐小林、郑婧。

矿权研究室：主要从事油气矿权管理决策支持研究及技术服务，主要承担油气矿权管理政策和规范研究、矿权状况动态分析、矿权区块评价、预警预案研究及矿权管理决策建议、矿权信息化建设等工作。负责人吴培红，协助负责人孔凡志。

院士工作室：主要从事油气发展战略和中低熟陆相页岩油富集机理研究，研发中低熟陆相页岩油富集理论和关键评价技术，为富集区优选评价提供理论和技术支撑。负责人刘伟，协助负责人卞从胜。

办公室：主要协助资源规划所领导做好科研管理和日常行政工作，包括科研管理、合同管理、财务报销、网络门户管理与维护、耗材及后勤供应、固定资产管理、安全生产、职工生活、文件报刊收发、考勤管理、职工福利、协助工会计划生育等工作，为全所科研生产提供坚实后勤服务保障。主任吕芳，副主任王淑芳。

截至 2020 年底，资源规划所在册员工61 人。其中男职工 41 人，女职工 20 人；博士 26 人，硕士 24 人，本科 9 人，专科 2 人；教授级高级工程师 2 人，高级工程师 34 人，工程师 21 人，助理工程师 4 人；35 岁以下 17人，36—45 岁 21 人，46—55 岁 18 人，55 岁以上 5 人。当年，杨轩入职，张福东、马硕鹏、林世国、关辉、邵丽艳、杨慎、佘源琦、马卫、高阳、李明鹏、马超、杨桂茹、孔骅、郭泽清、刘伟、卞从胜、曾旭调入；张国生、唐琪、苏健、王社教、闫家泓、李欣、蔚远江、孟昊、黄金亮调离，高世霞、白淑艳退休。

【课题与成果】

2020 年，资源规划所承担科研课题 21项。其中国家级课题 5 项、省部级课题 5 项、公司级课题 11 项。登记软件著作权 10 项；出版著作 1 部；在国内外学术会议及期刊上发表论文 13 篇，其中 SCI 收录 6 篇。

2020 年油气资源规划研究所承担科研课题一览表

类别	序号	课 题 名 称	负责人	起止时间
国家级课题	1	致密油甜点预测方法与甜点区评价	郭彬程	2016—2020
	2	陆上油气勘探技术发展战略研究	张国生	2017—2020
	3	我国含油气盆地深层油气分布规律与资源评价	杨 涛	2017—2020
	4	致密油资源分级评价与有利区优选	王 建	2016—2020
	5	超深层及中新元古界勘探区带评价方法与资源潜力预测	郑 民	2018—2021
省部级课题	6	西部地区油气资源适水保水开采技术发展与管控政策	张国生	2017—2019
	7	煤层气资源现状与发展趋势研究	张国生	2019—2020
	8	主要国家技术变革引领下的能源发展趋势研究	王 坤	2020
	9	支撑中国陆相页岩油革命的颠覆性技术发展战略及路线图	张国生	2020
	10	中国石油油气矿产资源国情调查与综合评价	鞠秀娟	2020

续表

类别	序号	课题名称	负责人	起止时间
公司级课题	11	中国石油2020年石油勘探潜力分析及2021年勘探计划部署	黄福喜	2020
	12	油气勘探规划计划与部署决策信息系统研发	黄福喜	2020
	13	中石油油气勘探发展战略及进展	梁 坤	2020
	14	新政策形势下股份公司矿权风险预警与应对预案决策支持	孔凡志	2020
	15	新能源技术开发与应用研究	王社教	2020
	16	非常规油气SEC储量评估方法研究(国际合作项目)	杨 涛	2020
	17	油气储量评估技术方法体系与管理体系建设-国内储量部分	毕海滨	2020
	18	SEC储量自评估——扩边与新发现评估	毕海滨	2020
	19	SEC储量自评估——PUD更新评估及价值评估	徐小林	2020
	20	油气三级储量动态跟踪分析	徐小林	2020
	21	股份公司油气储量数据库平台建设——需求分析及数据库维护	鞠秀娟	2020

【交流与合作】

1月,毕海滨、徐小林到美国达拉斯开展储量业务支撑工作。

2月,郑婧到美国得克萨斯州达拉斯奥森娜公司开展储量业务交流。

3月,与Aucerna公司签订《非常规油气SEC储量评估方法研究》项目合作协议。

4月,与美国D&M公司签订《非常规油气SEC储量评估方法研究》项目合作协议。

5月,陈晓明与奥森娜公司开展投资组合管理线上交流。

9月,陈晓明与奥森娜公司开展储量管理方法技术线上交流。

【科研工作情况】

2020年,资源规划所积极组织、精心安排,完成各项科研生产任务,取得一系列重要成果。

加强油气发展战略研究,全力支持集团公司国家高端智库建设,加强集团公司中长期战略规划、勘探部署、开发对策、经营策略等重大问题研究,全年向集团公司报送《决策参考》等重要建议6篇,为领导决策和重点工作推进提供重要依据。

推进"十四五"勘探规划多情景方案编制,按照基础研究、计划采集、方案研究、计划汇总、任务管理五大功能模块,完成指标匹配、区带优化、方案优化、矿权分析、结构分析5步工作流程,提出3种情景方案,实现勘探规划计划的高效编制,获得总部高度认可。

强化矿权研究与退减方案编制,深入客观解读矿权退减新政,预估探矿权面积缩减趋势,结合新政提出十大应对举措,完成探矿权面积延续和2020年度退减方案编制,相关研究成果获得集团公司董事长戴厚良批示。

强化非常规油气储量评价方法研究,全面推进SEC储量半年自评估,提出32条具体增储措施,形成半年、年度评估技术方案,实施后降耗增利近百亿元。

推进资源规划信息平台建设,优化底层"六打通"结构化数据,初步完成基于GIS的中国地理、盆地单元、矿权区块、油气田等图元要素空间数据库建设,构建形成集数据管理、信息检索、数据分析、专业应用于一体的资源规划信息平台UPLAN,进一步提升管理效能。

建立深层资源评价方法体系,研发升级深层资源评价和空间分布预测软件,深化油气资源空间分布预测、资源丰度模拟与预测等技术研发,推动深层资源的开发利用。

建立致密油资源、甜点、储量综合评价体系,研发形成一体化评价软件,在多个重点探区得到应用,评价预测吻合度达到75%—86%。

【党建与精神文明建设】

截至2020年底,资源规划所党支部有党员42人。

党支部:书记张福东,委员杨涛、王淑芳、梁坤、高阳。

工会:主席兼女工委员武娜,副主席兼组织委员詹路锋,文体委员马卫,宣传委员孔凡志,生活委员马硕鹏。

青年工作站:站长柳庄小雪,副站长范晶晶,委员李明鹏。

2020年,资源规划所党支部坚决贯彻落实党中央、集团公司党组和研究院党委部署要求,团结带领全所党员群众职工,坚持问题导向目标导向,突出"四个持续加强",即持续加强政治理论学习、持续加强干部队伍建设、持续加强党风廉政建设、持续加强基层基础建设,扎实推进党建与科研工作融合发展,提升党支部的凝聚力向心力战斗力,完成全年党建工作任务。

强化思想政治引领。扎实开展"战严冬、转观念、勇担当、上台阶"主题教育活动,采取原著领学、视频学习、专题党课、专题研讨等方式,学习宣贯党的十九届四中全会、全国两会、集团公司领导干部会议、研究院工作会议等重要会议精神,全年组织集体学习17次、研讨3次,全体党员思想认识得到极大提升。广泛进行形势任务宣讲,以"认清形势、转变观念,用实干诠释担当"为主题,组织开展专题党课活动,推动提质增效等相关部署要求落地见效。

扎实做好基础工作。严格落实"三会一课"、民主生活会、组织生活会等基本制度,全面推行支部主题党日活动,全年召开党员大会10次、支委会22次、党小组会29次、书记讲党课1次,开展主题党日活动11次。严格执行民主决策机制,按照"三重一大"决策制度和程序规定,完成双序列岗位竞聘、职称评审、奖金分配等重大事项8次。扎实做好党支部、工会和青年工作站换届选举,持续加强党员教育和管理,合规发展党员和接转组织关系,全年完成党组织关系转入12人、转出5人,发展党员1名。选树典型,吕芳被评为研究院先进工作者。

加强党风廉政建设。制定党风廉政建设主体责任清单,明确班子成员"一岗双责"主体责任,逐级签订《党风廉政建设责任书》《干部廉洁从业承诺书》,及时上报党风廉政建设主体责任情况报告。强化廉洁从业与反"四风"警示教育,学习集团公司纪检监察组和驻勘探开发研究院纪检组下发的相关文件精神,深刻剖析"四风"典型案例深层次原因,组织党员赴天津蓟县开展党风廉政教育活动,增强全体党员干部廉洁自律意识,做到警钟长鸣,永葆廉洁本色。

推进宣传思想工作。加强政治理论学习和意识形态阵地管理,弘扬石油精神和核心价值观,开展集中学习、宣传教育、知识竞赛、结对子等多种形式的理论学习10余次,着力提升党员的政治敏锐性和思想先进性。充分利用集团公司及院所网站、新媒体,开展正面宣传和舆论引导,全年在研究院主页发布新闻报道26篇,在研究院青年公众号发文1篇、外部媒体石油科技论坛发文1篇,提升科研成果和人才团队的影响力和显示度。

开展丰富多彩群团工作。持续推进党工青"三位一体"协同工作,全年组织知识竞赛、文体、献爱心及青年成才等特色活动40余项,增强团队凝聚力和向心力。扎实做好疫情防控工作,建立疫情关爱微信群,实时关心员工健康状况,为员工采购寄送口罩、手套等防疫物资,督促做好防疫保护措施,确保员工健康安全。注重青年人才培养,11 名青年职工提任二级工程师,2 名青年职工提任一级工程师,为青年人才成长提供广阔舞台。

【大事记】

6 月,资源规划所加挂"矿权与储量研究中心"牌子(勘研人〔2020〕99 号)。杨涛任资源规划所(矿权与储量研究中心)所长(勘研人〔2020〕107 号)。梁坤任资源规划所副所长(勘研人〔2020〕108 号)。张福东任资源规划所(矿权与储量研究中心)副所长(勘研人〔2020〕108 号)。

7 月,成立资源规划所院士工作室,刘伟兼任工作室主任。

9 月,党支部、工会、青年工作站完成换届改选。

(武娜、杨涛)

石油地质实验研究中心

【概况】

石油地质实验研究中心(简称实验中心)是研究院核心研究所之一,主要从事以石油地质应用基础理论研究、地质实验技术研发和分析技术服务为重点的应用基础研究工作。拥有油气地球化学、油气储层、盆地构造与油气成藏、天然气成藏与开发4个中油集团公司重点实验室,是国家能源致密油气研发中心的主要依托单位和提高石油采收率国家重点实验室的组成部分。

2020年,实验中心按照研究院党委"支撑当前、引领未来"总体部署要求,立足4个集团公司重点实验室和6个重点学科,以5项国家和集团公司重点项目为抓手,集中优势力量开展重大勘探领域基础地质研究和关键技术研发,为地质基础研究和区带目标评价提供技术支撑。

主任、副书记:张水昌(至2020年3月)。负责中心科研、生产、安全管理等全面工作。主管地化室、所办和专家委员会。负责分管科室、所在党小组党建、意识形态及安全管理等工作。侯连华(2020年3月起),负责中心党政科研全面工作。主管科研、生产、安全管理、党支部、工会、青年工作站等全面工作。分管所办。

书记、副主任:闫伟鹏(至2020年3月)。负责党支部、工会、青年工作站、干部管理、HSE、宣传、培训等工作。负责中心安全环保组工作。主管纳米室和地层古生物室,协管构造室。

副主任:柳少波。负责实验技术与实验室建设、技术有形化与标准化信息化、质量与资质认定、国际合作交流与外事接待活动等工作。负责中心技术组工作。主管国家重点实验室、致密油研发中心、油气成藏室和构造室。分管科室党风廉政建设及意识形态工作。

副主任:袁选俊。负责科研管理及成果有形化工作,中心学术组和保密工作,主管沉积室和储层室。协管纳米室和地层古生物室。分管科室党风廉政建设及意识形态工作。

副主任:张斌。负责学科建设与成果转化等工作。协助做好科研管理与学术组工作。主管有机分析室和技术研发室,协管地化室。分管科室、所在党小组党建、意识形态及安全工作。

实验中心下设9个科研室和1个办公室。

有机分析实验室:主要从事有机地球化学分析、地质实验新技术新方法研发及相关科研项目研究等工作。主任胡国艺,副主任帅燕华。

技术研发室:主要从事实验新技术、新方法、新仪器研发与科研应用等工作。主任倪云燕,副主任王华建。

地层古生物研究室:主要负责四川、塔里木盆地地层古生物研究等工作。主任卢远征,副主任樊茹。

沉积研究室:主要负责湖盆沉积学学科建设与生产应用研究等工作。主任张志杰,副主任周川闽。

储层研究室:主要负责复杂储层成因机理与储层评价研究等工作。主任高志勇,副主任吴松涛、毛治国。

纳米油气工作室:主要负责复杂储层表征、油气运移规律以及新能源材料设计开发等研究工作,主任金旭,副主任李建明、王晓琦。

油区构造研究室：主要负责前陆冲断带构造解释与目标评价、中上元古界原型盆地恢复等研究工作。主任陈竹新，副主任管树巍。

油气成藏研究室：主要从事油气成藏机制及过程、成藏主控因素及油气富集规律等研究工作。主任鲁雪松，副主任姜林、卓勤功、马行陟。

办公室：负责实验中心日常科研和行政管理、后勤保障及财务报销等。主任孟庆洋。

截至 2020 年底，实验中心在册职工 94 人。其中男职工 59 人，女职工 35 人；博士 56 人，硕士 24 人，本科 7 人；教授级高级工程师 8 人，高级工程师 50 人，工程师 28 人；35 岁以下 27 人，36—45 岁 36 人，46—55 岁 18 人。市场化用工 5 人。当年，康端、陈玮

岩入职，蔺洁、崔会英、葛守国、韩维峰、韩中喜、郝爱胜、姜晓华、李谨、李志生、齐雪宁、苏楠、王晓波、王义凤、魏伟、谢增业、严启团、杨春龙、张春林、张光武、张璐、杨玉萍、罗霞、赵忠英、林森虎、张丽君调入，闫伟鹏、朱如凯、王京红、黄凌、金旭、李建明、王晓琦、刘晓丹、李新景、王玉满、姜林、孟思炜、罗霞、赵忠英、林森虎、张丽君调离，张文龙、王淑英退休。

【课题与成果】

2020 年，实验中心承担科研课题 45 项。其中国家级课题 8 项，公司级课题 18 项，院级课题 11 项，其他课题 8 项。获省部级科技奖 10 项、局级科技奖 2 项。授权发明专利 17 件。出版著作 6 部。在国内外学术会议及期刊上发表论文 48 篇，其中 SCI 收录 28 篇。

2020 年石油地质实验研究中心承担科研课题一览表

类别	序号	课题名称	负责人	起止时间
国家级课题	1	超深层及中新元古界油气资源形成保持机制与分布预测	张水昌	2018.1—2021.12
	2	盆地深层烃源岩发育与分布预测	苏 劲	2017.1—2021.12
	3	典型深层气藏成藏主控因素与勘探新领域	谢增业	2017.1—2021.12
	4	大型地层油气藏形成主控因素与有利区带评价	朱如凯	2017.1—2020.12
	5	前陆冲断带及复杂构造区地质演化过程、深层结构与储层特征	陈竹新	2016.1—2020.12
	6	前陆冲断带及复杂构造区油气成藏、分布规律与有利区评价	卓勤功	2016.1—2020.12
	7	高过成熟天然气生成机理与源灶有效性评价	胡国艺	2016.1—2020.12
	8	大型气田成藏机制、富集规律与勘探新领域	李 剑	2016.1—2020.12
公司级课题	9	柴达木盆地油气地质理论深化研究	张水昌	2016.1—2020.12
	10	前陆冲断带多滑脱层复杂构造变形机制与数值模拟技术	王丽宁	2019.1—2020.12
	11	前陆盆地源储配置与断—盖组合定量评价技术	鲁雪松	2019.1—2020.12
	12	前陆冲断带复杂储层成因机制与综合评价技术	冯佳睿	2019.1—2020.12
	13	典型湖盆源—汇系统分析与岩相古地理重建	张志杰	2019.1—2020.12
	14	复杂储集体非均质性评价与储层建模技术	吴松涛	2019.1—2020.12
	15	高演化区天然气生成定量表征与成因鉴别	郝爱胜	2019.1—2020.12
	16	中新元古代—寒武纪裂谷构造与地层研究	卢远征	2019.1—2020.12
	17	古老层系有机质富集机制与含油气性研究	苏 劲	2019.1—2020.12
	18	海相高过成熟烃源岩生烃时效研究	陈建平	2019.1—2020.12

续表

类别	序号	课 题 名 称	负责人	起止时间
公司级课题	19	古老层系油气成藏过程及示踪研究	马行陟	2019. 1—2020. 12
	20	含油气系统数值动态模拟与软件系统编制	张 斌	2019. 1—2020. 12
	21	油气运聚成藏同位素技术和理论研究	倪云燕	2017. 1—2020. 12
	22	含油气盆地深层构造及其控油气作用	任 荣	2018. 1—2020. 12
	23	吐哈盆地岩性油气藏有利区评价	郝爱胜	2020. 1—2020. 12
	24	现场天然气汞含量检测与评价	严启团	2020. 1—2020. 12
	25	天然气处理流程中形态汞的分布特征研究	韩中喜	2020. 1—2020. 12
	26	柴达木盆地侏罗系含油气系统综合地质研究与目标评价	田继先	2020. 1—2020. 12
院级课题	27	古老烃源岩有机质富集机制与高过成熟阶段生油气潜力	张水昌	2019. 1—2021. 12
	28	深层油气藏形成机制与成藏模式	柳少波	2019. 1—2021. 12
	29	陆相湖盆细粒沉积成因模式与岩相古地理编图	张志杰	2019. 1—2021. 12
	30	中国古老克拉通盆地构造过程与深层地质结构	管树巍	2019. 1—2021. 12
	31	簇同位素示踪天然气成因技术及地质应用	帅燕华	2018. 1—2021. 12
	32	石炭—二叠系陆相烃源岩发育环境与资源潜力	张 斌	2018. 1—2021. 12
	33	古老层系页岩气同位素实时检测及含气性模型	何 坤	2018. 1—2021. 12
	34	全过程油气生成机制与产物构成特征	国建英	2018. 1—2021. 12
	35	超深层古老烃源岩生烃母质构成与天然气多期成藏示踪指标	苏 劲	2018. 1—2021. 12
	36	流体包裹体微区分析与深层-超深层油气成藏演化	范俊佳	2018. 1—2021. 12
	37	深层气藏盖层有效性评价	田 华	2018. 1—2021. 12
其他课题	38	四川盆地复杂构造样式研究	陈竹新	2018. 1—2020. 12
	39	鄂尔多斯盆地冯75、午146井全取心测试分析	毛治国	2018. 1—2020. 12
	40	四川盆地高—过成熟海相有效烃源岩评价方法研究	陈建平	2018. 1—2020. 12
	41	南堡凹陷储层与油气地球化学分析检测	胡国艺	2018. 1—2020. 12
	42	鄂尔多斯盆地下组合输导体系刻画及其对成藏控制作用研究	崔景伟	2019. 1—2020. 12
	43	鄂尔多斯盆地中东部寒武系岩相古地理及储层研究	张春林	2019. 1—2020. 12
	44	南缘复杂构造建模、动态成藏及保存条件评价	卓勤功	2019. 1—2020. 12
	45	库车坳陷秋里塔格构造带石油地质特征与区带目标评价	李 谨	2019. 1—2020. 12

【交流与合作】

8月，张志杰等15人视频参加 Hongliu Zeng 教授地震沉积学学术讲座。

9月，陈竹新等5人与哈佛大学线上交流复杂构造变形场 DEM 及 2D/3D 模型模拟。

10月，范俊佳等3人与法国科学技术研究中心 Jacques Pironon 教授线上交流国际合作项目。

11月，邀请国内著名地层学专家詹仁斌研究员来院作报告。

11月，邀请国内著名地层学专家吴怀春教授来院作报告。

11月，邀请卡尔加里大学黄海平教授来院交流"页岩油储层流体地球化学表征技术"。

12月，倪云燕视频参加 AGU Fall meeting 会议并作报告。

【科研工作情况】

2020年，实验中心在超深层、岩性、前陆、页岩油、天然气等重点勘探领域取得系列新认识和新成果，研发非传统同位素、页岩含油气性评价等实验新技术，实验室建设、学科发展成效显著，为地质基础研究和区带目标评价提供技术支撑。

加强基础地质研究，支撑油田增储上产。依托国家重点研发计划"深地"项目，明确了四川、塔里木等克拉通盆地主力烃源岩分布与主控因素，预测评价川西北深层、塔里木寒武系的勘探潜力，提出有利勘探区带3个；立足页岩油富集机理，明确重点盆地富有机质页岩纹层结构与油气赋存机理，为页岩油甜点段评价优选提供技术支持。依托国家和集团公司重点攻关项目，立足前陆盆地复杂构造带，深化大油气田形成条件与主控因素，综合评价库车坳陷东部侏罗系、准南下组合、川西深层等有利勘探区带；立足碎屑岩岩性地层，重点开展源-汇系统分析与有利储层评价，综合预测准噶尔盆地下乌尔禾组、鄂尔多斯盆地长9规模储量接替勘探区；立足天然气成因与分布，深化克拉通深层碳酸盐岩、前陆盆地深层致密砂岩天然气藏成藏机制及富集规律差异性认识，优选评价6个有利目标，指导新区新领域勘探，提出4口风险探井，其中1口被采纳，3口作为储备井位。围绕四川、塔里木、准噶尔和鄂尔多斯四大重点盆地和八大重点勘探领域，历时7个月、12次讨论交流、5次修改定稿，编制构造演化、岩相古地理、烃源岩展布及油气资源分布等成果图件72幅，提出多个规模优质储量领域与目标，为重点勘探领域和方向优选与突破提供有力支撑。

加强实验技术研发，助推理论技术发展。推进实验室信息化智能化，组织开展物联网实验室平台建设，联合信息技术研究中心，制定形成物联网实验室平台建设方案。实验室大数据与人工智能协同工作平台框架基本建立，岩石薄片、干酪根镜检、牙形石、包裹体等图像识别技术以及生物标志化合物图版模块研发取得实质性进展。发展完善油气地球化学、油气储层、复杂构造解释、油气藏评价四大技术系列15项特色技术，建立锂和硼同位素分析、不同赋存状态硫同位素测试、页岩气排采过程中同位素分馏与甜点预测、CT高分辨率裂缝动态生长与石油赋存定量表征等实验新方法，为勘探地质评价提供技术支持。承办第十二届全国石油地质实验技术学术会议和页岩油标委会成立大会等重要会议，促进实验技术研发应用和学科发展，提升实验研究中心的学术地位和业界影响力。

【党建与精神文明建设】

截至2020年底，实验中心党支部有党员62人。

党支部：书记闫伟鹏（2020年3月调离）、副书记张水昌（2020年3月退出领导岗位）、副书记侯连华（2020年3月任命），纪检委员张斌、组织委员金旭（2020年6月调离）、青年委员苏劲、保密委员陈竹新、宣传委员孟庆洋。

工会：主席孟庆洋，副主席马行陟，宣传委员于聪，文体委员冯佳睿，组织委员兼女工委员毕丽娜。

青年工作站：站长马雪莹，副站长袁懿琳。

2020年，实验中心党支部围绕抓实党务工作、做好文化传承、凝聚职工队伍、加强青年培养、坚定反腐倡廉、构建激励机制等方面创造性地开展工作，取得显著工作成效。

注重组织建设，夯实党务工作基础。制定党建工作制度、年度计划、班子成员"一岗双责"责任清单、党建责任细化清单等10余份文件，通过党员大会、党小组集中学习和党员自学，全面完成两轮党员轮训工作。全面推行支部主题党日活动，落实"三会一课"等制度，开展相关活动12次。推进"六有"党员活动阵地建设，依托阵地开展各类活动20余次。参加研究院党委组织的各类活动，在研究院党建案例大赛中荣获优异成绩。

加强统战建设，筑牢思想工作根基。落实意识形态工作责任制，全年完成2篇意识形态工作报告，及时向研究院主管领导汇报意识形态苗头倾向并制定问题化解方案，牢牢掌握主动权。加大对中心科研成果和人才团队宣传力度，全年发布新闻报道49篇，其中研究院主页45篇、研究院公众号2篇、外部媒体2篇，持续提升影响力和显示度。

强化廉政建设，提高反腐倡廉能力。严格落实第一责任人和党风廉政建设"一岗双责"要求，构建支部党风廉政建设主体责任清单，逐级签订党风廉政建设责任书和廉洁从业承诺书，建立关键岗位廉洁风险清单，筑牢廉政防线。锲而不舍纠正"四风"，力戒形式主义、官僚主义，着力构建作风建设常态化长效化机制。严格执行"三重一大"民主决策制度，建立完善实验中心"三重一大"实施细则，召开"三重一大"民主决策会议20余次，确保各项决策科学民主合理。

打造特色党建，助推科研与党建深度融合。充分发挥党小组和"微党课"作用，变"自上而下"为"自下而上"，激发党员活力，提升党建质量和水平。贯彻落实研究院党委指示精神，加强治理体系和治理能力建设，持续推进管理提升，员工群众满意度进一步提升。推进党建与科研工作深度融合，制定并落实提质增效八大举措，取得显著成效。加强团队建设和青年人培养，立足岗位，积极选树先进典型榜样，发挥引领示范作用，激发干事创业活力。

【大事记】

3月，免去张水昌石油地质实验研究中心主任（勘研人〔2020〕33号）、副书记（勘研党干字〔2020〕3号）职务。免去闫伟鹏实验中心书记（勘研党干字〔2020〕5号）、副主任（勘研人〔2020〕37号）职务。侯连华任石油地质实验研究中心主任（勘研人〔2020〕37号）、副书记（勘研党干字〔2020〕5号）职务。

7月，免去陈竹新石油地质实验研究中心基础地质（构造）副总地质师职务（人事〔2020〕21号）。免去金旭石油地质实验研究中心基础地质与实验技术副总地质师职务（人事〔2020〕22号）。

（张斌、孟庆洋、侯连华）

油气地球物理研究所

【概况】

油气地球物理研究所（简称地物所）是研究院油气勘探核心研究所之一。主要职责是负责石油天然气勘探、开发业务相关的地球物理技术研究与应用，重点发展基础研究、特色技术研发和重点探区技术应用"三位一体"的学科与团队，推动油气地球物理理论技术创新，为重大接替领域及风险勘探目标评价、重点探区关键物探技术攻关与应用、总部技术决策提供强有力的技术支撑，成为国家和集团公司地球物理新技术的孵化中心、地震资料处理解释中心和数据中心。

2020年，地物所以研究院年度工作会议精神为指导，按照"加快推动高质量发展、开创建设世界一流研究院新局面"要求和"12345"总体发展思路，贯彻勘探一路工作部署，坚持特色技术研发应用不放松，全面加强风险勘探支撑和能力建设，突出重点工作，深化改革创新，加强人才培养，以高水平科研创新成果诠释高质量发展。

所长：曹宏（至2020年11月），韩永科（2020年11月起）。负责全所科研和行政管理工作。主管人事、财务、科研、重点实验室和QSHE等工作。分管综合办公室和技术研发部。

副书记：杨遂发（至2020年3月），曹宏（2020年3—11月），韩永科（2020年11月起）。负责全所党建和群团等方面工作。主管党支部、工会、青年工作站和统战等工作。协助所长组织人才培养和QSHE等工作。

副所长：曾庆才。主要负责行政管理相关工作。主管制度建设、科研条件建设、科研外协、成果转化创效、QHSE等工作。分管地震资料处理部。

副所长：董世泰。主要负责业务管理相关工作。主管科研项目、成果申报、技术支持、国际合作、学术交流和人才培养等工作。分管物探战略规划部和物探资料综合解释部。

下设5个科室和1个股份公司重点实验室。

技术研发部：主要面向上游业务物探技术需求，开展应用基础研究、新技术研发和软件产品研制，兼顾地球物理重点实验室运行。开展地震软件开发技术与方法研究，推动地震技术有形化与现场应用，跟踪岩石物理分析前沿技术与方法；开展天然气地震预测前沿技术与方法研究，负责常规天然气储层预测、流体检测技术研发与应用，推进重点探区常规天然气地震预测技术攻关与应用；开展岩石物理分析理论技术研发与应用，研发实验设备和方法。行政主管曹宏，业务主管李红兵，行政助理卢明辉，业务助理杨志芳，党建助理宋建勇。

地震资料处理部：发展地震资料处理关键技术，开展重点探区复杂地质目标成像及保幅处理技术攻关与应用。开展地震处理前沿技术和方法研究，负责地震资料处理关键技术研发与集成，推进重点探区复杂地质目标成像及保幅处理技术攻关研究与应用。跟踪天然气地震处理前沿技术与方法进展，负责天然气领域地震资料处理技术研发与应用方法研究，开展天然气重点探区目标成像及保幅处理技术攻关与应用。行政主管曾庆才，业务主管胡英，行政助理王春明，业务助理首皓，党建助理高银波。

物探资料综合解释部：开展储层预测、目标评价等方法研究与集成应用，为风险勘探、重点探区目标和储量落实提供技术支撑。跟踪地震解释前沿技术与方法研究进展，开展目标评价方法研究、重点探区面向区带和目标的地震资料解释技术集成应用。行政主管董世泰，业务主管甘利灯，行政助理孙夕平，业务助理陈胜，党建助理徐光成、代春萌。

综合办公室：承担科研服务保障工作，协助所领导班子负责日常行政管理和事务处理。主任杨志祥，副主任孙荣。

股份公司地球物理重点实验室：主要负责股份公司物探重点实验室（北京院区）建设和日常运行维护等工作。主任曹宏。

截至2020年底，地物所在册职工69人。其中男职工47人，女职工22人；博士33人，硕士25人，本科6人；教授级高级工程师7人，高级工程师39人，工程师19人；35岁以下20人，36—45岁24人，46岁以上25人。当年，胡莲莲、周晓越入职，韩秀丽、丁玉梅、郑晓东退休。

【课题与成果】

2020年，地物所承担科研课题67项。其中国家级课题11项，公司级课题19项，院级课题9项，其他课题15项。获省部级科技奖5项，其中集团公司优秀标准一等奖1项、科技进步一等奖1项。登记软件著作权14项。授权发明专利19件。制订行业标准2项。在国内外学术会议及期刊上发表论文29篇，其中SCI收录6篇。

2020年油气地球物理研究所承担科研课题一览表

类别	序号	课题名称	负责人	起止时间
国家级课题	1	前陆冲断带及复杂构造区地震成像关键技术与构造圈闭刻画	胡　英	2016—2020
	2	地震储层预测关键技术集成与应用	孙夕平	2017—2020
	3	致密气有效储层预测技术	曾庆才	2016—2020
	4	克深5井区复杂构造处理解释	曾庆才	2017—2020
	5	叠合盆地前寒武系盆地结构重磁电联合解释技术研究	李劲松	2016—2020
	6	强非均质性碳酸盐岩储层与流体预测地震前沿方法研究进展	杨　辉	2016—2020
	7	重磁电震约束与联合反演技术	杨　辉	2016—2020
	8	三维正演剥层异常提取及正则化下延异常增强技术研究	文百红	2016—2020
	9	超深层重磁电震配套技术研发及经济适用性评价	郑晓东	2016—2020
	10	石油勘探开发大数据与人工智能关键技术研究	郑晓东、杨　昊	2019—2020
	11	地震技术大数据应用发展战略研究	郑晓东	2019—2020
	12	基于深度学习的地震储层识别技术研究	曹　宏	2018—2020
	13	页岩油气地震岩石物理特征与关键技术研究	杨志芳	2019—2020
公司级课题	14	地震成像与定量预测软件iPreSeis1.0推广应用	孙夕平、张　才	2018—2021
	15	石油勘探开发大数据与人工智能关键技术研究	郑晓东	2019—2020
	16	碎屑岩薄储层地震反演技术研究与集成应用	李红兵、李勇根	2017—2020
	17	井震联合油气藏描述技术完善与应用	戴晓峰	2017—2020
	18	礁滩相储层薄夹层预测与流体检测研究	李勇根	2018—2020
	19	天然气水合物储层地震—电磁响应特征研究	李红兵	2019—2021
	20	针对陆上地震资料的全波形反演技术及应用研究	宋建勇	2018—2020
	21	基于黏弹性波动方程的Vp-Qp联合反演方法研究	胡新海	2018—2020
	22	工业联盟组织及其框架技术交流与合作研究	李　萌	2016—2020

续表

类别	序号	课题名称	负责人	起止时间
公司级课题	23	花岗岩潜山油藏地震预测关键技术研究	杜文辉	2018—2020
	24	复杂气藏有效储层预测	曾庆才	2016—2020
	25	(2020)储层预测技术及质控方法标准研究	于永才	2020
	26	双复杂探区地震采集与成像方法研究与技术开发	王春明、郭宏伟	2018—2021
	27	储层预测质控关键技术研究与软件开发	孙夕平	2018—2019
	28	裂缝—孔隙型储层渗透性地震预测技术研究与应用	杨昊	2018—2019
	29	库车地区滚动开发地震有利目标区优选研究	代春萌	2018—2021
	30	磨溪区块震旦系地震含气富集区预测与井位部署研究	曾庆才	2018—2021
院级课题	31	油气地球物理前沿理论与新技术	曹宏	2019—2020
	32	地震保真处理及储层定量预测关键技术研究	董世泰	2019—2021
	33	薄储层预测技术	张明	2019—2021
	34	速度建模与偏移成像技术	秦楠	2019—2021
	35	重磁电震联合反演技术	杨辉文、白红	2019—2021
	36	基于深度学习的地震特征参数提取和噪音压制技术研究	郑晓东	2018—2020
	37	iPreSeisV1.0软件测试与应用	于永才	2017—2019
	38	波动方程速度反演与成像	李萌	2019—2021
	39	流体性质表征与地震应用	杨志芳	2019—2021
其他课题	40	准噶尔盆地北三台凸起北43井区三维地震叠前处理解释	高银波、李璇	2018—2019
	41	四川盆地川西北部双鱼石南地区三维地震叠前处理解释	崔栋	2018—2019
	42	博孜1区块各向异性叠前深度偏移处理解释一体化研究	代春萌	2017—2019
	43	高石19井区灯四段气藏优质储层预测	戴晓峰	2018—2020
	44	四川盆地周缘复杂构造叠前深度偏移成像处理解释	崔栋、徐光成	2019—2020
	45	四川大庆平昌——万源探区探区地震技术研究	孙夕平、徐光成	2019—2021
	46	川西南永探1火山岩三维地震资料处理解释	代春萌、曾同生	2019—2020
	47	黄土塬地区地震资料处理解释	于永才、高银波	2019—2020
	48	岩心声波测试	杨志芳、晏信飞	2019—2020
	49	2019年度准噶尔盆地南缘吐谷鲁背斜三维叠前深度偏移处理解释	首皓、李劲松	2019—2020
	50	库车坳陷却勒——西秋三维地震采集处理解释一体化	王春明、张征	2019—2020
	51	库车坳陷克深19—21三维地震叠前深度偏移处理解释	胡英、王春明	2019—2020
	52	鄂尔多斯盆地庆城北黄土山区三维地震叠前储层预测和技术评价	卢明辉、高银波	2019—2020
	53	NEB R/S区块三维地震资料解释	张昕、李艳东	2019—2020
	54	2019年度准噶尔盆地南缘吐谷鲁背斜三维叠前深度偏移处理解释	首皓、李劲松	2019—2020

续表

类别	序号	课 题 名 称	负责人	起止时间
其他课题	55	四川盆地磨溪北斜坡超深层碳酸盐岩地震处理解释	张 明、徐右平	2020—2021
	56	塔里木盆地柯坪断隆皮羌段二维地震叠前深度偏移处理攻关	曾同生	2020—2021
	57	冀东南堡1号火山岩地震资料解释	李文科	2020
	58	川西南永探1火山岩三维地震资料处理解释	代春萌、曾同生	2019—2020
	59	川西南三台—金塘火山岩三维地震资料处理解释	王 兴、代春萌	2020
	60	高石18井区灯四段气藏优质储层预测	戴晓峰、王 兴	2019—2020
	61	四川盆地周缘复杂构造叠前深度偏移成像处理解释	崔 栋、徐光成	2019—2020
	62	（2020）物探资料管理规范	马晓宇	2020
	63	物探资料管理方法研究	马晓宇	2020
	64	四川盆地重点区带地震资料处理解释及目标优选	王春明	2020

【交流与合作】

9月，董世泰、戴晓峰等4人参加在南京举办的国际地球物理会议。

【科研工作情况】

2020年，面对新冠肺炎疫情大流行、石油行业战严冬等严峻挑战，地物所全面加强能力建设，聚焦主责主业，强化创新、优化管理，凝心聚力，攻坚克难，坚持科研和防疫两手抓两不误，全面完成年度各项任务，取得一批特色成果。

加强处理解释能力建设。开展处理解释关键技术攻关和特色技术研发，推进智能物探关键技术有形化及应用，为13个风险目标评估提供技术支撑。建成叠前处理3000平方千米、解释10000平方千米处理解释能力，软硬件总投资近1.5亿元，算力达$1.87×10^6$Gflops，形成处理解释一体化工作方法流程，全年合计处理超过2000平方千米、解释超过7000平方千米，为打造物探"三个中心"、推进国内外油气勘探开发业务高质量发展打下坚实基础。

强化风险勘探支撑。形成碳酸盐岩风险目标地震评价技术，重点开展2—3个目标地震评价预测，推动自主目标东升2、林探1等重点井位获采纳。

推进保真成像技术攻关。针对复杂陆上地震资料特殊问题，深化全波形反演、最小二乘偏移、黏弹介质正演等前沿方法研究，开发多尺度近地表速度建模技术，在起伏地表全波形反演、真振幅逆时偏移、黏弹性介质处理方法等研发方面取得重要进展，提高资料保真度和黄土塬资料信噪比，改善双复杂区成像质量。

深化叠前储层预测技术攻关。研发复杂孔隙储层四参数叠前同步反演技术，建立弹性阻抗直接反演岩石骨架体积模量、剪切模量、密度、流体因子四参数方法，实现孔隙结构与物性参数非线性岩石物理反演，首次将孔隙结构预测推广到叠前。

发展智能物探2.0技术。完善初至拾取、标签建立、提高分辨率、特殊岩性体识别、地震反演等智能处理解释技术，大幅度提高处理解释效率50%以上，大部分重复性人工作业由机器替代，科研服务生产周期缩短25%，多项关键技术率先实现工业化应用。

支撑重要规划方案编制。牵头编制勘探与生产分公司物探技术发展指导意见，参与编制集团公司和研究院"十四五"物探科技发展规划，参加集团公司地球物理重点实验室规划方案编制，充分发挥战略决策支撑作用。

【党建与精神文明建设】

截至 2020 年底，地物所党支部有党员 43 人。

党支部：副书记杨遂发（1—3 月）、曹宏（3—11 月）、韩永科（11—12 月），委员曾庆才、董世泰、杨志芳、徐光成、郭宏伟。

工会：主席刘卫东，组织委员杜文辉，女工委员孙荣，文体委员张连群。

青年工作站：站长文誉翔，副站长崔栋。

2020 年，地物所党支部坚持以习近平新时代中国特色社会主义思想为指导，坚决贯彻集团公司党组和研究院党委工作部署，加强党建思想引领，深化党建和科研相融互促，确保全年工作高质量完成。

始终将政治建设摆在首位，及时传达学习习近平总书记重要指示批示精神，坚决贯彻集团公司党组和研究院党委重要会议精神和重点工作部署，落实各项规章制度和疫情防控要求，持续增强"四个意识、坚定四个自信"、做到"两个维护"。

加强党支部建设，严肃党内政治生活，严格执行"三会一课"等支部组织生活制度积极开展主题党日活动，高质量推进"战严冬、转观念、勇担当、上台阶"主题教育及"四个诠释"岗位建功活动，加强人才"生聚理用"机制建设，推进提质增效行动落地见效，深化党建与科研工作有机融合。

加强宣传和群团工作，牢牢把握意识形态工作主动权，做好思想宣传和统战工作，弘扬石油精神和石油科学家精神，加强党政工青一体化统筹和协调推进，凝聚干部员工干事创业强大合力。

强化党风廉政建设，认真贯彻中央、集团公司党组、派驻纪检组工作要求，全面落实中央八项规定，优化重大事项决策制度，执行重大问题民主决策程序和相关规定。全年未发现腐败问题和违法违纪现象。

【大事记】

3 月，曹宏任地物所党支部副书记（勘探党干字〔2020〕4 号）。

12 月，韩永科任地物所所长（勘探人字〔2020〕191 号）、党支部副书记（勘探党干字〔2020〕14 号）。

（魏兴华、杨志祥、曾庆才）

测井技术研究所

【概况】

测井技术研究所（简称测井所）是研究院从事测井技术研究和应用的专业技术研究所。主要任务是依托国家油气重大专项、集团公司基础研究项目和股份公司勘探技术攻关项目开展测井关键技术研发、油田现场应用和总部技术支持，成为具有影响力的测井方法和软件研究中心、测井处理解释中心和测井技术支持中心。

2020年，测井所按照研究院总体工作部署和勘探一路工作指示精神，以风险勘探测井评价为核心，立足测井关键核心技术攻关，突出油气评价特色技术研发，坚持人才队伍与成果有形化建设，提升测井专业技术创新和服务生产能力。

所长、副书记：陈春。负责党政全面工作。作为第一责任人负责党建、意识形态与全面从严治党工作。负责科研业务组织、协调和推进等工作。分管人事、财务、合同等工作。主管所办公室、核磁共振仪器组。

副所长：王才志。负责科研管理和保密、安全、质量、档案、资产等工作。分管、主管科室党建、意识形态与全面从严治党工作，主管测井解释评价组、处理解释方法组、测井软件研发组、测井岩石物理组。

测井所下设5个研究组和1个办公室。

测井解释评价组：负责复杂碎屑岩和非常规储层测井处理、解释、评价等理论、方法及实验研究，负责国际先进测井解释理论方法跟踪研究、国内及海外重点疑难探井跟踪评价；承担先进解释评价方法培训与技术支持、测井解释行业相关技术规范制定等任务。组长刘忠华。

测井处理方法组：负责非均质复杂岩性储层测井解释理论、方法及实验研究；国际先进测井解释理论方法跟踪研究；火山岩、碳酸盐岩和各类相关缝洞储层测井处理、解释和评价技术研究；承担国内、海外重点疑难复杂岩性探井跟踪评价、先进解释评价方法培训与技术支持、测井解释行业相关技术规范制定等任务。组长冯周。

测井软件研发组：主要负责大型测井处理解释软件平台CIFLog研发、升级、维护、推广等，同时，针对油田、研究院等单位应用需求，提供系统二次开发方案制定、特色方法模块集成、属地化功能模块研发等。组长刘英明。

测井岩石物理组：负责测井岩石物理理论、方法与实验工艺、测井实验行业相关技术规范制定研究；提供先进测井实验方法培训与技术支持。组长胡法龙。

核磁共振仪器组：负责核磁共振仪器研发、核磁共振石油应用方法研究，承担仪器生产以及系列核磁共振测试技术推广与现场应用等任务。组长孙佃庆。

办公室：负责测井所日常科研、行政管理、后勤保障及财务报销等。主任刘晓虎。

截至2020年底，测井所在册职工35人。其中男职工29人，女职工6人；博士24人，硕士8人，本科3人；教授级高级工程师3人，高级工程师27人，工程师4人；35岁以下5人，36—45岁12人，46—55岁15人。市场化用工2人。当年，王浩入职，孙佃庆、刘卫、孙威、陈乐乐调入，张友焱、董文彤、叶勇、胡艳、郭红燕、钱凯俊、王文志、刘松、刘杨、申晋利、于世勇、邢学文、周红英、曾齐红、张楠楠、马志国调离。

【课题与成果】

2020年,测井所承担科研课题26项。其中国家级课题3项,公司级课题16项,院级课题2项。获省部级科技奖4项、局级科技奖2项。授权发明专利15项,其中国际发明专利2项。出版著作2部。在国内外学术会议及期刊上发表论文17篇,其中SCI收录9篇。

2020年测井技术研究所承担科研课题一览表

类别	序号	课题名称	负责人	起止时间
国家级课题	1	测井交互精细融合处理平台	李　宁	2017.1—2020.12
	2	水平井测井采集处理与精细评价技术研究与应用	王昌学	2020.1—2020.12
	3	随钻核磁共振测井仪探头关键技术研究	孙　威	2017.7—2020.12
公司级课题	4	iMRT核磁共振测井仪优化与研制	孙　威	2019.7—2020.12
	5	页岩油岩石物理实验与测井特征研究	胡法龙	2019.7—2020.3
	6	中东阿布扎比项目白垩—侏罗系致密油形成条件及资源潜力	李长喜	2020.1—2020.12
	7	测井交互精细融合处理平台	王才志	2017.1—2020.12
	8	储层基质—裂缝组合渗透率测井计算新方法研究	李　宁	2019.7—2020.12
	9	石油勘探开发大数据与人工智能关键技术研究	武宏亮	2018.1—2020.12
	10	微电阻率成像阵列声波测井处理技术集成与应用	冯　周	2019.7—2020.12
	11	各向异性储层电阻率测井融合处理方法研究	李潮流、李　霞	2019.7—2020.12
	12	典型区块低饱和度油层成因机理与评价方法研究	程相志	2020.2—2020.12
	13	风险勘探测井动态分析与重点领域评价	宁从前	2020.1—2020.12
	14	重点井测井质量分析与新技术跟踪评价	宁从前、宋连腾	2020.1—2020.12
	15	非常规油气水平井测井处理解释方法研究	刘忠华、宋连腾	2020.4—2022.4
	16	远探测声波测井、介电扫描与核磁共振测井联合反演方法研究	胡法龙、武宏亮	2018.6—2021.6
	17	页岩油各向异性储层岩石物理实验与测井评价方法	俞　军、徐红军	2019.1—2021.12
	18	页岩油测井关键技术研究与应用	李　宁、王才志	2019.4—2022.12
	19	页岩油气核磁共振机理研究及关键参数评价	顾兆斌、孙佃庆	2020.1—2020.12
院级课题	20	重点领域风险勘探评价与支撑	武宏亮	2020.1—2020.12
	21	页岩油储层测井评价方法研究	李潮流、李长喜	2019.6—2022.6
	22	史家湾地区长6复杂油水层测井评价方法研究	胡法龙	2019.1—2020.12
	23	元素测井系列与深横波成像测井资料处理深化研究	武宏亮	2019.3—2020.9
	24	合川—潼南区块大格架天然气地质条件研究及有利勘探区带优选	冯　周	2018.11—2020.8
	25	复杂岩性致密储层饱和度模型研究	王克文	2019.9—2020.7
	26	基于CIFLog的古龙页岩油测井评价技术研究	武宏亮	2020.1—2021.12

【交流与合作】

1月,李潮流、武宏亮、胡法龙、李长喜等参加在北京举办的页岩油测井技术讨论会。

4月,武宏亮、王克文、冯周、刘鹏等通过视频与成都理工大学交流讨论"横波远探测静校正方法"。

5月，武宏亮、冯周、刘鹏等通过视频与北京航空航天大学交流讨论"人工智能在微电阻率测井中的应用"。

8月，武宏亮、王克文、冯周、刘鹏等在成都与四川盆地研究中心交流讨论"远探测声波测井技术研究进展及应用"。

10月，李潮流、武宏亮、王克文、冯周、刘鹏等在塔里木油田与油田研究院开展"深横波成像处理解释软件介绍及培训"。

11月，胡法龙、孙威、俞军、徐红军等在研究院与中国石油大学（北京）相关人员交流讨论"核磁共振岩样分析技术"。

12月，王才志、李潮流、胡法龙、刘忠华、刘鹏等在昆明参加中国石油学会第二十一届测井年会。

【科研工作情况】

2020年，测井所按照研究院工作会议部署安排，持续强化创新管理，注重前沿技术创新，聚焦科研重点和现场难题，做好关键技术研发和服务，全面完成各项科研生产任务，取得一批丰硕成果。

加强风险探井测井工作。围绕四川、塔里木、准噶尔等重点盆地，着力发展自研特色技术，靠前开展风险勘探重大领域目标优选，持续跟踪重点风险探井测井解释评价与试油后评估，为试油选层和油气勘探发现发挥关键技术支撑与引领作用，支持风险勘探与总部决策成效显著。

着力特色软件研发。成功研发国内首套水平井处理解释系统CIFLog3.0，实现水平井全流程处理解释评价功能，在新疆、大庆、西南等油气田和海外现场完成测试应用，有效提升页岩油、致密砂岩等非常规储层建模精度，为水平井射孔压裂提供重要依据。

加强关键技术攻关与服务。突破低含油饱和度油气藏产水率与产油量测井评价技术难题，完善中国石油低饱和度油层测井评价技术体系，有效提升测井解释符合率，为老油田精细勘探提供技术支持；完善方位远探测声波处理技术，为井旁缝洞体识别和试油选层提供有效手段，有力支撑区域储层测井评价和老井挖潜。

加强学科建设。充分发挥院士学术影响力，加强对外交流协作，利用油公司优势撬动社会资源，以特色单项技术攻关为核心，组建技术联盟，加大基础研究和关键核心技术攻关力度，持续发展壮大测井学科。

【党建与精神文明建设】

截至2020年底，测井所党支部有党员28人。

党支部：书记陈春，委员王才志、胡法龙、李霞。

工会：主席陈春，副主席宋连腾，委员侯曜华、徐红军、夏守姬。

青年工作站：站长刘鹏。

2020年，测井所党支部坚持以习近平新时代中国特色社会主义思想为指导，深入贯彻落实党中央、集团公司党组和研究院党委对党建工作的部署要求，持续推进党建基础工作，实现强党建促科研目标，推动测井专业高质量发展。

强化党建引领，打造担当奉献风险井测井评价突击队。面对新冠肺炎疫情大流行和国际油价急剧下跌等严峻形势，支部做好思想发动和组织推动，引领党员群众扛起责任、攻坚克难，聚焦集团公司风险井、重点探井测井评价，成立风险井测井评价突击队，在服务总部决策和风险井、重点探井评价中发挥关键作用、做出重要贡献，形成的典型案例获院基层党建大赛三等奖。

注重组织建设，评选所级优秀党员，设立党员先锋岗。通过基层党小组民主推荐，评选优秀党员并设立党员先锋岗，引领党员树牢"一个党员就是一面旗帜，一个岗位就是一份责任"意识，充分发挥先锋模范作用，立足岗位当表率、立新功。

强化正风肃纪,推进全面从严治党纵深发展,全面落实党风廉政建设"一岗双责"主体责任,组织签订党风廉政建设责任书和廉洁从业承诺书,开展纪律教育和案例警示教育,构建作风建设常态化长效化机制,巩固健康发展生态。

加强青年人才培养,畅通青年人才发展通道,推荐若干名青年才俊参评院企业专家,大胆起用青年骨干走上一级工程师岗位。开展青年职工知识竞赛、读书等活动,执行谈心谈话等组织生活制度,充分调动青年职工劳动热情和创造激情,切实增强党支部的凝聚力、吸引力和战斗力。

【大事记】

3月,陈春任测井与遥感技术研究所所长(勘研人〔2020〕33号)、副书记(勘研党干字〔2020〕4号)职务。免去周灿灿测井与遥感技术研究所所长(勘研人〔2020〕33号)、书记(勘研人〔2020〕33号)职务。

6月,测井与遥感技术研究所更名为测井技术研究所(勘研人〔2020〕97号)。免去李潮流测井与遥感技术研究所副所长职务(勘研人〔2020〕88号)。陈春任测井技术研究所所长(勘研人〔2020〕107号)、副书记(勘研党干字〔2020〕9号)职务。王才志任测井技术研究所副所长(勘研人〔2020〕107号)职务。

(王才志、张莉)

油田开发研究所

【概况】

油田开发研究所(简称油田开发所)是研究院核心研究所之一。主要任务是根据研究院"一部三中心"定位要求,以推进油田开发研究及技术应用为目标,开展油田生产核心技术研究等工作,编制与提供高层次、前瞻性与可操作的建议和方案,充分发挥决策参谋部作用。

2020年,油田开发所坚持决策参谋职责定位,加强战略规划、年度计划、油田高含水、低渗透、复杂岩性学科建设,促进所内主营业务与海外油田开发有机融合,通过海外中东地区油田开发,发挥油田开发所作用。

所长、副书记:李保柱。负责行政工作。主管人事、财务、法规、外事、安全保密培训等工作。分管油藏工程研究三部、开发地质研究一部、产能评价项目部、鲁迈拉项目部。

书记、副所长:张虎俊。负责党支部、工会、青年工作站等工作。主管党建、群团、宣传、纪检、党风廉政建设等工作。分管所办公室、原油规划计划一部、原油规划计划二部、经济评价项目部。

副所长:高兴军。主管科研管理工作。分管油藏工程研究一部、油藏工程研究二部、开发地质研究二部。

副所长:李勇。主管海外项目科研管理工作。分管阿布扎比项目部。

油田开发所下设11个研究部和1个办公室。

原油规划计划一部:负责制定中长期规划和年度计划部署。开展五年规划、年度计划、重大战略规划、重点油田可持续发展规划等研究工作,编制集团公司高质量发展的规划计划方案,形成高水平研究报告和决策建议。主任冯金德。

原油规划计划二部:负责集团公司原油开发业务的重要战略规划,主要承担集团公司国内上游业务可持续发展、重点油区(地区)可持续发展、上游业务战略规划重大问题以及原油开发重要专题等方面的研究和决策支持工作。主任邹存友。

经济评价项目部:负责集团公司油田开发经济效益评价和生产经营优化方法研究,聚焦国家和集团公司的原油业务经济效益和生产经营的重大热点、焦点和难点问题,研究提出提质增效和生产经营对策,为集团公司原油业务规划计划部署以及生产经营战略制定提供决策依据。主任曲德斌。

油藏工程研究一部:负责油田稳产、上产的油藏工程技术研发、应用及开发方案编制、宏观评价、储量评估、战略决策支持等工作,积极参与海外高含水油田的调整开发,发展完善高含水油田开发新方法、新理论和新技术,承担国家、集团公司及海外有关高含水油田经济有效开发的重大科研攻关和技术服务,为集团公司高含水油田高效开发提供决策依据、理论指导、技术支撑和示范应用。主任王经荣,副主任纪淑红、傅秀娟。

油藏工程研究二部:负责油田开发技术研发和油田开发方案、开发规划编制等科研工作。早期以油田新区产能建设和开发方案编制为主,2000年以后以低渗透油田高效开发为主要研究方向,负责低渗透油田开发新技术、新方法的研发和开发调整方案编制,承担国家、集团公司有关低渗透油藏经济有效开发的重大科研攻关项目和重点低渗透油田开发调整技术支持,为股份公司低渗透油田高效开发和提高采收率提供技术支撑。主任侯建锋,副主任王文环、雷征东。

油藏工程研究三部:负责股份公司对塔里木"十三五"天然气开发规划,以塔里木复杂凝析气藏、超高压气藏、碳酸盐岩凝析油气藏为重点研究对象,发展复杂油气藏开发理论及开发技术,保持复杂油气藏高效开发技术在国内外的独立性、先进性。及时解决现场实际问题,为塔里木油田复杂油气藏科学、高效、稳定开发提供理论指导、决策依据、技术支撑和风险评价,将地下资源转化为经济效益,为天然气"丝绸之路"西气东输工程的稳定供气提供技术保障,同时研发深层超高压油气藏开发理论及开发技术。主任夏静,副主任张晶。

开发地质研究一部:负责高含水油田提高采收率及复杂油藏效益开发的重大技术研发,以层序地层学、储层地质学、地质统计学等学科理论为指导,深度融合多维多尺度信息,开展精细油藏描述,定量表征储层成因、非均质性及各向异性,发展应用机器学习方法定量评价油层产能、剩余油潜力等,为高含水油田持续有效开发及复杂油藏效益开发提供技术支撑。主任李顺明,副主任周新茂、李军。

开发地质研究二部:负责集团公司原油生产重点领域低渗透油田开发面临的关键技术研发,紧密围绕低渗储层表征的技术瓶颈,重点攻关低渗透砂岩、砾岩、碳酸盐岩储层非均质性和裂缝表征与建模、水淹层解释与剩余油评价等关键技术,发展、完善低渗透储层开发地质理论技术体系,推动低渗透油藏开发地质基础理论和关键技术的升级换代,加强学科建设,提高科技创新能力,有力支撑低渗透油田稳产与提高采收率。主任王友净,副主任龙国清。

产能评价项目部:负责集团公司原油产能建设和储量评价等项目的技术支持和决策

参谋。研究领域涉及新区原油产能建设综合研究、未开发储量评估、水平井跟踪及效果评价、地质建模和精细油藏描述等。主任郝银全,副主任郝明强、鲍敬伟。

鲁迈拉项目部:负责鲁迈拉油田开发动态研究,对口支持总部和项目公司相关业务,开展中东地区海相三角洲碎屑岩和海相碳酸盐岩储层的综合研究,为中东地区同类油藏的开发提供类比和决策依据。主任宋本彪,副主任高严、钱其豪。

阿布扎比项目部:负责阿布扎比油田开发的重点问题研究,制定适合阿布扎比相关油藏的优化方案,推动中国石油开发理念及特色技术在阿布扎比NEB的现场应用,增强中国石油在阿布扎比项目开发中的话语权,提升中国石油在国际高端市场上的影响力,为阿布扎比项目的开发提供理论与技术支撑。主任魏晨吉,副主任王继强。

办公室:协助油田开发所领导做好科研管理、财务管理、固定资产管理、工作环境维护等日常管理工作。主任方杰、张宏洋。

截至2020年底,油田开发所在册职工98人。其中男职工57人,女职工41人;博士后18人,博士33人,硕士39人,本科5人;教授级高级工程师3人,高级工程师50人,工程师34人;35岁以下为31人,36—45岁29人,46—55岁31人。当年,朱怡翔、王文环、杨悦退休,王瑞琪、吴甦伟、丁海峰入职,杨悦、赵蒙、邹存友、张学磊、张爱东、王东辉、张亚丽、窦洪恩、刘宁、张宏洋、石建姿、曲德斌、沈楠、冯金德、白喜俊、孙景民、兰丽风、韩洁、褚鸣、安琪儿、赖令彬、赵亮、郑悦、吴梅、匡明、田雅洁、王辉、周波、刘立峰、董家辛、徐梦雅调进,李勇、孙景民、刘立峰、董家辛、徐梦雅调离。

【课题与成果】

2020年,油田开发所承担科研课题54项。其中国家级课题2项,国家重大专项任务 8 项,公司级课题 28 项,院级课题 8 项,其他课题 8 项。获省部级一等奖 4 项、二等奖 1 项、三等奖 1 项。获得授权专利 18 项,其中发明专利 11 项。出版著作 4 部。在国内外学术会议及期刊上发表论文 18 篇,其中 SCI 收录 9 篇,EI 收录 5 篇。制定标准 2 部,其中企业标准 1 部,行业标准 1 部。

2020 年油田开发研究所承担科研课题一览表

类别	序号	课 题 名 称	负责人	起止时间
国家级课题	1	复杂断块油藏井震结合精细描述关键技术研究	刘文岭	2016—2020
	2	基于构型的剩余油分布模式研究	周新茂	2016—2020
	3	表外储层动用状况与有效开发条件研究	钱其豪	2016—2020
	4	优势渗透通道识别与表征及控制无效循环技术	王继强	2016—2020
	5	低渗、特低渗油藏水驱扩大波及体积方法与关键技术	雷征东	2017—2020
	6	大型生物碎屑灰岩油藏注水开发整体优化部署技术	魏晨吉	2017—2020
	7	超深超高压气藏高效开发技术	张 晶	2016—2020
	8	超高压有水气藏高效开发技术对策研究	李保柱	2016—2020
	9	考虑水侵影响的多尺度缝洞型油藏产量不稳定分析理论研究	李 勇	2019—2022
	10	基于机器学习的油藏剩余油刻画及挖潜方法研究	魏晨吉	2020—2023
公司级课题	11	复杂断块油藏精细表征技术及应用	胡水清	2019—2020
	12	特高含水期水驱开发规律研究	钱其豪	2019—2020
	13	中高渗老油田低品位层动用技术研究	周新茂	2019—2020
	14	层内剩余油定量表征与应用	李顺明	2019—2020
	15	高含水期层系井网分类优化调整技术研究	吴 桐	2019—2020
	16	小尺度地质体表征理论及技术	胡水清	2017—2020
	17	基于深度学习的储层参数三维空间建模技术研究	刘文岭	2018—2020
	18	分层注水量智能劈分技术研究	袁江如	2018—2020
	19	低渗透油藏复杂裂缝建模数模一体化技术研究	雷征东	2018—2020
	20	特/超低渗透油藏改善水驱技术研究与应用	彭媛媛	2019—2020
	21	特低渗砾岩油藏水平井体积压裂开发优化技术研究	秦 勇	2019—2020
	22	昆北砂砾岩油藏有效水驱配套技术研究	侯建锋	2016—2020
	23	超低渗透油藏规模有效开发评价新技术研究	雷征东	2017—2019
	24	深层/超深层凝析气藏提高开发效果关键技术研究	夏 静	2019—2020
	25	新一代油藏数值模拟软件	任殿星	2017—2020
	26	注水专项治理跟踪	王继强	2020—2020
	27	低渗透油田水驱控递减关键技术研究与应用	彭缓缓	2018—2021
	28	2020 年新区产能跟踪评价调整及 2021 年新区产能建设部署研究	郝银全	2020
	29	新区产能建设信息管理及储量流向研究	郝银全	2020
	30	产能建设管理平台研究	郝银全	2020

类别	序号	课题名称	负责人	起止时间
公司级课题	31	合作业务动态管理与研究	郝银全	2020
	32	水介质类和天然气介质类重大开发试验跟踪评价前期研究(2020年)	王锦芳	2020
	33	2020年原油水平井及平台钻井实施跟踪及开发效果分析与研究	王锦芳	2020
	34	精细油藏描述(2020)	陈欢庆	2020
	35	股份公司凝析气藏开发动态跟踪研究(2019)	张 晶	2019—2020
	36	2020年中东地区油气开发技术支持与综合研究	罗 洪	2020
	37	鲁迈拉油田精细储层表征与注水技术研究	宋本彪	2020
	38	2020年非洲地区油气开发技术支持与综合研究	高兴军	2020
院级课题	39	建模与数模动态约束评价反馈机制研究及模块研制	钱其豪	2019—2021
	40	碎屑岩储层单砂体构型与注采结构调整——以尕斯库勒油田为例	钱其豪	2019—2021
	41	复杂类型油藏有效开发及提高采收率新方法研究	雷征东	2019—2021
	42	碳酸盐岩储层非均质研究及岩石类型微观表征	宋本彪	2019—2021
	43	大型海相碳酸盐岩精细油藏描述与地质建模技术	高 严	2019—2021
	44	通过应用大数据深度学习方法预测合注条件下各分层剩余油饱和度的探索研究	袁江如	2017—2020
	45	超低渗透油藏水平井注 CO_2 吞吐开采技术研究及应用	郝明强	2017—2020
	46	碳酸盐岩油藏开发规律及政策研究	李 勇	2019—2021
其他课题	47	长庆油气储量分类评价与经济有效开发技术	雷征东	2017—2020
	48	阿布扎比NEB资产群领导者技术支持	李保柱	2020
	49	超低渗透—致密油藏水平井开发规律及开发模式研究	袁江如	2019—2020
	50	阿克塞凝析油气藏开发调整技术研究	李 军	2018—2020
	51	海外碳酸盐岩储层测井解释方法研究	李 军	2019—2020
	52	俄罗斯SP2井区数值模拟及开发潜力研究	李 军	2019—2021
	53	新疆油田稀油新区上产工程一期	李保柱	2019—2020
	54	缝洞型断溶体油藏改善注水及注气开发技术攻关	王 琦	2019—2021

【科研工作情况】

2020年,油田开发研究所按照研究院统一部署和安排,开展"战严冬、转观念、勇担当、上台阶"主题教育活动,以中东项目为依托,完善碳酸盐岩开发技术,以低渗透油藏转换开发方式、高含水油田降递减为目标,实现降本增效,以建立有效开发秩序,制定全生命周期开发方案,确保新油田效益开发,在5个

方面取得重要成果。

一、发挥参谋作用,编制完成"十四五"原油发展规划

编制中国石油原油开发业务"十四五"发展规划和"十四五"页岩油、致密油发展规划以及未动用储量"十四五"动用规划;完成已探明未开发储量分类评价及可开发储量"十四五"动用安排规划,提出技术攻关、合

作和矿权流转的推进未开发储量有效动用的对策;牵头完成中国石油在新疆、甘肃、陕西、内蒙古和黄河流域、东北等 5 个重点区域"十四五"业务发展规划。

二、支持海外,加强阿布扎比技术支持工作

建立 NEB 资产领导者前后方协同技术支持、多学科融合一体化技术支持体系,保障 NEB 资产领导者 KPI 工作稳步推进,多项成果进入现场实施,效果显著;完成鲁迈拉、阿布扎比陆上、海上项目动态跟踪评价及 SEC 储量评估工作。

三、转变开发方式,逐渐完善低渗油藏效益开发对策

提出长庆油田增加可采储量技术对策,编制原油上产 3000 万吨开发战略规划;完成侏罗系油藏白 246 区、特低渗油藏盘古梁区的水驱调整方案,引领同类油藏高效开发;编制超低渗油藏元 284 转变开发方式工业化试验方案,树立提质增效的典范;创新运用地质工程一体化模式,论证致密油西 233 区全生命周期效益建产方式和关键参数。

四、持续攻关研究,探索高含水油田持续降递减之路

紧密跟踪百 21 井区"二三结合"示范工程、青海尕斯库勒油田中浅层水驱调整、大港复杂断块油藏二次开发层系井网调整等方案实施效果,剖析影响开发效果的主控因素;持续开展大庆油田"二三结合"攻关研究,建立"细划层系、细分对象、井网加密、两驱结合"的层系井网调整模式;针对大庆萨北水驱开发区块剩余油分类评价结果,开展压驱、井水力喷砂深穿透射孔等措施挖潜,现场实施初见成效。

五、发挥参谋作用,决策支持及油田技术服务效果良好

编制完成勘探与生产业务《原油效益建产专项行动方案》和"三个一批"大井丛效益建产工作方案;加快原油产能建设项目管理

平台建设,在华北油田、大港油田和大庆油田试点推广进展顺利;探索高效开发模式,全面支撑新疆玛湖建产工程;支撑完成集团公司不同油藏类型和开发方式的油田开发经济评价工作;做好集团公司已开发油田效益产量和经济可采储量潜力评价,提出公司原油业务提质增效路径和措施。

【交流与合作】

2 月 24 日,魏晨吉到阿布扎比参加 BOD 会议。

4 月 23 日,魏晨吉以视频会议形式参加在阿布扎比举办的资产领导者第一季度工作进展会议。

5 月 26 日,李勇、钱其豪、吴桐以视频会议形式参加宾夕法尼亚州立大学科技战略合作交流会议。

7 月 26 日,魏晨吉以视频会议形式参加在阿布扎比举办的资产领导者第二季度工作进展会议。

8 月 25 日,王友净以视频会议形式参加在巴黎、马来西亚举办的与道达尔、PETRONAS 的科技合作交流会议。

9 月 25 日,宋本彪以视频会议形式参加在俄罗斯、巴黎举办的与俄石油及道达尔公司的科技合作推进会议。

10 月 20 日,宋本彪以视频会议形式参加在巴黎举办的与道达尔上游科技合作视频交流会议。

10 月 25 日,魏晨吉以视频会议形式参加在阿布扎比举办的资产领导者第三季度工作进展会议。

11 月 9 日,韩如冰以视频会议形式参加在阿布扎比举办的阿布扎比石油展(ADIPEC)。

【党建与精神文明建设】

截至 2020 年底,油田开发研究所党支部有党员 65 人。

党支部:书记张虎俊,委员李保柱、高兴

军、赵亮、张宏洋、刘天宇、蔚涛。

工会：主席吴桐，副主席兼组织委员韩如冰，女工委员郑悦，生活委员张琪，文体委员楼元可立。

青年工作站：站长蔚涛，副站长田雅洁。

2020年，油田开发所党支部围绕抓实党务工作、做好文化传承、凝聚职工队伍、加强青年培养、坚定反腐倡廉、构建激励机制创造性地开展工作。

一、提高政治站位，落实上级决策部署

加强理论武装思想引领，充分发挥党支部在宣传贯彻党的先进思想理论、基本路线、重大方略中的战斗堡垒作用。加强政治建设，组织7次专题会议，学习贯彻上级各项会议精神，配发政治学习图书3套，在学习和讨论中敦促党员干部增强"四个意识"，坚定"四个自信"。抓好科研生产，坚决贯彻落实集团公司以及研究院党委的新要求新规定，高度关注集团公司党组关心的重大科技难题；超前组织集中攻关，高度关注油田生产实际中的科技瓶颈难题，扎实组织把脉会诊，力争做到药到病除。

二、注重组织建设，夯实党务工作基础

加强党支部"三基本建设"，突出固本强基，持续提高基层党建工作质量。加强基层组织建设，完成党支部换届选举工作和党小组调整。抓实基础工作，协同开展主题党日与"三会一课""两学一做"，提升活动的规范性、时效性，组织线上线下党员大会14次、支委会12次、主题党日活动12次、党小组会77次、党课1次。提升基本能力，采取党小组集体学和自学方式，系统学习"党的十九届四中全会精神""学党史和新中国史""2020年全国两会精神"三个专题，完成2轮党员轮训工作。弘扬政治正能量，加强先进模范人才和党建科研新成果宣传力度，在研

究院主页发布新闻稿件27篇，在主流媒体发布新闻稿件6篇。

三、强化作风建设，提高反腐倡廉能力

加强党风廉政建设，落实全面从严治党主体责任，构建风清气正的政治生态。组织签订《党风廉政建设责任书》《廉洁从业承诺书》，实行廉政承诺等形式，靠实支部书记第一责任和领导班子成员"一岗双责"责任制。严纪律强震慑，通过专题讨论的形式，部署推进党风廉政建设和反腐败工作，按要求开展纪律教育和案例警示2次，组织纪检宣讲教育16次。严格执行研究院公务接待、办公用房及装修、公务用车、会议管理办法等制度，营造风清气正的良好氛围。

四、做好青年工作，凝聚干事创业合力

加强科研创新与"战严冬、转观念、勇担当、上台阶"主题教育活动融合落地，面对疫情和低油价，为更好落实"战严冬、转观念、勇担当、上台阶"主题教育，转变工作作风，针对"如何提质增效"这一主题，从解决思想问题入手，推动青年科研人员到现场，学习大庆精神铁人精神，扎根油田一线"强筋健体"，组织10多名青年党员深入长庆、青海、辽河油田，开展"国内油田不同开发单元经济可采储量评价与对策建议"研究。授权经济评价室青年党员策划举办"油田开发战略规划暨提质增效对策研讨会"，青年骨干围绕生产中的技术难点、热点展开攻关，研判行业未来发展趋势，分享交流降本增效对策和案例，有效提升青年骨干的战略规划能力。

【大事记】

6月22日，撤销油气开发战略规划研究所，其油田开发、经济评价相关业务及人员划归油田开发研究所（勘研人〔2020〕101号）。

（王琦、张虎俊）

提高采收率研究中心(中国科学院渗流流体力学研究所)

【概况】

2020 年 6 月,根据勘研人〔2020〕101 号文件,整合渗流流体力学研究所和采收率研究所的业务,组建提高采收率研究中心,同时挂中国科学院渗流流体力学研究所(简称渗流所)的牌子,按照"一个机构、两块牌子"运行。将隶属于原渗流流体力学研究所的核磁测井业务及人员并入测井研究所,堵水调剖业务及人员并入油田化学研究所,致密气业务及人员并入气田开发研究所,页岩气业务及人员并入页岩气研究所。

渗流所作为中国石油油气渗流理论专门研究机构,自成立以来一直从事油气渗流力学基础理论及应用技术的研究工作。主要任务是发挥全国油气渗流力学学科牵头作用和我国微生物采油、油气评价核磁共振新技术核心攻关作用,引领新型采油采气与评价技术快速发展,推动低品位油气资源提高采收率与经济有效开发。负责低渗油气、非常规油气渗流理论、技术、方法与开发模式的研究创新工作,重点开展油气藏开发渗流机理、提高采收率、微生物采油、核磁共振四大领域研究,发展目标是成为非常规油气渗流理论未来发展的探索者、提高采收率先进技术的原创者和国内核磁共振技术发展的领航者。

所长、副书记:刘先贵。主持全面工作。分管油藏渗流研究室、非常规渗流研究室、微尺度流动研究室、核磁共振研究室。

书记、副所长:赵玉集。负责渗流所党支部全面工作。主管安全环保、工会、青年工作站工作。分管办公室、生物渗流研究室。

副所长:熊伟。负责科研工作。分管综合研究室(重点实验室)、气藏渗流研究室、非常规油气层物理研究室。

渗流所下设 8 个研究室和 1 个办公室。

油藏渗流研究室:负责低渗透、致密油藏等开发理论研究,揭示油藏渗流机理,建立渗流理论,为低渗透、致密油藏经济有效开发提供基础理论方法。主任熊生春,副主任骆雨田。

气藏渗流研究室:负责砂岩、碳酸盐岩、火山岩等气藏开发理论研究,揭示气藏渗流机理,建立渗流理论,为天然气开发提供基础理论方法。主任叶礼友,副主任刘华勋。

非常规渗流研究室:负责页岩气、煤层气等非常规气藏开发理论研究,揭示气藏渗流机理,建立渗流理论,为非常规天然气开发提供基础理论方法。主任胡志明,副主任端详刚。

油气层物理研究室:负责非常规油气储层微观孔隙结构、储层物性与流体赋存性质测试方法研究,确定储层开发分类界限,评价开发潜力,为非常规油气资源经济有效开发提供基础理论方法。主任沈瑞,副主任李海波。

微尺度流动研究室:负责非常规油气储层微纳米孔隙中流—固耦合流动机理研究,揭示微纳米孔隙中界面物理化学作用机理,建立微尺度流动数学模型,为非常规油气储层提高采收率技术提供基础理论。主任孙灵辉,副主任丛苏男。

生物渗流研究室:负责微生物提高油气采收率基础理论与技术方法研究,揭示微生物驱提高采收率机理,研发微生物采油采气新技术与方法,为提高油气采收率提供经济、有效、环保新技术。副主任修建龙、副主任崔庆锋。

核磁共振研究室:负责核磁共振技术在

油气田勘探开发中的应用研究,建立实验室及井下核磁共振测试与解释方法,研发核磁共振新技术,研制核磁共振岩心分析与井下测试新仪器。主任孙威,副主任陈乐乐。

综合研究室(重点实验室):负责渗流所科技发展规划与年度科研计划管理、实验室管理。主任顾兆斌。

办公室:负责渗流所日常行政管理、QHSE及保密管理、后勤保障及财务报销等。主任李树铁。

截至2020年5月底,渗流所在册职工43人。其中男职工34人,女职工9人;博士17人,硕士17人,本科5人;教授级高级工程师2人,高级工程师26人,工程师11人;35岁以下6人,36—45岁14人,46—55岁18人。截至2020年6月底,赵玉集调离,薛蕙退休。刘卫东并入油田化学研究所,陈乐乐、孙佃庆、孙威、刘卫并入测井研究所,叶礼友、刘华勋、高树生、朱文卿、薛蕙并入气田开发研究所,胡志明、端祥刚、常进并入页岩气研究所,其余31人并入提高采收率研究中心(中国科学院渗流流体力学研究所)。

采收率研究所是研究院从事油田开发研究领域的机构之一,是提高石油采收率国家重点实验室和集团公司油层物理与渗流力学重点实验室、三次采油重点实验室的依托单位。主要以油田开发需求为导向,定位于集团公司提高采收率业务发展战略支持、理论技术创新、成果转化应用和人才培养中心,立足油气田提高采收率、油层物理与渗流力学领域的基础理论研究与现场应用技术研究,肩负集团公司三次采油决策技术支持,制定提高采收率发展战略规划,夯实油层物理与渗流规律基础,革新化学驱、气驱和微生物驱三大技术,探索前沿开发技术,带动成果转化应用等职能,创新提高采收率基础理论,发展提高石油采收率技术,推进技术成果转化应用,引领我国提高采收率技术发展方向。

2020年,采收率研究所承担新疆老油田稳产工程的主体研究任务,推进"二三结合"实施;完善气驱技术,加快注气试验现场实施;强化砾岩、非常规储层油层物理与提高采收率基础研究;加强原位改质剂与微生物驱油剂等超前技术研发。

所长:马德胜。负责全面工作。分管油层物理与渗流力学研究室、流体相态研究室。协管国家重点实验室建设与运行、发展战略规划等工作。

副所长:朱友益。主要负责化学驱油用剂的研制和评价工作。分管化学驱研究室。

副所长:王强。主要负责科研工作。负责地质、油藏工程方案工作。分管综合研究室和注气研究室。

副书记:吕伟峰。主要负责党支部、工会、青年工作站、外事、对外合作交流、HSE和QHSE、安全、保密、档案等工作。分管办公室、前沿技术研究室。

采收率研究所下设6个研究室和1个办公室。

化学驱研究室:主要负责驱油用化学剂的研究与配方优化任务。主任张群,副主任樊剑、周朝辉。

油层物理及渗流力学研究室:主要负责油层物理及渗流基础理论研究任务。主任刘庆杰,副主任贾宁洪。

流体相态研究室:主要负责岩石物性及流体相态研究任务。主任李实,副主任陈兴隆、张可。

注气研究室:主要负责注气提高采收率研究与应用任务。主任杨永智,副主任周体尧、史彦尧。

前沿技术研究室:主要负责提高采收率新技术研究任务。常务副主任江航,副主任周明辉、宋文枫。

综合研究室:主要负责提高采收率发展战略研究任务。常务副主任高明。

办公室:主要负责行政、生产的条件保障工作任务。副主任林庆霞。

截至 2020 年 5 月底,采收率研究所在册职工 62 人。其中男职工 44 人,女职工 18 人;博士后 12 人,博士 22 人,硕士 18 人,本科 8 人;教授级高级工程师 5 人,高级工程师 34 人,工程师 19 人;35 岁以下 17 人,36—45 岁 22 人,46—55 岁 19 人。市场化用工 3 人。当年,宋文枫、马德胜调离。截至 2020 年 6 月底,采收率研究所 62 名合同化员工、3 名市场化员工并入提高采收率研究中心(中国科学院渗流流体力学研究所)。

2020 年 6 月,原渗流流体力学研究所和原采收率研究所业务整合,组建提高采收率研究中心(中国科学院渗流流体力学研究所)(简称中心)。中心是由集团公司和中国科学院双重领导单位,中国力学学会渗流力学专业挂靠单位,是研究院下属的从事油田开发研究领域的机构之一,主要从事油层物理与渗流力学基础理论和提高采收率技术研究,同时为集团公司三次采油决策提供技术支持,为中国石油所属各油田在油层物理及流体物性测试、开发物理模拟、三次采油技术应用等方面提供技术咨询、技术培训和技术服务等,全面支撑提高石油采收率国家重点实验室,以及油层物理及渗流力学、三次采油 2 个集团公司重点实验室的建设和运行。

中心主要研究领域包含集团公司提高采收率发展战略研究、油层物理及渗流理论研究、提高石油采收率新技术研究、三次采油数值模拟软件研发、EOR 开发方案编制、重大开发试验跟踪评价和 CO_2 驱油与埋存理论等方向。在油层物理实验方法和渗流理论研究、水驱提高采收率技术研究、驱油化学剂研制、CO_2 驱油与埋存理论等方面承担多项国家级、省部级和局级项目和课题,取得显著技术进展,形成多种综合配套技术,包括以“三相”相渗理论为核心的非线性渗流和大模型物理模拟技术、以“二三结合”开发理念为核心的水驱提高采收率技术、以三元复合驱为核心的化学驱提高采收率技术,以陆相沉积油藏 CO_2 混相理论为核心的 CO_2 驱油关键技术,这些方法和技术在国内主要油气田的实际应用中取得明显效果和良好社会效益,成为国家和集团公司提高石油采收率领域重大科技攻关的主力军。

主任、副书记:刘先贵。负责中心行政、党务、科研等全面工作。主管人事、财务、法规、外事、安全环保、保密、档案、党建群团等工作。负责策划业务发展方向和协调业务活动的正常运行。协管重点实验室运行、发展战略规划等工作。分管综合办公室。

副主任:朱友益。负责集团公司三次采油重点实验室运行工作,负责中心化学驱油用剂的研制和评价工作,负责中心实验室计量认证、标准化、员工培训等组织工作,负责与 IEA-EOR 的工作联系。协助中心副书记做好党建、群团、党风廉政建设等工作,协助中心主任做好行政和科研工作。分管化学驱研究室。

副主任:熊伟。负责中心在油层物理、渗流力学方面的基础理论研究、新技术新方法的研发,以及现场应用研究等工作,负责中心在廊坊院区部分的管理工作。协助中心主任做好行政和科研工作。分管油层物理研究室、渗流力学研究室。

副主任:王强。负责中心地质、油藏工程和方案工作,负责中长期发展战略规划制定,负责三次采油发展规划、潜力评价和重大开发试验跟踪工作,负责海外提高采收率技术支持工作。协助中心主任做好行政和科研工作。分管提高采收率战略规划研究室、注气研究室、流体相态研究室。

副主任:吕伟峰。负责中心科研管理、外事、对外合作交流等工作,负责与 CCUS 联盟的联系与执行工作。协助重点实验室主任做好国家重点实验室(提高石油采收率国家重点实验室、二氧化碳驱油与封存技术实验研发中心)、集团公司重点实验室(三次采油重点实验室、油层物理与渗流力学重点实验室)的建设及运行管理工作。协助中心主任做好行政和科研工作。分管微生物研究室、前沿技术研究室。

中心下设8个研究室和1个办公室。

综合管理室:负责中心科研管理,协助中心领导和学术委员会做好科研计划、外协项目、国际合作、知识产权及科研成果的过程跟踪,掌握全所技术发展现状和技术成果,协助重点实验室主任做好中心承担的2个国家重点实验室及2个集团公司重点实验室建设及运行管理工作,协助集团公司科技管理部做好CCUS联盟理事会联系与执行工作,协助中心领导做好实验室计量认证及标准化工作。

提高采收率战略规划研究室:负责制定中心发展战略规划;负责集团公司提高采收率技术经济潜力评价及提高采收率发展战略研究;负责提高采收率技术的推广应用和重大工业化试验的方案设计及跟踪评价;负责集团公司重大开发试验和老油田稳产工程的技术支持以及相关信息平台建设和维护;支持集团公司咨询中心提高采收率相关工作;负责编写提高采收率技术的重要汇报和决策参考。

油层物理研究室:开展油层物理方面的基础理论及应用研究;开展岩石物性及流体相态分析检测和综合性研究;开展油层物理新技术新方法的研发;负责油气田开发实验国家、行业标准的制修订工作。

渗流力学研究室:开展复杂油气藏有效开发的渗流理论研究;开展物理化学渗流机理研究;开展复杂油气藏物理模拟实验及数值模拟技术的研发;负责复杂油气藏渗流理论在现场应用的技术支持。

化学驱研究室:开展驱油用化学剂的设计合成与评价;开展化学驱油机理、配方与方案优化研究;开展化学驱现场试验跟踪与评价;负责化学驱实验方法、评价体系及环境评价等相关标准的制修订工作。

注气研究室:开展注气油藏精细地质描述研究;开展注气油藏工程方案优化设计研究;开展注气开发方案编制及现场动态跟踪、分析、调整等技术和方法研究;开展CCUS研究。

微生物采油研究室:开展微生物采油功能菌群的筛选与评价;开展微生物驱油物理模拟与数值模拟技术研究;开展油藏微生物优化调控与激活技术研究;开展微生物采油现场跟踪与调整技术研究。

前沿技术研究室:开展原油原位改质机理及现场应用研究;开展功能性水驱机理及现场应用研究;开展中东碳酸盐岩油藏润湿性调控及EOR技术研究;探索新型降本增效提高采收率新技术新方法。

中心办公室:负责日常行政管理、QHSE及保密管理、后勤保障及财务报销等工作。

截至2020年底,中心在册职工89人。其中男职工64人,女职工25人;博士44人,硕士26人,本科12人;教授级高级工程师7人,高级工程师49人,工程师23人;35岁以下14人,36—45岁34人,46—55岁32人。当年,丛苏男、康敬程、江航、李思源调离,董汉平、黄雪皎、王霞退休。

【课题与成果】

2020年,中心承担科研课题47项。其中国家级课题11项,公司级课题34项,院级课题2项。获得省部级科技进步二等奖1项、技术发明二等奖1项、集团公司专利金奖1项、基础研究一等奖1项。获得授权发明专利14项。出版著作3部。在国内外学术会议及期刊上发表论文43篇,其中SCI收录20篇,EI收录8篇。

2020 年提高采收率研究中心承担科研课题一览表

类别	序号	课 题 名 称	负责人	起止时间
国家级课题	1	页岩气渗流规律与气藏工程方法	刘先贵	2017.1—2020.12
	2	超低渗油藏物理模拟方法与渗流机理	杨正明	2017.1—2020.12
	3	不同类型油藏二三结合提高采收率模式	王 强	2016.1—2020.12
	4	化学驱提高采收率技术	朱友益	2016.1—2020.12
	5	致密油孔喉结构与渗流机理实验研究	贾宁洪	2016.1—2020.12
	6	低渗—超低渗油藏提高采收率新方法及关键技术	刘庆杰	2017.1—2020.12
	7	CO_2 驱油与埋存开发调控技术研究	吕文峰	2016.1—2020.12
	8	CO_2 捕集、驱油与埋存发展规划研究	杨永智	2016.1—2020.12
	9	砂砾岩致密油示范区开发系统优化研究	吕伟峰	2017.1—2020.12
	10	油藏环境合成微生物组现场应用方法研究与示范应用	吕伟峰	2019.7—2024.6
	11	多孔介质中原油与 CO_2 的相间传质和驱替机理	韩海水	2018.5—2021.4
公司级课题	12	中石油 CO_2 驱油与埋存技术可持续发展模式研究	秦积舜	2015.1—2020.12
	13	特/超低渗透油藏水驱后 CO_2 驱油与埋存机理及应用研究	李 实	2015.1—2020.12
	14	特/超低渗透油藏 CO_2 驱油与埋存油藏工程技术方法研究	杨永智	2015.1—2020.12
	15	致密储层微观孔隙结构特征和渗流通道表征方法研究	萧汉敏	2018.7—2020.12
	16	致密油藏物理模拟方法与开采机理研究	杨正明	2018.1—2020.12
	17	重点实验室/试验基地建设与运行管理	陈兴隆	2017.1—2022.12
	18	高黏原油化学—生物复合降黏技术及机理研究	张 帆	2017.9—2020.9
	19	油层物理与渗流力学重点实验室完善建设	熊 伟	2019.8—2021.12
	20	提高采收率国家重点实验室完善建设	吕伟峰	2020.1—2022.12
	21	国家重点实验室完善建设(提高石油采收率)	吕伟峰	2021.4—2023.12
	22	页岩油气核磁共振机理研究及关键参数评价	顾兆斌	2018.12—2021.11
	23	化学驱后或废弃油藏残余油生物气化研究	崔庆锋	2018.12—2021.11
	24	储层数字化岩心与应用一体化技术研究	贾宁洪	2019.1—2020.12
	25	高黏稠油原位改质技术研究及先导试验	周明辉	2019.1—2020.12
	26	功能性水驱技术研究及先导试验	伍家忠	2019.1—2020.12
	27	碳酸盐岩/致密油藏提高采收率新方法研究	张祖波	2019.1—2020.12
	28	弱无碱复合驱油体系研制及试验	周朝辉	2019.1—2020.12
	29	化学复合驱在砾岩和断块高温高盐油藏适应性研究及应用	田茂章	2019.1—2020.12
	30	微生物驱提高采收率技术及应用	俞 理	2019.1—2020.12
	31	重力稳定气驱提高采收率关键技术研究	李 实	2019.1—2020.12
	32	低成本泡沫驱油体系研制及试验	周新宇	2019.1—2020.12
	33	基于人工智能的非常规油藏综合评价方法研究	骆雨田	2019.12—2022.11
	34	聚合物驱后新型生物聚、表驱油体系合成新方法研究	王 璐	2019.12—2022.11

续表

类别	序号	课题名称	负责人	起止时间
公司级课题	35	页岩油渗流规律与提高采收率机理研究	沈 瑞	2019.1—2021.11
	36	体积改造提高累积产量机理研究	杨正明	2018.1—2020.12
	37	中高渗油田"二三结合"方案设计及高效驱油体系优化技术研究与应用	高 明	2018.6—2021.6
	38	老油田提高采收率潜力及关键技术研究	刘朝霞	2018.6—2021.6
	39	注气提高采收率关键技术研究与应用	周体尧	2018.6—2021.6
	40	气/水/化学介质与纳微孔喉匹配关系及驱油效率研究	孙灵辉	2019.3—2021.3
	41	重大开发试验跟踪评价前期研究(2020)	王正波	2020.1—2020.12
	42	页岩油开发机理和关键技术研究与现场试验	熊生春	2020.4—2023.4
	43	重大开发试验数字化平台建设	王正波	2020.5—2022.5
	44	生物/化学多元复合驱提高采收率技术研究	修建龙	2020.5—2022.5
	45	油气田提高采收率信息平台建设	王 强	2020.5—2022.5
院级课题	46	高内相乳液调控方法及自适应调驱机理研究	田茂章	2017.11—2020.10
	47	生物细胞工厂合成驱油剂技术与界面改性机理研究	许 颖	2019.9—2021.12

【科研工作情况】

2020年,提高采收率研究中心组建成立以来,坚决贯彻落实研究院党委决策部署,以"12345"发展总体思路为指南,明确定位、凝聚合力、创新机制、发挥效力,加快推进研究所整合进程,建设有核心竞争力的提高采收率研究团队,为集团公司和研究院提高采收率业务高质量发展提供强有力科技动力。

一、明确定位,以科技创新目标为导向推进资源整合

以提高采收率业务高质量发展为统领,明确职责定位、确定发展目标,整合资源,努力建设一流团队。精心编制发展蓝图,以发展目标推进资源整合。通过广泛征求意见,领导班子多次集中研讨,明确创新基础理论、引领技术方向、建设一流团队、支撑业务发展的总体工作目标,确定以发展战略与决策支持研究、油层物理与渗流力学基础研究、三次

采油关键核心技术攻关、国家重点实验室建设为重点业务方向,统筹考虑发展布局,以业务需求推进资源整合。聚焦关键核心技术,以专业融合推进资源整合。按照集团公司提高采收率业务"化学驱稳产千万吨工程、稠油稳产千万吨工程、气驱上产千万吨工程、非常规上产千万吨工程"的总体部署,组织高效低成本化学驱技术、注气大幅度提高采收率技术、微生物驱技术、致密(页岩)油开发机理、前沿储备技术等技术攻关,充分利用两所整合资源优势,统筹考虑基础研究、技术研发、现场试验,打破专业壁垒,重组研究团队,推行专业交叉融合,以此为抓手推进两所整合。

二、凝集合力,以资源整合融合为基础推进科技创新

持续整合资源凝集合力,充分发挥学科交叉融合优势,最大限度提升科技创新能力,

打造具有核心竞争力的研究团队。做强战略决策支持，为集团公司决策部署提供技术支撑。以采收率所牵头，联合兄弟单位，组成40余人的创新工作团队，分赴各大油田调研，系统评价1215个开发单元经济可采储量潜力，提出增加经济可采储量对策和重点工作建议，为集团公司大幅度提高老油田经济可采储量工作部署提供重要依据。系统梳理国内外注气技术进展，深入分析集团公司注气提高采收率应用潜力，提出设立"注气大幅度提高采收率关键技术研究与试验"重大科技专项的立项建议，并牵头注气重大科技专项的顶层设计工作，为集团公司气驱上产千万吨战略决策部署发挥推动作用。强化专业整合，推进核心技术创新发展。聚焦集团公司大幅度低成本提高采收率技术需求，优化组合驱油体系研发、驱油机理实验、物理模拟评价等多专业融合研究团队，开展已有甜菜碱表面活性剂驱油体系降本增效、新型中相微乳液驱油体系、生物/化学复合驱油体系技术攻关，推进三次采油技术升级换代。抓住集团公司气驱千万吨上产机遇，整合流体相态、油藏地质、数值模拟、物理模拟等专业研究资源，组建注气重大专项研究团队，推进气驱提高采收率理论和关键核心技术发展，为气驱技术工业应用做优技术准备。促进学科融合，推进基础研究不断深入。探索"一个团队、两地分布"科技创新团队组织模式，全面整合原采收率所和渗流所重复设置的油层物理与渗流力学专业科室，通过整合，油层物理与渗流力学基础研究实验能力更强、业务覆盖面更广、机理认识更深、实验数据更系统扎实，有力支撑提高采收率关键核心技术创新。

三、激发活力，以创新机制为保障推进团队建设

坚持将高素质人才队伍作为科技创新的第一资源，多措并举激发科技人员的创新动力与活力，努力打造高素质研究团队。深化"双序列"人才价值理念认识，畅通科技人才发展通道。稳妥完成技术序列选聘，按照技术方向配置技术序列职数，按照能力确定岗位，研究团队人才梯队建设与技术序列选聘紧密结合。管理序列与技术序列职责明确、岗位分离，薪酬待遇向技术序列倾斜，引导科技人员走技术发展之路。在名额有限的情况下，推荐4名年轻科技骨干晋升一级工程师，6名青年科技骨干晋升二级工程师，畅通青年科技人员成才之路。完善考核与激励办法，创建勇争上游的竞争平台。实行分级分类考核办法，量化考核指标，公示考核与激励方案，充分吸纳群众意见建议。适度拉开档次，实施精准激励，引导科研人员承担更重大的科技项目，做出更优异的创新成绩。健全人才发展机制，加大人才培养力度。紧密结合集团公司提高采收率业务重大战略、重大方向、重大项目，不拘一格选拔有潜力的年轻科技人才在关键岗位锤炼，加快培养领军人才。如注气科技重大专项，注重让青年科技骨干承担关键工作，以大格局、大视野、高平台，助推注气技术青年领军人才成长。鼓励科研人员积极参加国际化人才和青年英才培训、各类学术会议和院士专家讲座，开阔视野、提升素质、增长能力。

四、发挥效力，以强力科技引擎助力油田提质增效

重点围绕新疆老油田稳产工程主体研究，气驱技术研究，砾岩、非常规储层油层物理与提高采收率基础研究，原位改质剂与微生物驱油剂等超前技术研发4项重点科研工作，有序推进提高采收率科研工作，支撑油气田稳产上产。加强学科建设，推进新疆风城原位改质技术现场验证与评价，揭示原位改质的分子机理与油藏动态规律,建立油藏微生物资源库,深化微生物细胞工厂产表活剂的合成机理认识,解析关键合成基因序列,研制出绿色、低成本生物表活驱油剂的公斤级产品。强化自主创新能力,瞄准低渗透和非常规储层提高采收率渗流机理,加强应用基础研究创新,跟踪功能性水驱体系现场试验情况,应用非常规储层压裂渗流一体化物理模拟平台,明确玛湖1储层压裂条件下基质与裂缝渗流规律,完成吉木萨尔页岩油 CO_2 吞吐提高采收率室内评价,优化调整玛湖致密储层和吉木萨尔页岩油开发方式。提升主营业务竞争力,推进注气技术研究与现场规模实施,开展新疆八区下乌尔禾、玛湖、吉木萨尔注气试验方案及跟踪调整研究,跟踪分析吉林、长庆低渗透油藏 CO_2 驱、塔里木烃气重力驱现场试验动态,开展改善注气面积驱、重力驱开发效果影响因素及关键技术研究,支撑集团公司注气技术规模化应用。促进核心技术转化,制定合理开发技术对策,优化高效驱油体系,完成新疆八区克下组水驱+化学驱"二三结合"方案、大庆南三区东部二元复合驱方案、长庆塞169区微生物驱现场试验方案编制,持续推进现场注入及跟踪调整,充分发挥关键技术对油田稳产支撑作用,开发效果得到明显改善。

【交流与合作】

1月,邹新源等人到阿布扎比参加 NEB 资产领导者技术支持课题"NEB 提高采收率研究与试验"技术讨论会。

9月27日,朱友益、张群等人参加在成都举办的中国石油第二届化学驱提高采收率技术研讨会。

10月26日,马德胜等人参加在北京召开的油气田提高采收率工程推进会。

11月10日,杨永智等参加在北京举办的二氧化碳提高石油采收率技术研讨会。

12月16日,吕伟峰等组织承办行业标准宣贯会。

【党建与精神文明建设】

截至2020年底,中心党支部有党员45人。

党支部:副书记刘先贵,委员朱友益、熊伟、王强、吕伟峰。

工会:主席林庆霞、沈瑞。

青年工作站:站长王璐。

2020年,提高采收率研究中心党支部全面学习贯彻落实中央和集团公司党组、研究院党委工作部署要求,以疫情防控阻击战、"战严冬、转观念、勇担当、上台阶"主题教育活动、研究所整合等工作为重点,履行党建工作主体责任,严格执行"一岗双责"与"三重一大"制度,持续深化党风廉政建设,加强意识形态责任和阵地管理,发挥党的政治保证和思想引领作用,完成各项党建工作任务。

一、学习贯彻研究院党委年度工作部署,明确形势任务,统一思想认识

按照研究院党委党建工作部署,研究党建工作,制定年度党建工作计划,将党建工作落到实处。按照集团公司和研究院党委工作部署,组织疫情防控、提质增效专项行动和"战严冬、转观念、勇担当、上台阶"主题教育活动。中心领导班子成员履行"一岗双责"工作责任,将党建和科研同谋划、同安排、同担责,确保党建工作有序开展,完成院党委工作部署安排。加强思想政治工作,针对两所整合、发展定位、技术方向、机构设置等员工关切的重点热点问题,深入开展调查研究,广泛征求群众意见与建议,以深入细致的思想政治工作打消干部员工思想顾虑,统一思想认识,齐心合力推进整合融合。

二、进一步加强领导班子和干部队伍建设,坚决贯彻落实民主集中制原则

组织中心领导班子参加研究院党委中心组(扩大)学习、研究院领导干部培训班学习、支部组织的政治理论学习,学习习近平新时代中国特色社会主义思想、党的十九届四中、五中全会精神等学习内容,通过学习进一步加深对习近平新时代中国特色社会主义思想的认识理解,进一步提高班子成员增强"四个意识",坚定"四个自信",做到"两个维护"的自觉性。注重党建工作与业务工作融合,明确领导班子成员党建工作责任分工和"一岗双责"具体责任。严格执行"三重一大"事项决策制度和程序,针对研究所整合、干部选拔、技术序列职级与职称评审、季度考核与奖金发放、科研计划审查等重大事项进行集体决策,组织召开所领导班子会、所技术委员会 18 次,无违反规定及重大决策失误情况。

三、组织开展主题教育活动

扎实完成"不忘初心、牢记使命"主题教育学习研讨、调研和征求意见、对照党章党规找差距、检视剖析、问题整改以及宣贯总书记贺信精神等各项任务,达到主题教育预期目的。深入开展"战严冬、转观念、勇担当、上台阶"主题教育,树立"把难采储量变为可采储量,把可采储量效益最大化"的责任担当精神,把提质增效专项行动落到实处,营造干事创业、风清气正的事业发展氛围。坚决落实主题党日活动,组织开展参观鱼子山抗日纪念馆重温入党誓词,参观"七一"西柏坡旧址、参观纪念中国人民志愿军抗美援朝出国作战 70 周年主题展览、参观建国 70 周年成就展等丰富多彩的党群工会活动,做到年初有计划、月月有活动、教育有抓手,提升党员思想政治素养,弘扬爱国主义情怀、增强团队凝聚力,将企业文化建设落到实处。

四、强化党风廉政建设,强化党风廉政建设

严格落实党风廉政建设责任制,建立支部、领导班子成员党风廉政建设主体责任清单。组织全体党员逐级签订《党风廉政建设

责任书》《廉洁从业承诺书》,组织全体党员以专题会议形式传达研究院党风廉政建设和反腐败工作会议精神及处级干部警示大会精神,使全体党员始终紧绷红线意识,时刻保持警钟长鸣。严格执行研究院公务接待、办公用房及装修、公务用车、会议管理办法等制度要求,未出现违规问题。

五、发挥党建引领作用,构建良好科技创新生态

坚持将党的基层组织建设与科研团队建设深度融合,按业务方向设置党小组,将发挥党的基层组织政治功能落到实处。围绕科研工作抓党建,抓好党建促发展,以中心组建为契机,开展"支撑当前、引领未来,助推采收率业务上台阶"为主题的调研与讨论,促进党建与科研业务融合,引领党员和科研骨干共同谋划中心发展愿景。为应对新冠肺炎疫情和油价暴跌双重考验,强化党建、抓实教育,凝集全体党员和员工力量,制定有效措施,扎实做好疫情防控和科技创新工作,为提质增效提供科技支撑。

【大事记】

6 月 22 日,研究院整合渗流流体力学研究所和采收率研究所的业务,组建提高采收率研究中心(中科院渗流流体力学研究所)(勘研人〔2020〕101 号)。

同日,刘先贵任提高采收率研究中心(中科院渗流流体力学研究所)党支部副书记,免去其渗流流体力学研究所党支部副书记职务(勘研党干字〔2020〕10 号)。免去吕伟峰采收率研究所党支部副书记职务(勘研党干字〔2020〕11 号)。朱友益任提高采收率研究中心(中科院渗流流体力学研究所)副主任,免去其采收率研究所副所长职务;王强任提高采收率研究中心(中科院渗流流体力学研究所)副主任,免去其采收率研究所副所长职务;(勘研人〔2020〕107 号)。刘先贵任提高采收率研究中心(中科院渗流流体力

学研究所)主任,免去其渗流流体力学研究所所长职务;熊伟任提高采收率研究中心(中科院渗流流体力学研究所)副主任,免去其渗流流体力学研究所副所长职务(勘研人〔2020〕108号)。

12月16日,国家标准《油气藏流体物性分析方法》通过全国石油天然气标准化技术委员会审议,并于2020年12月发布。

（李树铁、黄佳、林庆霞、熊生春）

热力采油研究所

【概况】

热力采油研究所（简称热采所）是研究院核心研究所之一，主要任务是服务于集团公司国内外稠油业务发展，创新稠油开发技术，依靠技术优势，发展稠油热采学科，提升稠油开发技术研发能力，配套和完善研究手段，发展实验新方法，培养专业人才队伍。

2020年，热采所全面贯彻落实研究院工作会议精神，抓好党风廉政建设和文化建设，以实现集团公司稠油产量的稳定增长和效益开发为目标，按照"完善蒸汽驱/SAGD技术、发展火烧驱油技术、攻关多元热流体驱油技术"技术思路，组织开展以"改变注入介质、降低开采能耗、提高采收率"为主线的稠油开发换代技术研究和攻关，按计划完成年度工作任务，推进海外技术服务，在基础理论认识、推进现场试验方面取得重要阶段成果，全所各项工作取得较大进步。

所长、副书记：王红庄。全面负责科研生产管理工作。分管热采实验室工作。

书记、副所长：李秀峦。主要负责党务、工会、青年工作站以及职工培训工作。分管所办公室、油藏工程室和国际交流工作。

副所长：蒋有伟。主要负责科研管理、安全、保密工作。分管工艺研究室、综合研究室和国际合作工作。

热采所下设4个研究室和1个办公室。

油藏室：负责稠油油藏地质研究、稠油油藏工程理论方法、稠油油藏数值模拟；负责稠油油藏注蒸汽、注空气、多元热流体等开发方案设计及经济评价；负责各类稠油油藏开发方案跟踪、调整研究。主任席长丰，副主任张霞、张霞林。

实验室：负责有关稠油开发技术的基础理论研究及新技术新方法的研发。拥有稠油开采基础测试、注蒸汽采油物理模拟及多元热流体开发模拟等系列配套的稠油开采模拟实验装置，深入探索低成本、高效益、高采收率的稠油开发新技术。主任王伯军，副主任张胜飞、张运军。

工艺室：负责稠油油藏火烧油层开发技术研究与矿场试验；负责稀油油藏高压注空气开发技术研究与矿场试验；负责热采井井筒举升技术研究；负责火驱点火工艺技术、井筒与地面防腐工艺技术研究；负责热采新工艺研究。主任唐君实。

综合室：负责集团公司稠油热采的综合技术服务与支持；负责中国石油海外油田开发项目的决策支持与技术研究；负责稠油热采开发技术综合研究；负责稠油热采开发规划；负责稠油热采信息化研究与服务。主任吴永彬，副主任郭二鹏。

办公室：负责协助热采所所长做好所内、所外的信息沟通、上传下达工作；负责所科研核算、财务报销、合同管理、资产管理工作，为全所科研工作开展提供良好的服务和保障。副主任穆剑东。

截至2020年底，热采所在册职工35人。其中男职工24人，女职工11人；博士后3人，博士16人，硕士11人，大学2人；教授级高级工程师4人，高级工程师18人，工程师8人；35岁以下16人，36—45岁6人，46—55岁13人。外聘用工8人。当年，郭雯入职，任洪泽调入，高永荣退休。

【课题与成果】

2020年，热采所承担科研课题27项。其中国家级课题8项，公司级课题10项，院级课题7项，其他课题2项。获得集团公司

技术发明奖 1 项。获得授权发明专利 18 项。登记软件著作权 1 项。在国内外学术会议及

期刊上发表论文 12 篇,其中 SCI 收录 4 篇,EI 收录 2 篇。

2020 年热力采油研究所承担科研课题一览表

类别	序号	课 题 名 称	负责人	起止时间
国家级课题	1	复合溶剂与稠油动态相态实验研究	张胜飞	2018.1—2020.12
	2	稠油多介质蒸汽驱技术研究与应用	沈德煌	2016.1—2020.12
	3	改善 SAGD 开发效果技术研究与应用	郭二鹏	2016.1—2020.12
	4	稠油火驱提高采收率技术研究与应用	席长丰	2016.1—2020.12
	5	超深层稠油有效开发技术研究与试验	关文龙	2016.1—2020.12
	6	薄层超稠油有效开发技术研究与试验	张忠义	2016.1—2020.12
	7	超重油油藏冷采稳产与改善开发效果技术	吴永彬	2016.1—2020.12
	8	油砂高效开发与提高 SAGD 效果新技术	吴永彬	2016.1—2020.12
公司级课题	9	注蒸汽后期提高采收率技术研究	周游	2019.1—2020.12
	10	注空气氧化机理及优化控制技术	唐君实	2019.1—2020.12
	11	稠油注溶剂开采新技术研究	吴永彬	2019.1—2020.12
	12	水驱稠油提高采收率技术	王伯军	2019.1—2020.12
	13	热采开发规律及技术经济界限研究	张霞林	2019.1—2020.12
	14	华北油田三次采油提高采收率技术应用基础	蒋有伟	2017.1—2020.12
	15	稠油老油田提质增效关键技术研究与应用	席长丰	2018.1—2020.12
	16	热介质类和空气介质类试验项目跟踪评价及关键技术研究	郑浩然	2018.7—2020.6
	17	"二三结合"关键技术与开发模式研究	王晓春	2018.1—2020.12
	18	稠油方式转换中后期稳产关键技术研究与试验	蒋有伟	2017.1—2020.12
院级课题	19	水平井多级火驱技术研究	李秋	2017.1—2020.12
	20	九6区齐古组稠油油藏二氧化碳复合驱驱油机理及开发研究	席长丰	2017—2020
	21	重32井区驱泄复合预热参数及调控技术政策研究	周游	2019—2020
	22	多介质复合驱驱油机理及配方体系研究	张运军	2018—2020
	23	高3618块厚层油藏直平组合火驱采机理与关键设计研究	关文龙	2018.12—2020.12
	24	锦91块边底水油藏火驱开采机理与关键设计研究	关文龙	2018.12—2020.12
	25	特稠油样品火驱测试化验	关文龙	2018.12—2020.12
其他课题	26	南苏丹 Gasab 油田提高石油采收率可行性研究	郭二鹏	2017.1—2020.12
	27	井下高能长效电阻加热开采技术研究	吴永彬	2017.7—2020.6

【科研工作情况】

2020 年,热采所坚决贯彻研究院工作会议部署安排,围绕加强提高采收率技术攻关和提升国内外油田开发效益两大重点工作,

全力研制以多介质蒸汽驱、立体井网 SAGD、高温火驱为代表的新一代热采技术,破解稠油开发"高能耗、高成本"困局,保障稠油千万吨持续稳产。科研生产工作在 4 个方面取

得新进展。

多介质辅助注蒸汽技术应用成效进一步显现,多介质注蒸汽技术现场应用规模不断扩大,多介质吞吐技术在辽河与新疆油田实现规模化应用,新疆浅层低效超稠油蒸汽吞吐区块取得显著应用效果,九6区 CO_2 辅助蒸汽驱试验开发机理认识不断深化,编制完成中深层稠油蒸汽驱后期多介质辅助蒸汽驱试验方案。

VHSD/SAGD 驱泄复合效益开发模式持续推进,确定碳酰胺小段塞连续注入方式,持续推进Ⅲ类超稠油油藏 SAGD 有效开发技术攻关和现场试验,编制重32先导试验区中后期提高采收率技术试验方案,老区 VHSD 技术取得显著效果,推广应用全面展开。

火驱工业化稳步推进,应用领域进一步拓展。红浅工业化有序推进,跟踪调控保障火驱开发顺利实施,助力超稠油吞吐后老区改造,推进超稠油火驱现场实施,明确多层油藏火驱开发模式,推动形成杜66块火驱开发调整方案,完成厚层油藏立体火驱室内研究,编制完成直平组合、立体火驱先导试验方案,蒙古林火驱试验区完成钻井3口,完成哈萨克斯坦 KBM 油田火驱先导实验方案编制,火驱技术走向海外。

超前新技术取得新进展。编制电加热-水平井吞吐协同开发先导试验方案,初步建立页岩油电加热原位转化油藏工程方法,编制鲁克沁稠油空气泡沫驱调整方案,开展火烧吞吐技术研究与现场试验,取得初步成效。

【交流与合作】

2019年11月1日—2020年5月31日,席长丰赴加拿大阿尔伯达大学石油工程系研修稠油、油砂高效开发新技术。

4月24日,吴永彬和张胜飞在成都举办的"油气田勘探与开发国际会议"上作学术报告。

10月28日,赵芳、齐宗耀在"SPE Russian Petroleum Technology Conference"视频会议上作论文宣讲。

【党建与精神文明建设】

截至2020年底,热采所党支部有党员24人。

党支部:书记李秀峦,副书记王红庄,组织委员席长丰,宣传委员兼纪检委员关文龙,青年委员蒋有伟。

工会:主席李秀峦,副主席席长丰,文体委员郭二鹏,组织委员兼宣传委员张运军,女工委员苟燕。

青年工作站:站长杜宣,组织委员赵芳,宣传委员王璐,文体委员于斌。

2020年,热采所党支部深入学习宣传贯彻习近平新时代中国特色社会主义思想和十九届四中、五中全会精神,扎实开展"战严冬、转观念、勇担当、上台阶"主题教育活动,坚持"围绕科研抓党建,抓好党建促科研"思路,找准党建工作的落脚点以及与科研工作的契合点,将党建工作与科研工作有机结合、相辅相成,提升党建的科学化水平。

及时传达学习集团公司党组和研究院党委指示精神,帮助员工及时了解掌握集团和研究院各项工作部署。在疫情严重时期,党支部通过视频、线上方式组织召开专题会议,学习贯彻集团公司、研究院工作会议、党风廉政建设和反腐败工作会议精神,组织讨论部署落实,统筹规划2020年党建工作与重点科研工作,做到有计划、有部署、有落实,在特殊时期实现战"疫"党建两不误。

落实从严治党主体责任,对党风廉政建设常抓不懈。制定热采所党支部书记第一责任人责任清单、热采所党支部主体责任清单、热采所领导班子成员"一岗双责"责任清单,担负起管党治党政治责任。强化党风廉政建设责任制,建立热采所关键岗位廉洁风险防控清单及廉洁风险防范自评表,落实关键岗位党风廉政建设主体责任清单,书记与所长、所领导班子以及各科室主任、副主任签订《党风廉政建设责任书》，组织每位党员签订《廉洁从业承诺书》。

严格执行重大问题决策制度和程序规定，召开40次"三重一大"事项会议(含线上视频)，做好会议记录，严格保证民主科学决策，无违反规定情况，无重大决策失误。结合热采所工作实际，依据《热力采油研究所"三重一大"事项议事决策规则》，完善《热采所党支部扩大会职责及议事程序》《热采所技术委员会职责及议事程序》。规定重要人、事、财等事宜要首先提交党支部委员会审议，重大技术外协要提交技术委员会讨论决策，保障"三重一大"事宜实施落地。

压紧压实党建工作责任，促进党建工作与中心工作深度融合，建立热力采油研究所领导班子成员"一岗双责"责任清单，明确领导班子成员"一岗双责"具体工作内容，保证领导班子成员切实履行党建工作责任，建立党支部委员党建工作责任清单，细化各支部委员党建工作职责要求，构建"大党建"工作格局。

落实党支部组织生活制度，全面推动"两学一做"学习教育常态化制度化建设。组织党员大会6次，主题党日活动10次，支部委员会会议10次，党小组会15次，讲党课活动4次。组织党员干部深入学习习近平新时代中国特色社会主义思想、党的十九届四中全会精神，组织学习党史、新中国史和《习近平谈治国理政》第三卷，把"三会一课"打造成党支部政治学习的阵地、思想交流的平台、党性锻炼的"熔炉"。

落实热采所意识形态工作责任制实施方案，牢牢掌握意识形态工作主动权。坚持宣传弘扬正能量，通过卓有成效的思想政治工作，有效避免职工因思想波动、负面情绪发酵所引发的意识形态问题。利用不同阵地平台，举办稠油开采技术科普大讲堂，在研究院主页发布新闻稿件16篇，在《中国石油报》发布新闻稿件1篇，全面展示热采所的科研成果。

持续加强和改进群团工作。充分发挥工会的纽带桥梁作用，组织干部员工参加院内、党支部的各项文体活动，帮助干部员工舒缓身心、释放压力，用寓教于乐的活动引导员工、凝聚员工。秉承"夯实专业能力、激发团青活力、释放发展潜力"的原则，着力打造全方面发展的国际化青年英才，为青年人提供快速成长机会；依托青年工作站，搭建青年科技创新展示平台，增强团青组织对青年的凝聚力、组织力、号召力。

【大事记】

9月17日，中国石油学会石油工程专业委员会、科技咨询中心和热采所在院联合举办稠油开采技术科普大讲堂。

(穆剑东、王伯军、王红庄)

致密油研究所

【概况】

致密油研究所（简称致密油所）是研究院核心研究所之一。主要任务是根据研究院"一部三中心"定位要求，以推进致密油、页岩油持续规模有效开发为目标，开展致密油、页岩油开发技术攻关，效益开发模式研究，重点地区油气藏评价、地质工程一体化方案设计与实施，支撑公司致密油气、页岩油规模效益开发，保障公司长期稳产和上产等工作，提供高层次、前瞻性与可操作的建议和方案，充分发挥决策参谋部作用。

2020年，致密油所坚持决策参谋职责定位，加强基础数据库建设，促进所内主营业务有机融合，通过聚焦新疆吉木萨尔、松辽、鄂尔多斯等盆地的致密油/页岩油三大科研目标，深入研究目前生产中存在的主要问题以及规模有效开发关键技术，扎实推进党建、科研深度融合。

所长、书记：肖毓祥。负责全面工作。主要负责党建群团、人事、财务、法规、资产、保密、宣传、QHSE、工会、青年工作站工作。分管所办公室。

副所长：白斌。主要负责科研、合同、培训、外事、档案管理工作。

截至2020年底，根据勘研人〔2020〕103号文件，致密油所作为院属二级单位管理，原计划下设测井解释室、地球物理室、油藏评价室、开发地质室、油藏工程室、压裂工程室、经济评价室和方案设计室，但按照双序列改革要求，暂未划分科室。

致密油研究所具体职责包括：发展致密油气、页岩油气开发技术，建立效益开发模式，负责重点地区油气藏评价、地质工程一体化方案设计与实施研究，支撑公司致密油气、页岩油气规模效益开发，保障公司长期稳产和上产。致密油研究所作为院属二级单位管理，下设测井解释室、地球物理室、油藏评价室、开发地质室、油藏工程室、压裂工程室、经济评价室和方案设计室。

办公室：负责日常科研、行政管理、后勤保障及财务报销等工作。主任孙景民。

截至2020年底，致密油所在册职工24人。其中男职工14人，女职工10人；博士（后）12人，硕士9人，本科3人；教授级高级工程师1人，高级工程师10人，工程师5人；35岁以下13人，36—45岁4人，46—55岁7人。外聘用工2人。

【课题与成果】

2020年，致密油所承担科研课题8项。其中国家级课题1项，公司级课题3项，院级课题1项，其他课题3项。获得省部级科技奖励3项，其中特等奖1项、一等奖1项、二等奖1项。获得授权发明专利9项。登记软件著作权2部。出版著作2部。在国内外学术会议及期刊上发表论文6篇，其中SCI收录1篇，EI收录4篇。

2020年致密油研究所承担科研课题一览表

类别	序号	课题名称	负责人	起止时间
国家级课题	1	特低丰度油藏井网与水平井穿层压裂一体化设计技术	吴忠宝	2017. 1—2020. 12

续表

类别	序号	课题名称	负责人	起止时间
公司级课题	2	页岩油开发机理和关键技术研究与现场试验	刘立峰	2020.4—2023.4
	3	新区规模动用效益建产技术研究与应用	吴忠宝	2018.6—2021.6
	4	鄂尔多斯盆地延长组长7烃源岩层系精细地质与油气富集机理研究	白斌	2020.4—2023.4
院级课题	5	复杂类型油藏有效开发及提高采收率新方法研究	陈建阳	2019.9—2021.12
其他课题	6	新疆油田稀油新区上产工程一期	肖毓祥	2019.11—2020.12
	7	龙西地区扶余油层气驱可行性分析及试验方案设计	吴忠宝	2020.1—2021.3
	8	页岩油有效动用关键技术及应用	侯秀林	2019.4—2022.12

【科研工作情况】

2020年，致密油所按照研究院党委统一部署和安排，强化创新管理，紧密结合科研与生产工作，创新形成致密油开发新模式、吉木萨尔页岩油改善开发效果对策等重要成果，在新疆、大庆、吉林、玉门等油田现场得到应用。推进人才培养工作，鼓励科研人员参加国际交流与合作，组织参与集团公司国际化人才"千人培训工程"计划，打造国际化高端人才队伍。扎实完成科研生产各项工作，在5个方面取得丰硕成果。

一、加强战略研究，创建致密油产能建设新模式，提供科学决策支持

创建"多井型体积压裂+立体大平台+小井距密切割"的致密油产能建设新模式，提出致密油后期注气补充能量开发新思路。创建三大类七个亚类新区建产模式，通过一体化优化设计和市场化管理运行，提高纵向动用程度、降低投资、提高内部收益率，应用于油田现场12个先导试验区。提出大庆龙西致密油典型示范区后期注气补充能量开发新思路，助推采出程度提高5%—8%，为大庆油田实施稳油增气做出突出贡献。

二、加强技术创新，提出改善页岩油开发效果技术对策，助推理论技术发展

针对新疆吉木萨尔夹层型页岩油开发，确定页岩油"甜点"分布特征，明确产能主控因素，提出提高开发效果的技术对策，编制170万吨产量规划部署方案。结合沉积微相与开发动态，发展页岩油储层相控开发甜点精细评价技术，确定上、下甜点分布特征，创新提出将页岩油储层划分为夹层型、互层型和页岩型的分类模式。明确吉木萨尔页岩油产能主控因素，提出改善开发效果技术对策，综合考虑油价和单井投资成本，提出吉木萨尔年产170万吨井位部署规划新方案。

三、加强技术服务，探索纯页岩油有效开发新模式，支撑油田增储上产

以松辽盆地南部青一段纯页岩油为重点研究对象，建立纯页岩油甜点评价参数，优选有利甜点区，探索有效开发新模式。提出松南深湖区青山口组泥页岩发育多类有利储集体、页岩油原油品质较好且相对轻烃富集于粉砂质纹层（微裂缝）的新认识，确定松南纯页岩地质甜点分布特征及评价方法，综合评价预测纯页岩油有利区2个约300平方千米。探索纯页岩油压裂新方式和补充能量新开发方式，提出老井试油建议，探索新的单井建产模式，优选注水注气先导试验区，完成井位部署方案。

四、加强人才培养，打造创新科研攻关团队，提升人才队伍能力

推进三大学科建设，打造创新科研团队，培养高水平国际化人才。健全人才培养机制，畅通人才发展通道。鼓励青年骨干参加国际学术交流，参加院内学术交流。选聘年轻人为课题长、专题长，加速拔尖青年人才成长步伐。组建科研攻关团队多次前往新疆、吉林、大庆等油田，围绕致密油/页岩油效益开发，科研骨干深入现场累计服务400余人天。组织科研骨干与油田领导专家开展深入研讨交流，成立联合攻关团队，通过交流锻炼和现场实践，进一步提升人才队伍科研攻关能力。

五、发挥技术优势，开展科技扶贫工作

7月1日—12月20日，致密油所党员干部、科研骨干组成科技帮扶"先锋队"，发扬攻坚克难、创造条件把工作干好的"铁人精神"，开展吉林油田大老爷府近废弃老油田挖潜，助力玉门油田致密油/页岩油开发规划及注气补充能量方案编制与推广应用，取得显著成效。

【交流与合作】

8月12—14日，致密油研究所组织召开"玉门油田致密油/页岩油及环庆矿权流转区块勘探开发工作"研讨会，会议听取了玉门油田关于酒泉盆地致密油/页岩油开发现状、潜力认识以及环庆区块勘探开发工作进展等汇报

9月20—23日，吴忠宝带队参加在成都举办的2020年油气田勘探与开发国际会议。

11月19—20日，宋新民带领致密油所与吉林油田开展页岩油勘探开发进展与规划交流

【党建与精神文明建设】

2020年6月，致密油所党支部成立，8月18日，完成党支部委员会选举，10月26日院党委正式批复党支部委员会成立。

截至2020年底，致密油所党支部有党员14人。

党支部：书记肖毓祥、纪检委员白斌、组织委员刘立峰。

工会：主席冯庆付。

青年工作站：站长田宏钰。

2020年，致密油所党支部学习、落实集团公司和研究院工作会议精神，统一思想、提高站位，围绕抓实党务工作、做好文化传承、凝聚职工队伍、加强青年培养、坚定反腐倡廉、构建激励机制等方面创造性地开展工作，党建工作在4个方面取得显著成效。

一、提高政治站位，坚决贯彻落实上级各项决策部署

坚持民主科学决策，创新组织形式。严格执行重大问题决策制度和程序规定，制定致密油所"三重一大"事项实施细则，执行专业技术序列选聘等重大问题决策事项，保证民主科学决策。

严格落实研究院院长马新华在研究院领导干部会议暨上半年科研工作会议上对致密油/页岩油勘探开发的重要指示，加大致密油/页岩油勘探开发力度，统筹考虑新疆吉木萨尔、松辽、渤海湾等盆地，深入分析目前存在问题，提出应对措施，形成整体工作方案，将其列入业绩合同，并全面完成相关工作。

深入结合油田现场，完成7项重点工作。与海峡能源技术公司开展吉木萨尔页岩油效益开发技术交流，在渤海湾盆地开展原油经济可采储量评价，参与编制玉门鸭儿峡注气方案、大庆页岩油跟踪研讨会吉林大老爷府

注气方案,完成吉林页岩油岩心观察与相关测试以及长庆页岩油 300 万吨稳产方案论证。

二、注重组织建设,夯实党务工作基础

加强党的政治建设,坚持党对致密油所的领导。深入学习习近平新时代中国特色社会主义思想,贯彻落实党的路线方针政策,组织全所员工集中学习《习近平谈治国理政》第三卷,坚持学思用贯通、知信行统一,学出忠诚、觉悟、信仰、担当、作风。

构建"大党建"工作格局,全面推进基层组织建设工作。支部成立后及时明确领导班子成员"一岗双责"具体工作内容,建立党建责任清单制度,细化抓好分管领域党建工作职责要求,督促领导班子成员切实履行党建工作责任;严格按照党内选举制度,完成支部委员会选举,党组织成立选举工作及时合规,基层组织建设落实到位。

全面推行党支部组织生活制度,严格落实"三会一课"制度。构建党员活动阵地,切实把"三会一课"打造成党支部政治学习的阵地、思想交流的平台、党性锻炼的"熔炉"。落实"将骨干培养成党员、将党员培养成骨干"方针,贯彻《中国共产党发展党员工作细则》,做好党员发展工作,所内递交入党申请书 1 人。开展"传承石油精神"特色党课及参观红色教育基地等特色主题党日活动 5 次。

扎实开展"战严冬、转观念、勇担当、上台阶"主题教育,形成特色"四个诠释"岗位实践活动。抓好学习调研、层层宣讲、全员讨论、岗位实践的"四项工作",严格落实"五个一"要求,把"提质增效"作为"四个诠释"岗位实践活动的特色载体和实践抓手;随同研究院副院长宋新民到辽河油田、冀东油田调

研渤海湾盆地可采储量现状并提出相应对策;组织学习研讨,提交《致密油所提质增效监督情况报告》。

落实意识形态工作责任制,扎实推进宣传统战工作。制定意识形态工作责任细则,牢牢掌握意识形态工作主动权,定期向主管院领导专题汇报;坚持正确舆论导向,发展主流意识形态,筑牢安全防线;坚持每周与员工谈心谈话,把握职工群众思想动态;开展党建活动、科研攻关的正面宣传工作,在研究院主页发布新闻稿件 7 篇。

贯彻落实中油集团公司以及研究院工会和团委年度工作会议精神,做好群团工作。针对致密油所成立时间短、职工来源广的特点,组织集体生日会等丰富多彩的工会活动,快速提升团队凝聚力,促和谐助科研成果显著;围绕思想引领、素质提升、团队建设,通过专家授课、青年学术交流、师带徒、参加国际化人才千人培训工程、文体竞赛等活动,提升青年职工综合素质,传承研究院文化,树立正确的人生观和价值观。

发挥科技优势,开展精准扶贫,加强创新推进特色党建。发挥科研优势,开展科技精准扶贫工作。玉门油田和吉林油田均为集团公司困难企业,在研究院开发一路统筹安排下,致密油所党支部组织骨干力量,开展吉林大老爷府近废弃老油田挖潜工作,助力玉门油田编制致密油/页岩油开发规划和鸭儿峡油田注气补充能量方案,为油田解决困难、为研究院赢得声誉。

三、强化作风建设,提高反腐倡廉能力

学习贯彻党中央、国资委相关决策部署,全面落实中央八项规定精神,推进党风廉政建设。落实支部书记第一责任人责任,按要求及时上报基层党组织落实党风廉政建设主

体责任情况报告,积极落实支部、支部书记、班子成员党风廉政建设主体责任清单,层层压实支部主体责任;与办公室主任和项目长签订党风廉政建设责任书,与每名党员签订党员廉洁从业承诺书,建立健全党风廉政建设责任制体系;全面落实中央八项规定精神,严格执行《研究院关于进一步贯彻落实中央八项规定精神实施细则》,严格遵守研究院公务接待、办公用房及装修、公务用车、会议管理办法等制度要求,利用主题党日活动,由纪检委员开展 2 次党风廉政建设讲座,开展纪律教育和案例警示,严格筛查廉洁风险点,防控廉洁风险,推动建立不敢腐不能腐不想腐机制体制。

严格执行重大问题决策制度和程序规定,保证民主科学决策。严格执行重大问题决策制度和程序规定,制定致密油所"三重一大"事项实施细则,2020 年度执行专业技术序列选聘、所机构设置与建立、科研外协计划申报审查、职称申报审查会等重大问题决策事项 13 项,按要求做好重大问题决策事项的会议记录,全年无重大决策失误。

改进和加强班子思想作风建设,发挥引领示范作用,构建和谐家庭式创新科研团队。领导班子坚持每周与员工谈心谈话,了解思想动态和存在困难,着力解决员工群众的操心事、烦心事;加强廉政建设,严格筛查廉洁风险点,防控廉洁风险,开展廉政建设讲座,确保党风纯洁。

四、做好青年工作,凝聚干事创业合力

打破传统科室设置,畅通人才发展通道,优化人才发展环境,鼓励年轻人担当项目长和副项目长,选拔三级副人员 1 名,干部人才队伍建设落实到位。

克服疫情影响,推动青年科研骨干深入大庆、长庆等油田现场进行生产服务,围绕致密油/页岩油效益开发难点进行攻关研究,提出新认识、发展新技术。

开展教育引导,选树党建典型、科研典型,提交《致密油所畅通人才发展通道,优化人才发展环境、政策落实情况和活动开展情况报告》,营造风清气正的科研氛围。

【大事记】

6 月 22 日,肖毓祥任致密油研究所所长,免去其数模与软件中心副主任职务;白斌任致密油研究所副所长(勘研人〔2020〕109 号)。肖毓祥任致密油研究所党支部书记(勘研党干字〔2020〕11 号)。

10 月 26 日,致密油所进行党支部选举,肖毓祥任致密油所党支部书记,白斌任纪检委员,刘立峰任组织委员(人事〔2020〕62 号)。

(王明磊、肖毓祥)

气田开发研究所

【概况】

气田开发研究所(简称气田开发所)是研究院核心研究所之一,主要任务是根据研究院"一部三中心"定位要求,以推进集团公司天然气效益开发为目标,开展重点气区的开发评价、开发技术攻关、开发方案编制、气田稳产与提高采收率等研究工作;主要研究领域以长庆、四川、塔里木和青海等气区为重点,业务范围包括国家基础研究与油气重大专项、公司重大科研攻关与现场试验、公司天然气开发规划与生产运行决策支撑、油田公司技术服务和国际合作项目,以支撑公司天然气快速上产为目标,发挥气田开发理论技术创新引领作用,成为国内天然气开发理论创新者、前沿技术研发者和大型气田开发方案设计者。

2020年,气田开发所适应集团公司天然气业务快速发展的形势,以国家和集团公司重大专项为核心,按照"发现一类、攻关一类、开发配套一类"组织思路,完善天然气开发技术体系;以四大气区上产与稳产为重点,持续做好重点区块技术支撑和总部决策支撑;根据业务需求和学科发展方向,以项目组为单元,分层次组织实施。

所长、副书记:何东博(6月起)。全面负责所行政工作。主管人事、财务、法规、外事、党务、学术委员会等工作。分管工会、青年工作站、安全环保、保密工作。

所长、副书记:贾爱林(至6月)。全面负责行政工作。分管综合办公室、鄂尔多斯盆地研究中心。

书记、副所长:郭彦如(至6月)。全面负责党务、工会、群团工作。负责所内职工劳动纪律考核。协助组织、决定重大事项,做好企管法规、档案管理。协助管理安全和HSE工作。

副所长:韩永新。负责廊坊园区所内日常全面管理;负责所内职工培训、学科和信息化建设,重点实验室的建设与管理;负责重点气区、重大科研项目组织与运行。分管企管法规、档案、安全和HSE工作。

副所长:位云生。负责科研工作组织、软硬件设备引进与管理、知识产权管理,负责研究生(含博士后)的管理、学术交流与人才引进,分管重大科研项目组织与运行、重要材料编写及人员与技术的组织。

副书记:魏铁军(11月起)。协助气田开发所党支部书记做好所内党务、工会、青年工作站工作,派驻鄂尔多斯盆地研究中心,负责气田开发所与鄂尔多斯盆地研究中心的协调工作,党风廉政建设和监督检查工作。

根据中油人事〔2015〕405号、中油人事〔2018〕403号、人事〔2019〕483号文中全面取消跨序列兼岗兼职要求,气田开发所撤销科研科室,保留综合办公室,负责所内日常事务、后勤保障及财务协理。综合办公室主任魏铁军,副主任刘虹、高绪华。

截至2020年底,气田开发所在册职工71人。其中男职工46人,女职工25人;博士后3人,博士27人,硕士31人,本科9人;教授级高级工程师2人,高级工程师43人,工程师20人;35岁以下19人,36—45岁30人,46—55岁21人。外聘用工17人。当年,张书芝、刘素民退休,王琦峰、程刚入职,闫海军、常宝华调进,金亦秋等8人调离。

【课题与成果】

2020年,气田开发所承担科研课题75项。其中国家级课题15项,公司级课题30

项,其他课题 30 项。获得授权国家发明专利 8 项。登记软件著作权 2 项。出版著作 10 部。在国内外学术会议及期刊上发表论文 38 篇,其中 SCI 收录 10 篇、EI 收录 5 篇。

2020 年气田开发所承担科研课题一览表

类别	序号	课 题 名 称	负责人	起止时间
国家级课题	1	致密气储层精细描述与地质建模技术	周兆华	2016.1—2020.12
	2	致密气渗流规律与气藏工程方法	甯 波	2016.1—2020.12
	3	致密气有效开发与提高采收率技术	何东博	2016.1—2020.12
	4	低渗—低丰度气藏稳产技术	程立华	2016.1—2020.12
	5	超深层低渗气藏有效开发技术	唐海发	2016.1—2020.12
	6	疏松砂岩气藏长期稳产技术	钟世敏	2016.1—2020.12
	7	大型气田群开发模式与长期稳产技术对策	郭建林	2016.1—2020.12
	8	深层碳酸盐岩气藏高效开发技术	闫海军	2016.1—2020.12
	9	页岩气生产规律表征与开发技术政策优化	位云生	2016.1—2020.12
	10	页岩气开发规模预测及开发模式研究	陆家亮	2016.1—2020.12
	11	裂缝—孔隙洞型边底水气藏水侵机理及水侵对气藏稳产能力和采收率影响	刘华勋	2016.1—2020.12
	12	页岩气一体化建模技术研究与应用	盖少华	2016.1—2020.12
	13	页岩储层微观特征和流动规律实验研究及应用	叶礼友	2016.1—2020.12
	14	复杂山地页岩气开发部署实施评价与效益开发模式优化	王军磊	2016.1—2020.12
	15	裂缝—孔洞型储层微观储集空间特征及渗流规律实验评价	刘华勋	2016.1—2020.12
公司级课题	16	低渗气藏提高采收率技术研究	冀 光	2016.6—2021.6
	17	天然气未动用储量分类评价与开发技术研究	王丽娟	2016.1—2020.12
	18	复杂气藏渗流规律及气藏工程研究	叶礼友	2016.1—2020.12
	19	公司天然气开发规划研究与效益评价	赵素平	2016.1—2020.12
	20	苏里格气田井网优化气藏工程方法研究	甯 波	2019.7—2020.7
	21	长庆油气储量分类评价与经济有效开发技术	贾爱林	2016.1—2020.12
	22	页岩气提高采收率技术对策研究	位云生	2017.1—2020.6
	23	灯四气藏岩溶储层描述技术研究	闫海军	2016.1—2020.6
	24	提高克深 2 气藏开发效果关键技术研究	黄伟岗	2017.6—2020.6
	25	已开发气田开发潜力分析与稳产对策研究	贾爱林	2019.3—2022.12
	26	苏里格气田提高采收率重大试验方案编制	冀 光	2020.6—2021.6
	27	台南气田提高采收率重大试验方案编制	钟世敏	2020.6—2021.6
	28	克深 8 气田提高采收率重大试验方案编制	张永忠	2020.6—2021.6
	29	强水驱砂岩气藏提高采收率机理与方法研究	刘华勋	2020.4—2023.4
	30	天然气勘探开发业务投资效益研究	王亚莉	2020.1—2020.12
	31	天然气新建产能经济效益研究	王亚莉	2020.4—2022.4
	32	已开发气田动态跟踪及主力气田稳产资源基础评价研究	李易隆	2020.6—2021.6

续表

类别	序号	课 题 名 称	负责人	起止时间
公司级课题	33	天然气开发前期评价项目优化部署与动态跟踪研究	杜秀芳	2020.1—2020.12
	34	天然气产能建设跟踪分析与优化部署研究	霍 瑶	2020.1—2021.4
	35	天然气产量运行方案跟踪与优化研究	孔金平	2019.1—2020.6
	36	股份公司"十四五"天然气开发规划研究	苏云河	2020.4—2021.4
	37	致密气"十四五"专项规划	尹德来	2020.1—2020.12
	38	《天然气开发前期评价管理规定》(修订)	杜秀芳	2020.1—2020.12
	39	2020年天然气开发关键指标匹配关系研究	尹德来	2019.1—2020.5
	40	重点气区可采储量标定和SEC储量评估	刘丽芳	2020.1—2020.12
	41	川中碳酸盐岩气藏300亿方/年产能规划研究	苏云河	2020.1—2020.12
	42	大力提升国内油气勘探开发力度实现路径优化研究	赵素平	2020.4—2020.12
	43	2000—2019年天然气投资效益分析	尹德来	2020.1—2020.12
	44	中国石油四川盆地天然气发展规划方案	苏云河	2020.1—2020.12
	45	中石油2021—2030年页岩气发展规划研究	孙玉平	2020.1—2020.12
其他课题	46	致密砂岩微纳米孔喉系统对储层含气性及气水运移的控制机理	徐 轩	2018.1—2020.12
	47	高温、高压、高应力下油气藏多尺度多场耦合非线性流动机理及表征研究	叶礼友	2018.6—2021.12
	48	苏里格气田稳产方案研究及编制	程立华	2019.12—2020.8
	49	苏里格气田不同区块密井网区精细对比与井网评价	郭 智	2019.12—2020.6
	50	致密砂岩气藏水平井优化部署及地质导向技术研究	孟德伟	2019.12—2020.7
	51	苏14、桃2区块水平井动态跟踪与开发评价研究	冀 光	2019.12—2020.5
	52	米脂气田储层综合评价与开发指标研究	王国亭	2019.12—2020.12
	53	苏里格气田低产低效井挖潜评价方法研究	周兆华	2019.11—2020.10
	54	盆地东部天然气整体开发规划	王国亭	2020.11—2021.12
	55	城探3区块有利区优选与产能评价	郭 智	2020.11—2021.10
	56	致密气水平井动态跟踪与开发评价研究	冀 光	2020.10—2021.4
	57	克拉2气田开发中后期潜力评价与稳产技术对策研究	张永忠	2019.4—2020.10
	58	大北气田水侵动态评价与开发对策研究	唐海发	2019.8—2021.2
	59	裂缝性致密气藏储量评价关键参数研究	刘华勋	2019.3—2020.12
	60	克拉苏气田动态储量评价与提高采收率	唐海发	2020.11—2022.11
	61	博孜—大北新区裂缝性气藏高效开发关键技术对策研究	张永忠	2020.11—2021.7
	62	金华—中台山区块沙溪庙组有利目标区优选	初广震	2019.9—2020.5
	63	金华—中台山区块沙溪庙组开发实验及开发机理研究	焦春艳	2019.6—2020.5
	64	安岳须二气藏精细描述及提高单井产量技术攻关研究(充注含气饱和度实验测试研究)	胡 勇	2019.7—2020.6
	65	龙王庙组气藏长期稳产开发技术对策研究(水体可动性实验评价)	胡 勇	2019.1—2020.6

续表

类别	序号	课题名称	负责人	起止时间
其他课题	66	川东石炭系气藏开发规律及挖潜对策研究	胡　勇	2019.5—2020.6
	67	金华—中台山区块沙溪庙组有效井模式与井位部署优选	朱汉卿	2020.10—2021.12
	68	大塔场区块沙溪庙组气藏富集规律研究与有利目标优选	朱汉卿	2020.11—2021.2
	69	高石18井区灯四气藏有效井模式及开发目标优选研究	闫海军	2020.10—2021.5
	70	高石18—19井区岩溶储层展布特征及发育模式	闫海军	2020.10—2021.5
	71	不同类型气藏采收率实验	徐　轩	2020.11—2021.6
	72	裂缝—孔隙型气藏水侵动态规律及控水开发技术对策物理模拟实验研究	胡　勇	2020.6—2021.6
	73	台南气田剩余气分布精细描述研究	钟世敏	2020.11—2021.6
	74	太阳地区浅层页岩气合理开发井型优选现场试验方案研究	齐亚东	2020.3—2020.12
	75	德惠断陷鲍家地区试采方案	李易隆	2020.4—2020.8

【科研工作情况】

2020年,面对新冠肺炎疫情和低油价的叠加冲击,气田开发所以集团公司提质增效专项行动为统领,按照研究院党委统一部署和安排,在决策支撑、科技攻关和油田服务上持续发力,推进科技进步和生产应用转化创效,完成"十四五"天然气规划、主力气区方案优化、提高采收率技术攻关等科研任务,以"突出天然气稳定发展,抓好常规气和致密气稳产与提高采收率攻关"为重点,突出重点项目和重点气区的科技攻关,为集团公司天然气开发持续稳定增长发挥技术支撑作用。

围绕长庆油田持续上产战略目标,开展稳产接替资源序列评价、苏里格气田稳产调整方案、水平井工程联合攻关、低产低效井治理、新区块开发前期评价,深化低渗—致密气藏不同类型储层提高采收率技术对策研究,全力支撑长庆气区2020年上产。

依托塔里木油田国家重大专项,聚焦克拉迪那主力气田稳产、库车超深层上产,强化地质气藏、工程技术以及实验一体化研究,完成大北克深水侵动态与对策制定、克拉2气田开发调整、大北博孜新区前期评价等工作,发展有水气藏控水开发理论技术,为塔里木油田气区持续上产300亿立方米稳产提供支持。

依托西南油气田300亿立方米国家重大专项,深化龙王庙开发机理,开展震旦系选区评价、建立高磨地区龙王庙组-震旦系气藏有效稳产模式,推进沙溪庙组致密气物模实验及有利开发区目标优选,支撑西南油气田2020年产量目标实现。

为天然气开发提供决策支撑,编制集团公司"十四五"天然气规划、"十四五"致密气专题规划、致密气财税补贴政策和2021年天然气投资建议计划方案;协助总部完成223个气田地下大调查、重点气田开发指标对标分析、国土资源天然气资源"三率"达标评估、6个主要气区探明未开发储量分析以及重点气区可采储量标定和SEC储量评估工作;支撑集团公司党组宣传部完成"今冬明春冬季天然气供应新闻通气会";编制集团公司与研究院"十四五"科技发展规划草案,协助研究院能源战略综合研究部和科技咨询中心开展相关工作。

【交流与合作】

6月5日,刘兆龙参加在上海举办的国

际石油石化技术会议（IPPTC），主持油气藏静态评价与管理分会场。

7月6日，张永忠、刘兆龙参加在成都举办的油气田勘探与开发国际会议（IFEDC）。

【党建与精神文明建设】

截至2020年底，气田开发所党支部有党员42人。

党支部：副书记何东博，委员甯波、韩永新、黄伟岗、路琳琳、王泽龙。

工会：主席魏铁军，副主席蒋俊超。

青年工作站：站长付晶，副站长韩江晨。

2020年，气田开发所党支部在研究院党委的正确领导下，贯彻落实研究院党委的党建工作目标和指导思想，推进"战严冬、转观念、勇担当、上台阶"主题教育活动，围绕业务中心工作抓党建工作，将"四个堡垒"融入科研项目管理，即着力打造推动科研创新的攻坚堡垒，引领党员先锋模范破解科研瓶颈；着力打造彰显气田开发风采的形象堡垒，营造技术品牌和开发文化形象；着力打造全面从严治党的廉洁堡垒，筑牢"不敢腐"防线；着力打造关心关爱员工的暖心堡垒，凝聚人心，提振队伍。

一、履行好党建工作主体责任

坚持将抓好党的建设作为首要政治任务，构建"大党建"工作格局，夯实主体责任，把党建工作放在高质量发展大局中谋划推进。支部书记履行第一责任人职责，带头谋划党建任务和工作目标，落实"一岗双责"，充分发挥党建引领作用。强化制度保障，严格执行院重大问题决策制度，重点围绕物资采购管理办法、奖金发放、先进评比、双序列考核等重要事项，坚持党组织审议前置程序原则，保证民主科学决策，无违反规定和重大决策失误。

二、做实党支部基础建设工作

持续加强党员干部思想政治教育，严肃党内组织生活，以党的政治建设为统领，深入学习习近平新时代中国特色社会主义思想，及时传达、学习贯彻集团公司和研究院重要会议精神，结合气田开发所实际，做到党建工作有计划、有部署、有推动、有落实。严格按照"三会一课"制度开展支部工作，做好党员大会、支委会、党小组会、党课和主题党日活动的准备和实施，通过"三会一课"和主题党日活动学习贯彻落实上级工作部署，做到"三会一课"与主题党日活动制度化、常态化。做好党员管理工作，按时收缴党费，切实用好党建工作经费，做好党员关系的转出转入工作，及时准确建立党员台账，维护和完善党建 App 党员信息平台，利用党员活动阵地开展组织生活。

三、强化党风廉政保驾护航

采取各种措施、多种形式学习传达中央纪委、集团公司和研究院党风廉政建设与反腐败工作部署要求，督促每一位党员干部紧绷党风廉政建设这根弦，防微杜渐，不触红线，筑牢拒腐防变的政治根基。建立"大党建"工作责任清单，明确"一岗双责"要求，压实支部、支部书记、班子成员党风廉政建设主体责任清单。建立廉洁风险岗位防控指引，明确各涉险岗位的廉洁风险点及其防控措施。充分利用专题党课、视频和新媒体等多种手段开展案例警示教育，将纪律教育扩大到全体干部员工，达到警钟长鸣的效果。

四、加强年轻干部人才队伍建设

贯彻落实党员教育工作条例，完成2轮党员轮训工作，履行发展对象的培训和培养计划，将1名回国青年博士从发展对象培养成正式党员。通过举办青年学术交流会或鼓励参加国内外学术会议锻炼青年人才，为青年人才搭建开拓视野、增长才干的学术交流平台。畅通人才发展通道，助推青年科技人员成才，选聘优秀青年科研人员进入二级工程师及以上技术岗位,担任集团公司前瞻性基础性攻关专项课题长和副课题长,取得一批青年成才成果。苏里格项目组致密气开发团队获得院"十大杰出青年团队"称号,创新项目"多层系致密气藏丛式大井组立体开发技术"获得院青年岗位创新大赛一等奖,付晶、王军磊、郭辉、韩江晨获得院"青年岗位能手"称号,刘兆龙获得 2020 国际石油石化技术会议"优秀论文"奖,贾成业的"页岩气水平井产量影响因素分析"入选 F5000 中国精品期刊顶尖学术论文。

【大事记】

4 月 2 日,贾爱林任开发地质首席技术专家(勘研人〔2020〕43 号)。

5 月 27 日,郭建林、冀光聘任院技术专家(勘研人〔2020〕79 号)。

6 月 4 日,免去贾爱林气田开发所所长职务(勘研人〔2020〕88 号)。

6 月 4 日,免去贾爱林气田开发所党支部副书记职务(勘研党干字〔2020〕7 号)。

6 月 22 日,免去郭彦如气田开发所党支部书记职务(勘研党干字〔2020〕8 号)。

6 月 22 日,免去郭彦如气田开发所副所长职务(勘研人〔2020〕106 号)。

6 月 12 日,何东博任气田开发所所长(勘研人〔2020〕109 号)。

6 月 12 日,何东博任气田开发所党支部副书记(勘研党干字〔2020〕11 号)。

8 月 31 日,免去胡勇、甯波气田开发所副总师职务(人事〔2020〕41 号)。

11 月 27 日,魏铁军任气田开发所党支部副书记(勘研党干字〔2020〕14 号)。

(雷丹凤、梁忠辉)

地下储库研究中心

【概况】

地下储库研究中心（简称储库中心）是研究院核心研究所之一。主要任务是为集团公司天然气业务发展提供储气库研究参谋；负责为集团公司天然气输配业务作好技术支撑；负责开展前瞻性研究、基础研究，为不同类型储气库做好技术储备；负责加强技术积淀和整合，形成专项优势技术；负责全力做好工程现场生产的科研服务工作。

2020年，储库中心围绕国家储气能力设施建设新要求，持续提高决策支撑水平；贯彻新发展理念，创新解决制约业务高质量发展瓶颈技术；依托集团公司库存评估中心，加大现场技术服务力度和成果转化；加强国内外技术合作，助推复杂类型储气库建设与运营。

2020年1—6月：

所长：郑得文。全面负责科研生产管理工作。主管行政、财务、合同、外协等工作。分管战略规划室、库存评价室、综合管理室。

书记：丁国生。全面负责党务工作。主管人事、实验、培训、工会、外事、安全保密等工作。分管实验技术室、盐穴评价室、综合管理室。

副所长：王皆明。负责气藏工程、信息技术等工作。主管科研计划、科研检查及科研成果管理等工作。分管气藏工程室、地质评价室，协助管理库存评价室。

2020年6—12月：

主任、书记：丁国生。负责全面工作。主管党建群团、人事、财务、法规、外事等工作。分管综合管理室、战略规划室和实验技术室。

副主任：王皆明。全面负责信息化建设工作，负责气藏工程、库存评估、地质评价等技术发展工作。分管气藏工程室和地质评价室。

价室。

副主任：完颜祺琪。负责科研管理、安全保密工作，负责盐穴评价、库存评价技术发展工作。分管盐穴评价室和库存评价室。

储库中心下设6个研究室和1个办公室。

地质评价室：针对长输管道对油气储存的需要，承担地下储库的选址、评价及地质设计、方案研究等工作；根据长输管线的建设及用户市场对储气（油）库的需求，开展储库库址的选择、论证；开展建库地质条件的综合评价，为储气库可行性研究做好基础研究工作；开展在建及已建储库进行地质精细研究，建立三维地质模型，为储库方案调整提供依据；负责储库钻井地质设计及现场跟踪评价，储库可行性研究及初步设计。副主任邱小松。

盐穴评价室：瞄准世界盐穴型储气库前沿技术，紧密结合我国盐穴储气库地质特征，加强技术创新和关键技术突破，自主掌握核心技术，形成具有自身特点的技术体系；结合长输管网建设及市场需求，开展盐穴储气库库址筛选、评价、论证、气库方案设计与优化运行工作，为集团公司盐穴型储气库建设与高效运行提供强有力的技术支持；为已建储气库施工现场提供技术服务，为气库建设工程提供技术保障；负责已投产储气库的造腔、运行跟踪评价，为优化造腔工艺及运行方案提供技术支持。副主任冉丽娜、垢艳侠。

库存评价室：牢牢把握孔隙型储气库学术前沿，紧密结合气库运行特点，加强技术创新，促进科技成果有形化；针对孔隙型储层，开展气库方案设计与优化运行研究，为集团公司孔隙型储气库科学建设与优化运行提供强力技术支持;紧密跟踪中国石油储气库运行动态,聚焦提高有效库容量和加快扩容达产等关键目标,做好现场技术服务。主任胥洪成,副主任赵凯。

气藏工程室:针对国内复杂地质条件油气藏储气库建库地质方案设计和高效运行技术需求,牵头承担集团公司储气库重大科技专项,重点开展储气库气水(油)互驱渗流机理、多周期高速注采动态试井、提高运行上限压力、地下地面注采全系统仿真数值模拟等基础理论和关键技术研究,牵头申报编制相关标准规范;面向储气库生产需求,牵头和参与南堡1-29、堡古2等复杂断块油气藏和榆37低渗岩性气藏建库先导试验与可研方案设计编制,全力做好现场技术服务,支撑集团公司储气库调峰能力快速提升;紧密结合"十四五"储气库发展规划,探索开展油藏建库与协同提高采收率等前沿技术攻关,持续拓展和引领油气藏储气库建库技术发展方向。副主任孙军昌。

实验技术室:针对我国储气库建库工程中存在的技术难题,以集团公司"油气地下储库工程重点实验室"为平台,自主研发和引进适合我国地质条件的储气库建设和评价的实验设备;重点开展地下储库孔隙型储气库圈闭密封性及注采机理评价、盐穴储气库造腔物理模拟与稳定性评价、储气库周期注采安全运行监测等实验技术的研发,打造具有中国地质特点的地下储气库设计、建设、运

行评估实验体系,为我国地下储气库工程建设提供理论和技术支撑。主任武志德,副主任石磊。

战略规划室:开展国家及集团公司层面储气库重大发展战略、中长期规划、政策管理、年度计划及项目跟踪评价研究,提出科学性、前瞻性、可操作性发展建议和方案,支撑国家和集团公司储气库战略决策、规划部署及建设,发挥决策参谋作用。主任张刚雄。

综合办公室:负责日常科研、行政管理、后勤保障及财务报销等工作。主任唐立根,副主任王蓉。

截至2020年底,储库中心在册职工34人。其中男职工22人,女职工12人;博士(博士后)13人,硕士15人,本科6人;教授级高级工程师1人,高级工程师21人,工程师11人;35岁以下11人,36—45岁15人,46岁及以上8人。外聘用工22人。白松、王云、鲍清英、王蓉、刘满仓、徐淑娟调入,刘若涵、刘君兰入职,郑得文调任院首席技术专家。

【课题与成果】

2020年,储库中心承担科研课题37项。其中国家级课题19项,院级课题1项,其他课题17项。获得省部级一等奖1项,局级一等奖1项,局级二等奖1项;获得授权专利3项。出版著作3部。登记软件著作权1项。在国内外学术会议及期刊上发表论文25篇,其中SCI收录6篇,EI收录6篇。

2020年地下储库研究中心承担科研课题一览表

类别	序号	课题名称	负责人	起止时间
国家级课题	1	储库重点实验室二期建设	武志德	2019.8—2021.12
	2	废弃煤矿改建地下储气库研究	武志德	2019.12—2022.11
	3	盐穴储气库双井造腔关键技术研究	完颜祺琪	2019.4—2020.12
	4	重大科技专项:地下储气库关键技术研究与应用	丁国生	2015.1—2017.12
	5	储气库地质与气藏工程评价技术研究	王皆明	2015.1—2017.12
	6	板桥储气库建库规律研究及库容参数复核评价	李春	2015.1—2017.13

续表

类别	序号	课 题 名 称	负责人	起止时间
国家级课题	7	气藏型储气库提高上限压力关键技术研究	孙军昌	2019.1—2020.12
	8	塔里木气驱采油与储气库建设协同技术研究	朱华银	2020.5—2022.5
	9	金坛储气库已建盐腔安全稳定性与运行压力优化运行	冉莉娜	2019.3—2020.3
	10	定向对接井扩大储气空间技术研究	垢艳侠	2019.3—2020.3
	11	气藏型储气库动态试井分析新技术研究	李 春	2020.4—2022.4
	12	2019年公司储气库前期评价项目设计与跟踪研究	胥洪成	2019.9—2020.8
	13	2020年储气库业务动态跟踪评价与注采运行方案编制	张刚雄	2020.1—2020.12
	14	金坛盐穴储气库腔顶优化设计与控制技术研究	李 康	2020.4—2022.4
	15	双6气顶油环储气库注采相平衡机理研究与应用	石 磊	2019.3—2020.3
	16	库存评估管理办法及体系建设	胥洪成	2020.4—2020.12
	17	地下储气库竞争态势及经济盈利模式研究	张刚雄	2020.2—2020.12
	18	集团公司2020—2030年储气设施建设规划方案	魏 欢	2020.2—2020.6
	19	油气管网基础设施"十四五"规划资料清单	魏 欢	2020.2—2020.4
院级课题	20	大型地下储气库建设运行与评价关键技术研究	郑得文	2019.4—2021.12
其他课题	21	苏北白驹储气库建设目标区三维地震老资料叠前时间偏移处理解释	郑雅丽	2019.2—2019.12
	22	苏北盆地白驹含水构造建库条件评价与接替目标筛选研究	郑雅丽	2019.3—2020.1
	23	升平储气库岩心实验分析	武志德	2019.11—2021.10
	24	沙坪场石炭系气藏室内实验以及储层特征分类研究	朱华银	2019.11—2020.12
	25	冀东油田岩石力学实验分析	武志德	2020.4—2020.6
	26	衡阳储气库前期评价岩心分析化验	武志德	2019.12—2020.9
	27	河南平顶山盐穴储气库先导工程初步设计	李 康	2019.12—2021.12
	28	江苏楚州盐穴储气库先导工程初步设计	垢艳侠	2019.12—2021.12
	29	江苏淮安盐穴储气库先导工程初步设计	冉莉娜	2019.12—2021.12
	30	楚州、淮安、平顶山储气库先导工程（地下部分）方案	李 康	2019.3—2019.12
	31	三水盆地盐穴储气库前期评价及资料井岩心实验分析	完颜祺琪	2019.3—2020.3
	32	昆明盐矿盐穴储气库项目可行性及配套支撑性研究	完颜祺琪	2019.4—2021.2
	33	华北地区4省市地下储气库选址建库规划方案	魏 欢	2020.6—2020.10
	34	砂岩气藏型储气库库存量分析技术与标准制定	胥洪成	2019.6—2020.12
	35	温西一储气库可行性研究	胥洪成	2019.7—2020.6
	36	双坨子储气库数值模拟研究	胥洪成	2019.11—2020.6
	37	克拉2储气库建设前期评价	唐立根	2020.1—2021.6

【科研工作情况】

2020年，储库中心坚决贯彻院工作会议决策部署，聚焦业务高质量发展重大需求，做高战略决策支持、做深理论技术创新、做实技术支持服务、做强人才队伍建设，坚持理论技术创新与实践相结合，加强不同类型储气库特色技术攻关，强化实物工作量投入和向矿场转化效果的提升，各项科研生产工作取得良好成效。

一、深化战略规划与决策支撑，多层次多角度助力储气库业务发展

提升《决策参考》编写质量水平，精心编写并上报 2 篇《决策参考》，其中《储气库业务提质增效面临的挑战与对策》上报至集团公司并获集团公司总经理李凡荣批示。突出战略规划研究，牵头编制集团公司"十四五"储气库建设及科技发展规划，顺利通过集团公司审查；支撑集团公司储气库国际合作业务，成为中国石油与俄气公司合作亮点之一；陪同国家能源局相关负责人督导各省市储气设施建设情况；支撑中国工程院重大咨询项目，超前储备盐穴保压法建库技术。

二、持续加强基础研究与创新，储气库建库关键技术取得新突破

牵头完成储气库重大专项验收总结，顺利通过技术经济核查。建立气顶油藏储气库相平衡模拟技术，揭示流体相态转变热力学机制，针对高速交变注采工况，初步建立储气库动态试井理论模型和分析方法 2 项理论技术。持续攻关双井造腔、残渣空隙空间利用，优化运行压力及注采速率，有效保障盐穴安全高效运行。针对榆林大气田低丰度、低产能特征，提出协同建库三区带模式；针对塔里木气驱油项目提出气驱采油提高采收率与储气库协同建设模式，为提高油藏采收率和推动储气库扩容达产发挥了重要作用。

三、坐实储气库库容评估业务，支撑储气库调峰能力高效建设

完成集团公司库存评估中心挂牌，为进一步发挥调峰保供关键支撑作用奠定基础。创新建立库容评估技术体系，确定评估内容和三级技术指标，制定 7 项集团公司储气库库存评估标准，自主研发储气库库存评价系统并面向油田推广。完成储气库库容评估任务，准确评估大张坨库群 2019—2020 年周期调峰能力，助力大港油田提质增效。做好集团公司库群评估，提出调峰保供方案并被采纳实施。编制国家能源局储气库剩余能力测算办法，推进储气库业务市场化发展。

四、持续拓展技术服务新领域，全面支撑 17 家单位 29 座储气库建设

做好前期评价，为 10 个油田 21 座储气库 300 亿立方米以上工作气量建设提供支撑服务。发挥技术优势，全力支持西南和长庆两大气区 2 个百亿立方米超大规模储气库建设。牵头国家管网公司和中国石油全部盐穴储气库前期评价与工程设计，全面实施水平井造腔、双井单腔等低成本高效建库先导试验。持续拓展外部市场，全面服务山西、云南等地方政府、燃气企业储气库建设。

五、持续推进对外合作与交流，实现人才培养与对外影响力双提升

持续搭建中国石油储气库业务的对外合作窗口，牵头组织集团公司储气库国际合作交流和国内储气库领域各类重要学术交流及会议，打造"走出去、请进来"的交流机制，形成储气库关键技术协同攻关机制。做好中国石油首次库容评估技术培训工作，组织储库中心 8 名青年专家登台讲授 11 个课程，获得集团公司领导和学员一致好评。

六、持续做好"十四五"储气库业务建设与科技发展规划，推动解决重大生产难题

牵头完成"十四五"储气库业务建设发展规划，从国家层面重新分析论证并提出不同情景储气库建设需求，提出有利建库目标 68 个，设计工作气量近千亿立方米，其中新增规划库 58 个，提出六大储气中心 2023 年工作气量规划方案。牵头完成"十四五"储气库业务科技发展规划，分析主营业务发展对科技需求，提出储气库优快建设四大挑战和"十四五"科技规划10项重点攻关技术，提出设立国家或集团公司层面的地下储气库工程科技专项建议，包含4个方向的重要研究课题，有效解决储气库重大生产难题。

七、持续加强盐穴储气库低成本高效造腔新工艺技术与应用，取得突破性进展

面对常规造腔工艺无法满足复杂地层建库需求的难题，储库中心通过数模机理、实验技术、工艺优化三管齐下，创新建立造腔新技术系列体系。攻关突破CFD动网格数模技术，形成水平腔造腔数值模拟技术方法；研究残渣空隙空间利用效率，科学预测扩大老腔储气空间30%—50%；优化水平腔三项关键工艺参数及单井双腔完井工艺。造腔新技术围绕盐穴各库关键建库瓶颈，取得显著降本增效效果。淮安储气库现方案单位建设投资比原方案降低约2元/米³；楚州储气库现方案单位建设投资比原方案降低约2元/米³；昆明储气库现方案单位建设投资比原方案降低约4元/米³。

【交流与合作】

6月5日，部分技术骨干在储气库公司对集团公司16家油气田企业及相关科研院所开展《储气库业务"十四五"建设规划编制》培训。

8月6日，承办中国储气库高效建设及运行管理技术创新发展论坛。

9月17日，邀请河北省煤田地质局张路锁局长一行到研究院就河北省宁晋盐矿地下储气库建设事宜开展技术交流。

9月18日，中国海油上海分公司蒋云鹏一行到研究院开展储气库建设技术交流。

9月22—25日，王皆明、朱华银等到塔里木油田开展油藏循环注气提高采收率与储气库协同建设技术交流。

10月21—23日，组织集团公司储气库地质气藏及生产动态分析培训班。

11月11日，重庆能源大数据中心市场总经理李少斌、市场总监牛黎明等到储库中心开展大数据技术交流。

【党建与精神文明建设】

截至2020年底，储库中心党支部有党员27人。

党支部：书记丁国生，群工委员王皆明、纪检委员完颜祺琪、组织委员唐立根、宣传委员李春。

工会：主席丁国生，文体委员魏欢、女工委员张敏、青年委员张刚雄、宣传委员垢艳侠。

青年工作站：站长赖欣、副站长邱小松。

2020年，储库中心党支部以习近平新时代中国特色社会主义思想为指引，贯彻落实研究院工作会议精神，开展提质增效主题教育活动，弘扬科学家精神，营造浓厚学术氛围，充分激发创新活力动力，全面发挥基层党组织战斗堡垒作用，实现科研党建深度融合，全面完成6个方面党建工作，有力推动储气库业务高质量发展。

一、加强党的政治建设

及时传达党中央、集团公司党组和研究院党委指示精神，帮助员工及时了解掌握集团公司和研究院各项工作部署。通过主题党日、专题党课、现场参观、技术交流等形式，宣传贯彻中央、集团公司和研究院关于加快推进储气库建设的工作要求。深入开展"战严冬、转观念、勇担当、上台阶"主题教育活动，站位天然气全产业链角度，结合储气库业务特点，制定主题鲜明的活动方案，通过谈话访谈和问卷调研的形式，征集130余条各类建议，对7个创新项目验收评比，评选出3个优秀项目，收获储气库业务提质增效好做法。

二、扎实推进党风廉政建设

制定储库中心领导班子"一岗双责"责

任清单,组织领导班子与7个研究科室签订《党风廉政建设责任书》,组织全体党员签订28份《廉洁从业承诺书》。开展7次警示教育活动,扎实构建"不敢腐、不能腐、不想腐"的长效机制,将约束震慑和提高觉悟贯通融合。严格执行中央"八项规定",制定相应实施细则,接受派驻勘探开发研究院纪检组和纪检委员督查,在办公用房、公务用车及公务接待等方面未出现违规现象。

三、加强基层组织建设

按照研究院党委要求及时完成储库中心党支部换届,明确领导班子成员"一岗双责"具体工作内容,建立党建责任清单制度,细化分管领域党建工作职责要求,保证领导班子成员切实履行党建工作责任。坚持重大问题民主决策制度,更新储库中心"三重一大"事项决策制度实施细则,召开9次专题会议,涉及研究支部改选、三级机构、双序列、职称、外协等11个事项,充分发挥党支部把方向、理大事、抓落实的重要作用。落实"三会一课"制度,召开党员大会10次、支部委员会14次、讲授党课3次,切实把"三会一课"打造成政治学习阵地、思想交流平台、党性锻炼的"熔炉"。按要求完成2轮党员轮训,累计580学时,人均超过24学时,有效提升党员干部的政治素养。

四、高度重视干部人才队伍建设

按程序深入推进管理序列选聘和双序列改革,畅通人才发展通道,发挥技术序列科研和管理双重职能。领导班子带头下现场工作,为大庆、吉林、冀东、辽河、新疆等17家单位29座储气库建设运行提供技术支持,围绕技术难点开展技术服务咨询,现场服务接近1000人天。

五、开展宣传工作

加强意识形态管理,正确引导舆论,在储库中心主页发布各项党建科研生产工作报道68余次。利用新媒体开展形式多样的宣传,在CCTV、《人民日报》《科技日报》《南方周末》、中央企业学习平台等主流媒体发布新闻报道10篇,全面介绍储库中心技术发展和行业贡献,充分提升研究院显示度和美誉度。

六、开展多样群团活动,提升团队凝聚力

参加研究院工会开展的乒乓球、羽毛球活动,荣获3等奖,围绕储气库业务特点组织答题。严格执行研究院工会经费管理要求,为员工购买防疫物资、做好节日慰问、举办体育比赛和茶话会,帮助职工解读子女入学和转学政策要求,为员工办实事和排忧解难。聚焦储气库在天然气产业链作用,开展岗位建功活动,激励青年员工创新创效、成长成才。

【大事记】

6月22日,地下储库研究所更名为地下储库研究中心(储气库库容评估分中心)(勘研人〔2020〕97号)。

同日,王皆明任地下储库研究中心(储气库库容评估分中心)副主任(勘研人〔2020〕107号)。

同日,丁国生任地下储库研究中心(储气库库容评估分中心)主任,完颜祺琪任地下储库研究中心(储气库库容评估分中心)副主任(勘研人〔2020〕109号)。

(裴根、王蓉、丁国生)

页岩气研究所

【概况】

2020年6月22日,根据勘研人〔2020〕97号文件,非常规研究所更名为页岩气研究所。

页岩气研究所是研究院天然气和新能源一路的研究所之一。主要职责是负责公司页岩气领域研究;开展资源评价与经济有效开发目标筛选,编制战略规划、重大勘探部署与开发方案;建立页岩气地质与开发理论,创新勘探开发评价技术;建设国家和集团公司非常规重点实验室,支撑公司非常规油气业务发展。

2020年,页岩气研究所以国家重大专项研究为重点,以服务公司页岩气生产为抓手,落实实物工作量,围绕基础研究、三新领域、动态跟踪、方案编制、前后协同和决策支持方面开展工作。

所长、书记:王红岩。负责党政全面工作。主管科研生产、安全保密、组织、干部、人事劳资、财务资产和业绩指标等工作。分管所办公室。

副所长:赵群。负责页岩气勘探一路、科研信息管理、学科建设和档案管理等工作。分管页岩气成藏研究室、勘探评价室、开发地质研究室、规划研究室。

副所长:张晓伟。负责开发一路、实验室建设、QHSE管理体系、国际合作和技术培训等工作。分管页岩气开发方案研究室、开发动态研究室、实验室、绿色开发研究室。

页岩气研究所下设7个研究室和1个办公室。

页岩气成藏研究室:跟踪页岩气等国内外非常规油气发展现状,做好非常规油气成藏综合评价工作;开展页岩气新区新领域地质综合评价工作,为集团公司页岩气勘探开发提供技术支撑;开展页岩气基础研究工作,为集团公司页岩气勘探开发提供理论基础与技术支撑。主任邱振。

页岩气勘探评价室:开展公司页岩气勘探评价动态跟踪、效果评价,支撑年度勘探评价部署;开展集团公司页岩气气藏地质研究,支撑开发方案编制、储量评估;开展四川盆地海相页岩气富集规律研究、资源潜力评价与目标优选。主任孙莎莎。

页岩气开发地质研究室:针对页岩气有效开发面临的关键技术问题,以确定科学开发和提高单井产量为最终目标进行综合研究,为页岩气规模效益开发提供技术支撑;开展综合地质力学、储层地质、开发地震、测井、油藏工程多学科研究,逐步建立适用于页岩气的储层产能评价与建模方法,发展页岩气开发地质理论技术体系。主任郭伟。

页岩气开发方案研究室:跟踪国内外典型页岩气田开发现状与关键开发技术政策;编制集团公司页岩气先导试验方案、试采方案、初步开发方案、开发方案和开发调整方案;开展页岩气开发方案实施跟踪评价,提出优化部署措施建议、开发技术政策优化措施建议。主任郭为。

页岩气开发动态研究室:跟踪评价集团公司产能建设进展和实施效果,重点跟踪主力气田开发方案和试采方案实施进展,剖析原因并提出调整建议;跟踪评价已投产气井生产动态,研究单井产量、压力、递减率及EUR等关键开发指标变化规律,并进行单井和单平台投入产出效益分析;开展页岩气开发关键技术攻关和配套软件研发。主任孙玉平。

页岩气规划研究室：跟踪国内外页岩气发展现状，通过地质评价、区块生产数据、经济效益评估和投资水平，构建数据库体系，做好页岩气综合评价工作；开展国家能源局页岩气战略支撑工作，做好产业规划及评估等工作；开展集团公司页岩气规划部署评价、开发规划方案编制，跟踪生产动态，评价区块开发效果，支撑规划计划部和勘探生产公司规划部署。主任刘德勋。

实验室：以"国家能源页岩气研发（实验）中心"和中国石油"非常规油气重点实验室"为平台，自主研发与引进系列设备与装置，持续攻关页岩储层物性测试、含气性评价、微观结构表征、流动能力评价和开发特征模拟等实验测试新技术和新方法，创新发展我国页岩气地质和开发评价基础理论体系。主任端祥刚。

办公室：发挥综合协调和服务保障职能。负责科研、人事、安全、保密、合同、财务等日常管理工作。协助所领导组织会议和活动，做好非常规研究所与上级部门和外单位的协调工作，为页岩气研究所整体工作顺利推进发挥积极的职能作用。主任李贵中。

截至 2020 年底，页岩气研究所在册职工40 人。其中男职工 27 人，女职工 13 人；博士（后）20 人，硕士 15 人，本科 5 人；教授级高级工程师 2 人，高级工程师 24 人，工程师13 人，其他 1 人；35 岁及以下 12 人，36—45岁 19 人，46—55 岁 8 人。当年，郭为、王玉满、李新景、赵素平、肖玉峰、孙玉平、李俏静、蔚远江、史建勋、胡志明、端祥刚、常进、张晓伟调入，高金亮、刘丹、周天琪入职，何东博、穆福元、孙斌、田文广、杨敏芳、杨青、祁灵、杨焦生、赵洋、张继东、马超、鲍清英、孙钦平、姜馨淳、邓泽、陈浩、李亚男、杨泳、陈振宏、丁麟调离，曾良君、臧焕荣、李新景退休。

【课题与成果】

2020 年，页岩气研究所承担科研课题 42项。其中国家级课题 10 项，公司级课题 15项，院级课题 1 项，其他课题 16 项。获得省部级科技奖励 5 项，其中科技进步一等奖 1项，科技进步二等奖 2 项，优秀标准一等奖 1项，技术发明二等奖 1 项，获得局级科技奖励4 项。获得授权发明专利 4 项、实用新型专利 1 项。登记软件著作权 4 项。编制国家标准 7 项、行业标准 4 项、发布国家标准 1 项。出版著作 8 部。在国内外学术会议及期刊上发表论文 51 篇，其中 SCI 收录 20 篇，EI 篇收录 14 篇。

2020 年页岩气研究所承担科研课题一览表

类别	序号	课 题 名 称	负责人	起止时间
国家级课题	1	四川盆地及周缘重点层系优质页岩分布与地化特征	王玉满	2017. 1—2020. 12
	2	四川盆地及周缘页岩气富集规律与重点目标评价	拜文华	2017. 1—2020. 12
	3	页岩储层定量表征及评价	周尚文	2016. 1—2020. 12
	4	页岩气高压赋存状态与储层微观评价研究	端祥刚	2017. 1—2020. 12
	5	页岩气开发流动规律物理模拟研究	胡志明	2016. 1—2020. 12
	6	页岩气开发关键参数及开发模式研究	孙玉平	2016. 1—2020. 12
	7	国内页岩气开发特征研究	郭　为	2016. 1—2020. 12
	8	四川盆地页岩气经济技术评价	赵　群	2017. 1—2020. 12
	9	页岩气工业化建产区评价与高产主控因素研究	赵　群	2017. 1—2020. 12
	10	复杂构造背景龙马溪组页岩气储量计算及应用	齐　文	2018. 1—2020. 12

类别	序号	课题名称	负责人	起止时间
公司级课题	11	海陆过渡相页岩气成藏条件及勘探前景评价	邱 振	2020.1—2025.12
	12	中国石油重点页岩油气探区经济可行性研究	刘德勋	2020.9—2021.12
	13	页岩气渗流规律与开发动态模拟研究	胡志明	2017.1—2020.12
	14	非常规油气重点实验室完善建设项目	周尚文	2020.1—2022.12
	15	页岩气示范区跟踪及外围重点目标优选评价	拜文华	2017.1—2020.12
	16	天然气水合物储层岩石物理实验研究	肖玉峰	2018.12—2021.12
	17	页岩气开发项目可行性研究报告编制规定	于荣泽	2020.1—2020.12
	18	四川盆地及周缘海相页岩气区带评价与优选	董大忠	2018.1—2021.12
	19	页岩气发展战略	赵 群	2018.6—2020.6
	20	页岩气关键地质参数评价方法与技术研究	赵 群	2020.4—2023.4
	21	页岩气降本增效措施与技术对策	赵 群	2020.1—2020.12
	22	页岩气前期评价跟踪研究	孙莎莎	2019.1—2020.6
	23	页岩气示范区储层精细对比和精细描述	孙莎莎	2018.6—2021.6
	24	页岩储层吸附气和游离气赋存特征与主控因素研究	周尚文	2020.1—2022.12
	25	页岩气选区评价和开发动态跟踪研究	于荣泽	2020.6—2021.5
院级课题	26	页岩气大数据建设与储层评价理论方法研究	董大忠	2019.1—2021.1
其他课题	27	页岩气选区资料井	孙莎莎	2020.1—2020.12
	28	川东北地区中浅层烃源岩评价研究	董大忠	2019.1—2020.12
	29	侏罗系源储一体测井综合评价研究——西南气区重点气藏气井测井评价研究	肖玉峰	2020.3—2020.11
	30	昭通页岩气田海坝区块年产7亿立方米开发方案	肖玉峰	2020.5—2020.12
	31	鄂尔多斯盆地东缘海陆过渡相页岩微观描述	邱 振	2020.11—2021.05
	32	2020—2021年长宁重点页岩气井生产特征精细研究	王玫珠	2020.1—2020.12
	33	威远区块页岩气开发方案实施跟踪与优化研究	郭 为	2020.4—2020.12
	34	太阳气田海坝区块年产7亿立方米开发方案	郭 为	2020.9—2021.8
	35	威远页岩气水平井EUR评价及影响因素研究	郭 为	2020.9—2121.9
	36	非均质储层储量评价	齐 文	2020.1—2021.12
	37	页岩吸附气产气规律实验研究	端祥刚	2019.8—2021.7
	38	泸州深层页岩气储量计算关键参数实验方法研究	周尚文	2020.8—2021.7
	39	浙江油田2018年页岩气样品分析项目	周尚文	2018.6—2020.5
	40	龙马溪组山地页岩气地质工程一体化评价及甜点优选应用	周尚文	2018.6—2020.5
	41	绥平1井全取心分析测试	周尚文	2019.9—2020.8
	42	页岩吸附气赋存机理及动用规律研究	端祥刚	2019.1—2022.12

【科研工作情况】

2021年，页岩气研究所按照研究院年初科研工作部署安排和要求，围绕页岩气研究所工作定位，结合"一院两区"改革要求，整体部署，抓好开局，按照自上而下、自下而上、上下结合"三个步骤"做好科研交底，分项目、课题、任务"三个层级"编制运行计划大表，实行科研进展双周报制度，推进人才培养工作，加速青年骨干锻炼与成长，鼓励青年快速融入团队、提高业务能力，集中精力抓好科研重点，扎实完成科研各项工作，在7个方面取得重要成果。

一、深化海相页岩气基础地质理论研究

以地质事件思维分析入手，提出川南五峰-龙马溪组页岩气甜点区的形成是六大地质事件沉积耦合结果，指出川南坳陷西部龙马溪组有机质炭化为勘探高风险区；深化页岩层理研究，揭示深层优质页岩发育生物成因硅且存在"三类孔缝"组合；提出川南深层页岩气富集高产"三控"模式，即古地理格局控"碳"、高强高刚性地层控"压"、适度裂缝控"产"。

二、突出新区新领域页岩气资源前景评价

明确鄂东山西组潟湖相为有利沉积相，确定大吉51井区作为先导试验区，落实"甜点"区面积208平方千米，资源量296亿立方米；钻探4口地质资料井，探索川东北重庆地区页岩气新层系，支撑大庆油田仪陇—平昌区块侏罗系大安寨段页岩油气风险井平安1井跟踪评价，优选平安1井页岩气甜点段和大二亚段17米灰黑色页岩段。全面跟踪川南页岩气开发动态，评价开发方案实施情况，有力支撑生产建设。长宁新投137口井，预计年底产气可达55亿立方米；威远生产指标逐年提升，各项指标均优于方案设计；泸州深层页岩气压力系数高，孔隙度高，测试产量高。

三、完善深层页岩气参数精确测试技术，支撑页岩气勘探开发评价储量申报

明确孔隙度对探明储量计算的影响，推荐采用颗粒气测孔隙度进行储量计算；建立页岩核磁共振孔隙表征技术，明确不同小层核磁响应与孔径分布特征，揭示深层优质页岩超低含水饱和度在35%—40%；完善高温压吸附曲线测试方法，明确深层页岩吸附气量主控因素为压力系数，自主研制保压取心现场含气量测试装置，精确获取页岩储层含气量。

四、页岩气渗流机理取得新认识，开发动用基础理论取得新进展

建立页岩渗吸机理实验技术，揭示渗吸对页岩气赋存状态的影响规律；揭示CO_2与CH_4竞争吸附与提高采收率机理；引入近场动力学，丰富页岩裂缝扩展与损伤理论体系；开展基质裂缝耦合全直径开发模拟实验，明确压力对产量递减率的影响；建立主裂缝-次裂缝-基质三重介质产能评价模型，揭示气井递减规律；明确不同生产阶段吸附气对产量的贡献。

五、建立页岩气勘探开发云数据智慧平台，创新建设中国石油大数据分析体系

导入公司所有页岩气井及国外3万口井生产动态；实时自动更新，显著提高支撑和研究工作实效；集成组合EUR预测、测试产量回归、首年平均日产回归、典型曲线预测、数据驱动分析五种经验方法，实现单井EUR批量智能预测；创新数据驱动分析方法，实现多因素产能分析及产量预测。

六、编制页岩气开发方案、发展规划，支撑集团公司页岩气持续发展

紧密结合生产，牵头编制《威远页岩气田年产40亿立方米产能建设稳产方案》和《太阳气田海坝区块年产7亿立方米开发方案》，参与编制《川南深层页岩气重大开发现场试验方案》；基于深厚的理论认识，反复论

证中国石油页岩气发展潜力,牵头编制集团公司"十四五"页岩气240—300亿立方米规划;支撑集团公司"十四五"科技发展规划——非常规专项规划编制;牵头编制研究院"十四五"非常规油气与储库技术发展规划。

七、支撑国家能源局和集团公司财政补贴、产业发展政策和资源税减征等重要决策

组织开展2019年度全国页岩气财政补贴审查,分析集团公司页岩气矿权到期时间,明确矿权保护形势,支撑集团公司财务部完成《关于页岩气减征资源税执行情况的报告》,支撑勘探与生产公司完成《页岩气钻井成本分析及降本增效措施建议》,配合国家能源局开展页岩气建设项目监管工作。

【交流与合作】

5月15日,与海峡能源公司联合开展页岩气技术交流会和深层页岩气现场实验室可行性论证会。

6月9—10日,王红岩、董大忠以视频会议形式参加第八届中美天然气行业合作研讨会;

7月17日,邀请美国哈丁歇尔顿工程技术公司夏文武董事长一行到研究院开展技术交流。

10月17日,张磊夫以视频会议形式参加"全球深水沉积体系"国际学术大会。

10月19—21日,赵群参加由中国生态环境部、美国环保协会组织的非常规油气田环境管理国际研讨会。

10月21—22日,刘德勋参加ECF国际页岩气论坛2020年第十届亚太页岩油气峰会。

10月26—30日,王红岩、施振生参加第三届CEW中国能源周——2020行业影响力年会。

11月12—14日,王红岩参加第32届全国天然气学术年会。

【党建与精神文明建设】

截至2020年底,页岩气研究所党支部有党员30人。

党支部:书记王红岩,组织委员李贵中,宣传委员兼青年委员武瑾,纪检委员赵群,保密委员张晓伟。

工会:主席刘德勋,委员张磊夫、李俏静。

青年工作站:站长武瑾,委员程峰、康莉霞。

2020年,页岩气研究所党支部深入学习贯彻习近平新时代中国特色社会主义思想和党的十九届四中、五中全会精神,以加强基层党建和提升领导班子战斗力为抓手,奋力打造一支朝气蓬勃、团结和谐的基层党组织,从容面对疫情考验等复杂形势,为高质量完成全年科研生产任务提供有力保障。

一、严格履行党建工作责任

牢固树立"抓好党建促科研"的理念,构建大党建工作格局,明确每个支委党建工作责任清单,强化"一岗双责"工作,层层压实责任,坚持把党建工作与科研工作同谋划、同部署、同考核。真落实"三会一课"制度。学习宣传党中央重大决策部署10次,传达集团公司和研究院重要会议精神15次;召开党员大会11次,支部大会11次,党小组会33次,组织主题党日活动11次,讲党课活动2次,2次支部书记讲党课活动受到党员干部群众的一致好评。坚持"三重一大"决策制度,修改完善"三重一大"决策制度实施细则,将月度、季度与年度奖金、双序列与职称评聘、科室设置、科室负责人评聘、招标管理、先进评比等全部纳入"三重一大"决策范围,贯彻落实党组织审议前置程序制度,确保公正、公平、公开决策。

二、切实做好基层党建工作

持续加强基层党建工作,按照专业和科研岗位,重新划分党小组,做到科研生产与党建工作深入融合,党员学习和党内活动更加规范、灵活和富有针对性,取得较好成效。召开换届选举大会,选出新一届支部委员会委员,统一思想,鼓舞士气。开展两轮次党员轮训,加强思想理论武装,组织党员干部观看爱国主义教育专题片《八佰》、红色经典歌剧《方志敏》,参观鱼子山抗日战争纪念馆,重温入党誓词,在纪念碑前鞠躬缅怀革命烈士,重温红色记忆,接受精神洗礼。

三、注重加强党风廉洁建设

及时传达学习警示教育大会会议精神,多次传达各项规章制度和典型案例通报,警示党员干部遵纪守法。组织全体干部员工参加研究院党风廉洁教育活动,在节日前学习典型案例,确保纪法要求和案件震慑真正入脑入心。组织学习《中华人民共和国公职人员政务处分法》《中国共产党党章》《中国共产党支部工作条例》,安排答题活动。部署纠治"四风"工作,逐级签订《党风廉政建设责任书》《廉洁从业承诺书》,梳理合规管理中的潜在问题,针对关键岗位和重点人员加强廉洁从业提醒,严格控制各项经费支出,全年没有发生任何违法违纪行为。

四、做好宣传思想工作,牢牢掌握意识形态工作领导权

将宣传思想工作落到实处,做到"有计划、有推进、有落实",大力宣传正能量和先进典型,在院主页发布新闻稿件33篇,在石油大院公众号发布新闻稿件2篇,制作页岩气所展板6块,组织全体员工录制新春拜年视频,增强团队凝聚力,获得研究院2020年新闻宣传先进单位。坚持正确舆论导向,加强对员工意识形态教育和引导工作,强化舆情管控和新媒体的管控,营造积极向上的舆论氛围。

五、加强领导班子和干部队伍建设

加强党员干部教育培训工作,构建学习型党支部,督促所领导班子成员积极参加领导干部培训,组织党员干部参加线上线下培训,切实提升干部队伍领导能力和党员思想政治素养。结合岗位实践,搭建真诚交流、平等互助的思想平台,提升干部队伍的凝聚力、创新力。开展师带徒活动,加强年轻力量的培养,彰显青年干事创业的激情活力。干部人才队伍建设取得显著成效,周尚文获得研究院青年岗位创新大赛二等奖。进一步加强人才培养,扎扎实实做好"双培养"。邱振获得研究院十大青年科技进展,武瑾当选研究院团委委员,刘德勋被评为优秀基层支部委员和网络评论员,胡志明、施振生被评为2019年度研究院先进工作者。研究院"师徒制"考核中,王红岩、康莉霞、董大忠、程峰获得"优秀师徒"荣誉称号。青年工作站获得研究院基层团建创新"优秀青年活动"。参加研究院党建案例大赛,获得二等奖。

【大事记】

6月22日,非常规研究所更名为页岩气研究所(勘研人〔2020〕97号)。

同日,非常规研究所党支部更名为页岩气研究所党支部(勘研党字〔2020〕22号)。

同日,王红岩任页岩气研究所所长,免去其非常规研究所所长职务,赵群任页岩气研究所副所长,张晓伟任页岩气研究所副所长(勘研人〔2020〕109号)。

(李贵中、赵群)

煤层气研究所

【概况】

2020年6月22日，根据勘研人〔2020〕104号文件，为进一步加强煤层气相关领域开发支持与研究，整合研究院从事煤层气、煤炭地下气化研究资源，成立煤层气研究所（简称煤层气所）。煤层气所是研究院研究所之一，主要任务是根据研究院"一部三中心"定位要求，负责集团公司煤层气、煤炭地下气化等领域理论与技术研究；开展煤层气、煤炭地下气化资源评价与经济有效开发目标筛选，编制战略规划、重大勘探部署与开发方案；开展煤炭地下气化燃烧控制机理研究，形成中深层地下原位煤气化一体化控制技术体系；筹建煤炭地下气化重点实验室，支撑集团公司重要业务发展。

2020年，煤层气所开展煤层气、煤炭地下气化资源评价与经济有效开发目标筛选，编制战略规划、重大勘探部署与开发方案，做好总部决策支撑及技术支撑；以国家重大专项与公司专项为抓手，做好专业系统集成与人才队伍建设，加大优势特色技术成果的有形化培育。

书记、所长：孙粉锦。负责全面工作。主管党建群团、人事、财务、法规和质量安全环保等工作。分管综合研究室工作。

副所长：李五忠。负责煤层气勘探一路工作。协管党务、工会、团青、宣传、企业文化、计划生育等工作。分管煤层气勘探室、实验室。

副所长：穆福元。负责煤层气开发一路工作。主管廉政建设、科技文献、知识产权、

档案文献、煤层气专业学组和技术培训等工作。分管煤层气开发室、规划室。

副所长：陈艳鹏。负责煤炭地下气化一路工作。主管科研管理、成果管理、信息化、国际合作、外事等工作。分管煤炭地下气化勘探室、煤炭地下气化开发室和煤炭地下气化工艺室，协助管理实验室。

煤层气所下设5个研究室和1个办公室。

煤层气勘探室：负责开展煤层气、煤系气目标综合评价，阐释煤层气、煤系气富集成藏主控因素及富集规律、总结提升煤层气、煤系气精细地质勘探理论，优选评价煤层气、煤系气有利目标区并部署井位等任务。负责人田文广。

煤层气开发室：负责编制不同阶段煤层气开发方案、开展煤层气开发地质与气藏工程研究研究、进行煤层气开发动态分析与跟踪评价，深入认识煤层气开发规律、储量动用情况及开发中存在的主要矛盾，并提出相应调整建议等任务。负责人杨焦生。

规划室：跟踪国内外煤层气产业发展现状，构建数据库体系，开展煤层气综合评价工作及基础课题研究，开展国家能源局、集团公司煤层气战略支撑、产业规划及评估工作；开展公司煤层气规划部署评价等任务。负责人孙钦平。

煤炭地下气化项目组：负责煤炭地下气化基础理论研究与关键技术研发，建成煤原位清洁转化重点实验室，形成气化开发与优化控制数值模拟软件系统，支撑集团公司煤

炭地下气化先导试验,推动新业务产业化等任务。负责人东振。

实验室:开展煤储层含气性、工业分析、等温吸附等测试分析研究,形成脉冲含气量测试技术、致密岩石基质孔渗测试技术等技术系列,打造集团公司煤层气和煤炭地下气化领域新技术、新理论的研究基地,推定国家煤层气和煤炭地下气化基础理论创新和标准规范制定。负责人邓泽。

综合办公室:负责煤层气所日常科研、行政管理、后勤保障及财务报销等。主任刘颖。

截至2020年底,煤层气所在册职工25人。其中男职工15人,女职工10人;博士(后)11人,硕士10人,本科4人;教授级高级工程师1人,高级工程师12人,工程师12人;35岁以下10人,36—45岁12人,46—55岁3人。外聘用工13人。当年,无人员调动情况。

【课题与成果】

2020年,煤层气所承担科研课题29项。其中国家级课题4项,公司级课题14项,院级课题3项,其他课题8项。获得省部级科技进步二等奖3项,局级一等奖2项。获得授权发明专利2项。出版著作1部。在国内外学术会议及期刊上发表论文18篇,其中SCI收录5篇。

2020年煤层气研究所承担科研课题一览表

类别	序号	课 题 名 称	负责人	起止时间
国家级课题	1	东北地区中低煤阶煤层气规模开发区块优选评价	陈振宏	2016. 1—2020. 12
	2	中低煤阶煤层气储层评价与有利储层预测研究	杨焦生	2016. 1—2020. 12
	3	高煤阶煤层气开发及经济指标预测技术	杨焦生	2017. 1—2020. 12
	4	煤系地层立体勘探综合研究	田文广	2016. 7—2019. 12
公司级课题	5	煤层气选区评价和开发动态跟踪研究	穆福元	2020. 1—2020. 12
	6	蜀南构造复杂区煤层气成藏主控因素与目标优选	杨敏芳	2019. 1—2020. 12
	7	煤层气探明储量可动用性研究和评价	杨焦生	2017. 1—2020. 12
	8	高煤阶煤层气低效区产能恢复技术研究	赵 洋	2017. 1—2020. 12
	9	煤层气藏全生命周期开发规律研究及效果评价	赵 洋	2017. 1—2020. 12
	10	煤层气规模效益开发技术对策研究	杨焦生	2019. 2—2021. 3
	11	煤层气提高采收率机理研究	赵 洋	2020. 1—2021. 12
	12	煤层气开发项目可行性研究报告编制规定	张继东	2020. 1—2020. 10
	13	煤层气资源量/储量计算规范修订	赵 洋	2019. 6—2021. 10
	14	煤层气"十四五"规划编制论证	孙钦平	2020. 1—2020. 12
	15	煤层气效益开发政策研究项目	孙钦平	2019. 11—2020. 12
	16	煤层气资源潜力与战略接替区研究	陈振宏	2017. 1—2020. 12
	17	煤炭地下气化关键技术研究与先导试验	孙粉锦	2019. 10—2022. 12
	18	集团公司煤炭地下气化中长期发展规划研究	孙粉锦	2020. 3—2020. 12
院级课题	19	深层煤炭地下气化流动机制及耦合数值模拟系统研究	陈艳鹏	2020. 3—2022. 12
	20	深层煤炭地下气化关键技术与典型区块开发概念设计	陈艳鹏	2017. 6—2020. 12
	21	深层煤炭地下气化制氢技术与潜力评价	陈艳鹏	2018. 1—2020. 12

类别	序号	课 题 名 称	负责人	起止时间
其他课题	22	中低煤阶煤层气富集成藏机理和成藏模式研究	田文广	2018. 10—2019. 4
	23	煤系气富集成藏机理和成藏模式研究	田文广	2019. 10—2020. 4
	24	大吉3-4井密集取样测试	邓 泽	2019. 12—2020. 5
	25	煤系地层煤岩分析化验	邓 泽	2019. 12—2020. 5
	26	雄赫区块煤层气井样品分析化验项目	邓 泽	2019. 12—2020. 5
	27	滇黔川探区煤层气井样品分析化验项目	邓 泽	2020. 4—2021. 12
	28	页岩样品全岩分析和流固耦合物理模拟实验测试	邓 泽	2019. 12—2020. 4
	29	煤岩煤质、页岩含气性分析及生烃热模拟实验	邓 泽	2020. 8—2021. 9

【科研工作情况】

2020年,煤层气所按照研究院统一部署和"创新煤炭地下气化关键技术"要求,强化科技创新支撑,开展煤层气和煤炭地下气化两大业务研究,在4个方面工作取得新进展。

深化煤层气富集规律、有利目标评价与井位部署研究,取得丰硕科研成果。评价优选出长宁超千亿立方米规模煤层气有利目标区;提出老区井网加密调整和提高采收率技术,支撑老区稳产上产;编制集团公司煤层气和煤炭地下气化"十四五"开发规划;完成煤炭地下气化实验室建设总体设计,推进两台自主研发的标志性试验装置建设(小型高温高压气化组分实验装置和燃空区围岩破坏及裂缝演化模拟装置),预计于2021年建成;在油田现场测试6口井,完成测试2293样次,有效支撑浙江油田、煤层气公司、长庆油田煤层气勘探业务。

"十三五"国家科技重大专项《大型油气田与煤层气开发》41项目《中低煤阶煤层气规模开发区块优选评价》取得重要进展。深化中低阶煤层气地质特殊性,揭示持续气源补给是中低阶煤层气富集主控因素;深化中深层煤层气与煤系气"同源叠置"富集成藏理论,引领煤层气勘探向"三新"领域拓展;研发5项关键技术,有力支撑煤层气先导示范区取得重大实效;技术应用效果显著,显著提升示范区勘探开发成效。

煤炭地下气化重大专项取得3项主要研究进展。通过热解气化实验和化学反应数模研究,初步揭示煤岩热解前后微观变化规律和甲烷高产机理,明确高压和合适水氧比是提升甲烷产量和粗煤气热值的关键;通过实验揭示400—600℃是煤层顶板力学性质变化阈值温度,微观结构改变是导致力学性质变化根本原因,提出"纵三带、横三区"的气化腔应力变形模式;初步完成三塘湖马北地区10平方千米有利区内的评价井和先导试验平台的地质设计与井位部署方案编制,通过数值模拟预测气化结果和关键参数。

加强人才培养,提升人才队伍能力。通过组织"煤系气共生共探共采的地质问题研讨会""科研技术骨干综合素质提升班"等集团公司级、院级和所处级培训项目、专家讲座及技术交流活动,提高员工专业素质和工作能力,拓展视野,提升团队能力。

【交流与合作】

9月4—6日,副所长穆福元与相关科研人员一行到华北油田山西煤层气现场调研。

10月15日,孙粉锦所长与相关科研人员一行在北京与新疆油田进行煤炭地下气化技术交流。

【党建与精神文明建设】

2020年6月22日,根据勘研党字

[2020]22号文件,成立煤层气所党支部。10月27日院党委组织部批准煤层气党支部换届选举,完成委员分工。

截至2020年底,煤层气所党支部有党员20人。

党支部:书记孙粉锦,组织委员李五忠,纪检委员穆福元,宣传委员陈艳鹏,保密委员刘颖。

工会:主席陈振宏,文体委员陈浩,女工委员杨青。

青年工作站:站长赵洋,副站长薛俊杰,组织委员东振,宣传委员张梦媛,文体委员陈姗姗。

2020年,煤层气所党支部聚焦重点任务,以基层党建和提升领导班子战斗力为抓手,围绕凝聚职工队伍、加强青年培养、坚持反腐倡廉、构建激励机制等方面创造性地开展党建工作,切实提升党务工作水平,着力打造朝气蓬勃、团结和谐的基层党组织,有力保障煤层气所高质量完成科研生产任务。

一、提高政治站位,坚决贯彻落实上级各项决策部署

深入学习习近平新时代中国特色社会主义思想,贯彻党中央、集团公司党组和研究院党委指示和部署,开展"战严冬、转观念、勇担当、上台阶"主题教育活动,贯彻集团公司、研究院工作会议精神,持续加强党的建设、发挥党组织作用,推动全面从严治党向纵深发展。落实"三会一课"、主题党日等党的组织生活制度,确保理论武装到位,增强员工自豪感,提升科技创新责任感、使命感。

贯彻落实研究院党委关于意识形态工作的部署和需求,在思想上、政治上、行动上同党中央保持高度一致。定期分析、研判意识形态情况,针对重大事件、重要情况、重要社情民意中的倾向性苗头性问题,加强有效引导,维护意识形态安全。实时监督与本单位相关的新媒体,机构社团等平台动态,切实加强信息管控。

二、注重组织建设,夯实党务工作基础

有序开展支部换届工作和工会、青年工作站改选工作,制定相应年度工作计划。明确领导班子成员"一岗双责"具体工作内容,建立党建责任清单制度,细化抓好分管领域党建工作职责要求,保证领导班子成员切实履行党建工作责任,构建科研党建齐抓并进、深度融合的领导机制。制定"三重一大"决策实施细则、请销假等规章制度,组建保密工作、QHSE工作等领导小组,组织学习和严格落实党内各项规章制度。

三、强化作风建设,提高反腐倡廉能力

梳理煤层气所廉洁风险点,将外协项目的立项开题与验收、科室主任与课题经理的选用、双序列与技术职称的排名与上报、奖金分配、人员调动与研究所内部流动等廉洁风险点全部纳入"三重一大"事项,坚持领导班子集体研究决定和科学民主决策。公务用车采用室主任、核算员、研究所所长等三级管理与把关模式,消除公车私用风险点。在办公用房方面,规定凡是在申请北京(廊坊)为常住地办公的,在廊坊(北京)不再设立办公室,只设临时工位,"三公"管理无违纪情况。同时,领导班子成员通过调查研究、个别谈话等多种形式,与员工开展谈心谈话,提高员工纪律和规矩意识。

四、做好青年工作,凝聚干事创业合力

推进"师徒制"工作,深化传帮带成果,助力青年成才。组织开展煤层气保压取心、地下气化技术交流活动,推进学术交流合作和科研成果转化。畅通人才发展通道,优化人才发展环境,顺利完成煤层气所双序列聘任工作。创新青年科技英才培养方式,助力青年骨干立足岗位建功,引领行业发展,赢得广泛声誉,起到良好的模范作用。开展创先争优活动,提高干部员工干事创业活力动力。

陈艳鹏获集团公司直属党委优秀共产党员称号，煤层气研究所党支部获得研究院2020年基层党建案例大赛"三等奖"，邓泽获得研究院2020年度安全生产先进个人。

【大事记】

6月22日，孙粉锦任煤层气研究所所长，免去其新能源研究所所长职务，陈艳鹏任煤层气研究所副所长职务（勘研人〔2020〕109号）（勘研人〔2020〕109号）。

同日，李五忠任煤层气研究所副所长，免去其天然气地质研究所副所长职务，穆福元任煤层气研究所副所长，免去其非常规研究所副所长职务（勘研人〔2020〕108号）。

同日，孙粉锦任煤层气研究所党支部书记，免去其新能源研究所党支部副书记职务。（勘研党干字〔2020〕11号）

（刘颖、孙粉锦）

采油采气工程研究所

【概况】

采油采气工程研究所（简称采油所）是研究院核心研究所之一。主要任务是根据研究院"一部三中心"定位要求，开展国内外采油采气工程技术战略与规划研究、重大采油采气工程方案设计与编制，机械采油、采气工艺、储气库注采工程、采油采气节能降耗、油气藏地质力学新理论、新技术、新工艺、新产品研究，提供采油采气工程技术服务、技术咨询与技术培训等工作。

2020年，采油所做好十三五科技成果总结提炼，十四五科技发展规划编制；做细页岩套损、水平井不同排水采气工艺、页岩储层地应力建模、页岩油原位转化相关基础理论研究；做大PetroPE软件等技术成果转化应用；做强采油工程大数据项目关键技术、油井高质量智能生产技术、气田大数据在线智能优化等新技术自主研发试验；做优国内外技术支撑工作，加强采油采气重点实验室建设；切实抓好做实做细党建工作。

所长、副书记：张建军。负责行政全面工作。主管人事、财务、职工培训工作。分管所办公室。

书记、副所长：李文魁。负责党群与维稳、宣传、保密工作。分管党支部、工会、青年工作站。

副所长：蒋卫东。协助所长负责科研、海外业务（国际合作）、规划与决策支持、档案、技术交流、QHSE工作。分管综合规划研究室、采油采气地质研究室。

副所长：师俊峰。协助所长负责信息化与标准化、计划与采购、资产与重点实验室。分管机械采油研究室、采气工艺研究室。

采油所下设4个研究室和1个办公室。

综合规划研究室：负责国内外采油采气工程技术发展战略研究、重大方案编制、新项目评价与老项目后评估、技术支持与服务。主任赵志宏，副主任刘翔。

机械采油研究室：负责机械采油设计与诊断及软件开发、装备与工具研发、工艺研究，以及现场服务。主任张喜顺，副主任邓峰。

采气工艺研究室：负责排水采气、储气库注采与生产监测工艺研究，采气化学剂、工具产品研发，以及现场实施与效果评价。主任李隽，副主任曹光强、张义。

采油采气地质研究室：负责与采油采气工程相关的地质油藏研究、常规与非常规油气藏地质力学研究、地质力学在油气藏开发中的应用研究。副主任张广明。

办公室：负责采油所日常行政管理、科研管理、财务收支管理、安全生产检查、资产管理、合同管理、保密管理、门户信息维护、后勤服务等。

截至2020年底，采油所在册职工40人。其中男职工29人，女职工11人；博士（后）18人，硕士15人，本科5人；教授级高级工程师4人，高工23人，工程师10人；35岁以下12人，36—45岁10人，46—55岁15人。外聘人员2人。当年，王才入职，梁亚宁调进，张娜、裘智超、彭翼、曹刚、李淇铭、王云调离。

【课题与成果】

2020年，采油所承担科研课题42项。其中国家级课题3项，省部级课题18项，院级课题1项，其他课题20项。获得国家技术发明二等奖1项，中国专利优秀奖1项，省部级科技奖励2项，院局级奖励4项。获得授权专利11项，其中发明专利8项，实用新型专利 3 项。获批软件著作权 11 项,完成技术秘密认定 9 项,在国内外学术会议及期刊上发表论文 30 篇,其中 SCI 收录 4 篇,EI 收录 15 篇。

2020 年采油采气工程研究所承担科研课题一览表

类别	序号	课题名称	负责人	起止时间
国家级课题	1	新疆低渗砂砾岩油藏 CO_2 驱油与埋存关键技术研究	叶正荣	2016—2020
	2	超高压深层气井井筒治水工艺研究	叶正荣	2016—2020
	3	孔洞型低压酸性气藏排水采气技术研究	曹光强	2017—2020
公司级课题	4	采油采气工程优化设计与决策支持系统(V4.1)研发及应用	师俊峰	2019—2020
	5	中低成熟度页岩油原位转化地应力和岩石力学性质测试评价技术研究	金娟	2019—2022
	6	单井岩石力学参数及应力建模模块开发	金娟	2018—2021
	7	深层页岩气井排水采气工艺研究及现场试验	曹光强	2020—2021
	8	气藏型储气库提高运行压力关键技术研究与应用	程威	2019—2020
	9	体积压裂优化设计软件	张广明	2020—2025
	10	长 7 低成熟度页岩(母)油原位转化开发专项先导试验	赵志宏	2020—2023
	11	页岩气井套损原因分析及预防对策研究	刘建东	2018—2020
	12	基于抽油机井电参数的大数据分析技术研究与应用	彭翼	2018—2021
	13	机械采油系统整体提效降耗关键技术研究	赵瑞东	2018—2021
	14	致密砂岩气藏出水气井开发后期稳产工艺技术研究及应用	李楠	2019—2020
	15	气藏型储气库井筒完整性技术及管理规范研究	李隽	2019—2021
	16	新疆玛湖长庆长 7 等重点产建区块采油工程方案优化研究	张喜顺	2020
	17	机械采油装备技术命名规范	张喜顺	2020
	18	博孜—大北地区深层凝析气藏流体相态特征与采气工艺关键技术研究	李隽	2020—2021
	19	中低成熟度页岩油原位转化机理与高效传热机制研究	金娟	2020—2021
	20	《采气工程管理规定》修订	李隽、王浩宇	2020
	21	采油采气新技术跟踪与效果评价	伊然	2020
院级课题	22	油气井生产多相流磁共振在线检测方法及装置研究	邓峰	2017—2020
其他课题	23	核磁共振多相流量计研制(国际合作)	邓峰	2019—2021
	24	储层地质力学参数测试评价及建模技术	张潇文	2019—2021
	25	基于电参的机采井工况智能诊断技术研究	师俊峰	2020—2022
	26	2020 年中国石油勘探开发研究院技术支撑服务	郭东红、贾敏	2020—2021
	27	辽河油田雷 61 储气库出砂预测研究	程威	2020
	28	威远页岩气地应力测试实验	程威	2020
	29	第六采油厂 2020 年胡尖山油田机采系统提效技术示范与应用	陈冠宏	2020
	30	机采系统能量优化技术研究与应用	赵瑞东	2017—2020
	31	大港油田重点领域勘探开发关键技术研究与应用	师俊峰	2018—2020

续表

类别	序号	课 题 名 称	负责人	起止时间
其他课题	32	PetroPE 软件购置	孙艺真	2020—2021
	33	洗井平台建设软件开发	陈诗雯	2019—2020
	34	页岩气生产井筒流态研究及以泡排为核心的配套采气技术优化	曹光强、李 楠	2019—2020
	35	页岩气井套变机理深化研究	张潇文	2020
	36	昭通示范区页岩石力学和地应力实验测试分析及应用	程 威	2019—2021
	37	昭通页岩气岩石力学性质及压裂支撑剂高效性评价与应用	金 娟	2019—2020
	38	页岩气井套变机理及预防措施研究	程 威	2020
	39	复杂结构井完井技术研究与技术支持	刘 翔	2018—2020
	40	PSA 区油田稳产技术研究及潜力区块开发方案编制	伊 然	2020
	41	乍得举升工艺优化技术研究与应用	刘 翔	2020
	42	艾哈代布油田腐蚀现状及防腐对策	叶正荣	2020

【科研工作情况】

2020年，采油所贯彻落实集团公司、研究院工作会议精神及各项决策部署，围绕"科技攻关、决策支撑、现场服务"3个方面，坚持以自主创新为导向、以提质增效为目标，全面提升采油所自主创新能力、科研管理和技术服务水平，实现疫情防控与科研生产"两手抓、两不误"，完成全年各项科研生产任务。

一、紧抓采油采气提质增效主题，提供科学决策支持

深化基于物联网的油井智能化与控制技术研究，形成基于物联网多参数的油井工况诊断方法，建立电参特征—产量—动液面机器学习模型和电参产量、动液面计算方法，研制基于边缘计算的油井智能管控设备；完成页岩气积液风险在线预警与智能管控平台开发和泡沫排水采气在线智能加注设备制造，超额完成了关键绩效和技术绩效，向集团公司提交决策参考《关于加快油井数字计量与智能化技术应用，推进油田数字化转型与提质增效的建议》。

二、推动采油采气技术创新发展，初步形成系列优势技术

在油水井套损机理研究与防治技术方面已经站在领域前沿，以《页岩气井套损机理及预防对策研究》项目为契机，提出屈曲扁化力学模型，套损机理取得新认识，完善套损预防措施，并推进现场应用，威远区块套损率从65%降到22%，长宁区块套损率从44%降到28%。在机采井智能生产技术开发应用方面，基于物联网大数据，开发的智能控制技术引领油井智能生产技术发展，为公司推动提质增效示范区建设做出重要贡献。在天然气井排水气工艺技术方面，研制出一机多井加注装置及配套管控技术，高效智能排水采气技术入围2020石油石化好技术，为低压气井开采增添新利器。在采油气地质力学基础方面，常规与非常规地质力学性质测试手段不断完善，推进三维建模技术进步。在磁共振技术开发应用上，组建基础研究实验室，推动磁共振国际工业联盟建立，开发油气井在线计量技术，并探索试油多功能分析装置，具有很好的应用前景。

【交流与合作】

4月22日，地质力学技术部与瑞士苏黎世联邦理工大学 Xiaodong Ma 高级研究员团队线上交流页岩储层地质力学测试评价技术。

5月26日，李隽参加气田开发地下大调查及提质增效实施方案工作汇报视频会。

10月30日，地质力学技术部线上与美国工程院院士 Sid Green 交流《岩石划痕测试系统的方法原理和仪器功能》。

11月4日，地质力学技术部与瑞士苏黎世联邦理工大学 Xiaodong Ma 高级研究员团队就储层地质力学参数测试评价及建模技术展开线上交流。

11月2日，王才参加 Offshore Technology Conference（OTC）会议在线技术交流。

11月9日，曹光强视频参加在阿布扎比举办的阿布扎比国际石油战略大会（ADIPEC）。

11月17日，邓峰参加亚太油气会议（APOGCE）线上会议并发言。

【特色条目】

2020年，采油所深化基于物联网的油井智能化与控制技术研究，形成基于物联网多参数的油井工况诊断方法，建立电参特征—产量—动液面机器学习模型和电参产量、动液面计算方法，研制基于边缘计算的油井智能管控设备，在长庆、吉林、新疆、塔里木4个油田规模应用1952多井次，智能调控装置现场应用124口井；完成1套页岩气积液风险在线预警与智能管控平台开发，浙江油田24个生产平台98口气井接入管控平台；完成2台泡沫排水采气在线智能加注设备制造，在H19等平台安装应用54井次。

【党建与精神文明建设】

截至2020年底，采油所党支部有党员26人。

党支部：书记李文魁，委员张建军、蒋卫东、师俊峰、张娜。

工会：主席兼组织委员张娜，生活委员杨宁，文体委员张广明，女工委员金娟，宣传委员王云。

青年工作站：站长邓峰，副站长伊然。

2020年，采油所党支部始终以习近平新时代中国特色社会主义思想为指导，坚决贯彻落实党中央、集团公司党组和研究院党委各项工作部署；深入开展"战严冬、转观念、勇担当、上台阶"主题教育活动和攻坚克难效益保卫战，抓党建、促科研；推行"主题党日"与"三会一课""两学一做"制度化、常态化相结合，充分发挥党支部的战斗堡垒作用和党员干部的先锋模范作用，实现疫情防控与科研生产"两手抓、两不误"，高质量完成年度党建工作责任制定量考核指标。

一、发挥党建引领作用，助推党建与科研生产工作深度融合

组织深入学习贯彻习近平新时代中国特色社会主义思想、习近平总书记在全国抗击新冠肺炎疫情表彰大会、纪念中国人民志愿军抗美援朝出国作战70周年大会等重要讲话精神。组织学习贯彻习近平总书记对石油工业的重要指示批示精神、改革三年行动工作部署视频会、对标世界一流管理提升活动视频启动会精神等。扎实开展了"战严冬、转观念、勇担当、上台阶"等主题教育，开展不同层次的提质增效专项调研与专题讨论，形成提质增效专题调研报告，提出3项低油价下采油工程技术对策和3条日常开源节流、降本压费措施建议及9项科技创新与科研管理工作建议，开展书记主讲专题党课，组织提质增效专家论坛和成果推广交流会。

二、推动党建、科研有机融合，促进采油采气高质量发展

牵头编制采油采气工程"十四五"规划编制和2035年发展规划，促进采油采气业务高质量发展。加强思想工作，鼓励科研人员在疫情解禁后奔赴现场，现场出差超过550人天，加快科研成果试验推广，保证全年科研任务高质量完成。

三、严格落实全面从严治党主体责任，全力推进党风廉政建设

明确采油所领导负责分管单位党建与党风廉政建设责任，制定班子成员"一岗双责"责任清单，逐级层层签订《党风廉政建设责任书》及《廉洁从业承诺书》，开展腐败案件警示教育，切实落实中央八项规定精神，建立廉洁风险防控体系，全方位多层次落实党风廉政建设责任制。

四、加强制度建设，落实干部人才队伍的培养

举办青年学术沙龙、国际学术交流、地质考察等活动，组织青年参加院团代会青年工作活动，为青年人成长搭舞台。1名青年在研究院五四青年座谈上做汇报、1名青年获选院团委委员，4名青年参加国际会议交流宣讲，1名青年成为中国仪器仪表学会理事，1名青年获集团公司优秀共产党员称号，1名青年获优秀基层党支部委员称号，1名青年获院青年岗位能手，1名青年获"朱良漪青年创新奖"，1名青年获院优秀共青团干部，1名青年获院先进工作者。参加研究院党建案例大赛，获得三等奖。

（刘姝、师俊峰）

采油采气装备研究所

【概况】

采油采气装备研究所（简称装备所）是专门从事采油采气及井下作业新技术、新装备研发的研究所，其主要任务是开展以机电一体、新材料、新工艺为特色的油气开采井下工具和装备技术研究，为公司油气开采装备发展规划提供决策支持。

2020年，装备所持续深化柔性钻具侧钻取心技术研究，研发智能化取心工具和高精度随钻测斜仪，并开展现场应用；加快全金属桥塞、趾端阀等可溶压裂工具的研制；开展电潜螺杆泵小直径电机、分层注采的高温及井筒无线通信技术的研究，扩大应用规模；做好《集团公司装备制造"十四五"发展规划》。

所长、副书记：李益良。负责所全面工作。主管安全以及分层注采、完井技术、仿生、采油装备等研究工作。分管完井技术研究室、仿生工程研究室、海外技术支持研究室和实验室。

书记、副所长：张朝晖。负责党务、思想政治工作。主管外事、保密、信息、宣传、工会和青年站等工作。分管所办公室和综合研究室。

副所长：沈泽俊。负责科研、全员培训以及井筒控制、机械采油、压裂技术研究等工作。分管井筒控制技术研究室和采油装备研究室。

装备所下设7个研究室和1个办公室。

完井技术研究室：主要从事井下作业装备与工具、生产完井配套技术的研究。主任李涛。

井筒控制技术研究室：主要从事以储层改造技术、智能完井技术为核心的开采配套技术装备与工具研究。主任钱杰。

仿生工程研究室：主要从事分层注采和压裂技术研究，突出仿生工程和新材料的研究和应用。副主任贾德利主持工作，副主任杨清海。

采油装备研究室：主要从事高效举升装备、完井防砂相关技术、采油采气装备战略研究。主任张立新，副主任郝忠献。

海外技术支持研究室：主要从事海外工程技术项目研究及推广应用等工作。副主任孙福超。

综合研究室：主要从事各类学会和协会管理工作以及全所科研管理和经费核算等。主任丁爱芹，副主任孙冬梅。

实验室：主要进行原理试验、功能测试和验证、材料试验，构建测试与研究的平台。主任王新忠。

办公室：协助装备所领导管理全所的日常行政工作。主任毕秀玲。

截至2020年底，装备所在册职工36人。其中男职工30人，女职工6人；博士16人，硕士16人，本科4人；教授级高级工程师2名，高级工程师27名，工程师5名，助工2名；企业技术专家2名，一级工程师6名，二级工程师13名，三级工程师10名；35岁以下12人，36—45岁14人，46—55岁6人，56岁以上4人。外聘人员8人。当年，钱瑞春调入，高扬、陈琳、朱世佳调离，丁爱芹、毕秀玲退休，黄鹏离职。

【课题与成果】

2020年，装备所承担科研课（专）题28项。其中国家级课题4项，省部级课题22项，院级课题2项。获集团公司技术发明一等奖1项，集团公司科技进步奖一等奖1项，集团公司专利优秀奖1项，研究院技术发明一等奖1项,研究院科技进步奖一等奖1项。获得授权专利13项,其中发明专利11项,实用新型专利2项。制定标准3项,其中行业标准1项,企业标准2项。在国内外学术会议及期刊上发表论文8篇,其中SCI收录2篇,EI收录3篇。

2020 年采油采气装备研究所承担科研课题一览表

类别	序号	课 题 名 称	负责人	起止时间
国家级课题	1	高含水油田采油工程配套新技术	李益良	2016.1—2020.12
	2	多级高效压裂关键工具及配套工艺	钱 杰	2017.1—2020.12
	3	非常规油气资源开发工程创新方法集成软件开发	陈 强	2018.10—2020.10
	4	非传统水资源处理与管理	杨清海	2019.11—2021.10
公司级课题	5	井下流量波远程通讯技术研究	郑立臣	2020.7—2025.7
	6	FrSmart压裂系统软件与趾端滑套等新工具研发与应用(承担压裂工具研制内容)	沈泽俊	2018.10—2021.12
	7	连续管采油作业一体化技术现场试验	郝忠献	2020.3—2022.12
	8	井下油水分离同井注采技术与装备研发及应用	高 扬	2019.8—2020.12
	9	智能分层注采全过程监测与控制技术研究	孙福超	2019.8—2020.12
	10	高效举升关键技术装备研发与应用	郝忠献	2019.8—2020.12
	11	体积改造设计、实施及评估技术研究与应用(承担体积改造设计工具研究内容)	沈泽俊	2020.1—2020.12
	12	分层注水全过程监测与自动控制技术研究与应用(2020)	贾德利	2020.1—2020.12
	13	新型无杆采油泵及配套装备研究	郝忠献	2019.3—2021.3
	14	注水专项(2020)	王全宾	2020.1—2020.12
	15	石墨烯流量计基础研究	贾德利	2017.8—2020.7
	16	井下发电蓄能技术	杨清海	2017.8—2020.7
	17	高能新能源储能技术研究	陈 琳	2017.8—2020.7
	18	海外中高含水复杂油藏稳油控水采油工程关键技术研究	郑立臣	2019.8—2020.12
	19	复杂断块油藏精细表征技术及应用	孙 强	2019.1—2020.12
	20	非传统水资源处理与管理(国家项目配套)	杨清海	2019.11—2021.11
	21	面向非常规油气资源开发工程的创新方法集成研究及示范(国家项目配套)	陈 强	2019.1—2021.12
	22	勘探与生产分公司设备管理技术支持(2020)	张立新	2020.1—2020.12
	23	高温金属叶片泵举升技术试验(2020)	王全宾	2019.5—2020.5
	24	装备制造业务"十四五"规划研究	黄红梅	2020.1—2020.12
	25	新一代智慧油田建设及主要装备的智能化健康管理	贾德利	2019.3—2021.3
	26	中低成熟度页岩油原位转化机理与高效传热机制研究	陈 强	2020.5—2022.5
院级课题	27	井下作业工具新材料新技术研究	李益良	2019.5—2022.5
	28	微纳结构仿生设计与增材制造的应用基础研究	郑立臣	2017.11—2020.10

【科研工作情况】

2020年,装备所围绕"提质增效"主题,落实年初工作会议要求,在"老油田挖潜"和"低品位储量动用"等领域研发多项高效低成本采油采气装备,在井下作业、分层注采、人工举升、储层改造压裂技术领域取得重大成果,人才培养见到实效。

一、加强井下作业特色技术研究,柔性钻具超短半径侧钻和水平井修井作业技术取得新进展

柔性钻具超短半径侧钻技术重点改进柔性造斜钻具传动轴和导向外壳结构,优化造斜钻进参数,形成双分支超短半径侧钻水平井技术;开展超短半径侧钻水平井水力喷射+压裂技术研究,首次实现超短半径侧钻水平井喷射射孔,诱导重复压裂裂缝在设计位置起裂,规避老裂缝;制定并规范新型柔性钻具超短半径侧钻水平井挖潜技术的施工流程和作业工艺,形成低渗透老油田柔性钻具侧钻和喷射射孔诱导压裂2套技术模板,为大规模推广提供规范化和标准化的依据,现场应用6口井,国内首次开展低渗透老油田新型柔性钻具超短半径侧钻水平井挖潜作业,作业后初期日产油3.5吨。在水平井修井作业技术方面,建立膨胀管在水平段下入模型,为现场作业提供理论依据;室内试验胀后管体强度大于65兆帕,螺纹抗内压大于55兆帕;研制高韧性耐磨橡胶,耐磨性能明显优于常规丁腈橡胶,橡胶悬挂力大于100吨。

二、加大分层注采技术的攻关力度,缆控式分层注采和井筒双向无线通讯技术取得多项进展和生产应用实效

缆控式分层注水技术可靠性和适应性进一步提升,耐温等级从85摄氏度提升到125摄氏度。重点优化井下含水率传感器,测试精度进一步提高,研制带含水率传感器的智能配产器。在大庆四厂杏六示范区和吉林新立大平台示范区累计试验28口井,共105层段,有效控制含水上升率。振动波双向通讯技术取得突破,优化振动波控制井下执行器,提高了现场适应性,在吉林油田现场应用5口井,最大通讯距离865米,为浅井无线分层注采提供了一种解决方案。

三、加强人工举升新技术研究,实现高效节能、安全环保举升

研制无杆举升配套108毫米小直径电机,最大功率由15千瓦提高到22千瓦,室内试验效果良好。研发井下电缆对接技术,实现利用一根电缆进行电力输送、信号传输和加热,提高无杆举升作业效率。针对敷缆管无杆举升技术,开展井下接头设计及系列性能试验,提高了管柱的抗拉能力。高效无杆举升技术完成现场试验12口井,其中3口井泵挂超过2000米。首次开展敷缆连续管+电潜螺杆泵无杆举升现场试验,泵挂1250米,日产液9.5立方米,井下温度68.3摄氏度,是采油作业一体化的先导试验,促进人工举升向智能化发展。

四、持续开展储层改造技术攻关,开发系列技术和产品

成功开发高延伸率可溶合金材料,为研发全金属可溶桥塞奠定基础。优化设计全金属可溶桥塞新结构,4种规格型号全金属可溶桥塞,配套相应的投送坐封工具,开展多轮全金属可溶桥塞样机试制,完成投送坐封、密封承压室内试验。开展多轮次可溶金属小样、可溶桥塞样机不同温度梯度、矿化度溶解试验,初步形成全金属可溶桥塞溶解时间"查询图版",开展全金属可溶桥塞现场试验,验证投送坐封、密封承压性能。完善延时趾端滑套,优选可溶解材料,优化延时结构,将延时时间稳定在1小时左右,确定延时时间与关键尺寸之间的关系,为延时趾端滑套优化提供依据,成功开展1口井现场试验。

五、做好采油采气装备技术分析和建议，为公司发展提供决策支持

支撑集团公司规划计划部开展"集团装备制造业务'十四五'发展规划"研究，增强公司装备制造业务的服务保障和市场开拓能力，完成集团装备制造十四五发展规划的编写。开展勘探开发设备管理技术研究，支撑上游设备精益管理。协助勘探与生产分公司跟踪油气田设备管理和物资采购提质增效实施情况。参与中办国办基金委内参《完善我国油气储备体系，提升油气短期供应过剩应对能力》的整理，提出保障油气平稳供应的建议。报送决策参考《关于进一步推进无杆举升新技术应用，促进采油装备技术智能化发展，助推公司采油工程提质增效的建议》，提出发展智能化采油和加强无杆举升应用三方面建议。

六、加强人才培养和团队建设，人才队伍的凝聚力和战斗力显著增强

组织员工参加研究院和装备所组织的相关专业技术和通用技能培训和讲座，充分发挥企业专家和一级工程师的带头作用，为青年人搭建平台、畅通渠道。组织开展水平井控水技术、电机变频控制技术、分层注水等专题技术讲座、青年学术交流研讨等活动，职工科研创新能力和综合素质得到整体提升。

【交流与合作】

11月2日，童征在线参加 Offshore Technology Conference Asia(OTC) 会议。

11月19日，王全宾在线参加 SPE 亚太年会(APOGCE)。

11月25日，李益良、王全宾到西安参加中国石油采油采气工程年会。

【党建与精神文明建设】

截至2020年底，装备所党支部有党员30人。

党支部：书记张朝晖，副书记李益良，纪检委员沈泽俊，组织委员廖成龙，宣传委员俞佳庆。

工会：主席韩伟业，文体兼宣传委员李明，组织兼生活委员黄红梅。

青年工作站：站长于川，副站长张绍林。

2020年，装备所党支部深入贯彻习近平新时代中国特色社会主义思想和党的十九大精神，落实集团公司党组和研究院党委各项决策部署，充分发挥党支部的战斗堡垒作用，扎实做好疫情防控和科研生产工作，为创新打造更经济高效的采油采气装备工具提供有力的政治思想保障。

一、强化政治思想教育，引航青年人坚定信念、攻坚克难

组织学习习近平新时代中国特色社会主义思想和党的十九届四中全会精神，制定"战严冬、转观念、勇担当、上台阶"主题教育活动方案，召开主题教育活动启动会、支部书记进行宣讲，带领员工开展学习、认清形势任务，安排部署学习调研和全员讨论。开展"不负时代使命勇于担当作为"主题党日活动，特邀雷群副院长讲授党课，深刻阐释新时代新形势下我们的思想根基是什么、发展根源是什么、立足根本是什么，为装备所青年科研人员指明前进方向、坚定必胜的信心与决心。

二、完善人才梯队建设，激励青年人担当有为、勇挑重担

加强创新能力培养，开展"点燃青春力量'战严冬'，强化科技创新'破危局'"青年技术交流活动，青年科研人员围绕老油田挖潜和低品位储量动用等工程技术需求和瓶颈技术汇报科研创新的新进展、新思路和新方案，提升科研素养和创新能力；以专家与青年骨干相结合打造人才梯队培养，不仅培养提升科研技能，同时传承与发扬爱岗敬业的奉献精神，通过给青年人压担子激励他们勇于担当、勇挑重担。贾德利被评为研究院青年岗位能手，于川被评为优秀共青团干部，钱杰

被评为院先进工作者,孙强负责的完井技术研究组被评为安全生产先进团队,李涛、张绍林被评为院优秀师徒。

三、强化"职工之家",加强精神文明建设

充分发挥工会桥梁纽带作用,举办"莫道桑榆晚,为霞尚满天"主题退休欢送会,为退休职工送上温馨祝福和难忘回忆。在开展疫情防控的同时,组织职工健步走,开展红色教育主题观影等活动,陶冶情操、凝聚团队力量,构建和谐的工作氛围,队伍整体素质得到提高。

【大事记】

3月11日,李益良任采油采气装备研究所所长职务(勘研人〔2020〕37号)。

3月11日,李益良任采油采气装备研究所党支部副书记职务(勘研党干字〔2020〕5号)。

5月13日,郑立臣、贾德利任企业技术专家(勘研人〔2020〕79号)。

8月7日,举行支部换届选举,产生新一届委员:张朝晖、李益良、沈泽俊、廖成龙、俞佳庆。张朝晖任支部书记,李益良任副书记,沈泽俊任纪检委员,廖成龙任组织委员、俞佳庆任宣传委员(组委选〔2020〕37号)。

8月31日,钱杰、孙福超、李涛、郝忠献、王新忠任一级工程师,杨清海、俞佳庆等13人任二级工程师,张国文、黄守志等10人任三级工程师(人事〔2020〕46号)。

(孙冬梅、李益良)

压裂酸化技术中心

【概况】

压裂酸化技术服务中心（简称中心）主要任务是面对国内外油气田储层改造的生产需要，开展压裂酸化应用基础理论、应用技术和新材料的研究攻关，解决技术瓶颈和生产难题，为决策部门提供综合性、长远性、战略性的压裂酸化技术信息与科学依据，为油气勘探与开发提出压裂酸化新理论、新方法、新技术和新材料，为国内外油气田提供技术服务、技术咨询和技术培训。

2020年，中心贯彻落实集团公司、研究院工作会议部署安排，围绕FrSmart软件测试与升级、高温深层改造工作液攻关、探井改造及致密/页岩油气缝控压裂技术支撑与服务等工作，开展研究，形成特色成果。

主任：王欣。负责中心全面工作。分管办公室、地质工程一体化研究室。

书记：卢拥军。负责党建、党风廉洁建设和意识形态工作。分管液体研究室、油气藏改造重点实验室。

副主任：王永辉。负责页岩气改造技术攻关与发展以及四川盆地中心相关工作。分管压裂研究二室、页岩气研发（实验）中心增产改造技术研发部。

副主任：翁定为。负责中心项目管理、科研条件、成果申报、知识产权等工作。分管规划研究室、压裂研究三室、致密油气研发中心压裂改造技术研发部。

副主任：才博。负责储层改造力学机理、致密油与深层改造技术攻关与发展。分管压裂研究一室、酸化酸压研究室、工程实验室。

中心下设8个研究室和1个办公室。

办公室：协助中心领导，协调分院、中心、研究室之间的关系，做到上传下达无差错；严格执行并完成上级领导和各个职能部门下达的各项工作任务，承担中心科研管理、财务管理、办公室行政后勤管理、产品交通生产安全管理、人事劳资管理、党务管理以及精神文明建设等，同时负责中心中试车间的产品生产、内部的协调管理和日常管理工作。主任谢宇。

规划研究室：主要负责沟通和协调中心内部各科室和项目组的科研工作；负责压裂酸化综合研究类课题的研究、股份公司技术支持和国内外综合类情报跟踪等工作。主任郑伟。

压裂研究一室：前身是廊坊分院压裂酸化技术服务中心的油藏改造工程研究室，主要职责是专门从事低渗-致密油藏储层改造基础理论研究，新工艺研发、应用与效果评估跟踪等的研究工作，同时负责股份公司重点风险（预）探井的方案优化设计、实施与跟踪工作。主任高跃宾，副主任李帅。

压裂研究二室：主要负责气藏水力压裂技术的相关研究和技术服务工作，开展复杂裂缝扩展机理、非常规气藏改造优化设计、直井多层与水平井多段改造工艺技术等攻关和实践。主任王萌，副主任王天一。

压裂研究三室：主要负责老井重复压裂技术和复杂岩性储层改造工艺技术的研究与应用，形成具有一定特色和优势的老井重复压裂技术和复杂岩性储层改造工艺技术。主任梁宏波，副主任郭英。

酸化酸压研究室：主要负责碳酸盐岩储层酸化/酸压改造技术及理论研究、超深/超高温油气藏储层高效改造技术及理论研究、高温加重压裂/酸液材料研发及现场应用等研究工作。主任杨战伟，副主任王丽伟。

液体研究室:液体研究室前身是压裂液研究室和酸液研究室,主要从事压裂酸化液体添加剂产品检测、压裂酸化液体添加剂优选技术、压裂酸化液体体系的开发与研究、压裂酸化液体的工程应用技术、现场应用压裂酸化液体体系的质量控制及优化措施、压裂酸化增产措施的机理研究以及与压裂酸化相关的实验室技术、设备、标准和方法的制定等方面的工作,以解决低渗透、超低渗透、致密油(气)、页岩气、煤层、碳酸盐岩储层等油气藏改造中面临的重大难题为工作目标。主任李阳,副主任许可。

工程实验室:主要从事岩石力学性质、压裂裂缝的物理模型和数学模型研究,压裂支撑剂的评价检测、新型压裂支撑剂的研制,压裂裂缝诊断分析等方面的研究,被中国石油集团公司列入"低渗油气藏改造重点实验室"。主任修乃岭,副主任梁天成。

地质工程一体化研究室:围绕提高平均单井产能,以三维模型为核心、以地质-储层综合研究为基础,在油气藏不同阶段,针对遇到的关键性挑战,开展具有前瞻性、针对性、预测性、指导性、实效性和时效性的动态研究和及时应用。主任刘哲,副主任高睿。

截至2020年底,压裂酸化技术中心在册职工56人。其中男职工34人,女职工22人;博士(后)11人,硕士32人,本科7人;教授级高级工程师2人,高工27人,工程师23人,助工2人;35岁以下20人,36—45岁16人,46—55岁20人。外聘人员30人。

【课题与成果】

2020年,中心承担科研课题52项。其中国家级课题9项,省部级课题13项,院级课题4项,其他课题26项。获得省部级二等奖1项,局级一等奖2项。获得授权专利8项,其中发明专利8项。出版著作2部。在国内外学术会议及期刊上发表论文34篇,其中SCI收录7篇,EI收录16篇。

2020年压裂酸化技术中心承担科研课题一览表

类别	序号	课 题 名 称	负责人	起止时间
国家级课题	1	储层改造关键流体研发	管保山、梁 利	2016.1—2020.12
	2	储层改造新工艺、新技术	王 欣	2016.1—2020.12
	3	致密油储层高效体积改造技术	杨立峰、高 睿	2016.1—2020.12
	4	低渗—超低渗油藏提高储量动用关键工艺技术	翁定为、梁宏波	2017.1—2020.12
	5	中亚和中东地区复杂碳酸盐岩油气藏采油采气关键技术研究与应用	梁 冲、韩秀玲	2017.1—2020.12
	6	走滑山地页岩气储层高效改造设计方法与工艺技术	田助红、易新斌	2017.1—2020.12
	7	砂砾岩致密油压裂方案优化与设计	何春明	2017.1—2020.12
	8	页岩层水力压裂控制缝网的理论、计算和实验研究	王永辉、付海峰	2016.1—2020.12
	9	深部裂隙岩体水力压裂裂缝三维非平面扩展和复杂缝网形成机理研究	刘云志	2018.1—2021.12
公司级课题	10	储层改造新工艺、新技术	王 欣、翁定为、梁宏波、易新斌	2016.1—2020.12
	11	FrSmart压裂系统软件与趾端滑套等新工具研发与应用	王 欣、杨立峰	2018.1—2021.12
	12	大尺度三维裂缝扩展机理与形态刻画表征技术研究	付海峰、梁天成	2019.1—2020.12

续表

类别	序号	课 题 名 称	负责人	起止时间
公司级课题	13	体积压裂优化设计软件	杨立峰、王 臻、刘 哲、高 睿、莫邵元	2020.1—2025.12
	14	体积改造设计、实施及评估技术研究与应用	王永辉、卢海兵、易新斌	2020.1—2021.12
	15	老井重复压裂工艺共性基础研究与应用	翁定为	2018.1—2020.12
	16	小规模砂体压裂—吞吐立体开发技术经济可行性研究与应用	李 阳	2018.1—2020.12
	17	俄罗斯萨莫托洛尔油田提高石油采收率潜力评价研究及RN-GRID压裂设计软件评估研究	刘 哲	2019.1—2020.12
	18	超高温清洁压裂液与变黏功能滑溜水研究	许 可、邱晓惠、石 阳、李 阳	2020.1—2023.12
	19	页岩油储层改造新技术现场试验	才 博	2020.1—2023.12
	20	页岩油开发机理和关键技术研究与现场试验	翁定为	2020.1—2023.12
	21	重点探区与风险探井储层改造技术研究与应用	杨战伟	2020.1—2020.12
	22	储层改造方案优化及效果跟踪评价	郑 伟	2020.1—2020.12
院级课题	23	非常规储层裂缝扩展规律数值模拟方法研究	王 臻	2019.1—2021.12
	24	非常规储层支撑剂评价及缝网导流能力测试方法研究	梁天成	2019.1—2021.12
	25	耐高温储层改造液体体系研究	石 阳	2019.1—2021.12
	26	非均质储层水力压裂数值模拟程序开发	王 臻	2019.1—2021.12
其他课题	27	超深高温高压气井井完整性及储层改造技术研究与应用	王丽伟、高 莹、杨战伟	2018.1—2020.12
	28	页岩油高效压裂改造技术研究与应用	何春明、段贵府	2019.1—2023.12
	29	大港油区效益增储稳产关键技术研究与应用	段贵府、何春明	2018.1—2020.12
	30	储层改造及三次采油提高采收率技术应用基础研究	何春明	2018.1—2020.12
	31	扎哈泉低渗岩性储层高效改造技术研究	翁定为、梁宏波	2017.1—2020.12
	32	多岩性薄互层差异化压裂技术研究及应用	姜 伟、卢海兵	2019.1—2022.12
	33	2020—2021年华北油田重点探井措施改造方案论证技术服务	何春明、李 帅	2020.1—2021.12
	34	玛湖砾岩油藏人工裂缝系统优化与压裂提效研究	段贵府、何春明	2019.1—2020.12
	35	2020准噶尔盆地勘探及重点评价井储层改造方案优化、现场实施跟踪研究	李 阳	2020.1—2020.12
	36	煤层气储层改造工艺研究	卢海兵、姜 伟、王天一	2017.1—2020.12
	37	YS112H4平台压裂设计优化及压后评估	易新斌、姜 伟、王天一	2019.1—2020.12
	38	2019年压裂支撑剂检测服务	易新斌、梁天成	2019.1—2020.12

续表

类别	序号	课题名称	负责人	起止时间
其他课题	39	深层页岩气井压裂参数设计优化与评估	姜 伟、卢海兵	2019. 1—2021. 12
	40	YS112H5 平台、阳 112H5 平台压裂设计优化、实施及压后评估	易新斌、姜 伟、王天一、卢海兵	2019. 1—2020. 12
	41	深层页岩气裂缝扩展研究及支撑特征评估研究	易新斌、王天一	2019. 1—2021. 12
	42	柴达木盆地重点探井储层改造配套技术攻关	田助红、梁宏波	2020. 1—2021. 12
	43	2020 年工程院非常规油气藏压裂方案论证技术服务	郭 英	2020. 1—2020. 12
	44	芦页 1 井压裂方案设计及后评估研究	段瑶瑶	2019. 1—2020. 12
	45	环庆区块储层改造技术研究—驱油压裂液技术服务	邱晓惠	2019. 1—2020. 12
	46	重点探评价井储层改造实验评价与设计优化研究	高 莹、杨战伟	2020. 1—2020. 12
	47	低成本加重压裂液现场试验	杨战伟	2020. 1—2020. 12
	48	博孜、大北等区块大斜度井/水平井分段改造技术研究	王 辽、杨战伟	2020. 1—2020. 12
	49	复杂断块低渗透油藏水平井压裂工程方案优化研究	韩秀玲、杨战伟	2019. 1—2020. 12
	50	CO_2 干法压裂岩心物模实验技术服务	付海峰	2018. 1—2020. 12
	51	浙江油田 2020—2021 年页岩油评价井压裂设计与后评估技术服务	李 阳	2020. 1—2022. 12
	52	华 H85 平台页岩油地质力学建模及水平井缝控压裂技术服务	翁定为、田助红	2020. 1—2021. 12

【科研工作情况】

2020 年,中心按照研究院统一部署和安排,强化创新管理、技术服务,推进人才培养工作,持续提升政治站位,强化责任担当,以党建促科研,一手抓疫情防控保科研,一手抓技术落地创实效,扎实完成科研生产各项工作,取得丰硕成果。

一、加强战略研究,做好技术支撑,提供科学决策支持

上报《压裂酸化用暂堵材料应用现状及规范化管理建议》《关于加大川南页岩气压裂石英砂应用及就地砂现场试验的建议》2 篇工作建议,助推压裂酸化材料成本控降与规范化管理,扎实推进"提质增效"。

做好总部技术支撑工作,牵头组织压裂酸化专业委员会 7 个专业工作组中 5 个小组工作并完成 4 个季度报告汇总;开展页岩气前指支撑与新技术试验;参与《川渝页岩气体积压裂指导意见》修订;审核主要建产单位压裂新技术方案;主导完成浅层平台、深层评价井、海陆过渡相等新领域勘探评价支撑;引领创新新技术试验方案设计及现场实施;积极推进公司远程监控与决策支持中心建设。

持续跟踪 16 个油气田公司压裂酸化改造动态,2020 年跟踪水平井改造 1901 口 21560 段、直井 8317 口 28007 层。

持续开展油气藏改造实验室三期、水合物实验室建设和认证认可工作,推动实验装备升级换代,强化岩石力学、流变学学科建设,实验室影响力和规范建设能力显著提升。

二、加强技术创新,填补软件空白、持续开展新体系研发,助推理论技术发展

在重大工程关键技术(二期)课题五的研发基础上,新签订补强能源技术装备短板攻关任务《体积压裂优化设计软件》，攻关关键核心技术压裂系统软件研发，形成 FrSmart 压裂系统软件 V1.0 版，填补国内软件空白。裂缝扩展模块完成非平面全三维裂缝模拟核心程序/界面开发、系统集成与测试；压后产能预测模块完成产能数值模拟程序开发/集成；实例对比结果可靠，核心模块间实现无缝数据衔接；核心模块初步具备单井压裂优化设计功能；编写宣传和操作手册，完成软件 LOGO 备选设计，做好了软件 V1.0 版发布准备。

重点研发超低浓度变黏滑溜水，完善定型 150—240℃高温压裂液、氯化钙加重压裂液体系。探索 260℃超高温压裂液和 180℃高温酸液两套液体产品，并开展现场试验，初步储备 260℃超高温压裂液体系抗温新产品，为勘探开发向新资源领域迈进提供"利器"。初步解决 180℃酸液体系腐蚀问题，为高温碳酸盐岩储层酸化酸压奠定材料基础；研发超低浓度变黏滑溜水，助推非常规改造降本增效；矿场试验氯化钙加重压裂液产品，攻克四大瓶颈，实现工业氯化钙加重压裂液突破，助力超深井安全高效改造。

三、加强技术服务，推进缝控压裂技术规模应用、优化探索风险勘探和老区挖潜技术，支撑油田增储上产

深化缝控压裂技术研究，着力非常规储层提质增效。创建缝控压裂优化设计方法，建立以实现"限流法布孔+孔眼封堵+滑溜水连续加砂+石英砂替代陶粒"核心的组合施工技术，成为非常规油气的压裂技术模板，川南页岩气、新疆、长庆应用井数超过 300 口，提质增效的规模效益显著。

围绕公司新区、新层系、新领域勘探储层改造技术需求，克服疫情影响，开展探井改造 4 类项目梳理。强化"三新"领域个性化设计、新材料研发与应用，攻关探井特色工艺技术如塔里木盆地巨厚层低成本分压工艺、渤海湾盆地深潜山低成本酸压改造工艺，探索探井改造低成本新路，全年靠前支持实施 31 口井，有力支撑塔里木、准噶尔、四川、渤海湾、松辽、柴达木六大盆地的储量落实与重大发现工作。

探索侧钻复压新技术，为老区稳产提效提供新动力。跨专业联合攻关，建立"柔性钻具精准入靶剩余油区+水力喷射分簇压裂扩展裂缝动用剩余油"技术，在现场成功试验，产能为压前的 3.9 倍，探索出深度挖潜老区剩余油的有效途径。

四、加强人才培养，助力知识技能双向提升，提升人才队伍能力

压裂中心精心设计课程，组织 9 位专家授课，有来自中石油 19 家企事业单位 113 名技术骨干参加培训，培训效果显著，得到学员高度评价。2020 年，完成集团公司技术培训 2 次、通用管理类培训 2 次、专业技术类培训 7 次。

【交流与合作】

8 月 25 日，杨立峰、刘哲等人在北京中石油工程技术研究院与特雷西公司就地质工程一体化软件开发举行交流会。

8 月 31 日，北美达坦能源集团首席油气藏工程科学家虞绍永教授，在北京举办"页岩/致密油气藏产能评价与 EUR 预测"专题讲座。

9 月 23—25 日，技术骨干到西安参加 2020 年油气田勘探与开发国际会议。

9 月 25 日，刘哲参加在北京举办的中国石油天然气股份有限公司与俄石油科技合作工作推进会。

10 月 21—23 日，李阳参加在上海召开的 ECF2020 第十届亚太页岩油气峰会。

11 月 11 日，李帅线上参加 Microsoft Teams 与 ADNOC 交流。

11 月 12—14 日，王臻等人在重庆参加全国天然气年会并做汇报。

12月4—6日，卢拥军、许可、田国荣等人在重庆参加第15届全国流变学学术会议。

【党建与精神文明建设】

截至2020年底，压裂酸化技术中心党支部有党员35人。

党支部：书记卢拥军，副书记王欣，委员翁定为、才博、韩秀玲。

工会：主席高莹，组织委员许可，女工委员刘玉婷，宣传委员陈祝兴。

青年工作站：站长王天一，组织委员李帅，文体委员莫邵元，宣传委员江昀。

2020年，压裂中心党支部以党的十九大精神和习近平新时代中国特色社会主义思想为指引，扎实开展"不忘初心、牢记使命"主题教育，调动全所党员干部职工积极性、主动性、创造性，树立"我为祖国献石油"的坚定信念，用思想引领助力人才成长，党建与科研深度融合，为储层改造创新发展提供坚强政治保证。

一、提高政治站位，坚决贯彻落实上级各项决策部署

加强政治建设，坚决做到"两个维护"，全面履行党建工作责任。支部卢拥军书记坚持履行第一责任人职责，带头讲政治，从政治高度谋划储层改造业务工作；压裂中心领导班子严格落实党建主体责任，始终坚持以习近平新时代中国特色社会主义思想为指导，把坚决做到"两个维护"作为加强支部政治建设的首要任务；带领中心党员干部特别是领导干部自觉同党的基本理论、基本路线对标对表，学习贯彻党中央关于疫情防控重大决策部署，及时传达学习贯彻集团公司和研究院2020年工作会议、党建与党风廉政建设等重要会议精神，召开学习讨论会11次，网上答题5次，答题230余人次。学用结合，做到旗帜鲜明讲政治，党中央提倡的坚决响应，党中央决定的坚决照办，党中央禁止的坚决杜绝。

二、注重组织建设，夯实党务工作基础

主动强化组织建设，持续深入开展理论武装，高质量完成党支部换届和党员队伍管理。明确班子成员"一岗双责"具体工作内容，签订《2020年党建责任清单》，构建"大党建"工作格局。从严落实"三会一课"、组织生活、民主评议党员等各项基本制度。2020年共召开支部党员大会11次、支委会17次、党小组会37次，书记、副书记带头讲党课3次，营造积极健康基层科研所党内政治生活。认真贯彻《中国共产党发展党员工作细则》，做好"双培养"工作，把"卡脖子"压裂软件核心骨干王臻博士培养成入党积极分子；把年轻党员许可博士培养成液体技术开发能手，把党员、青年工作站站长王天一培养成页岩气压裂现场指挥。按要求收缴党费，用好党委下拨的党费和党组织工作经费。从严从实加强党员管理，党员调动后及时做好组织关系转移，加强流动党员管理。加强团队建设，创新推进特色党建工作见实效。

三、强化作风建设，提高反腐倡廉能力

持续深化反腐倡廉思想建设，筑牢廉洁从业根基。把党风廉政建设工作纳入党支部的目标任务，严格落实党风廉政责任制，切实抓好反腐倡廉工作。切实担负起管党治党政治责任，落实支部书记第一责任人责任，督促班子成员严格落实党风廉政建设"一岗双责"，层层压实基层支部主体责任，建立健全党风廉政建设责任制体系，向中心全体党员发起"廉洁从业，从我做起"倡议书，逐层级签订20份《党风廉政建设责任书》和36份《廉洁从业承诺书》。开展反腐倡廉主题教育，组织观看系列反腐专题警示片3次，重大节假日前均开展腐败案件警示教育，通报典型腐败案例22件，将纠正"四风"工作作为全面从严治党重要内容，构建作风常态化长效化机制。全年未出现公务接待、办公用房、公务用车等党风违纪现象，实现"六零"

目标。

四、坚决贯彻集团公司、研究院关于疫情防控的决策部署

中心领导班子与支委委员快速组织成立疫情防控小组,制定《压裂中心疫情防控预案》,压实主体责任。全员动员,深入疫情摸排近 400 人,无一漏报、瞒报、错报;合理利用疫情防控特殊党费,第一时间采购口罩、消毒液、手套等防疫物资共计 9900 元,为中心员工及家属身体健康保驾护航。发挥党员作用,开展疫情捐款活动,33 名党员主动积极捐款 5000 元。许可、李阳、田国荣、潘丽君等同志加入研究院志愿者服务队,姜伟同志身在湖北疫区,投身家乡防疫工作,弘扬石油精神。

五、做好青年工作,凝聚干事创业合力

紧抓意识形态工作不放松,做好宣传思想统战见成效。构建内外宣传全联动舆论格局,打造开放型基层党组织,扎实推进意识形态工作。宣传研究院优秀文化,正面宣传引导;开展基层党建写实、主题教育、抗疫宣传工作;宣传党建工作与科研生产深度融合的科研成果、科研人才、科研实力的工作。2020年,新闻宣传报道 118 篇。在院网页发表报道 41 篇,压裂中心网页发表报道 57 篇,在国内平面纸媒(《石油商报》、《中国石油报》)发表文章 4 篇,新媒体(石油大院 APP、RIPED 青年和《石油商报》电子版)发表文章 16 篇,新媒体浏览总数 12812 人次,推进网络宣传工作迈上新台阶,中心荣获研究院 2019 年度新闻宣传工作先进单位称号,刘哲同志被评为研究院新闻宣传工作先进个人。

(谢宇、才博)

油田化学研究所

【概况】

油田化学研究所（简称油化所）主要任务是担当公司油田化学参谋部、技术研发中心、技术咨询服务中心和质量监督检验中心，提出油田化学中长期战略发展规划，引领油田化学重大关键技术的发展，带动相关油田转变生产方式，创新研究油田化学开发工程新理论、新方法、新型化学剂，开展重大方案设计和应用研究，协助公司通过标准持续升级，逐步占领油田化学行业制高点。

2020年，油化所以习近平新时代中国特色社会主义思想为指导，深入学习十九届五中全会精神，落实研究院工作会议总体要求，强化责任意识和大局意识，把扎实推进"战严冬、转观念、勇担当、上台阶"主题教育活动暨提质增效专项行动作为有效应对疫情防控和低油价冲击挑战的重要举措，把全力推进驱油化学、波及控制、非常规驱采及井筒化学系列产品矿场应用作为贯穿全年、覆盖全员的重点工作，凝心聚力、直面挑战。

所长、副书记：管保山。负责油化所全面工作，协助支部书记抓好党建及党风廉政建设工作。分管财务、人事、资产、行政等工作。分管办公室、驱油化学剂研究项目组、油气井化学调驱研究项目组、稠油降黏提高采收率研究项目组工作。

书记、副所长：王胜启。负责油田化学研究所党支部、工会、青年工作站，党建及党风廉政建设工作，协助所长抓好安全、保密、QHSE、档案、培训工作。分管纳米化学与新材料研究项目组工作，协助所长管理办公室。

副所长：耿东士。协助所长分管科研管理，分管油田化学研究所项目管理、科研条件、成果申报、知识产权等工作，油田化学重

点实验室平台建设常务工作。协助书记分管党建及党风廉政建设工作。分管非常规驱采新材料研究项目、水平井找堵水研究项目组、井筒化学工作液研究项目组和油田化学剂质量监督检验中心。

油化所下设7个项目组、1个质量监督检验中心和1个办公室。

办公室：负责油化所日常管理工作，做好上传下达，沟通、协调，服务科研。负责人封新芳。

石油工业油田化学剂质量监督检验中心：负责油田化学剂质量监督检验、质量认证检验、产品质量纠纷的仲裁检验，承担有关标准的制定修订及验证检验。负责人耿东士。

驱油化学剂研究项目组：负责复杂化学流体界面行为及其油气开发关键共性技术研究。负责人侯庆锋。

井筒化学工作液研究项目组：负责油气井井筒化学工作液及化学腐蚀防护等研究，风险探井及重点井钻井液方案审核和现场技术支持。负责人舒勇。

纳米化学与新材料研究项目组：负责纳米化学学科建设，攻关纳米驱油剂研制与调驱一体化技术应用。负责人王平美。

非常规驱采新材料研究项目组：负责致密、页岩油藏高效开发与提高采收率新材料研发与应用。负责人丁彬。

水平井找堵水研究项目组：负责油气井化学控水技术研究与应用。负责人魏发林。

油气井化学调驱研究项目组：负责水驱、气驱及聚驱后油藏深部液流转向与调驱技术研发与现场应用。负责人张松。

稠油降黏提高采收率研究项目组：负责

研发普通油藏用大分子降黏剂、高温高盐油藏用降黏剂和原位乳化深部封堵技术。负责人张付生。

截至 2020 年底,油化所在册职工 47 人。其中男职工 31 人,女职工 16 人;博士(后)24 人,硕士 10 人;教授级高级工程师 1 人,高工 26 人;35 岁以下 9 人,36—45 岁 13 人,46—55 岁 25 人。外聘人员 3 人。当年,王金芬、张怀斌退休,朱盈婷入职,丛苏男、康敬程、刘卫东调入,薛俊杰调离。

【课题与成果】

2020 年,油化所承担科研课题 37 项。其中国家级课题 7 项,公司级课题 21 项,院级课题 3 项,横向课题 6 项。获省部级奖励 3 项,局级科技奖励 2 项,团队、个人奖励各 1 项。获美国发明专利授权 2 件、中国发明专利授权 6 件、实用新型专利授权 2 件,申请发明专利 19 件。发表专著 1 部,发表研究论文 22 篇,其中 SCI 收录 7 篇,EI 收录 3 篇。

2020 年油田化学研究所承担科研课题一览表

类别	序号	课 题 名 称	负责人	起止时间
国家级课题	1	凹凸棒石提高泡沫驱油体系稳定性的微观机制研究	侯庆锋	2017—2020
	2	面向 Pickering 乳液液滴尺寸预测的热力学模型构建	彭宝亮	2021—2023
	3	"堵、调、驱"一体化波及控制技术研究	张 松	2016—2020
	4	复杂油藏新型聚合物研制及应用	朱卓岩	2016—2020
	5	高矿化度碳酸盐岩油藏堵水调剖技术研究	才 程	2017—2020
	6	超高压深层气井井筒治水工艺研究	舒 勇	2016—2020
	7	低渗透砂砾岩油藏 CO_2 驱注采井缓蚀防垢化学剂复合防治及封窜技术研究	魏发林	2016—2020
公司级课题	8	纳米智能驱油剂研制	肖沛文	2018—2021
	9	活性可控表面活性剂的研究	侯庆锋	2017—2020
	10	水平井找堵水技术试验	管保山	2019—2021
	11	页岩油有效动用关键技术及应用	雷征东	2019—2022
	12	油田化学重点实验室完善建设	管保山	2018—2020
	13	油田化学重点实验室实验新技术开发	郭东红	2018—2020
	14	新型聚合物研究及应用	朱卓岩	2019—2020
	15	特/超低渗透油藏水平井网开发规律及控水技术研究	魏发林	2016—2020
	16	水驱稠油油藏提高采收率技术研究	张付生	2017—2020
	17	波及控制+调驱提高采收率技术研究及应用	叶银珠	2019—2020
	18	柴达木盆地风险探井钻井技术支持	舒 勇	2016—2020
	19	化学介质类重大开发试验跟踪评价前期研究	丛苏男	2020—2021
	20	低渗—致密油藏提高采收率关键技术研究	丁 彬	2020—2022
	21	压裂驱油体系研究	丛苏男	2020—2022
	22	风险探井钻井工程方案及随钻分析研究	舒 勇	2020—2020
	23	水基钻井液用降滤失剂 聚合物类	王金芬	2020—2020
	24	水平井控水技术跟踪及对策	才 程	2020—2020

续表

类别	序号	课 题 名 称	负责人	起止时间
公司级课题	25	油田化学安全环保政策标准前期研究	贺丽鹏	2018—2020
	26	油田化学剂安全环保风险分析系统及应用研究	贺丽鹏	2018—2021
	27	油田化学剂质量监督检验	耿东士	2020—2020
	28	钻井液用石灰石粉	王金芬	2020—2020
院级课题	29	活性可控表面活性剂应用基础研究	侯庆锋	2019—2023
	30	非常规油藏高效波及控制与驱油技术研究	管保山	2019—2022
	31	纳米材料与流体分子相互作用关系研究	彭宝亮	2019—2023
横向课题	32	尕斯 E_3^1 油藏减氧空气泡沫驱油体系实验研究	邵黎明	2019—2020
	33	长井段高矿化度油藏提高采收率工艺技术研究	刘平德	2016—2020
	34	典型中高渗砾岩油藏化学驱储层钻井过程潜在损害机理及保护技术研究	舒 勇	2019—2020
	35	吉木萨尔页岩油改善流动性技术应用	丁 彬	2019—2021
	36	致密气藏水平井钻井液性能评价及优化	江路明	2020—2020
	37	非均相驱油体系注采参数优化技术研究	叶银珠	2018—2020

【科研工作情况】

2020年，油田化学研究所针对公司老区稳产和新区上产重大生产技术需求，发挥油田化学技术优势特点，聚焦新技术、新材料现场应用，推进油田化学地质工程一体化，重点抓好纳米驱油、化学驱提高采收率、水平井找堵水及决策支持等工作，形成5项主要成果。

一、二元驱攻关研究效果显著，开拓了化学驱提高采收率新技术

针对公司化学驱开发面临技术难题，研发聚合物/表活剂二元驱体系、小分子抗盐聚合物并实现工业化推广，开拓二元驱提高采收率新途径，助力公司化学驱技术持续升级。研制以各油田减线渣油为原料的石油磺酸盐体系，与聚合物普适性好，具有超低界面张力和"胶束增溶，乳化携油"功能，岩心驱油效率超过70%。研发小分子抗盐聚合物，分子量从500万降至300万，突破化学驱适用范围，二元驱渗透率适用范围由50毫达西降至30毫达西。

二、波及控制技术实施效果好，持续推动了复杂油气藏稳油控水

针对高含水油田长期水驱后储层非均质性加剧，水驱开发矛盾日趋复杂的特点，现有单一调驱或堵水技术都难以持续稳油控水，提出将水井深部调驱与油井堵水相结合，通过"堵调驱"一体化技术持续改善复杂油藏开发效果。通过优化分子设计，研发低摩阻高强波及控制与 pH 响应暂堵体系，凝胶强度提高 2.1 倍，暂堵固化时间可控，耐盐性能从 2 万毫克/升提高至 9 万毫克/升，满足现场施工技术需求。微观、三维井网模型及油藏数值模拟结果显示，堵调驱一体化技术采收率可提升 15%以上，非均质程度大于 10，调堵驱一体化优势越明显。

三、压裂增产剂研发取得突破，助力低渗致密页岩油藏高效开发

针对低渗、致密、页岩油藏能量补充困难、一次压裂后产量递减快等技术难题，研发 2 类压裂驱油增产体系，形成"压裂-补能-吞吐-渗吸-置换"一体化压裂驱油新技术，压裂驱采先导试验取得初步实效。针对低渗致密、页岩油藏技术需求,研发磺酸盐表活剂和烯烃类微乳液 2 类压裂驱采体系,具有补能—吞吐—渗吸—置换一体化功能。磺酸盐类驱油体系可有效促进压裂液渗吸置换效果,渗吸效率达到 25%,烯烃类微乳液体系可有效改善原油流动性,波及与驱油效率比注水提高 40% 以上。

四、钻井液综合性能显著提升,满足复杂油藏钻井提质提速需求

针对砾岩油藏储层保护、致密气藏水平井和页岩气藏微纳米孔缝伤害等钻井难题,持续提升钻井液的综合性能,优化储层保护措施,研制不同功能的井筒化学工作液体系,满足复杂油藏钻井提质提效提速需求。明确新疆砾岩油藏钻井过程地质与工程潜在损害因素,提出地质与工程一体化、优化泥浆体系和环保对策 3 项储层损害防治技术方案。研发兼具有刚性、柔性特征的纳米颗粒多元化封堵体系,提高井壁稳定承压能力,现场应用 23 口井,划眼时间与卡钻事故率分别降低 10% 以上,提升页岩钻井成效。

五、决策参谋部核心作用凸显,支撑公司油田化学技术快速发展

参与公司风险探井方案审查、重大开发试验决策支持、水平井找堵水顶层设计与油化剂质量监督、质量认可等工作,充分发挥油田化学技术特点,为公司油田化学重大决策提供技术支撑。完成 11 个油田 25 口风险探井方案,提出钻井液优化等意见 85 条,完善风险探井钻井液方案设计,持续推进勘探目标的实现。全程参与公司重大开发试验,编制《重大开发试验项目管理规定》,总结重大开发试验成果,提出二元驱、聚驱等 4 项合理化建议,确保后续调整方案高效运行。全面摸清公司水平井家底,系统分析前期控水、中期治水、后期防水面临 4 方面技术挑战,提出攻关量子点找水、研发智能控水材料、搭建水

平井一体化管理综合平台 3 方面技术对策。强化公司油化剂安全环保质量监督、质量认可支持职能,建立油化剂安全环保风险分类、分级方法,促进油田化学技术持续升级换代。

【交流与合作】

1 月,管保山、李宜坤、丁彬等参加在厦门召开的第四届全国油气藏提高采收率技术研讨会并作大会报告。

2 月,王平美、肖沛文参加在线上举行的 2020 年第四届化石与再生能源技术国际研讨会,并作主题报告。

9 月,罗健辉、王平美、侯庆锋等参加在成都召开的中国石油第二届化学驱大幅度提高采收率技术研讨会并作大会报告。

10 月,管保山等参加在上海召开的 ECF2020 第十届亚太页岩油气峰会并作大会报告。

【党建与精神文明建设】

截至 2020 年底,油化所党支部有党员 32 人。

党支部:书记王胜启,副书记管保山、纪检委员耿东士、组织委员彭宝亮、宣传委员侯庆锋。支部下设 3 个党小组。

工会:主席封新芳,副主席仪晓玲,女工委员邵黎明,宣传委员江路明,生产委员肖沛文。

青年工作站:站长江路明,副站长耿向飞。

2020 年,油化所党支部坚持以习近平新时代中国特色社会主义思想为指引,始终发挥党建工作“把方向、管大局、保落实”的核心引领作用,把“战严冬、促产量、全力推进油田化学产品现场应用”作为 2020 年工作重心,激励油化所党员干部职工多措并举狠抓提质增效,在促进党建与科研深度融合上收到实效,全面完成全年各项工作任务。

加强党的政治建设,坚决贯彻落实上级党组织的各项决策部署与会议精神。全面贯

彻党风廉政建设工作要求,明确主体责任,落实"一岗双责",推进建立机制体制,坚持常抓不懈,扎实推进党风廉政建设。严格执行重大问题民主决策程序和相关规定,保证民主科学决策。发挥党建核心引领作用,推动党建工作与业务发展深度融合,围绕科研生产完善4项管理制度,夯实支部组织建设,构筑攻坚克难发展基石。按照《中国共产党基层组织选举工作暂行条例》有关规定及研究院相关具体要求,顺利按期完成党支部换届选举工作。严肃党内政治生活,严格落实党支部组织生活制度,创新方式方法,增强党的组织生活活力,提升党支部的组织力与党员群众的凝聚力。全面推行支部主题党日活动与"三会一课"制度、"两学一做"有机结合,特别是在新冠肺炎疫情暴发初期,通过线上会议的形式开展组织生活,收效良好。

开展"岗位建功新时代、党旗飘扬迎百年"为主题的"四个诠释"岗位实践活动,推进"两学一做"学习教育的常态化制度化,评选出8位党员先锋岗代表。落实意识形态、宣传、统战工作,突出政治理论学习,加强意识形态阵地管理,弘扬企业优秀文化,组织开展正面宣传报道。坚决贯彻落实中央、集团公司以及研究院工会年度工作会议精神,严格做好全年各项工作,听取职工意见,维护职工合法权益,助力全所科研生产。青年工作站聚焦主责主业,组织开展多项思想引导、素质提升活动,调动青年积极性,提升青年员工综合能力水平。

【大事记】

7月31日,油田化学研究所与西安长庆化工集团有限公司联合打造"油田化学技术联合体",雷群和谭中国共同为"油田化学技术开发孵化基地"揭牌,油化所与化工集团签署《油田化学技术合作框架协议》,标志着双方技术合作迈向新台阶。

（陈卫东、刘卫东）

中国石油物探钻井工程造价管理中心

【概况】

中国石油物探钻井工程造价管理中心（简称工程造价中心）主要职责是贯彻国家有关工程定额和造价管理的政策规定；开展物探钻井工程造价基础理论研究和集团公司物探钻井工程投资成本决策支持研究；受集团公司委托，负责集团公司物探钻井工程计价依据管理工程造价专业人员培训与资质管理；参与集团公司重大项目的前期论证和物探钻井工程投资审查工作；指导地区公司物探钻井工程造价管理业务。中心涉及的专业领域包括石油物探、钻井、固井、录井、测井、试油、压裂酸化、井下作业等。每年承担集团公司发展计划部、勘探与生产分公司、CNODC 等物探钻井工程造价专题研究、成本分析和投资审查等决策支持工作。

2020 年，工程造价中心以集团公司、研究院工作会议精神为指导，以"战严冬、转观念、勇担当、上台阶"主题教育和提质增效专项活动为抓手，把"科学造价、降本增效"要求作为工作重心，以党建为引领，加强制度建设，推动科研创新，做到工程造价精准可循，决策支持及时有效，深化改革稳步推进，营造风清气正劲足的工作氛围。

主任：司光。负责中心全面工作。分管钻井造价科、物探造价科工作。

书记：高圣平。负责党支部全面工作。分管综合管理科工作。

工程造价中心下设 3 个业务科室。

综合管理科：负责公司、研究院规章制度和国家、行业造价政策贯彻落实；工程造价人员培训和资质管理；工程造价信息化管理与网页维护；物资价格信息管理；工程造价管理制度建设与监督执行；对外合作交流与协作；科研安全保密及其他日常管理工作。负责人刘海。

钻井造价科：负责钻井计价依据的编制、审核和日常管理；钻井造价信息化建设与推广；集团公司重点项目钻井投资编审；钻井成本分析与控制对策研究；指导地区公司钻井造价业务；钻井造价基础研究与推广；其他日常管理工作。负责人张云怡。

物探造价科：负责物探计价依据的编制、审核和日常管理；物探造价信息化建设与推广；集团公司重点项目物探投资编审；物探成本分析与控制对策研究；指导地区公司物探造价业务；物探造价基础研究推广；其他日常管理工作。负责人陈鸿。

截至 2020 年底，工程造价中心在册职工 11 人。其中男职工 9 人，女职工 2 人；博士（后）1 人，硕士 2 人，本科 8 人；高工 6 人，工程师 4 人，助理工程师 1 人；35 岁以下 3 人，36—45 岁 3 人，46—55 岁 4 人，55 岁以上 1 人。

【课题与成果】

2020 年，工程造价中心承担科研课题 17 项。其中规划计划部课题 15 项，勘探与生产分公司课题 1 项，海外勘探开发公司课题 1 项。获得省部级管理创新二等奖 1 项，局级基础类一等奖 1 项，局级科技进步二等奖 1 项。获得软件著作权 2 项。

2020 年中国石油物探钻井工程造价中心承担科研课题一览表

类别	序号	课题名称	负责人	起止时间
国家级课题	1	市场化计价规则推广应用	张云怡、陈鸿	2020.1—2020.12
	2	物探钻井造价人员培训	刘海	2020.1—2020.12
	3	物探钻井工程造价管理办法	刘海	2020.1—2020.12
	4	物探和钻井造价大数据建设	张云怡、陈鸿	2020.1—2020.12
	5	物探投资参考指标编制与应用	郭正	2020.1—2020.12
	6	钻井投资参考指标编制与应用	张云怡	2020.1—2020.12
	7	重点项目物探钻井投资审查	张云怡	2020.1—2020.12
	8	风险井等重点项目投资控制对策研究	张云怡	2020.1—2020.12
	9	致密油气田钻井成本跟踪分析	张云怡	2020.1—2020.12
	10	价格变化对钻井投资影响分析	孙晓军	2020.1—2020.12
	11	影响压裂造价因素与控制对策	丁丹红	2020.1—2020.12
	12	复杂地震采集项目造价分析与控制对策	陈鸿	2020.1—2020.12
	13	钻具摊销方法及适用性研究	孙晓军	2020.1—2020.12
	14	钻机电代油经济性评价研究	丁丹红	2020.1—2020.12
	15	无线节点地震仪器在地震采集应用技术经济性研究	李涛	2020.1—2020.12
	16	钻井成本测算及影响因素分析	张云怡	2020.1—2020.12
其他课题	17	海外项目钻井工程造价研究	刘海	2020.1—2020.12

【交流与合作】

8 月 28 日,工程造价中心联合冀东油田工程造价中心在河北省唐山市开展"创新岗位技能大赛"。

10 月 30 日,工程造价中心联合中石化石油工程造价管理中心在大港油田组织召开渤海湾地区钻井系统工程造价对比研讨会。

【科研工作情况】

2020 年,工程造价中心贯彻执行集团公司工作会议要求和研究院发展战略部署,以及研究院领导干部会议精神,结合造价业务特点,精心谋划部署年度科研任务,落实责任分工,深挖降本增效潜力,圆满完成全年各项工作。

一、加强造价管理技术保障促进造价工作上水平

贯彻落实集团公司治理体系和管控能力

上台阶的工作要求,2020 年开展造价制度建设、人员素质培训和信息化建设等保障措施,为市场机制创新和科学造价提供技术支持。

宣贯公司市场化改革政策,促进造价业务培训上水平。根据集团公司市场化改革要求,依托造价培训交流平台,加强市场化改革宣贯政策。根据集团公司培训计划 9 月举办物探钻井造价培训班,主要内容是市场化计价规则推广应用与交流研讨。

加强造价制度建设,推动物探钻井造价管控能力上台阶。为贯彻国家部委有关工程造价市场化改革意见,落实中国石油天然气集团有限公司深化市场化机制改革、推动公司治理体系和管控能力迈上台阶的工作要求,进一步规范工程造价管理,促进集团公司提质增效可持续发展,依据集团公司投资管理相关制度制定物探钻井工程造价管理办法,明确造价管理机构及职责,理顺计价依据、工程造价、造价人员资格、造价信息、表彰与奖惩等管理办法,实现物探钻井工程造价管理"有章可循""有法可依"。

研发可视化造价应用软件,推动物探钻井造价信息化发展。以市场化计价规则为载体,按照"清单化、可视化、个性化"思路完成物探钻井造价管理信息系统方案设计,涵盖定额管理、造价控制、数据分析、价格管理、人员管理于一体的造价管理信息系统,可实现工程造价全过程精细化管控。

瞄准价格市场化改革方向,建立内部价格市场化机制。根据2020年中油集团公司持续推进工程技术服务价格市场化改革的要求,通过对中国石油物探钻井市场多情景定价方法研究,进一步完善工程技术服务内部市场化定价机制和配套保障措施,建立长效机制,发挥市场在资源配置中的决定性作用,促进内部服务市场价格稳健发展,为公司提质增效高质量发展提供必要保障。

二、加强研究提高造价科学性提高决策支持水平

开展分析方法研究、造价基础研究、指标编制等打造科学造价利剑,为投资决策服务。

坚持效益为中心,建立技术经济一体化造价控制方法。参照市场化计价规则,根据2014—2019年长宁、威远页岩气生产井工艺、费用、产量等数据,完成长宁、威远页岩气成本及效益分析报告,探索非常规油气钻井工艺成本产量效益一体化分析方法得到规划计划部领导肯定,纳入专题学习内容。

夯实造价基础理论,开展前瞻性研究工作。完成钻具摊销方法研究初稿,提出用进尺和周期两个参数计算钻具摊销费用,解决标准差异大、标准不统一、实用性不强问题,进一步提升计价标准的科学性。

完善工程技术服务定额体系,编制物探钻井投资参考指标。通过对物探钻井成本影响因素分析,根据市场化定额构成,进一步优化工艺参数,控制造价关键因素,结合2020年集团公司提质增效要求,编制完成14个探区物探概算指标1632个,长宁、威远不同工艺下页岩气水平井投资参考指标526个,为规划计划部投资决策提供科学依据。

海外钻井造价研究取得新进展,完善造价数据分析方法。对阿克纠宾、哈法亚、南苏丹37区已收集的资料进行整理,梳理出3个国家的估算指标。从海外项目所在的国家、油田、区块、单井、单项设备材料价格等不同维度,初步确定一套造价数据统计分析方法。

【党建与精神文明建设】

截至2020年底,工程造价中心党支部有党员10人。

党支部:书记高圣平,委员司光、刘海。

工会:主席陈鸿。

青年工作站:站长张云怡。

2020年,工程造价中心党支部高度重视科研环境和文化建设,按照团结、和谐、求实的要求,加强组织建设、基层基础建设和文化建设,充分发挥党支部战斗堡垒作用和党员先锋模范带头作用,调动各方面的积极性,营造和谐的科研环境。

以习近平新时代中国特色社会主义思想为指引,系统学习党的十九届历次全会精神。深入领会习近平总书记重要指示批示,贯彻落实集团公司党组和研究院党委各项工作部署,围绕科研抓党建、抓好党建促发展,实现党建与科研生产业务的相互促进、深度融合。

健全制度体系,规范党建管理工作。完成《党支部制度汇编》《行政管理制度汇编》,以油勘造函字〔2020〕5号文件下发执行。

重视思想引领、提高员工政治觉悟。疫情期间支部书记在员工大会上多次强调要提高政治站位,树牢"四个意识",坚定"四个自信",做到"两个维护",发挥党员带头作用,牢记宗旨和使命担当。中心队伍稳定,思想状态良好,形成积极向上、奋发有为的势头。

严格"三会一课",及时学习指示批示。班子每周碰头交流工作,每月召开支部、党员大会组织学习,传达、讨论、落实上级文件要求,支部书记5月讲一次党课,组织七一重温入党誓词活动。

抓实主题教育,推动科研创新创效。按研究院主题教育活动推进方案要求,工程造价中心制定活动方案,召开主题教育活动宣讲,把"科学造价、降本增效"要求紧紧与主题教育活动相结合,抓实"五个一"要求,明确目标、责任到人,创新工作方法,提升成果质量。

(刘海、司光)

勘探与生产工程监督中心

【概况】

2020年3月,工程技术中心更名为勘探与生产工程监督中心(简称为工程监督中心)。工程监督中心是中国石油勘探开发研究院下属处级研究机构之一,也是集团公司勘探与生产工程技术支持与管理机构。主要任务是负责勘探与生产分公司工程技术研发与技术支持,承担勘探与生产分公司风险探井钻井工程方案审核、重点井跟踪评价及重点区块钻井提速提效工作;负责勘探与生产工程监督管理,承担股份公司工程监督的管理、培训、资格评审、注册、发证、考评跟踪及规章制度的制定与实施等工作;负责指导、推动各油气田监督信息化建设。

2020年,工程监督中心按照研究院工作部署,立足国内外生产需求,稳步推进各项工作,全面完成工程监督管理和重点探井钻井方案审核及随钻跟踪工作,开展科研课题研究一体化发展,逐步提升工程监督在行业中的地位和影响力,为公司发展提供技术和决策支持,总体提升工程技术服务水平。

主任、副书记:毕国强。负责综合办公室和监督培训部工作。

总支书记:高圣平。负责原工程技术中心工作,2020年3月调离。

书记兼副主任:黄伟和。2020年3月调入,负责监督规划部和期刊文献部工作。

副主任:于文华。负责风险探井钻井部工作。

副主任:杨姝。负责监督管理部和监督信息部工作。

工程监督中心下设6个研究部和1个办公室。

综合办公室:负责科研管理、重要会议材料编写、质量与安全环保、保密、合同、材料计划与保管、考勤、报销核算及日常事务管理工作。主任殷洋溢(至2020年3月)、王丽华(2020年3月起)。

监督管理部:负责与油田公司监督管理部门工作配合和交流;监督人才库的动态管理;监督资格的评审、考核、注册认证及档案管理;监督的业绩考核、监督动态网络管理及维护。主任刘盈(至2020年5月)、张建利(2020年5月起),副主任赵星。

监督培训部:负责股份公司工程监督培训,制定培训规划的实施方案及培训计划,组织编写工程监督的培训大纲和教材,及前沿技术的跟踪。主任高振果。

监督信息部:负责勘探与生产工程监督管理系统建设总体规划、设计与实施;监督生产管理信息系统及监督助手建设与应用;信息应用系统硬件、软件的运行维护;监督标准的制修订及现场实施跟踪与评价;"十四五"规划编制、集团公司重大科技攻关、管理创新实践、监督提质增效等重点项目研究与应用;指导、推动各油气田监督信息化建设。主任张绍辉。

监督规划部:负责工程监督中心党群工作、勘探与生产工程监督管理体系研究、石油工程监督行业宣传体系建设与运维工作。主任殷洋溢。

期刊文献部:负责编写辑录报道和文章;宣传集团公司有关政策、法规和精神;采访和报道典型案例与模范;策划、编辑、出版、发行《中国石油工程监督》期刊。主任张晓辉。

风险探井钻井部:负责股份公司风险探井钻井工程方案研究及审查、钻完井施工动态跟踪支持与评价,以及重点盆地重点探区钻井技术支持，为勘探与生产公司钻井工程相关决策提供技术支撑。主任李令东，副主任张小宁。

截至2020年底，工程监督中心在册职工34人。其中男职工26人，女职工8人；博士（后）7人，硕士12人，本科11人；高工22人，工程师8人，助工2人，工人2人；35岁以下2人，36—45岁8人，46—55岁11人。

外聘人员4人。当年，黄伟和、郭亚飞、张小宁、李令东、王芹、明瑞卿、张建利调入，高圣平调离。

【课题与成果】

2020年，工程监督中心承担科研课题4项。获得授权发明专利1项，发布企业标准2项，出版专著4部，发表论文6篇，其中EI检索3篇，获得中国石油企协奖2项。

2020年勘探与生产工程监督中心承担科研课题一览表

类别	序号	课题名称	负责人	起止时间
国家级课题	1	风险探井钻井工程方案及随钻分析研究	于文华	2020.1—2020.12
	2	柴达木盆地风险探井钻井技术支持	于文华	2020.1—2020.12
	3	复杂深井钻井配套技术研究	滕新兴	2019.2—2021.12
	4	勘探与生产工程监督中心工作经费（2020）	毕国强	2020.1—2020.12

【科研工作情况】

2020年，工程监督中心按照研究院2020年工作部署，以关键绩效为抓手，扎实开展各项工作，推动质量控制、队伍建设、技术支持、方案审查、决策支撑5项工作上台阶，有力支撑股份公司重点工作。

组织工程质量专项检查，强化井筒质量有效控制。为加强股份公司钻井工程质量及监督管理，首次开展钻井工程质量专项检查，检查大港、冀东、青海、西南、长庆5家油气田，共发现6类441项问题。此次检查是集团公司"井筒质量3年专项整治活动"及工程质量问题"零容忍"要求的重要抓手，通过检查真实掌握油田公司井筒质量现状及存在问题，有效提升油田公司对工程质量、钻井设计、监督管理及承包商管理的水平。

强化工程监督队伍建设，促进监督队伍素质提高。克服新冠肺炎疫情影响，组织初中级监督培训16期，共计培训1406人，其中522人取得监督证，完成全年监督培训和评审任务。实行监督年度考核注册制，废除监督终身制，开展钻井和地质监督考试，2477名钻井监督、1115名地质监督参加考试，其

中钻井初级监督及格率95.75%、中级96.69%、高级100%。

强化重点地区钻井支持，柴达木盆地提速见实效。加强英雄岭英中地区钻井基础研究，强化现场技术支持，针对井漏突出、易井斜、事故复杂时效高的问题，开展井漏机理、防斜打快技术及钻头优选、钻井参数优化等方面研究，分区域、分层位优化完善英中钻井提速技术模板。英雄岭英中地区2020年提速效果显著，部署5口探井，其中3口井完钻，均实现地质目标。主要钻井指标较老井大幅提高，钻井周期由302天缩短至182天，缩短39.72%；机械钻速由3.24米/时提高至4.76米/时，提高46.92%；事故复杂时效降低18.08%；E_3^2地层漏失量减少93.49%。

精雕细刻优化钻井方案，实现风险探井提质增效。"一井一策"优化风险探井方案，提质增效效果显著。精细研究工程地质风险与压力系统，确定风险管控关键点，优化钻井方案，节约套管1183吨，节省周期77天，节约钻井投资20094万元。17口井取得风险勘探重大突破与发现，为公司增储上产拓展资源战略接替区，其中西南蓬探1和角探1

井、辽河驾探 1 井、新疆康探 1 井、华北临华 1X 井获重大战略突破。

推进监督职业发展进程，构建监督中心发展格局。研究工程监督现状问题，形成监督队伍发展建议。编写上报《关于集团公司工程监督队伍创一流上台阶的思考》，提出深化改革明确责权、强化管理稳定队伍 2 个方面 6 项配套措施，为集团公司建设世界一流综合性国际能源公司和高质量发展奠定基础。完成"十四五"油气井工程信息化管理与大数据决策支撑系统规划编制。突出"工程技术+业务管理"优势，构建油气井工程技术标准体系，研发油气井工程大数据分析与智能决策管理平台，推动油气井工程业务流程优化和再造，实现风险探井、工程监督、工程造价、储层改造和油田化学剂数字化、智能化、协同化发展。

【党建与精神文明建设】

截至 2020 年底，工程监督中心党总支有党员 21 人。

党支部：书记高圣平（至 2020 年 3 月）、黄伟和（2020 年 3 月起），委员毕国强、于文华、杨姝、殷洋溢。

工会：主席杨姝，委员殷洋溢、王丽华、赵星、吕雪晴。

青年工作站：站长詹燕涛，副站长李令东，组织委员郭亚飞。

2020 年，工程监督中心党支部以学习贯彻习近平新时代中国特色社会主义思想为指导，紧紧围绕院党委工作部署和工程监督中心重点工作，认清形势，凝心聚力，战严冬、求生存，转观念、勇担当，强体魄、上台阶；以党建服务于科研生产为着力点，完善党组织建设和制度体系，全面落实党建工作责任，夯实党建工作基础，提升党建工作质量。党建工作上水平、决策支撑出亮点、管理方法更科学、业务发展上台阶，有效发挥了党组织的战斗堡垒作用，全面完成工程监督中心业务和党建工作年度计划任务。

一、狠抓制度体系建设，显著提升管理水平

开展制度建设年活动，创立党建制度体系（15 项），制定工程监督中心《党支部成员职责和责任清单》《"三会一课"制度》《党支部结构、改选和补选办法》《党支部工作制度》《"三重一大"决策制度实施细则》等制度，发布文件组织实施，夯实发展基础，提升管理水平。初步形成工程监督中心较完整的党建制度体系，为工程监督中心科研生产平稳有序推进和改革发展提供强有力的组织和制度保障。

二、强化教育学习，创建行业宣传体系

以"战严冬、转观念、勇担当、上台阶"主题教育为主线，贯彻落实集团公司党组和院党委的部署和要求，深入学习四中全会精神，完成学习调研、层层宣讲、全员讨论、岗位实践。开展文化传承活动，加强意识形态管控，传递正能量，累计《中国石油报》《石油工业技术监督》、研究院网页和团委公众号报道 36 篇。创建工程监督行业优秀论文推广体系和新闻传播体系，突显引领作用地位。

三、凝心协力，群团工作有声有色

在党支部统一领导下，1 个月之内完成工会和青年工作站组建，并得到上级批复。组织制定工会和青年工作站全年工作计划，做到事事有落实，合规使用经费。开展野外地质考察、青年读书分享等系列特色活动，增强职工的凝聚力和战斗力，工会会费收缴和使用 100%。

四、推进党风廉政建设，营造良好政治生态

制发《工程监督中心党风廉政建设"一岗双责"若干规定》，编写上报党风廉政建设主体责任报告，落实党风廉政建设责任清单。压紧压实管党治党"两个责任"，按要求签订党风廉政建设责任书、领导人员廉洁从业承诺书，严格履行党风廉政建设主体责任，塑造风清气正的良好政治生态。

【大事记】

2月14日，勘探与生产分公司副总经理郑新权及工程技术与监督处和集团公司有关专家来研究院对风险探井钻井工程方案平行研究、方案审核、钻井施工过程管理、现场技术支持等相关工作进行检查指导，研究院副院长雷群副及工程技术中心、油化所、测井所等相关人员参加会议。

3月11日，黄伟和任勘探与生产工程监督中心党支部书记（勘研党干字〔2020〕5号）。

3月14日，工程技术中心更名为勘探与生产工程监督中心（勘研人〔2020〕31号）。

12月8日，毕国强任勘探与生产工程监督中心主任（勘研人〔2020〕191号）。

（詹燕涛、黄伟和）

石油工业标准化研究所

【概况】

石油工业标准化研究所(简称标准化所)是集团公司和股份公司直属标准化技术机构。主要承担全国石油天然气标准化技术委员会、石油工业标准化技术委员会、全国石油钻采设备和工具标准化技术委员会、油田化学剂专业标准化技术委员会、国际标准化 ISO/TC 67 国内技术归口、集团公司国际标准化总技术归口、中国计量协会石油计量分会、国家实验室计量认证石油评审组、集团公司设备与材料专业标准化技术委员会、集团公司油田化学剂及材料专业标准化直属工作组等技术组织秘书处或办公室的工作。

主要工作任务:组织开展石油天然气领域国家、行业和集团公司企业标准化体系与标准化战略研究;组织开展石油天然气上游领域国家标准、行业标准和集团公司上下游企业标准制修订规划计划编制、标准项目监督与管理、标准复核与报批、标准备案等技术管理工作;组织开展国际标准和国外先进标准的跟踪研究工作,负责组织相关领域国际标准草案的投票表决,参与国际标准化组织 ISO/TC67、IOGP、API 等组织标准化活动,推进我国石油天然气标准国际化进程,协助集团公司标准化主管部门开展国际标准化项目管理、国际标准研究与转化、外文版标准制定及国际标准化信息平台管理等工作;组织开展石油石化行业检验检测机构资质认定评审,负责石油石化行业资质认定获证机构的监督管理;开展标准化、计量技术培训与技术服务工作。

2020 年,标准化所组织开展国家、行业和公司企业标准制修订工作,完成国际标准

化归口管理,持续推进研究院国际标准化进程,完成集团公司"十四五"标准化规划研究与编制,完成集团公司标准化成熟度模型研究,开展新形势下采用国外标准政策研究工作,完成石油石化企业实验室计量认证工作。

2020 年 3 月前:

所长、副书记:欧阳坚。负责标准化所全面工作。分管所办公室、企业标准化研究室、质量管理研究室及油化剂产品质量认证研究室。协助书记完成相关党建工作。

党支部书记、副所长:孔祥亮。协助所长完成全所工作,负责工会、青年、保密、安全等工作。分管计量认证研究室。

副所长:张玉。负责科研和信息工作。分管行业标准化研究室、国际标准化研究室及标准信息化研究室。分工负责工会、青年站工作。

2020 年 3 月后:

所长、副书记:张玉。负责标准化所全面工作。分管行业标准化研究室、企业标准化研究室、国际标准化研究室。协助书记开展党建工作和意识形态工作,落实"一岗双责"。

党支部书记、副所长:孔祥亮。负责所党建工作和意识形态领域工作,协助所长完成全所工作,负责工会、青年、保密、安全等工作。分管所办公室、标准信息化研究室、计量认证研究室。落实"一岗双责"。

标准化所下设 5 个研究室和 1 个办公室。

所办公室:负责人事、财务、设备、质量安全等行政管理工作。副主任王凤。

行业标准化研究室:主要承担国家标准、行业标准的技术归口工作,全国石油天然气标准

化技术委员会、石油工业标准化技术委员会、全国石油钻采设备和工具标准化技术委员会、油田化学剂专业标准化技术委员会、集团公司设备与材料专业标准化技术委员会、集团公司油田化学剂及材料专业标准化直属工作组秘书处的日常管理工作，及相关的标准化研究和宣贯、培训工作。主任陈俊峰。

企业标准化研究室：主要负责中油集团公司企业标准的技术归口及相关项目的研究、中国石油企业各专业标准化委员会及工作组的协调、企业标准制修订的组织协调和企业标准的报批、企业标准的宣贯和培训工作。主任王玉英。

国际标准化研究室：主要负责国际标准化 ISO/TC 67 国内技术归口、集团公司国际标准化总技术归口工作，承担中国石油国际标准化相关课题研究，与各国际标准化组织技术归口单位的沟通联络，国际标准制修订的组织协调，相关国际标准的投票，国际标准/国外先进标准的翻译等工作。主任丁飞。

计量认证室：负责石油行业实验室计量认证认可的技术归口工作，承担中国计量协会石油计量分会秘书处、国家实验室计量认证石油评审组办公室工作，及国家计量认证计划的组织和实施、计量认证人员的培训等工作。主任肖红章。

标准化信息室：主要负责标准化所信息系统的建设和管理、石油标准化期刊的出版、所工作文档备案、API 标准出版发行等工作。主任韩义萍。

截至 2020 年底，标准化所在册职工总数 20 人。其中男职工 8 人，女职工 12 人；博士 3 人，硕士 10 人，本科 7 人；高级工程师 12 人，工程师 8 人；30 岁以下 1 人，30—40 岁 9 人，40—50 岁 4 人，50 岁以上 6 人。市场化及第三方 12 人。当年，欧阳坚调离。

【课题与成果】

2020 年，标准化所完成科研课题 4 项。其中集团公司科技部课题 3 项，勘探与生产分公司课题 1 项。在国内外学术期刊上发表论文 11 篇；获得集团公司优秀标准奖 3 项，编写行业标准 2 项。

2020 年石油工业标准化研究所承担科研课题一览表

类别	序号	课题名称	负责人	起止时间
国家级课题	1	集团公司"十四五"标准化规划研究与编制	王玉英	2019—2020
	2	集团公司标准化管理成熟度模型研究	刁海燕	2019—2020
	3	开展新形势下采用国外标准政策研究工作	丁 飞	2020
	4	化学驱提高采收率技术标准规划研究与油田化学剂标准制修订	张 玉	2020

【交流与合作】

3 月 17 日，丁飞视频参加 ISO/TC67 管理委员会年会及 IOGP 会议。

4 月 1 日，丁飞视频参加 ISO/TC67/SC3 第 30 届年会。

9 月 22—23 日，陈俊峰、丁飞、韩睿婧视频参加 ISO/TC67/SC4 第 29 届年会。

10 月 8 日，丁飞、韩睿婧视频参加 ISO/TC67/SC5 第 30 届年会。

10 月 12 日，丁飞、韩睿婧视频参加 ISO/TC67 第 40 届年会及 IOGP 会议。

10 月 21 日，丁飞视频参加 API 油井管标准技术研讨会。

10 月 28 日，陈俊峰、丁飞、李思源、韩睿婧、张帆视频参加 API 井控装备标准技术研讨会。

11 月 5 日，何旭鸽、韩睿婧视频参加集团公司与俄气公司标准化及合格评定工作组会议,讨论连续油管企业间标准制定工作。

【科研工作情况】

2020年,标准化所按照研究院党委和研究院年度工作会议工作部署,结合行业与集团公司对标准化所的要求,持续开展标准化和计量认证技术研究,全面提升标准化所的创新能力、技术管理和技术服务水平,全面完成年度工作计划。

一、完成标准制修订计划

按照标准制修订计划,完成9项国家标准、131项行业标准和143项集团公司企业标准制修订组织、复核、修改和上报工作;按照标准复审计划,完成215项集团公司企业标准的复审工作;按照标准批准发布情况,完成地区企业标准备案1565项。

二、完成国际标准化归口管理

审核国标、行标、集团公司企业标准23个专业的283项标准报批稿;组织开展37项增补项目申报与评审,最终确定26项增补项目;推进5项集团公司国际培育项目在国际标准化组织成功立项;推进集团公司与俄气标准及合格评定互认工作;开展43项标准外文版研制工作。

三、全面完成石油石化企业实验室计量认证

资质认定完成4家机构的首次评审;21家机构扩项评审;9家机构联合评审。完成40家机构变更、28家机构能力取消等变更备案工作。完成33家检验检测机构的抽查审核工作。修改、完善《石油评审组质量手册》《石油评审组资质认定工作程序》《石油评审组办公室日常管理制度》《石油评审组资质认定监督抽查工作程序》《石油评审组评审员与技术专家管理要求》5个体系文件。

四、完成集团公司"十四五"标准化规划研究与编制

集团公司要实现高质量发展,须构建满足高质量发展需求的新型标准体系,制定和实施先进科学的标准。该项目针对制约标准化发展的瓶颈问题,研究建立以集团公司为主导的国标、行标、企标、团标一体化管理的新型标准化组织体系、制度体系和集团公司标准体系,为全面建成世界一流综合性国际能源公司提供技术保障。

五、完成集团公司标准化成熟度模型研究

课题来源是集团公司政研室课题,运用PDCA方法,重构企业标准化过程要素关系,设计出一套反映企业标准化管理实际水平的评价指标体系和评价方法;构建三维一体的评价模型,开发可云化应用的评价软件,实现对企业标准化管理的高效量化评估;评价指标及软件通过试点应用与评测,具有较好的适用性和可操作性,科技部认可在集团公司推广应用。被评为集团公司2020年软科学研究优秀课题。

六、开展新形势下采用国外标准政策研究

调研油气领域国家及行业标准、集团公司产品出口、物资采购运行过程中美国标准使用情况,调研美国油气领域主要标准化组织对于美国境外组织及单位采标政策要求,分析在中美贸易争端极端情况下,美国以标准壁垒限制中国油气行业使用美国标准的应对措施。完成国家及行业标准采用美国标准情况分析;完成集团公司出口产品及物资采购中API认证情况调研报告。

七、完成石油工业标准化信息网站APP

实现网站图片新闻、通知公告、最新要闻、标准化动态、专题专栏、政策法规等栏目的移动端展示与查询;实现移动端的多样化的标准查询与阅读;实现公文管理系统移动端公文签发及管理,移动端的发文管理、收文查询以及最新公文;实现新闻及待办信息的推送;实现域用户与业务用户均可登录,不同身份间实现自由切换。

八、完成石油工业标准化业务管理平台APP

实现国行标制修订工作移动审批，含计划审核、标准管理审核、复审结论审核、外文版计划审核、外文版标准审核、计划调整审核；实现技术机构管理工作移动审批，含换届审核、调整审核、征集通知审核；实现通知公告、查询统计移动版；实现业务待办移动分推送提醒；实现标准计划、标准管理等业务的移动监控管理。

九、完成集团公司标准化问卷调研工作

任务来源集团公司科技部标准处，针对集团公司标准化工作情况及服务需求向各地区公司进行调研。在前期统计分析基础上，对12多万项在用标准目录，进行规范化处理、去重等，设计完成调研问卷，组织线上调研软件的开发，完成调研结果汇总分析，形成调研分析报告，问卷包括六部分内容，32个问题。有94家企业参与的答卷。调研结果达到预期效果。

十、完成全国钻采、油化剂门户建设

完成网站建设，实现标准管理（标准查询、计划征集、意见征集、标准查询、标准宣贯），国际标准化，业务管理，行业资讯及相关链接等。

十一、标准数据库建设取得新进展

新增国际国外标准数据库，实现400余国际国外标准组织的标准目录索引，700余项石油相关ISO标准文本的在线阅读；新增工程建设国家标准及行业标准的数据库，实现4000余项工程建设标准的在线查询与阅读；完善石油行业标准数据库建设，完成自查自改，并新增标准150余项；完善集团公司企业标准数据库建设，核对改号标准，增加注录信息，补充标准文本800余项；完善国家标准数据库建设，新增标准2000余项；新建石化行业标准库，涉及SH标准591项。

十二、推进研究院国家标准化进程

组织参加TC67 MC年会、TC67年会、TC67SC5年会、TC67SC4年会、TC67SC3年会等会议，及时跟踪ISO各分委会工作动态，推动集团公司各项国际标准新工作项目顺利立项；与IOGP就其正在开展的JIP33（产品采购规范）项目开展交流与讨论；与API标准翻译与分销合作开展讨论与修改，确定最终协议；与API开展"API井控装备标准技术研讨会"，围绕API 16系列井控装备标准及中国井控装备现状展开讨论与交流。推进研究院《石油天然气工业用可溶桥塞》《有杆抽油系统设计计算方法－波动方程法》列入集团公司2020年国际标准培育计划；组织研究院《酸化工作液性能评价方法》项目完成在ISO/TC67/SC3新项目提案汇报，被接受为预备工作项目。

【党建与精神文明建设】

截至2020年底，标准化所党支部有党员14人。

党支部：书记孔祥亮，委员：张玉、唐爽。

工会：主席肖红章，委员：何旭鹃、唐爽。

青年工作站：站长韩睿婧。

2020年，标准化所党支部按照集团公司党组和研究院党委工作部署，坚持党建工作融入科研工作，克服疫情影响，高质量完成党建工作，有力保障科研生产绩效，全体干部员工思想稳定、政治坚定、作风纪律过硬、科研业绩突出，有力推进石油工业标准化和计量管理高质量发展。

一、加强党的政治建设，着力增强担当有为的使命感

以习近平新时代中国特色社会主义思想为指导着力统一思想认识，坚定"四个自信"，增强"四个意识"，做到"两个维护"，夯实科研队伍思想建设政治基础。学习贯彻集团公司党组、研究院党委年度工作部署和重要会议精神。结合年度标准化科研工作任

务,同步制订党支部年度工作计划和实施方案,在重大事项、重要任务过程中融入党建工作要求。

二、推进党风廉政建设,树立风清气正的干事环境

针对标准化所领导班子成员强化"一岗双责"落实党务公开,定期(每季度)在全体员工大会上说明个人廉洁责任执行情况。针对岗位工作特点全员签订《党风廉政建设责任书》及《廉洁从业承诺书》。针对"三重一大"决策深入调查研究,交流沟通,贯彻民主集中制,严格执行决策程序,自觉接受监督。针对重点项目任务开展专项廉洁风险防控检查,建立风险隐患排查监督奖励机制。针对重大节假日等关键节点,及时开展廉洁自律警示教育,进行落实中央"八项规定"精神检查,全所全年无违规违纪违法现象。严控公务接待,减少会议数量,提高会议质量。

三、落实重大问题民主决策,优化完善党的领导

2020年,研究院党委根据工作发展需要及时调整标准化所领导班子,进一步提升党支部建设领导力和执行力。新领导班子把管理和技术两个创新作为重点任务,进一步完善内部工作制度,合理调整职责分工,形成统一领导,统筹部署,分工负责,有序合作,互相监督,运行顺畅的工作机制。树立世界一流目标、围绕核心技术标准,深入推进标准化研究所转型升级,以能源行业核心技术与管理标准为导向,以培养标准化特色人才为抓手,以促进集团公司提质增效应用为目标的创新研究格局。做到"三重一大"决策调研充分、程序规范、决策民主科学,全年无违反规定的情况,无重大决策失误。

四、加强基层组织建设,打造坚强战斗堡垒

强化科室以上领导成员履行"一岗双责",细化责任清单、职责要求、把基层基础建设、科研业务和廉洁从业紧密结合、深度融合,在制定工作计划、完成重点任务、开展学习培训等重要工作环节提出综合性要求,严格细致规范组织完成党支部的换届,利用党建信息平台召开会议3次,推进党建App应用,构建"大党建"格局。

五、注重干部人才队伍建设,畅通人才发展通道

按照研究院"三项制度"改革要求,组织"双序列"职级评聘、职称评定、新员工招聘,开展季度性岗位绩效评价考核,实施浮动性薪酬激励,针对优秀人才创造成长成才条件,树立先进模范典型。陈俊峰获评院级技术专家,丁飞受聘国务院督查室石油行业标准与认证专家,王玉英受聘担任国家标准化工作管理委员会专家;新提任2名三级管理干部,2人竞聘担任集团公司级项目课题长。

六、规范开展组织生活,切实做好党员发展

坚持党员与群众整体学习、共同教育,一起活动,搭配合作,以党员的先进性带动群众进步,用先进的理想信念引领群众向党组织靠拢。把握国内外政治经济形势热点、难点新动态,开展"三会一课",提高学习的现实性针对性,开展深入细致思想工作,正确引导干部员工思想。经常性、日常化开展谈心活动,通过拉家常、话思想、谈业务、讲生活,深入员工内心,增进了解,增强互信,培养情感,凝聚队伍。召开党员大会8次,支委会15次,党课4次,主题党日2次,发展预备党员1名,转正党员1名,培养积极分子1名,接转党员关系2名。

七、扎实开展主题教育,同步推进"两学一做"教育常态化

立足标准化业务发展和员工思想,精心策划"战严冬、转观念、勇担当、上台阶"主题教育活动,深刻揭示中国特色社会主义制度优越性,激发"四个自信",增强"四个意识",坚定中华民族伟大复兴自信心,激活艰苦奋斗创业奉献的爱国主义精神。整个活动期间做到"学习不间断,查摆不停止"班子成员开展调研,拓展思路,寻找出路,围绕科研和标准化工作一体化管理提出合理化建议6项。组织主题展览参观60人次。

八、多途径开展宣传统战工作,打造员工意识形态高地

立足于网络信息多元化对员工思想的影响,结合"抗美援朝七十周年""改革开放四十周年"纪念活动,联系中美贸易摩擦等国际关系、香港、西藏、新疆、台湾等意识形态热点,开展专题学习教育培训,传承石油精神和大庆精神铁人精神,弘扬伟大抗疫精神,凝聚形成新时代"我为祖国献石油"的强大力量。组织QHSE、安全保密、世界标准化日等学习培训参观答题活动,向集团公司提交《关于公司应对团体标准发展的对策与建议》决策参考,提交各类新闻稿件12篇。

九、创新开展群团工作,切实体现职工关怀

把工会群团工作、青团工作与党建相结合,着力开展践行社会主义核心价值观、践行社会责任,投身志愿服务,提倡科学家精神、完善师徒传承制度、构建标准化研究所特色文化,开展形式多样的工会文体活动,搭建青年员成长成才平台,激发青年创新活力。面对新冠肺炎疫情,唐爽夫妻二人响应研究院团委号召,参与青年志愿突击队,配合研究院疫情防疫工作,服务院士专家。响应院党委号召多渠道筹措防疫物资,出工出力保障防疫安全,保障职工权益,全年获评群团先进个人2人次。

【大事记】

3月11日,张玉任标准化所所长(勘研人〔2020〕37号)、副书记(勘研党干字〔2020〕5号)。

5月13日,陈俊峰任油气标准技术专家(勘研人〔2020〕79号)。

(王宪花、王旭安)

海外综合管理办公室

【概况】

海外综合管理办公室(简称综合办)成立于 2018 年 10 月,是研究院海外研究中心的管理服务部门。主要职责是负责海外研究中心党委及领导班子日常办公和事务的安排、重要会议和活动的组织;与上级部门、友邻单位和院属各部门之间的协调沟通;海外研究中心重要文字材料起草,重大决策、重要工作督办落实,以及文电处理、机要保密和信访等工作。

2020 年,综合办以研究院院"12345"总体发展思路和中油国际"三稳四提"工作部署为指导,坚决贯彻落实海外研究中心党委部署要求,坚持高效率、高水平、高质量工作标准,做强沟通上下、联系左右、协调内外的中枢,做优领导的参谋和助手,做快重要工作信息的集散,做特海外研究中心的"大管家",为海外业务高质量发展提供支撑保障。

主任、书记:刘志舟(2020 年 6 月起)。负责综合办全面工作。分管党群、设备资产管理。

副主任:燕庚(至 2020 年 6 月)。负责科研和信息化工作。分管科研、合同和宣传。

副主任:严瑾(2020 年 11 月起)。负责人事、保密、工外事和培训工作。分管综合协调和人事财务。

副主任:高日胜(2020 年 11 月起)。协助支部书记分管党建、意识形态与全面从严治党工作。

综合办下设 5 个科室。

党群工作科:负责海外研究中心党委公文处理、重要文字材料起草、重要工作督察督办、党群、保密、宣传等工作。负责人高日胜。

文秘科:负责海外研究中心重要文字材料、规章制度、会议纪要的起草,重大决策和重要工作部署贯彻执行情况的监督、检查和催办,中油国际周报、月报组织协调和统稿,以及联管会秘书处相关工作。负责人张凡芹。

科研管理科:负责海外研究中心科技发展规划和年度科研计划编制与实施,科研项目组织管理,科研经费落实、下拨、使用与监督,科研成果鉴定、验收与报奖,科研设备规划及年度计划制定与实施,主流软硬件统一购置、运维和培训,专业技术委员会日常管理和服务,中油国际生产经营协调会及其他重要会议精神的落实和反馈等工作。负责人孙作兴。

综合调度科:负责协助开展海外研究中心员工培训、职称评审、业绩考核的联络组织,外事活动和国际交流活动联络、协调、翻译和接待,国际科技合作项目的组织管理,车辆调度、车辆维修保养、司机管理以及锐思公司事务协调等工作。负责人张凡芹。

办公室:负责海外研究中心领导日常事务管理和服务、公务活动安排、重要会议及活动的组织、办公用品领取发放、差旅报销、中心文电处理、文件档案和印章管理,与上级部门、友邻单位及院各部门之间协调沟通等工作。负责人张凡芹。

截至 2020 年底,综合办在册职工 13 人。其中男职工 8 人,女职工 5 人;博士 3 人,硕士 8 人,本科 2 人;高级工程师 7 人,工程师 6 人;35 岁以下 4 人,36—45 岁 6 人,46—55 岁 3 人。锐思员工 2 人。当年,陈苑、付晶调入,燕庚调离。

【业务工作情况】

2020 年,综合办坚持以研究院"12345"

总体发展思路和中油国际"三稳四提"工作部署为指导，落实上级各项工作要求，坚持抓班子带队伍、抓管理优运行、抓重点出亮点、抓机制配措施、抓作风促实干、抓思想扬斗志、抓学习强筋骨，发挥参谋助手、综合协调、督查督办和服务保障职能，全面完成各项工作任务，支撑海外研究中心有序平稳运行。

一、深入调研编写综合报告，及时为领导决策提供建议

起草完成集团公司主管海外领导、研究院领导相关调研材料，中国海油研究院调研海外技术支持体系交流材料，中心民主生活会材料，中油国际工作总结材料，中心 2020 年度主题教育基层调研报告，研究院 2019 年国际化经营材料中境外研发部分，中油国际半年、年度科技突出工作业绩及亮点，研究院半年科研检查总结，研究院年度科研检查总结，集团公司科技管理部年度科技总结及重点工作安排等重要综合文字材料，提高参谋助手、以文辅政能力。

二、完善海外研究中心规章制度和运行机制，保障中心高效运行

起草《海外研究中心联合管理委员会章程》，明确重大事项协商运行机制，为海外研究中心未来发展理顺机制。结合海外油气业务技术支持特点，起草《海外研究中心国际化示范区特色运行管理模式》，探索有限授权下科研、财务、人事等相对独立运行模式。建立更加符合海外技术支持实际的科学考核激励机制，以更加突出业绩和能力、更加注重向科研一线人员倾斜为导向，编制 3000 万元补充薪酬发放方案，坚决打破"平均主义"与"大锅饭"。

三、聚焦中心科研生产大局，高质量完成科研工作组织与推进

对技术支持项目实行有限授权归口管理，提升管理效率和质量，推动中心科研生产项目良好协调运转。梳理中心重点工作，分解压实决策参考、横向收入、发布会等指标，把储产量任务纳入业绩考核，探索适应海外技术支持特色的业绩考核体系，保障工作平稳运行。以经济效益最大化为原则，突出自主勘探和中方控股作业者项目，固定人员队伍，加大技术支持力度，通过提升技术支持质量和满意度，推动成果转化创效，做大技术支持成效。探索管理措施，从源头加强设计，协调各研究所提出协同工作需求，通过定工作任务、量化考核指标、归口管理研究所，明确分中心年度工作，充分发挥分中心专业优势作用，提升协同工作成效，做优海外技术支持体系整体作用。坚持完善质量内控制度，依托海外研究中心技术委员会，以精细科研过程管理为抓手，组织落实重大事项中心内部审查制度，完成 35 次（预）可研、开发方案、新项目的内部审查和质量控制，提高成果质量和水平。以澳大利亚箭牌项目为试点，加大成果转化创效政策宣贯和培训力度，多方沟通协调，实现锐思合同直接成果转化创效的首次突破，同时理顺 2018—2020 年技术支持服务合同成果归属，成功解决科技奖励申报障碍。

四、加强沟通协调，保障重大活动、重要会议顺利举办

开展集团公司领导和研究院领导到海外研究中心调研活动的筹备，推动上级领导提出的工作部署和要求，助力海外研究中心高质量发展。组织协调海外研究中心首届联管会扩大会议，明确中心下步工作重点，推进海外研究中心共享共建。策划组织《全球油气勘探开发形势及油公司动态（2020 年）》发布会，持续提升海外油气合作行业品牌影响力。发挥统筹协调作用，做好日常会议、评先选优、科研检查、业绩考核的组织，协调参加中油国际干部会议、工作年会、党委会、董事长办公会、专题会议、生产经营形势分析会、局务会等各类会议共74次，高质量海外技术支持项目中期和年终检查、中心年度业绩考核以及院《中国石油海外油气合作先进集体、模范员工和优秀员工》推选上报等工作。

五、推进督查督办，确保重点工作落实落地

围绕"重要会议、重要文件、重要批示、重要事项"狠抓落实，吃透工作要求和梳理任务要点，与海外一路各所充分结合，做到汇总提升和及时反馈，高质量完成中油国际6项/8次督查督办任务，确保重大决策和重点工作部署得到有效贯彻落实。督促落实市场化回收任务，鼓励海外一路各所签订横向服务合同，定期统计横向收入情况，及时反馈督办任务完成情况，取得全年全部回收良好成绩。

【党建与精神文明建设】

截至2020年底，综合办党支部有党员10人。

党支部：书记刘志舟，纪律委员燕庚、组织委员高日胜、宣传委员刘芳。

工会：主席张凡芹。

青年工作站：站长李蕾。

2020年，综合办党支部坚持以习近平新时代中国特色社会主义思想为指导，坚决贯彻集团公司党组和研究院党委工作部署，加强党建思想引领，做好党建工作与业务工作深度融合和良性互动，确保全年党建工作任务高质量完成。

持续加强政治建设，严格执行"三会一课"制度，及时传达学习习近平总书记重要指示批示精神，坚决贯彻集团公司党组和研究院党委重要会议精神和重点工作部署，落实各项规章制度和疫情防控要求，主动制定疫情防控工作方案，充分发挥支部战斗堡垒作用和党员先锋模范作用。

深入开展"战严冬、转观念、勇担当、上台阶"主题教育活动，协调组织中心层面主题教育形势任务宣贯暨动员大会，协助制定推进方案、编制宣贯材料，4名支部党员随同中心领导深入各所调研，完成主题教育基层调研报告和上报研究院党委材料；召开支部扩大会议宣贯主题教育活动，组织全体员工开展大讨论和岗位争先创优活动。

开展多种形式的群团活动，加强爱国主义教育，组织员工观看红色电影《金刚川》、参观中国人民革命军事博物馆；组织支部党员参加研究院党委举办的重温入党誓词活动，引导党员干部不忘初心、牢记使命；组织青年员工参加奥林匹克森林公园健步走活动，响应全面推进健康中国建设，倡导健康生活；搭建交流平台，联动科技咨询中心青年站，开展我与专家"书山论剑"读书分享活动，激发青年员工活力和创新力。

深入推进党风廉政建设，营造风清气正的政治生态。支部书记抓主体责任，加强党风廉政建设领导，班子成员尽职履行"一岗双责"，协助书记落实党风廉政建设主体责任。开展廉洁防控体系建设，做好廉洁风险点梳理和防控措施制定，加强廉洁风险警示教育，通报典型违规违纪案例，组织全体党员签订《廉政从业承诺书》，层层压紧压实责任，筑牢廉洁风险防线。将纠正"四风"作为全面从严治党重要内容，组织学习研究院公务接待管理办法，完成"领导人员及其亲属经商办企业并与中国石油发生业务往来情况报告"统计等工作，推动建立不敢腐不能腐不想腐机制，全年无任何违纪现象。

【大事记】

6月12日,刘志舟任海外综合管理办公室主任(勘研人〔2020〕109号)、党支部书记职务(勘研党干字〔2020〕11号)。燕庚任海外综合管理办公室副主任(勘研人〔2020〕109号)。

6月22日,海外综合管理办公室党支部成立(勘研党字〔2020〕22号)。

11月27日,严瑾任海外综合管理办公室副主任(勘研人〔2020〕192号)。高日胜任海外综合管理办公室副主任(勘研人〔2020〕191号)。

(张凡芹、刘志舟)

全球油气资源与勘探规划研究所

【概况】

全球油气资源与勘探规划研究所（简称全球所）是研究院海外一路核心研究机构之一，主要从事海外油气资源评价和勘探研究。主要职责是以集团公司海外勘探业务发展需求为导向，立足全球含油气盆地和海外现有探区，重点开展油气地质综合研究、油气资源评价与超前选区、海外风险勘探组织管理与领域目标评价、海外勘探年度计划与中长期发展规划等工作，为集团公司海外业务高质量发展提供决策支持。

2020年，全球所紧密围绕规划计划、超前选区和信息系统建设三大核心业务，突出国家重大专项收官与开题，强化重点盆地有利目标区块优选，优化海外探区勘探部署，深化海外信息系统建设，加大人才培养力度，加强科技创新和成果转化，力争形成一批有影响力的成果，为海外业务高质量发展提供技术支撑。

所长、书记：万仑坤。负责全球所内全面工作，主管行政与党务。分管所办公室、全球资源数据库研究室。

副所长：计智锋。负责科研管理、勘探规划、安全与工会工作。分管海外风险勘探与规划研究室。

副所长、副书记：温志新。负责全球油气资源评价与战略选区、保密、青年工作站工作。分管盆地与资源研究室。

副总地质师：贺正军。协助全球所领导负责资源评价与超前选区研究、海外勘探业务年度和中长期计划与规划编制、海外勘探业务规划科研任务的组织管理与协调工作。

全球所下设3个研究室和1个办公室。

盆地与资源研究室：负责全球主要含油气区重大勘探领域石油地质及油气富集规律研究、全球常规与非常规油气资源潜力评价、剩余油气资源分布研究、有利油气合作目标评价与优选。副主任宋成鹏，副主任刘小兵。

全球资源数据库研究室：负责研发与维护具有自主知识产权的全球油气资源信息库，为集团公司海外业务发展提供数据和软件平台支撑。主任米石云，副主任李大伟。

海外风险勘探与规划研究室：负责海外风险勘探组织管理与领域目标评价、海外勘探动态分析与潜力评价、海外勘探年度计划及中长期发展规划编制。主任李富恒，副主任杨紫。

办公室：负责全球所日常管理工作。协助主管领导管理全所科研、合同、财务与资产、采办及后勤服务工作。副主任陈曦。

截至2020年底，全球所在册职工25人。其中男职工16人，女职工9人；博士15人，硕士9人；高级工程师18人，工程师6人；35岁以下2人，36—45岁15人，46—55岁8人。当年，王雪玲调入，周永胜退休。

【课题与成果】

2020年，全球所承担科研课题12项，其中国家级课题2项，公司级课题7项，院级课题2项，其他课题1项。获局级科技奖1项。获授权发明专利2项。出版著作4

部。在国内外学术会议及期刊上发表论文 9篇,其中SCI收录2篇。

2020年全球油气资源与勘探规划研究所承担科研课题一览表

类别	序号	课题名称	负责人	起止时间
国家级课题	1	全球油气资源评价与选区选带研究	史卜庆	2016—2020
	2	岩性地层油气藏成藏规律、关键技术及目标评价	袁选俊	2016—2020
公司级课题	3	海外重点战略大区勘探技术研究与应用	万仑坤	2017—2020
	4	全球油气资源评价与选区选带研究(国专配套)	李 志	2019—2020
	5	国内外天然气资源供应及获取策略研究	边海光	2016—2020
	6	海外基础信息系统与全球油气信息	侯 平	2019—2020
	7	海外探区规划计划研究与勘探动态跟踪分析	计智锋	2020
	8	全球重点勘探领域评价与超前选区研究	温志新	
	9	海外业务"十四五"科技发展规划编制	计智锋	
院级课题	10	油气资产评估	杨 紫	2019—2021
	11	海外中心知识信息共享平台研制与建设	李大伟	2019—2020
其他课题	12	乍得Bongor盆地低阻与页岩油资源综合评价	陈瑞银	2019—2020

【交流与合作】

7月2日,李大伟线上参加CNODC信息系统深化应用研讨会。

9月1日,李志参加在成都举办的油气田勘探与开发国际会议。

9月18日,李大伟参加在北京举办的智慧油田高峰论坛学术会议。

10月9日,李大伟参加在北京举办的中国石油石化企业信息技术交流大会并做报告。

11月18日,陈瑞银参加在南昌举办的第十二届全国石油地质实验技术学术会议。

【科研工作情况】

2020年,全球所以院工作会议精神为指导,以年度关键绩效考核任务为重点,全面完成各项目标要求,为海外勘探业务高质量发展提供重要技术支撑。

发布《全球油气勘探形势及油公司动态(2020年)》勘探相关内容。基于对2019年全球油气勘探投资、勘探活动、勘探新发现、重点新发现解剖、未来重点领域预测等方面

的研究,总结全球油气勘探三大特点,提出三大启示与建议,为中国油公司开展超前选区和勘探新项目获取提供重要依据。研究成果的对外发布再次获得中国石油报、中国石油石化工程信息网、石油商报、百家号等媒体报道,引起社会广泛关注,彰显研究院"国家智库"责任担当。

持续深化重点领域超前选区研究,通过海外勘探新项目开发决策建议,推动中油国际成立专门工作组,设立多用户地震资料年度预算机制,夯实地质研究基础,指导深入开展东地中海、东非海域、南大西洋两岸和东非陆上4个领域12个重点盆地详细地质评价,超前优选31个有利目标区块,评价风险类勘探新项目11项,其中6项进入详评阶段、1项进入商务阶段,支撑巴西阿拉姆勘探新项目成功签署,实现海外勘探新项目业务拓展新突破。

建成全球油气资源信息系统GRIS3.0并上线运行,系统功能相比GRIS2.0版本得到进一步拓展完善,研制形成全球含油气盆

地知识库,实现对海外主要盆地、重点大区及全球石油地质与资源潜力等知识的规范化、卡片化、有形化管理展示,成为研究院又一项有形化、标志性产品。

牵头组织17个国家26个项目实时动态跟踪与形势分析,深入开展海外勘探整体形势及执行情况分析,提出可培育勘探亮点、"三保四压"优化调整方案,向集团公司和中油国际高质量编报《2020年海外油气勘探重点领域及可培育勘探亮点建议的报告》《关于中油国际公司2020年上半年勘探进展与下步工作安排的请示》等一系列决策建议,为勘探年度计划执行符合率达90%以上、支撑新增油气可采权益储量2300万吨以上提供技术支撑。

牵头编制"十四五"海外科技发展规划,深入开展勘探、开发、工程、管道、炼化五大业务领域九大专业技术需求、优劣势分析和技术水平对标,部署40项拟发展的重点技术,明确海外科技发展总体思路与阶段目标,得到集团公司、中油国际和研究院领导高度认可。牵头编制"十四五"海外勘探业务发展规划,制定海外油气勘探"持续加强自主勘探、巩固扩大陆上常规勘探、加大深水油气勘探、重视天然气资源储备、关注北极和非常规油气资源"五大发展战略,提出总体发展思路与目标,明确五大区发展定位,获中油国际和集团公司采纳。

推进2021年海外风险勘探专项研究,组织北京院、杭州分院、西北分院、BGP、CPL和工程院等相关研究单位开展专项顶层设计,编制形成设计方案1套,得到中油国际采纳,为公司海外风险勘探工作快启动、出成果打下良好基础。

高质量编制海外油气项目合作形势图集1套/43幅、2020年海外勘探部署图册1套47幅以及系列决策图件,为上级领导日常工作和决策提供重要参考依据。

【党建与精神文明建设】

截至2020年底,全球所党支部有党员19名。

党支部:书记万仑坤,委员温志新、计智锋、贺正军、刘小兵。

工会:主席计智锋。

青年工作站:站长刘祚冬、副站长栾天思。

2020年,全球所党支部围绕全面贯彻落实党中央、集团公司党组和研究院党委工作部署要求,始终把加强党的建设摆在首位,推进"大党建"工作格局,以"不忘初心、牢记使命"主题教育常态化、"战严冬、转观点、勇担当、上台阶"主题教育活动开展和提质增效专项行动为党建工作核心,以"三会一课"为抓手,开展各类学习教育活动18次、各类群团活动11次,编报院内新闻稿39篇,对外新闻稿4篇,完成各项目标任务,取得良好成效。

落实各项疫情防控指示与部署要求,及时学习传达习近平总书记关于疫情防控工作系列重要指示批示精神,落实集团公司党组和研究院党委各项部署要求,扎实推进所内防疫工作,成立所疫情防控责任组,落细落实办公管理、信息报送、防控知识宣传、防疫物资购置等各项工作,统筹安排疫情防控和有序复工复产,坚定做到防疫科研两不误。

扎实开展主题教育和提质增效专项活动活动,坚决贯彻落实院党委部署要求,学习贯彻党的十九届四中全会精神,巩固深化"不忘初心、牢记使命"主题教育成果,扎实开展"战严冬、转观点、勇担当、上台阶"主题教育活动,严格落实"三会一课"制度,开展5次集中学习、3次书记讲党课、7次形势宣讲与岗位交流实践活动,高质量完成两批次党员轮训,引领全体党员干部认清形势、抓住重点,持续保持高昂干事创业热情,奋力推进各项工作高质量发展。

强化基层组织建设和人才队伍培养,进一步加大科研管理机制创新,倡导科室间融合协作发展,在勘探形势发布准备进程中,开启盆地室与规划室骨干会议室集中会战模式,信息系统上线发布工作采取盆地室与数据库室优势互补、知识信息集成与软件平台开发分工合作,确保各项重要工作高质量完成。扎实开展党员经常性教育引导、发展培养、选优推优等工作,激发全体员工想干事的工作热情,引导全体员工克服疫情影响、付出实际行动,聚焦重点业务、加大攻坚力度,为顺利完成全球油气勘探开发形势及油公司动态(2020)报告和全球油气资源信息系统上线发布,高质量完成海外"十四五"勘探业务

规划和科技发展规划编制,按期出版《世界油气勘探开发与合作形势图集》提供重要保证。

做实做细员工关心关怀与所内特色活动,支部联合工会和青年工作站积极组织开展参观平西抗日战争纪念馆、香山革命纪念馆、读书微信分享、观影《夺冠》等爱国主义教育与文化传承活动,深入宣传学习系列安全生产知识,精心准备新员工迎新会和退休员工欢送会,真心实意解决员工"急难愁盼"问题,切实增强全体员工群众的幸福感、安全感和获得感。

(贺正军、栾天思、李志)

开发战略规划研究所

【概况】

开发战略规划研究所(简称开发战略规划所)是研究院海外一路核心研究机构之一,主要从事海外油气业务发展战略与开发规划研究。主要职责是负责集团公司海外发展战略、开发规划计划、经济评价、储量评估管理等研究与技术支持工作,发展目标是成为国家油气业务国际合作的高端智库、公司海外油气业务发展的参谋助手、研究院海外技术支持的先锋主力,为集团公司海外业务高质量发展提供战略规划技术支撑。

所长、副书记:常毓文(至 2020 年 6 月)、赵喆(2020 年 6 月起)。负责所全面工作,主管人事、财务、行政、计划、科研、日常管理、开发规划研究、战略研究、储量研究及经济评价研究等工作。

书记、副所长:张爱卿。负责党务工作,主管 HSE、工会、青年工作站等工作。

副所长:杨桦。负责员工培训、保密管理等工作。

开发战略规划所下设 4 个研究室和 1 个办公室。

开发规划研究室:负责国家和集团公司、股份公司科研项目海外开发技术/方法研究,海外五大油气合作区的开发动态分析、开发规划计划及生产年报图册编制,海外油气业务投资优化组合方法与经营策略研究,海外油气田开发生产数据库建设,组织和协调海外一路开发方面综合事务。主任王作乾,副主任方立春。

海外战略研究室:负责海外油气合作环境、风险评价与经营策略综合研究,能源供需格局演变、海外油气业务发展战略与重点项目运营策略研究,全球油气市场与价格走势分析、油公司对标分析与启示研究。主任郜峰,副主任彭云、王曦。

储量研究室:负责海外项目储量评估、管理体系及方法研究、储量规范制定,内部储量技术评审和结果汇总分析,SEC 储量评估协调、技术指导、评估策略制定及结果审核,年度储量公报编制及储量数据分析,储量数据库、图形库维护和管理。主任原瑞娥,副主任王忠生、邵新军。

经济评价研究室:负责海外现有项目开发(调整)方案、可研、资产评估等方面经济评价,SEC 储量价值评估,经济评价理论与方法研究。主任梁涛。

所办公室:负责开发战略规划所日常科研、行政管理、后勤保障及财务报销等工作。主任张松。

截至 2020 年底,开发战略规划所在册职工 41 人。其中男职工 19 人,女职工 22 人;博士 21 人,硕士 19 人,本科 1 人;教授级高级工程师 1 人,高级工程师 24 人,工程师 15 人;35 岁以下 17 人,36—45 岁 16 人,46 岁以上 8 人。当年,刘晨烨、兰君、岳雯婷调入,常毓文调离。

【课题与成果】

2020 年,开发战略规划所共承担科研课题 24 项。其中国家级课题 3 项,公司级课题 12 项,院级课题 1 项,其他课题 8 项。编报国家智库报告 1 篇,向集团公司编报《决策参考》5 篇、《工作建议》3 篇。获省部级科技奖 3 项、局级科技奖 5 项。出版著作 1 部。在国内外学术会议及期刊上发表论文 31 篇。

2020 年开发战略规划研究所承担项目课题一览表

来源	序号	课题名称	负责人	起止时间
国家级课题	1	面向非常规油气资源开发工程的创新方法集成研究及示范	赵 喆	2018—2021
	2	国专 31-4 美洲地区超重油及油砂一体化经济评价与经营策略研究	王 恺、李 嘉、郭晓飞	2016—2020
	3	国专 29-3 海外油气投资环境评估与勘探资产评价	王 青、李浩武、彭 云	2016—2020
公司级课题	4	"后美国时代"的中东局势对共建"一带一路"的挑战	赵文智、胡永乐、刘朝全	2020
	5	推进"一带一路"建设高质量发展形势、任务与对策建议	李越强	2020
	6	油气市场和价格研究	王 曦	2020
	7	海外业务优质高效行动计划研究	郜 峰	2019—2020
	8	2020 年海外项目图册与信息报告	蒋伟娜	2020
	9	中国石油"一带一路"油气上游"十四五"战略规划研究	赵 喆	2020
	10	2020 年度海外油气合作发展战略研究	郜 峰、彭 云、王 曦	2020
	11	2020 年度海外开发项目经济评价与经营策略研究	梁 涛、李 嘉、郭晓飞	2020
	12	2020 年度海外项目资本运营策略研究	梁 涛、朱一萌、兰 君	2020
	13	海外项目储量评估与研究	杨 桦、原瑞娥、邵新军、王忠生	2020
	14	2020 年海外油气田开发生产动态分析及规划计划研究	王作乾、方立春	2020
	15	海外上游项目发展能力评价	梁 涛	2020
院级课题	16	油气资产评估	王 曦	2019—2021
其他课题	17	阿布扎比海上下扎项目后评价	朱一萌	2020
	18	阿布扎比海上乌纳项目后评价	刘艳璐	2020
	19	尼日尔 Agadem 经营策略	郭晓飞	2020—2021
	20	尼日尔 Bilma 可研报告	郭晓飞	2020—2021
	21	南苏丹 Fal 开发方案经济评价	郭晓飞	2020—2021
	22	哈萨克斯坦卡沙甘经营策略	易洁芯	2019—2020
	23	澳大利亚布劳斯可研报告	朱一萌	2019—2020
	24	乍得 H 区块可研报告	杨 骞	2020—2021

【交流与合作】

1 月 9 日,朱一萌线上参加澳大利亚箭牌项目方案讨论会。

5 月 28 日,王恺、易洁芯线上参加卡沙甘作业公司 PEA 审查会。

7月29日,杨桦线上参加联合国资源管理专家组网络学术交流会。

12月3—15日,原瑞娥、衣艳静、王恺线上参加与美国 D&M、RS、新加坡 GCA 等第三方评估公司初评结果对接和审核视频会议。

【科研工作情况】

2020年,开发战略规划所瞄准集团公司海外业务发展需求,紧盯重要地区、热点领域和重大问题,落实上级各项工作部署,完成各项科研工作任务,取得系列标志性成果和突破性进展。

加大战略研究力度,全力支撑国家高端智库建设,扎实推进智库课题研究,主动超前选题,深入跟踪研究,编写高端智库报告2篇。面对新冠肺炎疫情和超低油价严峻形势,研判宏观环境和油气行业发展动态,向中油国际规划计划部编写提交"海外油气业务低油价应对参考周报"37份,为公司提质增效发展提供智力支持。

全方位支撑海外业务"十四五"发展规划编制和信息化建设,分析国际油公司储产量发展特征,梳理海外油气产量发展历程,深挖海外油气产量重要影响因素,分析海外油气效益产量合理规模,支撑海外油气业务高质量发展;推进海外油气开发一体化研究平台建设,从数据资源建设和定制数字化功能着手,建成包含43个项目、3000万条数据的海外首个全项目开发数据库。

抓好全球油气开发形势和天然气专题研究,聚焦天然气领域发展,结合新冠肺炎疫情对全球油气开发、供需、价格产生的巨大影响,突出形势分析、专题研究和启示认识,做好《全球油气勘探开发形势及油公司动态(2019年)》开发部分报告编写,为国家制定能源战略及能源发展规划提供前瞻性、战略性依据。

深入推进储量和资产评估,落实集团公司提质增效和海外业务高质量发展要求,扎实做好海外开发项目经济评价与经营策略研究、海外项目资本运营策略研究和海外上游项目发展能力评价,坚持"一项目一策"工作机制,持续加强海外油气权益产量实现亿吨稳产战略、SEC 份额储量"稳储增效"策略等研究,建立评价指标体系和统一经济评价模型,落实完成海外上游资产"发展能力"和"资产价值"滚动评价与项目排序,为集团公司高质量发展提供有效数据支撑。

【党建与精神文明建设】

截至2020年底,开发战略规划所党支部有党员33人。

党支部:书记张爱卿,副书记赵喆,委员杨桦、王作乾、李嘉。

工会:主席方立春,副主席郭晓飞,组织委员及女工委员刘春凤,文体委员王曦,宣传委员李之宇。

青年工作站:站长刘春凤,副站长韦青,组织委员李之宇,文体委员朱一萌,宣传委员邓希。

2020年,开发战略规划所党支部坚持以习近平新时代中国特色社会主义思想为指导,深入贯彻党的十九大及十九届二中、三中、四中、五中全会精神,落实集团公司和研究院党委部署要求,提升党建工作质量,为推动集团公司海外业务高质量发展贡献力量。

加强政治引领,深入学习贯彻习近平新时代中国特色社会主义思想,落实党的路线方针政策,及时组织党员干部学习宣传党中央重大决策部署以及集团公司和研究院重要会议精神,结合自身实际,制定本年度支部党建工作计划,组织学习和严格落实党内各项规章制度,将上级党组织各项部署要求落到实处。

推进组织建设,压紧压实党建责任,严格执行"三重一大""三会一课"等制度,高质量开好组织生活会,做好党员评议工作,加强人才培养和党员发展，强化党费使用管理和党员活动阵地建设，打造坚强战斗堡垒。

扎实开展"战严冬、转观念、勇担当、上台阶"主题教育和"四个诠释"岗位实践活动，结合自身实际，制定教育活动实施方案和具体举措，带领全体干部员工开展集中学习和讨论式调研，围绕提质增效、科研管理、党务工作、后勤保障等主题，分科室开展专项大讨论，及时上报职工合理化建议及经济技术创新成果征集文件。

加强党风廉政建设，编报支部落实党风廉政建设主体责任情况年度报告，制定支部、支部书记、班子成员党风廉政建设主体责任清单，逐级签订《党风廉政建设责任书》及《廉洁从业承诺书》，全年全所未发生党风廉洁方面问题。

强化意识形态管理和宣传工作，制作"优化决策支持、保障能源安全"短视频，提升干部员工干事创业积极性，增强优秀成果和研究团队影响力。支部案例获院基层党建案例大赛一等奖，开发战略规划研究所获研究院新闻宣传工作先进单位，彭云获研究院新闻宣传工作先进个人。

【大事记】

6月，海外战略与开发规划研究所更名为开发战略规划研究所。

本月，免去常毓文海外战略与开发规划研究所所长职务（勘研人〔2020〕88号）。赵喆任开发战略规划研究所所长职务（勘研人〔2020〕111号）。

8月，张爱卿同志任书记，赵喆同志任副书记，杨桦同志任青年委员，王作乾同志任组织兼纪检委员，李嘉同志任宣传委员（组委选〔2020〕42号）。

本月，经研究院人事处（党委组织部）审核，选聘郜峰、王恺、原瑞娥、王作乾、彭云、王曦、梁涛等34名同志任职所专业技术岗位序列各职级岗位。根据中油人事〔2015〕405号、〔2018〕403号、〔2019〕483号文要求，免去以上同志所副总师、室主任、高级主管、室副主任、主管等管理序列职务。

（李嘉、赵喆、张爱卿）

国际项目评价研究所

【概况】

国际项目评价研究所（简称国际所）是研究院海外一路核心研究机构之一，主要从事海外油气新项目和资产评价。主要职责是发挥好新项目评价与投资决策参谋中心作用，组织开展新项目技术经济评价，打造国内外知名的油气资产评估机构。

2020年，国际所着眼能源转型发展大势，紧盯国内外油公司发展动态，深入开展超前基础和发展策略研究，跟踪海外重点油气区勘探开发进展，更新新项目开发方向与目标优选，牵头组织海外所有油气勘探开发新项目评价，做好已有项目、周边新项目评价和未涉及区域新项目开发，加强新项目开发有形化成果积累，推进新项目综合评价平台建设，提高技术支持水平和质量，为集团公司海外油气业务经营策略和转型发展提供重要依据。

所长、书记：王建君。负责国际所全面工作。主管党建、科研、人事、财务、外事、HSE、指标/方法研究和综合决策平台建设。分管所办公室。

副所长：王青。负责科研日常管理和勘探新项目评价工作。主管国家专项、油公司发布、资料、资产管理等工作。分管勘探评价室和工程技术室。

副所长：雷占祥。负责党务和开发新项目评价工作。主管工会、安全、保密、青年、培训等工作。分管开发评价室和经济评价室。

国际所下设4个研究组和1个办公室。

勘探评价组：从事海外油气勘探资产（含公司并购）技术评价及方法研究。负责人张宁。

开发评价组：从事海外油气开发资产（含公司并购）技术评价及方法研究。负责人曾保全。

工程评价组：从事海外油气勘探开发资产（含公司并购）工程技术评价及开发投资估算研究。负责人陈荣。

经济评价组：从事海外勘探开发资产（含公司并购）的经济评价及方法研究；联系人，张晋。

办公室：从事国际所日常科研和行政管理、后勤保障及财务报销等工作。主任刘亚茜，副主任燕占朋。

截至2020年底，国际所在册职工32人。其中男职工18人，女职工14人；博士13人，硕士14人，本科4人；教授级高级工程师1人，高级工程师17人，工程师11人；35岁以下12人，36—45岁10人，46—55岁10人。当年，付莉入职，唐晓川、史洺宇调离，王丽芹退休。

【课题与成果】

2020年，国际所承担科研课题5项，其中国家级课题1项、公司级课题3项，院级课题1项。获全国企业管理创新成果二等奖1项。获授权发明专利2项。出版著作1部。在国内外学术会议及期刊上发表论文7篇，其中SCI收录3篇。向集团公司和中油国际编报《决策参考》6篇，其中2篇被国家部委采纳。

2020 年国际项目评价研究所承担科研课题一览表

类别	序号	课题 名称	负责人	起止时间
国家级课题	1	海外油气投资环境评估与勘探资产评价	王 青	2016. 1—2020. 12
公司级课题	2	海外开发新项目评价指标优选及方法体系	雷占祥	2019. 1—2020. 12
	3	2020 年海外勘探类新项目评价	王 青、易成高	2020. 1—2020. 12
	4	2020 年海外开发类新项目评价	雷占祥、尹秀玲	2018. 1—2020. 12
院级课题	5	海外油气资产全周期技术经济评价研究	李浩武、易成高	2018. 1—2021. 12

【交流与合作】

1 月，尹秀玲到阿布扎比参加与 ADNOC 陆上公司计划部技术交流任务。

5 月，吴义平线上参加加拿大 Geovention2020 国际会议。

9 月，雷占祥、汪斌等到成都参加 IFEDC 国际会议。

11 月，李祖欣到重庆参加第六届 ICAE-SEE2020 能源资源与环境工程研究进展国际学术会议。

【科研工作情况】

2020 年，国际所贯彻落实研究院工作会议精神和海外一路科研工作部署要求，围绕建所宗旨和工作定位，以海外新项目评价业务为主线，夯实业务发展基础，洞悉行业发展态势，规范流程，构建指标，注重创新、防范风险，完成科研各项工作，取得一系列重要成果。

突出勘探类资产、规模优质在产项目和中方作业者项目精细化评价，将技术经济评价与商务相结合，强化项目专家审查，严把评价质量关，提出 4 种合同类型优化合同者收益方式和策略建议，开展 17 个国家 56 项海外项目评价工作，完成 21 个新项目提供报价建议，其中 14 个项目处于商务谈判阶段、6 个新项目进入实质报价和谈判阶段，为 2021 年新项目开发打下良好基础，助推海外油气业务优质高效发展。

适应内外部审查新形势，以"按资产类型、加强适用性方法、风险和不确定性量化、完善商务工作"为重点，牵头编制《境外投资油气勘探/开发/延期项目可行性研究报告编制规定（2020 版）》，高质量完成新项目可研报告编制管理办法及 3 个编制细则，从制度上保障海外投资项目决策更加科学化、评价工作更加规范化。

应对低油价对海外新项目估值产生的影响，推进新项目评价和投资综合决策平台建设，完善 18 个国家工程投资和成本数据，构建油藏工程评价指标体系，发展不同勘探程度资产评价关键技术，采用专家打分法和 EMV 估值法解决困扰多年的前沿-低勘探程度勘探区块"估值难、决策难"技术难题。

开展全球油气勘探开发形势及油公司动态分析，选取 7 家国际公司、11 家国家公司和 13 家独立公司开展跟踪研究和典型解剖，梳理各类油公司在经营动态、方向策略、资产组合优化等方面发展特点，分析重点国际油公司发展战略，并对国内油公司开展国际合作提出启示建议。

【党建与精神文明建设】

截至 2020 年底，国际所党支部有党员 20 人。

党支部：书记王建君，委员王青、雷占祥、吴义平、张晋。

工会：主席刘亚茜，委员李祖欣、刘申奥艺、黄飞、王颖。

青年工作站：站长李祖欣，委员张晋、张

慕真、刘申奥艺、黄飞。

2020年,国际所党支部深入贯彻党中央、集团公司党组和研究院党委党建工作部署,以"疫情防控、提质增效、制度建设"为主线,秉承"44433"党支部创建思路,构架大党建格局,坚持围绕中心工作抓党建,推动党建与业务工作深度融合,切实以高质量党建引领保障高质量发展。

突出政治引领作用,加强思想政治学习,严格执行"三会一课"等制度,坚决学习贯彻习近平总书记系列重要讲话和指示批示精神,传达落实集团公司党组和研究院党委各项部署要求,紧密围绕新项目评价主营业务,扎实开展"战严冬、转观念、勇担当、上台阶"主题教育和岗位实践活动,营造团结向上、同舟共济良好氛围。

夯实党建工作基础,加强基层组织建设,完成支委换届选举,严格执行"双培养"制度,胡晓琳同志转为正式党员,付莉、李祖欣同志发展成为预备党员,做好汪斌、屈泰来、黄飞3名同志入党积极分子培养工作。坚持党管人才,制定双序列和干部选任细则,加强领导班子和人才队伍建设,以专业互融党小组建设为依托,推进党建科研融合和特色团队发展,挖掘巾帼榜样典型,结成4对师徒,

选送4名青年参加集团公司国际化千人培训计划,提升创新创效活力。

加强党风廉政建设,制定党风廉政建设和廉洁风险管理办法,及时向院党委报告党风廉政建设情况,梳理关键岗位廉洁风险清单,逐级签订党员廉洁从业承诺书21份、党风廉政建设责任书13份。做好巡察问题整改"后半篇文章",从班子、技术委员会、支委、工会4个层面,着力落实12项整改措施,构建长效机制,2019年巡察报告整改率100%,在制度建设等4方面成效显著。开展《纪检监察计划处理检举控告规则》答题19人次,《政务处分法》学习32人次,全年未出现任何廉洁风险和苗头问题,未出现"四风"或其他违规行为。

加强意识形态研判,积极传播正能量,紧扣疫情防控和提质增效主题,深入剖析低油价下油公司应对策略,编制宣传工作大表,围绕科研动态、疫情防控、油公司策略、先进典型等方面,审查推送外媒报道12篇,进一步扩大特色成果和优秀团队的影响力。新项目评价团队获院先进集体,所工会、青年工作站分获院先进基层工会和优秀青年工作站,刘亚茜获院优秀工会干部。

(王颖、屈泰来、王建君)

中亚俄罗斯研究所

【概况】

中亚俄罗斯研究所（简称中亚所）是研究院海外一路核心研究机构之一，主要从事中亚俄罗斯地区勘探开发研究与技术支持。主要职责是负责中亚俄罗斯地区综合石油地质与油气资源评价研究，勘探开发理论与技术研究，勘探、开发规划与年度部署，重大勘探开发方案编制与技术支持，以及新项目评价、储量评估、可行性研究及决策支持等工作。

2020年，中亚所以国家专项和集团课题为依托，强化实物工作，严格过程管理，夯实理论技术基础，奋进世界一流海外研究所，筑牢在中亚俄罗斯地区技术支持体系中的龙头引领和核心地位，为"一带一路"核心区建设以及做优中亚油气合作区提供坚强技术支撑。

所长、副书记：郑俊章。负责中亚所全面工作，主管行政、财务、科研等管理工作，统筹科研与技术支持工作。

书记、副所长：赵伦。负责党支部全面工作，主管QHSE、保密、工会、青年工作站工作，统筹油气开发研究与技术支持。

副所长：许安著。负责科研合同、外事、培训、软硬件及资产等管理工作，统筹油气开发研究与技术支持。

中亚所下设5个研究室和1个办公室。

地球物理室：负责地震、测井研究与技术支持和新项目评价。主任孔令洪，副主任林雅平。

地质勘探室：负责地质勘探研究与技术支持和新项目评价。主任王燕琨，副主任张明军。

开发地质室：负责开发地质研究与技术支持和新项目评价。主任陈烨菲，副主任李建新、王淑琴。

气藏工程室：负责气藏工程研究与技术支持和新项目评价。主任宋珩。

油藏工程室：负责油藏工程研究与技术支持和新项目评价。副主任张祥忠。

办公室：负责中亚所日常科研和行政管理、后勤保障及财务报销等。副主任陈松。

截至2020年底，中亚所在册职工52人。其中男职工39人，女职工13人；博士25人，硕士22人，本科5人；教授级高级工程师2人，高级工程师31人，工程师15人；35岁以下16人，36—45岁23人，46岁及以上13人。当年，张浩然、王雪柯入职，王燕琨调离，高书琴退休。

【课题与成果】

2020年，中亚所承担课题36项，其中国家级课题2项，公司级课题23项，院级课题2项，其他课题9项。获省部级科技奖7项、局级科技奖5项。获授权发明专利3项。登记软件著作权3项。出版著作2部。在国内外学术会议及期刊上发表论文27篇，其中SCI收录7篇。

2020年中亚俄罗斯研究所承担科研课题一览表

类别	序号	课题名称	负责人	起止时间
国家级课题	1	哈萨克斯坦带凝析气顶裂缝孔隙型碳酸盐岩油藏注水注气开发调整技术研究与应用	李建新	2017.1—2020.12
	2	中亚探区选区选带与目标评价	王震	2016.1—2020.12

续表

类别	序号	课 题 名 称	负责人	起止时间
公司级课题	3	哈萨克 MMG 高含水老油田砂体构型表征及二次开发技术	李轩然	2019.1—2020.12
	4	中亚核心油气合作区高质量发展与管理模式研究	吴学林	2019.1—2020.12
	5	海外成熟探区精细勘探关键技术	尹继全	2019.1—2020.12
	6	中亚俄罗斯地区"三大工程"应用效果评价及部署优化	许安著	2020.1—2020.12
	7	让纳若尔油田气顶开发动态调整优化及稳油控水研究	吴学林	2020.1—2020.12
	8	北特鲁瓦低压力保持水平下弱挥发性碳酸盐岩油藏注水开发综合调整研究	赵文琪	2020.1—2020.12
	9	MMG 项目高含水砂岩老油田砂体构型表征与二次开发调整研究	倪 军	2020.1—2020.12
	10	Kumkol 油田高含水、高采出程度条件下提高采收率研究	张祥忠	2020.1—2020.12
	11	Akshabulak 油田储层精细表征及稳油控水研究	陈 礼	2020.1—2020.12
	12	阿克纠宾盐上稠油注入多元流体介质热采改善吞吐效果研究	薄 兵	2020.1—2020.12
	13	北布扎奇疏松砂岩稠油油藏水流优势通道调控改善水驱效果研究	王成刚	2020.1—2020.12
	14	亚马尔极地多层状砂岩气藏大位移水平井开发效果评价及部署优化	陈烨菲	2020.1—2020.12
	15	卡沙甘异常高压碳酸岩油藏回注酸气上产方案优化	宋 珀	2020.1—2020.12
	16	KK 项目复杂断块高含水老油田地质建模及开发方式优化	梁秀光	2020.1—2020.12
	17	卡拉库里气田开发调整及井位部署优化研究	赵文琪	2020.1—2020.12
	18	南图尔盖盆地老区滚动勘探目标识别与部署	张明军	2020.1—2020.12
	19	南图尔盖盆地新领域勘探潜力评价及部署	张明军	2020.1—2020.12
	20	滨里海盆地东缘滚动勘探潜力及目标评价	王燕琨	2020.1—2020.12
	21	滨里海盆地东缘风险勘探领域油气成藏条件研究及勘探部署	王 震	2020.1—2020.12
	22	塔吉克盆地 Bokhtar 区块油气勘探潜力与部署研究	王春生	2020.1—2020.12
	23	亚马尔及 LNG-2 项目勘探潜力评价及部署	王素花	2020.1—2020.12
	24	南图尔盖盆地 ADM/KAM 项目精细勘探目标评价及部署	尹 微	2020.1—2020.12
	25	滨里海盆地东缘 KMK 区块有利目标评价与优选	梁 爽	2020.1—2020.12
院级课题	26	中亚地区碳酸盐岩储层非均质研究及岩石类型微观表征	陈烨菲	2019.12—2021.12
	27	裂缝—孔隙型碳酸盐岩油藏精细油藏描述与地质建模技术	陈烨菲	2019.12—2021.12
其他课题	28	卡沙甘项目技术服务合同	宋 珀	2020.8—2021.8
	29	哈萨克斯坦北布扎奇油田科研项目服务合同	单发超	2020.9—2021.12
	30	中区块南部构造精细解释与目标优选	王 震	2020.7—2020.12
	31	CNPC-ADM 合同区内油田开发项目技术服务	张玉丰	2020.1—2022.12
	32	阿克纠宾开发技术服务合同	李建新	2019.9—2020.12
	33	库北油田开发效果评价及 2021 年度开发部署优化合同	陈 礼	2020.10—2020.12
	34	Aryskum 油田稳油控水综合调整技术研究	张祥忠	2020.8—2021.12
	35	KMK 石油股份公司科研项目服务合同(莫尔图克等)	薄 兵	2020.8—2020.12
	36	俄罗斯北极 LNG2 项目可行性研究报告的技术研究	张玉丰	2020.3—2020.12

【交流与合作】

11月14日，刘云阳、张安刚参加在重庆召开的第32届全国天然气学术年会。

【科研工作情况】

2020年，中亚所坚决贯彻落实研究院工作会议精神和各项工作部署，以国家油气重大专项和集团公司重大项目为依托，聚焦中亚俄罗斯地区合作项目勘探开发技术难点，埋头苦干、矢志攻坚，持续加大理论技术创新和生产支持创效力度，完成全年科研生产任务，取得一批重要成果。

扎实开展基础研究，油气高效勘探取得新进展。针对区块多、勘探程度高、目标复杂、规模变小等难点，开展精细研究与评价，发现50余个勘探目标，部署25口探井评价井，支撑千万吨级新油田发现，助力新增油气可采储量超过400万吨。阿克纠宾项目3口探井测试获得工业油流，发现东部"阿克诺尔"新带，储量规模达到1100万吨，老区滚动勘探取得新突破。快速评价2个新区块（T-I和T-II），发现4个层位共39个圈闭，资源量超1亿吨。开展南图尔盖走滑裂谷盆地新一轮基础地质研究，发现岩性、边缘构造、下降盘断块等油藏，同时储备古生界内幕、不整合等新目标，为下步勘探工作指引方向。

突出关键难题破解，油气效益开发获得新成效。面对油藏注水恢复地层压力与含水快速上升矛盾突出、老油田水驱波及效率提高困难、稠油油藏多轮热采后无有效接替技术等瓶颈难题，编制阿克纠宾项目、PK项目、ADM、新丝路项目13个油气田开发方案，研究制定不同尺度碳酸盐岩多孔介质分级精准注水策略和化学剂辅助多元蒸汽吞吐稠油热采策略，有效改善油藏注水调整和老油田二次开发效果，支撑中亚俄罗斯地区油气产量持续稳产3000万吨。

加强战略研究，参谋助手作用得到新提升。聚焦疫情和低油价背景下提质增效发展难题，持续加强策略研究与决策支持，编制"十四五"中亚上游业务和科技发展规划，高质量完成俄-蒙-中天然气管道资源、中亚天然气D线管道资源等可行性论证，上报"关于新形势下中俄天然气深度合作的建议""低油价下海外油气项目应对限产与增效策略"等决策建议，为集团公司总部和板块决策跨国重大项目提供重要依据。开展包括26个区块、6个油田的9个勘探开发新项目评价，高质量完成乌兹别克新丝路公司和哈萨克南图尔盖盆地天然气资源储量评价和开发规划，加强PK项目3个区块和2个开发许可证延期可行性研究，为下步可持续发展和资产优化奠定基础，为地区战略转型和新增效益点提供新领域。

【党建与精神文明建设】

截至2020年底，中亚所党支部有党员40人。

党支部：书记赵伦，副书记郑俊章，委员许安著、陈烨菲、王进财。

工会：主席林雅平，委员孔令洪、王成刚。

青年工作站：站长孙猛，副站长蔡蕊，委员曾行、马钢。

2020年，中亚所党支部坚持以习近平新时代中国特色社会主义思想和党的十九大精神为指导，落实集团公司党组及研究院党委工作部署，围绕全年工作目标，践行"求实创新"党建文化，全面推进党建与科研深度融合，以高质量党建助推高质量发展。

发挥党建引领作用，夯实思想政治基础。落实集团公司党组和研究院党委部署安排，多方位持续开展各类政治理论学习47次，扎实开展"战严冬、转观念、勇担当、上台阶"主题教育活动，引领编制所"十四五"发展规划，推进提质增效专项行动，提质增效节约成本3400万美元，相关党建成果获院党建案例大赛三等奖。

健全制度机制，发挥基层保障作用。补

充完善党建制度 6 项,实施重要事项民主决策制度 16 次,构建全覆盖式组织生活考核制度,保障党建工作责任制实施。加强人才队伍建设,创建技术和管理 2 个发展通道,一批"85"后青年骨干走上重要岗位,许安著与何聪鸽被评为院"优秀师徒"称号,蔡蕊获院"优秀共青团干部"。

深化组织建设,发挥战斗堡垒作用。严格执行"三会一课"制度,召开全体党员大会 9 次、支委会 18 次、党小组会 18 次,开展讲党课活动 9 次、主题党日活动 13 次,党员轮训人均时长达到 14.2 学时,打造团结协作凝聚力团队。加强支部建设,完成支委会改选换届,重建"党员之家",以项目团队组建项目部,以项目团队组建党小组,做好疫情防控,促进党建与科研融合。健全党风廉政建设工作体系,全年无违规违纪问题发生。

强化宣传和群团工作,营造求实创新科研氛围。落实意识形态工作责任机制,弘扬优秀文化和奋斗精神,高质量完成院内院外新闻报道 42 篇,选树 6 名岗位贡献典型,创作《护航北极气,筑梦中国蓝》宣传视频,持续开展"传承民族文化,弘扬爱国精神,激发创新热情,传递人文关怀"特色活动 12 次,与石油地质实验研究中心联合开展"夯实基础研究,交叉思维创新,推动高质量发展"多学科融合青年学术交流会,被评为院 2020 年度"十佳青年活动"和"优秀青年活动",显著提升特色成果和优秀人才团队的知名度和影响力。

(陈松、许安著、王进财、王溪沙、赵伦)

中东研究所

【概况】

中东研究所（简称中东所）是研究院海外一路核心研究机构之一，主要从事中东地区油气勘探开发技术研究和生产技术支持。主要职责是负责中东地区油气勘探开发项目攻关研究与技术支持、重大油田开发方案编制、勘探开发新项目收购评价、资源潜力评价与生产动态分析、年度计划和中长期发展规划、钻采技术支持等工作。

2020年，中东所以研究院工作会议精神和领导要求为指导，围绕中东重点项目，编制哈法亚油田开发策略调整框架方案和2000万吨高峰产量实现后的开发技术对策，开展艾哈代布油藏实时注采优化、井网交替注水扩大试验及下部油藏层系归位方案优化等研究，推进西古尔纳1项目调整方案跟踪评价、新项目评价及水平井开发效果动态分析，中东两伊基础地质研究及陆海阿曼等勘探项目技术支持，为中东项目提供及时有效的技术支持及提质增效建议，保质保量完成各项任务和指标。

所长、副书记：郭睿（至2020年6月），李勇（2020年6月起）。主持全面工作，负责中东地区油气业务发展规划、重大油田开发方案编制、项目技术支持等工作，主管内控、合同及报销审核等工作。分管哈法亚项目部、艾哈代布项目部和中东钻采室。

书记、副所长：张庆春。负责党务工作，主管中东地区勘探项目技术研究与支持、资源潜力研究与发展规划、勘探新项目评价，以及所招投标管理、软硬件设备管理、HSE、保密等工作。分管中东所办公室、中东勘探室和中东测井室。

副所长：冯明生。负责所科研管理、中东地区油气开发项目攻关研究与技术支持、开发新项目评价等工作。分管中东油藏室、中东地质室。

中东所下设7个研究室和1个办公室。

中东勘探室：负责中东地区油气勘探项目综合地质研究和勘探技术支持，资源潜力评价、发展规划及勘探部署，勘探新项目评价等工作。主任段海岗，副主任罗贝维。

中东测井室：负责中东地区油气勘探项目和油气田开发项目测井地质综合研究与技术支持、国家专项测井技术攻关课题研究等工作。副主任肖玉峰（至2020年4月）。

中东油田地质室：负责中东地区油气开发项目油田地质综合研究和技术支持、油田开发（调整）方案编制、油气田开发新项目评价等工作。主任王雪玲（至2020年10月），副主任徐振永、刘玉梅。

中东油藏工程室：负责中东地区油气开发项目油藏工程技术研究与支持，重点油田试采及开发（调整）方案编制，油田动态跟踪分析与开发规划，油气田开发新项目评价等工作。副主任魏亮、高盛恩。

中东钻采工艺室：负责中东地区新老项目钻采技术经济评价、方案编制、钻采技术跟踪及哈法亚钻井技术支持等工作。负责人聂臻。

哈法亚项目部：负责哈法亚项目综合地质油藏技术研究与支持，油田开发方案及开发调整方案研究与编制，油田动态跟踪分析与开发规划等工作。副主任衣丽萍。

艾哈代布项目部：负责艾哈代布项目综合地质油藏技术研究与支持，油田开发方案及开发调整方案研究与编制，油田动态跟踪分析与开发规划等工作。副主任韩海英。

办公室:负责所日常科研、财务、行政事务管理、HSE、保密、后勤保障等工作。副主任卢巍。

截至2020年底,中东所在册职工79人。其中男职工51人,女职工28人;博士36人,硕士40人,本科2人;教授级高级工程师3人,高级工程师26人,工程师36人;35岁以下47人,36—45岁18人,46—55岁12人,56—60岁2人。当年,李峰峰、史殊哲、韩明珊、赫文琪入职,张文旗、刘达望、杨阳、王宇宁、顾斐、董若婧、甘俊奇、王俊文、邓西里、任康绪、仵元兵、田鸣威调入,肖玉峰、王秀芹、刘凤新、杨阳、董若婧、王雪玲调离。

【课题与成果】

2020年,中东所承担科研课题35项。其中国家级课题1项,公司级课题16项,院级课题4项,其他课题14项。获省部级科技奖5项,其中集团公司科技进步二等奖2项、北京市科技进步二等奖1项。获授权国外发明专利1项、中国发明专利13项。出版著作1部。在国内外学术会议及期刊上发表论文17篇,其中SCI收录3篇。

2020年中东研究所承担科研课题一览表

来源	序号	课题名称	负责人	起止时间
国家级课题	1	伊拉克大型生物碎屑灰岩油藏注水开发关键技术研究与应用	王良善、朱光亚	2017.1—2020.12
公司级课题	2	伊拉克低渗孔隙型生屑灰岩油藏储层表征及高效开发技术研究	朱光亚	2019.1—2020.12
	3	阿联酋陆海项目侏罗白垩系有利目标综合评价技术	罗贝维	2020.1—2020.12
	4	中东主要油气区油气地质研究	段海岗	2020.1—2020.12
	5	阿联酋陆海项目探井部署及跟踪评价	罗贝维	2020.1—2020.12
	6	阿曼5区勘探评价及钻井跟踪评价	杨敏	2020.1—2020.12
	7	中东地区碳酸盐岩油田注水开发技术政策研究	朱光亚、宋本彪、杨超	2020.1—2020.12
	8	哈法亚油田稳产技术对策研究	朱光亚、魏亮、衣丽萍、聂臻、韩海英、刘杏芳、王伟俊	2020.1—2020.12
	9	西古尔纳1油田上产技术与开发对策综合研究	徐振永、衣英杰、杨超、聂臻	2020.1—2020.12
	10	鲁迈拉油田稳产上产开发技术支持与对策研究	宋本彪、罗洪	2020.1—2020.12
	11	中东碳酸盐岩油藏注水技术研究	胡丹丹、魏晨吉	2020.1—2020.12
	12	中东地区油田新井、措施作业效益评价及优化	杨菁、杨超、宋本彪	2020.1—2020.12
	13	中东地区重点油田开发方案实施跟踪及效果评价	胡丹丹、魏亮、宋本彪	2020.1—2020.12
	14	北阿项目开发跟踪分析与提高采收率可行性评价	董俊昌、杨双、刘玉梅	2020.1—2020.12
	15	艾哈代布油田调整方案优化及先导试验设计	胡丹丹、田中元、王雪玲	2020.1—2020.12
	16	中东1号项目DU油田开发可行性评价	王根久、胡丹丹	2020.1—2020.12
	17	阿布扎比陆上项目重点油田油藏描述及开发技术对策研究	魏晨吉	2020.1—2020.12

续表

来源	序号	课 题 名 称	负责人	起止时间
院级课题	18	碳酸盐岩油藏开发规律及政策研究	王 舒	2019.9—2021.12
	19	大型海相碳酸盐岩精细油藏描述与地质建模技术	王根久、张文旗	2019.9—2021.12
	20	碳酸盐岩储层非均质研究及岩石类型微观表征	衣丽萍、邓西里	2019.9—2021.12
	21	碎屑岩储层单砂体构型与注采结构调整——以尕斯库勒油田为例	秦国省	2019.9—2021.12
其他课题	22—28	艾哈代布油田开发技术研究与支持合同(7个课题)	李 勇、郭 睿	2017.8—2020.1
	29—33	哈法亚2020年5个课题技术支持研究服务项目(5个课题)	朱光亚、聂 臻	2020.1—2020.12
	34	西古尔纳-1项目中方可行性研究(地下部分)	冯明生、徐振永	2019.11—2022.12
	35	西尔古纳-1项目股东技术支持(地下部分)服务合同	冯明生、徐振永	2020.4—2021.12

【交流与合作】

9月,胡丹丹作为分委会主持人参加IFEDC大会。

10月,刘杏芳线上参加第90届SEG2020会议。

11月,李勇、吕洲、朱倘仟、陆岳东、马瑞程、彭树岱、张文旗参加ADIPEC2020战略大会。

【科研工作情况】

2020年,中东所按照研究院工作会议部署要求,坚决抓好中东重点项目技术支撑,开展跟踪评价与优化调整,着力破解哈法亚、艾哈代布等油田开发技术难题,做好中东两伊基础地质研究和陆海阿曼等勘探项目技术支持,推进新项目评价,取得一系列重要成果,为中东业务高质量发展提供有力技术支撑。

全面开展哈法亚开发调整方案研究,完善Mishrif巨厚复杂碳酸盐岩油藏地质建模及动静态表征技术,深化Khasib低渗复杂流体灰岩油藏认识和分阶段建产策略,制定Main Mishrif层系归位先导实施方案及FDPR2方案优化部署,形成Mishrif碳酸盐岩注水动静态一体化评价和预测方法,创新

Sadi超低渗油藏一体化评价技术,推进MA岩溶型薄层生屑灰岩油藏储层表征及开发优化部署,高质量完成各油藏多轮次的关停井复产及钻完井等作业量的优化调整研究,支撑哈法亚项目内部收益率和净现金流的"双正"目标实现。

开展艾哈代布注水优化调整和先导试验研究,明确水淹规律和剩余油分布,提出侧钻鱼骨井和调剖堵水等综合调整措施,制定差异化注水开发技术政策,更新下部层系井网优化及层系归位方案,推动实施Mi4油藏直井酸压先导试验及潜力层试采方案,形成稳油控水调整关键技术,为减缓产量递减提供技术支撑。

推进西古尔纳1项目主力油藏Mishrif规模注水开发技术攻关,深化Yamama油藏潜力评价与开发策略,形成整体水平井为主的分层注水高效开发技术,跟踪评价下部层位水平井试验区新井部署,提出水平井井网底注顶采初步方案,高质量完成西古尔纳1油田权益及作业权新项目评价,为领导决策提供重要依据。

建立多单位、多技术特色、多专业的综合

研究团队，从沉积、储层、地震预测、构造解释、烃类检测、成藏等方面开展攻关，推进阿曼及阿联酋勘探潜力评价与有利目标优选，提高地质认识，夯实隐蔽目标，明确勘探新领域，首次证实潮道遮挡型圈闭含油潜力，助推新增可采储量 28 万吨，为进一步研究 Natih 组圈闭形成机制及潜力评价奠定坚实基础。

密切跟踪北阿扎德甘注水先导试验效果，以 400 万吨稳产为阶段目标，优化油井工作制度，优化气举生产，分析油田部分油井高含水原因，评估沥青析出对生产影响，开展注水先导试验效果评价及油田稳产形势分析，形成实施注水提高采收率技术将有望实现限产后合同目标的重要结论。

推进新项目评价研究，高质量完成 5 个新项目评价工作，跟踪支持中石油与美孚石油公司共同评价的"中东一号"项目，支撑伊拉克南部一体化新现目商务谈判工作，配合中东公司做好阿曼新项目评价和技术支持工作，当好领导决策参谋助手。

加强中东钻采技术研究，攻关哈法亚项目钻井卡钻机理及风险评估、低渗透油藏钻完井开发、注水井油层套管腐蚀机理及材质优选等技术，深化西古 1 项目 Mishrif 油藏开发方案、自评价报告以及项目收购新项目评价等研究，推进注水地面控制系统研究、阿布扎比压裂酸化技术研究等技术支持工作，支撑中东钻采业务取得新成效。

【党建与精神文明建设】

截至 2020 年底，中东所党支部有党员50 人。

党支部：书记张庆春，副书记郭睿（至 6月）、副书记李勇（6 月起），纪检委员冯明生、组织委员卢巍、宣传委员王伟俊。

工会：主席王伟俊，委员王文钰、衣丽萍、杨沛广、王秀芹（至 4 月）、朱倘仟（11 月起）。

青年工作站：站长林腾飞（至 11 月）、彭

树岱（11 月起），副站长王霈（至 11 月）、邵磊（11 月起），组织委员郝思莹（至 11月）、侯园蕾（11 月起），文体委员李楠（至 11月）、王宇宁（11 月起），宣传委员邓亚（至 11月）、秦国省（11 月起）。

2020 年，中东所党支部应对新冠肺炎疫情挑战，贯彻落实中央、集团公司党组和研究院党委工作部署，以推进基层党建与科研生产深度融合为目标，突出抓班子、带队伍、防疫情、促生产，彰显党支部政治优势、组织优势、宣传优势和保障优势，完成年度各项工作任务。

提高政治站位，压实从严治党主体责任。持续开展《习近平谈治国理政（第三卷）》和习近平总书记系列重要讲话和指示批示精神学习，树牢"四个意识"、坚定"四个自信"，做到"两个维护"。传达学习贯彻集团公司和研究院工作会议、党建与党风廉政建设和领导干部会议等重要会议精神，制定完善党群工作计划，完善《所领导班子履行党风廉政建设责任清单》，梳理关键岗位廉洁风险防控重点，强化领导班子"一岗双责"和干部员工廉洁从业意识，筑牢廉洁风险防线。

完善"大党建"工作格局，坚持"三重一大"集体决策，完成重大决策事项 8 次，集体讨论 14 次。完成支委会换届选举，制定班子成员及支部委员党建责任清单，落实党建与中心工作同谋划、同部署、同检查、同落实要求，围绕学科建设、人才培养、提质增效等主题，召开 2 次发展务虚会，制定人才培养方案、组织创新创效攻关，取得显著效果，相关党建成果荣获院党建案例大赛一等奖。立足岗位实践选树 8 名优秀党员典型，授予"党员示范岗"荣誉称号，制作宣传展板扩大影响力，充分发挥身边榜样激励作用。

做实党内组织生活，严格执行"三会一课"制度，扎实开展"战严冬、转观念、勇担当、上台阶"主题教育活动，组织主题党日活

动和党员轮训学习,形成合理化建议和经济技术创新方案、创新创效方案等一系列重要成果。

强化宣传和群团工作,落实意识形态责任制,强化网络自媒体排查和舆情管控,开展十九大精神再学习、安全生产月教育、主题教育成果总结等宣传教育,充分发挥党工青"三位一体"优势,开展工会活动10余次,青年活动7次,高质量完成各类宣传报道32篇,进一步提升干部员工干事创业精气神。

【大事记】

6月4日,免去郭睿中东研究所所长职务(勘研人〔2020〕88号)。

6月12日,李勇任中东研究所所长职务(勘研人〔2020〕109号)。

7月23日,完成支委会换届选举,张庆春、李勇、冯明生、卢巍、王伟俊任新一届支委会委员。

（卢巍、张庆春、李勇）

非洲研究所

【概况】

非洲研究所（简称非洲所）是研究院海外一路核心研究机构之一，主要从事非洲地区油气上游业务技术支持工作。主要职责是负责非洲地区油气勘探开发项目攻关研究与技术支持、油气资源潜力评价和发展规划、勘探开发新项目评价等工作，支撑集团公司非洲油气上游业务优质高效发展。

2020年，非洲所以国家重大科技专项、集团公司科技专项和海外勘探开发公司科研项目为依托，以重大勘探部署和开发方案编制为抓手，以实现非洲地区勘探突破、储量增长、高效开发、业务可持续发展为目标，强化理论技术创新与应用、学科建设与人才培养，有序高效推进非洲地区油气勘探开发研究与技术支持。

所长、副书记：张光亚。负责非洲所全面工作。分管勘探综合研究室、沉积储层研究室和办公室。

书记、副所长：肖坤叶。负责党支部全面工作。主管党务、工会、青年工作站等工作。分管地球物理研究室。

副所长：王瑞峰。负责非洲地区油气开发研究与技术支持管理工作。分管油田地质研究室和油藏工程室。

非洲所下设5个研究室和1个综合管理办公室。

勘探综合研究室：负责非洲地区相关盆地石油地质基础研究、油气资源潜力评价与战略选区选带，为勘探规划编制、勘探部署、动态调整、勘探策略研究和新项目评价提供技术支撑。主任刘计国。

沉积储层研究室：负责非洲地区相关盆地特殊储层形成机理基础研究，储层复杂流体识别、试油方案论证及测井技术集成与应用，勘探项目SEC储量评估和勘探部署技术支持等工作。主任杜业波，副主任王利。

地球物理研究室：负责非洲地区地震技术应用、集成、推广与研发，为非洲地区中油区块内勘探目标的落实与评价提供技术支撑，同时负责油气田开发方案、新项目开发方面的地球物理评价等工作。主任肖高杰，副主任刘爱香。

油田地质室：以油藏描述为核心，研发适合非洲地区开发地质特色技术，负责地层对比、构造刻画、沉积研究、储层评价、地质建模及储量评估等研究。主任李贤兵，副主任黄奇志。

油藏工程室：负责非洲地区油气田开发策略研究和决策支持，牵头开展油气田开发方案编制和协调IOR/EOR等专题研究，开展开发方案数值模拟，负责已开发油气田动态跟踪分析与开发规划、SEC储量评估及新项目评价。主任李香玲，副主任冯敏。

综合管理办公室：负责非洲所综合管理与协调工作，包括日常事务、人事、财务报销、合同招投标、外事、资产、文件印章、员工考勤、保密及其他后勤管理工作。主任杨莉，副主任程小岛。

截至2020年底，非洲所在册职工46人。其中男职工28人，女职工18人；博士26人，硕士13人，本科6人；教授级高级工程师2人，高级工程师32人，工程师11人；35岁以下12人，36—45岁18人，46—55岁16人。当年，黄彤飞入职，唐晓川调入，申秀云退休。

【课题与成果】

2020年，非洲所承担科研课题13项，其中国家级课题1项、公司级课题6项，其他课题 6 项。获省部级科技奖 3 项、局级科技奖 3 项。获授权专利 2 项,登记授权软件著作权 1 项。出版著作 2 部。在国内外学术会议及期刊上发表论文 25 篇,其中 SCI 收录 3 篇。

2020 年非洲研究所承担科研课题一览表

类别	序号	课 题 名 称	负责人	起止时间
国家级课题	1	大型油气田及煤层气开发	史卜庆	2016—2020
公司级课题	2	南苏丹大型层状砂岩油藏稳油控水综合调整技术研究	赵 伦	2019—2020
	3	乍得花岗岩潜山油藏高效开发技术研究	赵 伦	2019—2020
	4	乍得—尼日尔重点盆地勘探领域评价和目标优选	肖坤叶	2019—2020
	5	南苏丹—苏丹重点盆地勘探领域评价与目标优选	张光亚	2019—2020
	6	非洲地区勘探技术支持与研究	张光亚、毛凤军	2020.1—2020.12
	7	非洲地区油气开发技术支持与综合研究	王瑞峰、李香玲	2020.1—2020.12
其他课题	8	尼日尔 Bilma 区块 Trakes 斜坡成藏规律研究与勘探目标优选	袁圣强、姜 虹	2020.1—2020.12
	9	PSA 区块勘探策略研究与井位部署	杜业波	2020—2021
	10	法尔构造开发调整方案研究	黄奇志	2019—2020
	11	乍得 EEA-1&2 开发许可方案实施跟踪及重点油田开发方案编制	李贤兵	2019—2021
	12	PSA 区油田稳产技术研究及潜力区块开发方案编制	李香玲	2020—2021
	13	南苏丹 1/2/4 区勘探开发项目可行性研究	张新征	2017—2022

【交流与合作】

6 月 7—10 日,赵宁参加 AAPG ACE 2020 国际石油会议。

9 月 9—11 日,王玉华、郑凤云和肖高杰参加 2020 中国智慧石油和化工论坛。

9 月 23—25 日,冯敏、雷诚等 9 人参加 2020 年油气田勘探与开发国际会议(IF-EDC)。

10 月 16 日,肖高杰、王玉华参加中国地球科学联合学术年会。

12 月—2020 年 5 月,袁圣强到美国得克萨斯大学奥斯汀分校做访问学者。

【科研工作情况】

2020 年,非洲所以重点科研项目为依托,密切结合海外业务实际需求,以油气地质理论和技术创新指导生产实践,做好非洲地区可动用规模储量发现和油田稳产上产技术支撑,完成年度科研生产各项任务,取得一批显著成果。

发挥参谋助手作用,全年向集团公司、海外板块、地区公司管理层汇报重点工作 26 次,向集团公司编报《决策参考》1 篇、向海外板块报送《工作建议》5 篇,其中“长期低油价时期加大海外油气资产获取力度的政策支持建议”得到上级部门采纳,为领导决策提供重要依据。

深化中西非被动裂谷盆地成藏规律研究,全年优选勘探目标 37 个,被采纳 26 个,实施探井、评价井 18 口,新增油气权益可采储量 1095 万吨。创新 Doseo 坳陷油气地质认识,明确有利沉积相带与构造带叠合控制油气富集,优选两个有利成藏带,优选钻探目标 11 个,被采纳 9 个,钻井 4 口均成功,新增石油地质储量 3100 万吨。明确 Termit 盆地

Trakes 斜坡古近系与白垩系均发育有效成藏组合，优选目标 6 个，被采纳 5 个，钻井 2 口均成功，指导尼日尔风险勘探取得新发现。加强苏丹-南苏丹、乍得和尼日尔等成熟探区开展复杂断块精细构造解释与圈闭评价，优选目标 20 个，被采纳 12 个，钻井 12 口均成功，支撑重点成熟探区精细勘探取得新成效。

开展南苏丹老油田稳油控水综合调整技术研究，高质量重大开发调整方案编制，破解 3/7 区含水高、递减大、层系井网复杂等难题，确保南苏丹 820 万吨产能稳产。开展尼日尔二期和 PSA 首批油田方案实施跟踪研究和新区方案编制，优化乍得二期油田注水注气开发技术对策，助推西非公司实现 630 万吨产能目标。开展精准技术支持，助力非洲地区作业产量 1600 万吨稳产、权益产量达到 1020 万吨。

加强战略研究，加强非洲地区勘探开发形势分析，支撑《全球油气勘探开发形势及油公司动态（2020 年）》发布、"十四五"油气业务科技规划编制等工作，发挥油气成功合作标杆作用，形成"尼罗河业务退北稳南、量入为出""西非业务陆海并进""加快规模油气资源获取和高效精细开发"等重要研究成果，推动构建中-非油气合作新支点，为非洲地区建成中国石油海外最具影响力的常规油气重点合作区提供有力技术支撑。

顺利完成非洲地区年度勘探新增储量、SEC 储量评估，高质量完成非洲地区 10 个新项目评价，乍得 B/C 区区块勘探潜力较大、经济效益较好，建议公司推进商务谈判，力争获取区块。尼日尔 R5/6/7 区区块规划年产 60 万吨，建议回购，已经进入商务谈判阶段。

【党建与精神文明建设】

截至 2020 年底，非洲所党支部有党员 33 人。

党支部：书记肖坤叶，副书记张光亚，纪检委员王利（至 2020 年 8 月）、王瑞峰（2020 年 8 月起），组织委员王瑞峰（至 2020 年 8 月）、廖长霖（2020 年 8 月起），宣传委员王利（至 2020 年 8 月）、张新顺（2020 年 8 月起），青年委员程小岛（至 2020 年 8 月）。

工会：主席程顶胜，副主席胡瑛，女工委员杨莉，文体委员廖长霖，宣传委员杨轩宇。

青年工作站：站长程小岛（至 2020 年 8 月）、杨轩宇（2020 年 8 月起），副站长郑学锐（至 2020 年 8 月）、黄彤飞（2020 年 8 月起）。

2020 年，非洲所党支部贯彻落实研究院党建工作部署，结合年度考核指标，践行初心、勇担使命，为非洲油气合作区增储上产保驾护航。

加强党的政治建设，通过党员大会集体学习、党小组分组学习、党员网上自学等多种方式，及时宣贯《中国共产党国有企业基层组织工作条例（试行）》，组织学习习近平新时代中国特色社会主义思想和党的十九大四中、五中全会精神，传达学习贯彻集团公司工作会议、领导干部会议、党建与党风廉政建设工作会议精神，落实研究院工作会议、党建与反腐倡廉工作会议精神以及研究院党委各项工作部署，全年组织学习宣贯 13 次。

推进党风廉政建设，严格履行"一岗双责"，明确班子成员主体责任，分级签订党风廉政建设责任书和廉洁从业承诺书，压实支部、支部书记、班子成员党风廉政建设主体责任清单，对照廉洁风险防控要求，明确关键岗位廉洁风险点及其防控措施。分级签订党风廉政建设责任书，签约率 100%，按时上报支部落实党风廉政建设责任情况。落实廉洁风险防控体系，利用视频会议和新媒体等多种手段开展案例警示教育，将纪律教育扩大到全所职工，达到警钟长鸣的效果。响应集团公司《政务处分法》网上答题活动，促进全体党员廉洁从政从业。严格执行研究院公务接待、办公用房及装修、公务用车、会议管理办法等制度要求。全年未发生违法违规违纪、诫勉谈话等情况。

加强组织建设，按期完成换届选举，线上线下相结合开展"三会一课"和主题党日活动，加强党员队伍管理，发展科研骨干入党，开展两批次党员轮训工作，经过3个月的党员个人自学、党小组集中学习和讨论，全面完成轮训任务。严格按照"三重一大"事项决策细则，落实民主科学决策，规范党费收缴使用，为抗疫捐款。创新海外技术支持新模式，开展岗位练兵，提高青年人才专业技术水平，助力海外项目提质增效，形成的特色党建成果获院基层党建案例大赛二等奖。

着力宣传统战工作，组织开展理论学习和红色实践活动，弘扬爱国主义精神。通过建章立制，明确意识形态工作责任制和责任分工，两次向主管领导专题汇报意识形态工作，加强"两微一端"、讲座报告等意识形态风险点的预判和管理，全年未发生意识形态问题。加大宣传力度，在研究院主页编报新闻稿16篇，在《中国石油报》《石油商报》发稿2篇，在研究院公众号发稿4篇，宣扬重点科研成果及其支撑海外项目增储上产重要贡献，进一步扩大影响力。

开展群团工作，将疫情防控作为常态化工作，筹集并多渠道采购防疫物资，保障员工身心健康。打造"活力型"工会，积极组织"一起走"等集体活动，提升员工综合素质。青年工作站创造性开展"非接触式"特色活动，提升干部员工凝聚力战斗力。

【大事记】

8月，肖坤叶、张光亚、王瑞峰、廖长霖、张新顺任非洲研究所党支部委员，肖坤叶同志任书记，张光亚同志任副书记，王瑞峰同志任纪检委员、廖长霖同志任组织委员、张新顺同志任宣传委员（组委选〔2020〕46号）。

（程小岛、肖坤叶）

美洲研究所

【概况】

美洲研究所(简称美洲所)是研究院海外一路核心研究机构之一,主要从事美洲地区油气勘探开发攻关研究与技术支持。主要职责是以推进集团公司美洲地区油气业务高效发展为目标,围绕油气勘探、开发、新项目评价等领域开展靠前技术支持工作。

2020年工作,美洲所坚决贯彻集团公司做特美洲战略和研究院党委工作部署,着力提升自主创新能力和科学管理水平,持续加大美洲项目靠前技术支持力度,建设海外非常规和深海油气高效开发特色合作区,为集团公司美洲地区油气业务高效发展提供强有力技术支撑。

所长、副书记:陈和平。主持全面工作。主管科研、人事、财务、QSHE 等工作,协助书记开展党建和群团工作。分管油田地质室、重油开发室和办公室。

书记、副所长:田作基。负责党务工作。主管党支部、工会、青年工作站等工作,协助所长组织 QSHE、保密和企管法规等工作。分管勘探室。

副所长:齐梅。负责科研管理、学术交流、外事、国际合作、档案、技术培训、信息技术等工作。分管常规油开发室。

美洲所下设4个研究室和1个办公室。

勘探室:主要从事美洲地区油气勘探研究与技术支持,承担国家、集团(股份)公司下达的科研课题研究。负责人周玉冰。

油田地质室:主要从事美洲地区油田地质研究与技术支持,承担国家、集团(股份)公司下达的科研课题研究。负责人黄文松。

重油开发室:主要从事美洲地区重油和油砂项目开发技术研究与支持,承担国家、集团(股份)公司下达的科研课题研究。负责人李星民。

常规油开发室:主要从事美洲地区常规油开发技术研究与支持,承担国家、集团(股份)公司下达的科研课题研究。负责人李云波。

办公室:主要负责科研经费管理、合同与财务管理、后勤保障、QHSE、员工培训和行政事务管理等工作。主任韩彬。

截至2020年底,美洲所在册职工37人。其中男职工23人,女职工14人;博士23人,硕士13人,本科1人;教授级高级工程师2人,高级工程师21人,工程师14人;35岁及以下11人,36—45岁16人,46—55岁9人,55岁以上1人。当年,刘雪琦入职,武军昌调离,李云娟退休。

【课题与成果】

2020年,美洲所承担科研课题43项,其中国家级课题3项,公司级课题28项,院级课题1项,其他课题11项。获省部级科技奖3项,其中中国石油和化工自动化应用协会科技进步一等奖1项、集团公司科技进步二等奖2项。获局级科技奖5项。授权发明专利2项。在国内外学术会议及期刊上发表论文23篇,其中SCI收录7篇。

2020 年美洲研究所承担科研课题一览表

类别	序号	课题名称	负责人	起止时间
国家级课题	1	超重油油藏冷采稳产与改善开发效果技术	李星民	2016. 1—2020. 12
	2	油砂有效开发与提高 SAGD 效果新技术	刘 洋	2016. 1—2020. 12
	3	南美探区选区选带目标评价	马中振	2016. 1—2020. 12

续表

类别	序号	课题名称	负责人	起止时间
公司级课题	4	美洲探区规划计划研究与勘探动态跟踪分析	刘亚明	2020.1—2020.12
	5	美洲地区油气勘探部署图册编制	王丹丹	2020.1—2020.12
	6	美洲地区勘探类新项目评价	马中振	2020.1—2020.12
	7	安第斯项目薄储层预测、勘探潜力评价与目标优选	周玉冰	2020.1—2020.12
	8	秘鲁10/58区项目勘探潜力评价及勘探部署	赵永斌	2020.1—2020.12
	9	巴西中油区块油气成藏条件分析、勘探潜力评价与有利目标优选	阳孝法	2020.1—2020.12
	10	安第斯项目T区块重点老油田高含水期调整挖潜研究	刘 剑	2020.1—2020.12
	11	麦凯河区块SAGD生产规律分析与产能评价	梁光跃	2020.1—2020.12
	12	MPE3项目水平井加密优化与实施跟踪	沈 杨	2020.1—2020.12
	13	胡宁4区块注热吞吐效果评价及跟踪研究	陈长春	2020.1—2020.12
	14	秘鲁10区开发潜力评估和合同延期策略研究	孟 征	2020.1—2020.12
	15	巴西里贝拉项目梅罗油田地质油藏综合研究	徐 芳	2020.1—2020.12
	16	美洲地区油气开发生产形势分析及产量预测	李 剑	2020.1—2020.12
	17	美洲项目2020年油气开发年度生产经营计划	李云波	2020.1—2020.12
	18	美洲地区主力油田开发生产年报图册编制	王玉生	2020.1—2020.12
	19	美洲项目储量分析及SEC储量评估	史晓星	2020.1—2020.12
	20	美洲地区开发类新项目评价研究	范丽宏	2020.1—2020.12
	21	胡宁4项目早期生产可行性研究	刘章聪	2020.1—2020.12
	22	Tarapoa区块油田开发可行性研究	张克鑫	2020.1—2020.12
	23	麦凯河油砂区块一期开发调整方案	黄继新	2020.1—2020.12
	24	秘鲁58区早期生产方案	孟 征	2020.1—2020.12
	25	巴西里贝拉项目Mero-3和Mero-4生产单元开发可行性研究	徐立坤	2020.1—2020.12
	26	安第斯项目(2010—2019)自评价	刘 剑	2020.1—2020.12
	27	巴西布兹奥斯项目TOR+GDP研究	徐 芳	2020.1—2020.12
	28	厄瓜多尔勘探区块评价	刘雪琦	2020.1—2020.12
	29	安第斯项目延期评价	张克鑫	2020.1—2020.12
	30	MPE3项目高效复产关键技术研究与应用	杨朝蓬	2020.1—2020.12
	31	美洲地区"十四五"开发规划和科技规划	李云波	2020.1—2020.12
院级课题	32	油砂原位溶剂改质开采新技术研究	梁光跃	2019.1—2022.12
其他课题	33	T区块Mariann断层东部多维属性储层预测及有利目标优选	周玉冰	2020.1—2020.12
	34	T区块Napo组下段U层和T层沉积微相及有利目标优选	马中振	2020.1—2020.12
	35	T区块2020新井井位跟踪及2021年井位部署建议	张超前	2020.1—2020.12
	36	T区块Mariann South地区U/T层地质模型研究	郭松伟	2020.1—2020.12
	37	T区块Johanna East油田M1层模型及注水优化	刘 剑	2020.1—2020.12
	38	麦凯河区块一期2020年开发调整方案	黄继新	2020.1—2021.3

类别	序号	课题名称	负责人	起止时间
其他课题	39	麦凯河区块复杂储层开发先导试验方案	包　宇	2020.1—2021.3
	40	麦凯河区块生产动态跟踪与措施效果分析	周久宁	2020.1—2021.3
	41	胡宁4油田北部主力储层油水分布特征研究	陈长春	2020.1—2020.12
	42	秘鲁10/57/58区MSA技术支持框架服务协议	李云波	2020.1—2021.12
	43	秘鲁6/7区生产技术支持	徐立坤	2020.1—2020.12

【交流与合作】

8月26—28日，杨朝蓬线上参加EAGE拉美提高采收率技术研讨会并作宣讲。

8月26—28日，张克鑫、张超前赴上海参加2020国际石油石化技术会议暨展会并作宣讲。

9月23—25日，李星民、杨朝蓬、梁光跃、刘章聪、沈杨、史晓星参加2020油气田勘探与开发国际会议并作宣讲。

12月8—11日，杨朝蓬线上参加2020年EAGE年会并作宣讲。

【科研工作情况】

2020年，美洲所应对全球新冠疫情快速蔓延、国际油价断崖式下跌的双重考验，在研究院工作会议精神指导下，推进国家专项"十三五"收官工作，攻关前陆盆地斜坡带低幅度构造和薄储层精细勘探、深水盐下碳酸盐岩勘探开发、老油田剩余油挖潜和稳油控水、超重油与油砂经济有效开发等关键技术，编制可研、调整方案和延期方案15个，优化MPE3项目复产对策和油砂SAGD调控措施，制定提质增效对策建议，统筹谋划"十四五"业务和科技规划，实现"十三五"圆满收官和"十四五"良好开局，强劲支撑美洲地区油气业务效益发展。

加大国家和集团公司专项课题攻关力度，超重油与油砂国家专项项目下属26个任务均以优异的成绩通过综合绩效评价。推进超重油、油砂和深水盐下碳酸盐岩油藏等特色勘探开发技术，系统揭示超重油二次泡沫油形成机制与驱油机理，形成二次泡沫油提高采收率新技术；发展加密水平井提高油砂SAGD效果技术、水平井多点均匀注汽预测理论与方法；深化盐下巨型湖相碳酸盐岩油气成藏认识，形成深水碳酸盐岩双重介质裂缝建模技术，明确富含CO_2混相驱窜规律；深化前陆盆地斜坡带薄储层潮控河口湾沉积控藏认识，集成创新薄储层综合识别预测技术，完善高含水老油田综合调整挖潜技术，取得显著成效。

加强巴西巨型盐下碳酸盐岩油藏勘探甩开评价和安第斯项目成熟探区薄储层滚动勘探，实现美洲地区勘探年年有亮点。巴西布兹奥斯油田勘探评价井获得突破，部署评价井8口，实钻5口，均钻遇超过百米厚油层，控制地质储量49.1亿桶，推进巨型盐下碳酸盐岩油藏整体探明。安第斯项目提供探井、评价井22口，部署实施2口探井均获成功，支撑薄储层滚动勘探获得突破。推进厄瓜多尔重点区域勘探潜力评价，预测圈闭资源量3.2亿吨，加强勘探新项目描述与资源评价，预测风险后总资源量1.57亿吨。

开展15个可研/方案编制、后评价与延期技术评价。完成里贝拉项目Mero-3生产单元开发可研，通过中油国际审查，中方优化方案被作业者采纳。编制麦凯河油砂区块一期开发调整方案，深化产能论证，优化井位部署，通过海外中心审查。推进布兹奥斯GDP整体方案编制，完成构造储层评价、地质建模、储量复核及整体方案指标预测等工作，支撑项目尽早交割。完成安第斯项目2010—2019年自评价报告，通过集团公司咨询中心审查，制定项目延期至2035年评价方案。推进秘鲁58区早期生产可行性研究，通过专家中心审查和中油国际董事长办公会审议，推动项目早期生产实施进程。

加大技术支持力度，支撑各项目降本增效。在安第斯项目上，优化部署开发井位34口，调整注采井网，提出复产和低成本稳油生产建议，助力连年实现储产指标"双超"。在加拿大油砂项目上，优化4对加密井投产方案，实施SAGD调控措施33井次，助力区块日产油由年初的1.1万桶/天提高到1.4万桶/天。在MPE3项目上，优化长停井、暂停井等挖潜复产对策，支撑项目恢复躺井406井次、油井调参96井次、累计增油超过300万桶。胡宁4项目优化多元热流体吞吐油藏工程设计，开展尿素辅助蒸汽吞吐可行性室内评价实验，开展低成本开发技术论证，推动中方技术进入委内瑞拉超重油开发领域。在巴西项目上，建立裂缝-溶蚀孔洞型碳酸盐岩储层渗透率计算方法，形成离散裂缝网络（DFN）模型建模技术，创建梅罗油田基质裂缝双重介质地质模型，研究成果得到联合体高度肯定。秘鲁项目优化新井部署和增产措施，提出秘鲁6/7区关停低效捞油井和稳定老井产量的建议，助力各区块超产。

【党建与精神文明建设】

截至2020年底，美洲所党支部有党员29人。

党支部：书记日作基，副书记陈和平，纪检委员齐梅，组织委员梁光跃，宣传委员张克鑫。

工会：主席韩彬，委员刘剑、田园。

青年工作站：站长张超前，委员史晓星、周久宁。

2020年，美洲所党支部贯彻落实中央、集团公司党组和研究院党委部署要求，严格履行基层党建工作责任，聚焦主责主业，以"四个诠释"岗位实践活动为特色载体和实践抓手，扎实开展"战严冬、转观念、勇担当、上台阶"主题教育活动，引领建设科研和技术支持核心团队，创造性地开展群团工作，圆满完成各项任务。

强化政治引领，抓好理论武装，深入学习贯彻习近平新时代中国特色社会主义思想和总书记重要指示批示精神，传达落实集团公司党组和研究院党委重要战略决策和工作部署要求，严格执行"三会一课"制度，全年召开支部大会、支委会会议、书记讲党课38次，党小组会议24次，增强"四个意识"、坚定"四个自信"、做到"两个维护"。扎实推进"战严冬、转观念、勇担当、上台阶"主题教育活动，引领制定提质增效对策建议，确保科研生产和疫情防控"两手抓、两促进"。

构建"大党建"工作格局，建立党建责任清单制度，严格执行重大问题决策制度和程序规定，保证民主科学决策。按期完成党支部换届选举，认真做好党员轮训工作。创建和谐进取人才发展环境，畅通人才成长渠道，技术人才快速成长。美洲所南美地区老油田综合挖潜技术支持团队获研究院十大杰出青年团队称号，"桃花潭水深千尺，不及大家送我情"欢送退休职工活动荣获集团公司直属工会优秀工会案例一等奖，刘剑被评为院先进工作者。

推进党风廉政建设，落实党支部、支部书记、班子成员党风廉政建设主体责任清单，《党风廉政建设责任书》和《廉洁从业承诺书》签约率100%，构建常态、长效化作风建设机制，履行监督责任，预警廉政风险苗头，建立廉洁风险防控体系，抓好关键岗位和重点环节廉洁风险防控，加强警示教育，筑牢廉洁堤坝。

强化思想阵地建设，传承红色基因，赓续

红色血脉,组织观看《八佰》《金刚川》等爱国主义电影,激发干部员工爱国主义情怀。展示员工干事创业风采,弘扬新冠肺炎疫情期间先进典型,撰写《回到未来,改变现在》微信公众号文章1篇,用身边优秀人物和事迹引领团队建设。组织开展第十一届"青年英语学术论坛",搭建青年人才施展才华舞台,有力提升青年人才综合能力。

推进群团工作,关心关爱员工群众,充分发挥工会桥梁纽带作用,坚持秉承"把好事儿做实,把实事儿做好"宗旨,先后举办新年茶话会、美洲美女美如花多媒体大赛、世界读书日分享一本好书、员工减压管理、团队建设、集体生日会等特色活动15次,连续6年赴河北省涞源县东团堡乡希望工程小学开展助学和科普活动,慰问员工及家属10人次,撰写2项工会提案被院工会采纳,干部员工幸福感和获得感进一步提升。

(韩彬、夏朝辉)

亚太研究所

【概况】

亚太研究所（简称亚太所）是研究院海外一路核心研究机构之一，主要从事集团公司亚太、阿姆河以及北美地区油气勘探开发项目攻关研究和技术支持。主要职责是做好重点地区陆上常规、非常规和海上等多个领域油气项目技术支持，以及勘探开发中长期规划和年度部署、重大开发方案编制、勘探开发技术攻关与支持、新项目技术评价等任务。

2020年，亚太所以效益可持续发展为导向，突出重点，培育亮点，完善与发展海外天然气勘探开发特色技术，加强国际化人才培养和优秀团队建设，抓好重点地区重点领域油气项目技术支持工作，为支持项目完成产量生产任务提供全方位技术支持和保障。

所长、副书记：王红军。主持全面工作。主管综合管理、财务、纪检工作，负责阿姆河项目油气勘探技术攻关与生产支持工作。分管办公室、地质评价室。

书记、副所长：夏朝辉。负责党支部全面工作。主管科研管理、工会、青年工作站工作，负责SPC项目和泰国项目开发技术研究与技术支持以及新项目评价工作。分管开发地质室、油气藏综合研究室，协调气藏工程室。

副所长：郭春秋。负责安全保密、设备购置与管理、人才培养与学科建设、学术交流、对外宣传、学生办公室管理等工作，负责阿姆河项目开发技术研究与技术支持工作。分管气藏工程室。

亚太所下设4个研究室和1个办公室。

地质评价室：主要负责海外勘探类科研项目组织与实施，海外油气地质研究及勘探部署、钻后评价及储量评估，海外项目油气藏地质评价，勘探类新项目评价等工作。主任张良杰，副主任洪国良、李铭、程木伟。

油气藏综合评价室：主要负责海外新项目评价组织与实施，油气藏描述与综合评价，海外项目决策支持研究等工作。副主任张文起、汪萍。

开发地质室：主要负责油气藏开发地质领域新技术、新方法研究与集成应用，海外项目油气藏开发地质研究，编制天然气项目试采、开发（调整）方案开发地质部分，以及天然气项目开发区块内部储量计算（复算）等工作。副主任曲良超、崔泽宏。

气藏工程室：主要负责天然气藏开发新技术、新方法研究与集成应用，生产动态分析、年度生产计划及中长期生产规划，编制天然气藏试采方案、开发（调整）方案气藏工程部分，气藏工程设计及相关研究，以及储量评估等工作。主任刘玲莉，副主任史海东、胡云鹏、陈鹏羽。

办公室：主要负责亚太所科研、行政管理，后勤保障及财务报销等工作。主任代芳文，副主任尉晓玮。

截至2020年底，亚太所在册职工39人。其中男职工24人，女职工15人；博士26人，硕士11人，本科2人；教授级高级工程师2人，高级工程师23人，工程师13人；35岁以下12人，36—45岁16人，46—55岁11人。当年，苏朋辉、卫晓怡入职，郭同翠调入，胡广成调离。

【课题与成果】

2020年，亚太所承担科研课题23项，其中国家级课题2项，公司级课题5项，其他课题16项。出版著作2部。登记软件著作权4项。发布企业标准3项。在国内外学术会议及期刊上发表论文 35 篇,其中 SCI 收录 5 篇。

2020 年亚太研究所承担科研课题一览表

类别	序号	课 题 名 称	负责人	起止时间
国家级课题	1	土库曼斯坦阿姆河右岸裂缝孔隙(洞)型碳酸盐岩气藏高效开发关键技术研究与应用	史海东	2017.1—2020.12
	2	亚太探区选区选带与目标评价	胡广成	2016.1—2020.12
公司级课题	3	海外天然气藏复杂储层精细评价与预测技术	郭同翠、张良杰	2018.3—2020.12
	4	印尼砾岩储层精细表征与优化开发技术	张晓玲、胡云鹏	2019.1—2020.12
	5	都沃内项目挥发油区带高效开发技术	孔祥文、汪 萍	2019.1—2020.12
	6	亚太、阿姆河地区油气勘探技术支持与研究	王红军	2020.1—2020.12
	7	亚太、阿姆河地区油气开发技术支持与研究	夏朝辉	2020.1—2020.12
其他课题	8	别列克特利—皮尔古伊气田西南斜坡带 J2k—J3o 阶沉积和储层特征研究及生烃分析	张良杰	2020.1—2021.12
	9	阿姆河右岸多瓦姆雷—桑迪克雷地区层序划分与沉积微相研究	蒋凌志	2020.1—2021.12
	10	阿姆河右岸奥贾尔雷—桑迪克雷气田成藏特征研究与井位建议	张良杰	2020.1—2021.12
	11	阿姆河巴格德雷合同区中长期储量动用及开发研究	史海东	2020.1—2021.12
	12	阿姆河霍贾古尔卢克气田孔洞缝储层预测及开发策略研究	张良杰	2020.1—2021.12
	13	阿姆河低产低效井开发潜力分析与综合治理研究	陈鹏羽	2020.1—2021.12
	14	鲍—坦—乌气田开发方案地质研究及开发设计	程木伟、陈鹏羽	2020.1—2020.12
	15	东库瓦塔格与阿盖雷气田试采方案	郭春秋、程木伟	2020.1—2022.12
	16	别—皮与亚希尔杰佩气田精细动态描述及开发潜力跟踪评价	郭春秋、陈鹏羽	2020.1—2020.12
	17	SPC 项目海上油气田高效开发技术与策略研究	胡云鹏、张晓玲	2020.1—2020.12
	18	泰国项目综合地质研究与钻后评价	李春雷、张晓玲	2020.1—2020.12
	19	加拿大白桦地项目后评价方案	孔祥文	2020.1—2020.12
	20	加拿大都沃内项目地质与气藏分析与方案设计、采气工程分析与方案设计	汪 萍	2020.1—2020.12
	21	澳大利亚箭牌项目开发技术支持(ABSC)	张 铭	2020.1—2020.12
	22	澳大利亚箭牌项目苏拉特区块开发可行性研究	刘玲莉、崔泽宏	2020.1—2020.12
	23	澳大利亚箭牌项目苏拉特区块一期开发可行性研究报告	夏朝辉	2020.1—2020.12

【交流与合作】

3月30日,李铭线上参加第13届 IPTC 年会并作技术报告。

10月20日,李铭线上参加第82届 EAGE 年会并作技术报告。

【科研工作情况】

2020年,亚太所贯彻落实研究院 2020 年工作部署和"12345"总体发展思路,扎实做好集团公司在亚太、北美地区陆上常规、非常规和海上等多个领域油气项目技术支持工作,完善与发展海外天然气勘探开发特色技术,着力破解关键技术难题,为完成年产 2000 万吨油气当量生产任务提供全面技术支持和保障。

加强战略决策支持，向中油国际编报 2 篇《工作建议》，其中《做好澳大利亚箭牌煤层气项目"首期供气通知"的工作建议》从整体工作计划安排、设立备用井区预案、提产降本和实施保障共三个方面提出具体工作建议，以便稳健发出首期供气通知，保证中方利益。《积极主动获取印尼新项目的工作建议》经过技术层面深入评价，筛选出南苏门答腊盆地 Sakakemang 滚动勘探项目、北苏门答腊盆地 AndamanⅢ 海上风险勘探项目和东爪哇盆地 Cepu 开发项目 3 个新项目，并提出相关工作建议，得到上级领导和部门充分肯定。

加强重点项目技术支撑，助推深化重点合作区油气产量持续攀升，取得油气作业当量达到 2100 万吨、权益产量 1349 万吨当量的新突破。在阿姆河右岸天然气项目上，主导编制 B 区西部可研调整方案，精细解释东库瓦塔格气田复杂逆冲构造，持续开展碳酸盐岩地震沉积学与地震-地质综合预测裂缝技术攻关，有力支撑阿姆河右岸项目长期稳产 140 亿米^3/年。在加拿大都沃内页岩气项目上，按地下地面工程商务一体化优选资产分割包，提出优选 B 资产包建议，得到上级决策层采纳，资产分割仲裁胜诉后，中石油成为 100%权益作业者，预计建产规模将达到 130 万吨。在澳大利亚箭牌项目上，综合采用跨煤层组多层合采+多段封隔完井工艺技术、丛式井井组平台布局和井身设计优化技术、产能建设井和备用井协同考虑机制，优化部署开发井 106 口，预计新建产能年 10 亿立方米以上，助力整个箭牌项目年产气量从 15 亿立方米增至 25 亿立方米以上。在东南亚地区重点项目上，形成印尼项目 Jabung 区块"立体"精细深度挖潜技术对策，做好 SPC 项目区块地质研究和优化井位，编制泰国项目邦亚区块延期评价，支撑 3 个重点区块油气当量达到 670 万吨。

持续加大合作研究，与美国德州大学奥斯汀分校开展碳酸盐岩储层裂缝地质建模技术联合研究，形成基于裂缝成因控制和嵌入式离散裂缝模型的裂缝建模技术，为中部别皮主力气田的井位部署和开发指标制定提供依据，助推集团公司海外非常规天然气开发业务高质量发展。

【党建与精神文明建设】

截至 2020 年底，亚太所党支部有党员 28 人。

党支部：书记兼纪检委员夏朝辉，副书记王红军，宣传委员兼保密委员郭春秋，青年委员丁伟，组织委员陈鹏羽。

工会：主席尉晓玮，组织委员刘丽，宣传委员胡云鹏，女工委员张晓玲，文体委员曲良超。

青年工作站：站长张晓玲，副站长胡云鹏，组织委员刘晓燕、宣传委员代芳文。

2020 年，亚太所党支部坚决贯彻落实研究院党委工作部署，严格履行党建工作责任和意识形态工作责任，依照《党建工作责任制 2020 年度定量考核评价表》，落实基层党建工作任务，切实以高质量党建引领保障高质量发展。

构建"大党建"工作格局，坚持围绕中心工作抓党建，制定党建科研相结合的工作计划，将党建工作按岗位、按职责层层分解落实，履行党建工作责任，形成党员领导干部全员抓党建的合力。进一步强化政治理论学习，严格执行"三会一课"制度，全年高质量召开党员大会 13 次、支委会 12 次、党小组会 11 次，深入开展讲党课活动 3 次、主题党日活动 11 次，增强"四个意识"，坚定"四个自信"，做到"两个维护"。

扎实开展"战严冬、转观念、勇担当、上台阶"主题教育活动，成立专门工作领导小组，编制运行方案，围绕提质增效主题，广泛开展调查研究和意见征集，上报调研报告 1

篇,达成6项所内共识,形成2项立行立改措施,提出"吃透商务条款,技术商务一体优化义务工作量"合理化建议,切实把干部员工攻关克难榜样精神发扬到海外项目最前端,形成的党建成果获院基层党建案例大赛三等奖。

加强党风廉政建设,结合科室业务特点,谋划廉洁风险责任清单,重点把控廉洁风险点,定期开展党风廉政教育和新提拔干部管理培训,加强党章党规党纪学习和案例警示教育,绷紧反腐倡廉之弦不放松,持续营造风清气正的工作环境。落实"三重一大"民主决策制度,提高管理运行透明化,做好支部换届选举和双序列评选工作,加大年轻干部培养选拔力度,激发创新活力。

加强思想宣传工作,推进意识形态建设,严守思想防线,明确党支部主体责任,强化意识形态阵地日常管理和督查责任落实,坚决不给错误思想言论提供渗透或传播渠道,切实做到守土有责、守土负责、守土尽责。完善党员活动阵地,着力把党员活动阵地建设成为增强党员政治素质的中心、强化党员思想教育的阵地、提升党员技能的课堂,加强交流与宣传,与兄弟单位联合开展主题党日活动,分享先进工作经验,与结对子单位共同策划特色活动,多层次、多维度提高工作能力,激发干部员工干事创业积极性。

(尉晓玮、陈鹏羽、丁伟、王红军)

工程技术研究所

【概况】

工程技术研究所（简称工程所）成立于2020年6月，是研究院海外一路核心研究机构之一，主要从事集团公司海外油气合作区钻采工程关键技术研究、方案编制与技术支持等工作。主要职责是负责对海外油气勘探开发提供工程技术支持和研究，对中油国际本部提供工程技术方面的决策参谋，对各海外项目工程技术进行综合研究与技术支持，做好海外工程监督管理和协调组织技术培训，为集团公司海外油气上游业务高质量发展提供工程技术支撑。

2020年，工程所贯彻落实研究院党委工作部署，应对新冠肺炎疫情和低油价等严峻挑战，依托国家和集团公司科技攻关项目，充分发挥大院一体化优势，凝聚工程一路技术力量，坚决做好集团公司海外重点合作区工程技术决策支持和技术支撑，着力破解钻完井、人工举升、储层改造等重点领域关键难题破解，为海外项目高效开发、提升主营业务创效能力提供高质量科技供给。

所长、副书记：崔明月。负责工程所行政工作。主管人事、财务、法规、外事、保密和QHSE体系管理等工作。分管办公室、材料室和监督室。

书记、副所长：刘新云。负责党支部工作。主管群团、党建、党风廉政建设、宣传和意识形态等工作。分管钻井室、完井室和作业室。

副所长：姚飞。负责科研管理工作。负责科技规划和信息化建设工作。分管注采室、增产室和综合规划室。

工程所下设8个研究室和1个办公室。

钻井工程研究室：负责海外钻井工程技术支持与研究，对口总部和项目公司生产运行部。负责人石李保。

完井试油研究室：负责海外特殊工艺井钻完井、试油、井筒完整和井控技术支持与研究。对口总部和项目公司生产运行部和勘探部。负责人吴志均。

注采工程研究室：负责海外采油采气工艺与方案、注水、举升、防腐和地面短输工程等技术支持和研究。对口总部和项目公司运行部、工程建设部。负责人王青华、杨军征。

增产技术研究室：负责海外增产措施和地质工程一体化技术支持与研究，对口总部和项目公司生产运行部。负责人梁冲。

井下作业研究室：负责海外特殊工艺钻井及固井、管外窜修复、防砂作业、堵水作业及其他井下作业技术支持与研究。对口总部和项目公司生产运行部、作业部。负责人张国辉、王鹏。

材料质量控制室：负责海外钻井液、固井泥浆、完井液和储层改造等入井流体研究与矿场质量控制评测。对口总部和项目公司生产运行部、采办和质检部。负责人张希文。

综合规划研究室：负责对总部和项目公司日常技术支持课题、新项目评价、重大工程技术规划方案、标准化和信息化工作和科委办公室日常工作。对口总部和项目公司规划计划、业务发展和科技信息部。负责人温晓红、胡贵。

海外监督管理科：负责海外工程监督资质、许可、培训等管理及所技术人员赴海外项目技术支持的护照、签证办理及出国立项、公示等项事务。对口总部和项目公司的人力资源部、监督公司。负责人曹珍妮。

办公室：负责综合事务、科研管理、培训、

QHSE 体系管理、保密、合同、材料计划、考勤、报销核算及日常事务管理,对口研究院机关和海外研究中心机关各部门。负责人姜强、常鑫、赵玉红。

截至 2020 年底,工程所在册职工 36 人。其中男职工 27 人,女职工 9 人;博士 11 人,硕士 18 人,本科 7 人;教授级高级工程师 2 人,高级工程师 19 人,工程师 15 人;35 岁以下 8 人,35—45 岁 12 人,46 岁以上 16 人。

市场化用工 1 人。

【课题与成果】

2020 年,工程所承担科研课题 24 项,其中国家级课题 2 项,公司级课题 6 项。获省部级科技奖 2 项、局级科技奖 3 项。获授权发明专利 9 件。登记软件著作权 4 项。向集团公司编报《决策参考》3 篇。在国内外学术会议及期刊上发表论文 12 篇,其中 SCI 收录 3 篇。

2020 年工程技术研究所承担科研课题一览表

类别	序号	课题名称	负责人	起止时间
国家级课题	1	中亚和中东地区复杂碳酸盐岩油气藏采油采气关键技术	陶冶	2016.1—2020.12
	2	超浅层水平井冷采油藏工程及钻井工程一体化优化设计	梁冲	2017.1—2020.12
公司级课题	3	海外中高含水复杂油藏稳油控水采油工程关键技术	杨军征	2019.1—2020.12
	4	印尼砾岩储层精细表征与优化开发技术研究	张合文	2019.3—2020.12
	5	加拿大致密气潜力评价与挥发油区带提高采收率技术研究	邹春梅	2019.2—2020.12
	6	2020 年海外生产作业技术支持与研究	邹洪岚	2020.1—2020.12
	7	十四五海外钻采工程科技规划	温晓红	2020.1—2020.12
	8	新项目/预可研评价钻采方案编制	陶冶	2020.1—2020.12
院级课题	9	气举阀高效投捞工具研究	杨军征	2019.2—2020.12
	10	白云化碳酸盐岩储层酸压液体体系研究	晏军	2019.3—2020.12
	11	钻柱系统黏滑振动机理与钻头自适应限位齿控制单元研究	胡贵	2019.2—2020.12
其他课题	12	规划院和地区公司开发方案	王青华	2020.1—2020.12
	13	阿克纠宾平台	赫安乐	2020.1—2020.12
	14	PKKR 项目	晏军	2020.1—2020.12
	15	阿姆河改造及完井技术支持	吴志均	2020.1—2020.12
	16	哈法亚 M 层和 S 层储层改造	朱大伟	2020.1—2020.12
	17	艾哈代步储层改造技术支持	王超	2020.1—2020.12
	18	艾哈代布采油和堵水调剖工程技术支持	崔伟香	2020.1—2020.12
	19	阿布扎比钻采技术支持	张希文	2020.1—2020.12
	20	乍得项目钻采技术支持	梁冲	2020.1—2020.12
	21	南苏丹和尼日尔钻采技术支持	王鹏	2020.1—2020.12
	22	乍得 PSA 区块开发钻井方案编制	贺振国	2020.1—2020.12
	23	乍得 2.1 期开发调整钻井方案编制	石李保	2020.1—2020.12
	24	乍得复杂结构井钻完井技术研究与技术支持	石李保	2020.1—2020.12

【科研工作情况】

2020 年,工程所以提质增效为抓手,围

绕海外重点油气区资产获取、高效建产、稳产增产技术需求,深入开展工程技术支持与攻

关工作，在全方位生产作业技术支持、停躺井复产、储层改造技术、特色钻完技术等方面取得进展，完成年度工作任务。

聚焦中东、中亚重点项目提高单井产量与储层动用程度需求，坚持"地质工程一体化"理念，强化技术适应性，通过"造长缝、多分段、低伤害"思路，利用连续油管喷砂射孔和底封分段酸压工艺等技术，保障中国石油主力区块稳产增产。

突出长停井低成本挖潜增效，瞄准海外停躺井数量大（占总井数的 34%）、影响产量高（每年超过 5000 万吨）难题，全面盘点海外 40 个开发项目 8215 口长停井整体情况，对南苏丹 3/7 区、乍得、安第斯 T 区块、MMG、阿克纠宾、PKKR 等项目 1933 口长停井开展挖潜分析，按照"突出问题、专业协同；突出重点、分类施策；突出效益、技术为王"思路，分区块制定技术对策，向中油国际和项目公司推荐 ICD 分层控水等技术，发挥参谋助手作用。

开拓新领域、研发新技术、应用新方法，牵头完成 NCOC 针对股东 12 个 MSC 标书中钻采标书的投标，为拓展集团公司海外"小、大、非"项目钻采技术支持领域打下坚实基础。创新研发 PDC 钻头切削齿切深自适应限位机构，有效控制钻头在软硬交错、非均质性强地层钻进稳定性和破岩效率，进一步提高钻头使用寿命和复杂地层钻进适应性。

提升海外监督工作质量，及时获取监督培训需求，制定监督面试计划，严格审核拟派监督资料，组织协调各路专家，严格面试考核把关，保障海外项目监督人员用工质量。

【党建与精神文明建设】

2020 年 6 月，工程所党支部正式成立，截至 2020 年底有党员 31 人。

党支部：书记刘新云，副书记崔明月，纪检委员姚飞，组织委员张希文，宣传委员温晓红。

工会：主席陶冶，副主席赫安乐，委员孙杰文、王超、张艳娜。

青年工作站：站长贺振国，副站长王超，委员晏军、胡贵、张艳娜。

2020 年，工程所党支部以习近平新时代中国特色社会主义思想为指导，坚持"围绕科研抓党建、抓好党建促科研"思路，带领全体员工直面"双重大考"，吹响"提质增效"冲锋号，认清形势、统一思想、坚定信心、主动作为，持续提升党建工作质量，全面完成各项党建任务，为做大海外钻采工程一体化合力提供坚实思想、组织和人才保障。

提高政治站位，采取"党政班子带头学、个人自学、党小组和党员集中学"等方式，强化政治理论学习，重点学习研读十九届四中、五中全会精神和《习近平谈治国理政》第三卷，引领党员员工树牢"四个意识"，坚持"四个自信"，做到"两个维护"。坚决贯彻落实党中央、集团公司党组和研究院党委重大决策部署，及时部署落实各项工作，制定党工青计划 24 项，扎实开展各类学习宣贯活动 15 次，汇聚起干部员工干事创业强大合力。

夯实党建工作基础，压紧压实党建工作责任，制定完善基层组织工作制度 5 项，严格执行"三会一课"、民主生活会等制度，全年召开全体党员大会 15 次，支委会 16 次，党小组会 36 次，讲党课 2 次，党建工作质量进一步提升。加强基层组织建设，按期完成第一届党支部委员会选举工作，认真做好两批次党员轮训，扎实做好党员教育及管理，及时收缴党费并有效使用。加强队伍建设，在疫情新形势下引领科研骨干线上视频提供靠前技术支持，远程指挥推进中东哈法亚和中亚 PK 工程实施，成效显著。

加强党风廉政建设，建立健全党风廉政建设责任体系，落实全面从严治党主体责任，完善制度 2 项，落实责任清单 6 项，签订责任书 11 份、廉洁承诺书 31 份。杜绝"四风"问题,持续抓好4项廉洁风险点全过程监督,组织警示教育和政务法答题,严格执行公务接待、用车用房、会议等要求,全年无违规违纪行为。

扎实开展"战严冬、转观念、勇担当、上台阶"主题教育系列活动,聚焦提质增效主题,落实"五个一"要求,完成1份活动方案、1份调研报告和2份宣讲报告,提出11项优秀创新创效项目,开展3次提质增效交流研讨,制定"一项目一策"机制,保障1亿吨权益产量。激励全体员工立足岗位、担当作为,以解决生产难点热点为导向,开展系列有特色、有抓手、有创意特色活动,汇编优秀攻关项目案例手册,向总部层面做钻采工程、关停井复产等主题报告17次,激发海外工程各专业创新创效活力,有效发挥钻采科技创新的支撑和引领作用。

做好正面宣传和统战工作,落实意识形态工作责任制,制定完善意识形态管理实施细则,按期向主管院领导专题汇报意识形态工作。传承弘扬优秀传统文化,激发爱国主义情怀,组织开展"原创诗歌、云视频朗诵"等特色活动,在研究院网页和RIPED公众号发布科研和党建重点工作报道30篇,营造浓厚创新创效氛围。

强化群团服务保障能力,以"营造宽松活跃环境,关爱员工身心健康"为宗旨,开展节日慰问、员工生日关怀、健步走、文体比赛、户外拓展等形式多样的集体活动。搭建中青年人才成长平台,采用思想碰撞、学术讲堂、技术交流等形式,提升干部员工国际化水平和综合素养,为海外油气业务高质量发展提供人才保证。

【大事记】

6月12日,崔明月任工程所所长(勘研人〔2020〕108号)、党支部副书记(勘研党干字〔2020〕10号)职务。刘新云任工程所党支部书记(勘研党干字〔2020〕11号)、副所长(勘研人〔2020〕109号)职务。姚飞任工程所副所长(勘研人〔2020〕108号)职务。

(常鑫、崔明月)

生产运营研究所

【概况】

生产运营研究所(简称生产运营所)是研究院海外一路核心研究机构之一。主要职责是协助海外研究中心做好海外技术支持体系管理协调与研究质量控制;负责海外技术方案现场实施的跟踪监督;负责海外项目年度计划、规划编制、可行性研究方案和技术方案编制等方面的协调和跟踪;协助中油国际和海外项目相关业务部门,开展相关事务协调服务;做好海外项目轮换人员的技术培训和交流等工作。

2020年,生产运营所落实中油国际、研究院和海外研究中心工作部署,解放思想、团结一致、开拓创新,充分发扬石油精神和大庆精神、铁人精神,应对海外油气业务面临的严峻挑战,坚持问题和需求为导向,立足"协调、管理、监督与服务"职责定位,充分发挥多专业和丰富的现场经验优势,做好专项研究、生产动态跟踪、方案技术审核等技术支持工作,推动关键技术难题破解和先进技术规模应用,整合形成海外技术支持体系整体技术和人才合力,进一步提升海外技术支持体系科研成果质量。

所筹备组负责人:牛嘉玉。主持全面工作(至2020年11月)。

所长、书记:牛嘉玉(2020年12月起)。主持全面工作。主管党建群团、人事、财务、法规、外事等工作。分管综合管理办公室。

副所长:胡勇。负责开发、钻采和储量工作。分管开发室和生产作业室。

副所长:吴亚东。负责勘探和地面工程工作。分管勘探室和地面工程室。

副所长:燕庚。负责科研、信息、标准化和QHSE相关工作。分管标准化室。

生产运营所下设5个研究室和1个综合管理办公室。

勘探室:主要参与海外勘探部署和实施动态分析,编制相关周报、月报和季报等;负责海外项目技术方案现场实施的跟踪监督;参与协调海外勘探年度计划、规划编制、预可研、可研和储量评估;协助科技信息部开展选题、过程跟踪和成果质量把关;围绕勘探瓶颈问题,跟踪协调海外技术支持体系技术支持课题,协调开展针对性技术攻关。对口服务于中油国际勘探部、业务发展部和海外地区公司、项目公司勘探生产相关事务。负责人吴亚东(至2020年10月)、胡欣(2020年11月起),副负责人胡欣(至2020年10月)、王一帆(2020年11月起)。

开发室:主要参与海外油气田生产动态分析,编制相关周报、月报和季报等,负责海外项目技术方案现场实施的跟踪监督,参与协调做好海外年度计划、预可研、可研和开发方案编制,协助科技信息部开展选题、过程跟踪和成果质量把关,跟踪协调海外技术支持体系的开发生产技术支持课题并协调开展针对性技术攻关。对口服务于中油国际开发部、生产运行部、业务发展部及海外地区公司、项目公司开发生产相关事务。负责人许战卫(至2020年10月)、张禹(2020年11月起),副负责人张英利(至2020年10月)、张慧芬(2020年11月起)。

生产作业室:主要开展海外项目钻井、修井、完井、试油作业流程和操作规范研究,参与跟踪协调海外技术支持体系的生产作业技术支持课题,负责海外项目技术方案现场实施的跟踪监督,参与协调海外生产作业年度计划和规划编制,协助科技信息部开展选题、过程跟踪和成果质量把关。对口服务于中油国际生产作业部、业务发展部、开发部及海外地区公司、项目公司相关事务。负责人张世校。

地面工程室:主要开展海外地面工程建设动态分析,及时参与解决油田现场地面、炼化和管道等问题,跟踪协调海外地面工程技术中心、海外规划研究中心、海外炼化与LNG技术中心和海洋工程技术中心的技术支持课题,协助科技信息部开展选题、过程跟踪和成果质量把关。对口服务于中油国际工程建设部、管道炼化部、海外项目工程建设、业务发展部和炼化管道部门及海外地区公司、项目公司相关事务。负责人邱维友。

标准化室(2020年11月成立):承担中油国际标准化工作总技术归口管理,协助标准化发展战略、重要技术标准、标准化合作对策、标准走出去、标准落地应用研究和年度制修订计划编制,负责中油国际标准的复核、备案和培训,参与标准宣贯、实施、监督、评价及信息化工作,协助管理中油国际制修订的国际、国家、行业、资源国和集团公司企业标准项目,协助中油国际开展标准化对外合作与

交流等工作。对口服务于中油国际企业管理部。负责人郭俊广(2020年11月起)。

综合管理办公室:协助生产运营所领导开展科研、信息、党群的日常管理和协调,负责日常的财务核算与管理及各种相关的后勤服务保障工作。负责人刘志国,副负责人盛艳敏(2020年11月起)。

截至2020年底,生产运营所在册职工50人。其中男职工43人,女职工7人;博士14人,硕士21人,本科15人;教授级高级工程师1人,高级工程师43人,工程师6人;35岁及以下2人,36—45岁9人,46—55岁27人,56岁及以上12人。当年,王成述、李国明、杨玉峰、张慧芬、葛晖、刘兴晓、王一帆、徐晖、唐晓川、王春生、盛艳敏、翟慧颖、袁志云、武君昌、郭俊广、白振华、曹海丽、梁巧峰、刘倩、胡勇、戴寿清、燕庚、张海宽、资斗宏调入,刘秋林、张晓波、郑先文、王春生、石航、王翔、翟慧颖调离,李景忠退休,卫国逝世。

【课题与成果】

2020年,生产运营所承担科研课题7项,均为公司级课题。

2020年生产运营研究所承担科研课题一览表

类别	序号	课题名称	负责人	起止时间
公司级课题	1	机关业务部门技术支持	吴亚东、张 禹、张世校	2020.1—2020.12
	2	海外勘探开发与生产动态跟踪与工作建议	张仁祥、杨福忠、陈毅华	2020.1—2020.12
	3	海外技术支持机构技术支持课题协调与质量控制	张 禹、胡 欣、杨玉峰	2020.1—2020.12
	4	海外项目公司研究课题技术支持	欧陈盛、余辉龙	2020.1—2020.12
	5	海外新项目技术支持与评价	杨福忠、丛 雷、王逢焰	2020.1—2020.12
	6	"十四五"技术支持体系建设规划	胡 欣、杨福忠、杨玉峰	2020.1—2020.12
	7	海外水平井开发效果分析与挖潜策略	陈毅华、许战卫	2020.1—2020.12

【科研工作情况】

2020年,生产运营所面对新冠肺炎疫情和油气市场低迷的严峻挑战,进一步加大对中油国际相关业务部门技术支持力度,持续

强化科研项目关键节点的质量控制,推进"十四五"海外技术支持体系建设规划编制,深化勘探、开发部署方案的技术审核和动态跟踪,做好可研报告的文字审查、风险提示工

作,做强现场技术监督和新项目评价等工作,完成各项年度目标任务,取得一批重要成果。

开展风险井、重点探井及勘探方案的动态跟踪分析,及时为中油国际和项目公司提供决策建议和重要依据。以乍得项目 Kapok-2 井为例,在该井四层试油均出水的不利局面下,剖析试油与解释、槽面见油矛盾,及时建议挤水泥并加试 2490-2495 米井段,调整建议被采纳实施,喜获 331.7 米³/日高产工业油气流,证实南乍得盆地 Doseo 坳陷 Kedeni 中央低凸起构造带千万吨储量规模,大大提振该区寻找规模储量的信心。

支撑中油国际开展在编开发方案的集中管理和节点审查。作为开发方案管理组的重要组成部分,负责开发方案编制阶段的管理,完成方案编制立项审查 16 次,审核退回 3 次,组织参与节点审查 13 次,编制月报 12 期,参与 EPMIS 开发方案信息化管理模块建设,确保海外开发方案编制过程合理合规,明显提升开发方案编制质量。

加强海外业务标准化工作调研和建设,增设标准化研究岗位,通过座谈会、视频会、文献检索等方式,对国内外 48 家单位标准化工作开展调研,在广泛吸纳多方意见建议的基础上,支撑中油国际研究制定《中油国际标准化管理体系建设框架方案》。

协助推进生产作业跟踪和井控管理,对作业中出现的钻井卡钻、泥浆漏失、完井卡套和试油井下管柱故障等问题,反馈解决方案 18 项,全部得到采用;围绕井控制度落实、井控设备合规和人员培训到位等方面协助中油国际完成井控审计 16 项,提出整改意见 208 项,保障全年生产作业零事故零伤亡。

发挥参谋助手作用,对标研究道达尔、BP、壳牌、埃克森美孚、中国海油、中国石化等公司海外技术支持体系现状,梳理分析存在问题和差距,提出建成世界一流海外技术支持体系"三步走"目标,牵头编制《中油国

际"十四五"海外技术支持体系建设规划》,为海外业务高质量可持续发展提供科学依据。

提出勘探开发策略建议,开展南乍得盆地 Doseo 坳陷深层勘探潜力的分析评价,明确 Doseo 坳陷深层是下一步勘探的重要方向,提出"优先北部陡坡带、突破中央低凸起构造带、探索南部斜坡带"的部署策略;完成水平井开发效果分析与挖潜方向研究,就阿曼 5 区、艾哈代布、安第斯、苏丹 6 区水平井开发效果展开分析,提出裸眼井油(钻)杆重入、膨胀管加管外遇水密封器、方位成像技术地质导向 3 项措施建议。

【党建与精神文明建设】

截至 2020 年底,生产运营所临时党支部有党员 46 人。

临时党支部:负责人牛嘉玉,组织委员吴亚东、纪检委员杨福忠、宣传委员张英利。

2020 年,生产运营所临时党支部坚持以习近平新时代中国特色社会主义思想为指导,学习贯彻党的十九大精神,扎实开展"战严冬、转观念、勇担当、上台阶"主题教育活动,贯彻集团公司党组及研究院党委党建工作要求,执行"临时支部统筹部署、临时支部负责人负责、所临时领导班子主抓、支部委员具体落实、党员及非党员员工严格执行"全覆盖式工作思路,全面推进"六个一"党支部建设。

强化政治引领,加强党的思想政治教育,把"三严三实"作为行为准则,采用线上与线下培训、集中学习与自学等灵活多样方式,组织临时党支部集中学习 18 次,参与学习 421 人次。

将"战严冬、转观念、勇担当、上台阶"主题教育活动与提质增效专项行动相结合,组织海外研究中心开展主题教育问卷调查,梳理汇总 374 条意见建议,形成广泛共识,向中油国际提交 3 份合理化建议,向中油国际编

报 2 篇《工作建议》,为上级领导决策提供重要依据。

夯实党建工作基础,优化完善党支部工作管理制度,制定党员学习计划,构建党建与海外科研协调管理有机统一的党建工作体系。加强队伍建设,拓展人才发展通道,大胆启动年轻干部担任三级正副负责人,向中油国际推荐优秀管理和技术人才,打造青年员工行动队,助力卡沙甘项目投标任务。

加强党风廉政建设,深入贯彻学习各级纪检组织工作要求和文件精神,建立支部党风廉政责任制度,逐级全覆盖签订廉政建设责任书,严格执行中央八项规定精神,开展反腐警示教育,杜绝"四风"问题发生,打造风清气正的工作环境。

强化宣传工作,坚持正向舆论导向,占领精神高地,全年发布新闻报道 27 篇,其中中国网、新华网报道 1 篇,研究院网页报道 11 篇,中油国际报道 12 篇,海外油气合作公众号 2 篇,质量远优于以往,进一步提升干部员工荣誉感和幸福感。

【大事记】

12 月,牛嘉玉任生产运营研究所所长职务(勘研人〔2020〕192 号),胡勇任任生产运营所副所长职务(勘研人〔2020〕192 号),吴亚东任生产运营所副所长职务(勘研人〔2020〕192 号),燕庚任生产运营研究所副所长职务(勘研人〔2020〕191 号)。

(盛艳敏、燕庚)

新能源研究中心

【概况】

2020年6月，新能源研究所更名为新能源研究中心。新能源研究中心（简称新能源中心）是研究院所属专门从事新能源研究的综合性科研机构。主要任务是跟踪把握全球新能源新产业发展动态，支撑公司风能、太阳能、地热能实现用能替代，研发储备氢能、储能和新材料三个重大领域核心技术，引领公司新能源业务发展与技术创新，建设国家和公司级新能源重点实验室，打造全方位支撑公司新能源发展的核心科研团队，为公司转型发展提供新能量，努力成为中国石油"新能源革命"引领者、推动者、创新者和贡献者，为公司新能源发展提供支撑。

2020年，新能源中心深刻领会集团公司转型发展新形势，贯彻落实研究院"12345"发展新思路，制定中国石油首个新能源战略，支撑公司"十四五"新能源新业务发展规划（地热、伴生矿、储能、新材料、氢能等），为集团公司用能清洁替代专题研究，建立地热精细评价技术体系，支撑公司重点示范工程建设，拓展伴生资源勘查评价领域，明确矿权区发展方向与潜力，研发制氢储氢关键材料技术，明确公司绿氢规模开发方向，开发高功率电化学储能材料，储备油田风光替代配套技术，设计固态燃料电池应用场景，可匹配UCG等油气战略性业务。

截至2020年5月底：

所长、副书记：孙粉锦。负责新能源研究所全面工作。分管综合室。

书记、副所长：张福东。负责党支部全面工作，以及国际合作和实验室工作。分管储能技术研究室、水合物研究室和新能源技术实验室。

副所长：刘人和。负责科研管理和技术培训工作。分管规划研究室、地热研究室和铀矿研究室工作。

2020年6月：

主任、书记：熊波。负责中心全面工作，负责党支部全面工作。主管工会、青年工作站、安全、保密工作。分管战略研究与综合管理部。

副主任：刘人和。负责科研管理和技术培训工作。分管地热能开发利用部和伴生资源评价部。

副主任：金旭。负责国际合作和实验室工作。分管氢能与燃料电池研发部、储能新材料研发部和新能源实验建设与技术开发部。

新能源中心下设6个研究部。

战略研究与综合管理部：负责支持公司新能源业务发展决策，紧跟国内外新能源、新材料的研究进展和发展方向，开展公司及国家接替油气的新能源类业务发展战略研究，牵头组织上级部门的规划计划等支撑工作，协助中心领导做好科研项目管理和科研服务工作，为中心科研生产提供后勤保障。负责人王影。

地热能开发利用部：负责跟踪国内外地热能、干热岩、深层卤水锂资源产业发展战略、产业政策及勘探开发现状。开展地热能、干热岩、深层卤水锂资源开发利用规划与战略研究，编制集团公司地热能、干热岩、深层卤水锂资源开发利用发展规划；决策支撑总部及油田分公司地热能、干热岩、深层卤水锂开发利用工作，开展公司地热能、干热岩、深层卤水锂资源评价、地质选区评价、富集规律与控制机制、开发利用动态跟踪及评价研究工作。负责人方朝合。

伴生资源评价部:负责开展砂岩型铀矿资源勘查与评价研究,形成一套较为成熟的含油气盆地内砂岩型铀矿资源勘查地质理论及勘查技术体系及资源评价体系,指导砂岩型铀矿勘探,开展铀矿开采技术与工程研究,指导砂岩型铀矿的地浸开采;引进相关实验设备,搭建铀矿实验室平台;跟踪国内外铀矿相关的最新进展,为公司铀矿业务发展提供决策支撑。负责人刘卫红。

氢能与燃料电池研发部:负责跟踪氢能与燃料电池产业现状与发展方向,做好科技攻关与产业示范项目,为公司在氢能与燃料电池领域重大战略问题提供决策支撑,重点开发新型制氢材料技术,瞄准当前电解水制氢、未来太阳能等制氢关键技术与产业化攻关,为长期保障公司氢气资源的高占比做好技术支撑;开展氢燃料电池、氢储运等领域关键材料技术开发工作,为公司储备氢能全产业链人才与技术。负责人李建明。

储能新材料研发部:负责储能、新材料领域基础研究前沿动态及产业发展方向,瞄准公司油气工业产业升级、新能源产业发展、综合能源公司转型的重大需求,建立储能、新材料技术研发体系,开展高效电化学储能与高性能纳米新材料基础研究与技术研发,建立纳米材料设计、制备、表征、评价特色技术序列,掌握关键材料中试放大技术,开展器件组装集成开发,实现基于自主研发材料的产品应用与技术落地。负责人王晓琦。

新能源实验建设与技术开发部:立足公司新能源业务及技术发展需求,开展新能源实验室建设与实验技术开发工作,制定实验室规则制度,负责实验室仪器设备的运行和维护保养,保障实验室工作正常运行与管理,重点围绕着固体氧化物燃料电池发电、电解池制氢技术,开展电池片、电堆性能表征与评价,系统仿真模拟,应用场景设计等研究工作,为公司固体氧化物燃料电池发电、电解池制氢示范应用提供技术支持。负责人薛华庆。

截至 2020 年底,新能源中心在册职工29 人。男职工 21 人,女职工 8 人;博士(后)12 人,硕士 14 人,本科 2 人;教授级高级工程师 1 人,高工 15 人,工程师 10 人,助工 2人,实习 1 人;35 岁以下 9 人,36—45 岁 10人,46—55 岁 7 人。当年,王善宇入职。

【课题与成果】

2020 年,新能源中心承担科研课题 13项。其中国家级课题 3 项,省部级课题 6 项,院级课题 3 项,结余 1 项。申报发明专利 7项,授权发明专利 5 项,软件著作权 1 项。取得科研成果奖 5 项,其中省部级 3 项,局级 2项。发布 2 项标准,其中,国家和行业标准各1 项。编写专著 1 部,译著 1 部。在国内外学术会议及期刊上发表论文 27 篇,其中SCI/EI 收录 23 篇。

2020 年新能源研究中心承担科研课题一览表

类别	序号	课 题 名 称	负责人	起止时间
国家级课题	1	岩石微纳孔隙剩余油分布定量评价与微观界面力学作用机理	金 旭	2020.9—2025.5
	2	支撑中国陆相页岩油革命的科技创新治理体系发展策略研究	金 旭	2020.3—2020.12
	3	致密油富集规律与勘探开发关键技术	王晓琦	2016—2020
公司级课题	4	加快公司新能源业务发展的政策研究	熊 波	2020.9—2021.10
	5	油区地热资源综合开发利用及经济性评价	王社教	2019.1—2020.12
	6	含油气盆地铀矿资源勘查与评价	刘人和	2019.1—2020.12

续表

类别	序号	课题名称	负责人	起止时间
公司级课题	7	太阳能制氢材料与技术开发研究	李建明	2020.10—2023.12
	8	有效地热资源评价及热储层研究	肖红平	2020.4—2021.4
	9	地热和水合物等新能源业务跟踪研究	曹倩	2020.1—2020.12
院级课题	10	氢能关键技术研究	郑德温	2018.10—2020.12
	11	氢能、储能及新材料关键技术研究	薛华庆	2019.1—2021.12
	12	太阳能制氢关键技术与材料探索开发	李建明	2019.3—2020.12
结余课题	13	新能源技术及国内外技术调研	王社教	2019.1—2020.12

【科研工作情况】

2020年是新能源中心实现科学发展和创新的重要一年。新一届中心班子在历届厚植的基础上，按照"用能替代、超前储备"两个层级，明确"1234"思路与方向（1：规划统领；2：支撑总部、服务油田；3：党的建设、学科建设、队伍建设；4：地热能、氢能、储能、伴生资源），推进"2个融合"（党建与科研融合，室内与现场融合），倡引"2项原则"（贡献主导，差异体现），弘扬正气，抢抓机遇，谋划未来，队伍焕发新气象，展现新风貌，全面完成年度重点工作和业绩指标。

制定中国石油首个新能源战略，支撑公司科技产业规划编制，参与国家战略研究；建立地热精细评价技术体系，支撑公司重点示范工程建设，优化深井换热工艺和高效热泵利用两项主体地热开发关键技术，服务重点示范工程方案设计优化。

拓展伴生资源勘查评价领域，明确矿权区发展方向，初步落实矿权区主力伴生资源发展潜力，基本明确主力伴生资源成矿与富集规律，逐步开展重点地区资源评价与目标选区。

研发制氢储氢关键材料技术，明确公司绿氢规模开发方向，建立可再生能源电解水制氢技术路线，研发多种太阳能光电制氢催化剂材料，关键材料等效放大与产业化示范开发。

开发高功率电化学储能材料，储备油田风光替代配套技术，完善电化学储能材料评价体系，成功开发1种高功率多孔单晶钛酸锂电极材料，2种高功率钠离子电池正极材料，探索研究锂金属、锂硫、锂空气等下一代储能电池材料。

设计固态燃料电池应用场景，可匹配UCG等油气战略性业务，建立SOFC和电解池电解水制氢（SOEC）仿真模型，设计煤层气、煤炭地下气化应用场景及关键工程参数，初步设计煤炭地下气化、页岩油原位转化相匹配的技术路线。

【交流与合作】

9月20—22日，金旭在昆明参加2020中国可再生能源学术大会暨第二届云南绿色能源国际论坛。

9月24—26日，王晓琦在成都参加中国新能源材料与器件第四届学术会议。

9月27—29日，方朝合在阿尔山参加阿尔山新能源前景展望及地热资源技术交流。

10月29—31日，葛稚新在天津参加2020中国能源技术装备智能化发展会议——负荷管理与智慧用能会议。

11月2—4日，李建明在玉门参加玉门油田电解水制氢技术交流。

11月12—15日，熊波在重庆参加第32

届全国天然气学术年会。

12月16—18日，郑德温在杭州参加第二届中国（国际）氢能创新与发展大会。

12月21—23日，曹倩在北京参加第三届全国油田地热资源开发与利用研讨会。

【党建与精神文明建设】

截至2020年底，新能源中心党支部有党员21人。

党支部：书记熊波，组织委员刘人和，纪检委员金旭。

工会：主席王影，组织委员葛稚新，女工委员曹倩，文体委员王晓琦，宣传委员肖红平。

青年工作站：站长王善宇，副站长彭涌。

2020年，新能源中心党支部以习近平新时代中国特色社会主义思想为引领，以新时代党的建设总要求为主线，以"战严冬、转观念、勇担当、上台阶"主题教育为抓手，不断推动科研与党建深度融合，为新能源中心发展提供强有力政治保障。

以政治建设为统领，夯实党工群青工作基础，坚决贯彻落实党中央、集团公司党组和研究院党委决策部署与重要会议精神，班子成员带头读原著、学原文，以集中学习、交流研讨、云课堂等多方式贯彻落实，提升党员政治素养，严格执行"三会一课"、谈心谈话、民主评议党员等党的组织生活基本制度，推广主题党日等有效做法，坚持"一岗双责"，强化借调党员管理。

以组织建设为根基，打造素质过硬人才队伍，以党建工作责任制为基础，构建一级抓一级、层层抓落实的"大党建"工作格局，贯彻《中国共产党党员教育管理工作条例》及《2019—2023年全国党员教育培训工作规划》关于党员轮训的有关要求，全年完成党员轮训及相关学习培训。

以思想建设为保证，凝心聚智激发奋斗热情，修订完善《完善意识形态工作责任制实施细则》，按要求向主管院领导汇报意识形态工作，在班子分工中明确意识形态工作责任分工，落实意识形态及宣传统战工作，宣传以弘扬传播正能量。

以主题教育为抓手，争当提质增效的践行者，扎实开展"战严冬、转观念、勇担当、上台阶"主题教育活动，按节点完成相关内容，切实抓好学习调研、层层宣讲、全员讨论、岗位实践四项工作，落实"五个一"要求。

以廉政建设为约束，营造风清气正干事氛围，切实提高思想认识，强化主体责任，树立"不抓党风廉政建设就是失职"意识，持之以恒纠治"四风"推动全面从严治党向纵深发展。

【大事记】

6月，新能源研究所更名为新能源研究中心（勘研人〔2020〕97号）。

本月，勘探开发研究院决定，将原隶属于石油地质实验研究中心的太阳能制氢业务及人员、采油采气装备所的金属电池研究业务及人员、油气资源规划研究所的地热研究业务及人员整合到新能源研究中心；将原隶属于新能源研究所的天然气水合物业务及人员整合到石油地质实验研究中心（勘研人〔2020〕100号）。

本月，刘人和任新能源研究中心副主任（勘研人〔2020〕107号）。

本月，熊波任新能源研究中心主任，金旭任新能源研究中心副主任（勘研人〔2020〕109号）。

本月，熊波任新能源研究中心党支部书记（勘研党干字〔2020〕11号）。

（文守亮、熊波）

能源战略综合研究部

【概况】

2020年3月,对国家油气战略研究中心组织机构进行调整,组建能源战略综合研究部(简称战略综合部),视同研究院二级单位管理。主要任务是围绕国际能源发展趋势及我国油气安全、发展战略、宏观政策等开展研究,提交高质量决策咨询报告;围绕国内外焦点、热点事件对油气能源产业链的影响以及集团公司上游业务发展战略、生产经营重大问题等开展研究分析,及时提出决策建议;负责战略研究团队及内外部平台搭建,推进研究方法、分析工具及信息支撑能力建设,负责研究院决策参考的统一管理与审查把关并承担国家油气战略研究中心办公室的工作。

2020年,战略综合部以做大做强国家油气战略研究中心、全力支撑集团公司国家高端智库建设为目标,统筹人员任务安排,强化实物工作量投入,在打造高层次战略决策参谋部、报送高质量决策建议及智库报告、提供高水平技术支持等方面取得重要进展。

主任、书记:张国生。负责党政全面工作。主管党建群团、人事、财务等工作。分管政策综合研究室、能源安全研究室、经济与环境研究室,联系院士工作室。

副主任:唐玮。负责国家能源局技术支持、科研管理及相关工作。主管安全环保、保密、外事等工作。分管石油战略研究室、天然气战略研究室。

副主任(兼):梁坤。负责金砖国家工商理事会能源与绿色经济组中方技术支持工作。分管金砖五国能源经济研究室。

战略综合研究部下设7个研究室。

政策综合研究室:负责国家宏观政策、能源及油气行业政策跟踪研究,办公室日常科研、行政管理、后勤保障及财务报销等。负责人唐琪。

石油战略研究室:负责石油发展趋势、发展战略、政策措施研究,石油生产经营重大问题研究,焦点、热点事件对石油产业链的影响及应对策略研究等任务。负责人王小林。

天然气战略研究室:负责天然气发展趋势、发展战略、政策措施研究,天然气生产经营重大问题研究,焦点、热点事件对天然气产业链的影响及应对策略研究等任务。负责人唐红君。

能源安全研究室:负责世界及主要国家能源安全战略、能源转型趋势研究,能源战略研究方法、分析工具及信息支撑能力建设等任务。负责人梁英波。

经济与环境研究室:负责油气投资效益评价及优化,能源价格变化趋势、能源与环境关系、气候变化及对油气行业影响等跟踪研究等任务。负责人苏健。

院士工作室:刘合院士工作室,充分发挥院士高端引领作用和集聚效应,为做好科技攻关和成果转化等提供各项服务保障工作。负责人曹刚。

金砖五国能源经济研究室:金砖国家能源与绿色经济组中方技术支撑团队。负责人朱世佳。

截至2020年底,战略综合部在册职工18人。其中男职工12人,女职工6人;博士(后)9人,硕士8人,本科1人;教授级高级工程师2人,高工9人,工程师5人,助理工程师及以下2人;博士后、博士9人,硕士8人,学士及以下1人;35岁以下8人,36—45岁6人,46—55岁4人。

【课题与成果】

2020年,战略综合部承担科研课题17项。其中国家级课题3项,省部级课题12项,院级课题2项。报送国家高端智库理事会7篇智库报告,各类决策建议14篇,其中获正国级批示1次、副国级批示2次、省部级领导批示4次。获得省部级一等奖2项,行业协会奖2项。获得国家专利授权3项,其中发明专利3项。出版著作1部。在国内外学术会议及期刊上发表论文5篇,其中EI收录3篇。编制战略规划报告3份。

2020年能源战略综合研究部承担科研课题一览表

类别	序号	课题名称	负责人	起止时间
国家级课题	1	世界百年未有之大变局与我国发展战略机遇期研究	戴厚良、邹才能	2020.4—2020.12
	2	能源与水纽带关系及高效绿色利用关键技术	孟思炜	2019.11—2021.10
	3	油/水/固界面浸润调控智能流体提高采收率关键材料与机理研究	孟思炜	2020.6—2025.12
省部级课题	4	能源战略2035专项一:中长期能源需求与发展趋势研究	赵文智	2019.12—2021.5
	5	支撑中国陆相页岩油革命的颠覆性技术筛选研究	刘 合	2019.12—2020.12
	6	西部地区油气资源适水保水开采技术发展与管控政策	刘 合、张国生	2019.3—2021.3
	7	新疆地区油气勘探开发现状及发展前景研究	王小林	2020.9—2020.10
	8	全国油气发展"十四五"规划(上游部分)	唐红君	2020.6—2020.12
	9	"十四五"油气行业指标体系研究	王小林	2019.11—2020.11
	10	油气尾矿利用政策研究	唐红君	2019.2—2020.6
公司级课题	11	大力提升油气勘探开发力度实现路径优化研究	李 洋	2020.4—2020.12
	12	基于区块链的勘探开发数据共享解决方案研究	刘 合	2020.7—2021.12
	13	井下油水分离同井注采技术与装备研发及应用	高 扬	2019.1—2020.12
	14	能源与水纽带关系及高效绿色利用关键技术	孟思炜	2019.11—2021.10
	15	陆相页岩油CO_2复合压裂增产机制研究	孟思炜	2019.12—2022.11
院级课题	16	微纳结构仿生设计与增材制造的应用基础研究	孟思炜	2017.7—2020.10
	17	金属定子螺杆泵采油过程中润滑与磨损机理研究	曹 刚	2018.12—2020.12

【科研工作情况】

2020年,战略综合部深入贯彻落实习近平新时代中国特色社会主义思想和党的十九大精神,紧紧围绕研究院2020年工作会上提出的"12345"总体思路和目标,牢牢把握新形势新要求,坚决执行上级部门决策部署,完成各项工作任务和经营业绩指标。

一、做高智库研究,有力支撑集团公司高端智库建设与整改

2020年是集团公司国家高端智库建设的关键一年,向国家高端智库理事会报送智库报告7篇,采用刊发3篇。其中围绕能源安全、大国战略研究、"双循环"新发展格局提交智库报告4篇;围绕2020年国际油价暴跌、美沙俄能源博弈、新冠"大流行"对能源储备和应急体系的冲击,编制3份智库报告。

二、做实战略规划研究,当好国家能源局油气高质量发展高参

强化油气上游业务发展形势研判,编制完成全国"十四五"和新疆区域发展规划,支撑国家和区域能源战略布局;首次完成全国致密气财政补贴审查和尾矿利用政策研究,助力油气稳产上产;组织完成全国5大油气区已备案油气开发项目监管、油气生产月报编制等多项日常支持工作。全年编制战略规划报告3份,上报国家能源局、国资委和集团公司决策建议6篇。其中,《建成四川盆地"天然气大庆",加快天然气增储上产步伐》作为首期被能源局《石油天然气决策参考》刊发,获得能源局章建华局长批示。

三、做响决策参考,全面提升我院战略决策支持影响力

全面升级决策参考管理制度,建立《决策参考》编审流程,明确编写要求、规范报送流程;组建以院士、首席专家为成员的决策参考会商小组,强化决策参考质量把关;细化分类、注重质量、精准报送,提升研究院《决策参考》影响力。全年组织修改评审稿件70余篇,报送集团公司决策参考34篇、工作建议15篇。7篇决策参考获得集团公司党组成员书面批示,多篇决策参考报送中办、国办、国资委,超额完成2020年研究院《决策参考》28篇指标计划。

四、做精关键技术攻关,院士工作室取得突破性进展

探索全球首个旋流式同井注采区块试验,构建全新的注采模式;开展的 CO_2 无水压裂技术研究实现由致密油藏向页岩油藏的重大跨越,在松南页岩油现场实践中初见显著效果;完成行业首套潜油金属螺杆泵整机设计和系统优化。

五、做深能源与绿色经济研究,金砖五国中方团队技术支持初见成效

通过文献调研、学术交流、专家咨询多种方式,有序推进金砖四国能源禀赋与政策等研究;高质量完成2次金砖国家工商理事会商务论坛视频会议组织工作,编写会上集团公司董事长戴厚良发言材料《疫情对金砖国家的影响与研判》及院士刘合发言材料《中国能源转型挑战与发展路径》。

【交流与合作】

9月3日,金砖小组参加金砖国家工商理事会能源与绿色经济工作组视频会议。

10月20日,院士刘合带队参加金砖国家工商理事会商务论坛。

【党建与精神文明建设】

截至2020年底,战略综合部党支部有党员18人。

党支部:书记张国生,委员丁麟、王小林、潘松圻、关春晓。

工会兼女工委员:主席兼女工委员唐琪,组织委员梁英波,宣传委员徐鹏。

青年工作站:站长关春晓,副站长唐琪。

2020年,战略综合部围绕切实加强党的建设,提升思想作风、强力推进文明创建、坚定不移反腐倡廉等方面创造性地开展工作。

一、及时组建党支部,积极发挥党支部战斗堡垒作用

部门成立伊始,严格按时、按要求完成党支部组建。强化规范功能,增强党组织的战斗力。合规开展支部委员选举和增补、党员发展、党组织关系转接、党费收缴与活动阵地建设。强化组织功能,增强党组织的号召力。党支部成立时间短、人员精简,为提高工作效率,坚持"党工青"共建模式,做到党工青活动全覆盖,切实发挥党支部战斗堡垒作用和群团纽带作用。

二、持续开展理论学习,牢固把稳政治方向

深入学习习近平新时代中国特色社会主义,始终把党的政治建设摆在首位。将"集中与自学、领学与精读、理论与现场"相结合,开展原著领学、视频学习、专题党课和专题研讨10余次,带领全体党员深入学习《习近平谈治国理政(第三卷)》、中共十九大会议精神及习近平总书记最新系列讲话精神,

及时宣贯集团公司、研究院相关会议精神和指示要求。

三、严格落实责任体系,提升党建工作质量

加强领导班子头雁效应,逐步完善干部队伍建设。强化压紧压实党建责任,推动"党政同责、一岗双责"。强化重大问题民主决策制度,贯彻落实"三重一大"党组织审议前置程序,召开前置会议8次,确保双序列评定、职称评审和季度考核等重大问题民主、公正。

四、精心组织策划,特色主题活动凝神聚气

扎实推进"战严冬、转观念、勇担当、上台阶"主题教育与提质增效专项行动,有序开展"四项工作"和落实"五个一"要求,按照机关党委要求,及时上报主题教育活动方案与调研报告,高质量开展主题宣讲、交流研讨与岗位实践活动。联合科技咨询中心党支部,与中国科学技术交流中心第三党支部开展党课联学活动,反响热烈。充分利用各类媒体,开展宣传与舆论引导。在新华社客户端、《中国石油报》等主流媒体发布评论8篇,在研究院主页发布新闻报道23篇,石油大院 RIPED 公众号发文1篇。

五、加强党风廉政建设,营造风清气正的科研氛围

落实支部书记第一责任人负责,逐级签订《党风廉政建设责任书》及《廉洁从业承诺书》。加强推动落实纠正"四风"工作,召开党员大会进行典型案例分享与警示教育,参加机关党委组织的党风廉政教育活动,从思想上提高全体党员干部反腐警觉意识。

【大事记】

3月14日,组建能源战略综合研究部

（勘研人〔2020〕27号）。

同日,任命唐玮为能源战略综合研究部副主任（勘研人〔2020〕34号）。

3月19日,任命张国生为能源战略综合研究部主任（勘研人〔2020〕37号）。

6月22日,任命梁坤兼职能源战略综合研究部副主任（勘研人〔2020〕109号）。

4月8日,组织召开国家油气战略研究中心工作会议,会议由战略中心副主任邹才能主持,国家油气战略研究中心领导、专家委员会主任、办公室（党委办公室）、科研管理处、人事处（党委组织部）等机关部门负责人、各战略研究部主任及副主任、能源战略综合研究部全体员工参加会议。

4月15日,组织召开国家油气战略研究中心工作会议,会议由战略中心副主任邹才能主持,国家能源局油气司司长刘红一行,战略中心总工程师胡永乐、院士刘合、首席陆家亮、常毓文以及能源战略综合研究部全体员工参加会议。

5月12日,在中国工程院组织召开中国西部地区化石能源与水资源协同发展战略研究中期成果研讨会,会议由院士刘合主持,胡文瑞、袁晴棠、曹耀峰等9位院士,以及中国工程院工程管理学部办公室、中国水利水电科学研究院、国家气候中心、国家能源集团、中国矿业大学（北京）等30余人参会。

6月3日,组织召开国家油气战略研究中心工作会议,国家科技部重大专项司副司长沈建磊一行,战略中心主任马新华、副主任邹才能,国家能源局油气司何建宇等参加会议。

（唐琪、张国生）

信息技术中心

【概况】

2020年6月,计算机应用技术研究所更名为信息技术中心。信息技术中心(简称信息中心)是研究院所属专业从事计算机应用技术与信息技术支持及应用服务的研究单位。主要任务是根据中国石油信息化发展战略要求,发挥自身综合优势,全面支持集团公司及研究院信息化建设;拥有一支专业能力强、项目实施经验丰富的信息化队伍,以及现代化的数据中心机房和先进计算机网络设备。

2020年,信息中心立足信息技术领域应用研究,通过全面提供信息化技术支持与服务,做好集团公司和研究院计算机应用技术与信息技术支持及应用服务。

2020年6月前,计算机应用技术研究所领导班子及分工如下:

所长、党支部副书记:龚仁彬。负责全面管理工作。主管人事、财务、计划、学科建设与安全保密等工作。分管数据应用室、大数据室。

党支部书记、副所长:胡福祥。负责党务工作。主管科研业务全面工作,协助负责行政管理与队伍建设。分管网络安全室、数据中心室、综合运维室及所办公室。

副所长:乔德新。负责交通安全、培训工作,协助负责日常科研业务管理工作。分管办公管理室、综合应用室。

2020年6月起,信息中心领导班子及分工如下:

主任、党支部副书记:冯梅。负责信息中心全面管理工作。主管行政、财务、资产、人事、合同、安全、保密等工作。分管项目包括办公管理、勘探开发研究云、电子邮件、标准,协助党支部书记党务工作。

党支部书记、副主任:胡福祥。负责全中心党务工作。主管招投标、市场化用工管理等工作。分管项目包括桌面、视频会议、数据中心、网络、安全、门户、内控,协助主任行政、资产管理。

副主任:张弢。负责全中心科研、交通安全、培训、档案。分管项目包括综合管理平台、科研管理平台、科技管理系统、总库,协助主任合同、安全、保密工作,协助党支部书记党务工作。

副总师:许锟。协助主任项目管理工作。

信息技术中心下设12个项目组和1个中心办公室。

数据中心(研究院)运维项目组:主要负责集团公司数据中心机房和研究院机房的日常运行维护管理工作,为集团公司27个核心信息系统提供基础设施服务,同时保障研究院各类信息系统及设备的安全运行及技术支持。项目经理王卫国,副项目经理王贤。

网络安全项目组:主要负责集团公司网络与数据中心专家中心日常工作、北京区域网络中心、信息安全等基础设施建设、管理与运行维护工作。项目经理冯梅、李青、关新,副项目经理谷海生。

电子邮件项目组:主要负责为集团公司总部机关及下属各企事业单位提供电子邮件服务,维护cnpc、petrochina等15套邮件域名,是用户日常办公的重要通信工具之一。项目经理高毅夫。

办公管理项目组:负责办公管理系统(三期)、合同管理系统(2.0)、综合统计管理系统(2.0)等集团公司统建系统建设,及电子公文、科技管理、信息化工作平台等 10 余个系统运维,承担中国石油办公管理专家中心的具体工作。项目经理李昆颖、何旭、张文婷。

企业信息门户项目组:负责集团公司主站、总部部门、纪检监察组及各单位(共 167 家)门户网站的运行维护工作,万余个站点的系统及设备的 5X8 小时的技术支持与维护工作。项目经理孙健。

内控管理信息系统项目组:主要负责集团公司内控系统、风险系统及企业发展能力评价系统的建设、运维及应用管理工作。项目经理俞隆潮,副项目经理段波涛。

数据总库项目组:主要负责地震测井数据的查询借阅服务;华北油田等少数油田上交的地震数据的接收和入库;地震数据升级磁盘介质后索引数据库的建设;2008 年以来入库的地震文档光盘数据的整理转储;测井文档数据查询拷贝数据库工具软件的开发测试。项目经理石桂栋。

标准制修订项目组:主要负责集团公司和石油天然气行业的信息标准化日常工作,主要包括标准体系的规划和维护;标准复审、立项、制修订;标准的宣贯和实施检查等工作。项目经理张彀。

新一代科技管理平台项目组:主要负责集团公司《新一代科技管理与资源共享平台》及配套的前期研究专题、国际合作专题的建设和实施,并负责研究院智慧安防建设。项目经理张彀。

综合办公管理平台及移动应用项目组:负责研究院综合管理平台 PC 端和移动端以及科技创新生态平台(原科研管理公共信息平台)的建设和运维工作。项目经理许锟,副项目经理窦文思。

勘探开发研究云项目组:负责集团公司科学计算云项目、院勘探开发研究云项目的建设工作,以及电子公文、合同管理、综合统计等 21 个统建系统、院综合管理平台、科研管理平台、院一卡通等 17 个院自建系统的基础设施方面维护、安全防护等日常运维工作和地物所高性能群集的日常运维工作。项目经理宋梦馨,副项目经理缪红萍、冯得福。

桌面与统一运维项目组:负责研究院北京院区各单位信息技术支持服务,通过统一服务热线及流程管理平台受理业务咨询、故障处理,并协调项目组二线完成研究院桌面运维、院自建系统和集团统建系统等业务的统一受理、集中分发。为研究院正常办公业务的顺利进行提供有力支撑。项目经理刘远岗。

中心办公室:协助信息中心领导负责日常业务管理,包括人事管理、财务管理、科研管理、行政管理和后勤服务等。主任朱玉立。

截至 2020 年底,信息技术中心在册职工总数 66 人。其中男职工 47 人,女职工 19 人;其中博士后 1 人,博士 2 人,硕士 20 人,本科 34 人,大专及以下 9 人;教授级高级工程师 1 人,高级工程师 23 人,工程师 17 人,助理工程师 24 人,工人 1 人;院二级技术专家 2 人、一级工程师 6 人;35 岁以下 13 人,36—45 岁 30 人,46—55 岁 16 人,55 岁以上 7 人;党员 17 人。市场化员工 29 人。

【课题与成果】

2020 年,信息中心承担科研课题 22 项。其中集团公司统建课题 16 项,研究院信息化建设课题 6 项。获得省部级三等奖 1 项。获得授权发明专利 1 项。在国内外学术会议及期刊上发表论文 27 篇,其中 EI 收录 15 篇。申报软件著作权 8 项,授权 5 项;制定国家标准 1 项、企业标准 5 项;申报发明专利 4 项。

2020 年信息技术中心承担科研课题一览表

类别	序号	课题名称	负责人	起止时间
公司级课题	1	新一代科技管理系统	张弢	2020.1—2020.12
	2	科技管理系统	李昆颖	2020.1—2020.12
	3	知识产权管理平台	李昆颖	2020.1—2020.12
	4	网络与数据中心专家中心	冯梅	2020.1—2020.12
	5	中国石油数据中心（研究院）	王卫国	2020.1—2020.12
	6	电子邮件系统运维	高毅夫	2020.1—2020.12
	7	海外电子邮件系统	高毅夫	2020.1—2020.12
	8	办公管理专家中心	李昆颖	2020.1—2020.12
	9	办公管理系统	何旭	2020.1—2020.12
	10	合同管理系统 2.0	李昆颖	2020.1—2020.12
	11	统计管理系统 2.0	李效恋	2020.1—2020.12
	12	集中报销信息平台	李昆颖	2020.1—2020.12
	13	企业信息门户系统	孙健	2020.1—2020.12
	14	内控管理信息系统	俞隆潮	2020.1—2020.12
	15	信息技术标准制定	张弢	2020.1—2020.12
	16	数据总库	石桂栋	2020.1—2020.12
院级课题	17	综合办公管理平台及移动应用	许锟	2020.1—2020.12
	18	勘探开发研究云	宋梦馨	2020.1—2020.12
	19	智慧园区（一期）	张弢	2020.1—2020.12
	20	办公网络、专网、无线网络	关新	2020.1—2020.12
	21	5000 服务、桌面服务	刘远岗	2020.1—2020.12
	22	研究院机房运维	王卫国	2020.1—2020.12

【科研工作情况】

2020 年，信息技术中心按照研究院统一部署和安排，强化创新管理，推进人才培养工作，扎实完成科研生产各项工作，取得丰硕成果。

发挥两个专家中心作用，参与集团公司"十四五"相关规划研究，参与完成研究院信息化"十四五"规划制定。

完善研究院综合管理平台在 PC 端和移动端待办集成和审批功能，及时完成业务部门在综合管理平台上的需求开发和发布；完成 500 个桌面云用户部署，完成勘探开发研究数据中心云化改造和硬件部署，初步建成桌面云。

完成集团公司信息化运维工作年度工作任务，确保数据中心安全稳定运行，全年无责任事故发生。

完成合同管理系统 2.0 在集团公司 100 多家单位和总部机关的上线实施；完成综合统计系统 2.0 与统建系统数据对接和数据分析软件开发测试。

五是疫情期间 7×24 小时无休，做好信息支撑,保障集团公司和研究院线上业务正常运转。

2020年,信息中心加强创新研发力度、加强运维质量管理、加强制度建设、加强人才培养,为全面促进研究院信息化发展发挥重要支撑作用。

【党建与精神文明建设】

2020年6月12日前,原计算机应用技术研究所(现信息技术中心)有党员26人。

党支部:书记胡福祥,副书记兼纪检委员龚仁彬,组织委员吴世昌、宣传委员任义丽、青年委员宋梦馨。

工会:主席吴世昌,副主席李效恋,组织委员李昆颖,女工委员朱玉立,文体委员高毅夫。

青年工作站:站长申端明,副站长窦文思,组织委员仇潮,宣传委员林霞,文体委员李青。

截至2020年底,信息技术中心所党支部有党员20人。

党支部:书记胡福祥,副书记冯梅、纪检委员张弢、组织委员缪红萍、宣传委员帅训波。

工会:主席李效恋,副主席窦文思,组织委员李昆颖,女工委员朱玉立,文体委员高毅夫。

青年工作站:站长窦文思,副站长李效恋,组织委员门小千,宣传委员连芳,文体委员李青。

2020年,信息中心党支部围绕抓实党务工作、做好文化传承、凝聚职工队伍、加强青年培养、坚定反腐倡廉、构建激励机制等方面创造性地开展工作。

一、提高政治站位,坚决贯彻落实上级各项决策部署

加强政治理论学习,深入学习习近平新时代中国特色社会主义思想、十九届四中和五中全会精神、习近平谈治国理政、全国两会精神、习近平总书记关于疫情防控重要讲话等11次。学习十九届四中、五中全会精神,并由党政领导结合制度建设和信息化规划讲授党课,并组织研讨;学习习近平总书记关于疫情防控重要讲话,学习贯彻落实中央、集团疫情防控精神,实施信息化升级管理,为管理和科研提供技术保障;组织学习《习近平新时代中国特色社会主义思想学习纲要》,开展党员第二期集中轮训;学习《习近平谈治国理政》第三卷,深入推进勘探开发研究院治理体系和治理能力现代化进程中的强化制度意识、制度权威和制度执行力等具体的工作要求;组织学习全国两会精神,组织中心组和党员学习党内规章制度;传达学习贯彻集团公司和研究院工作会议、领导干部会议、党建工作会议、党风廉政建设与反腐败工作会议精神,从政治引领、队伍建设、制度执行、责任落实、实践创新等方面动员部署全年工作;落实研究院工作会议,推动云平台、综合管理平台、智慧园区等项目建设,落实研究院信息化工作部署;开展"战严冬、转观念、勇担当、上台阶"主题教育和提质增效活动,结合信息化开展岗位实践活动。

二、注重组织建设,夯实党务工作基础

明确"一岗双责"内容,建立党建责任清单,构建"大党建"工作格局,贯彻《中国共产党党员教育管理工作条例》,做好党员教育和轮训工作,严格按照党内选举制度,按期完成党组织换届(成立)选举工作。制定党支部党建工作责任制实施补充规定和责任清单,党政班子成员认真履行职责;班子成员开展主题教育宣讲、调研活动,提出8条合理化建议,完成7条整改;通过岗位实践活动,确保党员结合自身岗位开展实践活动,取得了较好的成效;组织中心组和党员开展党内规章制度学习;组织学习政治、主题教育学习等22次,党员轮训均完成规定的学时,平均达到22学时;组织组织生活会和党员民主评议,对党员开展教育;制定党支部换届方案、工作手册和运行时间表,准备各项工作;民主推选候选人预备人选,按照规定程序完成换届选举;党政班子高度融合,支委列些参加班子会议,确保发挥基层党组织的作用。

三、强化作风建设,提高反腐倡廉能力

层层压实基层支部主体责任,建立健全党风廉政建设责任制体系;严格执行重大问题决策制度和程序规定,保证民主科学决策。贯彻落实研究院党委关于党风廉政建设部署,补充与完善党建工作责任制实施补充规定和责任清单、党风廉政建设及反腐败规定,党政班子认真履职落实"一岗双责";紧密结合信息技术中心实际情况开展各个岗位实际,详细梳理廉洁防控风险点,完善权责清晰、风险明确、措施有力、预警及时的廉洁风险防控体系;签订《党风廉政建设责任书》38份、《廉洁从业责任书》31份;全员范围内开展廉洁从业教育,召开廉政教育专题研讨3次,召开大会开展警示教育2次,组织近300名员工开展廉洁从业教育,逢年过节提醒5次;修订"三重一大"决策制度实施细则,民主决策,规范班子行为,提高决策水平,防范决策风险;做好招投标采购各种风险的防控,对大宗采购召开专家论证会,招标采取委托专业招标公司完成,对外协合同开展进度跟踪、风险检查,严格合同验收。修订与完善信息技术中心"三重一大"决策制度的实施细则和清单,并在全中心内组织进行宣贯;坚持民主决策,召开支委会20次、班子会37次研究讨论重大事项,内容涉及经费使用、招投标采购、机构调整、评先选优、疫情防控等事项;班子成员与支部委员高度融合,支部委员列席参加班子会议。

四、做好青年工作,凝聚干事创业合力

贯彻落实中央、集团公司及研究院工会和团委年度工作会议精神,做好群团工作。所工会、青年站搭建沟通桥梁,及进收集和反馈员工诉求;响应研究院工会号召,组织员工参加集团公司健步走活动;组织职工秋游玉渡山、支持鼓励信息中心篮球队、足球队训练活动,丰富职工生活;关注滞留湖北职工生活,组织职工通过三句半、诗歌、画画等多种方式慰问滞留湖北员工9次;组织展"抗击疫情,返岗复工"主题创意作品征集活动;组织青年员工参加"你画我猜"活动;以线上的方式成功举办"五四"表彰活动;结合前沿信息技术和具体业务需求,多次举办学术沙龙系列讲座、"创客"大赛、专家论坛等学术活动。

【大事记】

6月12日,胡福祥任信息技术中心党支部书记(勘研党干字〔2020〕9号);冯梅任信息技术中心党支部副书记(勘研党干字〔2020〕11号);原计算机应用技术研究所更名为信息技术中心(勘研人〔2020〕97号);冯梅任信息技术中心主任职务,张弢任信息技术中心副主任职务(勘研人〔2020〕109号)。

(帅训波、任安、陈东)

人工智能研究中心

【概况】

2020年6月,为推动人工智能与勘探开发业务深度融合,研究院成立人工智能研究中心(简称人工智能中心)。人工智能中心围绕油气勘探开发数字化与智能化转型,开展大数据与人工智能应用技术研究、信息化建设以及特色软件研发,为建设世界一流综合性国际能源公司上游研究院提供有力支撑。具体职责包括:围绕新一代信息技术开展应用研究,承担国家部委、集团公司以及研究院人工智能平台、协同研究平台、勘探开发相关信息系统的建设与推广应用;围绕油气勘探开发核心业务,开展人工智能应用创新研究,研发具有中国特色及自主知识产权的油气勘探开发特色软件和决策支持系统,为油田勘探开发生产提供技术手段和技术支持服务。人工智能研究中心作为院属二级单位管理,下设中心办公室、人工智能应用研究部、模型与平台研发部、软件开发部、协同与信息共享部、软件产品部(勘研人〔2020〕105号)。

2020年,人工智能中心贯彻落实研究院"加快升级信息化建设,推动数字化转型发展"的工作部署,整合业务方向,优化人员配置,按照业务与技术双线管理,开展勘探开发人工智能应用研究,试点认知计算平台,提升建模、数模、开发优化等专业软件的功能及智能化水平,编制上游信息化规划,指导和引领上游信息化建设。

主任、副书记:李欣。负责行政科研全面工作。主管人事、财务、合同、资产、质量安全环保等工作。分管协同研究平台项目部、软件推广应用与综合项目部。

党支部书记、副主任:吴淑红。负责中心党务工作。主管党建群团、科研、外事、培训、保密等工作,分管智能算法与应用项目部、智能化软件研发项目部。

企业技术专家:时付更。主管勘探开发信息化。分管规划决算与信息共享项目部。

人工智能研究中心下设5个项目部。

软件推广与综合应用项目部:主要负责协助人工智能中心领导和项目部做好日常科研、行政管理、后勤保障及财务报销等综合性工作。副主任张洋。

协同研究平台项目部:主要负责研究院特色化平台建设,打造集定制功能、一键式搜索查询和多源知识共享于一体的专业化勘探开发知识成果共享与协同研究平台。业务主管李欣,技术主管时付更,业务副主管闫林,技术副主管李小波。

智能算法与应用项目部:主要负责E8平台建设,打造一站式AI开发与计算平台,创建智能薄片鉴定系统,形成薄片鉴定评价技术。业务主管吴淑红,技术主管周相广,业务副主管林霞,技术副主管李宁。

智能化软件研发项目部:主要负责油藏数值模拟软件HiSim的研发与功能完善,深入研发老油田优化软件IRes,保障中心特色软件发布。业务主管吴淑红,技术主管童敏,业务副主管李华,技术副主管王宝华。

规划决算与信息共享项目部:主要负责围绕上游业务发展需求,编制"十四五"信息规划建设方案,有力支持上游数字化转型,智能化发展。业务主管宋杰,技术主管时付更,业务副主管张洋,技术副主管姚尚林。

截至2020年底,人工智能中心在册职工55人。其中男职工30人,女职工25人;博士后及博士25人,硕士21人,本科及以下9

人；教授级高级工程师 2 人，高级工程师 31 人，工程师 16 人，助理工程师 6 人；35 岁以下 17 人，36—45 岁 19 人，46 及以上 19 人。当年，入职 2 人，徐青内部退养。

【课题与成果】

2020 年，人工智能中心承担各类项目及课题 31 项。其中国家级项目 3 项，省部级课题 24 项、院级课题 3 项、油田横向课题 1 项。

获得国家发明专利授权 2 项，研究院十大科技进展 1 项，青年十大科技进展 1 项，科技进步一等奖 1 项，技术发明一等奖 1 项，青年岗位创新大赛一等奖 1 项。在国内外学术会议及期刊上发表学术论文 40 篇，其中 SCI 收录 3 篇，EI 收录 7 篇；出版专著 2 部，获得软件著作权登记 9 项。

2020 年人工智能研究中心承担科研课题一览表

类别	序号	项目名称	负责人	起止时间
国家级课题	1	致密油有效开发关键技术	陈福利、王志平、王少军	2016—2020
	2	二三结合提高采收率潜力评价技术研究	张吉群	2016—2020
	3	井震结合储层精细表征技术	刘文岭	2016—2020
省部级课题	4	中国石油数字智能化发展战略研究	龚仁彬、时付更	2019—2020
	5	上游"十四五"信息化规划滚动	时付更	2020
	6	上游信息化顶层设计研究与方案编制	时付更	2019
	7	集团公司 2035 年科技发展战略及"十四五"科技发展规划编制研究	窦宏恩	2019—2021
	8	基于深度学习的岩心图像智能化分析技术研究与应用	任义丽	2019—2021
	9	基于区块链的石油勘探开发数据共享方案研究	任义丽	2020—2021
	10	认知计算平台试点项目	林霞	2018—2020
	11	2020 年油气水井生产数据管理系统运维	时付更	2020
	12	天然气开发基础数据资料信息化管理	时付更	2020
	13	大数据驱动下的智慧油田建设及其主要装备的健康管理	张吉群	2019—2021
	14	大数据驱动下的油藏描述与油藏工程智能一体化技术	刘文岭	2019—2021
	15	新一代油藏数值模拟软件（V4.0）研制	吴淑红、任殿星	2017—2020
	16	高含水油田个性化井网设计及软件研制	李小波	2019—2020
	17	蒸汽吞吐低效油藏提高采收率新技术研究与应用	任义丽	2019—2020
	18	石油勘探开发大数据与人工智能关键技术研究	刘文岭、袁江如	2018—2020
	19	体积压裂优化设计软件	李宁	2020—2025
	20	非常规储层地质工程一体化决策软件研发	冉启全	2020—2025
	21	精细油藏分析与智能分层注水方法研究及软件研制	张吉群	2018—2020
	22	"二三结合"关键技术与开发模式研究	张吉群	2018—2020
	23	新区原油效益建产跟踪与评价	闫林	2019

续表

类别	序号	项目名称	负责人	起止时间
省部级课题	24	柴达木盆地风险探井钻井技术支持	石兵波	2019
	25	NEB资产群领导者技术支持(Ra-Sn油田)	吴淑红、童 敏	2017—2025
	26	多组分模拟高精度数值离散及线性求解技术	王宝华	2018—2020
	27	工业联盟组织及其框架技术交流与合作研究	吴淑红、王宝华	2016—2018
院级课题	28	勘探开发知识成果共享与协同研究平台	李 欣、闫 林	2020—2021
	29	通过应用大数据深度学习方法预测合注条件下各分层剩余油饱和度的探索研究	袁江如	2017—2020
	30	一体化油藏数值模拟平台研发	吴淑红、李建芳、李 宁、李 华	2019—2021
横向课题	31	超低渗透—致密油藏水平井开发规律及开发模式研究	袁江如	2017—2020

【科研工作情况】

2020年,人工智能研究中心以"支撑当前、引领未来"为发展战略目标,推动全员转型,明确主要攻关方向,搭建勘探开发知识成果共享平台,完成认知计算平台研发上线,形成业务场景智能化多点突破,加速HiSim与IRes两大自研软件应用推广,开展公司上游"十四五"信息规划,为油气勘探开发生产业务提供技术手段和技术支持服务。

一、勘探开发知识成果共享与协同研究平台建设初见成效

明确技术平台建设需求,完成以梦想云技术平台为基础,融合研究院自身业务特点和需求的平台搭建部署;研发定制功能,完成平台门户页面的设计与开发;初步建成研究院区域湖,完成基础数据入湖,实现入湖资源一键式搜索查询和多源知识共享;搭建勘探开发协同研究环境,实施示范应用场景项目协同研究建设,完成Petrel、HiSim、IRes 3款专业软件与平台的数据接口开发工作,为在勘探开发研究云上实现软件云化部署与管理奠定基础。

二、认知计算平台研发上线,业务场景智能化实现多点突破

完成平台研发与软硬件部署上线,为勘探开发业务人员提供一站式AI开发与计算环境;完成地震初至波自动拾取、测井油气层智能识别、地震层位自动解释、抽油机井工况自动诊断与趋势预测、单井产量递减与含水规律预测5个业务场景的研发和应用,提升预测和解释的准确率,提效达10倍以上,前瞻性科研探索实现突破;建立涵盖百余个人工智能算法的算法库,构建测井油气层知识图谱,实现知识+AI的探索实践;赴华北油田、四川大学采集标准规范的全薄片图像2万多张,构建70多万个颗粒的训练样本库,初步搭建薄片智能鉴定系统V1.0,形成准确、高效、智能的薄片鉴定评价技术;构建超大功图样本数据库,创建零编程、交互式压裂分析平台,优化示功图诊断和生成算法,准确度达90%以上。

三、持续深化特色专业软件研发,不断完善增强软件功能

油藏数值模拟软件HiSim地质建模系统逐步实现智能化,形成基于机器学习的多元回归和边界自动划分技术，构建智能井震关系储层预测模块；组分模拟功能逐步完善，形成组分模拟器 HiSimComp，初步应用于中东碳酸盐岩油藏注气混相驱开发方案研究中，对注气开发模拟发挥了技术支撑作用；油藏模拟应用平台 HiSimRE 一体化，实现油藏分析、交互式历史拟合、智能井网部署、开发预测与方案优化等功能，为油藏模拟提供一体化解决方案。开发优化软件 IRes 发展人工智能算法，形成智能注水效果定量评价指标体系，在吉林油田新立三区注水调整方案中发挥显著作用。

四、高质量完成上游"十四五"信息规划

以勘探开发信息专家中心为主导，板块、研究院、油田三级联动，围绕上游业务发展需求，遵循顶层设计、结合油气田配套方案，开展"十四五"信息规划。组织参与专题研讨、油田调研、方案审查、交流对接、工作汇报等会议 30 余次，规划方案通过勘探与生产公司审查，获上级领导高度肯定。围绕"十四五"末初步建成智能油气田的总体目标，明确 4 个方面 9 项技术目标和 8 项重点工作，设立基础类、应用类和安全类等 17 个项目，保障预期效果实现，为上游数字化转型、智能化发展提供强有力的决策支持。

【交流合作】

11 月 4 日，加拿大两院院士、卡尔加里大学教授陈掌星到研究院做人工智能方法在油气领域应用的技术交流。

11 月 19 日，范天一线上参加在澳大利亚珀斯举办的亚太油气国际会议。

【党建与精神文明建设】

截至 2020 年底，人工智能研究中心党支部有党员 35 人。

党支部：书记吴淑红，副书记李欣，纪检委员闫林、组织委员赵丽莎、宣传委员任义丽。

工会：主席李宁，副主席袁大伟。

青年工作站：站长李夏宁，副站长贾涵。

2020 年，人工智能中心党支部落实集团公司和研究院党委的指示精神，坚决履行党建工作职责与党风廉政建设主体责任，严格执行"一岗双责"与"三重一大"制度，以"围绕科研抓党建、抓好党建促科研"为指导，创新推动"四项建设"，加深党建工作与科研工作的融合，在政治建设、组织建设、廉政建设、队伍建设、统战建设 5 个方面取得显著成效。

一、政治建设规范化，筑牢信仰责任的使命担当

人工智能中心领导班子始终把党的政治建设摆在首要位置，增强"四个意识"，坚定"四个自信"，做到"两个维护"，贯彻落实党中央、集团公司党组及研究院党委的重大决策部署，深入学习习近平新时代中国特色社会主义思想、十九大精神及政务处分法等，开展"战严冬、转观念、勇担当、上台阶"主题教育及"两学一做"，组织理论学习 10 余次，党课 2 次，提升党员素质，增强党内团结，凝聚党员力量。持续提高思想政治站位，将"努力保障国家能源安全"的指示落到实处，内化为科研工作的动力，保障科研生产工作运行平稳有序。

二、组织建设制度化，推进党建科研的深度融合

压紧压实党建责任，构架"大党建"工作格局。人工智能中心成立后，迅速按照程序完成党支部成立和支委选举，建立党建责任清单，落实"一岗双责"，细化分管领域的党建工作，抓科研抓党建，为科研工作保驾护航。开展党员教育，完成党员轮训人均 15 学时，干部 80 小时。严格执行"三重一大"制度，制定实施细则，建立记录台账，成立科委会、支委会等管理机构，并在双序列、职称评选、业绩考核等工作中发挥作用，保障重大问题的民主科学决策。

三、廉政建设常态化,构建风清气正的生态环境

学习贯彻中央、国资委相关决策部署和公司纪检监察工作要求,压实主体责任,体现"一岗双责"。梳理支部、书记、班子成员党风廉政建设主体责任清单,逐级签订《党风廉政建设责任书》及《廉洁从业承诺书》52份。专责督查廉洁风险识别、日常监督、督促协助检查、党风廉政教育、纪检业务联络、廉洁从业模范员等六项责任。

四、队伍建设科学化,培育复合创新的攻坚团队

畅通人才发展通道,搭建人才成长的岗位平台,建成一支 60 后坐镇、70 后牵头、80—90 后冲锋的创新队伍。通过树方向、定目标、压担子,项目部副主管、双序列一二级工程师中,40 岁以下青年人才比例大幅提升,一批青年骨干在科研工作中冲锋在前,攻坚克难,80 后青年获得集团公司优秀党员、青年岗位能手 2 人次。注重交流合作,搭建国际化学习平台,使复合型青年人才发挥优势。按照"请进来、走出去"原则,党支部支委带领青年团队与斯坦福、卡尔加里等国际知名高校建立工业联盟计划,参加斯坦福学术交流、参加 SEG20 年会、斯坦福智能油田SFC20 年会等国际会议以及 ADNOC 合作攻关,制定计划选派优秀青年到国外高水平大学做访问学者,加强与知名 IT 公司、油田单位、高校研究机构的深度融合和交流,组建联合攻坚团队,"以做促学、学做结合",在项目实干中锻炼队伍。

五、统战建设多元化,营造正能团结的和谐氛围

成立意识形态工作领导小组,制定工作细则,扎实开展党群宣传工作。加强对工作微信群、即时通讯群的舆论监督,利用主流媒体传递正能量,对中心门户主页/公众号/期刊等进行统计备案,强化阵地管理意识,共计发表新闻稿13 篇。工会全力打造"心系职工群众"理念,服务科研、服务员工,营造和谐科研氛围,助力职工群众以更饱满的精力和热情投入科研工作中。青工站围绕思想引领、素质提升、团队建设开展青年活动,引导青年传承研究院文化,树立正确的价值观和人生观,增强青年团队的凝聚力和战斗力。

【大事记】

6 月 22 日,成立人工智能研究中心(勘研人〔2020〕105 号)和人工智能研究中心党支部(勘研党字〔2020〕22 号)。

6 月,李欣任人工智能研究中心主任,吴淑红任人工智能研究中心副主任(勘研人〔2020〕109 号);吴淑红任人工智能研究中心党支部书记,李欣任人工智能研究中心党支部副书记(勘研党干字〔2020〕11 号)。

12 月 7 日,吴淑红当选集团公司直属第十一次党员代表大会增补代表。

(张洋、蒋丽维、宋杰)

四川盆地研究中心

【概况】

四川盆地研究中心(简称四川中心)成立于2018年1月,是研究院面向西南油气田的靠前技术支持与服务机构。主要职责是承担四川盆地天然气勘探开发领域研究任务,充分发挥研究院一体化优势,集中京内外优势力量,开展一体化科技攻关,着力破解四川盆地天然气增储上产面临关键技术难题,为西南油气田大气区建设提供有力技术支撑和服务保障。

2020年,四川中心立足四川盆地天然气勘探开发和上产建设重大需求,研究提出未来3—5年重大勘探接替领域、重点风险与预探目标,创新形成龙王庙组、灯影组等气田产能建设对策与方案,评价优选页岩气富集区开采技术方案,为西南油气田300亿立方米大气区顺利建成提供技术支撑。

主任:姚根顺。全面负责各项业务,协助党务工作。

书记:李熙喆。负责党务、纪检、群团工作。主管开发业务并兼管天然气开发室。

常务副主任:李伟。主持日常工作,协调科研运行,兼管HSE、保密及后勤工作。分管综合办公室。

副主任:王永辉。负责工程技术和油田开发现场技术支持。分管页岩气研究室。

副主任:张静。负责物探技术和油田勘探现场技术支持以及知识产权工作。分管物探技术室。

四川中心下设4个研究室和1个办公室。

综合办公室:负责日常科研、行政管理、财务报销、会议及活动组织、筹备和接待、考勤、安全、质量、保密、合规管理、后勤保障等工作。主任康郑瑛,副主任卢斌。

勘探评价室:支撑四川盆地新区、新领域风险勘探,持续开展重点领域评价与目标优选,提出风险和预探井位目标,支撑天然气勘探规划部署和储量评价工作。主任王明磊、谢武仁,副主任姜华、付小东、刘静江、曾富英。

物探技术室:支撑四川盆地常规及非常规天然气勘探部署与开发评价,开展页岩气靶点位置和甜点参数预测;围绕低孔低渗碳酸盐岩储层,以保幅保真高精度成像处理为基础,结合岩石物理分析,建立储层响应模式,形成储层综合预测技术,支撑现场服务。主任黄家强、郭晓龙,副主任冯庆付、姜仁、李新豫。

天然气开发室:负责高—磨震旦系与川西下二叠新区建产、磨溪龙王庙主力气田稳产、安岳须家河致密气提高储量动用和川东石炭系提高采收率研究,攻关天然气开发关键共性技术难题,全力支撑西南气区上产建设。主任郭振华,副主任张满郎、罗瑞兰、张林、闫海军。

页岩气研究室:负责四川盆地页岩气地质、开发机理、新工艺、新技术研究,开展页岩气作业区块地震资料处理解释、评价井部署、有利区评价、开发方案编制、开发井部署、实施效果地质工程跟踪评价等工作。主任张晓伟,副主任车明光、郭伟、梁峰、王南。

截至2020年底,四川中心在册职工69人。其中男职工59人,女职工10人;博士25人,硕士40人,本科及以下4人;教授级高级工程师6人,高级工程师40人,工程师20人,会计师1人,高级主管1人,工人1人;30岁以下6人,30—40岁28人,40—50

岁 15 人,50 岁以上 20 人。市场化用工 10 人。当年,高日胜、孟昊、李素珍、段贵府、高绪华调入,姚根顺、张晓伟、郭为、闫海军、曾富英、姜华、于豪、冯庆付、隋京坤、严星明、王明磊、田瀚调离。

均为公司级课题。获省部级科技奖 6 项,其中特等奖 1 项、一等奖 3 项。获局级科技奖 2 项。授权发明专利 5 件。在国内外学术会议及期刊上发表论文 52 篇,其中 SCI 收录 22 篇。

【课题与成果】

2020 年,四川中心承担科研课题 39 项,

2020 年四川盆地研究中心承担科研课题一览表

类别	序号	课题名称	负责人	起止时间
公司级课题	1	四川盆地川中—川南地区栖霞—茅口天然气勘探有利区评价优选	黄士鹏	2018.6—2021.6
	2	四川盆地长兴组—飞仙关组天然气勘探有利区评价优选	王 坤	2018.6—2021.6
	3	四川盆地雷口坡组天然气勘探有利区带评价	田 瀚	2018.6—2021.6
	4	安岳气田磨溪龙王庙组气藏动态建模与稳产技术研究	刘晓华	2018.6—2021.6
	5	安岳气田震旦系气藏开发动态规律研究	张 林	2018.6—2021.6
	6	安岳须家河气藏可动用储量综合评价研究	石 石	2018.6—2020.6
	7	磨溪区块震旦系地震含气富集区预测与井位部署研究	李新豫	2018.6—2021.6
	8	《气藏工程管理规定》修订	罗瑞兰	2020.4—2020.12
	9	西南气区天然气开发跟踪评价(2020)	郭振华	2020.3—2020.12
	10	威远区块页岩气开发方案实施跟踪与优化研究(2020)	张晓伟	2020.3—2020.12
	11	2021—2030 年页岩气发展规划编制研究	郭 为	2016.1—2021.12
	12	中新元古界微生物碳酸盐岩沉积环境与成储机制	刘静江	2018.5—2021.12
	13	四川盆地奥陶系—志留系烃源岩生烃潜力精细研究	付小东	2020.8—2021.5
	14	四川盆地早—中三叠统构造演化及其对天然气成藏富集的控制作用研究	姜 华	2020.8—2021.5
	15	四川盆地及邻区加里东期构造—岩相古地理及原型盆地恢复研究	李文正	2020.8—2021.5
	16	2020 年度四川盆地震旦系—下古生界区带评价与目标优选研究	谢武仁	2020.8—2021.5
	17	2020 年四川盆地上古生界—下三叠统区带评价与目标优选	郝 毅	2020.8—2021.5
	18	2020 年四川盆地嘉陵江组—雷口坡组区带评价与目标优选	辛勇光	2020.8—2021.5
	19	四川盆地长兴组—飞仙关组天然气勘探有利区评价优选	王 坤	2018.6—2021.6
	20	四川盆地川中—川南地区栖霞—茅口天然气勘探有利区评价优选	黄士鹏	2018.6—2021.6
	21	川中—川西地区雷四—雷三滩相多类型圈闭评价与目标优选	张 豪	2019.11—2021.3

续表

类别	序号	课题名称	负责人	起止时间
公司级课题	22	川西地区茅口组储层特征及主控因素研究	郝 毅	2019.9—2020.9
	23	川中—川北地区洗象池组有利区带优选与目标评价	李文正	2019.11—2021.3
	24	安岳震旦系气藏规模上产开发潜力评价研究	俞霁晨	2020.7—2021.5
	25	川东石炭系气藏开发规律及挖潜目标研究（2020）	罗瑞兰	2020.7—2021.5
	26	磨溪龙王庙组气藏长期稳产开发技术对策研究（2020）	郭振华	2020.7—2021.5
	27	安岳气田须二气藏效益开发先导试验方案研究	张满朗	2020.7—2020.11
	28	双鱼石区块栖霞组气藏产能评价及开发技术政策研究	刘晓华	2020.7—2021.5
	29	双鱼石地区栖霞组气藏描述及开发机理模拟研究	刘晓华	2019.11—2020.10
	30	带井下节流器气井井底压力折算及井动态储量计算	俞霁晨	2019.10—2020.9
	31	大猫坪西地区生物礁气藏开发潜力评价及有利目标优选	张 林	2019.10—2020.10
	32	川南地区深层页岩储层评价及有利目标优选	郭 伟	2020.7—2020.12
	33	四川盆地筇竹寺组页岩气富集规律及有利区优选评价研究	梁 峰	2020.7—2020.12
	34	威远区块页岩气开发方案实施跟踪与优化研究	郭 为	2020.8—2020.12
	35	威远页岩气提产增效工程技术跟踪评价与优化研究	车明光	2020.7—2020.12
	36	威远页岩气田年产40亿立方米优化调整开发方案编制	卢 斌	2020.4—2020.12
	37	威207井单井评价研究	卢 斌	2020.10—2021.3
	38	威远页岩气田年产40亿立方米优化调整开发方案地质、压裂、经济评价和总报告编制	卢 斌	2020.7—2020.12
	39	四川盆地茅口组气藏储层改造暂堵材料优化评价实验研究	王 萌	2019.10—2020.12

【交流与合作】

9月，杜炳毅、张静、王述江参加在南京举办的CPS/SEG国际地球物理会议。

9月，张静、万玉金、郭晓龙、李新豫、包世海、罗瑞兰、李素珍、俞霁晨、史晓辉参加在成都举办的油气田勘探与开发国际会议。

9月，陈亚娜线上参加在美国休斯敦举办的AAPG年会。

10月，杜炳毅线上参加在美国休斯敦举办的SEG会议。

12月，张豪、何巍巍线上参加在阿姆斯特丹举办的EAGE年会。

【科研工作情况】

2020年，四川中心全体干部员工贯彻落实集团公司和研究院工作会议精神，立足四川盆地增储上产重大需求，凝心聚力、攻坚克难，持续加大重点科技项目攻关力度，全面推进天然气勘探开发理论技术创新，着力提供精准靠前技术支持服务，全面完成科研生产任务，取得一批亮点成果。

一、天然气勘探获得新突破

聚焦风险勘探五大新领域，评价提出12个风险目标，提交油田8个风险井位，6个通过勘探生产分公司论证；支撑重点预探区带勘探部署研究，向油气田提交8个预探目标；研究提出重点井位加深钻探建议并被集团公司采纳，为取得万亿立方米规模重大突破发现提供技术支撑；深化构造演化研究，突出志留系源灶评价，有力支撑风险区带评价及勘探部署。

二、天然气开发取得新成效

紧跟勘探突破和进展，编制川中古隆起－北坡海相碳酸盐岩天然气开发规划方案，提交建议井位 7 口，有力支撑高磨震旦系气藏规模上产；深化龙王庙组气藏水侵特征和产能变化研究，优选安岳须家河气藏效益开发有利区和建议井位，提出气藏类型新认识，深化石炭系气藏开发规律和挖潜对策，沙罐坪气藏预期可提高气藏采收率 3—4 个百分点。

三、页岩气开发取得新进展

建立三优三控理论，指导威远页岩气高效建产并推广，支撑页岩气年产量突破 110 亿立方米；牵头完成《威远页岩气田年产 40 亿立方米产能建设稳产方案》编制，持续完善《集团公司 2021—2030 年页岩气专项规划》，彰显战略支持实力和影响力；持续优化参数，以"小簇距射孔、大排量造缝、高强度加砂"升级压裂技术提产增效；明确筇竹寺组甜点段，优选有利区 3300 平方千米，资源量 1.8 万亿立方米，提出 2 口页岩气风险井位。

四、物探技术实现新发展

针对川中台内区灯影组储层非均质性强、有效井模式认识不清等难题，形成优质开发层段筛选及地震精细描述技术；建立浅层侏罗系曲流河河道识别与评价技术系列，深化川中川中充西—莲池区块沙溪庙组河道砂组评价，提出建议井位 3 个；形成凉高山组页岩甜点区预测技术，落实川中充西—莲池区块凉高山组页岩油甜点区 4 个，优选建议井位 3 个。

【党建与精神文明建设】

截至 2020 年底，四川中心党支部有党员 58 人。

党支部：书记李熙喆，副书记姚根顺，委员姜华、段书府、李伟、王南、康郑瑛。

工会：主席张静平，副主席俞霁晨，组织委员边海军，宣传委员卢斌，生活委员郝涛，文体委员曾富英，女工委员陈娅娜。

青年工作站：站长石书缘，副站长于豪、李文正，组织委员苏旺，宣传委员梁萍萍，文体委员夏钦禹。

四川中心党支部深入学习贯彻习近平新时代中国特色社会主义思想和党的十九大精神，坚持以党的建设为统领，以"主题教育"为抓手，以"党建促科研"为指南，以落实"大党建"工作格局为目标，不忘初心，牢记使命，奋发进取，全面完成党建责任目标，充分发挥靠前支撑作用，助推四川盆地油气事业高质量发展。

加强政治理论学习。以"三会一课"为载体，深刻领会习近平新时代中国特色社会主义思想和党的十九大、十九届四中、五中全会精神，增强"四个意识"、坚定"四个自信"、做到"两个维护"。健全学习制度，创新学习形式，丰富学习内容，带领四川中心员工贯彻落实习近平总书记关于大力提升勘探开发力度等重要指示批示精神，真正把党的政治优势转化为发展优势，用实实在在的业绩检验党建工作成效。

强化基层组织建设。完善四川中心党支部、党小组、工会、青年站等组织，进一步细化分工，落实职责，做到有效运转。根据四川中心人员变动及时调整党小组负责人，挑选业务精干的科研人员兼职从事党建工作，配优配强四川中心党建队伍。梳理理论学习研究、新闻宣传、群团工作等各项工作，明确推进思路并提出重点举措，开展青年学术交流会、帮扶慰问等各类党建活动 73 次，获研究院党建案例大赛一等奖等荣誉，特别是勘探团队被评为集团公司青年文明号。

加强党风廉政建设。坚持"党要管党，从严治党"方针，持续强化支部自身建设，履行党风廉政主体责任,加强警示教育,充分发挥以案治本作用,切实增强自警自省、慎独慎微的警觉性和紧迫感,树立党员干部良好形象。

狠抓人才培养和团队建设。发挥多单位多学科团队集中攻关优势,打造青年学术交流会特色品牌,搭建青年人才成长广阔平台,促进青年英才快速成长;以党建为抓手,凝心聚力做强团队,深化前后方联动机制,推进学科建设与团队建设相融互促。

【大事记】

3月,免去段书府四川盆地研究中心副主任职务(人事〔2020〕33号)。

12月,免去姚根顺四川盆地研究中心主任、党支部副书记职务;李熙喆任四川盆地研究中心主任、党支部书记职务,李伟任四川盆地研究中心常务副主任职务,张静任四川盆地研究中心副主任职务,王永辉任四川盆地研究中心副主任职务,张建勇任四川盆地研究中心副主任职务,高日胜任四川盆地研究中心党支部副书记职务(勘研党字〔2020〕32号)。

(卢斌、张静)

准噶尔盆地研究中心

【概况】

准噶尔盆地研究中心(简称准噶尔中心)是研究院面向新疆油田的靠前技术支持与服务机构。主要职责是突出风险勘探和提高采收率两大重点业务,凝聚院属各单位研究力量,组织开展多学科联合攻关,加大靠前技术支持力度,解决准噶尔盆地勘探、开发和工程技术等方面关键基础问题与技术难题,支撑新疆油田储量产量规模增长和高质量发展。

2020年,准噶尔中心落实研究院党委工作部署,聚焦准噶尔盆地油气勘探开发技术难题,加强靠前技术支持服务,强化新区新领域基础研究和风险目标评价,推进提高采收率关键机理研究和技术攻关,创新储层改造新技术新工艺,为新疆油田油气增储上产和提质增效提供技术支撑。

主任、书记:马德胜。主持全面工作,负责党支部工作。分管开发业务。

准噶尔中心下设3个项目组。

勘探项目组:负责准噶尔盆地石油地质基础研究、重大勘探领域地质评价与风险目标优选、新疆油田勘探部署动态技术支撑等工作。负责人曹正林。

开发项目组:负责准噶尔盆地重点油藏开发基础研究、新疆油田重点区块开发方案设计及现场技术支撑等工作。负责人马德胜。

工程项目组:负责重点探区储层改造基础研究及相关技术研发、新疆油田重点区块储层高效改造现场技术支撑等工作。负责人丁彬。

截至2020年底,准噶尔中心在册职工69人。其中男职工63人,女职工6人;博士37人,硕士26人,本科5人;教授级高级工程师7人,高级工程师39人,工程师21人;35岁以下21人,36—45岁28人,46—55岁20人。

【课题与成果】

2020年,准噶尔中心承担科研课题17项,均为油田横向课题。获集团公司专利金奖1项,其他省部级科技奖2项,局级科技奖1项。登记软件著作权3项。出版译著1部。在国内外学术会议及期刊上发表论文15篇,其中SCI收录2篇。

2020年准噶尔盆地研究中心承担科研课题一览表

类别	序号	课题名称	负责人	起止时间
其他课题	1	南缘复杂构造建模、动态成藏及保存条件评价	卓勤功	2019.9—2020.8
	2	南缘下组合沉积体系与规模有效储层评价研究	郭华军	2019.9—2020.8
	3	准噶尔盆地南缘油气成藏条件与区带目标评价	齐雪峰	2019.9—2020.8
	4	准噶尔盆地重点领域沉积储层研究	邹志文	2019.9—2020.8
	5	准噶尔盆地 T_1b 整体研究及新区、新层系风险领域与目标评价	王国栋	2019.9—2020.8
	6	玛湖—盆1井西—沙湾凹陷二三叠系整体研究及区带目标评价	曲永强	2019.9—2020.8

续表

类别	序号	课题名称	负责人	起止时间
其他课题	7	准噶尔盆地 J-K 岩性地层油气藏富集规律与区带目标评价	陈 栅	2019.9—2020.8
	8	北疆石炭系-下二叠统岩相古地理、成藏条件与风险目标评价	杨 帆	2019.9—2020.8
	9	准噶尔盆地石炭系精细构造解释与火山岩储层预测	王彦君	2019.9—2020.8
	10	准东地区有效烃源岩分布特征研究与勘探潜力评价	龚德瑜	2019.12—2020.6
	11	北疆地区石炭系有效烃源岩特征及勘探潜力评价	龚德瑜	2020.1—2020.6
	12	新疆老油田稳产工程关键技术研究（Ⅲ期）	张善严	2019.7—2020.6
	13	新疆油田稀油新区上产工程一期	李保柱	2019.11—2020.12
	14	2020 准噶尔勘探及重点评价井储层改造方案优化、现场实施跟踪研究	高跃宾	2020.1—2020.12
	15	新疆和吐哈油田勘探开发关键技术研究与应用	李 阳	2019.2—2019.12
	16	火山岩裂缝性储层人工裂缝与现场配套工艺研究应用	李 阳	2019.1—2019.11
	17	玛湖砾岩油藏人工裂缝系统优化与压裂提效研究	段贵府	2019.6—2020.12

【交流与合作】

9月23—25日，张胜飞参加在成都举办的 IFEDC 会议。

11月11—13日，卫延召参加在南昌举办的第十二届全国实验地质实验技术会议。

【科研工作情况】

2020 年，准噶尔中心按照研究院科研工作部署要求，围绕中心宗旨和工作定位，坚持靠前支持、集中力量、统一配置的原则，整体部署，抓好开局，创新管理，聚焦新疆油田勘探、开发、工程领域生产需求，采取"战区式"运行模式，现场集中办公、集中研究，取得系列重要成果。

推进油气高效勘探，开展准噶尔盆地南缘冲断带构造建模、储盖层评价及动态成藏等研究，评价南缘下组合有利勘探区带，支撑呼探 1、乐探 1 等风险井上钻。针对盆地二、三叠系大面积岩性地层，整体评价上乌尔禾组和百口泉组，提出环富烃凹陷斜坡大面积岩性地层勘探新领域，助推康探 1 井获重大突破，开拓大面积岩性地层新场面。坚持侏罗-白垩系岩性地层高效勘探领域成藏及区

带评价研究，创新 4 项地质认识，提出 2 大勘探新领域和 2 个风险目标，支撑 7 口预探井上钻，助推前哨地区重大突破。持续深化盆地石炭系气源灶评价，优选三大领域、两类有利区带，有效支撑石西 16 井两层获高百方产，实现石炭系战略新突破。

深化提高采收率技术攻关，制定中高渗"二、三结合"合理开发技术政策，建立基于单砂体的注采动态指标分析方法，创新区域相带、井组、小层 3 个级次的"分区调控、多级分注、均衡注水、合理提液"精细注采调控政策界限，深入挖掘水驱开发潜力。高效支撑八区 530、八区下乌尔禾、玛湖等注气方案实施调整，八区 530 克下组油藏 CO_2 驱提高采收率试验跟踪评价进展顺利，八区下乌尔禾亿吨级特低渗油藏注气试验顺利实施，玛湖地区天然气驱方案编制及跟踪稳步推进。优化玛湖重点区块开发方案，配合完成玛湖地区年产 500 万吨原油开发方案（2020—2025 年），全面支撑新区快速上产。全面跟踪评价玛湖 131 小井距试验、玛湖 1 示范区等重点区块，明确玛湖水平井生产规

律,形成适应玛湖油藏特点的动态评价方法,完成玛湖 1 井区叠前反演,获取储层完整的弹性参数,建立基于有限元边界载荷法的综合地质力学模型。开展玛湖注气补充能量优化研究,探索注气开发模式,转变靠工作量上产的格局,降低产能建设投资,提高建产质量。

加强储层改造降本增效技术研究与推广,扩大玛湖致密油立体开发+缝控压裂工艺试验规模,创新低效储量效益建产模式。发展"大段多簇+极限限流射孔+暂堵转向+高强度加砂"储层改造工艺技术,在玛湖致密油和吉木萨尔页岩油实现规模应用,试验井产量较邻井提高 15% 以上,MaHW6283 井 90 天百米累产油较全区高 57.5%;吉木萨尔页岩油段长由 45 米增加到 70—90 米,单段由 3 簇增到 6 簇,簇间距由 15 米降至 11 米;配合暂堵 1 次,投产 23 口开井 90 天平均日产油 24.9 吨,较以往提高 30%。推动低成本改造材料规模应用,建立支撑剂选用新方法,明确大规模注液补能及密切改造模式石英砂替代陶粒可行,玛湖和吉木萨尔全面推进石英砂替代最大深度达到 4100 米。玛湖和吉木萨尔全面实现全程滑溜水携砂,均滑溜水比例由 57.7% 提升至 98%,应用 54 口井,累计应用近 105.5 万立方米,节约压裂成本约 1.02 亿元。

【党建与精神文明建设】

截至 2020 年底,准噶尔中心党支部有党员 27 人。

党支部:书记马德胜,副书记史立勇,委员周明辉、桑国强、陈楸、张胜飞、周川闽、姬泽敏。

青年工作站:站长杨帆,副站长周明辉。

2020 年,准噶尔中心党支部以党建为引领,以盆地为摇篮,按照院党委部署要求,加强组织建设、基层基础建设和文化建设,充分发挥党支部战斗堡垒作用和党员先锋模范带头作用,着力突出科技人才扎根现场、服务边疆的特色,在党建和精神文明建设上取得多项重要成果。

提高政治站位,坚决贯彻落实上级各项决策部署。在"百年未有之大变局"下,党支部高度重视党的思想政治建设,将理论学习的重要性提升到前所未有的高度,每个月开展集中学习,党支部书记及时讲授《2020 年全国两会学习》《十九届五中全会解读》专题党课,在错综复杂的国际形势和新冠肺炎疫情的冲击下稳定科研工作的思想基础,带领准噶尔中心员工贯彻落实习近平总书记关于大力提升勘探开发力度等重要指示批示精神,做好党员教育和管理,加强党员活动阵地建设,以高质量党建引领高质量发展。

注重组织建设,夯实党务工作基础。加强领导班子建设,完善党支部、党小组、工会、青年站等组织,进一步细化分工,落实职责,做到有效运转。根据人员变动动态调整党小组负责人,挑选业务精干的科研人员兼职从事党建工作,配优配强党建队伍。梳理理论学习研究、新闻宣传、群团工作等各项工作,明确推进思路并提出重点举措,在盆地现场组织开展青年学术交流会、帮扶慰问等各类党建活动,巩固加强学习成果。构筑党支部-宣传委员-团队代表三级宣传构架,树立现场工作团队及个人先进典型,弘扬科研人员扎根现场、勤勉求实的工作作风,锻造一支攻坚克难的盆地铁军。张善严获研究院建功立业模范人物荣誉称号。

强化作风建设,提高反腐倡廉能力。学习贯彻党中央、国资委党风廉政建设决策部署,坚决执行集团公司党组、研究院党委和驻勘探开发研究院纪检组工作要求,宣传正能量,树立良好形象。坚持"党要管党,从严治党"方针,持续强化支部自身建设,履行党风廉政主体责任,加强警示教育,充分发挥以案治本作用,切实增强自警自省、慎独慎微的警觉性和紧迫感，树立党员干部良好形象。班子成员履行"一岗双责"，明确具体责任，"三重一大"和党组织前置程序严格把关，全年无违反规定及重大决策失误情况。

做好青年工作，凝聚干事创业合力。以政治思想为抓手，以团队精神为纽带，增强投身伟业的自豪感、集体成绩的荣誉感、干事创业的认同感和不甘落后的紧迫感，队伍越聚越大、成绩越做越好，打造出一支"安下心、扎下根、不出油、不死心"的集团公司科技创新奋斗团队。狠抓人才培养和团队建设，发挥多单位多学科团队集中攻关优势，打造青年学术交流会特色品牌，搭建青年人才成长广阔平台，执行谈心谈话等组织生活制度，开展青年职工知识竞赛、读书等活动，充分调动青年职工劳动热情和创造激情，促进青年英才快速成长。

【大事记】

12月4日，马德胜任准噶尔盆地研究中心主任、党支部书记职务，曹正林任准噶尔盆地研究中心常务副主任职务，史立勇任准噶尔盆地研究中心党支部副书记职务，张善严、丁彬、徐洋、黄林军任准噶尔盆地研究中心副主任职务，免去李建忠准噶尔盆地研究中心主任职务（勘研党字〔2020〕32号）。

（王瑞菊、卫延召、马德胜）

塔里木盆地研究中心

【概况】

塔里木盆地研究中心(简称塔里木中心)成立于2018年7月,是研究院面向塔里木油田的靠前技术支持与服务机构。主要职责是紧跟塔里木盆地油气发展形势,立足股份公司、塔里木油田公司勘探开发及科研部署,聚焦塔里木油田千万吨长期稳产发展目标,以支撑塔里木盆地油气勘探为主线,统筹油气田开发与工程技术支撑,重点开展油气勘探重大领域基础地质研究、风险勘探区带和目标评价、重点油气田一体化攻关、储层改造技术创新等工作。

2020年,塔里木中心根据塔里木盆地油气增储上产重大需求,研究提出库车、塔西南、台盆区碎屑岩和碳酸盐岩等重点领域风险和预探目标,创新形成新区产能建设和老区稳产上产技术对策,持续开展超深、高温、高压储层改造新工艺新技术攻关,为塔里木3000万吨大油气田建设提供技术支撑。

主任、书记:魏国齐。负责塔里木中心全面工作。

常务副主任:朱光有。负责中心整体科研与日常事务等工作。

副主任、副书记:李君。负责党务和行政管理、碳酸盐岩研究等方面工作。分管综合办公室、碳酸盐岩室。

副主任:余建平。负责党风廉政建设、物探技术研究方面等工作。分管物探技术研究室。

副主任:张荣虎。负责碎屑岩储层研究等工作。分管库车综合研究室、台盆区碎屑岩研究室。

副主任:孙贺东。负责气田开发研究等工作。分管气田开发室。

塔里木中心下设5个研究室和1个办公室。

综合办公室:主要负责财务报销、合同管理、后勤和行政管理工作。负责人李君。

库车综合研究室:主要负责库车坳陷综合地质研究与风险目标评价优选。负责人张荣虎。

台盆区碳酸盐岩研究室:主要负责台盆区碳酸盐岩综合地质研究与风险目标评价优选。负责人李君。

碎屑岩研究室:主要负责台盆区碎屑岩综合地质研究与风险目标评价优选。负责人张荣虎。

气田开发研究室:主要负责深层气田开发政策与技术。负责人孙贺东。

物探技术研究室:主要负责塔西南坳陷综合地质研究与盆地重点区块地震处理与解释。负责人余建平。

截至2020年底,塔里木中心在册职工41人。其中男职工35人,女职工6人;博士17人,硕士18人,本科5人;教授级高级工程师4人,高级工程师22人,工程师12人;35岁以下10人,36—45岁16人,46—55岁10人,55岁以上5人。当年,朱光有调入,倪新锋、易士威、刘伟、董洪奎、刘满仓、王辽、常宝华调离,周玉萍退休。

【课题与成果】

2020年,塔里木中心承担科研课题17项。其中公司级课题4项,其他课题13项。获省部级科技奖6项。授权发明专利9件。出版著作4部。在国内外学术会议及期刊上发表论文48篇,其中SCI收录3篇。

2020 年塔里木盆地研究中心承担科研课题一览表

类别	序号	课题名称	负责人	起止时间
公司级课题	1	塔里木盆地库车北部山前构造带中生界沉积储层研究与有利区带评价	张荣虎	2018.4—2020.4
	2	塔里木盆地库车北部山前构造带成藏条件与有利目标评价	刘满仓	2018.4—2020.4
	3	塔西南中、新生界沉积储层研究及目标评价	曾庆鲁	2018.4—2021.4
	4	塔里木盆地塔北碎屑岩沉积储层研究及目标评价	刘 春	2018.4—2020.4
其他课题	5	塔北-塔中奥陶系沉积储层研究及塔西南前陆盆地生烃潜力评价	贺训云	2019.4—2020.12
	6	克拉苏西部白垩系沉积储层深化研究	曾庆鲁	2019.4—2021.4
	7	克拉苏露头裂缝描述与建模研究	王 珂	2019.3—2020.9
	8	裂缝性有水气藏开发动态描述及预测技术	孙贺东	2019.3—2021.1
	9	塔里木盆地风险领域地质论证与支持	周 慧	2019.10—2020.10
	10	库车坳陷秋里塔格构造带石油地质特征与区带目标评价	张荣虎	2019.12—2020.12
	11	迪那 2 气藏精细描述研究	刘满仓、王 珂	2018.12—2020.12
	12	吐格尔明地区侏罗系克孜勒努尔组阳霞组沉积体系研究及储层评价	张荣虎	2018.11—2020.5
	13	克拉苏露头裂缝描述及建模研究	王 珂	2018.11—2021.4
	14	库车南斜坡多目的层沉积储层研究	陈 戈	2017.3—2020.3
	15	塔东新区新领域地质条件分析及目标优选	李洪辉	2020.1—2021.3
	16	塔里木盆地新区新领域风险勘探支撑研究	周 慧	2020.11—2021.12
	17	塔里木盆地中下寒武统沉积储层研究与储层建模	朱永进	2020.9—2022.3

【交流与合作】

6 月，贺训云、熊冉、张天付、黄理力参加在美国召开的国际地球化学年会并作技术交流。

9 月，王俊鹏、王珂、曾庆鲁线上参加在美国召开的 AAPG 年会并作技术交流。

10 月，徐兆辉线上参加 SEG 国际会议并作技术交流。

10 月，张荣虎、陈戈、赵继龙、刘春参加在重庆召开的中国地球科学联合学术年会并作技术交流。

12 月，熊冉、张天付参加在珠海召开的第八届全国应用地球化学学术会议并作技术交流。

【科研工作情况】

2020 年，面对新冠肺炎疫情和超低油价等严峻挑战，塔里木中心以国家、集团公司和油田横向课题为依托，着力开展风险领域评价和寒武系基础研究，有效支撑油田勘探部署，取得丰硕成果。

提出盐下烃源岩、颗粒滩储层规模分布及轮南地区深部成藏新认识，支撑轮探 1 井上钻获重大突破，打开盐下碳酸盐岩勘探新局面。提出塔西南坳陷古生界被动大陆边缘认识，预测塔西南坳陷寒武系盐下玉尔吐斯组烃源岩分布，坚定大型-特大型油气田勘探信心；研究提出盐下古隆起肖尔布拉克组发育滩坪、丘滩、颗粒滩 3 类相控型白云岩储层、吾松格尔组发育弱镶边性台缘白云岩储层,创立轮南地区深部油藏新观点,指出深部长期稳定构造-岩性圈闭有利目标。

提出库车勘探新区带,推动阳探1井获得重要苗头。2019年,首次提出中下侏罗统克孜-阳霞组中薄层砂体呈透镜状展布,与烃源岩互层,有利形成构造-岩性油气藏,推动阳探1等目标井位部署上钻。2020年,深化中下侏罗统沉积砂体及有利储层预测研究,通过沉积+构造挤压+成岩等分析,预测8000米孔隙度5%—8%,推动阳探1井钻进7950米,有望获得新突破。

创新提出岩性地层油气藏有利勘探区,研究形成库车坳陷阳霞是构造岩性油气藏勘探新区带,优选评价13个风险勘探目标,推动一批重点井位部署上钻。提出三大古隆起控滩模式,详细刻画礁滩边界及礁滩展布,明确古地形、古潮汐、古洋流控制高能丘滩带发育。提出震旦系岩溶风化壳储层是寻找大油气田潜在领域,评价2个风险目标。提出库车三叠系构造岩性油气藏是新的规模增储方向,评价6个风险目标。提出塔北志留系海相砂岩地层等多类型油气藏发育,是中浅层风险勘探的有利领域,评价东探1风险目标。

【党建与精神文明建设】

截至2020年底,塔里木中心党支部有党员29人。

党支部:书记魏国齐,副书记李君,委员余建平、智凤琴。

工会:主席徐兆辉。

青年工作站:站长熊冉,副站长董才源。

2020年,塔里木中心党支部贯彻落实集团公司党组和研究院党委工作部署,围绕抓实党务工作、做好文化传承、凝聚职工队伍、加强青年培养、坚定反腐倡廉、构建激励机制等方面创造性地开展工作,充分发挥党支部战斗堡垒和党员先锋模范作用,完成各项任务。

加强政治建设。坚决贯彻习近平总书记重要指示批示精神,落实研究院党委工作部署,扎实开展"战严冬、转观念、勇担当、上台阶"主题教育活动,采用领学和自学等方式,不断强化政治武装,用新思想补足精神之钙,用新理论引领创新发展,推动中心各项工作取得新成效。

强化党风廉政建设。贯彻落实研究院党风廉政建设会议精神,严格执行中央八项规定精神和集团公司20条要求,建立廉政建设责任体系,落实班子成员"一岗双责",逐级签订党风廉政建设责任书和承诺书,扎实开展廉洁从业教育,组织学习《中国共产党廉洁自律准则》等文件,参加《中华人民共和国公职人员政务处分法答题》及纪检委委员培训等教育活动,筑牢拒腐防变的堤坝,全年没有违规违纪和重大舆情事件发生。

做好党建基础工作。严格执行"三会一课"等制度,开展系列主题教育活动,全年召开2次党员大会、16次党支部委员会、11次党小组会、2次党课、10次主题党日活动、1次组织与民主生活会、3次调研问题会议、每个班子成员个人谈心10余次。执行民主决策制度,通过支委会和班子会讨论,决策疫情防控方案、党建工作重点、科研工作计划、先进个人与团队推选、职称评定等26个事项,保障中心健康科学发展。

抓好宣传和群团工作。加强意识形态建设与思想宣传,提升正能量和对外影响力。热心关注党员和群众疾苦,调研解决员工群众"急难愁盼"问题10余件。采用线上、线下相结合的方式,组织党的理论知识竞赛、理论学习、观影教育、健步走、岗位竞赛等丰富多彩活动,提高团队凝聚力和战斗力。

搭建青年培养与发展平台。树立人才是"第一资源"理念,做好青年人才培养方案,持续加强青年人才思想政治教育和先进理论知识学习,设立青年科技交流大讲堂,组织国内外知名专家开展培训,推行"人才+项目"培养模式,建立青年创新团队,推选大批青年骨干担任课题长或副课题长,有力推动青年人快速成才。

【大事记】

12月9日,魏国齐任塔里木盆地研究中心主任、党支部书记职务,朱光有任塔里木盆地研究中心常务副主任职务,李君任塔里木盆地研究中心副主任兼党支部副书记职务,余建平任塔里木盆地研究中心副主任职务,张荣虎任塔里木盆地研究中心副主任职务,孙贺东任塔里木盆地研究中心副主任职务(勘研党字〔2020〕32号)。

(李君、魏国齐)

鄂尔多斯盆地研究中心

【概况】

鄂尔多斯盆地研究中心(简称鄂尔多斯中心)成立于2018年7月,是研究院面向长庆油田的靠前技术支持与服务机构。工作职责是立足长庆油田二次加快发展战略部署,集聚研究院勘探、开发、工程等领域创新资源和优势力量,围绕油气勘探、原油开发、天然气开发以及储层改造与采油采气工艺4个方向开展项目攻关,扎实推进鄂尔多斯盆地油气勘探开发理论技术创新和现场支持服务,为长庆油田长期稳产增产提供有力技术支撑。

2020年,鄂尔多斯中心坚决贯彻党中央关于加大国内油气勘探开发力度、保障国家能源安全战略部署,落实研究院工作会议精神和靠前技术支撑工作要求,坚持科研党建两手抓,以严谨务实的态度,真抓实干的作风,坚持问题导向,突出提质增效,发挥科研综合平台优势,着力破解鄂尔多斯盆地油气勘探开发关键技术难题,提供精准技术支持服务,为长庆油田高质量发展贡献力量。

主任、书记:贾爱林。负责组织推进全面工作,主抓科研生产、人事和西安基地管理、党建、QHSE、保密、培训等工作。协助研究院分管院领导抓好与长庆油田相关业务的开展。

常务副主任:郭智。分管气田开发项目组的科研生产管理和技术交流工作,做好与非常规、新能源、信息化相关科研所的对接。协助主任抓好国际交流与合作以及办公室日常工作。

副书记:魏铁军。分管党建、QHSE以及青年工作站工作。协助书记抓好西安基地日常生活保障与后勤工作。

副主任:雷征东。分管原油开发项目组的科研生产管理和技术交流工作,做好与研究院油田开发相关科研所的对接。协助主任抓好安全和职工培训工作。

副主任:赵振宇。分管勘探项目组的科研生产管理和技术交流工作,做好与西北分院、杭州地质研究院以及北京总院勘探相关科研所的对接。协助主任抓好保密工作。

副主任:李涛。分管采油采气工艺及改造项目组的科研生产管理和技术交流工作,做好与研究院工程技术相关科研所的对接。协助主任抓好技术有形化和科技成果转化工作。

鄂尔多斯中心下设4个项目组和1个办公室。

勘探项目组:负责鄂尔多斯盆地重大领域基础地质与风险勘探目标评价。负责人赵振宇。

油田开发项目组:负责鄂尔多斯盆地低渗致密油田开发与提高采收率研究。负责人雷征东。

气田开发项目组:负责鄂尔多斯盆地天然气开发关键技术攻关、提高采收率技术研究与气田开发方案编制。负责人郭智。

采油采气工艺及改造项目组:负责超低渗-致密储层改造新工艺、新技术与采油采气工艺技术攻关。负责人李涛。

综合办公室:负责西安基地运行管理、行政管理、后勤保障和财务管理等工作。主任王江。

截至2020年底,鄂尔多斯中心在册职工126人。其中男职工95人,女职工31人;博士52人,硕士58人,本科8人;教授级高级工程师6人,高级工程师72人,工程师36人;35岁以下15人,36—45岁75人,46—55岁36人。市场化用工7人。当年,刘虹、蒋俊超、朱汉卿、孟德伟、齐亚东、王军磊、窦玉坛、黄军平、王宏波、王锦芳、刘畅、杨正明、孙灵辉、萧汉敏、李易隆、路琳琳、袁贺、雷丹凤、周兆华、付晶、郭东红、张义调入，赵振宇、宋薇、周体尧、田明威调离。

【课题与成果】

2020年，鄂尔多斯中心承担科研课题71项，其中国家级课题8项，公司级课题32项，其他课题31项。授权发明专利17件。登记软件著作权8项。出版专著12部。在国内外学术会议及期刊上发表论文72篇，其中SCI收录20篇。

2020年鄂尔多斯盆地研究中心承担科研课题一览表

类别	序号	项目名称	负责人	起止时间
国家级课题	1	致密气有效开发与提高采收率技术	冀光	2016.1—2020.12
	2	致密气渗流规律与气藏工程方法	甯波	2016.1—2020.12
	3	低渗—低丰度气藏稳产技术	程立华	2016.1—2020.12
	4	致密气资源潜力评价、富集规律与有利目标优选	刘俊榜	2016.1—2020.12
	5	致密油富集规律与勘探开发关键技术	胡素云	2016.1—2020.12
	6	超低渗油藏物理模拟方法与渗流机理	杨正明	2016.1—2020.12
	7	低渗、特低渗油藏水驱扩大波及体积方法与关键技术	雷征东	2016.1—2020.12
	8	低渗—超低渗油藏提高储量动用关键工艺技术	翁定为、段瑶瑶	2016.1—2020.12
公司级课题	9	长庆油气储量分类评价与经济有效开发技术	贾爱林	2016.1—2020.12
	10	低渗—致密气藏提高采收率技术研究与应用	冀光	2016.1—2020.12
	11	天然气未动用储量分类评价与开发技术研究	孟德伟	2016.1—2020.12
	12	低—超低渗透油藏有效开发技术研究	田昌炳、雷征东	2016.1—2020.12
	13	超低渗透油藏规模有效开发评价新技术研究	雷征东	2016.1—2020.12
	14	体积改造提高累积产量机理研究	杨正明	2016.1—2020.12
	15	致密储层微观孔隙结构特征和渗流通道构建方法研究	萧汉敏	2016.1—2020.12
	16	储层改造新工艺、新技术	王欣、段瑶瑶	2016.1—2020.12
	17	致密油藏物理模拟方法与开采机理研究	杨正明	2016.1—2020.12
	18	鄂尔多斯盆地新层系新领域研究与有利区带评价	徐旺林	2020.1—2020.12
	19	鄂尔多斯盆地延长组长7烃源岩层系精细地质与油气富集机理研究	白斌	2020.1—2020.12
	20	鄂尔多斯盆地下古生界岩相古地理和沉积储层研究	吴兴宁	2020.1—2020.12
	21	鄂尔多斯盆地下古生界岩相古地理及有利储层分布研究与区带目标评价	周进高	2020.1—2020.12
	22	奥陶系盐下三维地震资料物探攻关	赵玉合	2020.1—2020.12
	23	鄂尔多斯盆地下古生界成藏条件与目标优选	黄军平	2020.1—2020.12
	24	鄂尔多斯盆地基底断裂多期活化	赵振宇、宋微	2020.1—2020.12
	25	已开发气田开发潜力分析与稳产对策研究	冀光	2020.1—2020.12

类别	序号	项目名称	负责人	起止时间
公司级课题	26	苏里格致密砂岩气藏提高采收率重大实验方案	郭 智	2020. 1—2020. 12
	27	气/水/化学介质与纳微孔喉匹配关系及驱油效率研究	孙灵辉	2020. 1—2020. 12
	28	超低渗透油藏水平井注 CO_2 吞吐开采技术研究及应用	刘学伟	2020. 1—2020. 12
	29	老井重复压裂工艺共性基础研究与应用	翁定为、付海峰	2020. 1—2020. 12
	30	体积改造设计、实施及评估技术研究与应用	王永辉、鄢雪梅	2020. 1—2020. 12
	31	基于抽油机井电参数的大数据分析技术研究与应用	彭 翼、张喜顺	2020. 1—2020. 12
	32	新疆玛湖长庆长 7 等重点产建区块采油工程方案优化研究	张喜顺	2020. 1—2020. 12
	33	采油采气新技术跟踪与效果评价	贾 敏、张喜顺	2020. 1—2020. 12
	34	机械采油装备技术命名规范	张喜顺	2020. 1—2020. 12
	35	致密气藏排水采气工艺研究	曹光强、李 楠	2020. 1—2020. 12
	36	天然气开发前期评价项目优化部署与动态跟踪研究	庚 劲	2020. 1—2020. 12
	37	已开发气田动态跟踪与管理	庚 劲	2020. 1—2020. 12
	38	天然气产能建设跟踪分析与优化部署研究	庚 劲	2020. 1—2020. 12
	39	天然气产量运行方案跟踪与优化研究	孔金平	2020. 1—2020. 12
	40	超低渗油藏重复压裂和能量补充方式优化	雷征东	2020. 1—2020. 12
其他课题	41	鄂尔多斯盆地西部奥陶系海相页岩气成藏潜力评价与有利勘探目标优选	莫午零	2020. 1—2020. 12
	42	海相泥页岩现场含气性解析实验	张春林	2020. 1—2020. 12
	43	鄂尔多斯盆地古隆起东侧碳酸盐岩—膏盐岩体系储层发育特征及分布规律	周进高	2020. 1—2020. 12
	44	鄂尔多斯盆地西缘下古生界天然气成藏条件及目标评价	周进高	2020. 1—2020. 12
	45	鄂尔多斯盆地中东部奥陶系马家沟组构造演化与沉积特征研究及工业制图	周进高	2020. 1—2020. 12
	46	鄂尔多斯盆地中东部奥陶系沉积及储层评价实验分析	吴兴宁	2020. 1—2020. 12
	47	鄂尔多斯盆地下古生界储层特征分析测试	吴东旭	2020. 1—2020. 12
	48	鄂尔多斯盆地下古生界烃源岩地球化学分析测试	徐旺林	2020. 1—2020. 12
	49	鄂尔多斯盆地南部寒武系及西缘地区古生界勘探目标评价分析化验	高建荣	2020. 1—2020. 12
	50	鄂尔多斯盆地中东部奥陶系烃源岩生烃潜力评价分析实验	高建荣	2020. 1—2020. 12
	51	鄂尔多斯盆地中新元古代烃源岩及储层分析实验	张月巧	2020. 1—2020. 12
	52	鄂尔多斯盆地西部奥陶系地层划分与对比研究	赵振宇、付 玲	2020. 1—2020. 12
	53	鄂尔多斯盆地西缘上古生界成藏地质条件综合研究	赵振宇、高建荣	2020. 1—2020. 12
	54	鄂尔多斯盆地西缘隐伏构造带天然气勘探潜力与目标评价	高建荣	2020. 1—2020. 12

续表

类别	序号	项目名称	负责人	起止时间
其他课题	55	2020年李庄子三维地震资料处理解释	刘伟明	2020.1—2020.12
	56	苏里格东宽方位三维地震处理解释	周齐刚	2020.1—2020.12
	57	古峰庄2期三维地震重解释	周齐刚	2020.1—2020.12
	58	鄂尔多斯盆地典型地质剖面调查与培训	王宏波	2020.1—2020.12
	59	页岩油水平井华85平台缝控压裂方案设计及技术服务	翁定为、段瑶瑶	2020.1—2020.12
	60	第六采油厂2020年胡尖山油田机采系统提效技术示范与应用	陈冠宏、张喜顺	2020.1—2020.12
	61	2020年中国石油勘探开发研究院支撑服务	郭东红、贾敏	2020.1—2020.12
	62	苏里格气田稳产方案	程立华	2020.1—2020.12
	63	苏里格气田不同区块密井网区精细对比与井网评价	郭智	2020.1—2020.12
	64	致密砂岩气藏水平井优化部署及地质导向技术研究	孟德伟	2020.1—2020.12
	65	苏14、桃2区块水平井动态跟踪与开发评价研究	冀光	2020.1—2020.12
	66	米脂气田储层综合评价与开发指标研究	王国亭	2020.1—2020.12
	67	苏里格气田低产低效井挖潜评价方法研究	周兆华	2020.1—2020.12
	68	苏里格气田稳产开发方案	程立华	2020.1—2020.12
	69	盆地东部天然气整体开发规划	王国亭	2020.1—2020.12
	70	城探3区块有利区优选与产能评价	郭智	2020.1—2020.12
	71	致密气水平井动态跟踪与开发评价研究	冀光	2020.1—2020.12

【科研工作情况】

2020年，鄂尔多斯中心落实研究院工作会议精神和靠前技术支撑工作要求，发挥科研综合平台优势，利用成熟后方基地作用，进一步加强中心管理力度，提升靠前技术支持服务质量，完成各项科研生产工作，为长庆油田二次加快发展作出新贡献。

一、着力破解油气增储上产关键技术难题

开展鄂尔多斯盆地西缘和东部风险勘探攻关，联合长庆油田提出建议井位11口，通过论证6口；提交预探井14口，6口采纳上钻，取得显著勘探成效。提交"不同开发单元经济可采储量评价与技术对策建议"，编制提高采收率重大开发试验方案和页岩油效益建产方案，大幅提升现场支撑力度和生产实效。立足天然气上产需求，开展地质储量动用级序评价、主力气田稳产与提高采收率技术研究、新区开发评价、气区发展规划和水平井开发评价等工作，夯实长庆油田二次加快发展基础。围绕储层改造和排水采气技术需求，升级采油气工程生产优化软件，攻关排水采气技术，建立大平台一体化缝控压裂优化方法，探索超短半径侧钻水平井+重复压裂新技术，有效保障低产低压气井稳产与气田提高采收率，丰富了老区剩余油挖潜手段，促进页岩油整体降本提产。

二、充分发挥多学科综合科研平台靠前支撑能力

深入油田现场，及时把脉油气田关键问

题,加强产学研有机融合和技术交流,组织科研人员参加长庆油田大型学术研讨会 9 次,参加风险勘探、水平井项目、油开发和工程技术类会议 50 余次。强化科研攻关联合编队,与长庆油田组建 2 个联合攻关项目组,深入开展油气风险勘探和效益开发工作,为盆地西缘上古、下古天然气成藏条件分析和有利区带精准勘探,以及 420 口水平井开发实施效果评价提供有力技术支撑,得到长庆油田高度评价,进一步提升研究院显示度和美誉度。

三、持续加强鄂尔多斯中心管理

面对新冠肺炎疫情,迅速贯彻落实集团公司和研究院防疫小组部署,用心用情做好各项服务,为员工购置防疫用品、办理相关现场工作证明,服务非盆地研究中心人数超 1000 天,有序推进复工复产,确保防疫和科研工作两手抓两不误。打造新员工实习培训基地,做好 21 名新员工实习任务安排,联系长庆油田研究院、油气院、采油一厂等单位开展联合培养,组织开展科技研讨会和石油知识讲座,全力支持研究院人才培养工作。

【党建与精神文明建设】

截至 2020 年底,鄂尔多斯中心党支部有党员 24 人。

党支部:书记贾爱林,副书记魏铁军,组织委员庚勐,文体委员付玲,宣传委员郭智,纪检委员周齐刚。

青年工作站:站长于洲,副站长孙远实。

2020 年,鄂尔多斯中心党支部坚持以习近平新时代中国特色社会主义思想和党的十九大精神为指导,落实研究院党委党建工作部署,全面完成各项目标任务,以高质量党建引领高质量发展。

建立健全党支部工作细则。建立支部责任细则,细化书记、支委责任清单,因地制宜制定中心"三重一大"决策程序,加强领导班子和干部队伍建设,进一步强化党支部领导作用,构建"大党建"工作格局。

严格履行基层党建工作责任。贯彻落实研究院党委决策部署,以党建引领发展、以党建保障发展,全年召开党员大会 11 次、党支部委员会 11 次,组织讲党课活动 3 次,开展主题党日活动 11 次,充分发挥党支部战斗堡垒作用。

开展一系列主题教育活动。结合工作实际,扎实开展"战严冬、转观念、勇担当、上台阶""纪念抗美援朝出国作战 70 周年"等主题教育活动,凝聚干部员工干事创业强大合力。

强化群团组织建设。加强青年工作站工作职能,围绕抗击疫情、提质增效、"战严冬,转观念,勇担当,上台阶"等主题教育活动,组织开展岗位实践、读书交流和系列文体活动,丰富知识结构和文化生活,提升干部员工的凝聚力和战斗力。

加强宣传工作力度。结合鄂尔多斯中心特点,强化意识形态和文化宣传工作,在研究院主页发布新闻稿件 8 篇,贾爱林多次接受《中国石油报》《石油商报》专访,提升科研成果和人才团队影响力。庚勐获研究院先进个人称号,巨型致密气田开发团队获研究院十大杰出青年团队,付玲、韩江晨获得研究院青年岗位能手称号。

【大事记】

12 月,贾爱林任鄂尔多斯盆地研究中心主任、党支部书记职务,郭智任鄂尔多斯盆地研究中心常务副主任职务,魏铁军任鄂尔多斯盆地研究中心党支部副书记职务,赵振宇任鄂尔多斯盆地研究中心副主任职务,李涛任鄂尔多斯盆地研究中心副主任职务,雷征东任鄂尔多斯盆地研究中心副主任职务(勘研党字〔2020〕32 号)。

(庚勐、贾爱林)

迪拜技术支持分中心

【概况】

迪拜技术支持分中心(简称迪拜中心)是研究院负责中东地区海外技术支持的研究所之一。主要职责是负责中东地区重点项目研究成果的质量控制和把关,参与审定中东公司重点项目年度工作计划和预算,参加中东地区项目伙伴技术交流及相关节点技术策略制定,组织开展现场急需技术问题攻关,为中东项目提供及时有效的靠前技术支持与服务。

2020年,迪拜中心落实研究院党委工作部署,扎实做好中东公司重点项目技术研究成果的质量控制,组织协调哈法亚项目的技术支持研究工作,开展伙伴、政府技术交流和开发部署跟踪研究,推进西古项目相关工作,为中东业务高质量发展提供有力技术支撑。

经理:杨思玉。主持全面工作。分管技术支持工作。

副经理:潘志坚。负责阿布扎比技术分中心工作。

副经理:高利生。分管行政和财务管理工作。

截至2020年底,迪拜中心在册职工7人。其中男职工6人,女职工1人;博士5人,本科2人;教授级高级工程师1人,高级工程师5人,高级会计师1人;35岁以下2人,36—45岁2人,46—55岁4人。当年,何东博调离。

【课题与成果】

2020年,迪拜中心承担科研课题1项。

2020年迪拜技术支持分中心承担科研课题一览表

类别	序号	课题名称	负责人	起止时间
其他课题	1	Nahr Umr Static Model and Dynamic Model Update(2/2)	杨思玉	2020.1—2020.12

【交流与合作】

7月,杨思玉参加鲁迈拉油田建产规模评价会议。

8月,杨思玉、刘辉、孙圆辉等参加哈法亚合作伙伴技术交流会议。

10月,杨思玉参加阿曼项目勘探开发方案技术会议。

【科研工作情况】

2020年,迪拜中心按照研究院年初工作整体部署,坚持生产协调、科技管理和技术支撑职责定位,整体部署,抓好开局,创新管理,全面完成各项科研工作及目标任务,取得系列重要成果。

负责中东地区重点项目技术研究成果的质量控制和把关,重点做好哈法亚项目2019年10个MOC课题结题和2020年研究课题内容设置等工作,参与审定中东公司重点项目工作计划、预算以及新项目评估等工作,取得良好进展和成效。

协调组织哈法亚项目技术支持工作,持续推进现场技术支持和成果转化。深化Main Mishrif油藏产水机理及油水界面动态变化规律认识,开展全油藏动态跟踪评价、开发策略研究以及框架方案编制,推进风化壳油藏含油性评价和潜力评估、油藏静动态模型更新以及开发指标预测研究等工作,相关研究成果得到资源国、伙伴方以及项目公司的肯定和认可。

担任西古项目技术代表,协调项目地质油藏、地面、经济评价等技术支持工作,跟踪项目运行,在股东层面推动中方意愿的年度生产和经营目标实现。面对疫情、低油价和OPEC限产等严峻形势,密切了解项目进展及中方需求,推进上产保障措施落地,全力确保年产量目标完成。

协调各项目公司与研究院技术支持团队的对接沟通,评估产量目标实现状况及问题分析,开展伊朗项目上产条件及可行性评价,推进北阿项目产量与作业权影响因素和影响程度分析,深化阿曼现场先导试验效果分析与可推广潜力评价,加强新项目独立评估,进行阿布扎比浅层气资源评估及开发可行性评价以及伊拉克项目评价,提出相关对策及建议,推动项目产量目标实现。

(高利生、刘辉)

阿布扎比技术支持分中心

【概况】

阿布扎比技术支持分中心(简称阿布扎比中心)是研究院在阿布扎比的靠前技术支持机构。主要职责是负责跟踪阿布扎比NEB资产组油田开发动态,分析存在的问题,及时提出对策和建议,推介先进、实用、成熟技术并推进实施,优化投资和操作成本,完成NEB资产组领导者KPI课题研究任务及考核指标,同时对阿布扎比陆上油田其他3个资产组、海上2个资产组及陆海项目提供技术支持,支撑集团公司阿布扎比项目的长期稳定发展。

2020年,阿布扎比中心以NEB资产组领导者KPI课题研究为重点,联合油田开发研究所、人工智能中心、中东所、海外工程技术所等院属科研单位,协助项目公司开展股东事务、生产作业、开发工程等技术支持,完成NEB AL KPI 2020年度考核指标。

负责人:李勇。主持全面工作。分管技术支持工作。

负责人:魏晨吉。协助负责阿布扎比技术分中心工作。

截至2020年底,阿布扎比中心在册职工8人。其中男职工7人,女职工1人;博士6人,硕士2人;高级工程师5人,工程师3人;35岁以下5人,36—45岁3人。

【课题与成果】

2020年,阿布扎比中心承担科研课题11项,均为NEB资产领导者KPI科研任务。

2020年阿布扎比技术支持分中心承担科研课题一览表

类别	序号	课题名称	负责人	起止时间
其他课题	1	降低桶油成本	李正中	2020.1—2020.12
	2	DY KH2调整方案	杨戬、刘双双	2020.1—2020.12
	3	优化措施嵌入2021—2025年	高严、童敏	2020.1—2020.12
	4	NEB资产群EOR技术路线	蔡红岩	2020.1—2020.12
	5	DY油田致密油藏开发	熊礼辉、赵航	2020.1—2020.12
	6	R/S油田转注CO_2	彭晖、邓西里	2020.1—2020.12
	7	R/S油田LK-2和LK-3建模	邓西里、李佳鸿	2020.1—2020.12
	8	提供培训课程	魏晨吉、楼元可立	2020.1—2020.12
	9	保证资产完整性	吴波鸿	2020.1—2020.12
	10	陆上项目半年及年终动态总结	罗洪、赵航	2020.1—2020.12
	11	海上项目半年及年终动态总结	赵航、罗洪	2020.1—2020.12

【科研工作情况】

2020年,阿布扎比中心坚决贯彻落实研究院工作部署,瞄准中东碳酸盐岩油田开发重大技术需求,围绕中心成立宗旨和工作定位,加大靠前技术支持服务力度,在国际舞台上展现良好技术实力与影响力。

提出阿布扎比 NEB 油田降本增效优化措施。从地下、地面、钻井三方面提出降低桶油成本措施,小井距注水试验区得到股东会批准并开始注水,通过降低注气使用费减少了桶油成本。提出多个油藏开发调整思路,达到设计的产油量目标,以及 20% 技术产量目标。DY 油田致密油藏开发方案取得新进展,提出甜点区识别优化布井、水平井长度优化、酸化增产设计、分批投产等技术对策。

推进提高采收率技术攻关。提出中国石油在 NEB 油田的提高采收率技术路线图与规划方案,持续发展 CO_2、低矿化度水驱、表面活性剂、聚合物、泡沫等技术。深化泡沫辅助气水交替技术,提出两个井组试验、实施计划及模拟结果,预计采收率提高 2.5%。改善水驱措施,提出一个井组试验,完成可行性研究,相比水驱开发预计采收率提高 5.9%。

地质建模及技术培训反馈良好。开展 MS1 和 MS2 地质模型研究,推进 MS1 层序地层划分、水平井轨迹校正、断距分析、小层等厚图、纵向网格划分以及模型检验,MS2 岩石物理相(PG)划分及预测、孔渗解释、沉积成岩作用分析及地质相划分、SRT 划分及推广,同时对 KH1 和 LK12 油藏 MS4 工作提供地质支持,取得积极进展。为资产组青年员工开展 14 期地质建模培训。开展表面活性剂提高采收率、水驱油藏管理两个课程培训,及人工智能应用、单井动态分析及优化、多元文化管理 3 个技术研讨会,获得外方良好评价。

(魏晨吉、李勇)

支撑保障单位

科技文献中心

【概况】

科技文献中心是研究院科技信息资源研究及服务单位,主要负责图书、期刊、科技数据网络资料购买管理与服务,组织科技论文查新,负责《石油勘探与开发》《石油勘探与开发》(英文)《石油科技动态》编辑出版。

2020年,科技文献中心继续为研究院提供全面、及时的科技图书、期刊、数据网络科技信息服务,按时出版《石油勘探与开发》《石油科技动态》。开发和引进先进图书、期刊及网络数据库科技信息资源,为领导科技决策及科研人员提供全面、及时的科技信息服务。按时出版《石油勘探与开发》《石油勘探与开发》(英文)双月刊,报道中国乃至世界石油工业最新理论技术,实现期刊影响力再上新台阶。按时出版《石油科技动态》月刊,为集团公司及所属企业和单位的领导、专家,提供国内外最新科技发展动态、新技术、新方法及新理论。2020年,科技文献中心党支部工作按照研究院党委和相关职能部门统一工作部署和安排,按时完成规定动作,同时结合本支部的特点,开展有特点、适宜的活动,使党员得到组织和管理、得到教育和提升,在琐碎繁重的工作中,发挥党员的示范带头作用,确保队伍稳定、人心凝聚、素质提高、业务发展、影响扩大、后劲充足。

主任、副书记:许怀先。负责科技文献中心行政全面工作。兼任纪检委员,负责中心人事、财务工作。分管《石油勘探与开发》编辑部和所办公室等科室。

书记、副主任:王旭安。负责党务全面工作,兼任宣传委员。主管科技文献中心党的工作、工会和青年工作,协助分管计划生育、安全、保密等工作。分管《石油科技动态》编辑部工作。

副主任:敬爱军(至4月)。分管图书馆、电子图书室工作。

科技文献中心下设7个科室:《石油勘探与开发》编辑部、《石油勘探与开发》(英文)编辑部、《石油科技动态》编辑部、图书馆、电子图书室、所办公室和廊坊院区文献室。2020年3月,科技文献中心廊坊院区文献室划入廊坊科技园区管理委员会。

2020年8月,科技文献中心实行岗位管理,下设《石油勘探与开发》编辑岗、《石油勘探与开发》(英文)编辑岗、《石油科技动态》编辑岗、图书馆管理岗和电子图书管理岗等岗位和1个办公室,办公室保留科室设置并设置室主任职务。

《石油勘探与开发》编辑岗:负责按时编辑出版《石油勘探与开发》双月刊,报道中国乃至世界石油工业最新理论技术。副主编王东良、单东柏。

《石油勘探与开发》(英文)编辑岗:负责按时编辑出版《石油勘探与开发》(英文)双月刊,报道中国乃至世界石油工业最新理论技术。主编宋立臣,副主编魏玮。

《石油科技动态》编辑岗:负责按时期刊编辑出版工作,为集团公司及所属企业和单位领导、专家,提供国内外最新科技发展动态、新技术、新方法及新理论。主编谢力,副主编杜东。

图书馆管理岗:为研究院提供全面、及时的科技图书、期刊、数据网络科技信息服务。负责人王璇。

电子图书室管理岗:推进图书馆从传统型向数字化方向的发展;研究信息资源的综合开发和利用,为管理层及科研人员提供科技信息资源服务。负责人王璇。

所办公室:负责所日常科研、行政管理、后勤保障及财务报销等。主任高日丽。

截至2020年底,科技文献中心在册职工21人。其中男职工10人,女职工11人,教授级高级工程师1人,高级工程师9人,工程师10人,助理工程师及以下1人;博士后、博士5人,硕士10人,学士及以下6人;35岁以下7人,36—45岁5人,46—55岁8人,56岁以上1人。当年,敬爱军退休。

【课题与成果】

2020年,科技文献中心承担科研课题1项,该课题为延续项目。在国内外学术会议及期刊上发表论文5篇。

2020年科技文献中心承担科研课题一览表

类别	序号	课题名称	负责人	起止时间
国家级课题	1	中国科技期刊国际影响力提升计划项目	许怀先	2018.11—2019.11

【业务工作情况】

2020年,科技文献中心进一步创新工作方式,推进管理与服务提升工作,加大办刊力度,提高图书馆服务水平,为科研生产工作提供更好的支持和服务。

一、加强编委会工作,提高办刊质量

加强编委会建设,明确职责。完成《石油勘探与开发》第八届编辑委员会调整,调整后编委由173位专家学者组成,其中院士30人,外籍编委17人。

强化内部流程和制度管理,抓实编辑审校工作。在稿件录用方面,严格遵守主编初审、同行专家评议、编辑部定稿会讨论的稿件录用程序,加强网上查重工作,保证录用论文的原创性、学术水平与质量。在稿件编辑方面,完善分栏目负责制,坚持专业编辑编校、分栏目核稿、主编终审,高标准、严要求,扎实开展"三审三校"制度执行情况自查,确保刊出论文的科学准确性。在出版时间管理方面,明确时间节点,确保编辑出版进度和编辑质量。

加强编辑队伍建设,搞好业务培训,提高业务工作能力和水平。完善考核指标,提高工作积极性。

开放视野,加强交流合作,提高刊物知名度和社会影响力。

二、加强图书馆建设,提高服务水平

加强数字图书馆设备、系统和应用软件运行管理。做好29台设备维护,开展好巡检工作,及时排除故障,更换备件;做好"HW2020"行动,对发现的应用系统漏洞及时整改,减少安全风险,全年未发生明显影响用户服务故障。加强馆藏资源管理,新增馆藏全文文献178.6万篇,总数达到6368.9万篇。其中,中文库8个,新增163.4万篇,全文文献达6190.1万篇;英文库22个,新增15.2万篇,全文文献共178.8万篇。新采购中、英文在线或镜像数据库10个,开通外文在线期刊8种,新增外文电子图书104本。加强纸质图书、期刊等采编工作,累计订书554种,834册;订购外文期刊63种、490册,中文期刊158种、1930册。

加强日常服务，提高服务质量。加强数字资源文献服务，协助院科研人员下载、传送文献427人次，共3677篇。鼓励自助下载，新开通实名认证账号19个；做好流通管理与读者服务，做好借还书刊，及时为读者办理、注销借书证等，实行邮件催还过期图书工作，受到读者好评。加强公共阅览区服务及读者培训，研究院13处公共阅览区全年更换图书、期刊1376册。做好新员工入馆教育和新生入馆培训。

推动数字化转型，涵盖石油工业上下游、安全环保、能源经济政策、基础科学、工程科技、经济与管理科学、信息科技等各领域，提高服务效率。

三、推进研究院机构文献库建设，推动史志材料编写

贯彻研究院部署安排，8月启动中国石油勘探开发研究院机构文献库建设项目，加强调查研究，与同方知网（北京）技术有限公司作为合作方签订合同。主要任务是收集研究院员工公开发表的中、英文期刊、会议论文、专著、专利；建立论文文献的评价系统；建立论文文献检索系统。

组织编写科技文献中心史志材料。以时间为主线，记录中心的成立、成长、发展、变迁、壮大的历史。

【党建与精神文明建设】

截至2020年底，科技文献中心党支部有党员13人。

党支部：书记王旭安，副书记许怀先，组织委员宋立臣，宣传委员王旭安（兼），纪检委员许怀先（兼）。

工会：主席王晖，生活委员张会利，文体委员黄昌武。

中心青年工作站：站长魏玮，组织宣传委员刘恋。

2020年，科技文献中心党支部按照研究院党委部署安排，按时完成规定动作，结合本支部特点，开展特色活动，提升党建水平。

一、加强党的政治建设，提升党性素养

坚持把加强党的政治建设放在首位，学习贯彻党的十九大精神、十九届四中全会精神，《习近平谈治国理政》第三卷，通过整理发放十九届四中全会公报、决定、讲话汇编等学习材料，组织员工参加网上（测试）答题、在线学习答题等方式，提升党性觉悟，增强"两个维护"自觉性。全年组织集体学习研讨19次，专题学习3次，党支部书记和班子成员共讲党课4次，组织参加专题党课学习7次。开展答题活动6次。

二、开展主题教育，增强学习教育成效

响应上级号召，制定《科技文献中心"战严冬、转观念、勇担当、上台阶"主题教育活动方案》，结合提质增效专项行动，精心组织，学习习近平总书记相关重要论述、党中央和国务院相关决策部署、集团公司党组相关要求及媒体评论员文章等内容，加强学习研讨，深入调查研究，做好岗位讲述，提升党性修养，树牢"四个意识"，增强"四个自信"，做到"两个维护"。

三、加强"三基"建设，充分发挥战斗堡垒作用

履行党建工作责任，推动党建工作与业务工作深入融合。加强领导班子建设，坚持民主决策，落实"三重一大"决策制度，提高管理民主化、规范化、制度化水平。落实"三会一课"制度，召开支部党员大会15次、支委会13次、党课4次，开展专题学习10次。高质量开好年度民主生活会、党员组织生活，做好党员民主测评等工作。加强党员教育管理，组织党员集中轮训，关心中青年入党问题，规范党费收缴和使用，提高党员队伍素质。

四、规范选人用人程序，注重青年骨干培养

加强干部队伍建设，坚持"德才兼备，以德为先"原则，规范选人用人程序，注重工作业绩和群众公认，提高选人用人公信度，营造风清气正的选人用人环境。重视年轻骨干培养使用，创条件、压担子、严要求，在评优推荐上坚持从中青年骨干力量中选拔、从岗位贡献大的员工中推评、以品德高尚的尺度荐举。2020年，推选高日丽为2019年度研究院先进工作者、王晖成为2019年度研究院优秀工会干部、魏玮为2019年度研究院青年岗位能手。

五、加强党风廉政建设，落实全面从严治党

履行管党治党政治责任，落实"一岗双责"，抓好党风廉政建设。及时签订党风廉政责任书、安全生产责任书、保密与络安全责任书和党员廉洁从业承诺，层层压实责任。梳理党风廉政建设责任清单，做好各科室廉洁风险点排查和关键岗位廉洁风险防范自评工作。加强警示教育，严格执行处级干部脱产培训，参加党支部委员相关培训，增强廉洁自律意识。配合做好巡察工作，及时完成整改。落实中央八项规定精神，坚决反对"四风"，将作风建设日常化、持续化、长效化。

六、注重意识形态工作，确保和谐稳定大局

落实党管意识形态，制定《科技文献中心党支部意识形态工作管理细则》，加强意识形态阵地建设和管理。成立领导小组，明确责任分工，坚持把意识形态工作作为党的建设重要内容，业务工作与党建工作同部署、同落实、同检查、同考核。2020年，在研究院网页和科技文献中心网页发布新闻报道16篇次，在研究院网主页面发布石油科技和信息化工作动态58篇。参与全国性科普活动5场次。

【交流与合作】

1月15日，许怀先等在北京参加集团公司科技期刊工作交流会。

8月20日，单东柏等在南京参加"2020年石油天然气科技期刊"交流会。

9月23—25日，许怀先等在成都参加油气田勘探与开发国际会议。

10月21—23日，许怀先等在海口参加第二届非常规油气藏开发与油气藏动态监测技术研讨会。

10月27—28日，许怀先等在重庆参加全国石油和化工期刊百强榜发布会。

11月9—11日，许怀先等在北京参加二氧化碳提高石油采收率技术研讨会。

11月12—14日，许怀先等在重庆参加第32届全国天然气年会。

【大事记】

3月，科技文献中心廊坊院区文献室划入廊坊科技园区管理委员会。

3月14日，免去敬爱军文献中心副所长职务，保留副处级待遇（勘研人〔2020〕33）。

8月7日，王旭安任党支部书记，许怀先任副书记，宋立臣任组织委员，宣传委员由王旭安兼任，纪检委员由许怀先兼任（组委选〔2020〕49）。

（张朝军、闫建文、王旭安）

科技咨询中心（国家重大专项秘书处）

【概况】

2020年3月，科技咨询中心（国家重大专项秘书处）成立，原总工程师办公室（专家室）撤销。

科技咨询中心主要承担原总工程师办公室（专家室）、国家油气重大专项秘书处（技术总师办公室）的工作任务，立足于咨询评估、技术把关、专项支撑、专家服务、学术交流等工作。主要工作职责是作为科研决策前置，对研究院科技发展战略规划、重大理论技术研发方向、学科建设与人才发展规划方案进行咨询论证；针对超前性、战略性问题开展调研性研究；对研究院重点科研项目、重要科研成果进行把关评审，对研究院重点实验室的建设规划与方案进行审查，对研究院属各盆地中心提供技术支持与指导；为集团公司国家油气重大专项管理办公室提供管理支撑与技术支持，为国家专项技术总师提供服务支撑；承担院士、首席专家工作室的管理工作，为院士、首席专家、院副总师、各专业专家等做好日常服务与支撑；代表研究院参加国内外技术研讨与学术交流，承担中国石油学会石油地质、石油工程专业委员会秘书处工作。

主任（兼）：邹才能。负责科技咨询中心全面工作。

常务副主任、副书记：陈建军。负责主持科技咨询中心日常行政事务。

书记、副主任：尹月辉。负责科技咨询中心党支部、党群团及学术交流工作。

副主任：王振彪。负责科技咨询中心安全生产管理相关工作。

副主任：赵孟军。负责国家重大专项管理与支持工作。

科技咨询中心下设综合部、勘探部、开发部、工程部、信息与管理部、院士服务部、专家服务部、学会秘书处8个部室。

综合部：负责科技咨询中心日常事务及服务保障。主任高晓辉。

勘探部：负责勘探专业咨询评估、技术把关任务。主任（兼）赵霞。

开发部：负责开发专业咨询评估、技术把关任务。主任（兼）鲍敬伟。

工程部：负责工程专业咨询评估、技术把关任务。

信息与管理部：负责信息与管理专业咨询评估、技术把关任务。

院士服务部：负责高龄院士的日常服务和工作支撑任务。主任张延玲。

专家服务部：负责首席技术专家的日常服务和工作支撑任务。主任严增民。

学会秘书处：负责石油地质专业委员会、石油工程专业委员会日常工作支撑任务。主任（兼）赵霞。

此外，国家重大专项秘书处（技术总师办公室）挂靠在科技咨询中心，下设国家专项综合管理部、国家专项技术支持部、国家专项技术总师办公室3个科室。

国家专项综合管理部：负责国家专项秘书处日常管理服务与支撑任务。

国家专项技术支持部：负责油气开发重大项目战略研究技术支持任务。

国家专项技术总师办公室：主要负责技术总师工作支撑及相关科研任务。主任（兼）姜林。

截至2020年底，科技咨询中心在册职工

50人。其中男职工42人，女职工8人；博士37人，硕士7人，本科6人；教授级高级工程师25人，高级工程师21人，工程师4人；35岁以下2人，36—45岁11人，46—55岁14人。当年，叶继根、关德师、冉启全、尹月辉、常毓文、李剑、李莉、杨依超、贾爱林、郑得文、郭睿、陈建军、龚仁斌、初广震、胡庆松、马德胜、魏国齐、江航、赵霞、姜林、于豪、董洪奎、鲍敬伟调入，汪斌、李忠、刘合、范子菲调离，张义杰、李莉退休。

【业务工作情况】

2020年，科技咨询中心聚焦主要业务，发挥表率作用，专项支撑达到新高度，咨询评估探索新模式，技术把关发挥新作用，专家服务做出新高度，学术交流探索新方式，获得国家科技部、能源局、中央电视台、中国科协、集团公司科技部的表扬与感谢。

一、突出国家专项技术支撑

在国家科技部树立国家专项"十三五"成果总结、验收管理、2021—2035年接续方案顶层设计3个标杆，编制7项国家油气能源"十四五"及长远规划，推动国家重大专项2021—2035年接续攻关。组织编写60余本"十三五"专项成果系列丛书。

二、编制研究院"十四五"科技发展规划

与科研管理处合作，牵头组织动员研究院40多个研究所200余人，高质量完成规划报告（草案）编写，突出"传统油气转型、化石能源接替、新能源替代、信息智能融合"四大技术发展战略，提出一批颠覆性技术与关键攻关技术，得到研究院领导、院士专家、集团公司科技部的好评。

三、探索建立3种专家咨询模式

以与集团公司咨询中心战略合作为契机，建立中心组织专家评估咨询、首席专家与重点项目点对点跟踪咨询、项目组与专家双

向选择一事一议咨询3种模式，聚焦集团公司风险勘探、提高采收率、海外勘探开发三大业务，紧贴生产，有效发挥专家在重大科技攻关、重大现场技术服务、重大科技成果培育等方面的作用，为集团公司提质增效做出积极贡献。

四、做好院士专家服务工作

发扬优良传统，强化科研项目工作支撑和高龄院士优质服务。协助院士专家完成重大科研项目管理11项，组织会议7次，推进高龄院士服务"四个一"工程（出版一本自传、出版一本画册、出版一本论文集、组织一场学术交流会），服务满意度达到100%。

五、创新学术交流、科普宣传模式

创新线上大型技术论坛，达到高质量、低成本会议效果；与中央1台等高端媒体、光明网等近20个大众主流媒体、中国能源报等5个能源石油媒体合作，开展《揭秘中国储气库》《页岩油》《天然气"地下粮仓"》3项科普活动，使石油热点得到媒体热播、网友热捧，传播石油科技正能量。

【党建与精神文明建设】

截至2020年底，科技咨询中心党支部有党员40人。

党支部：书记尹月辉，副书记陈建军，纪检委员赵孟军，宣传委员王振彪，组织委员严增民。

工会：主席张延玲。

青年工作站：站长于豪。

2020年，科技咨询中心致力打造党建与业务深度融合工程，树立党建三大特色品牌，构建"大党建"工作格局；组织院士专家讲"提质增效"主题党课，让党建工作"活"起来；讲好院士专家故事弘扬科学家精神，让党建工作"亮"起来；关爱院士专家暖心工程，

让党建工作"暖"起来。特色党建、有感党建增强中心研发与服务团队与院士专家之间的感情，形成强大的凝聚力、战斗力，呈现出科技咨询中心大力支撑服务院士专家工作生活、院士专家大力支持中心快速发展的良性工作局面。

一、加强政治建设，推进党建业务深度融合发展

始终将政治建设放在首位，加强理论学习，提升政治能力和政治素养。全年组织学习习近平新时代中国特色社会主义思想6次，传达上级重要会议精神10次，开展特色党课20讲。扎实开展"战严冬、转观念、勇担当、上台阶"主题教育活动，持续巩固学习成果。坚持用党的最新理论指导工作和科研实践，结合提质增效行动和院士电视大众讲科普活动，推进党建业务深度融合，推动研究院高质量发展。

二、加强组织建设，发挥基层党组织战斗堡垒作用

编制党建工作计划5项，严格执行"三会一课"，规范组织生活，全年召开党员大会15次、支委会17次，领导班子结合业务讲《油公司转型与新能源战略》、学习习近平谈治国理政、院科技发展规划等党课5次，开展主题党日活动12次，为党员购买党的理论书籍6本，进行党务答题10次。修订《"三重一大"事项议事决策规则》，在领导班子分工、重大项目安排、重点技术岗位与管理岗位选聘、重大事项决策形式与决策程序等方面，严格落实研究院相关文件要求，执行"三重一大"决策程序，加强班子沟通，做好骨干与职工代表意见征求，严肃党内政治生活。加强党员队伍建设，开展党员培训学习25次。开展特色党建活动，中央1台及20多个传统纸媒体、新型大众平台媒体进行采访播报，提

高研究院及专家社会影响力。

三、加强党风廉政建设，强化从严治党主体责任

逐级签订《党风廉政建设责任书》16份、《廉洁从业承诺书》38份；开展"党风廉政建设"主题党日1次，廉洁安全教育5次，党课联学"廉政教育"主题党日1次，学习《党员工作条例》1次。在微信群转发相关要求、提醒9次；严格执行公务接待、办公用房等相关规定，开展"反四风"教育和违反中央八项规定案例警示教育2次。

四、做好宣传、工会和群团工作，推进各项保障服务

落实防疫工作，加强宣传工作，讲好专家故事，弘扬科学家精神。在《人民日报》《中国石油报》、RIPED微信公众号等不同层级媒体，发表宣传报道50余篇。开展意识形态教育，注重保密与安全强化中心干部员工底线思维，坚决抵制各种负面思想行为。建设关爱型工会，做好节日慰问、集体生日、退休欢送、户外健步、摄影比赛、文化赏析、防疫答题等活动，传递爱心和温暖。建设学习型青年工作站，联合实验中心等8个青年站，举办青年科普知识讲座，聘请院士戴金星、院士刘合、院士邹才能、首席陈志勇为青年辅导员，指导青年成才；青年岗位创新大赛《讲好专家故事，弘扬科学家精神》喜获一等奖，《院士专家与青年分享读书活动》喜获研究院青年活动十佳。

【大事记】

3月14日，科技咨询中心成立（勘研人〔2020〕26号），邹才能任科技咨询中心主任（兼）（勘研人〔2020〕32号），尹月辉任科技咨询中心副主任；王振彪任科技咨询中心副主任（二级正）；赵孟军任科技咨询中心副主任（勘研人〔2020〕34号）。

同日,总工程师办公室(专家室)党支部更名为科技咨询中心党支部(勘研党字〔2020〕7 号),尹月辉任科技咨询中心党支部书记(勘研党干字〔2020〕4 号)。

3 月 19 日,陈建军任科技咨询中心常务副主任(勘研人〔2020〕37 号)。

6 月 22 日,姜林任科技咨询中心(国家重大专项秘书处)国家重大专项技术总师办公室主任(勘研人〔2020〕109 号)。

12 月 8 日,鲍敬伟任科技咨询中心(国家重大专项秘书处)开发部主任(三级特)(勘研人〔2020〕191 号)。

(高晓辉、尹月辉)

技术培训中心（研究生部）

【概况】

技术培训中心（研究生部）（简称培训中心或研究生部）是研究院从事教育与培训管理机构，是集团公司高级技术培训基地和教育基地，承担研究生教育、博士后管理和培训管理3项主要任务。培训中心（研究生部）的定位是：发挥研究院"一部三中心"的高层次科技人才培养中心作用，为实现集团公司和研究院发展战略提供人才保证。

2020年，培训中心全面贯彻研究院2020年工作会议精神，按照"12345"总体发展思路，坚持高层次人才培养中心定位，做强技术培训、做精研究生培养、做优博士后引进，为提升员工科研与管理水平提供支撑，培养优秀人才，持续提升集团公司及研究院技术影响力。

主任、副书记：李小地（至2020年3月）。负责全面工作。分管招生办公室、教学研究室和综合办公室。

主任、副书记：闫伟鹏（2020年3月起）。负责全面工作，分管招生办公室、职工培训室、技术培训室和综合办公室。

书记、副主任：张旻。负责党务、学生、安全、工会工作。分管教学研究室。协管综合办公室。

副主任：张风华。负责博士后和研究生管理工作。分管博士后管理室、研究生管理室和廊坊研究生管理室。

培训中心下设6个业务部室和2个办公室。

研究生管理室：承担研究生教育、管理工作。副主任李伯华，主管李峥。

教学研究室：承担研究生教学管理工作。主任熊浩平，副主任（正科级）王桂宏。

博士后管理室：承担博士后管理工作。主任田翠平。

职工培训室：承担研究院全员培训工作。主任陈新彬，主管刘彦、林雅玲、张晓苏。

技术培训室：承担集团培训工作。主任肖寒天，主管陈煜（至2020年8月）。

廊坊研究生管理室：负责廊坊院区中国科学院大学的研究生招生、培养、学位授予和日常管理工作，以及研究院招收廊坊研究生的日常管理工作。主管伊丽娜（至2020年4月）。

综合办公室：承担综合管理、服务保障工作。主任郝东林。

招生办公室：承担研究生招生工作。主任宫广胜，主管王小婷。

此外，研究院学位评定委员会办公室和招生工作领导小组办公室挂靠在培训中心。

截至2020年底，培训中心在册职工26人。其中男职工7人，女职工19人；博士7人，硕士13人，本科6人；高级工程师18人，工程师8人；35岁以下3人，36—45岁10人，46—55岁13人。当年，李小地退休，闫伟鹏、王京红调入，李洋、伊丽娜、陈煜调出。

截至2020年底，培训中心（研究生部）在校生有165人，其中博士生90人，硕士生75人；培训中心（研究生部）在站博士后人员有23人，其中自主招收13人，与工作站联合培养10人；廊坊研究生（中国科学院大学研究生）在校生有78人，其中博士生37人，硕士生41人。

【业务工作情况】

2020年，培训中心坚决贯彻落实研究院工作会议精神要求，从"技术立院、人才立院"的建院宗旨出发，克服疫情困难，开展在线教育与培训，及时调整培训计划，有效提升技术培训影响力,持续提高研究生培养水平,顺利完成各项工作任务。

一、适应新形势,高质量完成 2020 年度调整培训计划

根据集团公司及研究院疫情防控要求,适时调整 2020 年研究院培训计划。在疫情常态化形势下,坚持培训班疫情防控工作不放松,高质量完成 2020 年度调整培训计划。充分利用 8—10 月北京疫情窗口期,在严格执行集团公司和研究院疫情防控相关规定下,举办院级培训项目 24 项,培训 1309 人次。适应培训新形势,与清华大学合作构建研究院一体化在线学习平台,优化培训顶层制度设计,推动全员培训管理新平台推广使用。

二、创新培训方式,完成集团公司培训计划

克服培训基地升级改造和疫情带来的不利影响,举办 4 期培训项目,培训 321 人次,参训人员来自 58 家企事业单位,满意率达到 97%。参与集团公司企业大学建设,向集团公司人事部提交《集团公司专业技术人员培训体系构建设想》,编制《集团公司专业技术大讲堂》《集团公司技术专家综合能力提升》培训方案。创立新型对外培训方式方法,搭建研究院首个专业直播教室,建立线上教学模式和管理方法,实现云课堂顺利对接集团公司人事部中油 e 学平台,有效扩大参训人员覆盖面,显著提升培训工作效率和智能化水平。

三、细化招生方案,提升研究生培养质量

克服疫情影响,细化招生方案,采用网络视频方式组织考核,完成 2020 年招生录取工作,录取硕士生 23 名、博士生 30 名、学位生 3 名,与北京大学联合培养招收博士生 12 人,与中国石油大学(北京)联合培养招收博士生 12 人;为中国科学院大学渗流所录取硕士生 14 名,博士生 10 名。采用"线上与线下相结合"开展论文答辩新模式,有效克服新冠疫情影响,借助外送平台,顺利完成论文外审;落实教育部疫情期间学位授予政策,授予学位 57 名,顺利完成学生就业工作,2020 年就业率达到 100%。

四、加强博士后招收工作,做好博士后日常管理

加大博士后招收工作,顺利完成博士后招收工作,录取 11 人,5 名博士后通过答辩顺利出站。修订博士后工作管理制度,提高博士后待遇,完善管理细节,如期提交评估材料,保证两个流动站顺利通过博士后综合评估工作并获得良好等级。

【党建与精神文明建设】

党总支:书记张旻,副书记李小地(至 2020 年 3 月)、闫伟鹏(2020 年 3 月起),组织委员宫广胜(至 2020 年 7 月)、郝东林(2020 年 7 月起),宣传委员张凤华(至 2020 年 7 月)、陈新彬(2020 年 7 月起),纪检委员郝东林(至 2020 年 7 月)、张凤华(2020 年 7 月起)。

截至 2020 年底,培训中心职工党支部有党员 18 人。

职工党支部:书记张旻,组织委员兼纪检委员郝东林,宣传委员兼青年委员肖寒天。

2018 级学生党支部有党员 11 名。

2019 级学生党支部有党员 16 名。

2020 级学生党支部有党员 15 名。

工会:主席郝东林,组织委员兼宣传委员孙婧婧,女工委员兼生活委员覃和。

青年工作站:站长刘彦,组织委员兼宣传委员李峥,文体委员程海凤。

2020 年,培训中心党总支以习近平新时代中国特色社会主义思想为指导,以集团公司党组、研究院党委党建工作要求为依据,克服疫情不利影响,科学谋划、真抓实干、开拓创新,带动所属 4 个党支部切实发挥引领作用,贯穿全面从严管党治党"一主线";抓好党支部委员、全体党员"两支队伍";突

出"学""思""做"3个方面工作，党支部战斗堡垒作用发挥明显，推进各项建设取得长足进步。

一、加强政治建设，开展党员学习教育

组织学习党的十九届四中、五中全会精神和习近平总书记系列重要讲话精神，推进"两学一做"学习教育常态化制度化，扎实开展"战严冬、转观念、勇担当、上台阶"主题教育，持续夯实政治根基，永葆政治本色，提高全体党员政治能力。

二、加强基础建设，发挥党支部战斗堡垒作用

狠抓"三会一课"落实，全年组织召开支委会12次、党员大会14次，讲党课5次，开展红色主题教育2次，严肃党组织生活。做好党费收缴，合规使用党费开展活动。规范发展党员程序，落实"双培养"要求，发展党员1名、预备党员转正3名、确定入党积极分子5名、列为发展对象2名。12人递交了入党申请书。完成13名党员组织关系转入、21名党员关系转出。细化党建责任清单，落实"一岗双责"。严格按照党内选举制度，按期顺利完成党组织换届选举工作。

三、落实意识形态责任，做好宣传统战工作

开展意识形态专题教育2次，及时排查意识形态风险，按期向主管领导专题汇报，意识形态管理取得显著成效。注重正面宣传，在《中国石油报》《石油商报》发布新闻稿件2篇，在《中国石油报》《石油商报》微信公众号发布新闻稿件4篇，在石油大院和RIPED青年微信公众号发布新闻稿件10篇，在研究院主页和培训中心主页发布新闻稿件30余篇，制作6块宣传展板，营造风清气正、干事创业的良好氛围。

四、强化文化传承，有力指导群团工作

充分发挥工会基层组织密切联系群众的桥梁和纽带作用，组织开展员工趣味体育比赛、秋游健步、棋牌比赛、第十三届摄影比赛等活动，增进团队凝聚力。加强青年学习交流，组织青年参与"石油青年形势任务交流论坛"专题系列讲座和魅力夜校团干培训班，组织线上读书交流等活动，持续提升青年素质和能力。

五、重视作风建设，抓好反腐倡廉建设，全面从严治党

组织学习《聚焦监督执纪问责，助推企业改革发展，着力构建风清气正的政治生态》报告，落实研究院2020年党风廉政建设和反腐败工作会议精神，按时上报培训中心党风廉政建设主体责任报告，制定党支部、党支部书记、领导班子成员党风廉政建设主体责任清单，逐级签订《党风廉政建设责任书》10份、《廉洁从业承诺书》22份，签订率达到100%。开展全员纪律教育和传达案例警示4次、节假日警示教育提醒6次、警示教育答题2次，全年无违规违纪情况发生。

【大事记】

3月14日，李小地退出领导岗位，免去李小地技术培训中心主任（勘研人〔2020〕33号）、党总支副书记职务（勘研党干字〔2020〕3号）。

3月19日，闫伟鹏任技术培训中心主任（勘研人〔2020〕37号），党总支副书记（勘研党干字〔2020〕5号）。

7月17日，举行研究院2020届研究生毕业典礼暨学位授予仪式。

7月21日，技术培训中心（研究生部）进行党总支委员改选，张旻任党总支书记，闫伟鹏任党总支副书记，郝东林任党总支组织委员，陈新彬任党总支宣传委员，张风华任党总支纪检委员。

9月3日，举行研究院2020级研究生新生开学典礼。

（郝东林、闫伟鹏）

综合服务中心(基建办公室)

【概况】

综合服务中心(基建办公室)(简称中心)是研究院服务保障部门之一,主要负责研究院工作区后勤支持与服务,承担物资采购管理、职工餐饮服务、职工健康管理、工作区环境卫生和楼宇保洁、绿植租摆服务、院基建工程项目建设、院值班及应急值守工作、院安保业务、公务用车服务、医疗卫生服务、工字楼公寓管理服务、会议服务、印制服务、票务服务等。

2020年,中心贯彻落实研究院党委各项工作部署,以不断满足科研单位和广大员工的服务需求作为出发点和落脚点,开创创新,勇于担当作为,在合规管理和精细服务基础上进一步提高工作效率,提升服务保障质量和水平,为研究院改革发展做出新贡献。

主任、副书记:孟明。负责中心全面工作、办公室管理工作。分管综合办公室。

书记、副主任:张士清。负责党支部全面工作,负责中心党建工作、思想政治工作、群团工作,负责房产房改、值班值守工作,负责分管部门的安全和党风廉政建设工作。分管房产管理部、生产调度室(值班室)。

副主任:鲁大维。负责基建项目管理工作,负责分管部门的安全和党风廉政建设工作。分管基建管理部。

副主任:李玉梅。负责医疗保障、职工健康、车辆管理工作,负责分管部门的安全和党风廉政建设工作。分管卫生所、职工健康管理部、车队。

副主任:赵波。负责餐饮管理部和餐饮管理部、公寓管理部、印制管理部。分管中心保密工作。

副主任:吴兵。负责物资采购部、环境管理部、安保管理部。分管中心安全工作。

综合服务中心下设12个部室。

综合办公室:负责中心行政、财务、人事及研究院报废资产处置、研究院报刊信件收发等工作。主任郭正。

物资采购部:负责研究院物资采购、危废处置等工作。主任吴兵,副主任刘坤。

餐饮管理部:负责研究院职工餐饮服务工作。副主任闫鑫。

职工健康管理部:负责研究院职工体检、医保二次报销等工作。主任王晓晖。

环境管理部:负责研究院工作区环境卫生、楼宇保洁,绿植租摆等工作。主任何福忠。

基建管理部:负责研究院基本建设工程管理。主任彭青云,副主任陈立东。

生产调度室:负责研究院值班及应急值守工作。主任赵宝玉。

房产管理部(房产科):负责研究院办公用房调整及职工房改、房产管理工作。主任赵海涛。

安保管理部:负责研究院安保业务。主任梁红静。

车队:负责研究院公务用车管理。队长张纪鸣,副队长杨硕。

卫生所:负责研究院医疗服务保障工作。所长李玉梅,副所长吴艳巧。

公寓管理部:负责研究院工字楼公寓管理工作。主任叶瑞艳。

截至2020年底,中心在册职工56人。其中男职工31人,女职工25人;博士(后)1人,硕士9人,本科31人;高级工程师14人,工程师13人,助理工程师/经济师7人,技术员1人,工人5人;40岁以下17人,40—50岁19人,50岁以上20人。市场化员工11名。当年,刘玉梅、刘兵退休,张士清调入,代自勇调出。

【业务工作情况】

2020年,中心围绕中心工作,突出重点,持续加强合规管理和精细服务,提高服务水平,为研究院提供优质高效的服务保障。

一、严格程序把控,合规高效做好物资采购

坚持无计划不采购,做精做细专项课题、横向课题、院级课题及月度领料采购计划,全年整理汇总月度计划18642项,完成科研设备和大宗材料计划361项,计划完成率98%。加强招标、合同管理,强化物资全生命周期管理,全年共采购金额12825.38万元,签订年度框架协议99份、采购合同155份,归档相关资料1505余份,向90余家物资供应商支付款项506余笔、合计9176余万元,核对物资69916件、设备37批、处理废料2526批次、合计6.4吨。抗击疫情,做好口罩、消杀用品、防护衣等用品采购工作。

二、强化管理提升,改善工作生活环境

加强用餐管理服务,严格把控各个重要环节,尤其在新冠肺炎疫情初期,坚持定人、定点、定时、定消,确保用餐安全。做好工作区各楼道、卫生间、电梯等公共区域防控消杀和蚊虫、鼠蚁、蟑螂等消杀工作,按时清运异型垃圾、生活垃圾,保持环境干净、整洁,及时更新绿植,确保绿植鲜活。推进实验区通风系统、职工活动室、瑞德招待所维修,工作区南门及周边环境改造,科技会议中心安全疏散条件改善等基建工程项目建设,完成实验区女儿墙开裂和外墙瓷砖安全隐患治理,进一步改善科研实验室环境和条件;持续做好办公用房调整及职工房改、房产管理工作,做

好院士、首席专家办公用房调整配置,做好住房补贴、供暖费审核,完成住房产权变更、交易等工作。搭建公寓办公管理平台,引入洗衣机、便利柜等共享设备,提升大件物品寄存等助客服务,开展青年职工座谈会、中秋国庆双节月饼DIY活动、播放电影等活动,提升住宿条件。

三、加强疫情防控,全面做好安全工作

全面落实上级疫情防控要求和措施,做好进出人员测温登记、外来人员备案、核酸检测勤务等工作,核实备案20000多人次,发放临时出入证500多人次,确保疫情管控无死角、无遗漏。强化安全管理,做好安保业务,加强进出人员、车辆审核,保障集团公司与研究院重大活动、重要会议安保工作19次。加强车辆管理,做好全院监督、门禁、车行道闸系统维护保养工作,更改智能门锁权限,强化治安管理。制定专项现场处置应急预案,加强应对突发情况演练,完成院级会议通知、落实及信访接待等工作,做好研究院值班及应急值守,全力保障院区安全。

四、增强保障能力,持续提升服务质量

组织好职工体检,做好职工医保报销,全年职工体检人数2953人,补充医疗报销4813人次。利用院网、"职工健康管理部"微信公众号、张贴宣传海报、发放职工健康宣传册等方式,加强健康知识宣传。加强车辆使用管理,建立月考核和安全培训机制,不断提升能力和水平,全年公务出车5067台次,未发生重大交通责任事故。同时,配合疫情防控,做好专人专车送餐和职工核酸检测接送工作,确保零事故安全运行和优质服务。做好医疗服务工作,制定新冠肺炎防控工作方案和应急预案,加强应急处置演练,为返京职工建档追访、协调防控物资、做好全院职工及返京人员核酸检测3526人次。设立预检分诊及预约就诊制度,全年累计接诊48000余

人次。做好院内活动、会议医疗保障、预防免疫疫苗接种、新入职员工体检、拓展化验项目和绿色转诊通道等工作，保障职工安全健康，提升员工幸福感。

【党建与精神文明建设】

截至2020年底，中心（基建办公室）党支部有党员34人。

党支部：书记张士清，副书记孟明，青年委员郭正。

工会：青年委员郭正。

青年工作站：站长严冬瑾，副站长魏森，宣传委员龚亮华，组织委员吴林泽。

2020年，中心党支部坚持以习近平新时代中国特色社会主义思想为指导，贯彻落实党的十九大和十九届四中、五中全会精神，围绕研究院科研工作，以提高员工素质、服务质量、服务效率、树立良好形象为目标，充分调动党员干部服务于科研的积极性、主动性，为完成各项任务提供思想和组织保证。

一、提高政治站位，坚决贯彻落实上级各项决策部署

深入学习党的十九届四中全会精神，深刻理解十九届四中全会精神的时代背景和重大意义，坚持把思想和行动统一到全会要求上来，把智慧和力量凝聚到落实各项目标任务上来。坚决贯彻落实集团公司党组和研究院工作会议、党风廉政建设和反腐败工作会议等重要会议精神聚焦研究院总体部署要求，以"精细化服务，合规管理"为着力点，全面谋划好各项工作，为研究院发展提供坚实保障。

二、注重组织建设，夯实党务工作基础

党支部书记承担起第一责任人责任，严格履行"一岗双责"，执行"三重一大"决策制度，细化责任分工，构建"大党建"工作格局。全面落实"三会一课"等制度，全年组织专题研讨2次，召开党员大会6次、党支部委员会

6次，讲党课2次，开展主题党日活动2次。加强领导班子和党员队伍建设，强化培训教育，积极开展谈心谈话，关注党员职工的思想动态，充分发挥党员先锋模范作用。坚持党管干部、党管人才，严格按照组织人事程序推荐选拔干部。加强党员管理和党费收缴使用，健全党员管理台账，完善党员发展计划，注重在一线员工中发现人才、发展党员，预备党员转正1名、积极分子列为发展对象1名、提交入党申请书1名。

三、扎实开展主题教育，积极做好疫情防控工作

开展"战严冬、转观念、勇担当、上台阶"主题教育活动，以"四个诠释"岗位实践活动为抓手，推动提质增效。坚持把践行初心使命的答卷写在疫情防控的"火线"上，强化政治担当，党政合一，带头落实疫情防控各项任务，为研究院零确诊和零疑似的疫情防控"双零"目标实现提供坚强保障。

四、加强党风廉政建设，提高反腐倡廉能力

逐级签订《党风廉政建设责任书》，各部门根据廉洁风险点个性化制定责任书内容，使党风廉政建设的各项任务真正落到实处。严格落实中央八项规定，把纠治"四风"纳入节日期间重要工作安排，按时传达、剖析违反中央八项规定精神典型问题通报，建立健全作风建设长效机制。对"三重一大"事项，坚持集体领导、民主集中、个别酝酿、会议决定的原则议事决策，全年无违纪违法行为发生。

五、加强宣传工作，传递正能量

落实研究院党委关于意识形态工作的决策部署，将意识形态工作纳入党员干部学习的重要内容。强化正面引导，加强阵地建设。利用石油党建平台、研究院主页、公众号等媒体做好学习宣传活动，在研究院网页发表38篇报道、"RIPED青年"公众号发表报道2

篇,增强员工集体荣誉感、自信心,提高学习积极性。

六、做好工会、青年工作,凝聚干事创业合力

重视工会、团青工作,充分发挥桥梁纽带作用,丰富职工生活,先后组织趣味运动会、月饼手作体验、中秋国庆晚会等活动。提升员工思想觉悟,组织开展"重温历史、缅怀先烈、珍惜和平"的爱国主义教育活动,观看爱国主义教育电影《八佰》《金刚川》。关注员工身心健康,做好疫情防控一线员工慰问等。2020年青年工作站被评为研究院优秀基层团组织。

【大事记】

11月27日,张士清任综合服务中心(基建办公室)党支部书记(勘研党干字〔2020〕14号)。

同日,张士清任综合服务中心(基建办公室)副主任,赵波任综合服务中心(基建办公室)副主任,吴兵任综合服务中心(基建办公室)副主任(勘研人〔2020〕191号)。

2020年,根据研究院综合改革的需要,将综合服务中心与基建办公室所属廊坊院区工作职责及相关人员划入廊坊科技园区管委会,所属北京院区工作职责及相关人员合并,组建综合服务中心(基建办公室);将原隶属于研究院办公室(党委办公室)的值班室、房产科人员和业务和原隶属于质量安全环保处的安保队伍人员和业务并入综合服务中心(基建办公室);将原隶属于物业管理中心的车队、卫生所、工字楼、青年公寓相关人员和业务划入综合服务中心(基建办公室)。

(张晓元、郭正、孟明、张士清)

离退休职工管理处

【概况】

离退休职工管理处(简称离退休处),负责研究院离退休职工的管理,主要任务是贯彻落实党和国家养老方针政策,以提升服务管理意识,做好离退休人员的服务工作为宗旨,通过组织开展有益身心健康的活动,使老同志安享晚年生活。

2020年,离退休处按照集团公司老干部局和研究院党委工作部署,提升离退休工作规范化、精准化、科学化、信息化水平,精心做好各项管理服务,平稳有序推进退休人员社会化管理工作。

处长、副书记:王凤江。负责行政全面工作。分管处办公室、老年教育管理室。

书记、副处长:王强。负责党务工作。分管帮扶关爱办公室、党总支、工会等党群组织。

副处长:孙志林。负责处QHSE管理、资产管理、健康养生、文体活动等工作。分管养生保健办公室、宣传图书资料室、文体管理室。

副处长、廊坊科技园区管理委员会副主任(兼):王梅生。负责廊坊院区离退休管理服务日常工作,参加廊坊科技园区管理委员会工作。

处长助理:王铁军。协助王梅生副处长完成廊坊院区各项工作。

离退休处下设6个部室。

处(党总支)办公室:行政和党务日常管理;财务报销、资产、QHSE、数据库管理、《老石油人》出版等工作。主任才雪梅。

帮扶关爱办公室:走访慰问、困补善后等后勤保障工作。主任李广轩。

养生保健办公室:养生保健、健康体检、健康咨询讲座等。主任刘军。

文体管理室:文体活动服务保障管理工作。主任杨杰。

老年教育管理室:老年大学工作。

宣传图书资料室:阅览室管理、报刊杂志订阅和收发等工作。主任刘月明。

截至2020年底,离退休处有在册职工18人。其中男职工11人,女职工7人;博士1人,硕士2人,本科11人;高级工程师4人,工程师3人,政工师1人,技术员1人;36—45岁3人,46—55岁9人,56岁以上6人。市场化员工2人。当年,王强、孙志林调入,吴虹、齐会芬退休。

2020年,按照国家政策要求和集团公司、研究院工作部署,研究院退休职工实行社会化管理移交,截至2020年年底,离退休处在册离休干部14人,离退休院士6人。

【业务工作情况】

2020年,离退休处贯彻上级文件指示精神和研究院工作部署,认真谋划,精心组织,做好各项工作。

一、落实"两项待遇",传递组织温暖和关怀

坚持为离退休职工订阅时事政治、国家养老政策、老年生活等方面的报刊杂志,协助研究院1600多名老同志集中订阅2021年报刊。为18对金婚、钻石婚夫妇拍摄照片制作纪念品,并为他们举办祝贺仪式;组织中国人民志愿军抗美援朝出国作战70周年活动,为4名参战老兵颁发荣誉纪念章。做好离休老同志和困难职工统筹医疗报销,协助完成老同志物业费、采暖费报销,协助近千名老同志参加健康体检。开展离退休职工病困走访、节日慰问、住院探视、困难帮扶等关怀服务，全年登门看望探视慰问生病住院老同志500人次，协助23名病故老同志家属办理善后事宜，办理善后抚恤35户，扶贫帮困227人。

二、组织抗击新冠肺炎疫情，增添正能量

按照集团公司和研究院党委关于疫情防控的统一安排部署，及时成立离退休处疫情防控工作组，纳入各离退休职工党支部负责人，形成疫情防控工作网络；第一时间宣贯上级指示精神，宣传防疫常识，多次开展防疫知识宣贯和普及，为老同志发放防疫物资3次，深入了解老同志的思想和身体情况，做好温馨提醒，打消思想顾虑，协助老同志解决实际困难，保障居家正常生活。全体实现零感染。

三、扎实推进退休人员社会化管理，按期完成移交任务

加强组织领导，落实组织、制度、责任三个保障。加强基础工作，做实"四项举措"，即加强理论学习，强化业务培训；广泛征求意见，倾听合理诉求；做好政策宣传，赢得理解支持；积极沟通联系，争取地方政府支持。坚持目标导向，抓细"四大环节"，即认真核对基础信息，确保准确；清理统筹外待遇项目，保障退休人员合法利益；用心用情工作，细微之处彰显关怀；发挥现代化信息优势，确保整体移交工作顺利完成。2个院区直接与老同志接触工作将近10000人次，复印身份证、户口簿等各类材料11000页，户籍地街道字段采集录入、核实对接93032项，转移名册、承诺书、委托函件及各类证明等申请用章近7000个，涉及北京市11个区县、96个社区，以及廊坊市、上海市等地；填报、上报相关文字表格材料10余套，按时间节点完成各类移交。

【党建与精神文明建设】

因2020年实行退休职工社会化管理移交，15个离退休党支部党员关系同步转交到

社区管理，截至2020年底，离退休处党支部有党员33人，其中在职党员14人，继续管理的离退休党员19人。

书记：王强，副书记王凤江，委员孙志林、才雪梅、王梅生。

工会：主席王世伟；委员才雪梅、杨杰。

2020年，离退休党支部深入贯彻落实党的十九大和十九届四中、五中全会精神，履行党建责任，攻坚克难，奋发进取，党建各项工作取得显著成绩。

一、加强理论武装，强化政治建设

专题学习党的十九届四中、五中全会精神，学习集团公司党组和研究院党委重要会议精神，因地制宜开展学习活动，邀请老领导朱开成同志就《习近平谈治国理政》(第三卷)讲专题党课，推动党支部书记带头讲党课实现全覆盖。坚决贯彻执行上级重大决策部署，深刻领会开展提质增效专项行动的重大意义，开展"战严冬、转观念、勇担当、上台阶"主题教育活动，切实做到与疫情防控、安全管理、节能降本工作结合起来，推进提质增效专项行动和主题教育取得实效。

二、持续加强基层组织建设，发挥战斗堡垒和先锋模范作用

强化班子建设，开展基层党组织换届选举工作，选齐配强党支部书记、副书记、委员。严格执行"三重一大"决策制度和前置程序规定，重大管理事项确保民主科学决策。落实"三会一课"学习制度，围绕"党的十九届四中、五中全会精神""学党史、新中国史""弘扬爱国奋斗精神，建功立业新时代"等主题组织开展轮训3场。丰富党日活动，举办迎春茶话会8场次，近900名老同志参加。坚持开展评先选优活动，选树先进典型。离休干部、院士李德生夫妇发挥模范带头作用，向党组织上交特殊党费2万元支持一线抗疫工作，为广大员工树立榜样。

三、加强党风廉政建设,推进全面从严治党向纵深发展

落实"一岗双责",加强党风廉政建设,逐级签订《党风廉政建设责任书》和《廉洁从业承诺书》,层层传递,压实责任。持续抓好干部职工日常教育管理工作,开展党纪党规、廉洁从业、案例警示教育,增强廉洁自律意识。

四、加强宣传思想工作,落实意识形态责任

加强对自办报纸《老石油人》《金秋夕阳红》意识形态阵地管理,对组稿、编辑、校对、印刷等环节的风险严格管控;加强对处网页、大屏幕、宣传栏、微信群等意识形态阵地的管理和监督,注重舆论导向,耐心细致做好老同志思想政治工作,确保群体稳定。

五、扎实开展工会工作,传递组织温暖和关怀

丰富职工生活,开展拓展、羽毛球比赛等活动;开展全员安全教育,组织安全知识答题活动,开展防疫知识宣贯普及、消防疏散演练、安全大检查等活动,配置急救包,提高安全意识。开展病困、节日慰问、庆祝生日等工作,不断提升职工归属感和幸福感。

2020年,离退休处获研究院基层案例大赛三等奖,才雪梅被评为研究院2019年度先进工作者,高飞霞被评为研究院2019年度新闻宣传工作先进个人,王世伟被评为研究院2019年度优秀工会干部,宋秀娟被评为研究院2019年度青年岗位能手。

【大事记】

3月14日,王强任党总支书记、副处长;孙志林任副处长、王梅生任廊坊科技园区管理委员会副主任(兼);免去朱彤副处长职务(勘研人〔2020〕33号)。

9月8日,组织召开第七协作区离退休精准化服务工作座谈会。

12月30日,离退休全面完成退休人员社会化管理移交任务。

(高飞霞、王凤江)

物业管理中心

【概况】

物业管理中心主要职责是负责北京院区的物业管理与服务、公共服务、便民服务和组织社区居民群众公益活动等工作,主要包括为科研生产与职工生活提供水、电、冷、暖、讯的保障供应及日常维修、维护工作;负责辖区内大修、隐患治理工作;辖区内房屋、道路的维护;负责研究院生活区消防、治安安全工作及交通秩序的维护管理工作;绿化保洁、幼儿保教、场馆健身等综合后勤服务工作。

2020年,物业管理中心落实疫情防控工作要求,做好职工住宅区疫情防控工作和科研生产与职工生活服务保障工作;做好"三供一业"分离移交维修改造项目组织实施,以及"清算鉴证"等工作;推进信息楼钢架防火涂料修缮二期工程、新建篮球场在内的安全隐患治理考核任务工作及惠民利民等重点工程;根据"三供一业"分离移交工作进程和院"三项制度"改革工作要求,推进"三项制度"改革;抓好幼儿教育、健身场馆、绿化环境景观维护等管理与服务工作,做好办公区物业服务与管理、生活区物业委托管理。

副经理(主持工作):刘晓。负责全面工作。主管财务及三供一业分离移交工作的部署及协调推进工作。分管工作区物业科、矿区综合管理办公室、财务科(2020年3月起接管动力科)。

书记、副经理、安全总监:黄建泰(至2020年3月),负责物业管理中心党务工作、对安全管理工作进行监督和检查;组织对大修工程、项目进行论证、施工、安全管理及验收等工作。分管动力科、大修项目管理办公室。

副经理:于兴国(至2020年3月)。负责物业管理中心人力资源管理,对行政办公、工程维修,固定资产、合同内控管理、等进行全面协调管理。分管中心办公室、工程科。

副书记、副经理:梅立红。协助党总支书记做好物业管理中心党务工作,负责工会工作。分管幼儿园、场馆科、通讯站(2020年3月起,接管中心党务工作;7月起,接管人力资源工作、中心保密工作,分管中心办公室)。

副经理:李玉梅,负责物业管理中心保密工作,分管卫生所、车队(2020年3—6月,接管人力资源工作,分管物业管理中心办公室;7月起,因机构业务调整卫生所、车队业务及人员划归综合服务中心)。

副经理:郭志超,负责物业管理中心党务组织工作,分管物业一科、安全环保科、便民服务中心(2020年3月起,接管黄建泰安全总监工作,负责物业管理中心安全生产工作,主管大修工程工作,分管大修项目管理办公室、工程科)。

物业管理中心下设15个科室。

中心办公室:负责物业管理中心行政办公、党务、人事、QHSE体系管理、计划生育、工会、安全生产、固定资产、合同内控管理、电子公文、疫情防控等工作。主任于兴国(兼),常务副主任申海青,副主任毛亚军(至2020年3月)。

矿区综合管理办公室:负责研究院矿区服务事业部日常业务运作,矿区服务管理信息系统运行管理及应用,全院区绿化养护、节日花卉的装饰工作,"三供一业"分离移交收尾及清算鉴证工作。副主任张宁(正科级)。

财务科:负责物业管理中心各科室、离退休处、宝石花物业研究院地区公司的财务日常核算和管理工作。协助相关部门完成"三供一业"分离移交财务资产管理工作及"清算鉴证"工作。进一步推进财务共享实施工作。科长金航，副科长王轶蓉。

大修项目管理办公室：负责物业管理中心大修项目管理、全年大修项目计划报送及项目审计工作、三供一业维修改造。主任史力，副主任崔钢（至2020年3月），副主任魏殿臣。

便民服务中心：负责物业管理中心第三方员工餐厅、便民超市、菜市场的管理工作。副主任杨巍，高级主管袁强。

物业一科：负责居民生活区物业管理与服务、生活区公共区域的客务巡视、保洁服务，56号楼、工字楼的管理工作。受理业主咨询、投诉、费用缴纳。科长郭志超（兼），常务副科长高金旺，副科长唐菲菲、曹燕晴。

工程科：负责居民生活区供排水系统、供暖管线的维护管理工作，生活区内建筑设施、道路、公共器材的维护管理及入户维修工作，包括上下水维修、门窗维修、电气类故障维修等、三供一业移交工作、监督物业维修改造工程。科长刘庆，副科长袁燕、张彬、苏继。

工作区物业科负责研究院工作区物业服务中央空调制冷、采暖、通风、给排水（包括自备井）、公共配电系统及电气设备、电梯、建筑设施等方面的维修、保养、运行管理工作；负责院区用水核算工作。科长刘丕开，副科长孙涛。

安全环保科：负责居民生活区消防安全、治安、秩序维护管理工作；生活区交通秩序维护管理工作；生活区车辆停放管理及机械车位的维护保养工作、进入东南门车辆及人员疫情防控工作。科长郭志超（兼），副科长张杰，副科长时招彬。

动力科：负责院区用电管理服务工作。负责院区内总开闭所配电设备、各分配电室值班、变电、巡视检查工作；负责供电线路维修、日常电力维修、路灯维修工作；负责大院节日景观照明与布置工作；负责院区用电核算工作，负责院内及院外小区"三供一业"供电分离移交材料报装、合同签订、方案落实及施工安全监督管理等工作。科长王乐祥。

通讯站：负责院区通信系统、生活区宽带网络的建立、维护、管理工作；院区通信管道、通信电缆的维护与管理工作；院区有线电视的维护与管理工作；院区宽带上网、电话初装、移机、撤机及计费管理。副站长胡玥。

车队：负责为院属单位提供公务用车服务；对车辆进行管理、保养、检修等工作；为研究院职工提供代办驾照年检服务（至2020年7月，因机构业务调整车队业务及人员划归综合服务中心）。队长张纪鸣，副队长杨硕。

场馆科：负责游泳馆、羽毛球馆的服务管理工作；接待各类大型比赛、文体活动，做好相关服务保障工作；负责游泳馆设备设施的管理维护工作。科长郝武胜，副科长张娜。

幼儿园：负责研究院及集团公司驻矿单位家庭适龄儿童学前教育工作，为北京市一级一类、北京市示范园。园长梅立红（兼），常务副园长李春华，副园长杨莉。

卫生所：负责为研究院职工、离退休职工、集团公司住院职工及其家属提供日常门诊、中医、理疗、牙医保健服务。为北京市医保定点医疗机构（7月因机构业务调整卫生所业务及人员划归综合服务中心）。所长李玉梅（兼），副所长吴艳巧。

截至2020年底，物业管理中心在册职工47人。其中男职工38人，女职工17人；博士1人，硕士3人，本科10人；高级工程师6人，工程师5人；35岁以下1人，36—45岁9人，46—55岁26人。市场化8人，第三方251人。当年，刘晓虎、吴艳巧、聂晓伟、朱秀颖、辛杨、王海英、王娜、王文敏、高莹、张晓元、郝巨华、李家辉、张纪鸣、王子伟、马长华、李玉梅、叶瑞艳、林晨、任洪泽调离，李培贞、周庆彬、高琴、崔钢、秦宇、于兴国、刘洪、段永洪退休。

【业务工作情况】

2020年，物业管理中心做好疫情防控工作，组织实施"三供一业"分离移交设施维修改造项目，承担职工家属区物业服务委托管理工作，按期完成北京院区"三供一业"分离移交改革任务和系列大修工作，为研究院提供高质量服务和后勤保障。

一、严格落实疫情防控措施，实现职工家属区疫情防控"双零"目标

按照研究院疫情防控工作领导小组工作要求，及时成立疫情防控工作组，严格落实"严防严控，切断输入途径"的疫情防控要求，严格落实职工家属区封闭管理措施；坚守疫情防控一线，第一时间协调蔬菜直通车、惠民便利店、快递等便民服务，保障居民日常生活；严格公共区域环境消毒，为居家和集中隔离人员提供志愿服务，解决隔离人员后顾之忧；配合居委会完成职工家属区疫情相关数据统计汇总，编制87期疫情防控工作日报，为研究院疫情防控工作方案提供支持。科学组织工程项目有序复工，为科研办公和职工生活有序恢复创造条件。

二、推进"三供一业"分离移交维修改造工程，完成分离移交清算鉴证工作

针对"三供一业"移交工作，成立专业工作组，建立周报告制度，与各接收方沟通，完善维修改造方案，推进施工改造工作；充分利用微信公众号、宣传栏等宣传平台开展政策宣讲工作，争取居民对维修改造工作的理解与支持。物业维修改造方面，加强安全隐患治理，解决排水排污问题，升级安装可视化门禁对讲系统，提升安全管理水平；供电维修改造方面，对接国网北京公司优化住宅一、二期改造方案，避免安全隐患。供水维修改造方面，与施工方组成联合工作组，统筹协调，减

少重复开挖，降低对居民生活影响。截至2020年底，职工家属区物业和供水维修改造工程全部完工，供电维修改造工程完成主体工作，北京院区"三供一业"分离移交任务全部按期完成，顺利通过集团公司组织的分离移交工作清算鉴证。

三、做好居民物业委托管理工作，物业服务质量稳中有升

2020年是物业管理中心对宝石花物业研究院地区公司实行委托管理最后一年，物业管理中心一是组织宝石花物业研究院地区公司坚持"联合组织、分账核算、市场化运营"管理模式，增强现代化物业管理理念，开展市场化运营，开源节流、降本增效，在物业收费不涨的情况下完成财务运营指标；二是探索建立服务市场化物业公司要求的员工组织架构，提升员工服务意识，增强物业服务工作技能，对标现代化物业服务企业工作标准，持续为职工家属区广大业主提供优质物业服务。2020年职工家属区物业服务满意率达96%以上，物业费收缴率达91%，实现职工家属区物业分离移交工作平稳过渡。

四、克服疫情影响，高质量完成信息楼防火涂料修缮等科研保障大修工程项目

承担大修项目19项。加强方案设计，开展预算编制和审计工作，优选施工队伍；克服疫情影响，科学组织有序复工；注重施工管理，强化安全风险防控；及时组织竣工验收，规范工程费用结算，确保各项大修工作无安全质量问题，实现疫情防控和大修施工两不误，改善科研办公环境，为科研生产提供坚实的保障。

五、创新思路提升服务质量，为科研生产提供优质物业后勤服务保障

聚焦科研生产保障需求，创新工作方法，扩展物业服务项目，提升科研保障物业服务水平。加强专业系统运行维护和保障工作，

完善工作制度和应急预案，确保给排水、供配电、供暖、制冷、通信系统正常运行；开展 33 栋 19 万平方米办公楼宇基础设施维修维护，为科研人员提供良好的办公环境；承担 14 万平方米庭院绿化养护任务，开展绿化景观提升工作，营造优美院区环境；做好职工文体活动场馆服务和日常通讯保障。加强幼儿园安全管理，落实疫情期间"停课不停学"的要求，通过"线上线下"相结合方式完成保教工作任务。

六、加强 QHSE 体系运行管理，持续做好安全生产工作

坚持以 QHSE 体系运行管理为抓手，强化安全生产制度建设，落实安全生产责任制，规范安全隐患排查治理工作，定期开展专项安全大检查，实现安全管理全覆盖、无死角。严格承包商施工作业管理，强化对高空作业、动土作业、动火作业等特种作业的审批监管，完善《应急预案》，开展住宅楼火灾、幼儿园师生逃生等针对性演练，做好防汛应急演练。

2020 年，物业管理中心被评为勘探开发研究院安全生产先进单位、网络安全先进单位；"疫情期间幼儿园保教工作创新初探——转战线上，赋能成长"项目在院青年岗位创新大赛中表现突出，成绩优异，荣获一等奖；北实验区物业服务团队被评为勘探开发研究院十大杰出青年团队。

【党建与精神文明建设】

截至 2020 年底，物业管理中心党总支有党员 19 人，预备党员 1 人。

党总支：书记黄建泰（3 月因年龄原因退出领导岗位），副书记梅立红，委员刘晓、郭志超、李春华。

工会：主席梅立红，副主席申海青。

青年工作站：站长杜少玲，副站长李淼。

2020 年，物业管理中心党支部围绕研究院党委部署，坚持强"根"铸"魄"，忠诚履行使命，以"党建上台阶"为标准，按规范做好规定动作，按标准做好自选动作，抓党建促发展，抓改革促转型，攻难关促突破，正作风促管理，为服务保障提供坚强的政治保证、思想保证、组织保证。

一、落实"三会一课"制度，夯实党员队伍思想工作

落实"三会一课"制度，通过全体党员大会、党小组学习等形式，深入学习十九大、十九届届四中全会精神，精读《习近平谈治国理政》（第三卷），深刻领悟习近平总书记对中国石油的重要批示指示精神，组织观看《中国共产党的创建与初心》《弘扬"红船精神"，坚定理想信念》等，开展好"战严冬，转观念，勇担当，上台阶"主题教育活动，提升党员干部思想政治觉悟和政治修养。坚持党建工作与疫情防控有机结合，实现党建工作与业务管理融合统一。

二、落实党风廉政，亮规矩明底线

贯彻"三重一大"集体决策制度，坚持班子民主集中制建设，实行集体领导和个人分工负责相结合。逐级签订廉洁责任书，传递责任要求，班子成员、党员干部之间用交流唤醒党性，填坑补课。重视合规管理，进一步规范承包商管理、大修工程付款、合同签订等工作，细化廉洁责任，做到规范决策流程，规范审批程序，规范操作方法。

三、加强人才队伍建设，促进青年职工快速成长

加强青年思想道德建设，把握青年思想特点，活跃青年文化生活，为员工搭建成长平台，创造青年成才环境。结合"战严冬、转观念、勇担当、上台阶"主题教育活动，开展岗位练兵技能活动。丰富文娱体育活动，全年策划组织 2020 年度"云端"系列活动，将爱国、红色、公益、逐梦、团队、能力等元素贯穿其中，线上线下齐开展，促进综合能力提升。

四、发挥工会职能,传递党组织温暖

贯彻"以人为本"的管理理念,充分发挥工会、青年工作站作用,从细微处着手、虑员工之事。关爱职工,传递组织温暖,做好帮扶职工、倡导敬业等活动,全年慰问病困职工12人次。关注职工身心健康,组织全员进行年度体检,开展好职工健步走、座谈交流活动。

五、围绕服务抓宣传,扬正气聚人心

把好新时代"主方向",唱好"主旋律",通过宣传栏、物业网站、电子屏等方式对2020年研究院工作会及研究院领导讲话精神进行宣贯,传承企业文化。针对老百姓关心的"三供一业"分离移交、疫情防控等民生热点话题,进行深度解析,答疑解惑,为建设和谐美丽院区营造良好舆论氛围,打造良好品牌形象。

【大事记】

2月3日,研究院院长、党委书记马新华检查指导物业管理中心疫情防控工作。

3月10日,党委副书记郭三林到物业管理中心看望慰问一线防疫工作人员。

8月9日,完成北京院区"三供一业"分离移交清算鉴证工作。

（申海青、李春华）

廊坊科技园区管理委员会

【概况】

按照研究院"一院两区"发展定位,为进一步加强廊坊院区管理,充分发挥廊坊院区创新和区位优势,实现廊坊院区高质量可持续发展,推动研究院科技创新、成果转化与人才培养工作,2020年3月14日设立廊坊科技园区,同步成立廊坊科技园区管理委员会。一是设立廊坊科技园区。借鉴中关村科技园等高新技术产业园区的发展理念,以廊坊院区为主体,整合资源、打造平台,设立廊坊科技园区。园区发展定位为实验研究与中试基地(简称实验基地)、成果转化与产业化基地(简称成果转化基地)以及集团公司上游高科技人才及技术管理人才的培训基地(简称培训基地)等"三个基地"。二是成立廊坊科技园区管委会。管委会主要负责制定园区管理规章制度,推进园区规划建设,做好园区科研条件支撑,协调园区创新资源,提供成果产业化服务和技术培训工作,承担园区日常管理、基建、后勤服务保障工作,组织园区群团活动,协调与廊坊市地方有关的各项事务。撤销现有廊坊院区综合管理部。三是廊坊科技园区管委会视同院二级单位管理,保持相对独立运行。管委会设立"一室六部一公司",即综合办公室、财务资产部、党群工作部、合规管理部、安全环保部、基建工程部、后勤保障部,承担管委会内部管理职能,接受北京院区对口机关职能部门指导和监督;成立技术培训中心廊坊分部(科技交流中心)、离退休管理中心、成果转化筹备组(时机成熟可成立混改公司)3个内设机构,廊坊万科公司纳入管委会管理。管委会暂定50人,其中二级管理人员职数5—7人,成立党总支,设主任、党总支书记,可根据需要设常务副主任

一名、副主任若干名。四是院属相关科研单位统一管理北京院区和廊坊科技园区的科研、党务等工作。相关科研单位要优化整合、统筹安排北京和廊坊两地工作,在保证党政一把手和所办在北京办公的前提下,廊坊院区相关科研单位至少要保持一名所领导驻点带班,根据本单位业务工作实际、科技创新需要和科研人员意愿,做好北京和廊坊两地定编、定岗、定员,采取相对固定岗位的方式,在北京院区和廊坊科技园区设定好工作岗位,保证两地科研和实验工作的健康、有序、顺畅运行。院属科研单位人员可参加廊坊科技园区管委会统一组织的日常群体性活动(勘研人〔2020〕28号)。

廊坊科技园区管理委员会(简称管委会)是研究院后勤服务保障单位之一。主要任务是按照院党委明确的"三个基地",即实验研究与中试基地、成果转化与产业化基地和集团公司上游高科技人才培训基地的发展定位,开展"三个基地"建设,充分发挥科研支撑、服务和保障作用。

2020年,管委会贯彻研究院2020年工作会议和干部会议精神,紧密围绕"12345"总体发展思路,紧扣"三个基地"发展定位,秉承"支撑科研、做优服务、提升治理、推动发展"工作宗旨,追求"一流实验室建设、一流成果转化平台、一流培训会议服务、一流支撑保障条件、一流干事创业团队、一流科学化党建"工作目标,全面推进提质增效专项行动,为科技园区可持续和高质量发展贡献智慧和力量。

主任:李忠。负责全面工作。分管综合办公室和财务资产部工作。

书记:赵玉集。负责廊坊科技园区全面

党务工作。分管党群工作部、技术培训中心(廊坊分部)工作。

副主任:王德建。负责企业法规、网络信息、科技成果转化工作。分管企管法规部、网络信息部、科技成果转化中心工作。

副主任:陈波。负责后勤服务与保障工作。分管后勤保障部、公共服务部工作。

副主任(兼):王梅生。负责廊坊院区离退休工作。

副主任:张宝林。负责质量安全、环境保护工作。分管安全环保部工作。

副主任:徐玉琳。负责园区规划、基建大修工作。分管基建工程部工作。

2020年4月21日,研究院人事处(党委组织部)批复廊坊科技园区管理委员会下设三级机构,一室九部一中心(人事〔2020〕5号)共11个科室。

2020年12月1日,因赵玉集调任研究院办公室主任(勘研人〔2020〕204号),12月23日领导班子成员分工进行调整,常务副主任王德建分管党群工作部工作,副主任陈波分管技术培训中心(廊坊分部)工作。

综合办公室:负责协助廊坊科技园区管委会领导处理日常事务、文件的起草与核稿、公文、印章和综合性资料管理、保密工作、房产管理、人事行政管理等任务。主任李靖,副主任张剑峰(兼)。

财务资产部:负责廊坊科技园区资产管理、财务管理与会计核算等任务。主任王小勇,副主任潘珑琪、耿英杰。

企管法规部:负责廊坊科技园区经营管理与法律事务等任务。主任靳昕。

党群工作部:负责研究院党委精神宣贯、党建工作任务落实及督办等任务。主任冯刚。

安全环保部:负责廊坊科技园区质量健康安全环保监督管理等任务。主任刘洪滨。

网络信息部:负责廊坊科技园区信息化

建设管理、监督和协调等任务。主任张松。

基建工程部:负责廊坊科技园区基建工程的新建、扩建、改造及维修项目的管理与执行等任务。副主任严冬瑾(兼)。

后勤保障部:负责廊坊科技园区绿化、保洁、卫生、物业等后勤服务管理等任务。主任齐朝阳。

公共服务部:负责廊坊科技园区物资采购、车辆使用、印刷与通信服务等任务。主任刘超,副主任马力。

技术培训中心廊坊分部:责承接集团公司、中石油研究院、属地政府部门业务培训、学术研讨、科研交流等会务服务及廊坊科技园区驻园单位科研人员生活服务管理等任务。主任张剑峰,副主任李靖(兼)、马洋。

科技成果转化中心:负责落实上级有关部门关于科技成果转化的政策和制度,持续推动相关科技成果转化体制机制的建立与健全,配合科研单位做好科技成果转化等任务。主任闫刚,副主任邓泽(兼)。

截至2020年底,管委会在册职工72人。其中男职工44人,女职工29人;硕士3人,本科58人,其他11人;高级工程师工7人,工程师6人;资深高级主管2人,高级主管9人,主管7人;35岁以下9人,36—45岁15人,46—55岁20人,55岁以上29人。当年,马洋调入,赵玉集调离,华爱刚、张万国退休。

【业务工作情况】

2020年,管委会围绕"三个基地"发展定位,按照完善管理制度、创新工作机制、严格责任落实、规范整体提高的工作要求,以"三个基地"建设为抓手,强化治理体系和治理能力,充分发挥每一位员工的主观能动行,调动各方面积极性,较好完成各项任务。

一、加强疫情防控,保障职工群众健康

增强"以人为本"理念,严格执行集团公司和北京院区及属地政府各项规定,及时成立廊坊科技园区管理委员会疫情防控领导小组,精心组织,统筹协调,实现园区"双零"目标。

二、加强科研管理,促进科技创新创效

强化科研管理,改善提升科研实验环境,以"统一规划、分步实施、整合资源、突出应用"为指导思想,对部分重点实验室进行系统治理和维护,改善提升实验室条件,加快新建实验室建设前期工作。加强科研成果转化,深入调研分析,优选出完全拥有自主知识产权、具备成熟转化条件的"核磁共振技术系列产品"作为首批成果转化试点项目。探索研究集团公司、属地科技创新创效和成果转化奖励激励机制,激发和调动科研人员动力活力。

三、完善机构设置,提升干部人才能力

完善三级机构设置,强化制度建设,编制《三重一大实施细则》等制度4个,印发规范性文件12个,明确11个岗位和部门职责。加强人才干部管理,提升干部队伍的能力素质和专业化水平。从科研所和后勤保障部门聘用专业技术强、综合素质好的优秀人才兼任部门主任,集中人才资源优势,联合开展各项业务工作,探索构建人才共享机制。

四、加强合规管理,防范合规风险

强化合规管理,做好园区和管委会的经费预算、核算、决算和费用支出使用分析以及资产、税收、审计等管理工作,有效规避财务风险。全年管理科研课题698个,核算科研资金8.2亿元,签署合同758个。加强沟通协调,有序推进环境风险评估,做好万科公司清算工作,完成调离职工5套房产回购和竞拍交易工作,及时进行办公用房梳理摸排,实现对办公用房的及时动态管理。

五、加强院区环境建设,提升服务保障能力

坚持"服务内容上做加法、服务流程做减法、服务效能做乘法"理念,加快培训基地建设,做好报告厅、客房、科技文化交流站等场所改造工作,开展员工服务技能和管理水平的培训;加快推进园区实验室危废物处置,推进"三供一业"移交工作;做好智能门禁系统安装、局域网建设、丰巢智能柜安装等民心工程,推动东南环路、水杉林步道修缮等工程建设,做好园区防汛工作,打造宜工宜居优美环境。关心关爱职工,为园区老同志解忧帮困。全年系统平稳运行、网络运维畅通高效、现场用车安全保障、培训接待贴心周到、职工用餐营养美味,驻园单位的服务满意度不断提升。

【党建与精神文明建设】

截至2020年底,廊坊科技园区管理委员会总党支有党员32人。

2020年3月14日,成立廊坊科技园区管理委员会党总支(勘研党字〔2020〕7号),赵玉集任廊坊科技园区管理委员会党总支书记(勘研党干字〔2020〕4号)。

2021年10月27日,中共中国石油勘探开发研究院委员会组织部(组委选〔2020〕66号),批复廊坊科技园区管理委员会党支部委员会委员及分工。

党总支:书记赵玉集,副书记李忠,纪检委员王德建,组织委员陈波,保密委员张宝林,群工委员徐玉琳,宣传委员冯刚。

党总支下设3个党支部。

第一党支部:书记王小勇,组织委员张剑峰,宣传委员李靖。

第二党支部:书记靳昕,组织委员刘洪滨,宣传委员王伟。

第三党支部:书记李国平,组织委员齐朝阳,宣传委员马力。

工会委员会:工会主席冯刚,组织委员程少东,生活委员刘洪滨,文体委员张娟。

青年工作站:站长刘洋(小),副站长耿英杰。

2020年,廊坊科技园区管理委员会党总

支围绕抓实党务工作、做好文化传承、凝聚职工队伍、坚定反腐倡廉、构建激励机制等方面创造性地开展工作。

一、加强政治建设，认真落实党建工作责任

始终把党的政治建设放在首位，以多种方式组织学习习近新时代中国特色社会主义思想、《习近平谈治国理政（第三卷）》以及十九届四中、五中全会精神等，党的路线方针政策得到贯彻落实；及时传达学习集团公司和研究院 2020 年工作会、党风廉政建设和反腐败工作会、领导干部会等重要会议精神，坚决贯彻落实各项部署落安排，带领全体干部员工进一步坚定"四个自信"，增强"四个意识"，做到"两个维护"。

落实党建责任，组织制定党总支年度工作计划，对政治理论学习、"三会一课"落实、党员教育培训、宣传思想、统战群团、廉政建设等工作做出全面布置，做到党建和业务工作同谋划、同安排、同落实，确保党建工作有序开展。按"一岗双责"要求，明确班子成员和总支委员责任分工；对各项党群活动，逐一落实负责人和牵头、配合部门；重视过程管理，针对重点工作和重点环节，加大日常督促检查力度；奖惩结合，将党建工作纳入岗位考核，构建"大党建"工作格局。

二、扎实推进基层党建工作，充分发挥战斗堡垒作用

加强领导班子建设，贯彻民主集中制原则，制定《廊坊科技园区管理委员会"三重一大"决策制度实施细则（试行）》，坚持贯彻执行。加强领导班子政治理论和业务学习，制定《廊坊科技园区管理委员会党总支委员会（扩大）集体学习制度》，不断提高政策理论和管理协调能力。

加强基层组织建设，完成总支委员会和下设 3 个党支部的选举工作，制定班子成员和总支委员党建责任清单，落实"三会一课"制度，召开党总支党员大会 5 次、总支委会 20 次、讲党课 4 次；开展"战严冬、转观念、勇担当、上台阶"主题教育和提质增效专项行动，规范组织生活，加强党员管理，规范党费收缴。"精益管理挖潜，精打细算节流"项目在院青年岗位创新大赛中获得二等奖。

加强干部人才队伍建设，树立"人才就在身边"理念，立足内部挖潜，健全管委会管理和业务骨干队伍。坚持党管干部原则，严格按组织程序选聘干部，树立重品德重实绩的选人用人导向，激发干部员工干事创业的动力。

三、持续做好宣传和群团工作，凝聚干部职工合力

扎实做好宣传思想工作，发挥宣传导向作用，对重要工作及时宣传报道，凝聚干事创业正能量，全年在研究院主页上载宣传稿件 20 篇。加强意识形态管理，组织制定党总支《加强意识形态管理工作责任制》，落实意识形态责任，加大重点环节管控力度，全年未出现舆情事件。做好有针对性的思想政治工作，迅速将广大干部员工的思想和行动统一到院党委的部署要求上来，落实到"三个基地"定位上来。

做好工会和群团工作。关心关爱职工，做好职工群众困难帮扶和离退休老同志的服务保障工作。针对科技园区和管委会职工和青年特点，克服疫情影响，因地制宜，开展驻园科研单位征求意见座谈会、弘扬社会主义价值观教育、技能培训、素质拓展、体育健身、观看爱国题材电影等群团活动，活跃氛围，提升技能，增强凝聚力。

四、全面加强党风廉政建设，增强廉洁自律意识

及时传达落实研究院党委和派驻纪检组相关会议精神和工作要求，增强廉洁自律意识。落实"一岗双责",组织签订《党风廉政建设责任书》廉洁从业承诺书;开展廉政警示教育,进一步转变作风,严格执行中央八项规定,坚决反对"四风",营造风清气正政治生态。

【大事记】

12月8日,李忠任院长助理职务(勘研人〔2020〕191号)。

12月8日,王德建任廊坊科技园区管理委员会常务副主任职务(勘研人〔2020〕191号)。

(李靖、李忠)

北京市瑞德石油新技术有限公司

【概况】

北京市瑞德石油新技术有限公司(简称瑞德公司)前身是成立于1985年的陆海石油咨询中心。1992年8月,经原石油勘探开发科学研究院批准建立北京市瑞德石油新技术公司。2017年11月20日,通过公司制改制由全民所有制改制为有限责任公司,公司名称变更为北京市瑞德石油新技术有限公司。2020年,瑞德公司注册资本增加至1000万元。

瑞德公司主要从事油田勘探、开发生产中新技术、新产品的研制、开发、生产及油田新场技术服务、技术咨询、承揽油田工程等工作,是研究院技术服务和工程技术对外的窗口。作为研究院的院属公司,其职能是为研究院科研生产服务,为研究院科技成果转化提供平台。

瑞德公司为中国石油集团科学技术研究院有限公司(简称集团院)独家投资的一人有限责任公司,对授予其经营管理的财产享有占有、使用和依法处分的权力。公司不设股东会,集团院依据相关法律、行政法规,以及有关规范性文件的规定,向公司委派执行董事作为公司法定代表人。集团院确保公司依法享有经营自主权,并依照有关规定授权公司执行董事行使出资人的部分职权,决定公司的重大事项。

法定代表人、执行董事、总经理:曹建国。

常务副经理:崔思华。负责协助总经理主持公司日常管理和经营。

副经理:聂涛。负责公司内控的建设、测试、审计及相关迎检工作。协助党支部书记负责党支部党风廉政建设工作。

副经理:代自勇。负责公司安全和QHSE工作,协助党支部书记负责党支部宣传工作。

经理助理:栾海涛。协助副经理进行安全和QHSE工作。

瑞德公司下设4个部室。

综合部:负责公司资质管理、人事劳资管理、地方关系协调、产品质量认证、QHSE管理、文书及文秘工作、行政事务及物资采购等工作。主任宋晓江。

财务部:在院计财处监管下负责瑞德公司财务相关业务。科长廖杰。

市场部:负责瑞德公司科研及服务相关业务的开展及营销。科长杨立民。

合同部:负责瑞德公司相关合同管理、招投标企业入围、数据统计及填报。负责人李茹。

截至2020年底,瑞德公司在册职工14人。其中合同化13人,市场化1人;处级领导3人,经理助理1人;男职工10人,女职工4人;博士2人,硕士3人,本科5人;高级职称2人,中级职称8人,初级职称4人;35岁以下1人,36—45岁4人,46岁及以上9人。当年,陈强退休,韩书玉、杨润华调离。

【业务工作情况】

2020年,瑞德公司以习近平新时代中国特色社会主义思想和十九大精神为指导,以战严冬、转观念,提质增效专项行动为主线,以科技成果转化为使命,克服疫情阻力,全面落实研究院党委工作部署,较好完成各项工作。

一、加强平台建设,促进成果转化

完善资证体系,大幅提升平台竞争力。2020年注册资金增加到1000万元,全年新增产品企业标准15项,体系认证新增4项技术内容,复核通过塔里木油田技术服务现场准入;全年签订技术外协13项、产品公开招标2项,招标率达到100%。

二、依法合规经营、强化合同管理

严格执行国家法律法规、集团公司内控要求。细化符合公司实际内控体系,落实研究院各项规章制度和内控要求,在企业信用信息系统里无负面记录;成功完成合同管理上线工作,实现中国石油内部合同管理闭环;签订业绩合同和履职责任书,明确目标,层层压实,责任到人。

三、提升财务管理能力,确保资金安全

保证"财务共享中心"全年运行平稳,资金计划执行率95%以上;强化财务的日常管理和监督职能,切实压缩各项非生产支出,五项费用比上年同期下降40%;加强资本性支出项目从立项到支付过程的审批管理,固定资产投资比上年同期下降66%。

四、转观念、战严冬,助力提质增效

全员努力,降本增效,疫情期间实现盈利。实现国有资产保值增值,所有者权益达到9706万元(2020年10月31日),落实创效激励105万元,按净利润90%足额上缴年度股利2196万元,助力集团公司提质增效。

五、开展多种学习活动,提升员工综合能力

参加集团公司"非财"网络培训班,系统学习财务报表、管理会计、财务管理手段等,结业考试成绩优秀。举办全员消防安全知识培训,制定全年安全运行计划表并严格执行;公司与各科室签订QHSE及稳定责任书,责任到人,全员全年无违规、违纪、违法和质量问题。定期开展保密培训与检查,层层签订保密责任书,无泄密事件发生。

六、提高管理水平,确保安全稳定

安全高效完成非主营业务剥离工作。完成瑞德招待所房产和人员移交,妥善解决员工再就业和安置问题,未发生劳务纠纷和经济赔偿。按时间节点完成万科公司注销工作。

【党建与精神文明建设】

截至2020年底,瑞德公司党支部有党员10人。

党支部:书记兼宣传委员崔思华,纪检委员聂涛、组织委员宋晓江。

工会:主席王田富,组织委员栾海涛,女工委员李茹(女)。

2020年,瑞德公司党支部深入学习贯彻习近平新时代中国特色社会主义思想、党的十九大四中和五中全会精神,开展"战严冬,转观念,勇担当,上台阶"主题教育,以夯实基层党建和加强党建与业务深度融合为目标,打造一个政治坚定、团结有力、担当尽责、群众信任的基层党组织,高质量完成全年党建工作。

一、坚持党的全面领导,坚定理想信念不动摇

深入学习贯彻习近平总书记重要讲话和指示批示精神,落实集团公司和研究院主题教育部署要求,提高政治站位、增强大局意识,科学管理降本增效。组织开展两轮党员轮训活动,开展形式多样的红色教育实践,组织开展"战严冬、转观念、勇担当、上台阶"主题教育实践,编制支部年度工作计划大表,确保2020年党建工作得到落实。

二、全面深化"三基建设",提高党建质量

持续推进支部换届选举、"三会一课"、党员联系群众、党员领导干部民主生活会、专题组织生活会和党费使用管理等工作,全年组织集中讲党课2次、召开党员大会12次、支委会13次、党小组活动28次,主题党日12次。发挥基层党支部战斗堡垒作用,成立应急管理小组,统筹安排疫情防控和公司经

营工作，众志成城，抗击疫情。

三、推进意识形态管理，坚持正面舆论宣传

结合疫情防控工作，讲好中国制度优势，激发党员干部爱党爱国热情。坚持正面舆论宣传，全年在正式刊物发表文章4篇，其中核心期刊一篇、获得省部级优秀论文三等奖一项；在研究院主页发表新闻报道15篇，更新公司主页新闻49篇，宣传瑞德公司发展和定位。

四、加强党风廉政建设，落实全面从严治党向基层延伸

全面履行"两个责任"和"一岗双责"，签订《党风廉政建设责任书》和领导人员《廉洁从业承诺书》，特色制定科室岗位履职责任书；落实党风廉政建设第一责任人职责，层层签订责任书和承诺书，开展案例警示教育，全年未发现违规违纪行为。

五、加强创新，推进单位特色党建

坚持"两学一做"教育常态化，结合公司实际，持续打造"精品微党课"，达到覆盖全员的目标；编制"党建小百科"；建立"以考领学制度"；形成瑞德公司"2+5主题教育实践工作法"。

【大事记】

6月1日，瑞德招待所作为新入职职工公寓使用，业务和人员划归物业管理中心负责。

6月8日，依据研究院院领导班子分工调整，公司法人、执行董事和总经理雷群变更为曹建国。

7月22日，瑞德公司注册资本由110万元增至1000万元。

11月27日，代自勇调入瑞德公司，任副经理。

11月29日，万科公司完成注销。

（宋晓江、崔思华）

档案处(中国石油天然气集团有限公司勘探开发资料中心)

【概况】

档案处(中国石油天然气集团有限公司勘探开发资料中心,简称资料中心)工作职责是负责完成研究院各类档案的收集、保管和利用工作;负责完成集团公司勘探开发资料管理工作;负责股份公司地质资料汇交管理工作;负责集团公司涉密测绘成果管理工作;负责完成中国石油所属企业上交勘探开发资料的管理工作。

档案处(资料中心)基本任务是加强档案资料基础业务建设,推进档案资料管理现代化的进程,充分利用网络实现资料信息资源共享,提高档案资料管理水平;管理中国石油所属企业上交的勘探开发资料;负责中国石油向国家汇交地质资料;为总部和研究院的科学研究提供优质的档案资料信息服务。

2020年,资料中心坚持"珍藏企业记忆,提升公司价值,构建知识平台,实现信息共享"的集团公司档案管理理念,以"建设现代化的石油勘探开发资料中心"为目标,按照"收集齐全、整理科学、保管安全、利用满意、信息整合"的工作方针,夯实基础业务,加强安全措施,强化服务意识,档案资料管理水平不断提升,为研究院深化改革发展提供坚实的档案资源保障。

处长:贾进斗。负责档案处的全面工作。分管资料室、编研室工作。

副处长:田春志。负责党务工作、工会工作。分管保密工作,分管办公室、档案室、信息室工作。

档案处下设5个科室。

档案一科(至2020年4月)、档案室(2020年4月起):负责收集和管理研究院的管理、科技、基建、会计、教学、设备仪器、声像和实物8类档案。室主任杨蕾(至2020年4月),副主任杜艳玲。

档案二科(至2020年4月):负责收集和管理廊坊院区的管理、科技、基建、会计、声像和实物类档案。室主任卫孝锋(至2020年4月)。

资料室:负责集团公司勘探开发资料管理;负责股份公司地质资料向国家汇交工作;负责集团公司涉密测绘成果管理工作。室主任彭秀丽,副主任周春蕾。

编研室:以馆藏档案资料为主要对象,承担研究院史志、年鉴相关工作,按专题对档案文件进行收集、筛选、加工,转化为不同形式的编研成果,为研究人员提供利用。室主任郑力。

信息室:负责档案管理软件的应用与维护,数据采集与光盘制作,软硬件的维修;负责档案处网络的建设与维护,档案处主页的管理与更新。室主任陈雷,副主任谢童柱。

办公室:负责办公室日常管理工作,档案业务联系及对外接待工作。室主任张燕,副主任卜宇。

截至2020年底,档案处(资料中心)在册职工17人。其中男职工4人,女职工13人;博士后2人,硕士7人,大学5人,大专3人;正高1人,高级工程师6人,工程师7人,助工2人;35岁以下5人,36—45岁2人,46—55岁10人;市场化用工1人。当年,卫孝锋、张颖、曹晶调离,杨蕾退休。

【课题与成果】

2020年,档案处(资料中心)承担公司级

课题2项,在国内学术会议及期刊上发表论文6篇。

2020年档案处(资料中心)承担课题一览表

来源	序号	课题名称	负责人	起止时间
公司级课题	1	中国石油地质资料规范化管理示范工程	贾进斗、王　泓、于香兰、周春蕾	2019.1—2021.1
	2	中国石油勘探开发资料管理规范化研究	贾进斗、王　泓、于香兰、周春蕾	2019.1—2021.1

【业务工作情况】

2020年,档案处(资料中心)加强基础业务建设,提高档案资料管理水平,为研究院科研生产提供档案资源保障。

一、克服疫情影响和困难,确保科技档案100%归档

与科研管理部门密切配合,加强管理,截至11月15日,科技档案归档358个课题(项目)(含2019年度已验收未归档和2020年验收项目)。归档率为100%。收集整理归档包括科技档案358卷1790件,电子档案150G;管理类档案795件;教学档案382件;荣誉档案4件;合同档案约4000件;设备档案19卷,209件;会计档案1669卷。对征集来的老照片(底片)等进行集中整理、数字化扫描、甄选、归档等工作,整理扫描老照片17146张、20.6G,底片19918张、6.87G。征集院士胡见义将珍存的《鄂尔多斯盆地天然气勘探评价图》等1054张投影机胶片和《中国东部1976—1984年各类油田新增储量图》等254张幻灯机幻灯片,并亲笔题词。

二、强化档案服务能力,提高档案利用率

配合中油集团公司、各油气田公司、中油集团公司巡视组及院属单位工作,接受业务咨询1600余人次、接待借阅人员310人次,提供档案资料利用6725卷(件)。

三、加强中油集团公司地质资料管理,做好档案资料支撑工作

完成中油集团公司测绘成果清理及核查工作,截至11月,再次清理增加地形图263469张地形图,控制点减少414个,航拍增加5个,并指导相关单位完成地形图469490张,控制点43336个,航拍62123个的销毁工作。完成中国石油所属各油气田公司上交勘探开发资料接收整理管理工作,截至11月,资料中心馆藏勘探开发资料163619卷,电子文件102018件,其中接收整理新疆、玉门、西南、吐哈、大庆等11个油田公司及计算所、标准化所、开发所海外勘探开发资料32635件。编写中油集团公司《中国石油档案管理手册》(2020版)中科技档案及勘探开发档案部分,编制2020年度中国石油各油气田公司油气地质资料委托保管年报;协助办理各油田向自然资源部和全国馆进行资料借阅涉密地质资料手续,做好北京院区测绘成果资料再清理工作,销毁地形图12779张。完成勘探与生产分公司2019年度各类档案整理检查归档工作。

四、完成资料汇交补交,为保护矿权提供坚实基础

按照自然资源部要求和中油集团公司统一部署,与各油气田公司密切配合,完成大庆、辽河、长庆等15个油田346个矿权42792档资料的汇交补交。由资料中心审查并汇交

到自然资源部的资料,基本一次汇交成功,100%合格。

【党建与精神文明建设】

截至2020年底,档案处(资料中心)党支部有党员13人。

党支部:书记田春志,副书记贾进斗,纪检委员田春志,组织委员周春蕾,宣传委员贾进斗。

工会:主席郑力,组织委员卢革,文体委员谢童柱。

青年工作站:站长谢童柱。

2020年,面对突发疫情,档案处(资料中心)党支部开展"战严冬、转观念、勇担当、上台阶"主题教育,以加强班子自身建设为核心,以强化支委思想能力提升为抓手,以提高全体党员政治素养为重点,全面落实党建工作责任制,充分发挥支部的政治核心作用,为做好档案处各项工作提供组织保障。

一、扎实推进基层党建工作

履行党建工作责任,落实"三会一课"制度,坚持线上线下相结合,专题学习党的十九大、十九届四中全会精神,集中学习《习近平治国理政》第三卷,充分利用石油党建App系统,组织党员以答题、召开支部会议、组织讨论组等形式开展讨论,增强党员干部的党性修养。规范组织生活,高质量开好民主生活会和组织生活会,做好党员民主评议工作。加强党员管理和党费收缴,做好谢童柱同志预备党员转正工作。

二、持续强化班子和干部队伍建设

强化班子建设,班子成员要增强做好父母官意识,加强顶层设计,制定发展规划,坚持无私、信任、公平、民主,增强职工信任感,提升团队凝聚力和战斗力。强化人才和干部队伍素质提升,做好教育培训,开展双序列评聘工作,评出一级工程师1名、二级工程师4名。2020年,档案处(资料中心)获股份公司地质资料管理先进集体,彭秀丽、周春蕾、谢童柱、姚丹、卜宇、贾进斗6人获股份公司地质资料管理先进工作者。档案处(资料中心)获集团公司档案工作先进集体,档案处(资料中心)编研室获集团公司史志工作先进集体,杜艳玲、彭秀丽、周春蕾、谢童柱获集团公司档案工作先进个人。

三、全面加强党风廉政建设

始终把党风廉政建设摆在重要位置,明确职责任务、加强责任压力传导、落实整改工作,以制度完善来强化对责任的监管和落实。进一步转变工作作风,提高廉洁自律意识。抓好党风党纪教育,促进党员干部廉洁自律意识和拒腐防变能力的提升。

(郑力、贾进斗)

第四篇

西北分院

西北分院

【概况】

中国石油勘探开发研究院西北分院(简称西北分院)作为研究院的分支机构,按照"立足西部、面向全球"业务发展定位,以石油地质综合研究、油气勘探目标优选评价为中心任务,发挥地球物理勘探技术和计算机技术特色优势,为油气规模储量发现和中长期勘探规划提供决策支持。

2020年,西北分院深入学习贯彻习近平新时代中国特色社会主义思想,站在保障国家能源安全的高度,全面落实集团公司高质量发展和研究院"12345"总体发展思路,统筹抓好疫情防控和科研生产工作,持续深化"113"发展战略和"三位一体"发展理念,稳妥推进改革任务落实,激发创新发展活力和内生动力,确保全年科研任务目标实现稳步增长,为支持集团公司上游主营业务高质量发展和开创世界一流研究院建设新局面做出新的更大贡献。

院长、党委副书记:杨杰。全面负责西北分院的工作。分管办公室(党委办公室)、人事处(党委组织部)。

党委书记、副院长:陈蟒蛟。全面负责西北分院党的工作。分管党群工作处、计划财务处。

副院长、党委委员:卫平生。负责西北分院风险勘探和海外业务。联系西部勘探研究所和油藏描述研究所。

副院长、总地质师、党委委员:袁剑英。负责西北分院地质学科的发展与基础研究、技术创新。联系油气地质研究所和油藏描述重点实验室。分管科技文献中心。

党委副书记、纪委书记、工会主席、党委委员:陈启林。负责西北分院纪委工作、工会工作、后勤和退休职工管理工作。协助党委书记做好西北分院党的工作。分管纪委办公室(审计处)、综合服务处、退休职工管理处。

副院长、党委委员:马龙。负责西北分院科研工作与信息化管理、国际合作、物探新技术业务以及保密管理。分管科研管理处(国际合作处),联系地球物理研究所、计算机技术研究所(燕昆公司)和物联网重点实验室。协助党委书记分管计划财务处规划计划工作。

副院长、党委委员:关银录。负责西北分院科技成果转化、技术市场开发、地震资料处理业务、企管法规和安全管理工作。分管企管法规处,联系油气战略规划研究所、数据处理研究所。

同时,各领导班子成员在各分管领域、联系的研究所党的建设、安全环保、风险防范、廉洁从业、巡视整改、队伍稳定方面履行"一岗双责"责任,努力实现各项目标。

西北分院下设7个科研单位,7个职能处室和3个公益后勤单位。

科研单位包括:

盆地实验研究中心:负责柴达木盆地及青藏探区、四川盆地油气勘探工作,承担中国西部地区含油气盆地勘探综合评价、区域地质和战略准备区研究任务。下设风险勘探研究室、精细勘探研究室、新区新领域研究室、基础实验室,是"集团公司油藏描述重点实验室"整体挂靠单位。主任王建功。

油藏描述研究所:负责海外相关探区海外和大庆海塔盆地的油气勘探工作,承担精细勘探、岩性油气藏预测、不同阶段精细油藏描述、开发技术论证及剩余油分布规律等领域的研究任务。下设非洲研究室、亚太南美研究室、中亚研究室、油田开发研究室、地震资料解释研究室。所长石兰亭。

西部勘探研究所：负责准噶尔、塔里木两大盆地油气勘探工作，承担西部地区储层预测、油气检测、岩性油气藏勘探等专题研究与综合评价任务，致力于地质、物探、测井及计算机技术等多专业的融合，在石油地震储层学、石油地震构造学等领域形成特色优势。下设风险勘探研究室、新技术开发研究室、塔里木地质综合评价研究室、准噶尔地质综合评价研究室。所长张虎权。

油气战略规划研究所：负责鄂尔多斯盆地及吐哈、酒泉等西部中小盆地油气勘探工作，承担中国西部和海外油气发展战略的规划研究任务，在地震沉积分析、深水沉积体系研究、岩性地层油气藏区带及圈闭评价方法与关键技术研究等领域形成优势。下设战略规划研究室、低渗透技术研究室、中小盆地研究室、新技术新方法研究室、地震沉积学研究室。所长谭开俊。

地球物理研究所：承担地球物理关键技术研发、复杂储层预测、软件开发及地震综合解释研究任务，是"集团公司物探重点实验室储层响应研究室"挂靠单位，是国内率先开发出具有自主知识产权的地震野外采集质量监控系列软件系统、地震综合裂缝预测软件系统的单位。下设物探方法研究室、物探技术应用研究室、软件研发室，是CNPC物探重点实验室非均值储层研究室挂靠单位。所长高建虎（代）。

地震资料处理解释中心：承担地震资料数据精细处理任务，面向中国石油海内外各探区开展资料处理、储层反演、构造解释等研究工作，在高分辨率处理、非线性静校正、地震速度建模、复杂山地构造成像、叠前偏移地震成像等领域形成技术优势。下设基础研发室、构造成像室、保真成像室、海外支持室、技术应用室、现场支持室。所长王小卫。

计算机技术研究所：承担勘探开发大型计算机系统及网络系统集成、信息化及油气生产物联网系统建设任务，负责西北分院数据中心、园区网络和集团公司区域数据中心备份机房的运维管理工作。下设网络与系统运维室、基础设施运维室、勘探开发信息研究室、网络及综合信息研究室、数据中心建设研究室、物联网研究室。所长杨午阳。

职能处室包括：

办公室（党委办公室）：负责西北分院领导班子、西北分院党委日常办公和事务的安排，重要会议及活动的组织；负责西北分院重大决策、重要工作的督办和落实；负责重要文字材料的起草；督促各党支部履行党风廉政建设主体责任、细化责任清单。负责抓好领导干部廉洁从业、反腐倡廉宣传教育工作。组织签订《党风廉政建设责任书》。跟踪督办党风廉政建设有关部署在院属各单位的落实情况。负责文电处理，机要、保密和信访工作；做好与上级部门、友邻单位、地方及西北分院各部门之间的协调沟通；负责西北分院健康、安全、环境、质量、计量、标准化、节能以及维稳、保卫等方面的组织、协调和管理工作；负责西北分院社会治安综合治理、健康安全环境（HSE）、国家安全3个委员会（领导小组）日常工作。负责值班工作；负责计划生育的相关工作；负责落实房产政策和日常管理工作。主任雷振宇。

党群工作处：负责思想政治、宣传、群团和青年工作，以及企业文化策划、组织和推进；具体做好内外宣传、政研、统战、思想教育、舆情、文化建设、工会、共青团和青年等工作；负责精准扶贫工作。处长赵永义。

科技管理处（国际合作处）：负责年度科研计划的编制与实施；纵向科研项目的组织、协调与管理；纵向科研经费的落实与使用监督；纵横项科研成果的评定、验收与评奖；科研条件建设与重点实验室管理；科技管理办法的制订与修订;负责国际交流引进、业务出访组织与管理;负责国际合作研究组织的协调与管理;负责与集团公司相关国际合作部门建立良好的沟通;负责西北分院涉外事务相关规定的制定与安全保密工作;负责外事与甘肃省石油学会的日常运行与管理。处长刘化清。

企管法规处:负责西北分院管理及改革政策的研究,法律事务管理及普法宣传,规章制度管理及执行监督,合同管理及执行监督,工商事务管理,合规管理及培训,内部控制管理及运行监督,风险管理及风险预警,资本运营管理及决策支持,招标管理及监督等业务工作;承担西北分院横向技术市场开发及横向科研生产项目的组织、协调和管理职能,行使院级质量监督及管理职责。处长苏勤。

人事处(党委组织部):负责贯彻落实国家有关组织、干部、人事、劳资方面的政策;负责制定西北分院人事劳资相关政策制度;负责党建工作;负责党员管理和发展党员工作;负责党组织关系的接转,党费收缴管理等工作;负责领导班子建设、干部管理、薪酬福利、业绩考核、员工培训、员工管理、社会保险、人事档案管理;负责西北分院员工的补充医疗保险及企业年金工作;负责办理到达法定退休年龄退休人员的审批及退休金和待遇的发放工作。处长殷兆红。

计划财务处:承担西北分院规划计划、财务管理职能,负责投资计划、预算管理、资金管理、资产管理、会计核算、工程概决算等工作。处长余灵睿。

纪委办公室(审计处):负责维护党的章程和其他党内法规,检查党的路线、方针、政策和决议的执行情况。强化监督第一职责,把政治监督摆在首位,做实日常监督,督促推动西北分院党委落实全面从严治党主体责任,主要负责人履行第一责任人职责,班子其他成员履行"一岗双责",负责制定并组织实施审计工作计划、审计档案管理、文件管理、业务培训审计信息化工作。

公益后勤单位包括:

科技文献中心:承担《岩性油气藏》科技期刊的编辑出版、档案和图书资料管理以及科研成果报告的印刷装订等技术服务工作。下设《岩性油气藏》编辑部、科技信息服务室。主任吕锡敏。

综合服务处:承担西北分院院区规划以及基本建设、水电暖动力保障、物业管理服务、宾馆接待与服务、器材采购、驻油田科研基地后勤保障服务等工作。下设动力站、汽车队、物业管理科、石油科技宾馆。处长胡洪武。

退休职工管理处:承担退休职工管理和服务工作。处长闫鸿。

截至 2020 年底,西北分院在册职工 389 人。其中男职工 287 人,女职工 102 人;博士后 2 人,博士 54 人,硕士 171 人,本科 128 人;教授级高级工程师 8 人,高级工程师 203 人,工程师 124 人;35 岁以下 85 人,36—45 岁 147 人,46—55 岁 121 人,56 岁以上 36 人。当年,马秀兰、程庆、张俊梅、李碧宁、杨琦、周玉萍、王瑾、赵书贵、徐尚成、完颜容、丁彩琴、丁玉英、马建华退休,边东辉辞职,赵凡、张希晨、王雅婷调离。

【课题与成果】

2020 年,西北分院承担科研课题 82 项,其中国家重大专项 10 项,公司级课题 47 项,院级项目 11 项,其他项目(油田)14 项。获得省部级科技成果奖 15 项,获得国际发明专利授权 1 项、国内发明专利授权专利 31 项,登记软件著作权 36 项。编制行业标准 1 项、企业标准 5 项。出版专著 1 部,在国内外学术会议及期刊发表论文 151 篇,其中 SCI 收录 40 篇,EI 收录 57 篇。

2020 年西北分院承担项目课题一览表

来源	序号	课题名称	负责人	起止时间
国家级课题	1	柴达木复杂构造区油气成藏、关键勘探技术与新领域目标优选	石亚军	2016. 1—2020. 12
	2	前陆冲断带及复杂构造区油气成藏分布规律及有利区评价	张虎权、马德龙	2016. 1—2020. 12
	3	前陆冲断带及复杂构造区地震成像关键技术与构造圈闭刻画	李 斐、张虎权	2016. 1—2020. 12
	4	岩性地层油气藏区带、圈闭有效性评价预测技术	刘化清	2016. 1—2020. 12
	5	下古生界—前寒武系地球物理勘探关键技术研究	潘建国、王小卫	2016. 1—2020. 12
	6	天然气地球物理烃类检测、评价技术及应用	高建虎、王 孝、杜斌山、刘应如	2016. 1—2020. 12
	7	面向对象的应用软件系统与示范	胡自多	2017. 6—2021. 5
	8	陆相湖盆水下滑坡体的形成机制、识别标志及其石油地质意义	潘树新	2018. 1—2021. 12
	9	鄂尔多斯盆地延长组深水块状砂岩形成机理及沉积模式研究	李相博	2018. 1—2021. 12
	10	五维叠前地震信息驱动的深度学习致密砂岩储层表征机制及含气性预测	李胜军	2020. 1—2023. 12
公司级课题	11	高原咸化湖盆油气地质理论深化认识	张小军	2016. 1—2020. 12
	12	天然气规模发现领域评价与目标优选	马 峰	2016. 1—2020. 12
	13	柴西地区石油勘探区带评价及目标优选	王建功、石亚军	2016. 1—2020. 12
	14	柴达木盆地老油区精细调整及提高采收率关键技术研究	严耀祖	2016. 1—2020. 12
	15	柴达木盆地新油区多类型油藏高效开发关键技术研究	杜斌山	2016. 1—2020. 12
	16	柴达木老气区控水稳气及新气区高效开发技术研究	杜斌山	2016. 1—2020. 12
	17	柴达木盆地高精度地震技术攻关	王宇超、李 斐、石亚军	2016. 1—2020. 12
	18	配套前陆冲断带及复杂构造区油气成藏分布规律及有利区评价	张虎权、马德龙	2016. 1—2020. 12
	19	自主知识产权推广项目——地震资料采集处理质控软件推广应用	魏新建	2018. 1—2020. 12
	20	远源、次生岩性地层油气藏输导体系刻画与成藏规律研究-柴达木专题	田光荣	2019. 1—2020. 12
	21	远源、次生岩性地层油气藏输导体系刻画与成藏规律研究-塔里木专题	陈 军	2019. 1—2020. 12
	22	典型湖盆源—汇系统分析与岩相古地理重建—鄂尔多斯盆地源—汇系统解剖及延长组岩相古地理边图	李相博	2019. 1—2020. 12
	23	地震沉积分析及岩性地层圈闭识别关键技术研究及软件开发	苏明军	2019. 1—2020. 12

续表

来源	序号	课题名称	负责人	起止时间
公司级课题	24	复杂储集体储层非均质性评价与有利相带预测	曲永强	2019.1—2020.12
	25	非均质储层流体因子构建新方法研究	杨午阳	2019.1—2020.12
	26	人工智能地震采集处理关键技术研究	魏新建	2019.1—2020.12
	27	基于稀疏采样的地震采集新技术研究	杨午阳、徐中华	2019.1—2020.12
	28	基于深度学习的地震储层识别技术研究	曹 宏、杨午阳	2018.4—2020.12
	29	复杂断块圈闭有效评价软件（TAS1.0）研制与应用（5）	苏玉平	2019.1—2020.12
	30	酒泉盆地精细地质研究及勘探目标优选（4）	龙礼文	2018.1—2020.12
	31	天然气地震综合预测技术与软件研发（GeoGas1.0）	高建虎	2019.1—2020.12
	32	沉积盆地水热条件下硫酸盐—干酪根相互作用机制研究	齐 雯	2018.12—2020.12
	33	层间多次波的识别与基 Marchenko 自聚焦的压制方法研究	谢俊法	2019.1—2021.12
	34	物联网重点实验室建设	罗洪武	2017.1—2019.12
	35	油藏描述重点实验室完善建设项目	张小军、胡自多	2019.8—2020.12
	36	柴西南斜坡区岩性油藏勘探潜力与目标优选	张 平	2018.6—2021.6
	37	柴达木盆地侏罗系含油气系统综合地质研究与目标评价	马 峰	2018.6—2021.6
	38	鄂尔多斯盆地下古生界成藏条件与目标评价	黄军平	2018.6—2021.6
	39	重点地区风险勘探目标研究	张虎权	2020.1—2020.12
	40	塔西南坳陷及麦盖提斜坡石油地质条件研究与目标评价	田 雷	2018.6—2021.6
	41	准噶尔盆地石炭系成藏条件与区带评价	王彦君	2018.6—2021.6
	42	准噶尔盆地二叠系、三叠系成藏条件与目标评价	黄林军	2018.6—2021.6
	43	吐哈盆地北部山前带成藏条件与目标评价	郝 彬	2018.6—2021.6
	44	吐哈盆地前侏罗系石油地质条件研究及有利区评价	张 晶	2018.6—2021.6
	45	智能化地震噪音压制技术研究及在塔里木沙漠区的应用	李海山	2018.1—2019.12
	46	塔里木盆地秋里塔格构造带重大勘探领域沉积储层与成藏条件研究	房启飞	2020.1—2022.12
	47	巨厚黄土区极浅层地震波场特征及速度同步反演方法研究	韩令贺	2020.4—2023.4
	48	利用地震面波特征估算近地表速度及 Q 值方法研究	伍敦仕	2020.4—2023.4
	49	消除强波阻抗地震响应对围岩反射特征影响的方法研究	李海山	2020.4—2023.4
	50	人工智能速度建模方法研究	袁 焕	2020.4—2023.4
	51	地震资料采集处理质控软件完善与应用	魏新建	2018.6—2020.6
	52	西部双复杂探区地震成像技术跟踪与应用决策研究	王小卫	2020.1—2020.12
	53	质量安全环保标准节能技术支持机构 2020 年工作经费—油气能效数据融合	陆育锋	2020.1—2020.12
	54	油气生产物联网系统（A11）	李 群	2020.1—2020.12

来源	序号	课题名称	负责人	起止时间
公司级课题	55	CNODC 海外油气勘探开发综合研究与技术支持	石兰亭	2020.1—2020.12
	56	海外天然气藏复杂储层精细评价与预测技术	赵万金	2018.3—2020.12
	57	南苏丹-苏丹重点盆地勘探领域评价与目标优选	石兰亭	2020.1—2020.12
院级课题	58	储层与流体定量预测技术—各向异性渗透率预测技术-地物所	杨午阳	2019.1—2021.12
	59	地震数据处理及复杂成像技术—各向异性介质波动方程数值模拟与成像方法研究	胡自多	2019.1—2021.12
	60	储层孔渗饱一体化地震预测技术	闫国亮	2020.3—2021.2
	61	薄互层地球物理响应特征识别中的新技术研究	郭 欣	2020.3—2021.2
	62	智能地震解释超前基础研发与平台设计	常德宽	2020.3—2021.2
	63	中国西部盆地风险领域优选与目标评价	卫平生、潘建国、许多年、张 平、刘化清	2020.6—2021.5
	64	超重力环境下的构造物理模拟对比研究	马德龙	2020.6—2021.5
	65	低饱和度油气藏形成机制研究	杨 巍	2020.6—2021.5
	66	相控砂体结构定量识别及成图系统	李智勇	2020.6—2021.5
	67	断层封闭性定量评价方法研究与应用	景紫岩	2020.6—2021.5
	68	一种新型 J 函数模型的建立及其应用	刘雄志	2020.6—2021.5
其他课题	69	陆海项目—区块 Nahaidiin 地区叠前反演与 AVO 分析技术支持服务	张巧凤、曾永军	2020.1—2020.5
	70	2020 年玉门探区重点勘探领域沉积储层研究与目标优选	龙理文	2020.4—2021.4
	71	储层物性及成岩作用分析化验	张世铭	2020.4—2020.10
	72	裂缝综合预测软件系统（GeoFrac 3.0）	鄢高韩	2020.6—2020.8
	73	大川中地区灯影组地震资料解释	姚 军	2020.7—2021.5
	74	2020 年李庄子（哈拉湖以北）三维地震资料处理解释	刘伟民、廖建波	2020.7—2021.6
	75	乌审旗奥陶系盐下地震资料处理解释攻关	赵玉合、李相博、赵万金	2020.8—2021.6
	76	吐哈盆地鄯善弧形带温吉桑三维地震成像及储层预测攻关	吴 杰、魏立花	2020.9—2021.12
	77	四川盆地武胜—蓬溪台凹边缘礁滩有利区地震老资料处理解释	姚 军	2020.8—2020.12
	78	塔里木盆地哈德逊三维地震叠前深度偏移处理攻关	杨 哲	2020.9—2021.12
	79	塔西南山前阿北、甫沙 4 线束地震处理攻关	张 涛	2020.9—2021.12
	80	准噶尔盆地重点勘探领域区带评价与目标优选	曲永强、王国栋	2019.12—2020.12
	81	中东哈法亚油田次、非主力油气藏技术支持研究	张亚军	2020.11—2021.12
	82	大川中二维深层下古—震旦系成像攻关重新处理解释	曾华会、乐幸福	2020.11—2021.6

【交流与合作】

1月8日，西北分院院长杨杰、副院长卫平生等一行到塔里木油田进行工作调研并看望一线科研人员，塔里木油田公司副总经理田军与杨杰一行进行座谈交流，油田公司及油田研究院领导、西北分院相关领导和科研人员共计13人参加座谈。

1月8—9日，南京大学胡文瑄教授受邀到西北分院开展学术讲座，作题为"流体—岩石相互作用与白云岩储层"和"酸性有机流体对储层改造：实例与机理"的专题学术讲座，并对相关领域难点问题进行技术指导和解答。

3月6日，地球物理研究所邀请GRIDSUM国双公司的技术专家薛小渠以网络会议形式举办"大数据及人工智能技术在勘探开发领域的应用与实践"技术讲座。

3月26日，西北分院组织召开2020年度国际科技合作推进会。西北分院院长杨杰主持会议，主管副院长、科研管理处（国际合作处）、人事处、相关研究所所长及项目负责人参加此次会议。

4月17日，西北分院承担的"十三五"海相碳酸岩盐重大专项"下古生界–前寒武系地球物理勘探关键技术研究"课题组在兰州以视频会议的形式组织专家对各个专题进行检查与交流，会议由研究院首席技术专家、课题长潘建国主持。

5月14—15日，西北分院部分科研人员参加得克萨斯大学达拉斯分校联盟成员远程春季年会。

6月23日，阿根廷南方国立大学Carlos教授团队采用"线上+线下"的方式通过视频会议对国际合作项目《陆相盆地砂体成因与沉积模式再认识——以鄂尔多斯盆地为例》进行中期汇报交流。

7月13—14日，西北分院院长杨杰、副院长袁剑英等与青海油田公司领导进行座谈交流。

8月20—21日，西北分院院长杨杰到玉门油田进行工作交流。

9月13日，特邀中国工程院院士、物联网重点实验室学术委员会主任刘合到西北分院交流指导。

9月22日，邀请兰州大学马克思主义学院教授刘先春作题为《学习新思想迈向新征程实现新目标》的专题讲座。

9月29日—10月1日，2020年美国石油地质学家协会年会暨展览会（AAPG ACE）以视频会形式召开，王洪求参加会议并受邀作线上汇报。

10月13号，西北分院院长杨杰、党委书记陈蟒蛟一行与西南油气田公司领导座谈交流，并调研分院驻四川盆地一线科研人员现场运行总体情况。

10月22日，集团公司总经理、党组副书记李凡荣在敦煌基地听取青海油田、勘探开发研究院西北分院工作汇报。青海油田公司党委书记、总经理张明禄主持汇报会，勘探开发研究院马新华院长，西北分院院长杨杰、副院长袁剑英受邀参会，袁剑英代表分院作工作汇报。

10月29—30日，股份公司第四届智能物探技术研讨会在西北分院召开。勘探与生产分公司副总经理赵邦六出席会议，西北分院副院长马龙致欢迎词，研究院首席专家雍学善主持会议。

12月17日，西北分院与中国科学技术大学地球和空间科学学院在安徽合肥正式签署中国石油智能物探产学研合作联盟协议。西北分院杨杰院长、雍学善首席专家等，中国科学技术大学研究生院姚华建院长、地球和空间科学学院伍新明教授等共同出席签约仪式。

【科研工作情况】

2020年，西北分院深入学习贯彻习近平

新时代中国特色社会主义思想,落实研究院"12345"的总体发展思路,克服新冠肺炎疫情和低油价双重影响,围绕重点工作,攻坚克难,砥砺奋进,各方面工作取得显著成绩。

一、重点盆地亮点纷呈,油气勘探成果丰硕

落实习近平总书记关于加大油气勘探开发力度、保障国家能源安全的重要批示指示精神,推进油气重大发现战略实施,参与或主导19个风险勘探目标通过股份公司论证,获得9项风险勘探突破。推举55口重点预探井通过论证,已有25口探井获工业油气流,其中5项成果获集团公司勘探重大发现奖。

二、海外业务统筹谋划,业务布局不断优化

贯彻业务全球化的发展思路和要求,以决策参考为载体,发挥决策参谋作用,持续推进南苏丹3/7区全盆地基础地质研究与决策支撑,基于全盆地资源潜力评价结果,完成勘探区块三年延期方案。重点围绕滨里海项目盐下新区勘探领域,提出石炭系新的有利勘探区带,AK-1、AK2等一批重点探井获得勘探突破,其中AK-1井为阿克若尔构造带首口获高产工业油流的探井。在中东哈法亚项目,形成适合开发阶段的小层地震解释和储层定量预测技术,部署开发井20口,有力保障稳产需求;发挥地球物理技术优势,加强靠前支持力度,推动解决阿布扎比陆海项目勘探面临的碳酸盐礁滩体含油性预测难题。

三、数字转型不断深化,信息技术不断发展

深入贯彻集团公司关于数字化转型、智能化发展的工作部署,针对古老碳酸盐岩、深层-超深层、斜坡区岩性地层、页岩油、致密气等重点领域开展物探技术攻关,支撑部署探井23口,其中角探1井、呼探1等重大风险井获突破。开展随钻VSP技术研发及应

用,推动塔里木盆地32口井,特别是满深1、玉科401等取得重大突破。全力推动智能物探技术创新研发,召开智能物探与智能油气田技术发展研讨会,确定智能技术未来发展方向,构建"4411"智能物探发展体系;编写2项有关智能物探的集团公司企业标准,启动智能化软件平台GeoAI研发工作,初步形成智能初至拾取、智能去噪、智能断层解释等智能化系列技术。

四、技术创新持续发力,提质增效成效显著

强化原始创新,加强自主研发,推广应用GeoSeisQC、Seis-ProQC、GeoFrac、GeoSed等具有自主知识产权的软件。统筹推进油藏描述重点实验室、物联网重点实验室建设,加强构造物模实验、储层实验和地震物模实验平台建设,系统开展基础研究和科研生产工作,有力支撑呼探1井在南缘中段首次获得天然气勘探重大发现和高磨地区灯影组微生物碳酸盐岩储层特征及成储机理研究,提高深层低幅度构造成像精度和井震吻合度。申报一项国家工信部试点示范项目,取得国家认监委颁发的资质认定证书,成为中国石油油气生产智能仪器仪表的唯一权威检测机构。

五、聚焦国家和公司需求,智库建设再上新台阶

调整《决策参考》编制思路,采取领导挂帅、严格选题的策略,聚焦国家和集团公司党组高层决策、国家战略和公司发展、国内外能源领域重大形势,编写《决策参考》13篇,其中《建议"十四五"期间加大我国在非洲油气战略布局》《加快海外油气行业技术资产并购布局,快速突破"卡脖子"技术发展的建议》受到集团公司党组和国资委高度肯定,并经集团公司上报国家有关部委;《关于抓住国家矿产资源管理改革机遇,尽快获取地下综合性资源的建议》得到集团公司总经理

李凡荣批示,《优化地震采集方案、"正交宽方位"助推高效勘探的建议》报送集团公司党组。

2020年,西北分院1人荣获集团公司劳动模范,1人荣获集团公司质量管理先进个人,"油气生产物联网项目组"荣获集团公司直属团委"青年文明号",1人荣获集团公司直属团委"青年岗位能手",1个党支部荣获集团公司直属先进基层党组织,2人荣获集团公司直属优秀共产党员,还有一批同志和团队获得研究院的荣誉称号。

【管理与服务工作情况】

2020年,西北分院强化管理提升,提高服务质量,切实保障各项工作顺利开展。

一、夯实人才基础,提升人才能力和素养

加强地球物理、复杂构造控藏、陆相湖盆沉积三大优势学科的建设和领军人才培养,充分发挥首席专家和技术专家的重要作用。10余名专家在国际学术组织和期刊任职,有国际影响力的高质量论文和国际专利数量不断涌现,专家人才的学术影响力不断增强。加快人才培养国际化进程,举办两期国际化人才英语强化脱产培训班,分层次开展线上一对一外教辅导课程、线下脱产培训和在线英语能力测试;加强国际化学术交流平台建设,举办股份公司第四届国际智能物探技术研讨会,组织开展线上国际学术交流和合作项目推进会40余场次。持续推进全方位人才培养,营造人才成长的内外部优良环境,定期举办学术沙龙、专家讲堂;应对疫情影响,优化网络学院课程,员工在线培训人均30小时以上。

二、推进改革发展,激发内生动力

统筹推进"三项制度"和"双序列"等改革任务落实落地,建立科学化、制度化、规范化的领导干部选拔任用制度,完善领导人员岗位退出机制,干部队伍结构优化稳步推进。

全面完成机关处室管理序列评聘,取消机关部门科室设置,研究所科室长全部进入技术序列,分类管理体系初步形成。全面落实专业技术序列薪酬待遇,更加突出向科研人员倾斜、向专家人才倾斜、向业绩突出者倾斜。"双序列"纵向细化聘用与考核评价机制,横向明确岗位转换与岗位层级待遇关系,形成纵向能上能下,横向转换畅通的机制。建立主要领导牵头、分管领导负责、相关部门协调配合的工作机制,注重宣传引导,退休人员社会化管理工作按期完成。

三、提升管理服务,有力保障发展大局

强化依法治企和合规管理,修订完善制度10多项,完善招标管理机制,推进合同全过程精准管理,严格落实内控管理制度,提升企业治理水平。持续强化疫情防控和安全环保工作。针对突发疫情,快速响应,成立疫情防控领导小组,持续完善各类防疫措施和应急预案,建立常态化防控机制;开展安全环保培训和演练,组织"安全生产月"等活动,完成风险识别与评价工作,制定重大风险防控措施;顺利通过集团公司QHSE认证。着力改善院区工作环境,全面完成"三供一业"维修改造工程、计算机楼休息大厅优化升级、地下消防管网改造、办公楼电梯更新、篮球场地塑胶修缮、院区水系栈道更新、海外楼取暖设施改造及环境优化等工作,提升员工幸福指数。做好退休职工服务保障、工作区物业管理、会议服务、职工餐供应、动力保障、车辆安全、图书档案、出版印刷等工作,提升综合服务满意率。

【党建与精神文明建设】

截至2020年底,西北分院党委有党员256名。

院党委:书记陈蟒蛟,副书记杨杰,委员陈蟒蛟、杨杰、卫平生、袁剑英、陈启林、马龙、关银录。

院纪委:书记陈启林,副书记赵永义,委

员陈启林、赵永义、殷兆红、余灵睿。

西北分院党委下设12个党支部：

盆地实验研究中心：书记马峰。

油藏描述研究所党支部：书记方乐华。

西部勘探研究所党支部：书记潘树新。

油气战略规划研究所党支部：书记杨占龙。

数据处理研究所党支部：书记王孝。

地球物理研究所党支部：书记高建虎。

计算机技术研究所党支部：书记张向阳。

机关第一党支部：书记陶云光。

机关第二党支部：书记万延涛。

科技文献中心党支部：书记吕锡敏。

综合服务处党支部：书记郑周科。

退休职工管理处党支部：书记杜志坚。

院工会：主席陈启林，副主席蔡萍。

院团委（青年工作部）：副书记（副部长）韩小强。

2020年，西北分院落实集团公司党组"在疫情与油价双重大考中当好顶梁柱"的总体要求，坚决贯彻研究院党委"12345"总体发展思路，坚持在真抓实干中践行初心使命，在攻坚克难中展现担当作为，奋力开创政治引领坚强有力、科技创新成果丰硕、改革发展蹄疾步稳、发展大局和谐稳定良好局面。

坚持和深化全面从严治党，不折不扣落实巡察整改，基层党建质量不断提升，全员动力活力不断增强，疫情防控保持"双零"目标。

一、强化政治引领，落实主体责任

坚持以习近平新时代中国特色社会主义思想为指导，锻造绝对忠诚的政治品格，把讲政治落实到实际工作中，落实到推动分院发展上。建立党委学习贯彻习近平总书记重要指示批示精神落实机制，深入学习贯彻党的十九大和历届全会精神，深入学习《习近平谈治国理政》第三卷，提高政治能力。深入贯彻落实上级重要部署要求，聚焦中心工作，

切实把党建工作内嵌到分院科研生产各领域，统筹疫情防控和科研生产，开展"战严冬、转观念、勇担当、上台阶"主题教育活动，推动提质增效专项行动，推进"三项制度"改革，推动党建工作与业务工作深度融合。

二、持续强本固基，加强基层党建

坚持常态化抓基层打基础工作导向，抓实抓细党建工作。落实"三会一课"，强化理论武装，通过举办专题讲座、知识竞赛等形式，推动习近平新时代中国特色社会主义思想进基层、进现场、进头脑。规范组织生活，高质量开好民主生活会和组织生活会，选树好模范典型，做好党员评议。贯彻落实新时代党的组织路线，遵循"好干部标准"和国有企业领导人员"20字"要求，强化班子和干部队伍建设。加强党员管理，组织参加两期网络专题培训，实现在职党员学习全覆盖。2020年，地球物理研究所党支部和西部勘探研究所党支部获研究院党建案例大赛一等奖和二等奖，油气地质研究所党支部、数据处理研究所党支部获三等奖。

三、加强党风廉政建设，打造风清气正政治生态

坚持严字当头，把纪律和规矩挺在前面，一体推进不敢腐、不能腐、不想腐。强化价值引领，树立高尚情操，以身作则，廉洁齐家，注重家庭、家教、家风，教育管理好亲属和身边工作人员。常态化开展警示教育，筑牢拒腐防变的思想道德防线。树牢大局意识，积极主动做好巡察配合工作不折不扣整改，推动建立风清气正政治生态。

四、履行社会责任，做好宣传、工会、群团工作

坚决履行央企政治责任、社会责任，进一步集中人力物力，如期高质量完成脱贫攻坚任务。强化党管宣传、党管意识形态，坚持把好方向、抓好导向，凝聚上下共识，汇聚发展

合力。坚持服务职工,致力改善民生,紧盯群众所急、分院所需、群团所能的领域,发挥工会、群团组织桥梁纽带作用,关爱职工身心健康,开展丰富多彩活动,提升和谐稳定氛围。

【大事记】

1月6—10日,西北分院举办第一期智能物探技术培训班。

3月,集团公司科技管理部准予西北分院物联网重点实验室挂牌运行。

4月9—10日,西北分院召开2020年工作会议暨职代会。

4月10日,西北分院召开2020年党风廉政建设和反腐败工作会议。

5月15日,勘探开发研究院党委书记、院长马新华在西安鄂尔多斯盆地中心调研期间,看望慰问西北分院驻长庆油田科研人员。

5月20—21日,研究院党委委员、总会计师曹建国一行到西北分院调研。

7月3日,甘肃省新闻出版局对"期刊社会效益评价考核"结果进行通报,《岩性油气藏》顺利通过核验,在全省期刊评价结果中名列前茅,并获得"优秀"考核结果。

10月13日,西北分院院长杨杰、书记陈蟒蛟等与西南油气田公司领导座谈交流,并调研分院驻四川盆地一线科研人员现场运行总体情况。

10月21日,研究院党委书记、院长马新华到西北分院帮联的甘肃庆阳镇原县新集镇吴塬村调研脱贫攻坚帮扶工作。

10月23日,研究院党委书记、院长马新华到西北分院调研检查指导工作。

10月29—30日,股份公司第四届智能物探技术研讨会在西北分院召开。勘探与生产分公司副总经理赵邦六出席会议。

12月17日,西北分院与中国科学技术大学地球和空间科学学院在安徽合肥正式签署中国石油智能物探产学研合作联盟协议。

（张光伟、雷振宇）

第五篇

杭州地质研究院

杭州地质研究院

【概况】

中国石油杭州地质研究院(简称杭州院)隶属中国石油勘探开发研究院,是 2007 年 7 月经股份公司批准,在原中国石油勘探开发研究院杭州地质研究所的基础上组建成立的,主要任务是组织海相、海洋油气勘探开发重大科研生产课题的攻关研究,提供有利勘探区带和目标,为股份公司海相、海洋油气勘探开发提供技术支持,并从事石油矿权储量信息技术和储层评价预测技术研究应用等工作。

2020 年工作总体思路:以习近平新时代中国特色社会主义思想为指导,贯彻集团公司董事长戴厚良"支撑当前、引领未来"的指示精神和研究院"12345"总体发展思路,牢牢把握公司大打勘探进攻仗、靠创新驱动高质量发展这一重大决策,瞄准公司海相、海洋油气勘探发展的重大需求,围绕"海相碳酸盐岩、海洋油气地质、碎屑岩沉积储层、矿权储量信息技术、物探技术"等重点业务领域,着力培育重大成果,服务于公司发展;充分利用碳酸盐岩储层重点实验室、计算机处理解释、国际合作和油田现场服务 4 个创新平台,加强创新体系建设,强化碳酸盐岩沉积储层、海洋深水沉积学等基础学科研究和人才梯队建设,在助力公司高质量发展中,做出更有分量的成果和更有影响力的贡献,确保实现"十三五"规划的圆满收官。

院长、党委副书记:熊湘华。负责杭州院行政工作。分管计划财务处(2020 年 7 月起)。

党委书记、副院长兼纪委书记、工会主席:姚根顺(党委书记 2020 年 7 月起,纪委书记、工会主席 2020 年 6 月起)。负责杭州院党委工作。分管杭州院人事处(党委组织部)、党群工作处(纪委办公室)。

党委委员、副院长:郭庆新(至 2020 年 6 月)。主要负责技术管理工作,主抓学科建设与技术发展、学会及技术交流、标准化、培训。分管文献中心。代为履行杨晓宁同志退休后的工作职责。

党委委员、副院长:斯春松(2020 年 7 月起)。负责科研与信息的管理、外事与国际合作、学科建设与技术发展工作。分管科研管理处、海洋油气地质研究所、实验研究所、计算机应用研究所。

党委委员、副院长:陆富根(2020 年 6 月起)。负责企管法规、审计、保密、质量安全环保、人力资源管理、后勤服务等工作。分管办公室(党委办公室)、综合服务中心、文献中心。

党委委员、副院长:倪超(2020 年 6 月起)。负责科研与信息的运行、物资设备采购管理。分管海相油气地质研究所、矿权储量技术研究所。

院长助理:张惠良(2020 年 11 月起)。协助主管科研的副院长抓科研与信息的管理与运行。

院副总经济师:苟均龙(2020 年 11 月起),协助院长分管计划、财务工作。

杭州院下设 5 个科研单位,5 个职能处室,2 个公益后勤单位。

科研单位包括:

海相油气地质研究所:负责国内外海相领域油气勘探地质综合业务研究,围绕海相地层的油气突破与发现,做好海相盆地的评价和重大预探区带与目标的优选,为公司勘探提供新领域与重大目标。所长沈安江(二级正）（至 2020 年 6 月）、李林（三级特正）（2020 年 11 月起），党支部书记吴建鸣（二级正）（至 2020 年 6 月）、沈扬（三级特正）（2020 年 11 月起），副书记李林（三级特正）（2020 年 11 月起）；副所长沈扬（三级特正）、倪新锋（三级特副）（至 2020 年 9 月）。

海洋油气地质研究所：负责国内外海洋领域油气勘探地质综合研究业务，为公司海洋战略决策提供技术支持，围绕海域油气勘探的重大突破，优选有利区带及目标，为海洋勘探部署提供技术支持。所长、副书记吕福亮（二级正），党支部书记邵大力（三级特正）（2020 年 11 月起），副所长、副书记李林（三级特副）（至 2020 年 11 月）。

实验研究所：以碳酸盐岩重点实验室为依托，重点开展碳酸盐岩沉积储层、综合研究，为公司碳酸盐岩油气勘探开发提供技术支持与服务。所长、副书记徐洋（三级特正）（2020 年 9 月起），党支部书记、副所长刘占国（三级特正），副所长陈能贵（三级特副）。

矿权储量技术研究所：立足公司矿权储量评价与管理需求，以发展矿权储量数据图形技术为核心，提供矿权储量技术支持。所长谢锦龙（二级正）（至 2020 年 6 月）、倪新锋（三级特正）（2020 年 9 月起），党支部书记、副所长倪超（三级特正）（至 2020 年 9 月）、张建勇（三级特正）（2020 年 9 月起），总地质师丁成豪（三级特副）（至 2020 年 9 月）。

计算机应用研究所：立足海洋深水、海相碳酸盐岩油气勘探技术需求，为海相碳酸盐岩预测技术、海洋深水地震资料处理解释提供技术支持；负责计算机与网络的维护。所长范国章（二级正）（至 2020 年 6 月）、徐志诚（三级特正）（2020 年 9 月起），党支部书记庄锡进（三级特正）（至 2020 年 6 月）、徐志诚（三级特正）（2020 年 9 月起），副所长

庄锡进（三级特正）（至 2020 年 6 月），副书记范国章（二级正）（至 2020 年 10 月），总工程师：李立胜（三级特副）。

职能处室包括：

办公室（党委办公室）（审计处）：负责党政领导日常办公和公务活动安排、日常事务管理、协调、监督和服务职能。负责文秘、保密、信访、内控、审计、公务接待、企管法规、安全保卫、房地产管理等工作。主任董学伟（三级特正）。

科研管理处：负责编制杭州院中长期科研发展规划和年度科研工作计划并组织实施与协调；负责科研项目和信息化建设的组织、协调与管理；负责科研项目经费预算审查；负责涉外事务联络与学会工作；负责科研项目的日常检查与成果总结等工作。处长邹伟宏（二级正），副处长徐志诚（三级特副，至 2020 年 9 月）。

计划财务处：负责财务管理、会计核算、资产和有关基建计划和投资统计等工作。副总会计师、处长苟均龙（二级正，2020 年 11 月任职副总会计师），副处长徐蓊（三级特副）。

人事处（党委组织部）：负责人才招聘、培训、干部培养与选拔、专业技术人员管理、档案管理、业绩考核、薪酬管理、社会保险等工作；负责党的组织建设、党员发展、党费收缴等工作。处长（部长）陆富根（二级正）（至 6 月）、李欢平（三级特正）（2020 年 9 月起），副处长李欢平（三级特副，至 2020 年 9 月）。

党群工作处（纪委办公室）：负责党群、纪检监察、宣传、思想政治、共青团等工作。处长刘喆（三级特正）。

公益后勤单位包括：

文献中心：负责《海相油气地质》期刊的组稿、编辑、出版、发行工作；为杭州院提供档案、资料、图书与信息等综合服务。主任张润合（三级特正），副主任黄革萍（三级特副）。

综合服务中心:负责杭州院水、电、通信、绿化、环境卫生、员工食堂等物业管理和生活服务工作等。主任余军(三级特正)。

截至 2020 年底,杭州院在册职工 231 人。其中男职工 174 人,女职工 57 人;博士 43 人,硕士 125 人,本科 44 人;教授级高级工程师 11 人,高级工程师 126 人,工程师 67 人,助理工程师 8 人,无职称 19 人;35 岁以下 52 人,36—45 岁 104 人,46—55 岁 48 人,56—60 岁 27 人。当年 1 人退休。

【课题与成果】

2020 年,杭州院承担各类科研课题 96 项。包括国家级课题 9 项、公司级课题 49 项、院级课题 5 项、油田横向课题 33 项。获得省部级科技进步奖、基础研究奖和管理创新奖 5 项,局级科技进步奖 6 项。被授予发明专利 9 项。出版 2 部专著,5 部译著。在国内外学术会议及期刊上发表论文 95 篇,其中 SCI 收录 9 篇,EI 收录 23 篇。

2020 年杭州地质研究院承担科研课题一览表

类别	序号	课题名称	负责人	起止时间
国家级课题	1	寒武系—中新元古界碳酸盐岩规模储层形成与分布研究	沈安江	2016.1—2020.12
	2	深层古老含油气系统成藏规律与目标评价	姚根顺	2017.1—2020.12
	3	山地页岩气甜点构造控因分析技术及应用	徐政语	2017.1—2020.12
	4	NHZJHY 深水油气地质条件及目标评价	吕福亮	2017.1—2020.12
	5	ZJHY 特殊地质体地震保幅成像处理技术	范国章	2017.1—2020.12
	6	西部重点盆地岩性油气藏区带评价与目标优选	张惠良	2017.1—2020.12
	7	重点前陆冲断带储层改造机制及地质评价	张荣虎	2016.1—2020.12
	8	面向海洋深水资料的全波场成像方法研究	叶月明	2019.1—2022.12
	9	实验研究碳酸盐岩埋藏溶蚀机制及其有利条件	佘　敏	2019.1—2021.12
	10	孟加拉湾东北部深水沉积体系发育特征与生物气成藏规律研究	鲁银涛	2021.1—2024.12
	11	川南国家级页岩气示范区构造地质背景及地震活动诱因研究	徐政语	2020.1—2024.12
公司级课题	12	寒武系—中新元古界碳酸盐岩规模储层形成与分布研究	沈安江	2016.1—2020.12
	13	ZJHY 深水油气成藏关键条件研究	李　林	2017.1—2020.12
	14	深层油气储层形成机理与分布规律	倪新峰	2018.1—2020.12
	15	深层—超深层油气富集规律与区带目标评价	付小东	2018.1—2020.12
	16	古老海相碳酸盐岩沉积环境与构造岩相古地理研究	郑剑锋	2019.1—2020.12
	17	白云岩化成因判识技术与孔隙效应分析	乔占峰	2019.1—2020.12
	18	深层碳酸盐岩—膏盐岩组合沉积建模、成储机理研究与储层实验技术研发	胡安平	2019.9—2021.12
	19	古老海相碳酸盐岩定年、定温与微量稀土元素面扫描技术研发及应用	胡安平	2019.1—2020.12
	20	微量元素激光面扫描成像技术平台建设	胡安平	2020.1—2021.12

类别	序号	课题名称	负责人	起止时间
公司级课题	21	碳酸盐岩储层重点实验室实验新技术开发	潘立银	2018.5—2020.12
	22	NH 油气形成条件与勘探技术研究及重大目标优选	鲁银涛	2019.1—2020.12
	23	天然气水合物富集与 NH 深水区有利区评价	李 林	2019.1—2020.12
	24	NH 天然气水合物勘探地质评价技术优选	王兆旗	2019.1—2020.12
	25	海外海域油气地质条件与关键评价技术研究	邵大力	2019.1—2020.12
	26	大型陆相沉积盆地砂体类型及控藏机制	刘占国	2019.1—2020.12
	27	非常规天然气 SEC 储量评估方法研究	孙秋分	2018.6—2020.12
	28	中国石油地质志修编(滇黔桂卷)	陈子炌	2018.1—2018.12
	29	油气矿权内部流转运行管理及外部合作研究	向峰云	2020.4—2021.4
	30	重点探区风险勘探目标研究(2020)	沈 扬	2020.1—2020.12
	31	四川盆地震旦—寒武系重大勘探领域岩相古地理与有利储层分布研究	张建勇	2020.1—2020.12
	32	鄂尔多斯盆地下古生界岩相古地理及有利储层分布研究与区带目标评价	吴兴宁	2020.1—2020.12
	33	南方震旦系—下古生界油气地质综合研究与有利勘探区带评价	王鹏万	2018.6—2020.6
	34	塔里木盆地寒武—奥陶系新层系新领域成藏条件与有利区带评价	朱永进	2018.6—2021.12
	35	塔里木盆地塔北地区志留系勘探开发潜力评价研究	曹 鹏	2020.1—2020.12
	36	南海海域综合地质研究与勘探前景分析	杨志力	2018.1—2020.12
	37	塔里木盆地塔北碎屑岩地质综合研究与勘探目标优选	张荣虎	2020.1—2020.12
	38	塔西南中、新生界沉积储层研究及目标评价	陈 戈	2018.6—2021.6
	39	准噶尔盆地南缘下组合重大勘探领域沉积体系与规模有效储层评价研究	司学强	2020.1—2020.12
	40	柴达木盆地湖相碳酸盐岩精细沉积储层研究与有利区带目标评价	李森明	2020.1—2020.12
	41	油气储量评估技术方法体系与管理体系建设——SEC 储量部分	王柏力	2020.1—2020.12
	42	股份公司油气储量数据库平台建设——SEC 储量数据库建设与维护	赵启阳	2020.1—2020.12
	43	上市储量自评估项目-PD 更新	戴传瑞	2020.1—2020.12
	44	已开发气田可采储量分类评价研究	王 霞	2020.1—2020.12
	45	对外合作项目 SEC 储量评估策略研究	冯 乔	2020.1—2020.12

续表

类别	序号	课题名称	负责人	起止时间
公司级课题	46	股份公司矿权年检与管理平台决策支持	王晓星	2020.1—2020.12
	47	矿权区块评价优选与矿权竞争出让管理决策支持	倪新锋	2020.1—2020.12
	48	对外合作业务综合数据系统建设及滚动规划分析研究	黄　冲	2020.1—2020.12
	49	对外合作区块矿权信息技术支持与图形数据管理	余和中	2020.1—2020.12
	50	地震智能化层序地层与沉积相解释方法研究	杨　存	2019.1—2022.12
	51	Geoeast 推广项目	王兆旗	2019.1—2020.12
	52	地震处理解释能力建设	金　弟	2020.1—2020.12
	53	海外储量图形库建设	徐　良	2020.1—2020.12
	54	莫桑比克4区块气藏精细描述与开发井地质评价	左国平	2020.1—2020.12
	55	海外海上勘探项目策略研究	许小勇	2020.1—2020.12
	56	里贝拉区块重处理地震资料解释与勘探潜力评价	王朝锋	2020.1—2020.12
	57	缅甸 AD-1/8 区块勘探目标优选与井位部署建议	丁梁波	2020.1—2020.12
	58	巴西项目勘探技术支持与综合研究	王红平	2020.1—2020.12
	59	佩罗巴区块钻后地质评价与勘探策略研究	杨　柳	2020.1—2020.12
	60	桑托斯盆地综合地质研究	张勇刚	2020.1—2020.12
	61	CNODC 储量信息化管理平台	徐　良	2020.9—2021.12
院级课题	62	陆相湖盆细粒沉积成因模式与克拉通盆地重点层系构造—岩相古地理编图	王　鑫	2019.3—2021.12
	63	大型生物碎屑灰岩精细油藏描述与地质建模技术	乔占峰	2019.1—2021.12
	64	油气地球物理前沿理论与新技术—h25(海洋多次波处理关键技术)	叶月明	2019.1—2022.12
	65	哈法亚油田 Mishrif 油藏开发方案编制沉积储层技术支持	乔占峰	2020.10—2021.9
	66	莫桑比克4区鲁伍马一期开发气藏地震构造解释	孙辉	2020.7—2020.10
其他课题	67	盆地中东部奥陶系马家沟组构造演化与沉积特征研究及工业制图	吴东旭	2020.7—2021.7
	68	鄂尔多斯盆地中东部奥陶系沉积及储层评价实验分析	王少依	2019.10—2020.10
	69	鄂尔多斯盆地下古生界储层特征分析测试	王少依	2019.10—2020.10
	70	鄂尔多斯盆地古隆起东侧碳酸盐岩—膏盐岩体系储层发育特征及分布规律	周进高	2018.11—2020.6
	71	鄂尔多斯盆地西缘下古生界天然气成藏条件综合研究	周进高	2019.8—2020.8
	72	浙江油田2020年矿权区优选评价及矿权新增方案研究	鲁慧丽	2020.7—2021.6
	73	YQ10、YQ11 井现场地质跟踪	徐云俊	2019.11—2020.12
	74	滇黔北探区风险井位目标论证	马立桥	2020.1—2020.12

续表

类别	序号	课题名称	负责人	起止时间
其他课题	75	长江经济带地下盐穴储气库库址筛选	屠小龙	2020.1—2020.12
	76	深层页岩气建产区优选技术现场试验	王鹏万	2020.3—2021.12
	77	古城—肖塘地区孔隙成因及成岩演化分析	张　友	2020.1—2021.3
	78	合川三维区栖霞组、茅口组储层预测与勘探目标优选	朱　茂	2020.5—2020.12
	79	合川—潼南区块雷口坡组岩相古地理及储层主控因素研究	倪新锋	2020.6—2021.10
	80	四川盆地凉高山组富有机质页岩沉积微相研究	陈　薇	2020.1—2020.12
	81	四川盆地栖霞组—茅口组白云岩储层特征、成因和分布研究	郑剑锋	2020.1—2020.12
	82	四川盆地灯影组台内裂陷再认识及控储效应	王小芳	2020.1—2020.12
	83	新加坡石油公司技术咨询服务项目	杨涛涛	2020.1—2020.12
	84	缅甸 AD-1/8 区块有利储层分布规律与目标评价研究	马宏霞	2020.1—2020.12
	85	中海油开放区块地质评价综合研究	张远泽	2020.1—2020.13
	86	玛湖凹陷玛湖1、达13等重点区块二叠系、三叠系沉积相研究及储层精细描述	孟祥超	2020.1—2020.12
	87	南缘下组合沉积体系与规模有效储层评价研究	郭华军	2020.1—2020.12
	88	准噶尔盆地上乌尔禾组沉积体系研究及重点区有利储层分布预测	邹志文	2020.1—2020.12
	89	玛湖凹陷中下二叠统沉积相研究与有利储层预测	李亚哲	2020.1—2020.12
	90	准噶尔盆地重点区带侏罗—白垩系沉积体系研究及有利砂体分布区预测	单　祥	2020.1—2020.12
	91	高原咸化湖盆沉积-成岩动力学特征及控储机制	朱　超	2016.1—2020.12
	92	柴西北区深层 E_3^1 砂岩储层和 N1-N21 细粒沉积物储层研究	夏志远	2016.1—2020.12
	93	柴西南富油凹陷岩性-致密油成藏机制与目标评价	王艳清	2016.1—2020.12
	94	湖相碳酸盐岩页岩油烃源岩及储层特征研究	宫清顺	2019.11—2020.6
	95	风西地区藻灰岩-混积岩沉积储层精细研究与目标优选	田明智	2020.8—2021.6
	96	浙江油田 2020 年矿权区块数据图形动态评价建库及矿权保护方案研究	沈伟刚	2020.1—2020.12
	97	南堡2、3号构造斜坡区地震精细成像处理与储层预测技术攻关	陈见伟、常少英	2020.4—2021.6
	98	准噶尔盆地腹地莫南地区侏罗系-白垩系地震叠前处理解释	叶月明、常少英	2019.8—2020.7

【交流与合作】

1 月 27—30 日，周进高到希腊参加 AAPG2020 欧洲国际会议。

6 月 8 日，潘立银参加在美国休斯敦举办的 AAPG 线上国际会议。

【科研工作情况】

2020 年，杭州院按照集团公司和研究院统一部署，紧紧围绕"一部三中心"职责定位和"技术立院""人才立院"发展战略,突出海相碳酸盐岩、海洋油气地质、碎屑岩沉积储层、矿权储量信息技术、物探技术等领域,依托国家和公司重大专项,充分利用碳酸盐岩储层重点实验室、国际合作等平台,加强关键技术攻关研究,着力培育重大成果,服务于公司发展,完成各项任务。

一、加强科研生产任务,做好重大科技专项

坚持科研为生产服务,研究人员常驻油田现场,及时掌握勘探生产面临的问题,随时与油田交流研究成果;高度重视基础工作与实物工作量的投入,强化区带优选与风险领域、风险目标准备。在海相碳酸盐岩、海洋油气地质、碎屑岩沉积储层、矿权储量信息技术、物探技术等方面,取得 10 项重要科研成果和进展。同时,做好浙江、冀东、南方公司等油田工作,加强勘探生产支持,得到相关油田肯定。

二、持续推进学科建设,科研水平稳步提升

立足前沿研究领域,设立 15 个基础、创新研究项目,开展煤系地层酸性流体对砂岩成岩成储作用、场发射扫描电镜成像在细粒沉积岩及其他岩性中的应用、超临界状态下 CO_2 流体的测井识别方法及半定量评价技术等研究,推动相关学科建设,为基础地质理论和前沿技术发展、创新能力提升奠定良好基础。

三、加强科技平台建设,持续提升科技创新能力

加强集团公司碳酸盐岩储层重点实验室建设,完成设备安装调试、论证、招标等工作,完善技术流程,提高利用率和实验质量。加强计算机处理解释平台建设,注重地震资料处理解释和计算机信息管理,打造地震处理解释一体化技术研发平台和计算机管理信息技术支持平台,为重大科研成果培育、技术创新能力提升和人才团队建设提供重要支撑,持续提升科技创新能力。

四、深化科技交流与合作,促进国际化人才培养

坚持内引外联、博采众长、为我所用、合作共赢,深化海相碳酸盐岩、海洋深水、碎屑岩储层、储量评估和地震处理解释等领域国际交流与合作。全年加入 6 个国际工业合作组织,开展 6 项国际合作项目研究,学习和引进碳酸盐岩定年、测温技术和碎屑岩储层裂缝预测技术。在做好疫情防控的基础上,组织完成杭州院承担的股份公司国际合作项目年度工作任务,积极参加 AAPG、EAGE 等线上国际会议,进一步提高国际知名度和影响力,促进国际化人才迅速成长。

【管理与服务工作情况】

2020 年,杭州院强化制度建设,创新管理方式,夯实管理基础,提高管理能力和水平。

一、加强制度建设,规范管理流程

进一步建立健全规章制度,制定《杭州地质研究院科研岗位管理实施细则》《杭州地质研究院专业技术岗位序列考核管理办法》等,加强制度宣贯和执行力度,保障杭州院科研生产有效运行。完善财务制度,做好预、决算工作,规范资金使用流程,有效控制资金风险。加强招标和合同管理,加强物资采购、资产管理和设备维修等工作,全面监管项目招投标过程,强化内控管理,严把重大项目合同的谈判、法律文件的起草与审查,提升管控能力。落实杭州院人事制度新要求,开展专业技术人员工作业绩和履职情况考核,严考核、硬兑现,客观科学有效评价专业技术人员工作业绩和履职情况,促进广大科研人员工作积极性。

二、加强科研管理,强化科技创新

进一步改进科研管理方式,以培育和保

障院重大成果为主线对项目进行全过程管理。对现有技术整合梳理，摸清技术现状、面临瓶颈，完善核心技术发展路线图，进一步把方向锁定在关键核心和"卡脖子"技术上；明确科研重点、难点，制定重大成果计划任务，将责任落实到人；作好月报表制度，及时了解项目进展情况，有效解决存在的问题。加强科技成果管理，组织完成研究院和集团公司科技成果奖申报和科技成果转化创效奖励申报。全年评选杭州院科技成果奖15项，申报研究院科技成果奖7项。

三、深化综合改革，激发内生动力

稳步推进三项制度改革，优化整合组织机构，减少院属单位管理层级，持续推进专业技术岗位序列改革，完善薪酬分配制度，推进绩效考核。深化提质增效专项行动，按照"一切成本皆可降"理念和"四精"管理要求，制定专项行动方案，强化组织落实，保障科研攻关、平台建设等重点工作顺利进行。

四、夯实基础管理工作，强化安全保障

坚持把保障全体员工的身体健康和生命安全放在第一位，加强疫情防控，实现办公场所和全体员工零疫情目标。进一步优化流程，规范运作，强化安全保障。加大QHSE体系建设，实现"四零"目标。强化安全、质量体系运行，加大监督检查力度。持续加强危化品管理，严格消防检查和突发事件应急演练，对潜在隐患及时整改，确保全年科研生产安全有序运行。加强保密工作，定期开展保密教育、监督检查，全员保密意识显著增强。全年未发生保密数据外泄和非法系统入侵泄密事件。加强院区绿化保洁和门卫管理，改善员工工作环境，消除潜在安全风险隐患，做好后勤保障服务，提高员工满意率。

五、强化员工培训，提高队伍素质稳步

克服新冠肺炎疫情影响，加大培训力度，全年开展各类培训22项，共培训143人次、11056学时，人均49.4学时。举办中青年干部培训班，参加研究院领导干部培训班，增强领导能力和管理水平。参加国际化人才千人培训、重点人才工程人选能力提高培训、重点联系服务专家国情研修培训、流程与测试培训等，提升科研人员综合素质和创新能力，促进复合型科研骨干迅速成长成才，为海相、海洋油气业务快速发展注入强劲动力。

【党建与精神文明建设】

截至2020年底，杭州院党委有党员215人，其中在职党员169人。

杭州院党委：书记姚根顺，副书记熊湘华，委员斯春松、陆富根、倪超。

工会：主席姚根顺，委员刘喆、沈扬、鲁银涛、陈能贵、孙秋分、王启迪、张润合。

团委：书记田明智。

杭州院党委下设8个党支部：

机关党支部：书记张惠良，副书记苟均龙，组织委员章青，宣传委员刘喆，纪检委员桑宁燕，青年委员尤高会。

海相油气地质研究所党支部：书记沈扬，副书记李林，组织委员常少英，宣传委员胡安平，纪检委员王鹏万，青年委员王小芳。

海洋油气地质研究所党支部：书记邵大力，副书记吕福亮，组织委员左国平，宣传委员马宏霞，纪检委员王彬（兼），青年委员王彬。

实验研究所党支部：书记刘占国，副书记徐洋，组织委员宫清顺，宣传委员李娴静，纪检委员单祥（兼），青年委员单祥。

矿权储量技术研究所党支部：书记张建勇，副书记倪新锋，组织委员王晓星，宣传委员孙秋分，纪检委员孙秋分（兼），青年委员王晓星（兼）。

计算机应用研究所党支部：书记庄徐志诚，组织委员陈见伟，宣传委员金弟，纪检委员金弟（兼），青年委员陈见伟（兼）。

综合服务中心文献中心联合党支部：书

记余军,副书记张润合,组织委员刘江丽,宣传委员董庸,纪检委员董庸(兼)。

离退休党支部:书记邹鑫祜,组织委员葛芄芄。

杭州院工会:主席姚根顺。

机关工会:主席刘喆。

海相油气地质研究所工会:主席沈扬。

海洋油气地质研究所工会:主席李林。

实验研究所工会:主席陈能贵。

矿权储量技术研究所工会:主席黄冲。

计算机应用研究所工会:主席王启迪。

综合服务中心与文献中心联合工会:主席张润合。

杭州院团委:副书记田明智。

2020年,杭州院党委以习近平新时代中国特色社会主义思想为指导,深入贯彻党的十九大和历届全会精神,以党的政治建设为统领,全面落实新时代党的建设总要求,深化巩固"不忘初心、牢记使命"主题教育成果,扎实开展"战严冬、转观念、勇担当、上台阶"主题教育,狠抓责任落实、注重融合创新、强化监督考核、大力正风肃纪,政治建设举旗定向作用充分发挥,管党治党责任有效落实,党建与中心工作融合发展成效明显,选人用人科学化水平不断提升,政治生态持续向好,全面从严治党向纵深发展,实现"十三五"圆满收官,世界一流海相海洋油气地质研究院建设迈上新台阶。

一、加强政治建设

坚持将党的政治建设摆在首位,强化理论武装,及时跟进学习习近平总书记重要讲话精神,建立学习贯彻总书记重要指示批示精神落实机制,增强"四个意识"、坚定"四个自信"、做到"两个维护"。严格落实管党治党主体责任,注重党建和科研工作深度融合,围绕科研项目攻关这个重点,鼓劲造势,凝心聚力,以"项目化"推进党建服务"精准化",各党支部紧密围绕专业特色、发展难题确定

项目、推进实施,打造"一支部、一特色、一品牌",在研究院党建工作责任制考核中位居前列。

二、加强组织建设

扎实推进基层党的建设,落实"三会一课",坚决贯彻落实民主集中制原则,规范组织生活,高质量开好民主生活会和组织生活会,做好党员评议工作。坚持党管干部、党管人才原则,加强领导班子和党员队伍建设。选树好先进典型,加强党员管理和党费收缴,充分发挥党员模范带头和党组织战斗堡垒作用,为科研生产打下坚实基础。

四、加强思想宣传工作

加强党的思想建设,坚持把引领思想舆论、凝聚攻坚合力作为首要任务,持续推进宣传工作,以岗位实践活动为契机,发挥思想政治工作凝心聚力、解疑释惑作用,打造思想宣传建设"高地"。强化意识形态管控,弘扬新时代石油精神,巩固干部员工团结奋斗思想基础,激发干事创业的精气神。保持"浙江省文明单位"荣誉称号。

五、加强党风廉政建设

落实党风廉政建设"两个责任",坚持把党要管党、从严治党落到实处,精心安排部署党风廉政建设和反腐败工作,真正做到主体责任挂在心上、扛在肩上,监督责任放在眼里、抓在手里。加强日常警示教育,将党纪党规学习纳入党委理论中心组、"三会一课"必学内容,做到全面覆盖,营造遵章守纪清正廉洁干事氛围浓厚。增强"信任不能代替监督"的理念,构建联合监督机制,落实中央八项规定要求,持续纠正"四风",坚持问题导向,做好巡察整改,打造风清气正政治生态。

六、加强工会和群团工作

坚持党建引领,党工团群共建,常态化开展"送温暖工程"活动,做好帮扶工作,关爱职工身心健康。以群团组织为平台,组织探

望抗美援朝老战士,举办慰问现场长期出差员工及家属亲子活动,举办杭州院2020年职工篮球比赛,举办职工摄影比赛,举办职工健步走活动,举办第二届亲子运动会等。为15名困难职工发放院工会帮扶资金92000元,坚持开展"送温暖工程"活动,慰问困难、生病职工23人,慰问丧亲职工4人,慰问新婚职工1人,看望慰问生育职工4人。丰富企业文化内涵,炼强主心骨,激发青年爱岗敬业内生动力,凝聚开拓进取合力。加强青年交流,搭建成长成才平台,拓宽青年成长成才渠道。

【大事记】

4月8日,杭州院召开2020年党风廉政建设推进会。

4月26日,杭州院召开2020年工作会议暨职工代表大会。

5月19日,研究院党委委员、派驻纪检组组长吴忠良到杭州院调研。

6月3日,免去郭庆新杭州地质研究院党委委员职务;吴建鸣杭州地质研究院海相油气地质研究所党支部书记职务;庄锡进杭州地质研究院计算机应用研究所党支部书记职务(勘研党干字〔2020〕6号)。

同日,免去郭庆新杭州地质研究院副院长职务;谢锦龙杭州地质研究院矿权储量技术研究所所长职务(勘研人〔2020〕86号)。

6月4日,免去沈安江杭州地质院海相油气地质研究所所长职务;范国章杭州地质院计算机应用研究所所长职务(勘研人〔2020〕88号)。

6月22日,陆富根任杭州地质院副院长,免去其杭州地质研究院副总经济师兼人事处(党委组织部)处长(部长)职务;倪超任杭州地质院副院长(勘研人〔2020〕110号)。

6月24日,姚根顺兼任杭州地质研究院纪委书记、工会主席;陆富根任杭州地质研究院党委委员;倪超任杭州地质研究院党委委员(勘研党干字〔2020〕12号)。

6月29日,杭州院厚刚福荣获新疆油田公司"优秀方案设计者"称号。

9月22日,免去倪超矿权储量技术研究所副所长、矿权技术研究室主任职务;庄锡进计算机应用研究所副所长职务;丁成豪矿权储量技术研究所总地质师职务;朱德正科研管理处条件管理科科长职务;张先龙科研管理处科技信息管理科科长职务;尤高会计划财务处计划综合管理科科长职务;王彩萍计划财务处财务会计科科长职务;乔占峰海相油气地质研究所副总地质师兼规划研究室主任职务;李昌海相油气地质研究所副总工程师职务;常少英海相油气地质研究所副总工程师职务;吴兴宁海相油气地质研究所鄂尔多斯研究室主任职务;吴东旭海相油气地质研究所鄂尔多斯研究室副主任职务;胡安平海相油气地质研究所实验研究室主任职务;蒋义敏海相油气地质研究所实验研究室副主任职务;潘立银海相油气地质研究所实验研究室副主任职务;王鹏万海相油气地质研究所南方研究室副主任职务;张建勇海相油气地质研究所四川研究室副主任职务;朱永进海相油气地质研究所塔里木研究一室副主任职务;黄理力海相油气地质研究所塔里木研究一室副主任职务;王彬海洋油气地质研究所副总地质师职务;左国平海洋油气地质研究所副总工程师职务;王红平海洋油气地质研究所海外油气研究室主任职务;丁梁波海洋油气地质研究所海外油气研究室副主任职务;鲁银涛海洋油气地质研究所南海油气研究室副主任职务;杨涛涛海洋油气地质研究所南海油气研究室副主任职务;王雪峰海洋油气地质研究所规划研究室副主任职务;张荣虎实验研究所副总地质师职务;郭华军实验研究所准噶尔研究室主任职务;朱超实验研究所柴达木研究室主任职务;邹志文实验研究所准噶尔研究室副主任职务;王波实验研究所塔里木研究二室主任职务;单祥实验研究所准噶尔研究室副主任职务;王俊鹏实验研究所塔里木研究二室副主任职务;戴传瑞矿权储量技术研究所副总地质师兼储量技术研究室主任职务;王晓星矿权储量技术研究所矿权技术研究室副主任职务;孙秋分矿权储量技术研究所储量技术研究室副主任职务;叶月明计算机应用研究所副总工程师职务;陈见伟计算机应用研究所物探研究室主任职务;金弟计算机应用研究所计算机室主任职务(杭地院〔2020〕27 号)。

同日,撤销海相油气地质研究所规划研究室、鄂尔多斯研究室、南方研究室、塔里木研究一室、四川研究室、实验研究室;撤销海洋油气地质研究所规划研究室、南海油气研究室、海外油气研究室;撤销实验研究所准噶尔研究室、柴达木研究室、塔里木研究二室;撤销矿权储量技术研究所矿权技术研究室、储量技术研究室;撤销计算机应用研究所物探研究室、计算机室;撤销科研管理处条件管理科、科技信息管理科;撤销计划财务处财务会计科、计划综合管理科(杭地院〔2020〕28 号)。

10 月 9 日,张建勇任杭州地质研究院矿权储量技术研究所党支部书记;徐志诚任杭州地质研究院计算机应用研究所党支部书记;李欢平任杭州地质研究院党委组织部部长;倪新锋任杭州地质研究院矿权储量技术研究所党支部副书记(杭地研党〔2020〕23 号)。

同日,徐洋任杭州地质研究院实验研究所所长;倪新锋任杭州地质研究院矿权储量技术研究所所长,免去其杭州地质研究院海相油气地质研究所副所长职务;徐志诚任杭州地质研究院计算机应用研究所所长,免去其杭州地质研究院科研管理处副处长职务;

李欢平任杭州地质研究院人事处处长;张建勇任杭州地质研究院矿权储量技术研究所副所长(杭地院〔2020〕32 号)。

10 月 10 日,免去范国章计算机应用研究所党支部副书记职务(杭地研党〔2020〕24 号)。

10 月 16 日,杭州院研究团队支持的位于川中古隆起北斜坡八角场构造的角探 1 井在超深层沧浪铺组经过酸化改造后,测试获高产工业气流,实现四川盆地新层系沧浪铺组油气勘探的首次战略突破。

10 月 21 日,自然资源部油气资源战略研究中心矿业权研究室主任景东升到杭州院调研。

11 月 9—13 日,驻研究院纪检组在杭州院举办 2020 年第二期纪检培训班。

11 月 13—15 日,鄂尔多斯盆地海相碳酸盐岩勘探技术交流会在杭州院召开。

12 月 8 日,张惠良任杭州地质研究院院长助理;苟均龙任杭州地质研究院副总会计师(勘研人〔2020〕193 号)。

12 月 19 日,中国石油天然气集团有限公司碳酸盐岩储层重点实验室 2020 年学术委员会会议在杭州院召开。

12 月 31 日,邵大力任杭州地质研究院海洋油气地质研究所党支部书记;沈扬任杭州地质研究院海相油气地质研究所党支部书记;李林任杭州地质研究院海相油气地质研究所党支部副书记,免去其杭州地质研究院海洋油气地质研究所党支部副书记职务(杭地研党〔2020〕25 号)。

同日,李林任杭州地质研究院海相油气地质研究所所长,免去其杭州地质研究院海洋油气地质研究所副所长职务(杭地院〔2020〕36 号)。

(桑宁燕、董学伟)

第六篇

科研成果

第六章

果�－阿片

获奖成果

中国专利奖

优秀奖

序号	成果名称	完成单位	获奖人员
1	包含甜菜碱型表面活性剂的驱油组合物及其应用	勘探开发研究院	宋新民、马德胜、王红庄、刘春德、周朝辉

中国石油天然气集团公司科学技术进步奖

特等奖

序号	成果名称	主要完成单位	主要完成人
1	鄂尔多斯盆地源内非常规庆城大油田勘探突破与规模开发	长庆油田分公司、低渗透油气田勘探开发国家工程实验室、勘探开发研究院、中国石油集团川庆钻探工程有限公司、中国石油集团东方地球物理勘探有限责任公司、中国石油集团测井有限公司	付锁堂、李忠兴、吴志宇、牛小兵、李松泉、席胜利、胡素云、赵继勇、喻建、吕强、屈雪峰、张矿生、徐黎明、赵振峰、李晓明、刘显阳、王大兴、姚泾利、何永宏、梁晓伟、周虎、惠潇、周树勋、姚宗惠、侯雨庭、李亮、李永平、高占武、张志国、马立军、朱广社、韩永林、孙虎、冯胜斌、李士祥、邓秀芹、杨兆林、杨永发、辛红刚、石玉江、罗安湘、尤源、雷启鸿、白斌、王秀娟、唐梅荣、李小军、段骁宸、邵东波、时建超
2	川南3500米以浅页岩气规模有效开发理论、技术及应用	西南油气田分公司、中国石油集团川庆钻探工程有限公司、勘探开发研究院、浙江油田分公司、中国石油集团长城钻探工程有限公司、中国石油集团西部钻探工程有限公司、中国石油集团渤海钻探工程有限公司	马新华、谢军、陈更生、伍贤柱、梁兴、吴建发、余朝毅、刘旭礼、范宇、李熙喆、郑有成、李润川、马洪钟、雍锐、胡金燕、熊颖、刘勇、阳星、李海、陈京元、刘文平、刘旭宁、张庆、舒红林、易发新、王红岩、张洞君、陈凤、朱进、李仁科、郑健、宋毅、罗迪、陶诗平、雷治安、高贵冬、王永辉、曾波、宋权、姜维寨、戴勇、焦亚军、熊正禄、张晓伟、石学文、李德旗、邓乐、王南、黄天俊、常程

中国石油天然气集团公司科学技术进步奖

一等奖

序号	成果名称	主要完成单位	主要完成人
1	库车山前带超深超压气田群的高效开发与理论技术创新	塔里木油田分公司、勘探开发研究院、中国石油集团东方地球物理勘探有限责任公司	江同文、张承泽、孙雄伟、汪如军、肖香姣、张辉、孙贺东、温铁民、李青、陈东、王洪峰、潘昭才、孟祥娟、赵力彬、唐永亮、刘明球、张建业、杨学君
2	深层高过成熟油气富集规律、关键技术创新与应用	勘探开发研究院、西南油气田分公司、中国石油集团东方地球物理勘探有限责任公司、中国石油集团测井有限公司、中国石油集团工程技术研究院有限公司	姚根顺、杨跃明、孙赞东、沈安江、李保柱、王铜山、姜黎明、葛云华、曹光强、倪超、文龙、罗冰、何坤、张建勇、付小东、冯庆付、田兴旺、姜华
3	新型高效无杆举升及配套技术	勘探开发研究院、大庆油田有限责任公司、新疆油田分公司、大港油田分公司、吉林油田分公司	李益良、沈宝明、谢建勇、雷群、郝忠献、周建文、杜伟山、朱世佳、师国臣、张立新、刘殿峰、韩岐清、石彦、王国庆、王全宾、单红宇、李辉、魏纪德

中国石油天然气集团公司科学技术进步奖

二等奖

序号	成果名称	主要完成单位	主要完成人
1	致密油藏压裂增能高效改造关键技术研究与应用	勘探开发研究院、新疆油田分公司	王欣、李佳琦、何春明、才博、邱晓慧、马俊修、李帅、段贵府、陈昂、修乃岭、许可、南荣丽
2	伊朗北阿扎德甘油田400万吨建产稳产技术研究与应用	勘探开发研究院、中国石油国际勘探开发有限公司	董俊昌、徐忠军、郭睿、冯佩真、杨双、李洪君、刘玉梅、王伟俊、杜政学、林腾飞、王蕭、揭君晓
3	碳酸盐岩多波保真处理解释新技术研发及工业化应用	勘探开发研究院	王小卫、董世泰、潘建国、边冬辉、李劲松、苏勤、高建虎、王洪求、胡自多、杨哲、徐光成、袁焕
4	巴西里贝拉盐下湖盆碳酸盐岩储层分布规律、成藏模式及重大发现	中国石油国际勘探开发有限公司、勘探开发研究院	万广峰、张志伟、范国章、赵俊峰、王红平、刘亚明、袁玉金、王童奎、王朝锋、张勇刚、周玉冰、杨柳

续表

序号	成果名称	主要完成单位	主要完成人
5	玉门油田重上百万吨勘探开发关键技术研究	玉门油田分公司(玉门石油管理局)、勘探开发研究院、中国石油集团工程技术研究院有限公司、中国石油集团东方地球物理勘探有限责任公司、中国石油集团测井有限公司	唐海忠、孙梦慈、沈全意、胡灵芝、彭翔、魏军、王崇孝、杜文博、郑联勇、肖毓祥、张宝权、张富成
6	强非均质性砾岩油藏聚合物驱工业化应用关键技术研究	新疆油田分公司、勘探开发研究院	王晓光、张菁、罗强、刘卫东、李红伟、程宏杰、娄清香、袁述武、刘文涛、楼仁贵、关丹、张朝良
7	厄瓜多尔雨林地区安第斯"双高"油田开发关键技术与应用	中国石油国际勘探开发有限公司、勘探开发研究院	万学鹏、张克鑫、张海宽、胡泉、陈和平、刘剑、林金逞、齐梅、张超前、刘志、马中振、张亮
8	伊拉克哈法亚油田井筒安全构建钻井工程关键技术	中国石油国际勘探开发有限公司、勘探开发研究院、中国石油集团海洋工程有限公司	聂臻、罗慧洪、邹科、蔚宝华、任智基、唐鋆磊、齐文旭、梁奇敏、张维滨、黄雪琴、王士平、张振友

中国石油天然气集团公司科学技术进步奖

三等奖

序号	成果名称	主要完成单位	主要完成人
1	南苏丹3/7区油气成藏规律新认识与勘探突破	勘探开发研究院、中国石油国际勘探开发有限公司	卫平生、赵艳军、石兰亭、佟鑫淼、史忠生、庞文珠、朱广耀、陈彬滔
2	开发中后期油田上产关键技术攻关及应用	新疆油田分公司、勘探开发研究院	刘文锋、尚建林、王勇、邹存友、赵旭斌、汤传意、辛骅志、赵亮

中国石油天然气集团公司科学技术发明奖

一等奖

序号	成果名称	主要完成单位	主要完成人
1	智能化分层注水技术及工业应用	勘探开发研究院	刘合、王凤山、慕立俊、叶勤友、贾德利、徐德奎、孙伟、于九政、郑立臣、张吉群

中国石油天然气集团公司基础研究奖

一等奖

序号	成果名称	主要完成单位	主要完成人
1	储层油/水/岩相互作用机制及注水离子匹配提高采收率机理研究	勘探开发研究院	伍家忠、刘庆杰、陈兴隆、王敬瑶、姬泽敏、高建、周朝辉、钱禹辰、韩海水、陈序

中国石油天然气集团公司基础研究奖

三等奖

序号	成果名称	主要完成单位	主要完成人
1	瓜尔胶压裂液临界交联行为的微观机理研究	中国石油集团长城钻探工程有限公司、勘探开发研究院	彭树华、邓明宇、管保山、陈卫平、朱明山、孙雪莲

甘肃省科学技术进步奖

二等奖

序号	成果名称	主要完成单位	主要完成人
1	基于GPU/CPU高性能平台的逆时偏移成像系统及油气勘探实践	中国石油天然气股份有限公司勘探开发研究院西北分院	王小卫、刘文卿、冯超敏、苏勤、廖建波、胡书华、徐兴荣、龙礼文、刘树仁、张涛

甘肃省科学技术进步奖

三等奖

序号	成果名称	主要完成单位	主要完成人
1	黄土塬区致密油地震处理解释关键技术及规模应用	中国石油天然气股份有限公司勘探开发研究院西北分院	李斐、窦玉坛、边冬辉、周齐刚、许建权、汪清辉、张猛刚
2	柴北缘古隆起区天然气规模聚集规律研究与勘探实践	中国石油天然气股份有限公司勘探开发研究院西北分院	袁剑英、王建功、马峰、白亚东、杨巍、李红哲、张小军

海南省科学技术进步奖

二等奖

序号	成果名称	主要完成单位	主要完成人
1	南海生物礁碳酸盐台地发育演化与油气成藏系统	中国科学院深海科学与工程研究所、中海油海南能源有限公司、杭州地质研究院	吕福亮、王彬、杨志力

新疆维吾尔自治区科学技术进步奖

一等奖

序号	成果名称	主要完成单位	主要完成人
1	大型地层岩性油藏群勘探理论认识与中拐北斜坡6亿吨油区发现	中国石油杭州地质研究院、新疆油田分公司、中国石油西部钻探工程有限公司、西南石油大学	宋永、毛新军、郭旭光、王小军、甘仁忠、黄立良、单祥、钟磊、王海明、贾希玉、何文军、尤新才

中国石油和化工自动化协会科学技术进步奖

特等奖

序号	成果名称	主要完成单位	主要完成人
1	中国陆相致密油和页岩油地质理论及勘探重大发现	中国石油天然气股份有限公司勘探开发研究院、中国石油天然气股份有限公司长庆油田分公司、中国石油大学(华东)	邹才能、朱如凯、查明、方国庆、刘可禹、曹宏、吴松涛、毛治国、周新平、郭秋麟、王晓琦、崔景伟、齐亚林、卢明辉、庞正炼、苏玲、薛海涛、王森、罗忠、潘松圻
2	无碱绿色高效二元驱关键技术与应用	中国石油天然气股份有限公司勘探开发研究院、中国石油天然气股份有限公司勘探与生产分公司、中国石油天然气股份有限公司辽河油田分公司、中国石油天然气股份有限公司新疆油田分公司、中国石油天然气股份有限公司大港油田分公司、中国石油大学(北京)、四川大学、中国科学院兰州化学物理研究所、西南石油大学	廖广志、刘卫东、王正茂、王强、王连刚、武毅、王延杰、周华兴、蒲万芬、冯玉军、刘哲宇、郭勇、马宏斌、孙灵辉、丛苏男、程宏杰、聂小斌、张杰、温静、朱友益
3	大型强非均质砾岩油田提高采收率关键技术及规模应用	中国石油天然气股份有限公司勘探开发研究院、中国石油天然气股份有限公司新疆油田分公司	马德胜、王延杰、张善严、许长福、桑国强、王晓光、高明、程宏杰、周体尧、郑胜、高建、丁振华、罗文利、刘哲宇、贾宁洪、张旭阳、张群、于庆森、姬泽敏、吴庆祥

中国石油和化工自动化协会科学技术进步奖

一等奖

序号	成果名称	主要完成单位	主要完成人
1	高含水油田井震结合储层精细表征关键技术及规模应用	中国石油天然气股份有限公司勘探开发研究院、中国石油天然气股份有限公司大港油田分公司	韩大匡、刘文岭、胡水清、周新茂、田昌炳、蔡明俊、高兴军、姜岩、王珏、侯伯刚、王玉学、杨胜建、萧希航、黄晓娣、钱其豪
2	中国石油油气资源评价与经济性、生态环境分析及规模应用	中国石油天然气股份有限公司勘探与生产分公司、中国石油集团科学技术研究院有限公司、大庆油田有限责任公司、中国石油天然气股份有限公司长庆油田分公司、中国石油天然气股份有限公司西南油气田分公司、中国石油天然气股份有限公司新疆油田分公司、中国石油天然气股份有限公司塔里木油田分公司、中国石油天然气股份有限公司青海油田分公司、中国石油天然气股份有限公司华北油田分公司、中国石油天然气股份有限公司吉林油田分公司	杜金虎、胡素云、何海清、范土芝、杨涛、郑民、蒙启安、杨跃明、于京都、郭秋麟、范立勇、何文军、张宝收、张永庶、柳庄小雪
3	海上底水稠油油藏效益开发关键技术与规模应用	中国石油天然气股份有限公司勘探开发研究院、中油国际（新加坡）公司、中国石油集团海洋工程有限公司工程设计院	胡云鹏、侯福斗、张晓玲、张思富、张文起、丁伟、孙春柳、刘晗、栾海亮、曲良超、张铭、苏朋辉、黄中梁、潘浩、程子芸
4	伊拉克复杂生物碎屑灰岩油藏整体水平井注水开发调整关键技术及规模应用	中国石油天然气股份有限公司勘探开发研究院、中油国际（伊拉克）艾哈代布公司、中国石油集团川庆钻探工程有限公司地质勘探开发研究院	宫长利、李勇、赵丽敏、郭睿、田中元、胡丹丹、张文旗、王文训、辛军、李茜瑶、王舒、王强、叶玉峰、邓亚、杨阳
5	人工智能地震储层预测技术及应用	中国石油天然气股份有限公司勘探开发研究院、清华大学	郑晓东、陆文凯、杨昊、李萌、李艳东、孙夕平、李劲松、李凌高、张昕、于永才、隋京坤、胡莲莲、魏超、晏信飞、葛强
6	注气提高超深层稠油水驱采收率技术研究及应用	中国石油天然气股份有限公司勘探开发研究院、中国石油天然气股份有限公司吐哈油田分公司	蒋有伟、何先俊、王伯军、赵健、关文龙、吴永彬、陈超、李松林、高能、郭二鹏、徐世伟、李秋、张娜、郑浩然、张运军
7	古老岩溶型碳酸盐岩复杂气藏高效开发关键技术及规模应用	中国石油天然气股份有限公司勘探开发研究院、中国石油天然气股份有限公司西南油气田分公司勘探开发研究院	谢军、李熙喆、闫海军、张林、彭先、李新豫、徐伟、罗瑞兰、万玉金、梅青燕、苏云河、邓惠、夏钦禹、俞霁晨、罗文军

续表

序号	成果名称	主要完成单位	主要完成人
8	超低渗油藏动态裂缝模拟与高效排驱关键技术及规模应用	中国石油天然气股份有限公司勘探开发研究院、中国石油天然气股份有限公司长庆油田分公司勘探开发研究院、成都理工大学、中国石油大学(北京)	田昌炳、雷征东、樊建明、朱海燕、彭缓缓、杨胜建、陶珍、于海洋、段晓宸、贾宁洪、侯建锋、雷启鸿、王冲
9	层序格架下烃源岩评价与成藏关键技术及规模应用	中国石油大学(北京)、中国石油国际勘探开发有限公司、中国石油天然气股份有限公司勘探开发研究院、广州海洋地质调查局、中国石油天然气股份有限公司吉林油田分公司、长江大学	李美俊、翟光华、刘计国、赖洪飞、刘邦、肖洪、毛凤军、袁圣强、李早红、郑凤云、杨哲、唐友军、姜虹、庞文珠、张战敏
10	委内瑞拉泡沫型超重油油田规模稳产关键技术	中国石油国际勘探开发有限公司;中国石油天然气股份有限公司勘探开发研究院	李星民、农贡、黄文松、申志军、杨朝蓬、徐宝军、吴永彬、郭纯恩、沈杨、黄瑞、孟征、徐新霞、徐芳、向亮、史晓星
11	中国古老碳酸盐岩规模储层发育机制与表征技术	中国石油天然气股份有限公司杭州地质研究院、西南石油大学	乔占峰、谭秀成、周进高、胡安平、郑剑锋、李凌、常少英、李昌、刘宏、张杰、朱永进、刘明洁、沈安江、李文正、陈雷
12	高—过成熟海相页岩气"甜点"形成机理、识别评价技术与应用实践	中国石油天然气股份有限公司勘探开发研究院、中国地质大学(北京)、中国石油天然气股份有限公司西南油气田分公司页岩气研究院、中国石油天然气股份有限公司浙江油田分公司勘探开发一体化中心	董大忠、施振生、邱振、孙莎莎、周长兵、昌燕、吴伟、丁文龙、芮昀、赵群、拜文华、武瑾、李传新、邵昭媛、张磊夫
13	裂缝孔隙性火山岩油藏高效开发关键技术与应用	中国石油天然气股份有限公司勘探开发研究院、中国石油天然气股份有限公司新疆油田分公司勘探开发研究院	李顺明、孔垂显、何辉、蒋庆平、邓西里、卢志远、周体尧、刘畅、陈欢庆、常天全、任康绪、周阳、韩如冰、邱子刚、杜宜静
14	油田复杂采出液处理关键技术及规模应用	中国石油天然气股份有限公司勘探开发研究院、中国石油辽河油田锦州采油厂	张付生、刘国良、林军、贾财华、管保山、王凤、苗月、刘广友、李雪凝、王贵江、汪建勇、周宝山、单大龙、朱卓岩、马自俊

中国石油和化工自动化协会科学技术进步奖

二等奖

序号	成果名称	主要完成单位	主要完成人
1	油水井带压作业装备关键部件研制与应用	中国石油天然气股份有限公司勘探开发研究院	雷群、李益良、李涛、韩伟业、黄守志、明尔扬、陈强、孙强、张绍林、李明

序号	成果名称	主要完成单位	主要完成人
2	川西地区复杂气藏地球物理关键技术及规模应用	中国石油天然气股份有限公司勘探开发研究院、中国石油天然气股份有限公司西南油气田分公司、中国石油天然气股份有限公司西南油气田分公司川西北气矿	张静、姜仁、黄家强、李林娟、田瀚、裴森奇、郭晓龙、刘军迎、胡欣、何巍巍
3	榆树林特低渗—致密油田有效开发关键理论技术与应用	大庆榆树林油田开发有限责任公司、中国石油天然气股份有限公司勘探开发研究院、合肥工业大学	王国锋、杨铁军、杨正明、孙晓明、王文明、李道伦、李飞、牟广山、张亚蒲、任磊
4	深层碳酸盐岩储层地球物理评价关键技术及应用	中国石油天然气股份有限公司西南油气田分公司勘探开发研究院、中国石油天然气股份有限公司勘探开发研究院、西南石油大学	肖富森、冉崎、陈康、尹成、梁瀚、彭达、代瑞雪、崔栋、丁孔芸、张旋
5	天然气供应能力预测技术研发及应用	中国石油天然气股份有限公司勘探开发研究院	陆家亮、赵素平、孙玉平、唐红君、韩永新、王亚莉、刘丽芳、李俏静、李洋、关春晓
6	压裂过程多相流体物理模拟技术及应用	中国石油天然气股份有限公司勘探开发研究院	卢拥军、许可、石阳、王海燕、王欣、段贵府、王天一、邱晓慧、刘玉婷、梁利
7	致密油缝控压裂技术与规模应用	中国石油天然气股份有限公司勘探开发研究院、中国石油天然气股份有限公司吐哈油田分公司	雷群、翁定为、胥云、王欣、管保山、刘建伟、段瑶瑶、鄢雪梅、毕国强、高敬文
8	稠油油田生产智能化关键技术及工业化应用	中国石油天然气股份有限公司新疆油田分公司、中国石油天然气股份有限公司勘探开发研究院、克拉玛依石文能源科技有限公司	单朝晖、周光华、桑林翔、蒋能记、陆兴、杨果、吴永彬、兰明菊、杨兆臣
9	海南福山复杂断块多薄储层高效压裂技术与规模化应用	中国石油天然气股份有限公司勘探开发研究院、海南福山油田勘探开发有限责任公司、中国石油集团渤海钻探工程有限公司油气井测试分公司	杨战伟、王辽、邓校国、李素珍、王丽伟、曾思云、张勇雪、才博、鄢雪梅、高莹
10	阿克纠宾致密难动用碳酸盐岩油藏水平井高效开发技术研究与应用	中国石油天然气股份有限公司勘探开发研究院、中油国际（哈萨克斯坦）阿克纠宾公司	崔明月、张宝瑞、赫安乐、贾洪革、晏军、张合文、孙杰文、张宪存、梁冲、朱大伟
11	天然气藏定性—定量地震预测新技术及工业化应用	中国石油天然气股份有限公司勘探开发研究院西北分院	高建虎、李胜军、桂金咏、杜斌山、王孝、刘炳杨、陈启艳、刘文卿、郭欣、王洪求
12	英西水平井体积改造工艺技术研究	中国石油青海油田钻采工艺研究院、中国石油天然气股份有限公司勘探开发研究院	程长坤、翁定为、冯昕媛、刘世铎、熊廷松、王志晟、刘又铭、梁宏波、万有余、谢贵琪
13	塔里木盆地秋里塔格构造带地质新认识与重大战略突破	中国石油天然气股份有限公司勘探开发研究院	易士威、张荣虎、冉启贵、李洪辉、曾庆鲁、朱光有、李德江、杨敏、陈戈、董洪奎

序号	成果名称	主要完成单位	主要完成人
14	黄土塬区致密油有效储层地震关键技术及规模应用	中国石油天然气股份有限公司勘探开发研究院西北分院	李斐、窦玉坛、周齐刚、刘伟明、谢俊法、刘桓、边冬辉、赵玉合、许建权、汪清辉
15	深层碳酸盐岩油气规模成藏规律、关键技术在塔里木盆地的应用	中国石油天然气股份有限公司勘探开发研究院西北分院	卫平生、张虎权、孙东、张涛、姚清洲、陈军、田雷、刘伟明、李闯、杨丽莎
16	松辽盆地基岩天然气成藏理论技术创新与勘探突破	中国石油天然气股份有限公司勘探开发研究院、大庆油田有限责任公司勘探事业部	程宏岗、牛文、徐淑娟、姜宝彦、武雪琼、李晶、陈瑞银、盖利庆、黄凌、李珊珊
17	两伊南部复杂生物碎屑灰岩综合评价技术及规模应用	中国石油天然气股份有限公司勘探开发研究院	段海岗、徐振永、宋本彪、郭睿、田中元、韩海英、刘杏芳、杨沛广、刘玉梅、邓亚
18	深层油气成藏主控因素大型物理模拟实验研究与应用	中国石油天然气股份有限公司勘探开发研究院西北分院	袁剑英、张小军、张世铭、胡自多、王宏斌、马德龙、徐中华、王朴、苟迎春、王国庆
19	大港成熟探区天然气资源潜力评价技术创新与勘探新发现	中国石油天然气股份有限公司勘探开发研究院、中国石油大港油田勘探开发研究院	韩国猛、魏国齐、李剑、崔俊峰、付立新、姜晓华、马建英、国建英、楼达、武雪琼

中国石油和化工自动化协会科学技术发明奖

一等奖

序号	成果名称	主要完成单位	主要完成人
1	深层—超深层天然气地质实验技术与规模应用	中国石油天然气股份有限公司勘探开发研究院	李剑、王晓波、谢增业、李志生、张璐、国建英、郝爱胜、杨春龙、李谨、王义凤、齐雪宁、蔺洁
2	不同类型稠油油藏火烧油层开采技术及应用	中国石油天然气股份有限公司勘探开发研究院、中国地质大学(武汉)、中国石油天然气股份有限公司辽河油田分公司	关文龙、于晓聪、蒋有伟、张成博、唐君实、吴永彬、刘锦、李秋、郑浩然、阚长宾、高忠敏、王晓春
3	高温高盐油藏聚合物纳米球化学驱基础研究及规模化应用	西南石油大学、中国石油天然气股份有限公司勘探开发研究院、中国石油化工股份有限公司西北油田分公司采油一厂、江苏华安科研仪器有限公司、成都赛璐石油科技有限公司	周明、魏发林、郭肖、谭涛、武元鹏、刘平德、韩宏昌、李林凯、杨燕、李小波、王煦、杨明君

续表

序号	成果名称	主要完成单位	主要完成人
4	致密砂岩气藏开发关键技术及规模应用	中国石油大学(北京)、中国石油天然气股份有限公司勘探开发研究院、中国石油天然气股份有限公司长庆油田分公司勘探开发研究院、中国石油天然气股份有限公司长庆油田分公司气田开发事业部、中国石油天然气股份有限公司长庆油田分公司第一采气厂、中国石油天然气股份有限公司长庆油田分公司第四采气厂、北京众博达石油科技有限公司	刘广峰、顾岱鸿、柴崇军、吴正、王振嘉、刘慧卿、费世祥、李帅、乔义明、何依林、周通、焦春艳
5	典型低渗油藏功能性水驱技术及应用	中国石油天然气股份有限公司勘探开发研究院、中国石油化工集团有限公司综合管理部、中国科学院化学研究所	伍家忠、许世京、马德胜、陈兴隆、杨惠、刘庆杰、王敬瑶、韩海水、张群、李思源、张成明、俞宏伟

中国石油和化学工业联合会科学技术进步奖

一等奖

序号	成果名称	主要完成单位	主要完成人
1	减氧空气驱/高温火驱高效开发理论与关键技术	中国石油天然气股份有限公司勘探与生产分公司、中国石油天然气股份有限公司勘探开发研究院、中国石油天然气股份有限公司新疆油田分公司、中国石油天然气股份有限公司辽河油田分公司、中国石油天然气股份有限公司长庆油田分公司、中国石油天然气股份有限公司吐哈油田分公司、中国石油大学(北京)、西南石油大学、清华大学、中国石油天然气股份有限公司规划总院	廖广志、王红庄、王正茂、唐君实、王伯军、潘竟军、关文龙、于天忠、刘顺生、史承恩、徐君、李宜强、蒲万芬、马宏斌、宋蔷
2	吉木萨尔陆相页岩油理论技术创新及战略发现	中国石油天然气股份有限公司新疆油田分公司、中国石油天然气股份有限公司勘探开发研究院、中国石油大学(北京)、西南石油大学、中国石油大学(华东)	匡立春、邹才能、支东明、侯连华、王小军、唐勇、侯冰、王振林、廖广志、郭旭光、毛新军、宋永、朱如凯、靳军、吴宝成

中国石油和化学工业联合会科学技术进步奖

二等奖

序号	成果名称	主要完成单位	主要完成人
1	《多层越流油气藏试井分析方法》中英文版	中国石油天然气股份有限公司勘探开发研究院、西安石油大学、石油工业出版社有限公司	孙贺东、高承泰、高迎、崔永平、欧阳伟平、曹雯、万义钊

续表

序号	成果名称	主要完成单位	主要完成人
2	靶向破胶滑溜水压裂液技术与工业化应用	中国石油天然气股份有限公司勘探开发研究院、长庆油田分公司油气工艺研究院、长庆油田分公司西安长庆化工集团有限公司、中国石油集团川庆钻探有限公司井下技术作业公司	管保山、梁利、薛小佳、刘玉婷、张冕、程芳、刘萍、胥云、薛俊杰、翟文
3	CO_2埋存机理与评价技术及应用	中国石油天然气股份有限公司勘探开发研究院、中国石油大学(北京)、中国石油天然气股份有限公司吉林油田分公司、西南石油大学、中国地质大学(北京)	胡永乐、郝明强、汤勇、廖新维、胡云鹏、刘雄、李金龙、窦宏恩、吴伟、王晓冬
4	滩海复杂断块油藏大斜度井精细注采关键技术及应用	中国石油天然气股份有限公司冀东油田分公司、西南石油大学、中国石油天然气股份有限公司勘探开发研究院、中国石油化工股份有限公司江汉油田分公司石油工程技术研究院	王金忠、肖国华、宋显民、柳军、裴晓含、赵忠建、胡刚、王芳、刘晓旭、别香平
5	多次波识别、压制与储层预测技术突破及在碳酸盐岩气藏中的应用	中国石油天然气股份有限公司勘探开发研究院、中国石油天然气股份有限公司西南油气田分公司勘探开发研究院、北京大学、中国石油天然气股份有限公司西南油气田分公司蜀南气矿	甘利灯、戴晓峰、张连进、胡天跃、徐右平、杨昊、隆辉、董世泰、张明、韩嵩
6	油气资源评价前沿领域关键技术研究攻关与应用成效	中国石油天然气股份有限公司勘探与生产分公司、中国石油集团科学技术研究院有限公司、大庆油田有限责任公司、中国石油天然气股份有限公司长庆油田分公司、中国石油天然气股份有限公司西南油田分公司、中国石油天然气股份有限公司新疆油田分公司、中国石油天然气股份有限公司塔里木油田分公司	杜金虎、胡素云、何海清、范土芝、杨涛、郑民、白雪峰、范立勇、于京都、郭秋麟

中国石油和化学工业联合会科学技术进步奖

三等奖

序号	成果名称	主要完成单位	主要完成人
1	南苏丹Melut盆地"三新勘探领域"地质认识、评价技术及重大发现	中国石油天然气股份有限公司勘探开发研究院西北分院	史忠生、石兰亭、陈彬滔、赵艳军、王磊
2	塔中古隆起深层断控凝析气藏开发关键技术与重大成效	中国石油塔里木油田分公司、中国石油天然气股份有限公司勘探开发研究院	韩剑发、关宝珠、崔永平、王彭、孙贺东

序号	成果名称	主要完成单位	主要完成人
3	基于 GPU/CPU 高性能平台的各向异性逆时偏移成像系统及其油气勘探应用	中国石油天然气股份有限公司勘探开发研究院西北分院	王小卫、刘文卿、胡书华、徐兴荣、田彦灿
4	含盐前陆冲断带油气地质理论技术创新及应用	中国石油天然气股份有限公司勘探开发研究院、中国石油塔里木油田分公司勘探开发研究院	赵孟军、唐雁刚、卓勤功、陈竹新、鲁雪松
5	地球化学定量分析关键技术及在油气勘探中的应用	中国石油天然气股份有限公司新疆油田分公司、中国石油天然气股份有限公司勘探开发研究院、南京大学	李二庭、靳军、王汇彤、王剑、马万云
6	准噶尔盆地改造型火山岩油藏有效开发关键技术及百万吨产能建设	中国石油新疆油田分公司、中国石油勘探开发研究院	孔垂显、李顺明、蒋庆平、吴远纶、叶义平
7	复式油气藏天然气吞吐高效开发关键技术与应用	中国石油集团科学技术研究院、中油国际（苏丹）6区项目公司	王瑞峰、唐雪清、王伯军、张新征、姜玉峰

中国石油和化学工业联合会科学技术发明奖

一等奖

序号	成果名称	主要完成单位	主要完成人
1	新型无碱驱油用表面活性剂合成技术及应用	中国石油天然气股份有限公司勘探开发研究院、中国石油天然气股份有限公司长庆油田分公司第二采油厂、中国石油天然气股份有限公司新疆油田分公司实验检测研究院、大庆油田开普化工有限公司	张群、马德胜、周朝辉、李建霆、石国新、聂小斌、吕伟峰、鲍敬伟、李晓东、罗文利

中国石油勘探开发研究院科学技术进步奖

特等奖

序号	成果名称	主要完成单位	主要完成人
1	德阳—安岳地区灯二段多阶台缘岩性气藏新认识与勘探新领域突破	四川盆地研究中心、石油天然气地质研究所、杭州地质研究所、油气地球物理研究所、石油地质实验研究中心、测井技术研究所、致密油研究所	谢武仁、曾富英、付小东、姜华、郝涛、马石玉、李文正、苏楠、谷明峰、金惠、陈娅娜、田瀚、刘静江、孙夕平、石书缘

中国石油勘探开发研究院科学技术进步奖

一等奖

序号	成果名称	主要完成单位	主要完成人
1	塔里木盆地寒武系盐下油气成藏创新认识与勘探重大突破	石油天然气地质研究所、杭州地质研究院	曹颖辉、倪新锋、马德波、李洪辉、杨敏、朱永进、朱光有、闫磊、熊冉、王珊、杜德道、陈志勇、黄理力、周波、董洪奎
2	巴西桑托斯盆地盐下碳酸盐岩关键成藏要素新认识与应用实效	杭州地质研究院、美洲研究所	王红平、刘亚明、宋成鹏、徐晖、杨柳、王朝锋、张勇刚、左国平、庞旭、邓红婴、尹秀玲、王丹丹、边海光、李伟强、李东
3	库车坳陷克拉苏构造带西部白垩系地质认识及技术创新与博孜9等重大实效	塔里木盆地研究中心、石油地质实验研究中心、石油天然气地质研究所	曾庆鲁、王俊鹏、冯佳睿、张荣虎、王珂、高志勇、夏九峰、李德江、赵继龙、徐兆辉、刘春、陈戈、杨钊、余朝丰、智凤琴
4	致密油甜点分级评价标准与技术研究及工业化应用	油气资源规划研究所、测井技术研究所	杨涛、郭彬程、詹路锋、胡俊文、李长喜、蔚远江、王淑芳、杨轩、赵蓓
5	SEC储量价值评估技术研究及自评估应用	油气资源规划研究所	徐小林、毕海滨、张福东、赵丽华、袁自学、鞠秀娟、郑婧、周明庆
6	百口泉老区"二三结合"立体井网高效开发关键技术及应用	油田开发研究所	邹存友、赖令彬、王友净、张虎俊、汤传意、赵亮、苏海斌、韩洁、秦国省、张旭阳、吕恒宇、李松林、匡明、田雅洁、孙景民
7	多层致密砂岩透镜体气藏丛式大井组混合井网高效开发技术	气田开发研究所	王国亭、韩江晨、冀光、程立华、孟德伟、郭智、程敏华、黄锦袖、刘浩、曹青赟、王建峰、王丽娟、罗娜、付宁海
8	巴西深水巨型碳酸盐岩油田开发评价关键技术与实践	美洲研究所	李云波、黄文松、齐梅、徐芳、徐立坤、刘章聪、孙天建、孟征、郭松伟、王玉生、李剑、周玉冰、范丽宏、李贞、王丹丹
9	艾哈代布油田"花斑状"生物碎屑灰岩储层精细表征及水平井注采优化技术研究	中东研究所	张文旗、胡丹丹、刘达望、顾斐、许家铖、邓亚、王舒、马瑞程、王根久、王宇宁、李茜瑶、侯园蕾、郝思莹、陈一航、田中元

续表

序号	成果名称	主要完成单位	主要完成人
10	大型碳酸盐岩气藏高效开发关键技术与应用	四川盆地研究中心、气田开发研究所	郭振华、刘晓华、闫海军、万玉金、罗瑞兰、张林、李新豫、俞霁晨、夏钦禹、张满郎、郑国强、包世海、张静平、姜仁、焦春艳
11	高效智能低成本泡沫排水采气技术及工业化应用	采油采气工程研究所	曹光强、李楠、王浩宇、郭东红、李隽、贾敏、张义、杨晓鹏、王云、刘岩、伊然、徐文龙、吴程、惠艳妮、蒋一欣

中国石油勘探开发研究院科学技术进步奖

二等奖

序号	成果名称	主要完成单位	主要完成人
1	渤海湾成熟探区地震资料精细处理解释技术创新与应用	油气地球物理研究所	李文科、吴小洲、孙夕平、徐凌、李艳东、张昕、秦楠、王海、杨晓利、马晓宇
2	各向异性地层测井关键参数评价方法与产能预测技术	测井技术研究所	宋连腾、刘忠华、李潮流、程相志、李霞、罗兴平、袁超、张浩、张海涛、俞军
3	鄂尔多斯盆地下古生界天然气成藏新认识与勘探实践	石油天然气地质研究所、石油地质实验研究中心	徐旺林、张春林、莫午零、赵振宇、李宁熙、朱秋影、孙远实、张月巧、付玲、高建荣
4	准噶尔盆地上二叠统大型地层岩性油藏群成藏模式和风险勘探突破	杭州地质研究院	郭华军、邹志文、单祥、孟祥超、陈扬、李亚哲、司学强、厚刚福、徐洋、王力宝
5	东部油区地热高能区优选及回灌技术研发应用	新能源研究中心	王社教、方朝合、闫家泓、胡俊文、曹倩、肖红平、陈宁生、曾博
6	准噶尔盆地石炭系成烃、成藏新认识与勘探实践	石油天然气地质研究所	曹正林、龚德瑜、杨帆、卫延召、陈棡、齐雪峰、杨春、卢山、王瑞菊、吴卫安
7	宽频宽方位地震处理解释新技术在深层油气勘探中的应用实践	西北分院	苏勤、曾华会、乐幸福、王艳香、王小卫、李海亮、雍运动、陈更新、张小美、郗树海

续表

序号	成果名称	主要完成单位	主要完成人
8	玛湖致密砾岩油藏规模有效开发技术	油田开发研究所	秦勇、胡水清、郝明强、龙国清、夏静、侯伯刚、张晶、何辉、刘畅、刘天宇
9	库车超深层裂缝性气藏控水提效关键技术及应用	气田开发研究所、塔里木盆地研究中心	张永忠、孙贺东、唐海发、常宝华、刘华林、曹雯、刘兆龙、吕志凯、刘萍、朱松柏
10	新区原油效益建产技术对策及应用	油田开发研究所	郝银全、高小翠、邢厚松、赵昀、母长河、吴英强、韩俊伟、王朝辉、魏耀、赵亮
11	中东低渗碳酸盐岩油藏 CO_2 混相驱油开发关键技术及应用	油田开发研究所、人工智能研究中心、中东研究所、阿布扎比技术支持分中心	邓西里、彭晖、童敏、范天一、赵丽莎、闫林、李正中、袁大伟、李夏宁、王宝华
12	超-特低渗孔隙型碳酸盐岩油藏甜点评价与井位优选关键技术及应用	迪拜技术支持分中心、中东研究所、油田开发研究所、西北分院	王友净、刘辉、宁超众、杨菁、杨思玉、朱光亚、张亚军、朱大伟、聂臻、洪亮
13	尼日尔 Agadem 一期复杂断块油田快速建产、长期稳产技术及应用	非洲研究所	徐庆岩、王瑞峰、翟光华、雷诚、石德佩、袁新涛、王黎、张瑾琳、郭晓飞、梁艳霞
14	MA 岩溶型薄层生屑灰岩油藏储层表征与水平井优化部署技术	中东研究所、迪拜技术支持分中心、杭州地质研究院	孙圆辉、韩海英、魏亮、乔占峰、刘杏芳、陈家恒、衣丽萍、王拥军、孙晓伟、高敏
15	超深高应力储层加重压裂技术研究及应用	压裂酸化技术中心	高莹、徐敏杰、王辽、王丽伟、韩秀玲、胥云、才博、杨战伟、刘举、周建平、张浩、李素珍、石阳、杨艳丽、刘会锋
16	风险探井钻井关键技术研究与应用	勘探与生产工程监督中心、油田化学研究所	李令东、王芹、张小宁、舒勇、明瑞卿、吕雪晴、张建利、张绍辉、朱培珂、江路明
17	钻井液清洁生产技术研究与应用	油田化学研究所	舒勇、耿东士、管保山、江路明、李令东、刘长跃、贾旭
18	低渗透老油田重复压裂技术与规模应用	压裂酸化技术中心	翁定为、段瑶瑶、梁宏波、齐银、郭英、鄢雪梅、陈祝兴、邱晓惠、田助红、薛小佳

中国石油勘探开发研究院科学技术发明奖

一等奖

序号	成果名称	主要完成单位	主要完成人
1	深层—超深层天然气成因鉴别和成藏定量表征技术及应用	石油地质实验研究中心	李剑、张璐、谢增业、王晓波、国建英、李谨、杨春龙、李志生、郝爱胜、王义凤
2	新型柔性钻具超短半径侧钻水平井挖潜技术	采油采气装备研究所、压裂酸化技术中心、油田化学研究所、勘探与生产工程监督中心	李涛、孙强、李益良、翁定为、管保山、毕国强、明尔扬、黄守志、张绍林

中国石油勘探开发研究院科学技术发明奖

二等奖

序号	成果名称	主要完成单位	主要完成人
1	精细注采结构优化调整技术研究	油田开发研究所、科技咨询中心	高兴军、叶继根、周新茂、王经荣、傅秀娟、黄磊、鲍敬伟、王珏

中国石油勘探开发研究院决策支持奖

一等奖

序号	成果名称	主要完成单位	主要完成人
1	天然气上产1260亿方开发一体化部署与优化	气田开发研究所、人工智能研究中心、油田开发研究所	孔金平、霍瑶、杜秀芳、姚尚林、庚勐、王亚莉、方建龙、匡明、安琪儿、苏云河
2	新形势下我国油气开发战略研究及决策应用	油田开发研究所、能源战略综合研究部、人工智能研究中心	唐玮、冯金德、唐红君、窦宏恩、张虎俊、郝明强、王东辉、白喜俊、徐鹏、张学磊
3	天然气对外依存度不断攀升的风险分析与对策	地下储库研究中心	郑得文、李东旭、垢艳侠、李康、魏欢、冉莉娜、张刚雄

中国石油勘探开发研究院决策支持奖

二等奖

序号	成果名称	主要完成单位	主要完成人
1	中石油"十四五"原油开发潜力评价与发展规划研究	油田开发研究所	曲德斌、邹存友、张学磊、刘立峰、王小林、诸鸣、韩洁、赵蒙

续表

序号	成果名称	主要完成单位	主要完成人
2	集团公司标准化管理成熟度模型研究	石油工业标准化研究所	刁海燕、唐爽、王玉英、丁飞、何旭鹍、操建平、王凤
3	中国石油新能源新产业发展战略研究与突破方向选择	新能源研究中心	熊波、陈艳鹏、潘松圻、王影、张国生、东振、王社教、金旭
4	致密气资源潜力及开发财税支持政策研究	能源战略综合研究部、气田开发研究所	唐红君、王亚莉、关春晓、韩永新、陆家亮、孙玉平、李俏静、李洋
5	水平井分段压裂工艺技术规范的规模化应用	压裂酸化技术中心、四川盆地研究中心	丁云宏、王永辉、车明光、王欣、邱金平、高睿、王萌、田助红
6	"十二五"末以来海外新项目评价创新技术研究与实践	国际项目评价研究所	易成高、李浩武、罗彩珍、孙杜芬、曾保全、陈荣、李杰、屈泰来

中国石油勘探开发研究院基础研究奖

一等奖

序号	成果名称	主要完成单位	主要完成人
1	太阳能高效制氢材料设计与开发	新能源研究中心	李建明、金旭、王晓琦、刘晓丹、黄凌、薛华庆、郑德温、王善宇、赵永明、张茜
2	新型生物化学复合驱油体系研制及机理研究	提高采收率研究中心(中科院渗流流体力学研究所)	田茂章、王璐、周新宇、张帆、张群、黄佳、宋文枫、杨济如、王哲、刘朝霞

中国石油勘探开发研究院基础研究奖

二等奖

序号	成果名称	主要完成单位	主要完成人
1	三大含油气盆地寒武—奥陶系多重地层划分对比及应用	石油地质实验研究中心	邓胜徽、樊茹、卢远征、李伟、李鑫、马雪莹、吕丹、张志杰
2	陆相淡水湖盆致密油形成条件与差异化聚集规律	石油天然气地质研究所、致密油研究所、油气资源规划研究所、新能源研究中心	陶士振、白斌、徐旺林、张天舒、朱如凯、庞正炼、郑民、金旭

续表

序号	成果名称	主要完成单位	主要完成人
3	储层模拟实验技术创新及在深层碳酸盐岩埋藏溶蚀孔洞预测与评价中的应用	杭州地质研究院	佘敏、胡安平、乔占峰、郑剑锋、倪新锋、贺训云、王鑫、张建勇
4	储气库交变工况高速注采渗流实验新技术	地下储库研究中心	石磊、朱华银、张敏、武志德、孙军昌、李春、胥洪成、赵凯
5	非平面三维裂缝扩展及支撑剂运移数值模拟算法研究	压裂酸化技术中心	王臻、刘哲、高睿、莫邵元、杨立峰、王欣

所获专利

序号	授权专利号	专利名称	专利类别 (发明/实用/新型)	授权日期
1	ZL201920179389.9	一种岩芯驱替实验装置	实用新型	2020/1/1
2	ZL201610652426.4	柔性钻杆及其钻井设备	发明专利	2020/1/7
3	ZL201610717277.5	一种基于判定指数的低阻油层识别方法及装置	发明专利	2020/1/7
4	ZL201611182950.6	一种悬挂式盐岩水溶测试装置和方法	发明专利	2020/1/7
5	ZL201611256371.1	一种获取油藏的动态储量及水体大小的方法及装置	发明专利	2020/1/7
6	ZL201611258130.0	一种获取气藏的动态储量及水体大小的方法及装置	发明专利	2020/1/7
7	ZL201710531306.3	页岩储层中不同尺度孔隙定量的三维表征确定方法和装置	发明专利	2020/1/7
8	ZL201710665197.4	识别断裂的方法及装置	发明专利	2020/1/7
9	ZL201710898825.3	一种确定生排烃实验热成熟度与生烃进程的方法和装置	发明专利	2020/1/7
10	ZL201710965898.X	地下烃源岩层中有机质的有机酸生成量的确定方法和装置	发明专利	2020/1/7
11	ZL201711068094.6	一种岩屑孔隙度测定方法	发明专利	2020/1/7
12	ZL201711443689.5	潜油电泵用的气液分离装置以及分离方法	发明专利	2020/1/7
13	ZL201810017424.7	一种道集记录的处理方法、装置及存储介质	发明专利	2020/1/7
14	ZL201810479204.6	多相流磁共振流量计刻度装置及其含水率、流速刻度方法	发明专利	2020/1/7
15	ZL201810598725.3	储层预测方法及装置	发明专利	2020/1/7
16	ZL201810648360.0	砂体平面形态确定方法及系统	发明专利	2020/1/7
17	ZL201810775402.7	一种压制多次波的方法、装置及系统	发明专利	2020/1/7
18	ZL201810775403.1	一种识别多次波的方法及装置	发明专利	2020/1/7
19	ZL201810965774.6	碳酸盐岩裂缝密度定量预测方法与装置	发明专利	2020/1/7
20	ZL201920070328.9	离心杯及岩心包裹套及离心机及含裂缝致密油藏空气重力驱潜力评价实验装置	实用新型	2020/1/7
21	ZL201920091328.7	一种油层深部定点定方位保压取心工具	实用新型	2020/1/7
22	ZL201920151425.0	一种使用滑片马达驱动的井下钻具	实用新型	2020/1/7
23	ZL201920215184.1	核磁驱替实验监控系统	实用新型	2020/1/7
24	ZL201920236716.X	原油活化能测定装置	实用新型	2020/1/7
25	ZL201920236729.7	原油氧化放热特性测定系统	实用新型	2020/1/7
26	ZL201920280250.3	一种驱替液采集装置	实用新型	2020/1/7
27	ZL201611095061.6	断裂输导能力参数的确定方法与装置	发明专利	2020/1/10

序号	授权专利号	专利名称	专利类别 （发明/实用/新型）	授权日期
28	ZL201710391619.3	油藏水驱体积波及系数的确定方法、装置及系统	发明专利	2020/1/10
29	ZL201410579036.X	网络设备的通信方法及装置	发明专利	2020/2/14
30	ZL201511018785.6	一种用于采集油气井数据的音频通信设备和方法	发明专利	2020/2/14
31	ZL201610227506.5	一种微球状双梳型嵌段聚合物调驱剂及其制备方法	发明专利	2020/2/14
32	ZL201611061432.9	化学剂发泡效果评价装置及评价方法	发明专利	2020/2/14
33	ZL201611103016.0	一种地质剖面自然网格的剖分方法	发明专利	2020/2/14
34	ZL201611182947.4	一种带地应力条件的注蒸汽稠油开采实验方法及装置	发明专利	2020/2/14
35	ZL201710111848.5	一种平衡压力的气体采集装置及方法	发明专利	2020/2/14
36	ZL201710594248.9	一种智能找水型高温水平井用堵水剂	发明专利	2020/2/14
37	ZL201710820589.3	地震数据处理方法、装置、电子设备及计算机存储介质	发明专利	2020/2/14
38	ZL201711105596.1	重油采油管柱及其采油方法	发明专利	2020/2/14
39	ZL201711170200.1	岩心夹持器	发明专利	2020/2/14
40	ZL201711171252.0	稠油开采实验中的油水气产出控制与计量装置和方法	发明专利	2020/2/14
41	ZL201711363193.7	断层剖面的确定方法和装置	发明专利	2020/2/14
42	ZL201810598714.5	含气饱和度预测方法及装置	发明专利	2020/2/14
43	ZL201810712101.X	层析偏移速度分析中的射线追踪方法及装置	发明专利	2020/2/14
44	ZL201810801174.6	一种电动潜油直驱螺杆泵的确定方法及系统	发明专利	2020/2/14
45	ZL201810876926.5	基岩岩性识别和物性计算方法及装置	发明专利	2020/2/14
46	ZL201811171969.X	速度场构建方法及装置	发明专利	2020/2/14
47	ZL201920368934.9	用于核磁共振流体分析仪探头的温度控制装置	实用新型	2020/2/14
48	ZL201920387412.3	液压抽油机液压系统	实用新型	2020/2/14
49	ZL201920442836.5	页岩岩样夹具及岩样端面加工装置	实用新型	2020/2/14
50	ZL201511000979.3	压裂液对致密油产能冷伤害的预测方法及装置	发明专利	2020/3/10
51	ZL201610364918.3	油藏数值模拟中常规与流线模型的数据体转换方法及装置	发明专利	2020/3/10
52	ZL201610470841.8	一种勘探开发项目中油气指标数据的处理方法和装置	发明专利	2020/3/10
53	ZL201610709563.7	一种多层砂岩油藏低阻油层识别方法和装置	发明专利	2020/3/10
54	ZL201710446498.8	一种使用尿素改善蒸汽辅助重力泄油开发的方法	发明专利	2020/3/10
55	ZL201710685073.2	一种 CO_2 响应就地凝胶封窜溶胶及其制备方法与应用	发明专利	2020/3/10

续表

序号	授权专利号	专利名称	专利类别（发明/实用/新型）	授权日期
56	ZL201710710368.0	一钟烷基芳基磺酸钠盐表面活性剂组合物及其制备与应用	发明专利	2020/3/10
57	ZL201711363628.8	岩溶垮塌角砾的确定方法和装置	发明专利	2020/3/10
58	ZL201711459715.3	储层确定方法和装置	发明专利	2020/3/10
59	ZL201810006722.6	一种地应力的确定方法及装置	发明专利	2020/3/10
60	ZL201810029983.X	裂缝带位置校正方法及装置	发明专利	2020/3/10
61	ZL201810586361.7	一种油井堵水剂及其制备方法和应用	发明专利	2020/3/10
62	ZL201810986762.1	有机质含量地震预测方法及装置	发明专利	2020/3/10
63	ZL201811221227.3	全频保幅地震数据处理方法和装置	发明专利	2020/3/10
64	ZL201811275530.1	储盖组合测井评价方法和装置	发明专利	2020/3/10
65	ZL201920552336.7	一种含硫气田产出水负压气提及电解氧化除硫系统	实用新型	2020/3/10
66	ZL201920939370.X	用于场发射扫描电镜的样品台	实用新型	2020/3/10
67	US10598595B2	Method for Deermining Oil Contents in Rock Formations	发明专利	2020/3/24
68	GB2539739	Method and Apparatus for Performance Prediction of Multi-layered Oil Reservoirs	发明专利	2020/4/1
69	ZL201511009649.0	一种水平井井眼钻遇地层判识方法	发明专利	2020/4/10
70	ZL201610560513.7	岩心的流体全面饱和的积液装置及全表面饱和方法	发明专利	2020/4/10
71	ZL201610887810.2	裸眼筛管用的作业方法以及管柱	发明专利	2020/4/10
72	ZL201710211860.3	一种高渗带的渗透率下限值的确定方法和装置	发明专利	2020/4/10
73	ZL201710416777.X	一种携砂减阻双向压裂液	发明专利	2020/4/10
74	ZL201710656200.6	一种用于非均质储层的投球暂堵分层压裂方法	发明专利	2020/4/10
75	ZL201711034250.7	微米 CT 岩芯前处理方法及设备	发明专利	2020/4/10
76	ZL201711429674.3	一种元素俘获能谱测井的伽马能谱解谱方法及装置	发明专利	2020/4/10
77	ZL201810243003.6	井下发电装置和分层注水装置	发明专利	2020/4/10
78	ZL201810250623.2	地貌成像方法、装置及计算机存储介质	发明专利	2020/4/10
79	ZL201810742891.6	确定远源岩性圈闭的方法及装置	发明专利	2020/4/10
80	ZL201811234260.X	相控砂体结构主体块状砂岩定量区分方法及装置	发明专利	2020/4/10
81	ZL201920518318.7	一种用于脱除含硫气田产出水中的 H_2S 的超重力气提装置	实用新型	2020/4/10
82	ZL201920576382.0	一种高含 CO_2 油田采出液气液分离与处理装置	实用新型	2020/4/10
83	ZL201920780588.5	油井污水桶	实用新型	2020/4/10
84	ZL201920780591.7	岩样储存搬运装置	实用新型	2020/4/10
85	ZL201920787480.9	一种便携式岩芯凳	实用新型	2020/4/10
86	ZL201920810095.1	全二维气相色谱与傅立叶变换离子回旋共振质谱耦合系统	实用新型	2020/4/10

序号	授权专利号	专利名称	专利类别 （发明/实用/新型）	授权日期
87	ZL201811429784.4	基于修正储量丰度的低渗致密砂岩气藏富集区确定方法	发明专利	2020/4/14
88	ZL202010311499.3	地震速度自动拾取方法及装置	发明专利	2020/4/20
89	ZL201710512816.6	一种地层对比结果整合方法及装置	发明专利	2020/4/24
90	US10641088B2	Method and Device for Determining Karst Development Degree of Reservoir, Computer Readable Storage Medium and Device	发明专利	2020/5/5
91	ZL201611226491.7	物理模拟非均质油藏的方法和装置	发明专利	2020/5/8
92	ZL201611050036.6	岩心夹持系统	发明专利	2020/5/8
93	ZL201710301101.6	一种检测岩心流体饱和度的方法及装置	发明专利	2020/5/8
94	ZL201710372065.2	页岩油有利岩石类型的确定方法与装置	发明专利	2020/5/8
95	ZL201710666181.5	确定水平裂缝宽度的方法及装置	发明专利	2020/5/8
96	ZL201710740676.8	页岩原位裂纹分布检测系统	发明专利	2020/5/8
97	ZL201710946251.2	外壳导向式造斜钻具	发明专利	2020/5/8
98	ZL201710952052.2	一种N′-长链烷基-N,N-二乙基乙脒及其制备方法和应用	发明专利	2020/5/8
99	ZL201710971627.5	一种水驱油藏含水率预测方法及其预测装置	发明专利	2020/5/8
100	ZL201711038686.3	一种核磁共振流体分析仪及其制备方法	发明专利	2020/5/8
101	ZL201711084420.2	一种确定多相流体流速的方法及装置	发明专利	2020/5/8
102	ZL201711084891.3	一种构建数字岩心的方法及装置	发明专利	2020/5/8
103	ZL201711101924.0	一种低渗透稠油油藏压裂方法	发明专利	2020/5/8
104	ZL201711126813.5	一种基于碳酸盐岩孔隙结构预测渗透率的方法及其装置	发明专利	2020/5/8
105	ZL201711128892.3	二氧化碳驱分层注气井注气参数的确定方法	发明专利	2020/5/8
106	ZL201711382411.1	一种磺化渣油改性膨润土稳泡剂及其制备方法	发明专利	2020/5/8
107	ZL201810471939.4	燃烧管、火驱实验装置及方法	发明专利	2020/5/8
108	ZL201810966059.4	远探测声波逆时偏移成像方法及装置	发明专利	2020/5/8
109	ZL201811080757.0	薄储层厚度预测方法及装置	发明专利	2020/5/8
110	ZL201811257640.5	一种地震数据校正方法及装置	发明专利	2020/5/8
111	ZL201920780589.X	高含水期油井取样装置	实用新型	2020/5/8
112	ZL201920838842.2	一种滴管及适用于野外岩心观察的滴瓶	实用新型	2020/5/8
113	ZL201920972375.2	一种旋转式卡箍	实用新型	2020/5/8
114	US10647586B2	Amphiphilic Molecular Sieve Containing Lipophilic Group on the Outside and Hydrophilic Group on the Inside and Production Method Thereof	发明专利	2020/5/12

序号	授权专利号	专利名称	专利类别 (发明/实用/新型)	授权日期
115	ZL201810803413.1	基于深度学习的石油设施遥感自动识别方法及装置	发明专利	2020/5/18
116	ZL202010440148.2	逆时偏移成像方法及装置	发明专利	2020/5/22
117	ZL201711027287.7	一种确定烃源岩排烃效率的方法及装置	发明专利	2020/6/3
118	ZL201810971743.1	电成像测井相自动识别方法及装置	发明专利	2020/6/8
119	ZL201921024562.4	一种可自动计量注入量的搅拌型中间容器	实用新型	2020/6/9
120	ZL201610803926.3	支撑剂嵌入造成人工裂缝壁面压实伤害的评价方法及装置	发明专利	2020/6/9
121	ZL201710320944.0	一种碳酸盐岩储层钻井放空的预警方法及系统	发明专利	2020/6/9
122	ZL201710594502.5	一种耐高温高盐调驱剂制备方法及其应用	发明专利	2020/6/9
123	ZL201710600763.3	一种湖相碳酸盐岩岩性测井定量识别方法	发明专利	2020/6/9
124	ZL201710650477.8	油藏的增产方式的确定方法和装置	发明专利	2020/6/9
125	ZL201710692982.9	密度测井正演模拟方法及装置	发明专利	2020/6/9
126	ZL201710694990.7	一种确定储层渗透率的方法及装置	发明专利	2020/6/9
127	ZL201710704801.X	井网部署的方法和装置	发明专利	2020/6/9
128	ZL201711122393.3	测量压力波在岩心内部扩散的实验系统和方法	发明专利	2020/6/9
129	ZL201711290825.1	一种确定页岩含气量的方法及装置	发明专利	2020/6/9
130	ZL201810014958.4	稠油油藏高温高压驱油效率实验方法	发明专利	2020/6/9
131	ZL201810122005.X	一种确定岩心渗吸无因次时间模型的方法及装置	发明专利	2020/6/9
132	ZL201810270086.8	一种岩相概率分布模型的建立方法及系统	发明专利	2020/6/9
133	ZL201810587191.4	变径设备、细管实验系统及方法	发明专利	2020/6/9
134	ZL201810613213.X	基于波形匹配反演的地层倾角预测方法及装置	发明专利	2020/6/9
135	ZL201810705617.1	一种缝洞型碳酸盐岩油藏不确定性建模方法及其装置	发明专利	2020/6/9
136	ZL201810824960.8	用于岩石样品端面的加工装置及加工方法	发明专利	2020/6/9
137	ZL201811002243.3	一种确定储层砂体比例的方法、装置及系统	发明专利	2020/6/9
138	ZL201920787983.6	分段填砂管、多段填砂管及模拟水平井开采的实验设备	实用新型	2020/6/9
139	ZL201920874784.9	一种用于从石油基质中分离巯盐的微型固相萃取柱	实用新型	2020/6/9
140	ZL201920969253.8	用于岩心观察的劈样工具	实用新型	2020/6/9
141	ZL201921185511.X	一趟管柱两层分层射孔-测试作业管柱	实用新型	2020/6/9
142	ZL201921211277.3	降压装置及模拟泡沫油衰竭开采的实验设备	实用新型	2020/6/9
143	ZL201921274367.7	手持式岩芯钻机的钻头稳定装置	实用新型	2020/6/9
144	US10682619B2	Nano-silica Dispersion Having Amphiphilic Properties and a Double-particle Structure and its Production Method	发明专利	2020/6/16

序号	授权专利号	专利名称	专利类别 （发明/实用/新型）	授权日期
145	ZL201810744109.4	一种采出 SAGD 楔形区原油的方法	发明专利	2020/7/10
146	ZL201611234667.3	一种构造应力场的模拟方法及装置	发明专利	2020/7/10
147	ZL201710376308.X	砂体连通性评价方法及装置	发明专利	2020/7/10
148	ZL201710522485.4	一种放射性生烃模拟实验方法	发明专利	2020/7/10
149	ZL201710615928.4	一种碳酸盐岩缝洞型储层含水饱和度计算方法及装置	发明专利	2020/7/10
150	ZL201710711735.9	一种可溶压裂桥塞的表面处理方法及可溶桥塞	发明专利	2020/7/10
151	ZL201710810484.X	一种抗凝析油泡排剂及其制备方法和应用	发明专利	2020/7/10
152	ZL201711362886.4	走滑断裂带的识别方法和装置	发明专利	2020/7/10
153	ZL201711362904.9	岩心约束的电成像测井图像处理方法和装置	发明专利	2020/7/10
154	ZL201711363194.1	暗河垮塌体系形态的确定方法和装置	发明专利	2020/7/10
155	ZL201711365218.7	一种确定页岩含气量的方法及装置	发明专利	2020/7/10
156	ZL201810122310.9	一种无杆采油装置及系统	发明专利	2020/7/10
157	ZL201810440775.9	砂岩优质储层预测方法及装置	发明专利	2020/7/10
158	ZL201810474197.0	一种界面的倾角获取方法、装置、电子设备及存储介质	发明专利	2020/7/10
159	ZL201810522341.3	井下发电装置和分层注水装置	发明专利	2020/7/10
160	ZL201810865775.3	三维波动方程混合网格有限差分数值模拟方法及装置	发明专利	2020/7/10
161	ZL201811066784.2	一种确定地层孔隙度的方法、装置及系统	发明专利	2020/7/10
162	ZL201811145173.5	一种应用生烃增压模型计算排烃效率的方法	发明专利	2020/7/10
163	ZL201811492987.8	一种预测薄层砂岩储层厚度方法及装置	发明专利	2020/7/10
164	ZL201921169641.4	可持续注液的多功能注入系统	实用新型	2020/7/10
165	ZL201921391353.3	流体检测装置	实用新型	2020/7/10
166	ZL201921843662.X	地质放大镜	实用新型	2020/7/10
167	ZL202010602759.2	深度域地震数据拼接方法及装置	发明专利	2020/7/15
168	ZL202010679838.3	一种深度域地震数据优化方法及装置	发明专利	2020/7/15
169	ZL202010736969.0	弯曲射线叠前时间偏移速度求取方法及装置	发明专利	2020/7/30
170	ZL201711025177.7	一种用全息荧光检测油源岩成熟度的方法及其装置	发明专利	2020/7/30
171	ZL201811404168.3	地震层位识别与追踪方法、系统	发明专利	2020/8/1
172	ZL201710706172.4	一种确定油气运移路径上的油气量的方法及装置	发明专利	2020/8/7
173	ZL201810182614.4	偏心型核磁共振测井仪及其核磁共振永磁体	发明专利	2020/8/7
174	ZL201810299057.4	流体形态可视化观察系统和油藏勘探的方法	发明专利	2020/8/7
175	ZL201921684502.5	一种页岩气保压取心现场含气量测试装置套件	实用新型	2020/8/7
176	ZL201710187510.8	确定多层油藏水驱波及系数的方法及装置	发明专利	2020/8/11

序号	授权专利号	专利名称	专利类别 （发明/实用/新型）	授权日期
177	ZL201710333585.2	一种绘制等值线图的方法以及系统	发明专利	2020/8/11
178	ZL201710670693.9	堵漏评价装置及方法	发明专利	2020/8/11
179	ZL201710680971.9	粗化渗透率的确定方法和装置	发明专利	2020/8/11
180	ZL201710804295.1	地质资源开采价值评价方法及装置	发明专利	2020/8/11
181	ZL201710821859.2	一种高温泡沫稳定剂及其制备方法与应用	发明专利	2020/8/11
182	ZL201711372605.3	多孔介质流体渗流模拟装置及方法	发明专利	2020/8/11
183	ZL201810242999.9	水气分散体系生成装置、地面注入系统及方法	发明专利	2020/8/11
184	ZL201810300418.2	油藏开采系统、气泡泡径控制实验系统和油藏开采方法	发明专利	2020/8/11
185	ZL201810641777.4	一种尿素辅助SAGD可行性评价实验装置和方法	发明专利	2020/8/11
186	ZL201810875530.9	液压抽油机油缸、液压抽油机及其工作方法	发明专利	2020/8/11
187	ZL201811001666.3	动校正量递推修正的无拉伸畸变动校正方法及装置	发明专利	2020/8/11
188	ZL201811113544.3	一种人工裂缝的模拟方法及装置	发明专利	2020/8/11
189	ZL201811155522.3	一种应用生烃增压模型计算致密油充注距离的方法	发明专利	2020/8/11
190	ZL201811159983.8	一种获取转换波的方法、装置、电子设备及可读存储介质	发明专利	2020/8/11
191	ZL201811311024.3	多通道三维地震物理模拟数据采集方法及装置	发明专利	2020/8/11
192	ZL201811494638.X	一种混积烃源岩TOC含量和岩性组分测定方法及应用	发明专利	2020/8/11
193	ZL201921067028.1	水槽实验装置	实用新型	2020/8/11
194	ZL201921650958.X	一种水平井井下旋流冲击解堵洗井工具	实用新型	2020/8/11
195	ZL201921650960.7	压裂井口转换装置	实用新型	2020/8/11
196	ZL201710217188.9	低渗透砂砾岩地层压力预测方法及装置	发明专利	2020/8/12
197	AU2019202479B1	油气源的汞同位素测试方法	发明专利	2020/8/13
198	ZL202010829472.3	一种近偏移距剩余多次波压制方法及装置	发明专利	2020/8/18
199	ZL201711446494.6	一种构建数字岩心的方法及装置	发明专利	2020/8/19
200	2017363224	Method for Abtaining Conversion Relationship Between Dynamic and Static Elastic Parameters	发明专利	2020/8/20
201	ZL202010861535.3	地震像方法及装置	发明专利	2020/8/25
202	ZL202010875538.2	碳酸盐岩储层孔隙流体饱和度识别方法及量版建立方法	发明专利	2020/8/27
203	US 10759819B2	Sigle-side Modified β-anderson-type Heteropolymolybdate Organic Derivatives	发明专利	2020/9/1
204	ZL201810061964.5	显微可视流体封存装置及测定方法	发明专利	2020/9/3
205	ZL201610791513.8	岩石含油量测定方法及装置	发明专利	2020/9/4

序号	授权专利号	专利名称	专利类别 （发明/实用/新型）	授权日期
206	ZL201711075764.7	一种检测痕量生物标志化合物的方法	发明专利	2020/9/4
207	ZL201711142575.7	用于微米 CT 观测的岩心夹持器及其实验方法	发明专利	2020/9/4
208	ZL201711429189.6	一种确定火驱过程中燃烧数据的方法和装置	发明专利	2020/9/4
209	ZL201810061992.7	一种地震数据处理方法及装置	发明专利	2020/9/4
210	ZL201811020121.7	基于弱度参数检测裂缝型储层流体的方法及装置	发明专利	2020/9/4
211	ZL201921803183.5	基于可控硅软启动器的不停机间抽控制装置	实用新型	2020/9/4
212	ZL201610509916.9	一种使用降粘剂改善蒸汽辅助重力泄油后期开发的方法	发明专利	2020/9/8
213	ZL201610872860.3	邮件的解密方法和服务器	发明专利	2020/9/8
214	ZL201611242611.2	一种多孔介质材料内表面白云石矿化方法及其产品	发明专利	2020/9/8
215	ZL201710356956.9	开采深层底水稠油油藏的方法	发明专利	2020/9/8
216	ZL201710710370.8	含磺酸盐表面活性剂的增强乳化型复合驱组合物及其应用	发明专利	2020/9/8
217	ZL201710933824.8	模拟油藏注水的试验装置及方法	发明专利	2020/9/8
218	ZL201711304662.8	一种基于二维地震数据的断层识别方法、装置及系统	发明专利	2020/9/8
219	ZL201711429152.3	一种岩石低频弹性模量及衰减系数测量方法及系统	发明专利	2020/9/8
220	ZL201810011059.9	砂岩储层的孔隙度的预测方法、装置及计算机存储介质	发明专利	2020/9/8
221	ZL201810052805.9	一种确定储层岩石样品的有效单元体积的方法及装置	发明专利	2020/9/8
222	ZL201810201160.0	一种人工缝控储量提高采收率的油气开采方法	发明专利	2020/9/8
223	ZL201810389599.0	加载应力测试裂缝高度扩展的实验系统及方法	发明专利	2020/9/8
224	ZL201810666702.1	一种确定凝析气井气举增产油气量的方法及其装置	发明专利	2020/9/8
225	ZL201810776138.9	一种液态磁敏感材料的实验装置	发明专利	2020/9/8
226	ZL201810796225.0	一种可用海水配制的地下交联型树脂调剖剂及其应用	发明专利	2020/9/8
227	ZL201921887835.8	通井、洗井、冲砂一体化井下作业工具	实用新型	2020/9/8
228	ZL202030108025.X	磁共振多相流量计	外观专利	2020/9/8
229	AU2019202485B2	天然气的汞同位素测试方法	发明专利	2020/9/10
230	3012371	Method for Communication of Dual Horizontal Wells	发明专利	2020/9/22
231	ZL202011022181.X	地震品质因子确定方法及装置	发明专利	2020/9/25
232	ZL201711025167.3	一种井下可溶工具及其制备方法	发明专利	2020/9/28
233	ZL201711469937.3	毛细管流体观测系统	发明专利	2020/9/28
234	ZL202011050625.0	提高地震数据纵向分辨率的方法及装置	发明专利	2020/9/29

序号	授权专利号	专利名称	专利类别（发明/实用/新型）	授权日期
235	15/983,889	Method and Apparatus for Determining Flow Rates of Components of Multiphase Fluid	发明专利	2020/10/2
236	10,845,495	Method and Device of Identifying Fracture	发明专利	2020/10/8
237	ZL201710515076.1	一种平面非均质模型、注采模拟实验装置及方法	发明专利	2020/10/9
238	ZL201711021280.4	一种分散边底水型气藏水侵阶段的判别方法及其装置	发明专利	2020/10/9
239	ZL201711120095.0	一种干酪根生油能力的微观评价方法及其系统	发明专利	2020/10/9
240	ZL201711361241.9	一种快速解除凝气气藏污染的方法	发明专利	2020/10/9
241	ZL201810694349.8	微米级玻璃刻蚀模型的封装方法及设备	发明专利	2020/10/9
242	ZL201810825891.2	示功仪	发明专利	2020/10/9
243	ZL201811011601.7	液压撼砂装置、应用于填砂模型的液压撼砂系统及方法	发明专利	2020/10/9
244	ZL202011090083.X	地震波初至拾取方法及装置	发明专利	2020/10/13
245	ZL202011116669.9	地震速度确定方法及装置	发明专利	2020/10/19
246	US10816532B2	原油的汞同位素测试方法	发明专利	2020/10/27
247	ZL201811219799.8	岩心夹持器及岩心逆向渗吸实验装置	发明专利	2020/10/27
248	US16157480	Method and Apparatus for Measuring Oil Content of Tight Reservoir Based on Nuclear Magnetic Resonance	发明专利	2020/11/2
249	ZL202011204306.0	炮域反射波准确拾取方法	发明专利	2020/11/2
250	ZL201810412676.X	一种低成本长链混合甜菜碱及其制备方法和应用	发明专利	2020/11/3
251	ZL201810522332.4	井下发电装置和分层注水装置	发明专利	2020/11/3
252	ZL201810658602.4	一种致密油气储层二次压裂的方法和应用	发明专利	2020/11/3
253	ZL202011216979.8	噪音去除方法及装置	发明专利	2020/11/4
254	ZL201710734957.2	一种计算煤层气井破裂压力的方法及其系统	发明专利	2020/11/6
255	ZL201711212267.7	一种人工岩心的制备方法及其制备得到的人工岩心	发明专利	2020/11/6
256	ZL201810309443.7	火驱实验装置及其制造方法	发明专利	2020/11/6
257	ZL201810546981.8	一种油井解堵剂及其制备方法和应用	发明专利	2020/11/6

软件产品

序号	登记号	软件名称	认定日期
1	2020SR0028997	ThinLens 薄互层地震特殊处理软件	2020/1/7
2	2020SR0130688	裂缝性致密砂岩气藏出砂分析软件	2020/2/12
3	2020SR1078812	基于人机交互的岩石薄片微观结构智能识别统计软件	2020/3/6
4	2020SR0718694	砂岩储层成岩综合指数计算软件	2020/3/9
5	2020SR1072091	地震断裂属性均衡优化软件	2020/3/24
6	2020SR0317839	酸压井选层优化设计软件	2020/4/9
7	2020SR0531631	基于测井曲线的压裂模拟参数建模软件	2020/5/28
8	2020SR0531871	碳酸盐岩储层压裂改造裂缝扩展模拟软件	2020/5/28
9	2020SR0715765	储层预测过程质控软件	2020/7/2
10	2020SR0715509	储层预测基础资料质控软件	2020/7/2
11	2020SR0715753	高分辨率地震稀疏反演软件	2020/7/2
12	2020SR0715628	铸体薄片孔隙结构评价软件 V2.0	2020/7/2
13	2020SR0715759	岩心核磁储层孔隙结构分析软件 V1.0	2020/7/2
14	2020SR0716871	中国石油 SEC 油气证实储量价值评估系统 V1.0	2020/7/3
15	2020SR0718281	储层预测结果质控软件	2020/7/3
16	2020SR0717016	叠前地震资料弹性模量反演软件	2020/7/3
17	2020SR0716603	提高采收率矿场实例类比潜力评价系统	2020/7/3
18	2020SR0718667	水平井水力压裂二维裂缝扩展模拟软件［简称：FrSmart－CrackPG2D］V1.0	2020/7/3
19	2020SR0719672	页岩气测井地质快速评价系统［简称 SGLE-QUICK］V2.0	2020/7/3
20	2020SR0716601	海外油气项目动态分析规划和计划管理平台	2020/7/3
21	2020SR0716779	海外油气项目开发数据管理平台	2020/7/3
22	2020SR0718332	气水两相产能评价软件 V1.0	2020/7/3
23	2020SR0716686	个性化井网设计软件平台 V2.0	2020/7/3
24	2020SR0718661	地震数据时频分析软件	2020/7/3
25	2020SR0716617	地面地震品质因子提取软件（Q-Surface）	2020/7/3
26	2020SR0716594	低渗透油藏注水动态预测与分析软件	2020/7/3

序号	登记号	软件名称	认定日期
27	2020SR0719139	视觉地震信号检测及数据分析软件	2020/7/3
28	2020SR0719651	自组织映射地震多属性综合分析软件	2020/7/3
29	2020SR0719623	地震数据自适应倾角扫描软件	2020/7/3
30	2020SR0724110	油气勘探开发趋势分析软件	2020/7/6
31	2020SR0726842	地球化学色谱-质谱分析报告软件［简称：Geo GCMS ARS］V2.0	2020/7/6
32	2020SR0726385	储层孔隙结构地震描述软件	2020/7/6
33	2020SR0723638	双水平井循环预热井间温度预测	2020/7/6
34	2020SR0723645	三维可视地质建模分析工具系统	2020/7/6
35	2020SR0727096	地质数据三维建模结构分析系统	2020/7/6
36	2020SR0724092	油气井移动施工记录平台	2020/7/6
37	2020SR0723913	泡沫排水采气起泡剂现场加注智能优化设计软件 V1.0	2020/7/6
38	2020SR0729866	单层油藏油水两相一注两采 IMPES 数值模软件 V1.0	2020/7/6
39	2020SR0724074	钻井定额编制与水平测算一体化系统	2020/7/6
40	2020SR0729839	基质-裂缝耦合开发数值模拟软件［简称：耦合开发模拟软件］V1.0	2020/7/6
41	2020SR0727120	全球油气资源信息发布系统	2020/7/6
42	2020SR0729859	邮件智能结构化管理系统	2020/7/6
43	2020SR0724052	组分模拟流体高压物性分析软件 V1.0	2020/7/6
44	2020SR0723610	二维曲波变换联合全变差随机噪音衰减软件 V1.0	2020/7/6
45	2020SR0723609	三维曲波变换联合全变差随机噪音衰减软件 V1.0	2020/7/6
46	2020SR0726378	地震地质协同研究云数据平台［简称：EDMP］V1.0	2020/7/6
47	2020SR0724010	基于深度学习的智能化叠前去噪软件	2020/7/6
48	2020SR0743687	地震储层预测质控分析软件	2020/7/8
49	2020SR0789352	超道集地震数据构建分析软件	2020/7/10
50	2020SR0760168	缝洞型碳酸盐岩油气井合理工作制度分析系统	2020/7/13
51	2020SR0761517	细粒沉积压实纹层成因数值模拟系统［简称：压实纹层］V1.0	2020/7/13
52	2020SR0761725	基于 λ-f 域高分辨率 Radon 变换的多次波压制软件	2020/7/13
53	2020SR0761718	基于随机森林的储层综合预测软件	2020/7/13
54	2020SR0764659	碎屑岩沉积物源方向测井分析软件	2020/7/13
55	2020SR0766096	油气预探区带评分和优选软件	2020/7/14
56	2020SR0766116	油气勘探计划编制与优化系统软件	2020/7/14

序号	登记号	软件名称	认定日期
57	2020SR0771720	层控地表一致性振幅补偿软件 V1.0	2020/7/14
58	2020SR0765351	CIFLog-Sand 泥质砂岩分析软件	2020/7/14
59	2020SR0771241	低渗透油藏水平井单井生产数据查询系统	2020/7/14
60	2020SR0769044	经济评价方案评估软件［简称：FrSamrt-EP］V1.0	2020/7/14
61	2020SR0765486	地下储气库三维地震资料高精度速度分析软件 V1.0	2020/7/14
62	2020SR0766232	自喷井停喷时间预测及生产制度优化分析软件［简称：CFP&PPO］V1.0	2020/7/14
63	2020SR0767692	基于机器学习的波形聚类软件	2020/7/14
64	2020SR0764961	储层参数扩展弹性阻抗自动寻优软件	2020/7/14
65	2020SR0765479	常用矢量岩性图例编辑充填软件 V1.0	2020/7/14
66	2020SR0769085	中国石油媒体管理平台系统	2020/7/14
67	2020SR0766103	油气探明储量指标分类检索软件 V1.0	2020/7/14
68	2020SR0769097	水气交替驱替开发动态分析软件 V1.0	2020/7/14
69	2020SR0766890	吸收衰减介质最小二乘逆时偏移成像软件	2020/7/14
70	2020SR0767603	VSP 品质因子提取软件 V1.0	2020/7/14
71	2020SR0765465	基于 λ-f 域高分辨 Radon 变换的近偏移距外推软件	2020/7/14
72	2020SR0765493	沉积相研究软件［简称：SFR］V1.0	2020/7/14
73	2020SR0770787	基于粗糙海表面的拖缆鬼波自适应压制软件	2020/7/14
74	2020SR0770780	双复杂介质保幅叠前深度偏移软件	2020/7/14
75	2020SR0784137	EILog 常规测井采集资料质量验收系统	2020/7/16
76	2020SR0787080	钻井工程工程量清单计价系统	2020/7/17
77	2020SR0790111	项目类比系统	2020/7/17
78	2020SR0790118	储层参数地震正演模拟软件	2020/7/17
79	2020SR0790733	地震数据静校正处理过程质量分析与评价系统	2020/7/17
80	2020SR1075303	Landsat 元数据管理器软件-PetroImageLandsatMDM	2020/9/10
81	2020SR1072548	MBTiles 编码器-PetroMBTilesDecode	2020/9/10
82	2020SR1075295	清洁生产成果浏览器-PetroImageWAPIPB	2020/9/10
83	2020SR1075177	原始测井资料自动分析筛选处理系统	2020/9/10
84	2020SR1075296	常规与非常规油气资源评价系统 HyRAS3.0	2020/9/10
85	2020SR1075608	中石油上市 SEC 证实储量经济性评价	2020/9/10

续表

序号	登记号	软件名称	认定日期
86	2020SR1077717	CIF-IPOR 交互式纯地层模型储层参数计算软件	2020/9/10
87	2020SR1077757	CIF-ICra 交互式复杂地层模型储层参数计算软件	2020/9/10
88	2020SR1072572	CIF-Iclass 交互式黏土模型储层参数计算软件	2020/9/10
89	2020SR1078940	原油产能建设项目管理平台(简称:ODPMP)V1.0	2020/9/10
90	2020SR1076262	定性指标量化分析算法软件	2020/9/10
91	2020SR1076540	基于场景的蒙特卡洛预测软件	2020/9/10
92	2020SR1076054	基于多列数据文件的批量拟合软件	2020/9/10
93	2020SR1076615	项目类比分析算法软件	2020/9/10
94	2020SR1077129	指标预测系统	2020/9/10
95	2020SR1074196	可变影响比的油气藏多点统计建模系统	2020/9/10
96	2020SR1077534	储层地质建模和开发方案优化系统软件	2020/9/10
97	2020SR1075137	高温高压井油基钻井液气侵井控软件 V1.0	2020/9/10
98	2020SR1077725	三相敏感的振幅或旅行时随方位及偏移距的变化而变化的叠前裂缝体预测软件	2020/9/10
99	2020SR1077134	应力敏感气藏物质平衡单井指标预测系统 V1.0	2020/9/10
100	2020SR1077126	缝洞型碳酸盐岩油气井产量递减分析系统 V1.0	2020/9/10
101	2020SR1077955	SDN 自助服务系统	2020/9/10
102	2020SR1078853	资源规划信息平(简称 UPlan)V1.5	2020/9/10
103	2020SR1078059	基于物联网的抽油机井工况诊断分析系统	2020/9/10
104	2020SR1073610	油气田物联设备互联互通检测系统	2020/9/10
105	2020SR1079018	断块圈闭有效性评价系统 GeoFAST	2020/9/10
106	2020SR1075612	地质绘图格式转换软件	2020/9/10
107	2020SR1077941	叠前去噪数据处理质量分析系统	2020/9/10
108	2020SR1073605	页岩各向异性叠前反演软件系统	2020/9/10
109	2020SR1077948	高斯先验弹性参数叠前反演软件	2020/9/10
110	2020SR1074163	不同平台录井数据格式转换软件	2020/9/10
111	2020SR1077781	砂砾岩储层质量参数计算软件	2020/9/10
112	2020SR1077329	深层油气资源评价软件系统 DeepRAS2.0	2020/10/10
113	2020SR1516021	页岩气产量预测及经济效益评价软件	2020/10/21

(宋文枫)

第七篇

书刊论文

期刊杂志

《石油勘探与开发》

《石油勘探与开发》于1974年创刊,由研究院主办,为国家级技术类科技期刊。以促进石油地质勘探、油气田开发及石油工程领域理论技术发展与学术交流为办刊宗旨。期刊开设"油气勘探""油气田开发""石油工程""综合研究"和"学术讨论"栏目,主要负责报道中国与世界石油勘探地质、油气田开发、石油工程最新理论技术发展动态与研究成果,读者对象为国内外石油天然气科技工作者。编委会主任赵文智,常务副主任马新华,主编戴金星,执行主编许怀先,副主编王东良、单东柏。国际标准刊号 ISSN 1000-0747、国内统一刊号 CN 11-2360/TE。

《石油勘探与开发》为SCI、EI双收录期刊,中文、英文两种语言全球同步发行。该期刊先后被《中国科学引文数据库》(CSCD)《中国期刊全文数据库》《中国优秀博硕士学位论文全文数据库》《中国引文数据库》《中文科技期刊数据库》《中国核心期刊(遴选)数据库》《中国石油文摘》等数据库和检索系统列为固定收录期刊。

2020年,来稿1048篇。其中国外来稿177篇,来自34个国家。召开定稿会9次,评估稿件151篇,录用111篇。发放审稿费2182笔,稿费112笔,审读费13笔。

2020年1—6期刊出论文120篇,其中国外来稿8篇;刊出本院来稿35篇,占比29.17%。基金论文比89%。其中第2期刊出的院士邹才能文章《论中国"能源独立"战略的内涵、挑战及意义》,反响巨大。

2020年,《石油勘探与开发》业绩显著:在SCI数据库期刊引证报告中表现出色,期刊影响因子为2.845,比肩世界顶级石油期刊《AAPG》的2.952。《石油勘探与开发》影响因子在SCI石油工程类期刊中排名第3,继续保持Q1区;在地球科学类200种SCI期刊中排名第63,比2019年排名上升12名,位于Q2区。期刊论文被全球125种SCI期刊引用,总被引频次达到3818次,是中国SCI影响因子、总被引频次均进入Q1区的11种期刊之一;在2020年中国科学院文献情报中心期刊分区表中位于石油工程1区,为TOP期刊。英文版在全球下载量高达25.4万篇,比2019年增加30%。

据国家科技部中国科学技术信息研究所报告,《石油勘探与开发》2019年度影响因子为3.673,第17次被评为"百种中国杰出学术期刊",连续第5次入选"中国精品科技期刊"。

据中国知网《中国学术期刊影响因子年报(自然科学与工程技术·2020年版)》,《石油勘探与开发》2019年复合影响因子、期刊综合影响因子分别为5.084,4.243,在石油天然气工业学科92种期刊和地质学学科103种期刊中均位居第一,连续第9次入选"中国最具国际影响力学术期刊"。

根据中国科教评价研究院、武汉大学中国科学评价研究中心、中国科教评价网联合发布的《中国学术期刊评价研究报告》(第六版),《石油勘探与开发》连续第六次入选"RCCSE中国权威学术期刊(A+)"。

参加中国化工情报信息协会举办的首届"全国石油和化工行业期刊百强排行榜"评选,入选全国石油和化工100强排行榜主榜第一名,精品期刊40强排行榜第一名、技术期刊50强排行榜第一名。入选"中国精品科技期刊顶尖学术论文(F5000)"论文12

篇。刊登的赵贤正论文《沁水盆地南部高阶煤层气成藏规律与勘探开发技术》入选第五届中国科协优秀科技论文,是本次入选论文中唯一一篇报道石油勘探开发领域科技进展的论文。

（张朝军）

《石油科技动态》

《石油科技动态》原名《国外石油动态》,创刊于 1998 年 3 月 9 日,半月刊,为科技文献中心自办的内部刊物。2009 年更名为《石油科技动态》,月刊。办刊宗旨为介绍国外创新的工艺、技术、理论和概念,追踪热点地区的勘探开发动态,追踪国际大石油公司的勘探、开发和投资动向。期刊服务于领导科技决策和科研工作者,重点发表石油领域的新理论、新技术、新方法论文信息。

2020 年,《石油科技动态》编辑出版 12 期,每月一期,每期印刷 500 本(从第 10 期开始每期 400 本),全部赠阅。刊登文章 71 篇,1069 页,约 128.5 万字,其中勘探类 17 篇,开发与工程类 38 篇,综合类 6 篇,新能源类10 篇。

《石油科技动态》紧跟集团公司和研究院重大科研项目及领导关注的热点领域,组织有关勘探开发新理论、新方法、工程技术、前沿基础理论方面的翻译文章,同时刊登新能源方面的文章。完成翻译文章 5 篇,刊登委托翻译稿件 45 篇,外部来稿 20 篇。

（张朝军）

《岩性油气藏》

《岩性油气藏》(Lithologic Reservoirs)期刊,原名《西北油气勘探》,1989 年创刊,2006年经国家新闻出版总署批准更名,自 2007 年起在国内外公开发行(季刊),2011 年变更为双月刊。期刊编委会主任贾承造,主编陈启林,副主编吕锡敏(常务)。国际标准刊号 ISSN 1673－8926、国内统一刊号 CN62－1195/TE。

办刊宗旨:建设国际化学术交流平台,探讨油气勘探开发规律,发展油气勘探开发地质理论,创新油气勘探开发方法,提高油气勘探开发技术,促进学术交流和学科建设,加速油气勘探人才的发现和培养,力求创新,为广大石油科技工作者提供展示才华的舞台。

该期刊先后被《中国科学引文数据库》(CSCD)《中国期刊全文数据库》《中国优秀博硕士学位论文全文数据库》《中国引文数据库》《中文科技期刊数据库》《中国核心期刊(遴选)数据库》、《中国石油文摘》等数据库和检索系统列为固定收录期刊。2014年成为“中国科技核心期刊”,2015 年成为“中文核心期刊”和“中国核心学术期刊”,2016 年成为 CSCD 核心期刊。2018 年被美国石油文摘(PA)收录。2020 年综合影响因子提升为 2.691,在石油天然气类(TE)92 种期刊中排名第 7,影响力为第 14 位。

截至 2020 年底,收到各类稿件 580 篇,全年出版正刊 6 期,刊登文章 106 篇,发行3000 本。《岩性油气藏》加快实现期刊国际化,2020 年申请加入 scopus 期刊数据库,已通过初审;并向 EI compendex 提交申请。注重流程再造和敏捷管理,利用中国知网网络首发平台,通过实现“三上网”提高影响因子和编校质量。强化出版管理,差错率指标连续数年位居甘肃省最优,“期刊社会效益自我评价”获得优秀评价(90 分)。

（张光伟）

《海相油气地质》

《海相油气地质》是由中国石油杭州地质研究院主编的季刊,1996 年 3 月创刊,编委会主任院士贾承造,副主任熊湘华,主编熊湘华,副主编张润合、黄革萍。刊号 ISSN 1672－9854、CN 33－1328/P。

办刊宗旨:报道海相油气地质勘探理论、技术、方法的进展,引领海相油气地质研究,推动中国海相油气勘探,为我国石油工业的发展服务。

该期刊先后被《中国科学引文数据库》(CSCD)《中国期刊全文数据库》《中国数字化期刊群(万方数据)》《中国引文数据库》《中文科技期刊数据库(维普资讯)》《中国石油文摘》《美国石油文摘》等数据库和检索系统列为固定收录期刊。2011 年成为中文核心期刊,2011 年成为科技核心期刊,2020 年被收录为 2019—2020 年度中国科学引文数据库(CSCD)"核心库"来源期刊,在《中国学术期刊影响因子年报(2020 年)》中的复合影响因子为 1.191。

截至 2020 年底,收到各类稿件 114 篇,全年出版正刊 4 期,刊登文章 41 篇,发行1000 本。

2020 年,《海相油气地质》秉承办刊宗旨,坚持精品化办刊方针,多措并举拓展优质稿源,办刊水平和学术影响力稳步提升。加强编辑队伍建设,成立青年编辑委员会,由71 名青年专家组成,主任汪泽成、副主任倪新峰,提升审稿水平和速度,更好服务广大作者。坚持以"严谨、细致、规范"为特色,加强审校工作,严守标准与规范,精雕文字与图表,注重内容,优化版式编排,不断提高刊物质量。

(桑宁燕)

书籍出版

序号	书名	作者	出版社名称
1	全球油气勘探开发形势及油公司动态（2020年）	中国石油勘探开发研究院	石油工业出版社
2	天然气脱汞技术	汤林、李剑、班兴安、严启团	科学出版社
3	废弃矿井地下空间开发利用战略与工程实践	武志德	科学出版社
4	中高渗透油藏水驱重大开发试验实践与认识	王锦芳	石油工业出版社
5	低渗透油藏水驱重大开发试验实践与认识	王锦芳	石油工业出版社
6	压裂水平井	郝明强、徐晓宇	石油工业出版社
7	注二氧化碳提高石油采收率技术文集	胡永乐、吕文峰、杨永智	石油工业出版社
8	天然气基础手册	霍瑶	石油工业出版社
9	陆相致密油储层甜点成因机制及精细表征	闫林	科学出版社
10	碳酸盐岩沉积储层学与层序地层学	朱永进、王小芳、倪新锋、刘玲利、付小东	石油工业出版社
11	中西非裂谷系Termit盆地油藏地球化学	刘计国、李美俊、毛凤军	石油工业出版社
12	海底斜坡沉积体系	孔令洪、袁志云、孙作兴、王杰	石油工业出版社
13	低渗、致密气藏渗流规律与产能评价方法文集	甯波、赵昕、付宁海、刘林清	石油工业出版社
14	页岩气开发理论与实践（第三辑）	贾爱林、位云生	石油工业出版社
15	世界油气勘探开发与合作形势图集（俄罗斯）	万仑坤、温志新、贺正军	石油工业出版社
16	世界油气勘探开发与合作形势图集（中亚地区）	万仑坤、温志新、贺正军	石油工业出版社
17	世界油气勘探开发与合作形势图集（中东地区）	万仑坤、温志新、刘小兵	石油工业出版社
18	世界油气勘探开发与合作形势图集（亚太地区）	温志新、王兆明、刘祚冬	石油工业出版社
19	世界油气勘探开发与合作形势图集（南美地区）	万仑坤、温志新、边海光	石油工业出版社
20	世界油气勘探开发与合作形势图集（非洲地区）	万仑坤、温志新、宋成鹏	石油工业出版社

序号	书名	作者	出版社名称
21	CO_2 无水压裂技术	王峰、杨清海、许建国、王峰、孟思炜	石油工业出版社
22	砾岩成岩圈闭油气藏	潘建国、曲永强、尹路	石油工业出版社
23	页岩气藏建模与数值模拟方法面临的挑战	于荣泽、王硕亮、白晓虎、国力文	石油工业出版社
24	低渗透油藏开发理论与应用	李莉、吴忠宝	石油工业出版社
25	大庆低渗透油气田开发技术研究与实践	李莉、吴忠宝	石油工业出版社
26	气藏型储气库系列丛书—储气库地质与气藏工程	魏国齐、丁国生、郑得文、王皆明、郑雅丽	石油工业出版社
27	气藏动态法储量计算	刘晓华	石油工业出版社
28	国外油气勘探开发新进展丛书一：寻找油气之路——油气显示和封堵性的启示	马朋善、何辉、赵健、刘计国	石油工业出版社
29	企业信息基础设施管理	冯梅、郭晓东、贾文清、王贤、方静	石油工业出版社
30	四川盆地东部埃迪卡拉纪-寒武纪构造演化与岩相古地理	谷志东、姜华、翟秀芬、付玲、张宝民	科学出版社
31	Volume Fracturing Effect Evaluation and Productivity Prediction of Vertical Wells in Low-permeability Tight Oil Reservoirs	杨正明、张亚蒲、王国锋、王志远、张安顺	Ausasia Science and Technology Press（澳亚科技出版社）
32	碳捕集、利用与封存案例分析与产业发展建议	王高峰、秦积舜、孙伟善	化学工业出版社
33	埕岛地区油气成藏动力系统研究	时丕同、樊长江、王优杰	中国石油大学出版社
34	稠油过热蒸汽开采理论与实践	赵伦、许安著、范子菲、王金宝、薄兵	石油工业出版社
35	碳酸盐岩沉积学与层序地层学	朱永进、王小芳、倪新锋、刘玲利、付小东	石油工业出版社
36	Reservoir Engineering（油藏工程）	侯建锋、刘卓、胡亚斐、李军诗	石油工业出版社
37	中国低煤阶煤层气富集规律及前景	孙斌、田文广、杨青、孙钦平、穆福元	地质出版社
38	陆相致密油岩石物理特征与测井评价方法	李长喜	科学出版社
39	地质统计学储层建模	胡水清、王珏	石油工业出版社
40	钻井工程全过程工程量清单计价方法	黄伟和、刘海	石油工业出版社
41	钻井工程全过程工程量清单计价标准	黄伟和	石油工业出版社
42	钻井工程全过程造价管理	黄伟和	石油工业出版社
43	钻井工程工艺（第二版）	黄伟和	石油工业出版社
44	水力压裂——石油工程领域新趋势和新技术	卢拥军、陈彦东	石油工业出版社
45	碳酸盐岩沉积体系规模及控制参数评价	吴东旭、周进高、王小芳、乔占峰、黄理力	石油工业出版社
46	地热工程原理与应用	闫家泓	石油工业出版社

续表

序号	书名	作者	出版社名称
47	储层构造动力成岩作用新进展	张荣虎、曾庆鲁、王珂、单祥	石油工业出版社
48	地质构造素描——地质工作掌中宝	张荣虎、曾庆鲁	石油工业出版社
49	地球化学在油气系统中的应用	刘春、王波、宋兵、陈希光、单祥	石油工业出版社
50	致密砂岩气开发机理研究与应用	李熙喆、胡勇、徐轩、焦春艳	科学出版社
51	天然气开发理论与实践（第八辑）	贾爱林、何东博、郭建林	石油工业出版社
52	Dynamic Well Testing in Petroleum Exploration and Development（2nd Edition）	庄惠农、韩永新、孙贺东、刘晓华	石油工业出版社
53	中国自主可控的石油安全战略研究	梁坤、张国生、李欣、杨涛、黄金亮	石油工业出版社
54	四川盆地天然气地球化学与成藏机制	谢增业、李剑、李志生、谢武仁、金惠	石油工业出版社
55	天然气渗漏——全球烃类气体释放	龚德瑜、卫延召、杨帆	科学出版社
56	火山岩油藏储层评价与高效开发	何辉、李顺明	石油工业出版社
57	沉积物源汇系统论	张志杰、周川闽、成大伟、汪梦诗、黄秀	石油工业出版社
58	鄂尔多斯盆地周缘寒武系典型地质剖面图集	张春林、邢凤存、李剑、曾旭	石油工业出版社
59	非常规油气资源:评价与开发	崔景伟	石油工业出版社
60	中国非常规天然气地球化学文集	戴金星、倪云燕	石油工业出版社
61	活性可控表面活性剂应用基础与技术开发	侯庆锋	石油工业出版社
62	页岩泥岩储层微观孔喉结构	朱如凯、白斌	地质出版社
63	海相碳酸盐岩储层改造及测试技术	王永辉、车明光	石油工业出版社
64	Dynamic Well Testing in Petroleum Exploration and Development	庄惠农、韩永新、孙贺东、刘晓华	Elsevier
65	海相页岩层理及孔隙特征	施振生、孙莎莎	石油工业出版社

（巴丹）

发表论文

序号	论文题目	期刊杂志名称/会议名称/出版社	作者	被收录情况
1	近地表补偿技术在浅层致密气勘探中的应用	2019年油气地球物理学术年会:南京	刘桓	ISTP
2	塔里木盆地西缘下寒武统玉尔吐斯组沉积地球化学及有机质富集机制研究	北京大学学报(自然科学版):56(4)	王志宏、丁伟铭、李剑、郝翠果、刘晖	EI
3	储气库地质风险定量评价难点与对策	采油工程:2020年第一辑	贺向阳、邱小松、贺妮妮	
4	基于CIFLog的水平井处理解释系统	测井年会:云南昆明	王才志、刘英明、王浩、夏守姬	
5	随钻电磁波测井实时正反演方法及在水平井中的应用	测井年会:云南昆明	刘英明、王才志、夏守姬、王浩	
6	非常规油气沉积学:内涵与展望	沉积学报:38(1)	邱振、邹才能	
7	中国华南渝东北城口地区下寒武统烃源岩发育环境与形成机制	沉积学报:38(11)	赵坤、李婷婷、朱光有	ISTP
8	塔里木盆地晚震旦世—中寒武世构造沉积充填过程及油气勘探地位	沉积学报:38(2)	朱永进、沈安江、刘玲利、俞广	
9	东爪哇盆地抱球虫灰岩浮游有孔虫组成及指相意义	沉积学报:38(4)	郭沫贞、吕福亮、侯福斗、李林、杨涛涛	
10	现代碱湖对玛湖凹陷风城组沉积环境的启示	沉积学报:38(5)	王力宝、厚刚福、李亚哲、窦洋、郭华军	
11	黔北金沙岩孔地区灯影组储层特征与成岩作用	成都理工大学学报(自然科学版):47(3)	王旭、付小东、徐国盛、林需梅	
12	库车坳陷克深气田致密砂岩储层构造裂缝形成序列与分布规律	大地构造与成矿学:44(1)	王珂、杨海军、李勇、张荣虎、杨学君	EI
13	川西龙门山逆冲带北段多断层同时逆冲几何学证据	大地构造与成矿学:44(6)	杨庚、王晓波	EI
14	大港沙一下页岩油储层高压压汞与氮气吸附研究	大庆石油地质与开发:1000-3754	杨正明、姚兰兰、李海波、才博、何春明	
15	中东高温高盐碳酸盐岩油藏水驱波及控制技术的研究与应用	大庆石油地质与开发:2020(23)	刘阳、叶银珠、吴行才、许寒冰、管保山	
16	一种新型纳米高效固体消泡剂	大庆石油地质与开发:39(4)	曹光强、李楠、王浩宇、贾敏	

续表

序号	论文题目	期刊杂志名称/会议名称/出版社	作者	被收录情况
17	含汞污泥减量化及其中汞形态和稳定性研究	当代化工研究：2020(17)	严启团	
18	威远—自贡地区五峰期—龙马溪期古地形及其对页岩储层品质的控制	地层学杂志：44(2)	施振生	
19	四川盆地喜马拉雅期张扭性断裂构造特征及形成机制	地球科学：46(7)	苏楠、杨威	EI
20	巴西桑托斯盆地盐下漏失原因分析——以A井为例	地球科学前沿：10(10)	任康绪、赵俊峰、郝强升	
21	复杂岩性油藏精细描述研究进展	地球科学与环境学报：42(1)	陈欢庆、胡海燕、李文青、邓晓娟	
22	基于弹性参数加权统计的地震岩相预测方法	地球物理学报：63(1)	桂金咏、高建虎、李胜军、王洪求	SCI
23	基于Marchenko理论压制自由表面多次波方法研究	地球物理学报：63(10)	王小卫、王孝、谢俊法、曾华会、赵玉合	SCI
24	碳酸盐岩储层孔隙结构对电阻率的影响研究	地球物理学报：63(11)	田瀚	SCI
25	致密碳酸盐岩跨频段岩石物理实验及频散分析	地球物理学报：63(2)	李闯、赵建国、王宏斌、潘建国、龙腾	SCI
26	二维弹性多波时空域高斯束偏移方法	地球物理学报：63(2)	胡自多、韩令贺、刘威	SCI
27	逆时偏移在声反射成像测井中的应用方法研究	地球物理学报：63(4)	李雨生、武宏亮、李宁、王克文、冯周	SCI
28	一种新的针对反射波的逆时偏移真振幅成像条件	地球物理学报：63(9)	刘文卿、雍学善、王小卫、王孝	SCI
29	基于岩石物理模板的孔隙度非敏感流体因子构建方法及应用	地球物理学进展：35(3)	李红兵	
30	塔里木盆地英买力地区滩坝薄砂岩敏感属性融合地震预测	地球物理学进展：35(4)	赵继龙、曾庆鲁、刘春、陈戈、王俊鹏	
31	基于常规测井曲线定量识别碳酸盐岩岩相新方法及应用——以四川盆地磨溪地区灯影组为例	地球物理学进展：35(5)	李昌、沈安江	ISTP
32	哈萨克斯坦Marsel探区下石炭统致密气资源潜力及勘探前景	地质科技通报：39(6)	王媛、汪少勇	ISTP
33	银根—额济纳旗盆地石油地质特征与资源潜力	地质科学：55(2)	吴晓智、何登发、陈晓明、郑民、李英强	
34	南天山造山带的同碰撞和碰撞后构造——塔里木盆地北部地震解释成果	地质科学：55(2)	李洪辉、马德波	

续表

序号	论文题目	期刊杂志名称/会议名称/出版社	作者	被收录情况
35	受火山活动影响的微生物碳酸盐岩的宏微观特征	地质论评:66(1)	王小芳、谭秀成、李昌、张哨楠、王鑫	
36	孟加拉湾东北部缅甸若开海域深水生物气成藏条件及油气勘探方向	地质论评:66(1)	丁梁波、张颖、马宏霞、王雪峰	
37	非常规储层孔隙结构表征:思路、思考与展望	地质论评:66(1)	吴松涛、朱如凯、崔景伟、毛治国、刘可禹	ISTP
38	中西非裂谷盆地白垩系两类优质烃源岩发育模式	地质学报:94(11)	程顶胜、窦立荣、张光亚、刘邦、宋换新	EI
39	沥青成因及反映的油气成藏过程	地质学报:94(11)	王兆云	EI
40	中、上扬子龙马溪组层序划分及对页岩储层发育的控制	地质学报:94(11)	熊绍云、王鹏万、黄羚、邹辰、贺训云	EI
41	库车南斜坡中—新生界油气运移地球化学示踪	地质学报:94(11)	刘春、陈世加、赵继龙、苏洲、陈戈	EI
42	鄂尔多斯盆地中上三叠统延长组长 7 段碳酸盐结核成因讨论	地质学报:94(2)	朱如凯	SCI
43	鄂尔多斯盆地东部山西组页岩气成藏特征及勘探对策	地质学报:94(3)	刘洪林、王怀厂、张辉、赵伟波、刘燕	
44	中国华南陡山沱组烃源岩的形成机制与分布预测	地质学报:94(4)	朱光有	ISTP
45	准噶尔盆地西北缘二叠系—下侏罗统碎屑岩骨架组分及其物源与构造背景演化示踪	地质学报:94(5)	蔚远江、胡素云、何登发	EI、ISTP
46	库车坳陷东部晚白垩世古隆起及构造应力场恢复	地质学报:94(6)	王珂、曹婷、魏红兴、肖安成、周露	EI
47	油藏型天然气储气库与提高石油采收率协同建设新技术	第 32 届全国天然气学术年会(2020):重庆	王正茂、王锦芳、李彬	
48	我国天然气未动用储量评价及开发对策建议	第 32 届全国天然气学术年会(2020):重庆	唐红君	
49	产水气井分段完井生产控制实验研究	第 32 届全国天然气学术年会(2020):重庆	孙杰文、邹春梅	
50	枯竭油气藏储气库注采井安全风险预防工艺技术对策探讨	第 32 届全国天然气学术年会(2020):重庆	刘翔	
51	中国页岩气规模开发关键技术经济问题	第 32 届全国天然气学术年会(2020):重庆	李俏静、孙玉平、唐红君、张静平、关春晓	
52	基于全生命周期分析的页岩气开发规律研究——以 Fayettville 气田为例	第 32 届全国天然气学术年会(2020):重庆	孙玉平、陆家亮、李俏静	

序号	论文题目	期刊杂志名称/会议名称/出版社	作者	被收录情况
53	页岩气井 EUR 评价方法研究现状	第 32 届全国天然气学术年会（2020）：重庆	牛文特、孙玉平、苏云河	
54	连续油管拖动水力喷射分层段压裂技术在福山油田的应用	第 32 届全国天然气学术年会（2020）：重庆	李素珍	
55	秘鲁前陆冲断带碳酸盐岩沉积——构造耦合与气藏分布特征	第 32 届全国天然气学术年会（2020）：重庆	赵永斌、田作基、刘亚明、马中振	
56	高浓度氯化钙盐水中超级 13 铬不锈钢的应力腐蚀开裂研究	第 32 届全国天然气学术年会（2020）：重庆	高莹、徐敏杰、王丽伟、杨战伟、石阳	
57	鄂尔多斯盆地奥陶系盐下天然气成因及来源	第 32 届全国天然气学术年会（2020）：重庆	蔡君、吴兴宁、吴东旭	
58	南海大中型油气田形成条件研究	第八届全国应用地球化学学术会议：广东珠海	张强、杨志力、李丽	
59	昭通示范区五峰组——龙一 1 亚段页岩气富集特征	第八届全国应用地球化学学术会议：广东珠海	贾丹、黄羚	
60	塔里木盆地寒武系岩溶型储层成因类型及地球化学特征	第八届全国应用地球化学学术会议：广东珠海	黄理力	
61	塔里木盆地寒武系肖尔布拉克组微生物碳酸盐岩岩石学、地球化学特征及储层主控因素分析	第八届全国应用地球化学学术会议：广东珠海	熊冉	
62	盐下和间两类白云岩储层成因模式及勘探意义 盐下和间两类白云岩储层成因模式及勘探意义——以塔里木盆地 下寒武统白云岩储层为例	第八届全国应用地球化学学术会议：广东珠海	张天付	
63	高 GR 放射性储层成因及其对低 So 砂砾岩油藏的控制作用	第八届全国应用地球化学学术会议：广东珠海	孟祥超、陈扬、窦洋	
64	团簇同位素分析在鄂尔多斯盆地马家沟组微生物碳酸盐岩序列研究中的应用	第八届全国应用地球化学学术会议：广东珠海	张杰	
65	滇黔北地区筇竹寺组元素地球化学特征及古环境意义	第八届全国应用地球化学学术会议：广东珠海	王鹏万、邹辰、马立桥、贾丹、梅珏	
66	柴西北地区路乐河组对晚新生代 褶皱构造样式的影响	第三届构造地质学与地球动力学青年学术论坛：浙江杭州	唐鹏程、刘占国、朱超	
67	海外油气新项目评价弃置费估算方法构建	第十八次全国高校油气储运学术交流会：江苏常州	陈荣、易成高、何媛媛、米祥冉	
68	扫描电镜在碎屑岩储层中的应用	第十二届全国石油地质实验技术交流会：江西南昌	胡圆圆	

续表

序号	论文题目	期刊杂志名称/会议名称/出版社	作者	被收录情况
69	工业 CT 岩心测试新技术及应用	第十二届全国石油地质实验技术交流会:江西南昌	吕玉珍	
70	混合碳酸盐样品中方解石和白云石连续测定方法	第十二届全国石油地质实验技术交流会:江西南昌	王永生	
71	碳酸盐岩 LA-ICPMS 原位面扫描成像技术及应用	第十二届全国石油地质实验技术交流会:江西南昌	罗宪婴	
72	碳酸盐矿物 LA-ICP-MS U-Pb 定年及标样研究	第十二届全国石油地质实验技术交流会:江西南昌	梁峰	
73	FESEM 技术在储层表征及储层成因研究中的应用	第十二届全国石油地质实验技术交流会:江西南昌	陈薇	
74	溶蚀模拟技术及碳酸盐岩埋藏溶孔成因新进展	第十二届全国石油地质实验技术交流会:江西南昌	佘敏	
75	碳酸盐岩同位素定年、定温实验技术进展及其应用	第十二届全国石油地质实验技术交流会:江西南昌	胡安平	
76	四川盆地海相深层高演化震旦、寒武系天然气来源与贡献探讨	第十二届全国石油地质实验技术交流会:江西南昌	王晓波、李剑、谢增业、国建英、李志生	
77	中国东北侏罗系三类沉积体系及其分布模式	第十届全国石油地质实验技术学术会议:江西南昌	吴因业、付蕾、姜晓华、方向、崔峻峰	ISTP
78	多级坡折控制下的退积型扇三角洲沉积特征及勘探意义	第十届全国含油气系统会议:山东青岛	司学强、彭博、郭华军	
79	准噶尔盆地盆 1 井西凹陷砂质碎屑流砂体的首次发现及其油气勘探意义	第十届全国含油气系统会议:山东青岛	厚刚福、王力宝、郭华军	
80	准噶尔盆地玛湖凹陷风城组页岩油储层特征及控制因素	第十届全国含油气系统会议:山东青岛	单祥、郭华军、李亚哲	
81	受沟槽和坡折控制的扇三角洲沉积特征模式	第十届中国含油气系统与油气藏学术会议:山东青岛	窦洋	
82	浊沸石胶结物成储效应分析及含浊沸石溶孔砂砾岩储层定量预测	第十届中国含油气系统与油气藏学术会议:山东青岛	孟祥超、陈扬、郭华军、窦洋	
83	微生物碳酸盐岩—火山岩组合沉积特征	第十届中国含油气系统与油气藏学术会议:山东青岛	王小芳、谭秀成、张哨楠、沈安江、王鑫	
84	准噶尔盆地南缘侏罗系地球化学特征及其物源体系指示意义	第十届中国含油气系统与油气藏学术会议:山东青岛	彭博、司学强	
85	基于可信度的地震属性方法在地质体识别中的应用	第十届中国含油气系统与油气藏学术会议:山东青岛	李亚哲、郭华军、王力宝	

序号	论文题目	期刊杂志名称/会议名称/出版社	作者	被收录情况
86	玛湖凹陷二、三叠系不同成因砂砾岩沉积特征及对油气分布的影响	第十届中国含油气系统与油气藏学术会议：山东青岛	邹志文、王力宝、郭华军	
87	玛湖凹陷风城组细粒沉积韵律特征及成因分析	第十届中国含油气系统与油气藏学术会议：山东青岛	郭华军、邹志文、单祥	
88	一种页岩气微断裂地震识别方法及应用——以荆门探区为例	第十届中国含油气系统与油气藏学术会议：山东青岛	鲁慧丽、常少英、徐政语、武金云	
89	塔里木盆地柯坪—温宿地区前寒武纪古隆起的发现与意义	第十六届全国古地理及沉积学学术会仪：山东青岛	刘玲利、朱永进、乔占峰、郑剑锋、倪新锋	
90	北黄海盆地中生界原油地球化学特征及来源探讨	第十七届全国有机地球化学学术会议：福建福州	武金云、徐政语、孙国忠	
91	超浅层页岩气藏成条件分析 超浅层页岩气藏成条件分析——以昭通示范区洛旺向斜YQ6、YQ7井五峰 井五峰—龙马溪组气藏为例	第十七届全国有机地球化学学术会议：福建福州	徐云俊、徐政语、贾丹、鲁慧丽	
92	滇黔桂地区垭紫罗裂陷带页岩化特征与气勘探潜 滇黔桂地区垭紫罗裂陷带页岩化特征与气勘探潜力	第十七届全国有机地球化学学术会议：福建福州	徐政语、武金云、鲁慧丽、徐云俊	
93	中国南方海相复杂山地页岩气甜点预测技术	第十七届全国有机地球化学学术会议：福建福州	鲁慧丽、徐政语	
94	非常规油气"甜点区"评价	第十五届全国矿床会议：浙江杭州	方向、陶士振、贾进华	
95	裂缝性储层提高体积压裂改造效果的技术研究	第四届全国油气藏提高采收率技术研讨会：福建厦门	李阳、李帅	
96	泡沫油型超重油油藏冷采转蒸汽吞吐时机研究	第四届全国油气藏提高采收率技术研讨会：福建厦门	李星民、史晓星、吴永彬	
97	波及控制靶向驱油理论探索与实践	第四届全国油气藏提高采收率技术研讨会：福建厦门	吴行才、韩大匡、姜汉桥、叶银珠、孙哲	
98	柔性微凝胶驱油体系粒径表征方法研究	第四届全国油气藏提高采收率技术研讨会：福建厦门	叶银珠、李先杰、吴行才、刘阳、李世超	
99	强非均质性气藏型储气库调峰能力指标预测方法	第五届天然气管网与智慧燃气发展技术研讨会：山东济南	刘先山、孙军昌、李春、朱莎莎、朱思南	
100	南海深水油气富集特征及其潜力探讨	第一届深海科技与资源能源研讨会：海南三亚	王彬	
101	孟加拉湾深水生物气成藏研究	第一届深海科技与资源能源研讨会：海南三亚	王雪峰、刘艳红、闫春、毛超林	
102	基于互联网异构信息的能效知识服务平台	电子信息工程：2020（11）	祁滢、郭以东、李峻	

续表

序号	论文题目	期刊杂志名称/会议名称/出版社	作者	被收录情况
103	土库曼斯坦阿姆河右岸卡洛夫—牛津阶储层流体包裹体特征及成藏期	东北石油大学学报:44(3)	单云鹏、王红军、张良杰、龚幸林、柴辉	
104	含浊沸石砂砾岩储层预测标准及潜在油气富集区优选——以玛湖凹陷东斜坡下乌尔禾组为例	东北石油大学学报:44(3)	孟祥超、陈扬、郭华军、窦洋	
105	壬基酚聚氧乙烯醚丙烯酸酯聚合物的合成及其表面活性和稠油降黏性能	东华大学学报(自然科学版):2020(5)	张付生、刘国良、徐小芳、廖龚晴、孟卫东	
106	苏6区块气藏剩余储量评价及提高采收率对策	断块油气田:27(1)	董硕、郭建林、郭智、孟德伟、冀光	
107	四川盆地高石梯—磨溪地区下二叠统气源示踪	断块油气田:27(3)	董才源、刘满仓、李德江、缪卫东	
108	二氧化碳吞吐致密油藏的可动用性	断块油气田:27(4)	孙灵辉、丛苏男	
109	一种改性 HPAM 在 3.5%NaCl 溶液中对 Q235 钢的缓蚀作用及缓蚀机理	腐蚀与防护:41(6)	陈国浩、王贵江、姜勇、袁野	
110	四川盆地川南地区五峰组—龙马溪组页岩储层分类评价	高校地质学报:26(3)	郭建林、贾成业、何东博、李林、朱汉卿	
111	弯曲加卸载下杂质盐岩断裂力学行为特征研究	工程科学与技术:52(3)	刘建锋、丁国生、张强星、武志德	EI
112	地震沉积学在不同沉积相和储集层研究中的应用	古地理学报:22(4)	徐兆辉、胡素云、王露、赵文智、曾洪流	
113	准噶尔盆地西北部 P-T 转换期不整合的发育演化特征及意义	古地理学报:4	李攀、曹正林	
114	油气储量资产交易价值评估方法及案例剖析	国际石油经济:28(11)	王霞、戴传瑞	
115	俄罗斯天然气资源基础与出口潜力	国际石油经济:28(6)	王素花、高书琴	
116	国内电驱压裂经济性和制约因素分析	国际石油经济:28(7)	童征、展恩强、刘颖、刘军、李益良	
117	基于 MAPGIS10 油气矿权储量信息系统构建与应用	国土资源信息化:2020(6)	傅瑾君、王晓星	
118	鄂尔多斯盆地东缘致密砂岩气藏动态储量计算方法研究	国外测井技术:41(1)	王泽龙、唐海发、杨佳奇、吕志凯、成伟	
119	碳酸盐岩溶蚀模拟实验技术进展及应用	海相油气地质:25(1)	佘敏、蒋义敏、胡安平、吕玉珍、陈薇	
120	海相碳酸盐岩储层实验分析技术进展及应用	海相油气地质:25(1)	胡安平、沈安江、王永生、潘立银、梁峰	

续表

序号	论文题目	期刊杂志名称/会议名称/出版社	作者	被收录情况
121	四川盆地寒武系洗象池组岩相古地理及储层特征	海相油气地质:25(2)	谷明峰、李文正、邹倩、周刚、张建勇	
122	川西中泥盆统观雾山组沉积演化及其对储层发育的控制作用	海相油气地质:25(2)	熊绍云、郝毅、熊连桥、周刚、李文正	
123	四川盆地寒武系龙王庙组岩相古地理特征及储层成因与分布	海相油气地质:25(2)	陈娅娜、张建勇、李文正、潘立银、佘敏	
124	四川盆地二叠系茅口组沉积特征及储层主控因素	海相油气地质:25(3)	郝毅、姚倩颖、田瀚、谷明峰、佘敏	
125	四川盆地二叠系栖霞组沉积特征及储层分布规律	海相油气地质:25(3)	郝毅、谷明峰、韦东晓、潘立银、吕玉珍	
126	四川盆地中三叠统雷口坡组沉积储层研究进展	海相油气地质:25(3)	王鑫、辛永光、田汉、朱茂、张豪	
127	砂体构型成因模式及其对物性的控制作用——以苏里格气田西区二叠系盒8段为例	海相油气地质:25(3)	陈宇航、贾鹏	
128	塔里木盆地轮南地区深层寒武系台缘带新认识及盐下勘探区带	海相油气地质:25(4)	倪新锋、陈永权、王永生、熊冉、朱永峰	
129	南海中建海域麻坑发育特征及成因机制探讨	海洋地质前沿:36(1)	杨志力、王彬、李丽、李东、张颖	
130	低黏吸附型酸化缓速剂的合成及性能评价	化工进展:39(4)	叶正荣、裴智超、路强英、王睿	
131	稠油地下改质开采技术及发展趋势	化工学报:71(9)	孙盈盈、周明辉、黄佳、江航、杨济如	SCI
132	纳米驱油技术分析与研究进展	化学驱大幅度提高采收率技术研讨会:成都	罗健辉、肖沛文、王平美	
133	页岩气开发对地下水污染数值模拟	环境工程:38(增刊)	王才、熊春明、师俊峰、张建军、赵瑞东	
134	中国非常规天然气开发现状及前景思考	环境影响评价:42(5)	赵群	
135	井下注入水颗粒度在线检测光学系统优化设计	激光与光电子学进展:57(19)	贾德利、王全宾、党博石、金思宇、刘英	
136	致密砂岩层内强钙质胶结物成因机制及其意义	吉林大学学报(地球科学版):2020(4)	崔景伟、朱如凯	EI
137	塔里木盆地哈拉哈塘地区石炭系东河砂岩段碳酸盐胶结物沉积特征及其成因	吉林大学学报(地球科学版):50(2)	陈秀艳	
138	柴达木盆地西部地区渐新世下干柴沟组上段盐湖沉积特征	吉林大学学报(地球科学版):50(2)	王建功、张道伟、石亚军、张平、孙秀建	

序号	论文题目	期刊杂志名称/会议名称/出版社	作者	被收录情况
139	二维超混沌系统的研究在图像加密中的应用	计算机技术与发展:2020	张修引、曾齐红、邵燕林、梁梓君	
140	新型耐酸泡沫剂体系的研制及现场应用	精细与专用化学品:28(2)	郭东红、杨晓鹏、崔晓东	
141	中低温、高矿化度油藏调驱用泡沫剂体系的研究	精细与专用化学品:28(9)	崔晓东、郭东红	
142	裂缝型致密油藏气水交替采油机理定量研究	科学技术与工程:20(25)	郭和坤、戴仪心、李海波	
143	碳酸盐岩储层复杂孔隙结构研究现状及进展	科学技术与工程:20(29)	田瀚、王贵文、冯庆付、李昌、田明智	
144	天然气水合物钻探现状与钻井技术	科学技术与工程:20(35)	张金华	
145	致密油藏二氧化碳吞吐有效作用半径计算方法	科学技术与工程:20(6)	刘庆杰、姜俊帅、王家禄	
146	巴西桑托斯盆地油气田形成的关键条件与勘探方向	矿产勘查:11(2)	王红平、杨柳、王朝锋、吕福亮、范国章	
147	大数据在油气勘探开发中的应用——以川南页岩气田为例	矿产勘查:11(9)	于荣泽、丁麟、郭为、王莉、杨庆	
148	四川盆地太阳背斜浅层页岩气储层特征及试采评价	矿产勘察:11(11)	于荣泽、张晓伟	
149	基于自洽迭代算法的新型水平井随钻地质导向技术	录井工程:2020(1)	刘俊、蔡君	
150	基于气测录井的页岩气地层含气量计算方法	录井工程:2020(2)	郭琼、蔡君	
151	昭通页岩气示范区旧司组页岩发育的古环境特征及勘探潜力	煤炭学报:45(10)	王鹏万、何勇、李君军、黄羚、蒋立伟	EI
152	大倾角煤层水力裂缝扩展物理模拟实验	煤田地质与勘探:2020.3	姜伟、张军、仲劼、赵琛、唐助云	
153	致密砂岩储层孔喉连通性研究——以鄂尔多斯盆地长7储层为例	南京大学学报(自然科学版):56(3)	萧汉敏、秦洋、姚素平	
154	元素地球化学分析法在沉积环境判识中的应用——以扎哈泉上干柴沟组为例	全国第八届应用地球化学学术会议:珠海	宫清顺、刘占国、朱超	
155	致密岩心带压渗吸影响因素实验研究	深圳大学学报理工版:37(5)	江昀、许国庆、石阳、曾星航、王天一	
156	油气田含汞污泥处理技术现状与展望	石化技术:27(9)	王淑英、唐楚寒、李剑、李新、严启团	

续表

序号	论文题目	期刊杂志名称/会议名称/出版社	作者	被收录情况
157	叠前地质统计学反演在页岩甜点和薄夹层预测中的应用	石油地球物理勘探：55（1）	郭同翠、王红军、孔祥文	EI
158	复杂区转换波叠前时间偏移 VTI 速度建模及应用	石油地球物理勘探：55（12）	杨哲、王小卫、苏勤、边冬辉、刘威	EI
159	基于反演的全局约束多道吸收补偿方法	石油地球物理勘探：55（12）	刘金涛	EI
160	特殊岩性体的速度—深度建模方法	石油地球物理勘探：55（12）	张涛、王小卫、臧胜涛、郄树海	EI
161	“双复杂”条件高精度建模与成像方法——以酒泉盆地窟隆山地区为例	石油地球物理勘探：55（12）	肖明图、苏勤、余国祥、李斐、凌越	EI
162	川西北深层低幅度构造成像及建模研究	石油地球物理勘探：55（12）	王艳香、张军舵、苏勤、乐幸福、刘威	EI
163	改进的匹配追踪数据规则化方法	石油地球物理勘探：55（12）	凌越、刘伟明、肖明图、张小美	EI
164	地震地貌切片解释技术及应用	石油地球物理勘探：55（3）	杨占龙	EI
165	地震散射偏移方法	石油地球物理勘探：55（3）	胡自多、雍学善、刘威	EI
166	叠前随机噪声深度残差网络压制方法	石油地球物理勘探：55（3）	李海山、陈德武、常德宽	EI
167	花岗岩潜山裂缝地震预测技术	石油地球物理勘探：55（3）	姜晓宇、宋涛	EI
168	马头营地区低幅度构造速度建模方法	石油地球物理勘探：55（4）	王鹏、王小卫、雍运动、刘威、郄树海	EI
169	利用叠前振幅和速度各向异性的联合反演方法	石油地球物理勘探：55（5）	周晓越、甘利灯、杨昊、王浩、姜晓宇	EI
170	改进的匹配追踪数据规则化方法研究及应用	石油地球物理勘探：55（z1）	凌越、刘伟明、肖明图、张小美	EI
171	改质水驱砂岩油藏生产动态预测方法	石油地质与工程：34（2）	王高峰、张志升、杨承伟、陈振波、王敬瑶	
172	考虑聚合物非牛顿性和渗流附加阻力的早期注聚效果评价方法	石油地质与工程：34（5）	刘凡、吴学林、周文胜	
173	地震资料在海域勘探初期地层压力预测中的应用	石油地质与工程：34（6）	张勇刚、王红平、王朝锋、刘艳红、庞旭	
174	一种基于聚类分析的油气藏采收率类比方法	石油工业计算机应用：2020（4）	孙秋分、冯乔、戴传瑞、徐良、赵启阳	
175	ODA 文件分析与应用程序设计与实现	石油工业计算机应用：2020（4）	赵启阳、徐良、孙秋分、沈伟刚	

续表

序号	论文题目	期刊杂志名称/会议名称/出版社	作者	被收录情况
176	中俄石油工业标准化领域合作发展历程及未来展望	石油工业技术监督:36(6)	何旭�、丁飞	
177	中国石油勘探与生产工程监督服务市场发展现状与管理对策	石油工业技术监督:11期	张绍辉、毕国强、杨姝、刘盈、张晓辉	
178	以梯队结构和团队模式推进勘探与生产工程监督工作高质量发展	石油工业技术监督:11期	高振果	
179	昭通太阳背斜区浅层页岩气勘探突破及其资源开发意义	石油勘探与开发:47(1)	徐政语、鲁慧丽	SCI
180	海拉尔盆地贝尔凹陷基岩储集层流体作用机制与成岩改造	石油勘探与开发:47(1)	李娟、卫平生、石兰亭	SCI
181	局部网格加密与嵌入式离散裂缝模型耦合预测压裂改造井产能	石油勘探与开发:47(2)	朱大伟、胡永乐、崔明月、陈彦东、梁冲	SCI、EI
182	注空气全温度域原油氧化反应特征及开发方式	石油勘探与开发:47(2)	廖广志、王红庄、王正茂、唐君实、王伯军	SCI、EI
183	致密砂岩电学各向异性测井评价与声电各向异性一致性分析	石油勘探与开发:47(2)	李潮流、袁超、李霞、冯周、宋连腾	SCI、EI
184	低渗透油藏直井体积压裂改造效果评价方法	石油勘探与开发:47(2)	杨正明、张亚蒲、骆雨田、何英	SCI、EI
185	大数据驱动下的老油田精细注水优化方法	石油勘探与开发:47(3)	贾德利、刘合、张吉群、龚斌、裴晓含	SCI
186	Orinoco 重油带冲刷带测井响应特征及其形成过程	石油勘探与开发:47(3)	陈和平、陈皓、李长文、王玉生、李剑平	SCI
187	超稠油油藏溶剂辅助重力泄油机理物理模拟实验	石油勘探与开发:47(3)	吴永彬	SCI、EI
188	塔里木盆地秋里塔格构造带中秋 1 圈闭油气来源与成藏	石油勘探与开发:47(3)	李剑、李谨、谢增业	SCI
189	鄂尔多斯盆地东缘海陆过渡相页岩气地质特征及勘探开发前景	石油勘探与开发:47(3)	匡立春、董大忠、何文渊、温声明、孙莎莎	SCI
190	基于缝控压裂优化设计的致密油储集层改造方法	石油勘探与开发:47(3)	雷群、翁定为、管保山、慕立俊、胥云	SCI
191	盐间页岩油储集层盐溶作用岩心实验评价	石油勘探与开发:47(4)	杨正明、李睿姗、李海波、骆雨田、陈挺	SCI、EI
192	中国中西部砂岩天然气大规模聚集机制与成藏效应	石油勘探与开发:47(4)	李伟、王雪柯、陈竹新	SCI
193	中国陆相页岩油发展潜力与技术对策	石油勘探与开发:47(4)	胡素云、杨智	SCI、EI

续表

序号	论文题目	期刊杂志名称/会议名称/出版社	作者	被收录情况
194	致密油纳米流体增渗驱油体系特征及提高采收率机理	石油勘探与开发:47(4)	丁彬、熊春明、耿向飞、管保山、潘景军	SCI
195	煤系烃源岩高—过成熟阶段生气模拟实验及地质意义	石油勘探与开发:47(4)	高金亮、倪云燕、李伟、袁懿琳	SCI
196	川西南冲断带深层地质构造与潜在油气勘探领域	石油勘探与开发:47(4)	陈竹新、王丽宁	SCI、EI
197	含气页岩不同纹层及组合储集层特征差异性及其成因——以四川盆地下志留统龙马溪组一段典型井为例	石油勘探与开发:47(4)	施振生	SCI、EI
198	油气多相流磁共振在线检测方法及装置	石油勘探与开发:47(4)	邓峰、熊春明、陈诗雯、陈冠宏、王梦颖	SCI、EI
199	基于循环神经网络的油田特高含水期产量预测方法	石油勘探与开发:47(5)	王洪亮、穆龙新、时付更	SCI
200	分层采油技术的发展历程和展望	石油勘探与开发:47(5)	郑立臣、杨清海、俞佳庆、岳庆峰、贾德利	SCI
201	孔隙型砂岩储集层主流通道指数及矿场应用	石油勘探与开发:47(5)	罗瑞兰、刘晓华、郭振华、李熙喆	SCI、EI
202	滨里海盆地东缘石炭系碳酸盐岩储集层孔喉结构特征及对孔渗关系的影响	石油勘探与开发:47(5)	李伟强、邵大力	SCI
203	中上扬子地区晚震旦世构造古地理及油气地质意义	石油勘探与开发:47(5)	汪泽成、姜华、陈志勇、刘静江、马奎	SCI、EI
204	面扫描和定年技术在古老碳酸盐岩储集层研究中的应用——以塔里木盆地西北部震旦系奇格布拉克组为例	石油勘探与开发:47(5)	杨翰轩、胡安平、郑剑锋、梁峰、罗宪婴	SCI
205	川南地区龙马溪组深层页岩岩石物理特征	石油勘探与开发:47(6)	徐中华	SCI
206	塔里木盆地西南部南华纪——震旦纪裂谷分布及原型盆地演化	石油勘探与开发:47(6)	田雷、张虎权、刘军、张年春、石小茜	SCI
207	四川盆地绵竹—长宁克拉通内裂陷东侧震旦系灯影组四段台缘丘滩体成藏特征与勘探前景	石油勘探与开发:47(6)	杨威、魏国齐、谢武仁、金惠、曾富英	SCI
208	陆相富有机质页岩与泥岩的成藏差异及其在页岩油评价中的意义	石油勘探与开发:47(6)	赵文智、朱如凯	SCI
209	柴达木盆地英西地区咸化湖盆混积碳酸盐岩岩相特征与控储机制	石油勘探与开发:47(6)	刘占国、张永庶、宋光永、李森明、龙国徽	SCI

续表

序号	论文题目	期刊杂志名称/会议名称/出版社	作者	被收录情况
210	关于石油公司发展铀矿业务的思考	石油科技论坛:39(3)	刘卫红、刘人和、邱隆伟、王鹤、高雪峰	
211	储能产业与技术发展趋势及对石油公司的建议	石油科技论坛:39(3)	葛稚新、杨艳、刘人和、金旭	
212	地热能产业与技术发展趋势及对石油公司的建议	石油科技论坛:39(3)	王社教、陈情来、闫家泓、方朝合	
213	美国切萨皮克能源公司破产重组原因分析与启示	石油科技论坛:39(6)	李志欣、王坤、刘婧瑶	
214	全球主要石油公司发展策略及启示	石油科技论坛:39(6)	张宁宁、王青、王建君、刘明明、吴义平	
215	储气库建设是天然气产业链"储"环节的重中之重	石油商报:2020(11)	何刚、张刚雄	
216	能源管控信息系统建设关注要素与评估	石油石化节能:2020(6)	郭以东、何晓梅	
217	盆地模拟关键技术之油气运聚模拟技术进展	石油实验地质:42(5)	郭秋麟、陈宁生、柳庄小雪、刘继丰、于京都	
218	致密岩心带压渗吸规律实验研究	石油实验地质:42(9)	江昀、许国庆、石阳、余玥、王天一	
219	混合域高分辨率 Radon 变换及其在绕射波分离与成像中的应用	石油物探:59(6)	罗腾腾、徐基祥、秦臻、孙夕平	
220	下寒武统优质烃源岩的地球化学特征与形成机制——以鄂西地区天柱山剖面为例	石油学报:41(1)	赵坤、李婷婷、朱光有	EI
221	储层构造动力成岩作用理论技术新进展与超深层油气勘探地质意义	石油学报:41(10)	张荣虎、曾庆鲁、王珂、王俊鹏、孟广仁	EI
222	塔里木盆地南华纪古裂谷对寒武系沉积的控制及勘探意义	石油学报:41(11)	易士威、李明鹏	EI
223	川北—鄂西地区下志留统龙马溪组上段厚层斑脱岩的新发现及地质意义	石油学报:41(11)	王玉满、王红岩、沈均均、拜文华、董大忠	EI
224	中国华南地区下寒武统烃源岩沉积环境、发育模式与分布预测	石油学报:41(12)	朱光有、李婷婷	EI
225	全球原型盆地演化与油气分布	石油学报:41(12)	张光亚、温志新、刘小兵、黄彤飞、王兆明	EI
226	柴达木盆地东坪地区原油裂解气的发现及成藏模式	石油学报:41(2)	田继先、李剑、曾旭、孔骅、沙威	EI
227	川中地区龙王庙组优质储层发育的主控因素及成因机制	石油学报:41(4)	杨威、魏国齐、谢武仁、马石玉、金惠	EI

序号	论文题目	期刊杂志名称/会议名称/出版社	作者	被收录情况
228	偶极横波远探测测井中反射波振幅恢复方法	石油学报:41(4)	武宏亮、刘鹏、王克文、冯周	EI
229	页岩气未开发区单井可采储量评估方法	石油学报:41(5)	毕海滨、孟昊、高日丽、郑婧、徐小林	EI
230	油田地热资源评价方法及应用	石油学报:41(5)	王社教、李峰、闫家泓、胡俊文、王凯鸿	EI
231	高石梯—磨溪地区灯影组四段岩溶古地貌分布特征及其对气藏开发的指导意义	石油学报:41(6)	闫海军、彭先、夏钦禹、徐伟、罗文军	EI
232	柴达木盆地西部渐新统纹理石沉积特征与原位成藏	石油学报:41(8)	王建功、张永庶、李翔、徐丽、石亚军	EI
233	从原油地球化学特征看致密油聚集机制——以柴达木盆地西部扎哈泉油藏为例	石油学报:41(9)	何媛媛、张斌、桂丽黎、张国卿、袁莉	EI
234	四川盆地安岳特大型气田不同产能状态下龙王庙组的储层特征	石油学报:41(9)	张天付	EI
235	浅层页岩气高效勘探开发关键技术——以昭通国家级页岩气示范区太阳背斜区为例	石油学报:41(9)	徐政语	SCI
236	多井多维异构数据交会图增维显示分析方法	石油学报:41(9)	原野、王才志、刘英明、李伟忠、冯周	EI
237	基于CT成像的白云岩储层孔喉非均质性分析——以塔东古城地区奥陶系GC601井鹰三段为例	石油与天然气地质:41(4)	朱可丹、张友、林彤、王雅春、郑兴平	EI
238	激光铀铅同位素定年技术在塔里木盆地肖尔布拉克组储层孔隙演化研究中的应用	石油与天然气地质:41(1)	胡安平、沈安江、梁峰、赵建新、罗宪婴	EI
239	中国古老小克拉通台内裂陷特征及石油地质意义	石油与天然气地质:41(1)	沈安江、陈娅娜、张建勇、倪新锋、周进高	EI
240	库车坳陷下侏罗统阿合组致密砂岩储层孔隙微观结构特征及其对致密气富集的控制作用	石油与天然气地质:41(2)	孙灵辉、王朋、王核、李自安	EI
241	塔里木盆地柯坪地区下寒武统吾松格尔组岩性组合、成因及勘探意义——亚洲第一深井轮探1井突破的启示	石油与天然气地质:41(5)	张天付	EI
242	塔里木盆地哈拉哈塘地区奥陶系良里塔格组古地貌与岩溶洞穴特征	石油与天然气地质:41(5)	宁超众、胡素云、潘文庆、姚子修、李勇	EI
243	准噶尔盆地南缘下组合储层异常高压成因机制及演化特征	石油与天然气地质:41(5)	张凤奇、鲁雪松、卓勤功、钟红利、张佩	EI

续表

序号	论文题目	期刊杂志名称/会议名称/出版社	作者	被收录情况
244	伊拉克南部白垩系 Mishrif 组碳酸盐缓坡潮道沉积特征	石油与天然气地质:41(6)	毛先宇、宋本彪、韩如冰、田昌炳、李保柱	EI
245	准噶尔盆地西北缘百口泉地区三叠系冲积沉积体系与油气成藏	石油与天然气地质:41(6)	秦国省、邹存友、赖令彬、赵亮、苏海滨	EI
246	厚夹层盐穴储气库单井双腔可行性分析	石油钻采工艺:42(4)	垢艳侠	
247	复杂岩性盐穴储气库水溶特性及造腔对策	石油钻采工艺:42(4)	张敏、垢艳侠、朱华银、武志德、刘铁虎	
248	盐穴储气库技术现状及发展方向	石油钻采工艺:42(4)	完颜祺琪、安国印、李康、李东旭、垢艳侠	
249	低弹性模量碳酸盐岩储层裂缝导流能力实验研究	石油钻采工艺:42(6)	周佳佳、邹洪岚、朱大伟、熊伟	
250	我国页岩油有效开发面临的挑战及关键技术研究	石油钻探技术:48(3)	闫林	
251	石油公司降低桶油成本面临的问题与对策	世界石油工业:27(4)	王小林、匡明	
252	莫北区块三工河组浅水三角洲储层特征及勘探前景	特种油气藏:27(3)	厚刚福	
253	四川盆地中泥盆统和中二叠统天然气地球化学特征及成因	天然气地球科学:31(4)	谢增业、杨春龙、董才源、戴鑫、张璐	
254	四川盆地志留系小河坝组砂岩油气地质特征与勘探方向	天然气地球科学:31(1)	杨威、魏国齐、李德江、刘满仓、谢武仁	ISTP
255	塔里木盆地古城地区上寒武统碳酸盐岩储层发育特征及主控因素	天然气地球科学:31(10)	王珊	
256	塔里木盆地西南坳陷下白垩统沉积相与储集层差异演化特征	天然气地球科学:31(10)	曾庆鲁、张荣虎、张亮、刘春、夏九峰	
257	气藏水侵与开发动态实验综合分析方法	天然气地球科学:31(10)	徐轩、梅青燕、陈颖莉、韩永新、唐海发	
258	气藏改建储气库下限压力设计新方法	天然气地球科学:31(11)	胥洪成、张士杰、李翔、郑得文、王皆明	
259	海拉尔盆地褐煤全孔径结构特征及影响因素	天然气地球科学:31(11)	杨青、李剑、田文广、孙斌	
260	鄂尔多斯盆地中东部奥陶系盐下深层储层特征及主控因素研究	天然气地球科学:31(11)	付玲、李建忠、徐旺林、郭玮、李宁熙	EI
261	鄂尔多斯盆地天环北部致密砂岩气藏地层水微观赋存特征	天然气地球科学:31(12)	高阳、陈姗姗、田军、佘源琦、黄福喜	ISTP

序号	论文题目	期刊杂志名称/会议名称/出版社	作者	被收录情况
262	松辽盆地中央隆起潜山成藏条件及模式	天然气地球科学:31(12)	易士威、李明鹏、徐淑娟	
263	塔里木盆地塔北隆起轮南低凸起断裂与深层油气勘探	天然气地球科学:31(12)	李洪辉、曹颖辉	ISTP
264	温度对中高阶烟煤甲烷吸附—常压/带压解吸过程中煤体变形影响实验	天然气地球科学:31(12)	张宝鑫、邓泽	
265	气藏开发全生命周期不同储量计算方法研究进展	天然气地球科学:31(12)	位云生、贾爱林、徐艳梅、方建龙	
266	中国南方五峰组—龙马溪组页岩气差异富集特征与控制因素	天然气地球科学:31(2)	邱振、邹才能、王红岩、董大忠、卢斌	
267	北美地区页岩气水平井井距现状及发展趋势	天然气地球科学:31(4)	丁麟	
268	地震分频AVO技术在孟加拉湾海域深水沉积储层烃类检测中的应用	天然气地球科学:31(4)	左国平、范国章、郭渊、丁梁波、马宏霞	
269	塔里木盆地柯坪地区下寒武统肖尔布拉克组地球化学特征及其沉积和成岩环境意义	天然气地球科学:31(5)	郑剑锋、黄理力、袁文芳、朱永进、乔占峰	
270	鄂西—渝东地区克拉通内裂陷分布特征及油气勘探意义	天然气地球科学:31(5)	李文正、张建勇、李浩涵、王小芳、邹倩	
271	塔里木盆地永安坝剖面蓬莱坝组白云岩成因与形成过程——来自有序度和晶胞参数的证据	天然气地球科学:31(5)	王泽宇、乔占峰、寿芳漪、蒙绍兴、吕学菊	ISTP
272	7000米以深超深层古老缝洞型碳酸盐岩油气储层形成、评价技术与保存下限	天然气地球科学:31(5)	朱光有	ISTP
273	塔里木盆地古城地区鹰三段硅质含量分布预测与主控因素分析	天然气地球科学:31(5)	徐兆辉、王露、曹颖辉、李洪辉、闫磊	
274	塔里木盆地肖塘南地区断裂构造特征与成因分析	天然气地球科学:31(5)	马德波、杜锦、刘伟、曹颖辉	
275	氮循环及氮同位素在古老烃源岩形成环境重建与油源对比中的应用	天然气地球科学:31(5)	李婷婷、朱光有	
276	塔里木盆地库车坳陷北部构造带侏罗系阿合组储层特征及控制因素	天然气地球科学:31(5)	王珂、张荣虎、余朝丰、杨钊、唐雁刚	
277	鄂尔多斯盆地中东部奥陶系马五41a储层特征及成因	天然气地球科学:31(5)	于洲、周进高、丁振纯	
278	塔里木盆地寒武系肖尔布拉克组丘滩体露头地质建模及地震正演模拟	天然气地球科学:31(5)	熊冉、郑剑锋、黄理力、倪新锋	

序号	论文题目	期刊杂志名称/会议名称/出版社	作者	被收录情况
279	塔北隆起轮南低凸起断裂构造特征与形成演化	天然气地球科学：31(5)	马德波	
280	塔里木盆地古城地区奥陶系鹰三段硅质岩地球化学特征及成因	天然气地球科学：31(5)	王珊	
281	四川盆地寒武系洗象池组储层特征及天然气勘探潜力	天然气地球科学：31(6)	石书缘	
282	四川盆地东部小河坝组沥青纳米孔隙网络及其成藏意义	天然气地球科学：31(6)	刘洪林	
283	松辽盆地双城断陷结构特征及控藏模式	天然气地球科学：31(6)	易士威、李明鹏、宋涛	EI
284	致密砂岩气藏井网加密与采收率评价	天然气地球科学：31(6)	李奇、高树生、刘华勋、叶礼友、吴泓辉	
285	四川盆地磨溪区块灯影组四段强非均质性碳酸盐岩气藏气井产能分布特征及其对开发的指导意义	天然气地球科学：31(8)	闫海军、邓惠、万玉金、俞霁晨、夏钦禹	
286	塔里木盆地塔东隆起带上震旦统沉积模式探究	天然气地球科学：31(8)	曹颖辉	
287	典型碳酸盐岩渗透力学行为特征及其对储、盖性质的判定	天然气地球科学：31(8)	林潼、王铜山	
288	致密砂岩气藏井网加密优化	天然气地球科学：31(9)	胡勇、梅青燕、王继平、陈颖莉、徐轩	
289	含铁矿物对高成熟有机质有水体系热解生气的影响	天然气地球科学：31(9)	张文军、何坤、李贤庆、米敬奎、胡国艺	
290	中上扬子地区下志留统龙马溪组有机质碳化区预测	天然气地球科学：31(2)	王玉满、李新景、王皓、吴伟、蒋珊	
291	克拉苏构造带盐下超深层的构造改造作用与油气勘探新发现	天然气工业：40(1)	魏国齐、王俊鹏、曾联波、唐永亮、王珂	EI
292	7000m 以深t优质砂岩储层的特征、成因机制及油气勘探意义	天然气工业：40(1)	曾庆鲁、莫涛、赵继龙、唐永亮、张荣虎	EI
293	气井产能评价二项式压力法、压力平方法的适用条件	天然气工业：40(1)	孙贺东、孟广仁、曹雯、宿晓斌、梁治东	EI
294	深层碎屑岩储层次生高孔带发育特征及成因——以吐哈盆地台北凹陷下侏罗统为例	天然气工业：40(11)	郝爱胜、李剑、国建英、冉启贵、张华	EI
295	准噶尔盆地砂质碎屑流砂体新发现及其油气勘探意义	天然气工业：40(11)	厚刚福、王力宝、宋兵、郭华军、单祥	EI

序号	论文题目	期刊杂志名称/会议名称/出版社	作者	被收录情况
296	鄂尔多斯盆地海相碳酸盐岩主要储层类型及其形成机制	天然气工业:40(11)	周进高、于洲、吴东旭、丁振纯	EI
297	致密砂岩气藏充注模拟实验及气藏特征——以川中地区上三叠统须家河组砂岩气藏为例	天然气工业:40(11)	谢增业、杨春龙、李剑、金惠、王小娟	EI
298	深层碎屑岩储层次生高孔带发育特征及成因——以吐哈盆地台北凹陷下侏罗统为例	天然气工业:40(11)	郝爱胜、李剑、国建英、冉启贵	EI
299	中国超深层大气田高质量开发的挑战、对策与建议	天然气工业:40(2)	郭振华、刘晓华、万玉金、李熙喆	EI
300	从古老碳酸盐岩大油气田形成条件看四川盆地深层震旦系的勘探地位	天然气工业:40(2)	赵文智、汪泽成、姜华、付小东	EI
301	中国含油气盆地深层、超深层超压盖层成因及其与超大型气田的关系	天然气工业:40(2)	李伟、王雪柯、于志超、鲁雪松	EI
302	鄂尔多斯盆地寒武系—奥陶系深层海相碳酸盐岩构造—岩相古地理特征	天然气工业:40(2)	周进高、席胜利、邓红婴、于洲、刘新社	EI
303	西昌盆地上三叠统白果湾组沉积相与油气勘探前景	天然气工业:40(3)	杨威、魏国齐、金惠、郝翠果、沈珏红	EI
304	中国大气田科学开发的内涵	天然气工业:40(3)	邹才能、郭建林、贾爱林、位云生、闫海军	EI
305	鄂尔多斯盆地低渗透—致密气藏储量分类及开发对策	天然气工业:40(3)	程立华、郭智、孟德伟、冀光、王国亭	EI
306	致密气藏水平井多段体积压裂复杂裂缝网络试井解释新模型	天然气工业:40(3)	孙贺东	EI
307	中国天然气产业发展形势与前景	天然气工业:40(4)	李剑、佘源琦、高阳、李明鹏、杨桂茹	EI
308	考虑页岩气储层及开发特征影响的逻辑增长模型	天然气工业:40(4)	赵群、王红岩、孙钦平、姜馨淳、于荣泽	EI、ISTP
309	油气藏型储气库地质体完整性内涵与评价技术及意义	天然气工业:40(5)	郑雅丽、孙军昌、邱小松、赖欣	
310	煤系地层致密砂岩气甜点区地震逐级预测——以鄂尔多斯盆地东南缘下二叠统山西组山23亚段为例	天然气工业:40(5)	李国斌、张亚军、谢天峰、石小茜、王荣华	EI
311	渗吸效应对页岩气赋存状态的影响规律	天然气工业:40(5)	穆英、胡志明、顾兆斌、端祥刚、李亚龙	EI
312	复杂气藏型储气库先导试验方案设计方法	天然气工业:40(6)	胥洪成	SCI

序号	论文题目	期刊杂志名称/会议名称/出版社	作者	被收录情况
313	裂缝—孔隙型有水气藏水侵动态变化规律及关键参数计算方法	天然气工业：40（6）	刘华勋、高树生、叶礼友、朱文卿、安为国	EI
314	页岩气地质评价关键实验技术的进展与展望	天然气工业：40（6）	王红岩、周尚文、刘德勋、焦鹏飞、刘洪林	EI
315	提升超深层超高压气藏动态储量评价可靠性的新方法——物质平衡实用化分析方法	天然气工业：40（7）	孙贺东、曹雯、李君、贾伟、李原杰	EI
316	川西北地区天井山古隆起规模微生物岩储层的成因及其地质意义	天然气工业：40（9）	辛勇光、王兴志、唐青松、田瀚、张豪	EI
317	川中地区加里东末期洗象池组岩溶储层发育模式及其油气勘探意义	天然气工业：40（9）	李文正、文龙、谷明峰、夏茂龙、谢武仁	EI
318	水侵气藏型储气库气水微观渗流规律	天然气勘探与开发：43（1）	石磊、王皆明、朱华银、段宇	
319	"双高"地震资料处理技术与应用	天然气勘探与开发：43（2）	曾华会	ISTP
320	气藏型储气库群整体调峰优化模型及求解	天然气文集：2020年上卷	李春、钟荣、孙军昌、朱思南、刘先山	
321	东西伯利亚盆地南部油气分布特征及主控因素	天然气与石油：2019（12）	王素花、高书琴、唐春梅、孔令洪	
322	巴西桑托斯盆地S油田盐下碳酸盐岩地层古地貌恢复技术及应用	物探化探计算技术：42（193）	王朝锋、王红平、杨柳、张勇刚	
323	考虑参数相关性的蒙特卡洛模拟方法在储量计算中的应用	西安石油大学学报（自然科学版）：35（3）	刘浩洋、张虎俊、唐玮、王小林、窦宏恩	
324	川西南部地区下二叠统油气来源新认识	西安石油大学学报：35（5）	董才源、刘满仓、李德江、谢增业、杨春龙	
325	剪切对几种加剂原油流动性影响与其组成关系	西南石油大学学报（自然科学版）：2020（3）	张付生、单大龙、李雪凝、刘国良、朱卓岩	
326	成像测井在灯影组微生物岩岩相识别中的应用	西南石油大学学报（自然科学版）：35（5）	田瀚、张建勇、李昌、李文正、姚倩颖	
327	鄂尔多斯盆地下三叠统刘家沟组与和尚沟组红层成色机制	现代地质：34（4）	谭聪、于炳松、袁选俊、刘策、王铜山	ISTP
328	耐酸耐高温泡沫剂的研制及在超稠油蒸汽吞吐上的应用	现代化工：40（10）	郭东红	
329	影响国际油价变动的宏观因素及其对经济的传导作用分析	消费导刊：2020（25）	丁飞	
330	齐古断褶带中—下侏罗统储集层成岩特征及评价	新疆石油地质：41（1）	郭华军、司学强、徐洋、彭博	

序号	论文题目	期刊杂志名称/会议名称/出版社	作者	被收录情况
331	准噶尔盆地南缘清水河组储集层特征及其主控因素	新疆石油地质：41(1)	司学强、郭华军、徐洋、陈能贵、彭博	
332	准南前陆冲断带下组合泥岩盖层封盖能力	新疆石油地质：41(1)	卓勤功、雷永良、边永国、陈竹新、胡瀚文	
333	天山南北前陆盆地侏罗系—白垩系沉积及储集层特征对比	新疆石油地质：41(1)	高志勇、冯佳睿、崔京钢、周川闽、石雨昕	
334	老区直井重复体积压裂改造效果评价	新疆石油地质：41(3)	杨正明、张安顺、李晓山、夏德斌、张亚蒲	
335	稠油油藏火驱燃烧关键参数的计算及应用——以克拉玛依油田 H1 井区为例	新疆石油地质：41(5)	席长丰、赵芳、关文龙	
336	企业信息系统运维体系建设研究	信息系统工程：2020(11)	曾丽花、方静	
337	基于 Overlay 技术的分布式网关的园区网络实现	信息系统工程：2020(12)	柏东明	ISTP
338	智能传感器技术在数据中心智能化系统的应用展望	信息系统工程：2020(12)	郭晓东、姚建强	ISTP
339	基于人工智能的数据中心机房网络流量预测	信息系统工程：2020(12)	王亦然、郭晓东	ISTP
340	基于 Python 的 RSA 加密算法及其几种破解方式的研究	信息系统工程：2020(12)	张文博、冯梅、李青、江波	
341	石油专业软件云平台构建及应用实践	信息系统工程：2020(12)	宋梦馨、冯梅	
342	数据中心接地与静电防护措施探讨	信息系统工程：2020(12)	王卫国、李延炜、王贤、秦泽波	
343	基于 Docker 技术的微服务架构探析	信息系统工程：2020(4)	姚刚、王从镔、吴海莉	ISTP
344	企业网络安全检查平台建设研究	信息系统工程：2020(6)	柏东明	ISTP
345	信息融合技术在企业数据中心监控系统中的应用展望	信息系统工程：2020(7)	姚建强、郭晓东	ISTP
346	基于 Zookeeper 服务的数据库同步研究与实现	信息系统工程：2020(7)	任安、冯佳、朱玉立	
347	石油物探移动图形工作站系统实践研究	信息系统工程：2020(9)	金弟	
348	一种基于用户行为的视频推荐算法	信息系统工程：2020(9)	李青、冯梅、申端明、张文博	
349	新疆阿克苏地区新元古代沉积特征对裂谷发育过程的指示	岩石学报：36(10)	刘若涵	SCI
350	塔里木盆地东部南华系—寒武系黑色岩系地球化学特征与形成与分布	岩石学报：36(11)	朱光有、陈玮岩、闫磊、陈志勇	SCI

续表

序号	论文题目	期刊杂志名称/会议名称/出版社	作者	被收录情况
351	塔里木板块东北缘Ⅰ型花岗岩年代学与地球化学研究	岩石学报：36（11）	朱光有、陈志勇、孙琦森	SCI
352	塔里木盆地古城地区奥陶系鹰山组白云岩特征及孔隙成因	岩石学报：36（11）	王珊	SCI
353	塔里木盆地及周缘南华系和震旦系划分对比研究	岩石学报：36（11）	吴林、管树巍、冯兴强	SCI
354	多期活动古隆起复合叠加过程解析——以塔里木盆地轮南古隆起为例	岩石学报：36（12）	马德波	SCI、EI
355	基于最优化估算和贝叶斯统计的TOC预测技术	岩性油气藏：32（1）	赵万金、闫国亮	
356	川中地区须二段气藏地震预测陷阱分析及对策——以龙女寺区块为例	岩性油气藏：32（1）	李新豫、张静、包世海、张连群、朱其亮	
357	海拉尔盆地外围凹陷南一段烃源岩生烃动力学研究	岩性油气藏：32（3）	谢明贤、陈广坡、李娟、马凤良、宋晓微	
358	高石梯—磨溪地区灯影组多次波控制因素及预测方法	岩性油气藏：32（4）	戴晓峰、谢占安、杜本强、张明、唐廷科	
359	基于拟三维多属性反演的优质烃源岩分布预测	岩性油气藏：32（5）	姚军	
360	酒泉盆地营尔凹陷下白垩统下沟组沉积特征及勘探方向	岩性油气藏：32（5）	吴青鹏	
361	预条件弹性介质最小二乘逆时偏移	岩性油气藏：32（5）	刘梦丽	
362	南苏丹Melut盆地下组合近源白垩系成藏模式与勘探潜力	岩性油气藏：32（5）	史忠生、陈彬滔、薛罗	
363	鄂尔多斯盆地吴起地区延长组长6储层特征及其控制因素	岩性油气藏：32（5）	孙灵辉、王朋、王核、李自安	
364	柴达木盆地英雄岭地区硫化氢形成机理及分布预测	岩性油气藏：32（5）	田继先、赵健、张静、孔骅、房永生	
365	近地表Q补偿技术在川中地区致密气勘探中的应用	岩性油气藏：32（6）	刘桓、苏勤、曾华会、孟会杰	ISTP
366	致密油藏注天然气提高采收率应用研究进展	应用化工：2020（1）	刘先贵、郑太毅、杨正明、骆雨田、张亚蒲	
367	降低表面活性剂吸附的研究进展	应用化工：2020（10）	韩方、刘卫东、丛苏男	
368	耐245℃超高温压裂液稠化剂的制备与性能分析	应用化工：2020（12）	许可、侯宗峰、常进、卢拥军、石阳	

续表

序号	论文题目	期刊杂志名称/会议名称/出版社	作者	被收录情况
369	微乳液作为油气增产助剂的研究及应用进展	应用化工:2020(12)	刘倩、管保山、刘玉婷、梁利、刘萍	
370	让纳若尔A南凝析气藏CO_2吞吐提高凝析油产量研究	油气藏评价与开发:10(3)	赫安乐、邹春梅、崔轶男、晏军、张合文	
371	不同类型盐岩水溶特征实验	油气储运:2020(7)	朱华银、武志德、张敏、石磊	
372	中国地下储气库建设20年回顾与展望	油气储运:39(1)	丁国生、魏欢	
373	低渗透油藏气驱注采比和注气量设计	油气地质与采收率:27(1)	王高峰、雷友忠、谭俊领、姚杰、秦积舜	
374	CO_2启动盲端孔隙残余油的微观特征	油气地质与采收率:27(1)	陈兴隆、韩海水、李实、俞宏伟	
375	评过剩吸附量和绝对吸附量关系式的不正确性	油气地质与采收率:27(2)	陈元千、傅礼兵、徐佳倩	
376	利用氦气标定空余体积计算方法的推导及应用	油气地质与采收率:27(4)	陈元千、陈浩、刘彤	ISTP
377	低渗透油藏转变注水开发方式研究——以大港油田孔南GD6X1区块为例	油气地质与采收率:27(5)	吴忠宝	ISTP
378	明格布拉克构造"五高"深井试油测试技术	油气井测试:29(2)	吴志均、段德祥、王文广、唐红君、阮井泉	
379	气井针型节流阀失效因素模拟分析	油气井测试:29(2)	刘玲莉	
380	高压深井连续油管复合解堵工艺	油气井测试:29(3)	孙杰文	
381	滑溜水压裂液用降阻剂的研究及应用进展	油田化学:2020(3)	刘倩、管保山、刘玉婷、梁利、刘萍	
382	一种高精度地面微测井资料解释方法	长江大学学报(自科版):17(5)	陈德武、魏新建、禄娟、李冬、何欣	
383	数据中心综合监控系统工程技术标准简介	智能建筑:2020(5)	于庆友、谷峰、赵世萍	
384	数据中心基础设施运行维护标准解读	智能建筑:2020(5)	于庆友、姚建强、张弛	
385	油气企业标准国际化管理实践与展望	中国标准化:2020(10)	邵男、唐爽	
386	贸易制裁下的ISO TC67国际标准制定	中国标准化:2020(10)	丁飞、何旭鵁、韩睿婧	
387	俄罗斯及中亚地区油气项目实践对标准国际合作的启示	中国标准化:2020(10)	何旭鵁、丁飞、王子健、刘磊、韩睿婧	
388	集团型石油企业标准化管控模式探讨	中国标准化:2020(10)	王玉英、刁海燕	SCI

序号	论文题目	期刊杂志名称/会议名称/出版社	作者	被收录情况
389	车载石油装备安全、健康及环保通用规范的几点建议	中国标准化:2020(9)	陈俊峰、张玉	
390	浅谈影响企业标准质量的因素	中国标准化:2020(9)	王玉英、刁海燕	
391	标准知识库构建研究	中国标准化:2020(S1)	唐爽、韩义萍、张玉、杨涵舒、王萌	
392	检验检测机构资质认定工作中关于标准管理的探讨	中国标准化:2020(S1)	王梦颖、张玉、刘玉娥、邓峰	
393	岩石样品扫描电镜图像质量影响因素分析	中国测试:2020	彭涌、薛华庆、赵永明	
394	柴西斜坡区下干柴沟组下段高精度层序地层及砂体构型分析	中国地质:46(7)	宋光永、宫清顺、夏志远、李森明、伍劲	
395	松辽盆地嫩江组泥页岩有机质富集模式探讨——以嫩江组一、二段油页岩为例	中国地质:46(1)	商斐、周海燕	
396	以煤层气为燃料的固体氧化物燃料电池发电系统的模拟与分析	中国电机工程学报:2020	赵永明、薛华庆、张福东、彭涌	EI
397	聚合物驱油技术综述	中国化工贸易:2020(5)	李雪凝	
398	局限台地相碳酸盐岩薄储层地震识别技术	中国科技成果:21(6)	刘杏芳、孙圆辉、杨思玉、林腾飞、曹双振	
399	油气生产物联网关键技术研究及规模化应用	中国科技成果:21(8)	李群、柴永财、王从镔、吴海莉	ISTP
400	致密油储层气驱油核磁共振实验研究	中国科技论文:2020	郭和坤、戴仪心、李海波、杨正明	
401	渤海湾盆地晚中生代构造地层划分及对比:对燕山运动的启示	中国科学:50(1)	朱吉昌、冯有良、孟庆任、吴丰成	
402	页岩分形特征及主控因素研究——以威远页岩气田龙马溪组页岩为例	中国矿业大学学报:49(1)	张琴	EI
403	柴西芒崖地区新近纪沉积演化与有利勘探区带	中国矿业大学学报:49(1)	易定红、王建功、王鹏、李翔、石亚军	EI
404	准噶尔盆地西北缘中三叠统克拉玛依组烃源岩生烃潜力	中国矿业大学学报:49(2)	龚德瑜	EI
405	柴达木盆地深层油气成矿(藏)条件及有利区带	中国矿业大学学报:49(3)	石亚军、杨少勇、郭佳佳、马新民、孙秀建	EI
406	吐鲁番坳陷侏罗系物源体系变迁及其油气意义	中国矿业大学学报:49(4)	张晶	EI

序号	论文题目	期刊杂志名称/会议名称/出版社	作者	被收录情况
407	柴达木盆地西部渐新统湖相碳酸盐岩重力流沉积	中国矿业大学学报:49(4)	王建功、张道伟、杨少勇、张平、郭佳佳	EI
408	山西省煤层气勘探开发现状与发展趋势	中国煤层气:17(6)	王坤、张国生、李志欣、梁坤、黄金亮	ISTP
409	中亚五国油气投资环境研究	中国能源:2020(10)	吴学林、张书铨、赵伦、罗东坤	
410	从能源管控建设谈石油化工企业的节能管理	中国能源:2020(5)	郭以东、何晓梅	
411	柴达木盆地新生代咸化湖盆碳酸盐岩类型及发育特征	中国石油大学学报(自然科学版):2020(1)	王艳清、宋光永、刘占国、李森明、夏志远	EI
412	中国页岩气勘探开发进展及发展展望	中国石油勘探:25(1)	赵文智、位云生、贾爱林、王军磊、朱汉卿	
413	页岩气一体化开发钻井投资优化分析方法研究(中国石油勘探)	中国石油勘探:25(2)	黄伟和	
414	四川盆地二叠系—三叠系碳酸盐岩核磁共振实验测量及分析	中国石油勘探:25(3)	冯庆付	ISTP
415	塔东古城地区碳酸盐岩储层地质认识与勘探领域	中国石油勘探:25(3)	沈安江、张友、冯子辉、郑兴平、朱茂	
416	四川盆地蓬探1井灯影组灯二段油气勘探重大发现及意义	中国石油勘探:25(3)	赵路子、谢武仁	
417	滨里海盆地东缘盐下油气成藏特征与主控因素	中国石油勘探:25(3)	梁爽、王燕琨、王震	
418	非洲地区裂谷盆地类型及油气成藏特征	中国石油勘探:25(4)	张光亚、余朝华、黄彤飞、程顶胜、陈忠民	
419	阿姆河右岸盐下侏罗系大中型气田地质特征与分布规律	中国石油勘探:25(4)	王红军、张良杰、陈怀龙、张宏伟、白振华	
420	海外钻探目标综合评价指标体系研究与应用	中国石油勘探:25(4)	李志、计智锋、李富恒、杨紫	
421	中东鲁卜哈利盆地白垩纪构造演化的沉积响应及对石油勘探启示	中国石油勘探:25(4)	罗贝维、张庆春、段海岗、吕明胜、卞从胜	
422	澳大利亚博文盆地煤层气富集规律和勘探策略研究——以博文区块Moranbah煤层组为例	中国石油勘探:25(4)	李铭、孔祥文、夏朝辉	
423	梦想云在油气精益生产管理中的应用	中国石油勘探:25(5)	时付更、王洪亮、孙瑶、陈新燕	
424	中国石油上游业务信息化建设总体蓝图	中国石油勘探:25(5)	杜金虎、时付更、杨剑锋、张仲宏、丁建宇	

续表

序号	论文题目	期刊杂志名称/会议名称/出版社	作者	被收录情况
425	南苏丹 Melut 盆地北部坳陷烃源岩热演化特征及油气地质意义	中国石油勘探:25(6)	薛罗、史忠生、马轮、陈彬滔、王磊	
426	偏心电位法测定煤层气井裂缝参数的尝试和探讨	中国石油勘探:25(6)	张鑫、张鑫	
427	库车山前超深巨厚储层缝网改造有效性评估	中国石油勘探:25(6)	杨战伟、才博、胥云、刘举、刘会锋	
428	库车坳陷依奇克里克地区中—下侏罗统深层砂岩储层特征及其物性主控因素	中国石油勘探:25(6)	伍劲、刘占国、朱超、宫清顺、夏志远	
429	勘探开发梦想云助力油气生产物联网系统开发	中国石油勘探开发梦想云研究与应用:2020.1	李群、王从镔、吴海莉	ISTP
430	基于梦想云的 GIS 应用开发实践	中国石油勘探开发梦想云研究与应用:2020.1	闫永良、张军、孙瑶、陈新燕	
431	基于梦想云的基础数据管理模块云化改造实践	中国石油勘探开发梦想云研究与应用:2020.1	张军、闫永良、孙瑶	
432	储气能力加速补短板	中国石油石化:43(10)	徐博、张刚雄、金皓	
433	电子邮件智能语义分析研究	中国石油通信:2020(10)	高毅夫	
434	东非海域深水沉积勘探评价关键技术及应用	中国油气勘探技术交流大会:北京	左国平	
435	滨里海盆地东缘碳酸盐岩油藏特征与预测技术	中国油气勘探技术交流大会:北京	王燕琨、金树堂、王震、梁爽、盛善波	
436	地震响应特征分析在储层描述中的作用——以四川盆地双鱼石地区栖霞组为例	中国油气勘探技术交流大会:北京	魏超、崔栋、杨广广	
437	川西北双鱼石构造带分带性特征	中文科技期刊数据库(全文版)自然科学:2020(2)	黄家强、罗强、郭虹兵、于豪	
438	中国抽油机、抽油杆、抽油泵技术现状及发展方向	装备制造技术:2020(4)	张立新、张晓东、张卫平、葛利俊、李永兵	
439	深层油气用加重滑溜水压裂液体系	钻井液与完井液:37(6)	王丽伟	
440	深水水道特征及地层正演模拟——以缅甸海上区块为例	2020 年中国地球科学联合学术年会:重庆	许小勇	
441	基于频散现象的频率域油气检测技术在东爪哇盆地油气勘探中的应用	2020 年中国地球科学联合学术年会:重庆	李东	
442	玛湖凹陷下乌尔禾组浊沸石砂砾岩储层成因及预测	2020 年中国地球科学联合学术年会:重庆	单祥、郭华军、李亚哲	

续表

序号	论文题目	期刊杂志名称/会议名称/出版社	作者	被收录情况
443	塔里木盆地古城地区走滑断裂发育特征及其控藏作用	2020年中国地球科学联合学术年会:重庆	曹颖辉	
444	一种页岩气微断裂地震识别方法及应用	2020年中国地球科学联合学术年会:重庆	鲁慧丽、常少英、徐政语	
445	碳酸盐岩—膏盐岩共生体系沉积序列及其对储层的控制——以鄂尔多斯盆地奥陶系盐下为例	2020年中国地球科学联合学术年会:重庆	于洲、周进高、吴兴宁、吴东旭、丁振纯	
446	英西地区湖相混积型碳酸盐岩储层成因及有效性评价	2020年中国地球科学联合学术年会:重庆	宋光永、李森明、夏志远、王艳清、田明智	
447	碳酸盐矿物LA-ICP-MS U-Pb定年标样研究	2020年中国地球科学联合学术年会:重庆	梁峰、胡安平、罗宪婴	
448	湖相微生物岩形成环境与沉积序列	2020年中国地球科学联合学术年会:重庆	夏志远、刘占国、宋光永、田明智、王艳清	
449	基于地质成因演化过程的断溶体储层发育模式——以塔里木盆地奥陶系灰岩储层为例	2020年中国地球科学联合学术年会:重庆	张友、郑兴平、朱茂、邵冠铭、宋叙	
450	断层相干增强体技术在页岩储层裂缝预测中的应用	2020年中国地球科学联合学术年会:重庆	贺佩、姜仁、陈胜、卢明辉、李晓明	
451	鄂尔多斯盆地延长组页岩油甜点地震预测	2020年中国地球科学联合学术年会:重庆	卢明辉、曹宏、董世泰、贺佩、宋建勇	
452	三维复杂地表全波形反演技术及应用	2020年中国地球科学联合学术年会:重庆	宋建勇、曹宏、胡新海、杨志芳、卢明辉	
453	基于数字岩心的碳酸盐岩储层孔隙类型评价及应用	2020年中国地球科学联合学术年会:重庆	李晓明、杨志芳、晏信飞、卢明辉、葛强	
454	西加盆地页岩气甜点区分布研究	2020年页岩气、煤层气勘探开发技术交流研讨会:云南大理	李宏伟、赵喆、郜峰、王子健	ISTP
455	新型耐高温低成本加重压裂液体系	2020年第十届油气藏改造压裂酸化技术研讨会:北京	高莹、徐敏杰、王丽伟、杨战伟、才博	
456	复杂断块穿层水平井多段分簇压裂差异化射孔研究	2020年第十届油气藏改造压裂酸化技术研讨会:北京	韩秀玲、卢军凯、杨战伟、王辽、高莹	
457	页岩油非均质储层水平井分段压裂布缝方式研究	2020年第十届油气藏改造压裂酸化技术研讨会:北京	刘哲、雷群、杨立峰、王欣、高睿	
458	基于非平面三维裂缝模型水力压裂数值模拟研究	2020年第十届油气藏改造压裂酸化技术研讨会:北京	王臻、杨立峰、王欣、刘哲、高睿	

序号	论文题目	期刊杂志名称/会议名称/出版社	作者	被收录情况
459	美伊对峙对中国能源安全影响及应对策略建议	2020年度石油石化企业管理现代化创新优秀成果、优秀论文、优秀著作发布交流会:湖南长沙	彭云、王子健、徐金忠、王曦、王恒亮	
460	埃克森美孚公司战略动向及对中国石油公司启示	2020年度石油石化企业管理现代化创新优秀成果、优秀论文、优秀著作发布交流会:湖南长沙	王曦、郜峰、何欣	
461	中美贸易摩擦对原油供需的影响	2020年度石油石化企业管理现代化创新优秀成果、优秀论文、优秀著作发布交流会:湖南长沙	邓希	
462	大数据分析技术在国际油价预测中的应用	2020年度石油石化企业管理现代化创新优秀成果、优秀论文、优秀著作发布交流会:湖南长沙	李宏伟、何欣、邓希、兰君	ISTP
463	川南长宁背斜煤层气地质特征及勘探方向	2020年煤层气学术年会:线上	杨敏芳、孙斌、鲁静、田文广、杨青	
464	不同煤阶不同含水率甲烷等温吸附实验	2020年煤层气学术年会:线上	张万里、邓泽、李亚男、常东亮、余喆	
465	筠连区块煤层气井产量递减规律及采收率研究	2020年煤层气学术年会:线上	赵洋、孙粉锦、杨焦生、张继东、穆福元	
466	吉尔嘎朗图地区煤层气井冲砂的经验与启示——以××井为例	2020年煤层气学术年会:线上	张继东、杨焦生、赵洋、田文广、东振	
467	二连盆地低煤阶煤岩应力敏感性实验研究	2020年煤层气学术年会:线上	杨焦生、穆福元、胡秋嘉、张继东、孙钦平	
468	煤岩吸附膨胀研究进展	2020年煤层气学术年会:线上	常东亮、邓泽、孟召平、李亚男、张万里	
469	不同煤阶煤样平衡水最佳稳定时间的确定	2020年煤层气学术年会:线上	张万里、邓泽、孟召平、李亚男、常东亮	
470	煤岩页岩孔隙度不同方法测试对比分析	2020年煤层气学术年会:线上	余喆、邓泽、刘德勋、李五忠、穆福元	
471	深部"超饱和"煤层气藏形成条件分析	2020年煤层气学术年会:线上	邓泽、李五忠、康永尚、李亚男、余喆	
472	中低煤阶生物成因煤层气产气途径及产气影响因素分析	2020年煤层气学术年会:线上	杨青、田文广、孙斌、陈浩、祁灵	
473	精细三维地质建模技术在克拉2气田开发阶段的应用	2020年全国老油田持续稳产技术研讨会:云南昆明	刘兆龙	

序号	论文题目	期刊杂志名称/会议名称/出版社	作者	被收录情况
474	东北地区侏罗系构造演化与勘探前景	2020年中国地球科学联合学术年会:重庆	方向、崔俊峰、李永新	
475	塔北西部英买32潜山区断裂特征及控藏作用	2020年中国地球科学联合学术年会:重庆	熊冉	
476	孟加拉深水扇发育与喜马拉雅造山运动耦合关系分析	2020年中国地球科学联合学术年会:重庆	鲁银涛、吕福亮、邵大力、许小勇、马宏霞	
477	印度尼西亚东爪哇盆地抱球虫灰岩储层特征及勘探潜力	2020年中国地球科学联合学术年会:重庆	杨涛涛、李东	
478	缅甸若开海域深水生物气藏形成条件与富集规律	2020年中国地球科学联合学术年会:重庆	马宏霞	
479	孟加拉湾东北部新生代深水沉积地震地层学研究	2020年中国地球科学联合学术年会:重庆	丁梁波	
480	复杂碳酸盐岩储层孔喉结构特征及其对孔渗关系的控制作用——以哈萨克斯坦NT油田石炭系碳酸盐岩为例	2020年中国地球科学联合学术年会:重庆	李伟强	
481	曙北地区沙四段薄砂层成因类型及分布规律	2020年中国地球科学联合学术年会:重庆	宋兵、王波、刘少治、陈希光	
482	基于智能算法的水平井井位优选技术探索	2020年中国智慧石油和化工论坛暨流程工业智能制造技术装备成果展示会:浙江宁波	李宁、闫林	
483	智慧油田建设助推中国石油上游企业"油公司"模式改革	2020年中国智慧石油和化工论坛暨流程工业智能制造技术装备成果展示会:浙江宁波	姚尚林、时付更、张洋、吴梅、陈新燕	
484	准噶尔盆地盆1井西凹陷砂质碎屑流砂体新发现助推油气勘探重大突破	2020全国古地理与沉积学大会:陕西西安	厚刚福、王力宝、郭华军	
485	页岩油水平井智能优化设计方法	2020中国石油石化企业信息技术交流大会:北京	闫林	
486	石油工业中文大数据知识图谱关键技术及应用	2020中国石油石化企业信息技术交流大会:北京	李大伟、杨琦玮、牛敏、鲁强	
487	大数据在煤层气开发分析与产量预测中的应用	2020中国石油石化企业信息技术交流大会:北京	王玫珠、王九龙、杨焦生、宋洪庆、赵洋	
488	企业云数据中心基础设施的建设与运维服务模式	2020中国石油石化企业信息技术交流大会:北京	于庆友、帅训波、贾文清、宋倩	
489	SQL Server高可用解决方案研究及应用实践	2020中国石油石化企业信息技术交流大会:北京	申鹏、宋梦馨、冯梅、冯得福	

续表

序号	论文题目	期刊杂志名称/会议名称/出版社	作者	被收录情况
490	Construction of Unified Operation and Maintenance System Based on Intelligent Customer Service	2020 中国石油石化企业信息技术交流大会:北京	李效恋、李昆颖、魏代明、何旭、丁宇	
491	Intelligent Application and Research of Contract Management System 2.0 in Big Data Environment	2020 中国石油石化企业信息技术交流大会:北京	李昆颖、李效恋、何旭、丁宇、史立丰	
492	Seismic Subtle Sequence Boundary Identification, High-frequency Sequence Framework Establishment and Lithologic Trap Exploration in Lacustrine Basin	2020 年美国石油地质学家协会年会 AAPG:美国休斯敦	杨占龙	
493	The Generation and Accumulation of Biogenic Gas in the Rakhine Basin, Northeast Bay of Bengal	2020 年美国石油地质学家协会年会 AAPG:美国休斯敦	马宏霞	
494	Geochemical Characteristics and Pool-forming Model of Pre-salt Oilfields with High CO_2 Content in Santos Basin, Brazil	2020 年美国石油地质学家协会年会 AAPG:美国休斯敦	王红平	
495	Sedimentary Characteristics of Microbial Carbonates Influenced by Volcanism in the Lower Cretaceous Shipu Group of Zhejiang Province, Eastern China	2020 年美国石油地质学家协会年会 AAPG:美国休斯敦	王小芳、谭秀成、沈安江、张哨楠、李昌	ISTP
496	Integrated Reef-shoal Complexes Characterization Form Outcrop to Seismic Modeling in Tarim Basin, NW China	2020 年美国石油地质学家协会年会 AAPG:美国休斯敦	熊冉	ISTP
497	Quantitative Characterization of Elements and Coupling Mode in Source-to-sink System	2020 年美国石油地质学家协会年会 AAPG:美国休斯敦	张晶	EI
498	Quantitative Prediction of TOC in Deep Marine Source Rocks of Qiongzhusi Fm. in the Central Sichuan Basin, China	2020 年美国石油地质学家协会年会 AAPG:美国休斯敦	陈娅娜、姚根顺、付小东、田瀚	
499	The Deep-Water Deposits Evolved Under the Uplift of The Himalayan in Offshore Myanmar	2020 年美国石油地质学家协会年会 AAPG:美国休斯敦	许小勇	
500	Using Seismic Velocity and Attributes to Predict Formation Pore Pressure in Offshore Frontier Area	2020 年美国石油地质学家协会年会 AAPG:美国休斯敦	张勇刚	
501	Deep Water Sedimentary Structural Elements Description Based on Multi-seismic Attributres in the Offshore East Africa	2020 年美国石油地质学家协会年会 AAPG:美国休斯敦	左国平	
502	Identification and Distribution feature of Gas Hydrate in Zhongjian Area of South China Sea	2020 年美国石油地质学家协会年会 AAPG:美国休斯敦	杨志力、李丽、叶月明、王彬、鲁银涛	
503	Fine Prediction of Thin Dolomite Using Multi-wave Joint Inversion	2020 年美国石油地质学家协会年会 AAPG:美国休斯敦	王洪求、桂金咏、郭欣	EI

序号	论文题目	期刊杂志名称/会议名称/出版社	作者	被收录情况
504	Microbial Biomineralization Processes of Stromatolitic Dolostone from the Ediacaran Period in Sichuan Basin, Southwest China	2020 年美国石油地质学家协会年会 AAPG：美国休斯敦	张杰	
505	Structural Reworking Effects and New Exploration Discoveries of Subsalt Ultra-deep Reservoirs in the Kelasu Tectonic Zone, Tarim Basin, China	2020 年美国石油地质学家协会年会 AAPG：美国休斯敦	王俊鹏、曾联波、王珂	
506	Characteristics and Formation Mechanisms of High-Quality Clastic Reservoirs Below 7000m	2020 年美国石油地质学家协会年会 AAPG：美国休斯敦	曾庆鲁、莫涛	
507	Sedimentary Features and Controlling Factors of a Mixed Carbonate Reservoir in a Saline Lacustrine Basin: A Case Study of the Paleogene in the Western Yingxiong Ridge, Qaidam Basin (Northwest China)	2020 年美国石油地质学家协会年会 AAPG：美国休斯敦	刘占国	
508	Experimental Simulation of Organic Acids Generation of Microbial Carbonates—Composition, Amounts and Role in Mesogenetic Dissolution	2020 年美国石油地质学家协会年会 AAPG：美国休斯敦	余敏、沈安江、王鑫	ISTP
509	Middle Permian Coarse—Crystalline Dolostone Reservoirs in the Northwest Sichuan Basin (SW China): Their Formation and Evolution	2020 年美国石油地质学家协会年会 AAPG：美国休斯敦	潘立银、胡安平	ISTP
510	Evaluating the Relationship Between Proppant Performance and Conductivity Using Multivariate Statistical Analysis Method	2020 年美国岩石力学会议：美国丹佛	郑新权、梁天成、杨能宇、邱金平、张子明	EI
511	Evaluation of The Influence of Horizontal Well Orientation of Shale Gas on Stimulation and Production Effect Based on Tilt-meter Fracture Diagnostic Technology: A Case Study of Chang-ning Shale Gas Demonstration Area in Sichuan Basin, China	2020 年美国岩石力学会议：美国丹佛	修乃岭、王臻、严玉忠、王欣、梁天成	EI
512	Analysis of Influencing Factors of Gas Injection Development in Fractured Pore Carbonate Reservoirs	2020 年能源、环境与生物工程国际学术会议：广东广州	宋珩、吴学林、李建新、刘凡	EI
513	Realization of Enterprise Intelligent Customer Service under the Background of Informatization	2020 年人工智能与机电自动化国际会议(AIEA2020)：天津	李效恋、李昆颖、魏代明、丁宇、姜于玲	EI
514	Application and Research of Enterprise Level Contract System Based on Localization Platform	2020 年信号处理与计算机科学国际会议(SPCS2020)：重庆	李效恋、丁宇、何旭、史立峰、徐洪超	EI
515	Primary Energy Consumption Structure Under Multi-factor Orthogonal Decomposition Method	2020 年中国控制会议年会：辽宁沈阳	闫伟、常毓文	EI

序号	论文题目	期刊杂志名称/会议名称/出版社	作者	被收录情况
516	Research on Digital Operation and Maintenance of Information System in Distributed Environment	2020 人工智能、网络与信息技术国际学术会议（AINIT 2020）：上海	李青、冯梅、申端明、张文博	EI
517	Special Evaluation Method of Water-Flooded Zone in Porous Carbonate Reservoir Using Resistivity Curve Comparison：A Case from Middle East	2020 年油气勘探与开发国际会议（IFEDC）：四川成都	陈一航、张文旗、邓亚、胡丹丹、杨阳	
518	Synergistic Diverting Acid System and its Application in Heterogeneous Carbonate Reservoir Stimulation	2020 油气田勘探与开发国际会议（IFEDC）：四川成都	张合文、赫安乐、梁冲	EI
519	Differential Adjustment Technology in The Mid-later Development Stage of Oversea Stratified Sandstone Oilfield	2020 油气田勘探与开发国际会议（IFEDC）：四川成都	黄奇志、廖长霖	SCI
520	Reasonable Water Injection Pressure of Buried Hill Fractured Reservoir Considering Stress Sensitive Effect	2020 油气田勘探与开发国际会议（IFEDC）：四川成都	肖康、李香玲、郑学锐、李香玲	EI
521	Improved Oil Recovery in Volcanic Reservoirs—Current Status and Insights from Junggar Basin	2020 油气田勘探与开发国际会议（IFEDC）：四川成都	岳雯婷、王熠、王作乾、常毓文	EI、SCI
522	Improved Oil Recovery in Fractured-Cavernous Carbonate Reservoirs—Breakthroughs and Key Technologies from Tarim Field	2020 油气田勘探与开发国际会议（IFEDC）：四川成都	岳雯婷、王熠、王作乾、常毓文	EI
523	Genetic Classification and Hydrocarbon Potentiality of Passive Rift Basins	2020 油气田勘探与开发国际会议（IFEDC）：四川成都	李志、计智锋、李富恒、杨紫	EI
524	Experimental Investigation of Formation Damage Induced by Completion in Dibei Tight Condensate Gas Reservoir	2020 油气田勘探与开发国际会议（IFEDC）：四川成都	李素珍、万玉金	EI
525	Study on Gas Injection and Puff in Fuyu Tight Oil with Vertical Well Network Fracturing in Daqing Oil Field	2020 油气田勘探与开发国际会议（IFEDC）：四川成都	吴忠宝	EI
526	Development and Application of the Premium Reservoir Prediction Method for the Dengying Formation in the Gaoshiti area, Sichuan Basin, China	2020 油气田勘探与开发国际会议（IFEDC）：四川成都	李新豫、包世海、张静	EI
527	A Method for Determining Reasonable Producing Pressure Drop of Gas Wells Considering Water Control Factors	2020 油气田勘探与开发国际会议（IFEDC）：四川成都	罗瑞兰	EI、SCI

序号	论文题目	期刊杂志名称/会议名称/出版社	作者	被收录情况
528	神经网络优化地震多属性方法预测和评价碳酸盐岩储层	2020 油气田勘探与开发国际会议(IFEDC):四川成都	张勇刚	
529	地震-地质综合分析方法在鲁武马盆地深水沉积研究中的应用	2020 油气田勘探与开发国际会议(IFEDC):四川成都	孙辉	
530	神经网络优化地震多属性方法预测和评价盐下碳酸盐岩储层	2020 油气田勘探与开发国际会议(IFEDC):四川成都	张勇刚	
531	Methodology for Assessing Canadian Oil sands Recoverable Resources	2020 油气田勘探与开发国际会议(IFEDC):四川成都	邵新军、衣艳静、法贵方、李之宇	EI
532	Water Flooding Characteristics of Carbonate Reservoirs with High Permeability Layer	2020 油气田勘探与开发国际会议(IFEDC):四川成都	张文旗、王宇宁、刘达望、邓亚、许家铖	
533	The Optimization Strategy of Gravity Assisted Gas Drainage in Mature Oil Field Based on Experiment Design and Response Surface Methodology	2020 油气田勘探与开发国际会议(IFEDC):四川成都	杨超、齐梅、杨思玉、李顺明、何辉	
534	Characteristics of Oil and Gas Accumulation Combinations and Accumulation Rules in Large Basins in the Persian Gulf	2020 油气田勘探与开发国际会议(IFEDC):四川成都	刘达望、张文旗、杨阳、顾斐、董若婧	
535	Fine Stratigraphic Correlation Methods and Application of Horizontal Wells of Strongly Heterogeneous Porous Bioclastic Limestone Reservoir1——A Case Study of Kh Porous Bioclastic Limestone Reservoir, Middle-east	2020 油气田勘探与开发国际会议(IFEDC):四川成都	田中元、郭睿、衣丽萍、黄婷婷、邓亚	
536	Study on Efficient Reconstruction Technology of Deep Volcanic Rock Reservoirs in the South Dinan Uplift	2020 油气田勘探与开发国际会议(IFEDC):四川成都	李阳、陈华生、何春明、李帅、袁峰	EI
537	吉木萨尔页岩油压裂用石英砂的适应性评价	2020 油气田勘探与开发国际会议(IFEDC):四川成都	刘哲、杨立峰、蒙传幼、黄波、田刚	
538	Investigation of Fracture-height Growth in Multiple-layered Rock from Lab Test to Field Diagnosis in Unconventional Reservoirs	2020 油气田勘探与开发国际会议(IFEDC):四川成都	付海峰、才博、王欣、修乃岭、梁天成	EI
539	An Innovative Method to Determine Surface Relaxivity of Tight Sandstone Cores Using LF-NMR and High-Speed Centrifugation Measurements	2020 油气田勘探与开发国际会议(IFEDC):四川成都	江昀、许国庆、石阳、邱晓惠、刘玉婷	EI
540	Effect of Liquid CO_2 Injection on Rheological Properties of Crude Oil	2020 油气田勘探与开发国际会议(IFEDC):四川成都	邱晓惠、陈彦冬、薛延萍	EI

序号	论文题目	期刊杂志名称/会议名称/出版社	作者	被收录情况
541	Study on Potential Exploitation by Restimulation of Deep Tight Gas	2020 油气田勘探与开发国际会议(IFEDC):四川成都	王丽伟、韩秀玲、贾敏、李素珍、高莹	EI
542	Application of a Step-by-step Fracturing Technology in Ultra-high Pressure Risk Exploration Wells	2020 油气田勘探与开发国际会议(IFEDC):四川成都	韩秀玲、杨战伟、王辽、彭芬、孙侃	EI
543	Study on Stress Corrosion Cracking of Super 13Cr in High-concentration Calcium Chloride Brine	2020 油气田勘探与开发国际会议(IFEDC):四川成都	高莹、徐敏杰、杨战伟、王丽伟、石阳	EI
544	High Temperature Resistance and Low - Cost Fracturing Fluid System	2020 油气田勘探与开发国际会议(IFEDC):四川成都	高莹、徐敏杰、王丽伟、杨战伟、石阳	EI
545	Integrated Technology in the Hydraulic Fracturing of the Shallow Metamorphic Rock in Archean Stratum—a Case Study	2020 油气田勘探与开发国际会议(IFEDC):四川成都	李帅、何春明、高跃宾、李阳	EI
546	Application of Big Data Analysis Technology in Risk Exploration block C	2020 油气田勘探与开发国际会议(IFEDC):四川成都	李宏伟	EI
547	Control of Fault Related Folds on Fracture Development in Kuqa Depression, Tarim Basin	2020 油气田勘探与开发国际会议(IFEDC):四川成都	张永忠、冯建伟、常宝华、刘兆龙、郭振华	SCI、EI
548	FCD 完井在双水平井 SAGD 中的应用研究	2020 油气田勘探与开发国际会议(IFEDC):四川成都	张胜飞	
549	电加热辅助水平井吞吐可行性与油井工艺设计	2020 油气田勘探与开发国际会议(IFEDC):四川成都	吴永彬	
550	毛管力曲线转换方法探讨	2020 油气田勘探与开发国际会议(IFEDC):四川成都	刘兆龙、张永忠、黄伟岗、刘华林	
551	Study on Basement Lithology Identification Method in Bongor Basin, Chad	2020 油气田勘探与开发国际会议(IFEDC):四川成都	梁巧峰	EI
552	New Understanding of Tectonic Characteristics of Sharaf-ag Low Uplift in Nugara Depression, Muglad Basin, Sudan	2020 油气田勘探与开发国际会议(IFEDC):四川成都	邹荃	EI
553	Application of Gravity, Magnetic, Electrical and Seismic Data in Lithology Prediction of Carboniferous Igneous Rocks in Junggar Basin	36th International Geological Congress:印度新德里	郭娟娟、王彦君、潘树新	EI
554	Diagenesis of Zeolite Minerals and its Significance for Hydrocarbon Accumulation	36th International Geological Congress:印度新德里	马永平、张献文、郭娟娟、黄林军、王国栋	EI
555	Dynamic Elastic Properties Measurement and Analysis of Wufeng-Longmaxi Formation Shale in Sichuan Basin	82th EAGE Conference & Exhibition 2020:荷兰阿姆斯特丹	徐中华、胡自多、王磊、蒋春玲、王国庆	ISTP

续表

序号	论文题目	期刊杂志名称/会议名称/出版社	作者	被收录情况
556	Level-by-level Constrint Prediction Technology for Thin Sand Layer and its Application	82th EAGE Conference & Exhibition 2020：荷兰阿姆斯特丹	许多年、潘建国、曲永强、黄林军	EI
557	Difference of Accumulation Conditions in Lower Paleozoic Southwest Depression of Tarim Basin and Its Explorative Significance	82th EAGE Conference & Exhibition 2020：荷兰阿姆斯特丹	刘军、田雷	EI
558	Method for Adjusting Fault Attributes Based on Seismic Image Entropy	82th EAGE Conference & Exhibition 2020：荷兰阿姆斯特丹	丰超、潘建国、姚清洲、王宏斌	EI
559	Charcteristics and Controlling Factors of Thrust Belt in Southern Margin of Junggar Basin	82th EAGE Conference & Exhibition 2020：荷兰阿姆斯特丹	司学强、郭华军、徐洋	
560	Origin of Chlorite Coating and its Effect on Reservoir Quality of Permian Upper Urho Sandstone	82th EAGE Conference & Exhibition 2020：荷兰阿姆斯特丹	单祥、郭华军、李亚哲	
561	New Discovery of Sandy Clastic Flow Sand Body and its Exploration Significance in Junggar Basin	82th EAGE Conference & Exhibition 2020：荷兰阿姆斯特丹	厚刚福	
562	Geophysical Identification of Tuffaceous Tight Reservoirs in Malang Sag of Permian Tiaohu Formation in Santanghu Basin	82th EAGE Conference & Exhibition 2020：荷兰阿姆斯特丹	魏立花	ISTP
563	A New Approach to Optimize the Stratal Slices by Using Multilevel 2D Wavelet Transform	82th EAGE Conference & Exhibition 2020：荷兰阿姆斯特丹	袁成	ISTP
564	A 3D Seismic Horizon Auto-tracting Method Based on Method Learning	82th EAGE Conference & Exhibition 2020：荷兰阿姆斯特丹	苏明军	ISTP
565	Identification of a Single Thin Reservoir from Thin Inter-bed by Superimposed Slice	82th EAGE Conference & Exhibition 2020：荷兰阿姆斯特丹	倪长宽	ISTP
566	High-Quality Source Rock Thickness Prediction of Xujiahe Formation in the Western-central Transition Zone of Sichuan Basin	82th EAGE Conference & Exhibition 2020：荷兰阿姆斯特丹	姚军	ISTP
567	Characterization of Thin Dolomite Reservoir in Southwest Area of Sichuan Basin by Waveform Indication Inversion Method	82th EAGE Conference & Exhibition 2020：荷兰阿姆斯特丹	张豪、田瀚、辛勇光、谷明峰	
568	Application of Seismic Wavelet Decomposition Technique to Thin Dolomite Reservoir Characterization：A Case Study in Northwest Area of Sichuan Basin	82th EAGE Conference & Exhibition 2020：荷兰阿姆斯特丹	张豪、田瀚、辛勇光、谷明峰	
569	Near surface Q Compensation and its Effect On Restoring Frequency Consistency	82th EAGE Conference & Exhibition 2020：荷兰阿姆斯特丹	王靖、苏勤、刘伟明、肖明图	EI、ISTP

续表

序号	论文题目	期刊杂志名称/会议名称/出版社	作者	被收录情况
570	Application of the Near-surface Multiple Time Windows Q Compensation Technology in Tight Sand Gas Exploration in the Sichuan Basin,China	82th EAGE Conference & Exhibition 2020；荷兰阿姆斯特丹	刘桓、苏勤、张小美	EI、ISTP
571	Study and Application of Statics Correction Method for Complex Surface in Loess Plateau	82th EAGE Conference & Exhibition 2020；荷兰阿姆斯特丹	周齐刚、王小卫、李斐、边冬辉	EI、ISTP
572	Microseismic Signal Recognition Based on a Single Channel PSR-ICA Method	82th EAGE Conference & Exhibition 2020；荷兰阿姆斯特丹	孟会杰、苏勤、曾华会、刘桓、张小美	EI、ISTP
573	Application of Q Tomography in Ultra-deep Carbonate Imaging：Case Study from Western China	82th EAGE Conference & Exhibition 2020；荷兰阿姆斯特丹	杨哲、王小卫、苏勤、徐兴荣	EI、ISTP
574	Three-dimensional Mixed-grid Finite-difference Scheme for Scalar Wave Equation Numerical Modelling	82th EAGE Conference & Exhibition 2020；荷兰阿姆斯特丹	刘威、胡自多、韩令贺	EI、ISTP
575	Fine Characterization of Volcanic Rock Morphology by Walkaway VSP Technique	82th EAGE Conference & Exhibition 2020；荷兰阿姆斯特丹	徐兴荣、田彦灿、苏勤、谢俊法、刘梦丽	EI、ISTP
576	Research and Application of High-precision Matching Processing Technology for Mixed Sources in Western China	82th EAGE Conference & Exhibition 2020；荷兰阿姆斯特丹	曾华会、苏勤、张小美、孟会杰、郐树海	EI、ISTP
577	An Adaptive Finite Element Method for Calculating the Stress Field of Reservoir	82th EAGE Conference & Exhibition 2020；荷兰阿姆斯特丹	闫国亮	EI
578	Prestack AVO Inversion Based on Exact Zoepprittz Equation in Ray Parameter Domain	82th EAGE Conference & Exhibition 2020；荷兰阿姆斯特丹	何润、谢春辉、郑茜、王伟、王恩利	EI
579	Application of 2W1H Seismic Data in Deep Reservoir Prediction	82th EAGE Conference & Exhibition 2020；荷兰阿姆斯特丹	李海亮、张巧凤、桂金咏、王海龙	EI
580	Seismic Denoising Using Side Window Filter	82th EAGE Conference & Exhibition 2020；荷兰阿姆斯特丹	常德宽	EI
581	Random Noise Attenuation Based on Nonstationary Signal Inversion	82th EAGE Conference & Exhibition 2020；荷兰阿姆斯特丹	常德宽、杨午阳、杨庆、魏新建	EI
582	Initial Wave Impedance Modeling Method Based on Plane-wave Destruction	82th EAGE Conference & Exhibition 2020；荷兰阿姆斯特丹	李海山	EI
583	Adaptive Structure Constrained Multi-Trace Deconvolution Based on Shape Regularization	82th EAGE Conference & Exhibition 2020；荷兰阿姆斯特丹	王伟、魏新建、李海山、陈德武、何润	EI
584	Visualizing and Understanding Deep Neural Networks：A Case of Using Seismic Fault Detection Networks	82th EAGE Conference & Exhibition 2020；荷兰阿姆斯特丹	杨午阳、常德宽、雍学善、魏新建、李海山	EI

续表

序号	论文题目	期刊杂志名称/会议名称/出版社	作者	被收录情况
585	An Improved Pride Model for S-wave Velocity Prediction in Tight Gas Sandstones	82th EAGE Conference & Exhibition 2020：荷兰阿姆斯特丹	李红兵	EI
586	Application of Material Balance Method for Foamy Extra-heavy Oil Reservoirs	82th EAGE Conference & Exhibition 2020：荷兰阿姆斯特丹	杨朝蓬、李星民、陈和平、沈杨、史晓星	EI
587	Seismic Identification of Volcanic Reservoir：A Case from Junggar Basin China	82th EAGE Conference & Exhibition 2020：荷兰阿姆斯特丹	李璇、孙夕平、代春萌、杨亚迪、宋雅莹	EI
588	Application of Diffraction Imaging in Identifying Small Scale Dissolved Reservoirs	82th EAGE Conference & Exhibition 2020：荷兰阿姆斯特丹	孙夕平、李璇、徐基祥、张昕、于永才	EI
589	Research and Application of Prediction Method for Sweet Spots of Shale Gas Using Geophysical Data	82th EAGE Conference & Exhibition 2020：荷兰阿姆斯特丹	王秀姣、陈胜、贺佩	
590	Integrated Prediction of Gas-bearing Volcanic Reservoirs Using Full Stack Seismic Data in Sichuan Basin of China	82th EAGE Conference & Exhibition 2020：荷兰阿姆斯特丹	杨亚迪、代春萌、王秀姣、陈胜、董世泰	EI
591	Hydrocarbon Generation Kinetics of Low Cretaceous Nantun Source Rock in Peripheral Sags of Hailar Basin，China	82th EAGE Conference & Exhibition 2020：荷兰阿姆斯特丹	谢明贤、陈广坡、马凤良	
592	Tight Oil Reservoir Brittleness Index Prediction Based on Petrophysical Experiments-A Case of the Qaidam Basin	82th EAGE Conference & Exhibition 2020：荷兰阿姆斯特丹	张平	EI
593	Application of Near-surface Multiple-Time Windows Q Compensation Technology in Tight Sand Gas Exploration in Sichuan Basin	82th EAGE Conference & Exhibition 2020：荷兰阿姆斯特丹	刘桓、苏勤、曾华会、张小美	EI
594	Application of "2W1H" Seismic Data in Deep Reservoir Prediction	82th EAGE Conference & Exhibition 2020：荷兰阿姆斯特丹	李海亮、张丽萍、桂金咏	EI
595	Application of Wide Azimuth、Wide-band and High-density Seismic Data in Small Fault Detection	82th EAGE Conference & Exhibition 2020：荷兰阿姆斯特丹	王海龙、寇龙江、桂金咏、李海亮、徐兴荣	EI
596	AVOA Inversion for Fracture Parameters Based on The Rock Physical Model	82th EAGE Conference & Exhibition 2020：荷兰阿姆斯特丹	乐幸福、王斌	EI
597	The Deep-water Sediments Evolution with the Uplift of the Himalayan in Offshore Myanmar	AAPG /EAGE 5th Myanmar Oil&Gas conference：缅甸	许小勇	
598	Predict Formation Pore Pressure in Offshore Frontier Area	AAPG /EAGE 5th Myanmar Oil&Gas conference：缅甸	张勇刚	
599	Seismic Subtle Sequence Boundary Identification and High Frequency Sequence Framework Establishment for Lithologic Trap Exploration in Lacustrine Basin	AAPG ACE（oral）：Delhi-NCR、India	杨占龙	EI

序号	论文题目	期刊杂志名称/会议名称/出版社	作者	被收录情况
600	Origin and Charging Histories of Diagenetic Traps in the Junggar Basin	AAPG Bulletin；DOI：10. 1306/07202017327	潘建国、王国栋、曲永强、齐雯、尹路	SCI
601	Genesis Types of Tight Sandstones in Zhahaquan area、Qaidam Basin	AAPG Europe Regional Conference：希腊雅典	宫清顺、刘占国	
602	Facies Modeling Based on Comprehensive Sedimentary and Diagenesis Study Assisted by Neural Network for an Extremely Heterogeneous Carbonate Reservoir in UAE	Abu Dhabi International Exhibition & Conference（ADIPEC）：网络	韩如冰、高严、魏晨吉	EI
603	Formation Environment and Development Models for the Lower Cambrian Source Rocks of the Southern North China Plate、China	ACS OMEGA：2020. 5	黄军平	SCI
604	Pore Size Distribution Characteristics of High Rank Coal with Various Grain Sizes	ACS Omega：ISSN：2470−1343	刘玲莉、崔泽宏、王建俊、夏朝辉、段利江	SCI
605	Evaluation Methods of Profitable Tight Oil Reservoir of Lacustrine Coquina：A Case Study of Da′anzhai Member of Jurassic in the Sichuan Basin	Acta Geologica Sinica（English Edition）：2	庞正炼、陶士振	SCI
606	LA−ICP−MS U−Pb Ages，Clumped and Stable Isotope Constraints on the Origin of the Middle Permian Coarse−crystalline Dolomite Reservoirs in Northwest Sichuan Basin，Southwest China	Acta Geologica Sinica（English Edition）：94（4）	潘立银、沈安江、胡安平、郝毅、赵建新	SCI
607	Evaluation Methods of Profitable Tight Oil Reservoir of Lacustrine Coquina：a Case Study of Da′anzhai Member of Jurassic in Sichuan Basin	Acta Geologica Sinica（English Edition）：2	庞正炼、陶士振、张琴、张斌、张天舒	SCI
608	A Method to Remove Depositional Background Data Based on The Modified Kernel Hebbian Algorithm	Acta Geophysica：2020（68）	窦玉坛	SCI
609	Can the Prior Cathodic Polarisation Treatment Remove the Air−Formed Surface Film and Is It Necessary for the Potentiodynamic Polarisation Test	Acta Metallurgica sinica：33（6）	叶正荣、裴智超、伊然	SCI
610	Multi−factor Controls on Initial Gas Production Pressure of Coalbed Methane Wells in Changzhi—Anze Block、Central−Southe	Adsorption Science& Technology：0（0）1−21、2020. 01	赵洋、张小东、张硕、杨焦生、李献忠	SCI
611	Hollow CuS Nanoboxes as Li−Free Cathode for High−Rate and Long−Life Lithium Metal Batteries	Advanced Engineering Materials：2020. 10	陈亚威、李建明、雷占武、霍亚坤、杨兰兰	SCI

序号	论文题目	期刊杂志名称/会议名称/出版社	作者	被收录情况
612	Semianalytical Solution for Large Deformation of Salt Cavern with Strain-Softening Behavior	Advances in Civil Engineering: 2020	冉莉娜、张华宾、张倾倾	SCI
613	Using Hybrid Method Based on Machine Learning for Energy Consumption Prediction of Oil and Gas Production	Advances in Intelligent Systems and Computing: ISSN: 2194-5357	李峻、郭以东、王亦然	EI
614	Evaluation and Utilization of Nano-Micron Polymer Plug for Heterogeneous Carbonate Reservoir with Thief Zones	Advances in Polymer Technology: 2020	魏晨吉、郑洁、熊礼晖、李正中、杨戬	SCI
615	Predicting Activity Coefficients with the Debye-Hückel Theory Using Concentration Dependent Static Permittivity	AIChE Journal: e16651	雷群、彭宝亮、孙立、罗健辉	SCI
616	Microscopic Mechanism of Water Flooding in Tight Reservoirs	AIP Advances: 2020	李海波、郭和坤、杨正明	SCI
617	A New Method for Potential Evaluation of Compound Flooding of Tertiary Oil Recovery	Annual International Conference on Computer Science and Applications: 2020	刘朝霞、王强、罗文利、高明、蔡红岩	
618	Realizing Synergistic Effect of Electronic Modulation and Nanostructure Engineering Over Graphitic Carbon Nitride for Highly Efficient Visible-light H_2 Production Coupled with Benzyl Alcohol Oxidation	Applied Catalysis B: Environmental: 2020(269)	章富、李建明、王海飞、李亚鹏、刘忆	SCI
619	Photoelectrochemical Water Splitting Coupled with Degradation of Organic Pollutants Enhanced by Surface and Interface Engineering of $BiVO_4$ Photoanode	Applied Catalysis B: Environmental: 2020(278)	刘景超、李建明、李艳菲、郭建、许思敏	SCI
620	An Integrated Assessment System for Shale Gas Resources Associated with Graptolites and its Application	Applied Energy: 262、114524	龚剑明、邱振、邹才能、王红岩、施振生	SCI
621	Classification of Tight Sandstone Reservoirs Based on NMR Logging	Applied Geophysics: 16(4)	李长喜	SCI
622	Method for Obtaining High-resolution Velocity Spectrum Based on Weighted Similarity	Applied Geophysics: 17	徐兴荣、苏勤、谢俊法、王靖、寇龙江	SCI
623	Adaptive Multi-resolution Graph-based Clustering Algorithm for Electrofacies Analysis	Applied Geophysics: 17(1)	武宏亮、王晨、冯周原野、王华峰	SCI
624	A DTW Distance-based Seismic Waveform Clustering Method for Layers of Varying Thickness	Applied Geophysics: 17(2)	洪忠	SCI

序号	论文题目	期刊杂志名称/会议名称/出版社	作者	被收录情况
625	Improvement of the Fast Simulation of Gamma – gamma Density Well Logging Measurement	Applied Radiation and Isotopes: 167	刘军涛、袁超	SCI
626	Formation Damage Control of Saline – lacustrine Fractured Tight Oil	Arabian Journal of Geosciences: 13	张希文	SCI
627	The Hydrocarbon Accumulation Potential of Upper Cretaceous to Paleogene in the Northern Kaikang Trough、Muglad Basin	Arabian Journal of Geosciences: 13	卜从胜、李永新、白斌	SCI
628	Source Reservoir Characteristics and Shale Gas "Sweet spot" Interval in Shahezi Mudstone of Well SKII in Songliao Basin, NE China	Arabian Journal of Geosciences: 13	崔景伟、朱如凯、王成善、高远、李森	SCI
629	A New Permeability Predictive Model Based on NMR Data for Sandstone Reservoirs	Arabian Journal of Geosciences: 13(19)	徐红军、李长喜、胡法龙、俞军	SCI
630	A New Method for Predicting the Shale Distribution of the Wufeng Formation in the Upper Yangtze Region, China	BSGF – Earth Sciences Bulletin: 191、8	孙莎莎	SCI
631	Identification of Sequence Stratigraphy in the Dongying Formation of the Liaoxi Low Uplift, Bohai Bay Basin, China	Canadian Journal of Earth Sciences(1.521):57(5)	周广照、胡志明、端祥刚、常进	SCI
632	Experimental Modeling of Gas Channeling for Water–Alternating–Gas Flooding in High–temperature and High–Pressure Reservoirs	Carbon Management Technology Conference 2019:美国休斯敦	李云波、齐梅、韩彬、徐立坤	EI
633	The Effect of Salt on the Evolution of a Subsalt Sandstone Reservoir in the Kuqa Foreland Basin, Western China	Carbonates and Evaporites: 35	吴海	SCI
634	Sedimentary Responses to the Dongwu Movement and the Influence of the Emeishan Mantle Plume in Sichuan Basin, Southwest China: Significance for Petroleum Geology	Carbonates Evaporites:35	苏旺	SCI
635	Anthraquinone–functionalized Graphene Framework for Supercapacitors and Lithium Batteries	Ceramics International:2020(46)	秦艺、李建明、金旭、焦淑红、陈亚威	SCI
636	Application of Well Pattern Adjustment for Offshore Polymer Flooding oilfield: a Macro–scale and Micro–scale Study	Chemistry and Technology of fuels and oils:56	刘凡、吴学林、周文胜	SCI
637	Research on the Production Decline Law of Junlian Coalbed Methane Development Test Well	Chemistry and Technology of fuels and oils:56(4)	赵洋、孙腾飞、王玫珠、韩永胜、穆福元	SCI

续表

序号	论文题目	期刊杂志名称/会议名称/出版社	作者	被收录情况
638	Multi-parameter Structural Optimization to Reconcile Mechanical Conflicts in Nacre-like Composites	Composite Structures：113225	金旭、周立川、朱银波、何泽洲、吴恒安	SCI
639	Detrital Zircon U-Pb Geochronology from the Upper Carboniferous Sediments of Benxi Formation in the North China Craton - implications for Tectonic-sedimentary Evolution	Comptes Rendus Géoscience—Sciences de la Planète：2	莫午零、范立勇、魏国齐、刘新社、张春林	SCI
640	A Property-dependent Perfectly Matched Layer with a Single Additional Layer for Maxwell′s Equations in Finite Difference Frequency Domains	Computer Methods in Applied Mechanics and Engineering：372. 12	纪东奇、王琦、陈掌星、Thomas Grant Harding、董明哲	SCI
641	Seismic Impedance Inversion via Combining Convolutional Neural Network and Geostatistics：An Example from Songliao Basin，China	EAGE：英国伦敦	葛强、曹宏、晏信飞、杨志芳	EI
642	Spacing Optimization of Horizontal Wells in Pu 34 tight Oil Reservoir of Daqing Oilfield	Earth and Environmental Science：467	刘立峰、冉启全、孔金平	EI
643	Geochemical Characteristics and Significance of the Bitumen in Sinian Reservoirs in Sichuan Basin and its Periphery	Earth and Environmental Science：2020(11)	谢增业、李剑、张璐、杨春龙、国建英	EI
644	Chemical Characteristics of Middle Permian formation Water and Hydrocarbon Preservation Conditions in Northwest Sichuan	Earth and Environmental Science：2020(11)	杨春龙、谢增业、裴森奇、国建英、张璐	EI
645	Exploring Petroleum Inside Source Kitchen：Shale oil and Gas in Sichuan Basin	Earth Sciences：7	邹才能、杨智、孙莎莎	SCI
646	Review on Polymer Flooding Technology	EEEP 2020：厦门	李雪凝、张付生、刘国良	EI
647	A New Production-Splitting Method for the Multi-Well-Monitor System	Energies：13	俞霁晨	SCI
648	Discussion on Determination Method of Long-term Strength of Rock Salt	Energies：13(10)	丁国生、刘建锋、王璐、武志德	SCI
649	Water Intrusion Characterization in Naturally Fractured Gas Reservoir Based on Spatial DFN Connectivity Analysis	Energies：13(16)	陈鹏羽、Mauricio Fiallos-Torres、邢玉忠、于伟、郭春秋	SCI
650	A Comprehensive Explanation to CO_2-induced Coal Swelling	Energy & Fuels：2020. 10	段利江、曲良超、衣杰	SCI

序号	论文题目	期刊杂志名称/会议名称/出版社	作者	被收录情况
651	Discovery and Molecular Characterization of Organic Caged Compounds and Polysulfanes in Zhongba 81 Crude Oil,Sichuan Basin,China	Energy & Fuels:34	朱光有	
652	The Influence of Gas Invasion on the Composition of Crude Oil and the Controlling Factors for the Reservoir Fluid Phase	Energy & Fuels:34	朱光有、李婧菲、池林贤、张志遥、李婷婷	SCI
653	Effect of Electrolyte on Synergism for Reducing Interfacial Tension Between Betaine and Petroleum Sulfonate	Energy & Fuels:34	张群、孙琦、周朝辉、张帆	SCI
654	Comprehensive Molecular Compositions and Origins of DB301 Crude Oil from Deep Strata,Tarim Basin,China	Energy & Fuels:34(10)	王萌、朱光有	SCI、EI
655	Evaluation Method for Resource Potential of Shale Oil	Energy Exploration & Exploitation:38(11)	郭秋麟、陈晓明、柳庄小雪、杨智、郑曼	SCI
656	Pressure Transient Analysis of a Vertical Well with Multiple Etched Fractures in Carbonate Reservoirs	Energy Exploration & Exploitation:38(3)	罗二辉、胡永乐、范子菲、赵文琪、王成刚	SCI
657	A New Empirical Correlation of Minimum Miscibility Pressure for Produced Gas Reinjection	Energy Exploration & Exploitation:38(4)	何聪鸽、范子菲、张晨朔、许安著、赵伦	SCI
658	Transient Pressure Behavior of Horizontal Well in Gas	Energy Exploration & Exploitation:38(6)	甯波、许家峰、姜晶、程敏华	
659	Production Behavior Evaluation on Multilayer Commingled Stress-sensitive Carbonate Gas Reservoir	Energy Exploration & Exploitation:38(7)	郭建林、孟凡坤、贾爱林、董硕、闫海军	
660	Geochemical Evaluation of the Hydrocarbon Potential of Shale Oil and Its Correlation with Different Minerals—a Case Study of the TYP Shale in the Songliao Basin,China	Energy Fuels:34	侯连华、罗霞、韩文学、林森虎、庞正炼	SCI
661	Oil Generation from the Immature Organic Matter after Artificial Neutron Irradiation	Energy Fuels:34	王华建、苏劲、赵文智、蔡郁文、王晓梅	SCI
662	Influence of Pore Water on the Gas Storage of Organic-Rich Shale	Energy Fuels:34	田华、王茂桢、柳少波、张水昌、邹才能	SCI
663	Quantitative Analysis Method of Oil Occurrences in Tight Reservoir	Energy reports:2020	李海波、刘先贵、杨正明、郭和坤	SCI
664	Synthesis and Laboratory Evaluation of Iso—Tridecyloxypolyethylene Glycol Acrylate Copolymers as Potential Viscosity Reducers of Heavy Oil	Energy Science & Engineering:2020(9)	张付生、雷群、刘国良、廖龚晴、徐小芳	SCI

序号	论文题目	期刊杂志名称/会议名称/出版社	作者	被收录情况
665	Reservoir Heterogeneity of the Longmaxi Formation and its Significance for Shale Gas Enrichment	Energy Science&Engineering:30	俞霁晨	SCI
666	New Calculation Method for Condensate Oil Saturation of Gas Condensate Reservoir	Energy Sources、Part A:Recovery、Utilization、and Environmental Effects:42(21)	张安刚、范子菲、赵伦、何聪鸽	SCI
667	An Efficient Optimization Framework of Cyclic Steam Stimulation with Experimental Design in Extra Heavy Oil Reservoirs	Energy:Energy 192、116601	罗二辉、范子菲、胡永乐、赵伦、薄兵	SCI
668	Methanogen Migration and its Effect on Pore Structure of Coals	Environmental Engineering and Management Journal:19(7)	陈浩、郭红玉、拜阳、刘得勋、邓泽	SCI
669	Plugging Mechanisms of Polymer Gel Used for Hydraulic Fracture Water Shutoff	E – POLYMERS:doi:10.1515/epoly—2020-0045	张松、魏发林、刘平德、邵黎明	SCI
670	Experimental Study on the Sensitivity of Tight Sandstone Gas Reservoirs	FEB–FRESENIUS ENVIROMENTAL BULLETIN:29(10)	秦勇、徐红星、冯斌、朱鲁	SCI
671	Microscopic Occurrence Mode and Mechanical Diffusion Mechanism of Shale Gas in Three – phase State	FEB–FRESENIUS ENVIROMENTAL BULLETIN:29(11)	秦勇、卜军、黄婷、李建辉、王飞	SCI
672	Potential Characterization of Horizontal Well In-filling in a Foamy Extra–heavy Oil Reservoirs	First EAGE Online Workshop on EOR in Latin America:Research、Planning、Implementation and Surveillance:线上	杨朝蓬、李星民、沈杨、史晓星	EI
673	Experimental Evaluation of Damage Factors of Tight Sandstone Gas Reservoirs in Shenfu Block,China	Fresenius Environmental Bulletin:29	张静	SCI
674	Identification of the Late Triassic Chang 63 Period Slope Belt in the Central Ordos Basin and Oil and Gas Geological Significance	Fresenius environmental bulletin:29(4)	廖建波	SCI
675	A Study on the Flowability of Gas Displacing Water in Low–permeability Coal Reservoir Based on NMR Technology	Frontiers of Earth Science:020 – 0837	杨敏芳、杨兆彪、孙斌、张争光、刘洪林	SCI
676	Data Sharing Mechanism of Various Mineral Resources Based on Block Chain	Frontiers of Engineering Management:7. 592-604	任义丽、梁佳、苏健、曹刚、刘合	SCI
677	Characterizing Hydraulic and Natural Fractures properties in Shale Oil Well in Permian Basin Using Assisted History Matching	Fuel:275	Sutthaporn Tripoppoom、王欣、刘哲、于伟、谢红兵	SCI

续表

序号	论文题目	期刊杂志名称/会议名称/出版社	作者	被收录情况
678	Stability and Cracking Threshold Depth of Crude Oil in 8000m Ultra‒deep Reservoir in the Tarim Basin	Fuel：282	朱光有	SCI
679	An Investigation on Phase Behaviors and Displacement Mechanisms of Gas Injection in Gas Condensate Reservoir	Fuel：268	张安刚、范子菲、赵伦	SCI
680	The Influence of Salinity and Mineral Components on Spontaneous Imbibition in Tight Sandstone	Fuel：2020.6	杨正明、何英	SCI
681	Role of Bitumen and NSOs During the Decomposition Process of a Lacustrine Type‒Ⅱ Kerogen in Semi‒open Pyrolysis System	Fuel：259	侯连华、罗霞、陶士振	SCI
682	Characteristics and Quantitative Models for Hydrocarbon Generationretention‒production of shaleunder ICP Conditions：Example from the Chang 7 Member in the Ordos Basin	Fuel：279	侯连华、麻伟娇、罗霞、刘金钟	SCI
683	Permeability Calculation of Sand‒conglomerate Reservoirs Based on Nuclear Magnetic Resonance(NMR)	Geofluids：1385469	周游、吴松涛、李志平、朱如凯、谢淑云	SCI
684	A New Methodology for the Multilayer Tight Oil Reservoir Water Injection Efficiency Evaluation and Real‒Time Optimization	Geofluids：1468‒8123	修建龙、曹琳、程宏杰、王辉、谢书剑	SCI
685	Hydrocarbon Potential of Late Palaeozoic Residual basins in the Central Asian Orogenic Belt：Insights from the Tectonic Evolution of the Yinggen‒Ejinaqi Basin，Inner Mongolia，China	Geological Journal：55(7)	Abitkazy Taskyn、吴淑红	EI
686	Sequence Stratigraphy in Post‒rift River‒dominated Lacustrine Delta Deposits：A Case Study from the Upper CretaceousQingshankou Formation，Northern Songliao Basinnortheastern China	Geological Journal：online ISSN：1099‒1034	冯有良、杨智、朱吉昌、张顺、傅秀丽	SCI
687	In Situ Rare Earth Element Analysis of a Lower Cambrian Phosphate Nodule by LA‒ICP‒MS	Geological Magazine：107	叶云涛、王华建	SCI
688	Improving the Resolution of Impedance Inversion in Karst Systems by Incorporating Diffraction Information：a Case Study in Tarim basin，China	Geophysics：10	韩令贺	SCI
689	Gravity Flow Deposition in Deep Marine and Deep Lacustrine Basins：New Target for Shale Gas and Shale Oil E&P in China	Global Conference on Deep‒Water Systems：线上	张磊夫、王红岩、董大忠、赵群	

续表

序号	论文题目	期刊杂志名称/会议名称/出版社	作者	被收录情况
690	Late Neoproterozoic Intracontinental Rifting of the Tarim carton、NW China：An Integrated Geochemical、Geochronological and Sr－Nd－Hf Isotopic study of Siliciclastic Rocks and Basalts from Deep Drilling Cores	Gondwana Research：80	陈玮岩、朱光有	SCI
691	Discovery of Cryogenian Interglacial Source Rocks in the Northern Tarim、NW China：Implications for Neoproterozoic Paleoclimatic Reconstructions and Hydrocarbon Exploration	Gondwana Research：80	朱光有、闫慧慧、陈玮岩、闫磊、张开军	SCI
692	Cellulose－based Materials in Wastewater Treatment of Petroleum Industry	Green Energy & Environment：5	彭宝亮、姚兆玲、王小聪、Mitchel Crombeen、Dalton G. Sweeney	SCI
693	Internal Versus External Locations of the South China in Rodinia during the Cryogenian：Provenance History of the Nanhua Basin	GSA Bulletin：10	朱光有	SCI
694	Sedimentary Sequence Outcrops of Proterozoic Marine Facies Around Beijing：an Important Geoscience Field Education Base	GSA 国际会议：美国弗吉尼亚雷斯顿(Reston、Virginia)	吴因业、吴洛菲、付蕾	
695	Study on Effect Evaluation Method of Weak Gel Flooding Control in Ordinary Heavy Oil Reservoirs	ICCER 2020：深圳	单发超、赵伦、许安著、薄兵、马钢	EI
696	Petroleum Geological Analysis Based on Remote Sensing and Laser Scanning in Karamay Formation of Junggar Basin,China	ICGEC 2020：天津	曾齐红、张友焱、叶勇、胡艳、王文志	EI
697	Description of Deep－water Sedimentary System and Hydrocarbon Accumulation in Rovuma Basin	ICGG：厦门	左国平	
698	Shear Velocity Prediction in the Tight Oil Formation with Deep Learning	ICISCE2020：湖南长沙	贺佩、姜仁、曾庆才、卢明辉、李凌高	EI
699	Multi－Task Learning for Super－Resolution of Seismic Velocity Model	IEEE Transaction on Geoscience and Remote Sensing：DOI 10. 1109/TGRS. 2020. 3034502	宋建勇	SCI
700	Well－Logging Constrained Seismic Inversion Based on Closed-Loop Convolutional Neural Network	IEEE Transactions on Geoscience and Remote Sensing：58(8)	葛强、晏信飞	SCI
701	Seismic Data Interpolation Using Dual－Domain Conditional Generative Adversarial Networks	IEEE Geoscience and Remote Sensing Letters：2020. 7	常德宽、杨午阳、雍学善	SCI

续表

序号	论文题目	期刊杂志名称/会议名称/出版社	作者	被收录情况
702	Indonesia´s New Petroleum Fiscal Regime:Fiscal Changes、Impacts and Future Trends	International Conference on Advances in Energy Resources and Environment Engineering:重庆	彭云、李嘉、易洁芯、孙杜芬、常毓文	EI
703	Investigation of Fracture-height Growth in Multiple-layered Rock from Lab Test to Field Diagnosis in Unconventional Reservoirs	International Field Exploration and Development Conference 2020:成都	付海峰、郑新权、才博、修乃岭、梁天成	
704	Analysis of Affecting Factors of Cold Production of Extra Heavy Oil with Horizontal Wells in block M	International Field Exploration and Development Conference 2020:成都	沈杨、李星民、杨朝蓬、史晓星	EI
705	Evaluation of Cyclic Steam Injection with Carbon Dioxide Enhanced oil Recovery from Extra Heavy Oil Reservoir	International Field Exploration and Development Conference 2020:成都	刘章聪、陈长春、杨朝蓬、李星民、沈杨	EI
706	Analysis of Production Characteristics of Reservoirs with Different Fluid Properties and Adjustment Strategies	International Field Exploration and Development Conference 2020:成都	刘剑、齐梅、许翔麟、雷占祥、陈文	EI
707	Case Study:Effect of Different Unstable Water Injection Modes with Horizontal Row Well Pattern in Low Permeability Carbonate Reservoir of Middle East	International Field Exploration and Development Conference 2020:成都	杨阳	EI
708	Study on the Technology of Imbibition in Ultra-low Permeability Reservoir	International Field Exploration and Development Conference 2020:成都	胡亚斐、李保柱、侯建锋、彭缓缓	EI
709	Carbon、Oxygen and Strontium Isotopes of the Mesoproterozoic Jixian System(1.6-1.4 Ga)in the Southern Margin of the North China Craton and the Geological Implications	International Geology Review:2020	谭聪、卢远征、李鑫、宋昊南、吕丹	SCI
710	Effects of Petroleum Retention and Migration Within the Triassic Chang 7 Member of the Ordos Basin,China	International Journal of Coal Geology:5	陈燕燕、林森虎、白斌、张天舒、庞正炼	SCI
711	A Study of Software Pools for Seismogeology-Related Software Based on the Docker Technique	International Journal of Computers and Applications:Volume 42、2020-Issue 1	刘树仁、蔡长宁、朱启伟	EI
712	Experimental Investigations of Fracturing Fluid Flowback and Retention under Forced Imbibition in Fossil Hydrogen Energy Development of Tight Oil Based on Nuclear Magnetic Resonance	International Journal of Hydrogen Energy:45(24)	许国庆、江昀、石阳、韩玉娇、王铭显	SCI

续表

序号	论文题目	期刊杂志名称/会议名称/出版社	作者	被收录情况
713	Research and Development of High－efficient Nano Solid Defoaming Agent and its Application	International Petroleum Technology Conference（IPTC）2020；达曼	曹光强、李楠、师俊峰、王浩宇、贾敏	EI
714	Visualization Experiments and 3D Fractal Description of the Acid-etched Wormholes in Carbonate Reservoirs	InterPore2020、12 Annual meeting	邹洪岚、周佳佳、张合文、温晓红	
715	Study on the Micro Pore Structure Characteristics of Low Permeability Porous Carbonate Reservoir	Interpore2020；青岛	张亚蒲、黄延章、杨正明、侯海涛	
716	Research and Application of Numerical Method of Evaluation of Fracturing Effects in Large Scale Volume Reform of Vertical Wells	Interpore2020；青岛	杨正明、夏德斌、赵新礼、林伟、陈挺	
717	Diagenetic Characteristics and Quantitative Evolution of Porosity in Tight Gas Sandstone Reservoirs：A Case Study from the Middle and Lower Permian in the Northwestern，Ordos Basin，China	Interpretation；8（1）	高阳、易士威、佘源琦、林世国	SCI
718	Sedimentary Sequence and Architecture Analysis by Integrating Multidiscipline Data—An Example of a Sandy Conglomerate Reservoir in the Qie12 block，Qaidam Basin，Northwest China	Interpretation；8（3）	宫清顺、刘占国、朱超、宋光永	SCI
719	Seismic Quality Factor Estimation Using Prestack seismic Gathers：A Simulated Annealing Approach	interpretation；2020.5	李胜军、雍学善	SCI
720	Engineering－Oriented "Sweet Spot" Prediction for Tight Sandstone Gas Reservoirs：A Case Study from SLG Gas Field in Western China	Interpretation；6（1）	李海亮、张丽萍、桂金咏、王海龙、李胜军	SCI
721	Diagenetic Characteristics and Quantitative Evolution of Porosity in Tight Gas Sandstone Reservoirs：A Case Study from the Middle and Lower Permian in the Northwestern Ordos Basin，China	Interpretation；8	高阳、王志章、易士威、佘源琦、林世国	SCI
722	Application of Seismic Sedimentology in Lithostratigraphic Trap Exploration：A Case Study from Banqiao Sag，Bohai Bay Basin，China	Interpretation；8（1）	苏明军	SCI
723	Factors Affecting the Nanopore Structure and Methane Adsorption Capacity of Organic－rich Marine Shales in Zhaotong area，Southern Sichuan Basin	Interpretation；8（2）	孙盼科、朱汉卿、徐怀民、胡筱妮、田林峰	SCI

续表

序号	论文题目	期刊杂志名称/会议名称/出版社	作者	被收录情况
724	Global Seismic Horizon Interpretation Based on data Mining— A New Tool for Seismic Geomorphologic Study	Interpretation:8(2)	洪忠	SCI
725	Vug and Fracture Characterization and Gas Production Prediction by Fractals Carbonate Reservoir of the Longwangmiao Formation in the Moxi-Gaoshiti area,Sichuan Basin	Interpretation:8(3)	李昌、沈安江	SCI
726	Study on Simulation of Reservoir-controlling of Fault - unconformity Composite Transport in Chengbei Fault Zone	IOP Conference Series:Earth and Environmental Science:线上	张洪、王居峰、刘海涛	EI
727	Hydrocarbon Occurrence Characteristics and Charging Differences in Chengbei Fault Zone Based on Fluid Inclusions	IOP Conference Series:Earth and Environmental Science:线上	张洪	EI
728	Deep Water Oil& Gas: New Opportunities and Suggestions for Chinese Oil Companies	IOP Conference Series:Earth and Environmental Science:线上	李嘉、彭云、孙杜芬、易洁芯、王恺	EI
729	Irradiation Caused Gas Generation from Organic Matter:Evidence from the Neutron Irradiation Experiment	IOP Conference Series:Earth and Environmental Science:线上	王华建	EI
730	Characteristics of Paleogene Source Kitchen and its Control on Hydrocarbon Accumulation in Qikou Sag,Bohai Bay Basin	IOP Publishing:600	李永新、卞从胜、李秋芬、刘海涛	EI
731	Quantitative Assessment of Cracking Gas Generated by Dispersed Liquid Hydrocarbon	IOP Publishing:ISSN 1755-1315	王兆云	EI
732	Research and Application of the Composite Reservoir Stimulation Technology for Ultra-High-Temperature Ultra-Deep Naturally-Fractured Carbonate Reservoirs	IOP:doi:10. 1088/1757-899X	段贵府	EI
733	Design、Optimization and Application of the Closed Blender for CO_2 Waterless Fracturing	IPTC:沙特阿拉伯	杨清海、孟思炜、于川、付涛、陈实	EI
734	CO_2 Fracturing Technology In Unconventional Resources	IPTC—20312-MS:沙特阿拉伯达赫兰	王春鹏、崔伟香、邹洪岚、王超、张希文	EI
735	Characterization of Paleokarst Carbonate Reservoirs Based on Macro-Micro Heterogeneity in North Truva Oilfield, the Eastern Margin of Pre-Caspian Basin,Kazakhstan	ISGC:美国	李伟强	

续表

序号	论文题目	期刊杂志名称/会议名称/出版社	作者	被收录情况
736	Depositional Setting, Diagenesis and Their Impact on the Reservoir Quality of the Visean–Gzhelian Carbonates in North Truva, the Eastern Margin of Pre–Caspian Basin, Kazakhstan	ISGC：美国	李伟强	
737	Clssification of Flow Standards of Carbonate Formation in Bereketli–Pirgui Gas Field	IWEG2019：杭州	邢玉忠、郭春秋、程木伟、陈鹏羽、史海东	EI
738	Discovery of the High–yield Well GT1 in the Deep Strata of the Southern Margin of the Junggar Basin, China：Implications for liquid Petroleum Potential in Deep Assemblage	J. Pet. Sci. Eng：191	张志遥、朱光有	SCI
739	Decoding Stratigraphic and Structural Evolution of the Songliao Basin：Implications for Late Mesozoic Tectonics in NE China	Journal of Asian Earth Science：ISSN：1367–9120	冯有良、朱吉昌、孟庆仁、李世虎、吴国立	SCI
740	Volcanic Activities Triggered the First Global Cooling Event in the Phanerozoic	Journal of Asian Earth Sciences：194. 104074	陶辉飞、邱振、刘雨桐、邱军利、董大忠、刘贝	SCI
741	Controlling factors on the Formation and Distribution of "Sweet-spot Areas" of Marine Gas Shales in South China and a Preliminary Discussion on Unconventional Petroleum Sedimentology	Journal of Asian Earth Sciences：194. 103989	邱振、邹才能	SCI
742	Distribution and Geodynamic Setting of the Late Neoproterozoic—Early Cambrian Hydrocarbon Source Rocks in the South China and Tarim Blocks	Journal of Asian Earth Sciences：201	朱光有、李婷婷	SCI
743	Spatial and Temporal Associations of Traps and Sources：Insights into Exploration in the Southern Junggar Foreland Basin, Northwestern China	Journal of Asian Earth Sciences：2020（198）	王彦君、王宏斌	SCI
744	An Astronomically Calibrated Stratigraphy of the Mesoproterozoic Hongshuizhuang Formation, North China：Implications for Pre–Phanerozoic Changes in Milankovitch Orbital Parameters	Journal of Asian Earth Sciences：2020（199）	成大伟、张水昌、张志杰、周川闽、王华健	SCI
745	Microbial Mineralization of Botryoidal Laminations in the Upper Ediacaran Dolostones, Western Yangtze Platform, SW China	Journal of Asian Earth Sciences：6	翟秀芬、罗平、谷志东、姜华、张宝民	SCI
746	Experimental Investigation on a Novel Particle Polymer for Enhanced Oil Recovery in High Temperature and High Salinity Reservoirs	Journal of chemistry/ Hindawi：2090–9063	刘阳、吴行才、叶银珠、管保山、康晓东	SCI

序号	论文题目	期刊杂志名称/会议名称/出版社	作者	被收录情况
747	An Unconventional Method for Well-seismic Integrated Cycle Correlation and Sedimentary Evolution of Fluvial Reservoir	Journal of Coastal Research:109	胡水清、王珏	SCI
748	Petro KG: Construction and Application of E&P Knowledge Graph in Upstream Area of PetroChina	JOURNAL OF COMPUTER SCIENCE AND TECHNOLOGY:35(2)	周相广、龚仁彬、时付更、王喆锋	SCI
749	Comparison of the Petroleum Geology in the Deep-water Basins Between the Passive Margin of Morocco and its Conjugate Margin of Canada	Journal of Earth Science:31(5)	宋成鹏、温志新、王兆明	SCI
750	Paleo-environment Reconstruction of the Middle Permian Lucaogou Formation, Southeastern Junggar Basin, NW China: Implications for the Mechanism of Organic Matter Enrichment in Ancient Lake	Journal of Earth Science: JES-03—2020-0123. R3	成大伟、周川闽、张志杰、袁选俊、Ronald Steel	SCI
751	Identification of Seepage Mechanisms for Natural Gas Huff-n-Puff and Flooding Processes in Hydrophilic Reservoirs with Low and Ultra-low Permeability	Journal of energy resources technology:0195-0738	刘先贵、郑太毅、杨正明、骆雨田、张亚蒲	SCI、EI
752	Comprehensive Optimization of Managed Drawdown for a Well with Pressure-sensitive Conductivity Fractures:Workflow and Case Study	Journal of Energy Resources Technology:2020	位云生、贾爱林、王军磊、齐亚东	SCI
753	Optimization of Managed Drawdown for a Well with Stress-sensitive Conductivity Fractures:Workflow and Case Study	Journal of Energy Resources Technology:2020. 10	位云生、王军磊、贾爱林、刘成、罗超	SCI
754	Preparation of Worm-like SnS$_2$ Nanoparticles and Their PhotocatalytiC Activity	Journal of Experimental Nanoscience:15(1)	孙灵辉、邹玮、冷润熙、张强	SCI
755	Friction of Longmaxi Shale Gouges and Implications for Seismicity during Hydraulic Fracturing	Journal of Geophysical Research:Solid Earth:10. 1029/2020JB019885	徐政语	SCI
756	A Hybrid-order Strategy to Accelerate a High-order Fast Sweep Method	Journal of Geophysics and Engineering:17	崔栋、王春明、秦楠、胡英	SCI
757	Effect of Hydrocarbon Structure on Viscosity Reduction of Long Chain Viscoelastic Surfactant	Journal of Molecular Liquids:113197	崔伟香、晏军、杨江、王洋、王小香	SCI
758	Fractal Characteristics of the Middle-Upper Ordovician Marine Shale Nano-Scale Porous Structure from the Ordos Basin,Northeas China	Journal of Nanoscience and Nanotechnology:1	刘亮、莫午零	SCI

续表

序号	论文题目	期刊杂志名称/会议名称/出版社	作者	被收录情况
759	Micro/Nanopore Systems in Lacustrine Tight Oil Reservoirs, China	Journal of Nanoscience and Nanotechnology:2020(20)	李奇艳、吴松涛、翟秀芬、潘松圻、林森虎	SCI
760	Study on Influencing Factors of Microscopic Occurrence of Tight Oil in Nanoscale Pore Throat	Journal of Nanoscience and Nanotechnology:2020(20)	贾宁洪、王智刚、蒋庆平、杨柳、贺丽鹏	SCI
761	Geochemical Characteristics and Genesis of the Middle Devonian and the Middle Permian Natural gas in the Sichuan Basin, China	Journal of Natural Gas Geoscience:2020(5)	谢增业、杨春龙、董才源、戴鑫、张璐	SCI
762	Sandstone Characteristics and Hydrocarbon Exploration Significance of the Middle-Lower Jurassic of the Central-eastern Part of the Northern Tectonic Belt of the Kuqa Depression, Tarim Basin, China	Journal of Natural Gas Geoscience:2020(5)	张荣虎、杨海军、魏红兴、余朝丰、杨钊	EI
763	Semi-analytical Modeling of Pressure-Transient Response of Multilateral Horizontal Well with Pressure Drop Along Wellbore	Journal of Natural Gas Science and Engineering:2020(80)	位云生、贾爱林、王军磊、罗超、齐亚东	SCI
764	Numerical Analysis of Proppants Transport in Tortuous Fractures of Shale Gas Reservoirs after Shear Deformation	Journal of Natural Gas Science and Engineering:2020(78)	徐加祥、丁云宏、杨立峰、刘哲、高睿	SCI
765	Thickening-upward Cycles in Deep-marine and Deep-lacustrine Turbidite Lobes:Examples from the Clare Basin and the Ordos Basin	Journal of Palaeogeography:9(11)	张磊夫、董大忠	SCI
766	Sedimentary Characteristics of Microbialites Influenced by Volcanic Eruption:A Case Study from the Lower Cretaceous Shipu Group in Zhejiang Province, East China	Journal of Palaeogeography-English:9(2)	王小芳、谭秀成、张哨楠、沈安江、李昌	SCI
767	Characteristics of Lowrank Coal Reservoir and Exploration Potential in Junggar Basin:New Frontier of Low-rank CBM Exploration in China	Journal of Petroleum Exploration and Production Technology:10(6)	蔚远江、汪永华	SCI、EI
768	Characteristics of Micro and Nano-size Pores in Shale Oil Reservoirs	Journal of Petroleum Exploration and Production Technology:2190-0566	杨正明、夏德斌、高铁宁、李海波、林伟	EI
769	Application of Principal Component Analysis on Water Flooding Effect Evaluation in Natural Edge-bottom Water Reservoir	Journal of Petroleum Exploration and Production Technology:ISSN 2190-0558	耿晓燕、齐梅、刘剑、何畅、李云波	EI

序号	论文题目	期刊杂志名称/会议名称/出版社	作者	被收录情况
770	A Full-scale Characterization Method and Application for Pore-throat Radius Distribution in Tight Oil Reservoirs	Journal of Petroleum Science and Engineering:2020(187)	杨正明、肖前华、王志远	SCI
771	Generation and Expulsion Process of the Chang 7 oil Shale in the Ordos Basin Based on Temperature-based Semi-open Pyrolysis:Implications for in-situ Conversion Process	Journal of Petroleum Science and Engineering:2020(190)	麻伟娇、侯连华、罗霞、刘金钟、陶士振	SCI
772	Rate Transient Analysis for Coupling Darcyflow and Free Flow in Bead-string Fracture-caved Carbonate Reservoirs	Journal of Petroleum Science and Engineering:2020(195)	李勇、刘鹏程、王琦	SCI
773	Status and Progress of Worldwide EOR Field Applications	Journal of Petroleum Science and Engineering:2020(193)	刘朝霞、梁严、王强、郭拥军、高明	SCI
774	The Origin and Accumulation of Ultra-deep Oil in Halahatang Area,Northern Tarim Basin	Journal of Petroleum Science and Engineering:2020. 14	李婧菲、朱光有	ISTP
775	Modified Pyrolysis Experiments and Indexes to Reevaluate Petroleum Expulsion Efficiency and pRoductive Potential of the Chang 7 Shale,Ordos Basin,China	Journal of Petroleum Science and Engineering:2020(186)	Weijiao Ma、罗霞、陶士振	SCI
776	Depositional Regimes and Reservoir Architecture Characterization of Alluvial Fans of Karamay oilfield in Junggar basin,Western China	Journal of Petroleum Science and Engineering:2020(186)	李顺明、何辉、郝睿林、陈欢庆	SCI
777	Temperature Sensitivity of CO_2-triggered Switchable Surfactants with Acetamidine Group	Journal of Petroleum Science and Engineering:2020(186)	侯庆锋、王源源、王哲、吴奇、王帆	SCI
778	Production Prediction Method of Horizontal Wells in Tight Gas Reservoirs Considering Threshold Pressure Gradient and Stress Sensitivity	Journal of Petroleum Science and Engineering:2020(187)	甯波、向祖平、刘先山、李志军、陈中华	SCI
779	Quantitative Characterization of Diagenetic Reservoir Facies of the Karamay Alluvial Fan in the Junggar Basin,Western China	Journal of Petroleum Science and Engineering:2020(188)	李顺明、韩如冰、杜宜静	SCI
780	A Fast Method of Waterflooding Performance Forecast for Large-scale Thick Carbonate Reservoirs	Journal of Petroleum Science and Engineering:2020(192)	李勇、张琪、宋本彪、刘鹏程	SCI
781	Quantitative Analysis on Distribution of Microcosmic Residual Oil in Reservoirs by Frozen phase and Nuclear Magnetic Resonance(NMR)Technology	Journal of Petroleum Science and Engineering:2020(192)	熊春明	SCI

序号	论文题目	期刊杂志名称/会议名称/出版社	作者	被收录情况
782	Establishment of A New Slip Permeability Model of Gas Flow in Shale Nanopores Based on Experimental and Molecular Dynamics Simulations Studies	Journal of Petroleum Science and Engineering:2020(193)	胡志明、端祥刚、邵楠、李武广、李亚龙	SCI
783	Depositional Environments of early Cambrian Marine Shale,Northwestern Tarim Basin,China:Implications for Organic Matter Accumulation	Journal of Petroleum Science and Engineering:2020(194)	张春宇、管树巍	SCI
784	China's Deepwater Development:Subsurface Challenges and Opportunities	journal of petroleum science and engineering:2020(195)	李航宇、张铭、刘汉中、付诗文	SCI
785	Characteristics and Quantitative Evaluation of Volcanic Effective Reservoirs	Journal of Petroleum Science and Engineering:2020(195)	何辉、李顺明、刘畅	SCI
786	The Diagenesis Effects on the Conglomerate Reservoir Quality of Baikouquan Formation,Junggar Basin,China	Journal of Petroleum Science and Engineering:2020(195)	肖萌、吴松涛、袁选俊、曹正林、谢宇瑞	SCI
787	A New Method to Determine Surface Relaxivity of Tight Sandstone Cores Based on LF-NMR and High-speed Centrifugation Measurements	Journal of Petroleum Science and Engineering:2020.10	江昀、许国庆、毕赫、石阳、高莹	SCI
788	Comparative Analysis of Economic Effects of Soft Microgel Flooding and Polymer Flooding	Journal of Physics:Conference Series, 6th Annual International Workshop on Materials Science and Engineering:中国	叶银珠、吴行才、刘阳、Xiao Songbo、许寒冰	EI
789	Research on Natural Language Processing and Semantic Analysis Model Application Based on Conceptual Graphs	Journal of Software: doi:10.17706/jsw.15.2.45-52	申端明、李青、乔德新、周兴文	EI
790	Geochemical Characterization and Origin of Crude Oils in the Oriente Basin,Ecuador,South America	Journal of South American Earth Sciences:104	马中振	SCI
791	Geochemical Characterization of Source Rocks、Crude Oils of Oriente basin,South America	Journal of South American Earth Sciences:4	马中振、田作基、周玉冰、阳孝法、田园	SCI
792	Structural Styles and Evolution of a Thin-skinned Fold-andthrust Belt with Multipledetachments in the Eastern Sichuan Basin,South China	Journal of Structural Geology:2020.104191	谷志东、简星、Alan Nunns、张波	SCI
793	Removal of Mercury from Flue Gases over Iron Modified Activated Carbon Made by in Situ Ion Exchange Method	Journal of the Energy Institute:4	韩中喜	SCI、EI

续表

序号	论文题目	期刊杂志名称/会议名称/出版社	作者	被收录情况
794	Design and Research of Statistical Analysis System Based on Business Decision	Journal of Software: ISSN 1796-217X	李效恋、乔德新、丁宇、时迎、郭威	EI
795	Pore-scale Oil Distribution In Shales of the Qing-shankou Formation in the Changling Sag、Songliao Basin、NE China	Marine and Petroleum Geology: 2020(120)	刘畅	SCI
796	A Unified Contactcementation Theory for Gas Hydrate Morphology Detection and Saturation Estimation from Elastic-wave Velocities	Marine and Petroleum Geology: ISSN 0264-8172	李红兵、张研	SCI
797	Quantification of Gas Hydrate Saturation and Morphology Based on a Generalized Effective Medium Model	Marine and Petroleum Geology: ISSN 0264-8172	李红兵	SCI
798	Sedimentary Characteristics and Genesis of the Salt Lake with the Upper Member of the Lower Ganchaigou Formation from Yingxi sag, Qaidam Basin	Marine and Petroleum Geology: 2020(111)	王建功、张道伟、杨少勇、李翔、石亚军	SCI
799	Transition Metal Catalysis in Natural Gas Generation: Evidence from Nonhydrous Pyrolysis Experiment	Marine and Petroleum Geology: 2020(115)	高金亮	SCI
800	Isotopicgeochemical Characteristics Oftwotypesofcarbonateconcretions of Chang 7 Member in the Middle-upper Triassic Yanchang Formation, Ordos Basin, Central China	Marine and Petroleum Geology: 2020(116)	朱如凯	SCI
801	Isotopic Geochemical Characteristics of Two Types of Carbonate Concretions of chang 7 member in the middle-upper Triassic Yanchang Formation, Ordos Basin Central China	Marine and Petroleum Geology: 2020(116)	朱如凯、崔景伟、罗忠、李森、毛治国	SCI
802	Chemical Structure Changes of Lacustrine Type-II Kerogen under Semi-open Pyrolysis as Investigated by Solid-state ^{13}C NMR and FT-IR Spectroscopy	Marine and Petroleum Geology: 2020(116)	侯连华、麻伟娇、罗霞、陶士振、关平	SCI
803	Permian Sedimentary Tuff Tight Reservoirs in the Santanghu Basin, NW China	Marine and Petroleum Geology: 2020(119)	杨智、陈旋、李奇艳、吴松涛、潘松圻	SCI、EI
804	Three—dimensional Imaging of Fracture Propagation in Tight Sandstones of the Upper Triassic Chang 7 member, Ordos Basin, Northern China	Marine and Petroleum Geology: 2020(120)	吴松涛、杨智、潘松圻、崔景伟、林森虎	SCI

序号	论文题目	期刊杂志名称/会议名称/出版社	作者	被收录情况
805	Silica Diagenesis in the Lower Paleozoic Wufeng and Longmaxi Formations in the Sichuan Basin, South China: Implications for Reservoir Properties and Paleoproductivity	Marine and Petroleum Geology: 2020(121)	邱振、刘贝、董大志、卢文武、Yawar Zalmai	SCI
806	Effects of Lacustrine Depositional Sequences on Organic Matter Enrichment in the Chang 7 Shale, Ordos Basin, China	Marine and Petroleum Geology: 2020(124)	张天舒	SCI
807	Isotopic Geochemical Characteristics of Two Types of Carbonate Concretions of Chang 7 Member in the Middle-upper Triassic Yanchang Formation, Ordos Basin, Central China	Marine and Petroleum Geology: 2020.7	朱如凯	SCI
808	A River-dominated to Tide-dominated Delta Transition: A Depositional System Case Study in the Orinoco Heavy Oil Belt, Eastern Venezuelan Basin	Marine and Petroleum Geology: ISSN 0264-8172	黄文松、李胜利、陈和平、付超	SCI
809	Study on Extraction Methods for Different Components in a Carbonate Digital Core	Mathematical Problems in Engineerin doi:36	李新豫	SCI
810	Research on the Definition of Economic Limits for the Development of Unconventional Natural Gas under New Situations	Mathematical Problems in Engineering: 2020	李祖欣、刘键烨、罗东坤、尹秀玲、孙杜芬	SCI
811	Performance Optimization of CO_2 Huff-n-Puff for Multifractured Horizontal Wells in Tight Oil Reservoirs	Modeling and Simulation of Micro/Nano-Scale Oil and Gas Migration in Tight Rocks and Shales: 2020.8840384	郝明强	
812	Microbiologically Influenced Corrosion Perforation Failure Analysis of L80 Tubing in Water Injection Wells in a Middle East Oilfield	NACE-International Corrosion Conference Series: Nashville(Tennessee, USA)	叶正荣、裴智超、周祥	EI
813	Hierarchical Carbon Microtube Nanotube Core-Shell Structure for High Performance Oxygen Electrocatalysis and Zn-Air Battery	Nano-Micro Letters: 12.97	谢文富、李建明、宋雨珂、李世全、李剑波	SCI
814	Genetic Mechanisms of Deep-water Massive Sandstones in Continental Lake Basins and their Significance in Micro-nano Reservoir Storage Systems: A Case Study of the Yanchang Formation in the Ordos Basin	Nanotechnology Reviews: 2020.9	廖建波	SCI

序号	论文题目	期刊杂志名称/会议名称/出版社	作者	被收录情况
815	Reservoir Characteristics and Genesis of the Ordovician M54 − 1a in the Central and Eastern Parts of the Ordos Basin, China	Natural Gas Geoscience: ISSN 2468−256X:285−297	于洲、周进高、丁振纯	
816	Structural Deformation Characteristics and Shale gas Preservation Conditions in the Zhaotong National Shale Gas Demonstration Area along the Southern Margin of the Sichuan Basin	Natural Gas Industry B:7(3)	徐政语、鲁慧丽、张介辉	EI
817	Characteristics、Genetic Mechanism and Oil & Gas Exploration Significance of High − quality Sandstone Reservoirs Deeper Than 7000 m	Natural Gas Industry B:2020(7)	曾庆鲁、莫涛、赵继龙、唐永亮、张荣虎	
818	A Dynamic Prediction Model of Pressure−control Production Performance of Shale Gas Fractured Horizontal Wells and its Application	Natural Gas Industry B: 2020.(7)	贾爱林、位云生、刘成、王军磊、齐亚东	
819	A New Well Test Interpretation Model for Complex Fracture Networks in Horizontal Wells with Multistage Volume Fracturing in Tight Gas Reservoirs	Natural Gas Industry B:2020.5	欧阳伟平、孙贺东、韩红旭	EI
820	Applicable Conditions of the Binomial Pressure Method and Pressure − squared Method for Gas Well Deliverability Evaluation	Natural Gas Industry B:2020.7	孙贺东、孟广仁、曹雯、宿晓斌、梁治东	EI
821	Reunderstanding and Significance of High − quality Reservoirs of the Inner Dengying Formation in the Anyue Gas Field	Natural Gas Industry B: ISSN 2352−8540	戴晓峰、杜本强、张明、李军、唐廷科	EI
822	Quantitative Reservoir Characterization of Tight Sandstone Using Extended Elastic Impedance	Natural Resources Research: 1573−8981	姜仁	SCI
823	Ultra−high H_2S Well−test Program Prevents Exposure during Upset	Oil & Gas Journal:2020.11	吴志均、崔明月、唐红君	EI
824	Relationship between Well Pattern Density and Variation Function of Stochastic Modelling and Database Establishment	Oil & Gas Science and Technology-Rev:2020077	王金凯、赵凯	SCI
825	An Evaluation on Phase Behaviors of Gas Condensate Reservoir in Cyclic Gas Injection	Oil & Gas Science and Technology:Rev. IFP Energies nouvelles 75、4	张安刚、范子菲、赵伦、许安著	SCI
826	Reform and Amendment of Russian Petroleum Fiscal Term:Trends and Implication to Asset Acquisition	Oil & Gas Science and Technology − Rev: IFP Energies nouvelles	张晋、尹秀玲、李祖欣、孙杜芬、刘申奥义	SCI

序号	论文题目	期刊杂志名称/会议名称/出版社	作者	被收录情况
827	Water Saturation Modeling Using Modified J–function Constrained 4 by Rock Typing Method in Bioclastic Limestone	Oil & Gas Science and Technology–Rev. IFP Energies nouvelles:75	邓亚、郭睿、田中元、胡丹丹、刘航宇	SCI
828	Effects of Oil Viscosity on Waterflooding	Open Geosciences 2020(12)	王进财、范子菲、赵伦、陈礼、倪军	SCI
829	Analysis of Pore Throat Characteristics of Tight Sandstone Reservoirs	Open Geosciences:2391–5447	杨正明、赵新礼、刘学伟、骆雨田、王志远	EI、SCI
830	Hydrothermal Experiments Involving Methane and Sulfate:Insights into	Organic Geochemistry:2020(149)	何坤、张水昌、王晓梅、米敬奎、胡国艺	SCI
831	Well Condition Diagnosis of Sucker–Rod Pumping Wells Based on the Machine Learning of Electrical Power Curves in the Context of IoT	OTCA:马来西亚	王才、熊春明、赵捍军、赵瑞东、师俊峰	EI
832	Elemental Geochemistry of Lower Cambrian Phosphate Nodules in Guizhou Province、South China:An Integrated Study by LA–ICP–MS Mapping and Solution ICP–MS	Palaeogeography,Palaeoclimatology,Palaeoecology:538	叶云涛、王华建、王晓梅	SCI
833	Sedimentary Environment and Organic Matter Accumulation of Neoproterozoic Black Shale in the North China Craton:A Case Study of the Tonian Baishugou Formation in the Luonan Area	Palaeogeography,Palaeoclimatology,Palaeoecology:547	胡素云、王坤、王铜山、杨涛、罗平	SCI
834	Continental Weathering Intensity during the Termination of the Marinoan Snowball Earth:Mgisotope Evidence from the Basal Doushantuo Capcarbonate in South China	Palaeogeography,Palaeoclimatology,Palaeoecology:879	李剑、郝翠果、王志宏	SCI
835	Geological Characteristics and Development Potential of Transitional Shale Gas in the East Margin of the Ordos Basin,NW China	Petroleum Exploration & Development:47(3)	匡立春、邱振、何文渊、李树新	SCI
836	Reservoir Geological Modeling and Significance of Cambrian Xiaoerblak Formation in Keping Outcrop area,Tarim Basin,NW China	Petroleum Exploration and Development:47(3)	郑剑锋、潘文庆、沈安江、袁文芳、黄理力	SCI
837	Oil and Gas Source and Accumulation of Trap Zhongqiu 1 in Qiulitage Structural Belt,Tarim Basin	Petroleum Exploration and Development:47(3)	李谨、谢增业、李德江	SCI
838	伊拉克哈法亚油田中白垩统 Mishrif 组 MB1–2 亚段沉积	Petroleum Exploration and Development:47(4)	孙文举、乔占峰、邵冠铭、孙晓伟、高计县	SCI

续表

序号	论文题目	期刊杂志名称/会议名称/出版社	作者	被收录情况
839	Geological Structures and Potential Petroleum Exploration Areas in the Southwestern Sichuan Fold-thrust Belt, SW China	Petroleum Exploration and Development: 47(4)	陈竹新、王丽宁	SCI、EI
840	Pyrolysis of Coal Measure Source Rocks at Highly to over Mature Stage and its Geological Implications	Petroleum Exploration and Development: 47(4)	高金亮、倪云燕、李伟、袁懿琳	SCI
841	Architecture of Deepwater Turbidite Lobes: A Case Study of Carboniferous Turbidite Outcrop in the Clare Basin, Ireland	Petroleum Exploration and Development: 47(5)	张磊夫、李易隆	
842	Experimental Study on the Geomechanical Properties and Failure Behaviour of Interbedded Shale during SAGD Operation	Petroleum Research: 1	张胜飞、李秀峦、王红庄	
843	The Study on Exploitation Potential of Original Low-oil-saturation Reservoirs	Petroleum Research: 2020(5)	孙盈盈、张善严	SCI
844	Hydrocarbons in Igneous Rock of Brazil: A Review	Petroleum Research: 5(3)	任康绪、赵俊峰	
845	Deep-water Depositional Architecture and Sedimentary Evolution in the Rakhine Basin, Northeast Bay of Bengal	Petroleum Science: 1672-5107	马宏霞、范国章、邵大力、丁梁波、孙辉	SCI
846	An Improved Hydrocarbon Generating Model of Source Rocks	PETROLEUM SCIENCE AND TECHNOLOGY: 2020.11	郭秋麟、陈晓明、王建、陈宁生、吴晓智	SCI
847	The Effect of CO_2CH_4 Solvent and N_2CH_4 Solvent Injection on Condensate Phase Behavior in Gas Condensate Reservoir	Petroleum Science and Technology: 38(6)	张安刚、范子菲、赵伦	SCI
848	A Two Step Method to Apply Xu-Payne Multiporosity Model to Estimate Pore Type from Seismic Data for Carbonate Reservoirs	Petroleum Science: 16725107	李红兵	SCI
849	Study of Evaluation Method for the Overseas Oil and Gas Investment Based on Risk Compensation	Petroleum Science: 17. 858-871	李祖欣、刘键烨、罗东坤、王建君	SCI
850	3D Modeling of Deepwater Turbidite Lobes: a Review of the Research Status and Progress	Petroleum Science: 17: 317-333	张磊夫、潘懋、李兆亮	SCI
851	Distribution and Controls of Petroliferous Plays in Subtle Traps within a Paleogene Lacustrine Sequence Stratigraphic Framework Dongying Depression, Bohai Bay Basin, Eastern China	Petroleum Science: ISSN: 1672-5107	冯有良、邹才能、朱吉昌、蒋恕、吴卫安	SCI

序号	论文题目	期刊杂志名称/会议名称/出版社	作者	被收录情况
852	How did the Peripheral Subduction Drive the Rodinia Breakup:Constraints from the Neoproterozoic Tectonic Process in the Northern Tarim Craton	Precambrian Research:339	任荣、管树巍、张水昌	SCI
853	Tracking the Evolution of Seawater Mo Isotopes Through the Ediacaran—Cambrian Transition	Precambrian Research:350	叶云涛、王华建	SCI、EI
854	Application and Improvement of Ensemble Kalman Filter Method in Production Data Analysis	Proceedings of the International Petroleum and Petrochemical Technology Conference 2019:中国北京	岳雯婷、 John Yilin Wang	
855	Experimental Study of the Simultaneous Initiation of Multiple Hydraulic Fractures Driven by Static Fatigue and Pressure Shock	Rock Mechanics and Rock Engineering:0723-2632	曾博	SCI
856	A Comparative Study on the Interface Tension and Interface Dilational Rheological Properties of Three Sodium N-Acyl Aromatic Amino Acid Surfactants	RSC Advances:2020(10)	张帆、张群、杨健、周雅文、周朝晖	SCI
857	A CO_2—responsive Smart Fluid Based on Supramolecular Assembly Structures Varying Reversibly from Vesicles to Wormlike Micelles	RSC Advances:2020(10)	熊春明	SCI
858	Hydrochemistry of Flowback Water from Changning Shale Gas Field and Associated Shallow Groundwater in Southern Sichuan Basin, China:Implications for the Possible Impact of Shale Gas Development on Groundwater Quality	Science of The Total Environment:713	高金亮	SCI
859	LA-ICP-MS U-Pb Geochronology and Clumped Isotope Constraints on the Formation and Evolution of an Ancient Dolomite Reservoir:the Middle Permian of Northwest Sichuan Basin(SW China)	Sedimentary Geology:407	潘立银、沈安江、赵建新、胡安平、郝毅	SCI
860	Sublacustrine Gravity-induced Deposits:The Diversity of External Geometries and Origins	Sedimentary Geology: DOI: 10.1016/j.sedgeo.2020.105738	潘树新、刘化清、许多年、卫平生、曲永强	SCI
861	Application of Discontinuous-Galerkin-Based Acoustic FWI on Land Data from the Mountainous Region of Strong Surface Topography Variations in China	SEG International Exhibition and 90th Annual Meeting:美国休斯敦	李萌、胡英、曹宏、王春明、杨昊	
862	Characterization of Intra-platform Shoal Reservoir Using Core,Siesmic and Production Data	SEG International Exhibition and 90th Annual Meeting:美国休斯敦	刘杏芳、徐光成、孙圆辉、朱光亚、林腾飞	

续表

序号	论文题目	期刊杂志名称/会议名称/出版社	作者	被收录情况
863	Seismic Sedimentologic Characterization of a Deep-buried Cambrian Carbonate Bank in Gucheng Area,Tarim Basin,China	SEG International Exhibition and 90th Annual Meeting：美国休斯敦	徐兆辉、李洪辉、刘伟、曾洪流	
864	Intelligent Analysis of Pore Structure for Oil Reservoir Based on Conditional GAN	SEG Technical Program Expanded Abstracts 2020：线上	任义丽、刘合、罗路、梁佳、高严	
865	Application of Wellie Tomography in Anisotropic Velocity Modeling	SEG：Houston	王艳香	ISTP
866	Application of HTI Anisotropy Correction for Wide-azimuth Seismic Data	SEG：Houston	苏勤、曾华会、孟会杰、郊树海	ISTP
867	The Influence of Water Content on the Growth of the Hybrid-Silica Particles by Sol-Gel Method	Silicon：https://doi.org/10.1007/s12633-020-00756-z	罗健辉、王平美、肖沛文	SCI
868	Adsorption Behaviors of Branched Cationic Gemini Surfactants and Wettability in Quartz-solution-air Systems	Soft Matter：16(23)	高明、王晓光、吕伟峰、周朝辉、张群	SCI
869	Spherical-chain Silica with Super-hydrophobic Surface and Ultra-low Refractive Index for Multifunctional Broadband Antireflective Coatings	Solar Energy：207	张书铭、肖沛文、王平美、罗健辉	SCI
870	New Stage of Rodless Artificial Lift Operation：The First Field Application of Submersible motor Cable Plug with Electric Submersible Progressing Cavity Pump in CNPC	SPE Artificial Lift Conference and Exhibition-Americas 2020：Woodlands	朱世佳、郝忠献、张立新、明尔扬、王全宾	EI
871	Pressure Wave Downhole Communication Technique for Smart Zonal Water Injection	SPE Asia Pacific Oil & Gas Conference and Exhibition：澳大利亚珀斯	王全宾、贾德利、胡改星、孙福超、张吉群	EI
872	Magnetic Resonance Multi-Phase Flowmeter & Fluid Analyzer	SPE Asia Pacific Oil & Gas Conference and Exhibition：澳大利亚珀斯	邓峰、陈冠宏、王梦颖、徐东平、陈诗雯	EI
873	Production Performance Analysis of the Biggest Underground Gas Storage in China	SPE Asia Pacific Oil & Gas Conference and Exhibition：澳大利亚珀斯	宋丽娜、胥洪成、王皆明、赵凯	
874	Miscible CO_2 Flooding Simulation with a Compositional Model in Middle East Carbonate Reservoir	SPE：线上	吴淑红、范天一、赵丽莎、王宝华、马雪松	
875	Model of Separated-Layer Gas Injection System in CO_2 Flooding and Its Application	Special Topics & Reviews in Porous Media：An International Journal：11(3)	张绍辉	EI

续表

序号	论文题目	期刊杂志名称/会议名称/出版社	作者	被收录情况
876	Preconditioning Elastic Least – squares Reverse Time Migration	SPG/SEG 南京 2020 年国际地球物理会议:南京	刘梦丽	ISTP
877	Application of Unconstrained Pre – stack Elastic Inversion in DHI of Deep – water Sedimentary Reservoir	SPG/SEG 南京 2020 年国际地球物理会议:南京	左国平	
878	Application of the Depth–domain Waveform Inversion for Identifying Ultra–thin Sandstone Reservoi	SPG/SEG 南京 2020 年国际地球物理会议:南京	李海亮、张丽萍、王海龙	ISTP
879	Application of Automatic Tomographic Static Correction in Merging Processing of 2D Data in Central Sichuan Area	SPG/SEG 南京 2020 年国际地球物理会议:南京	孟会杰、苏勤、曾华会	ISTP
880	Application and Technology of Pre–stack Reflectivity Forward Modeling of Internal Multiple	SPG/SEG 南京 2020 年国际地球物理会议:南京	戴晓峰、甘利灯、张明、杜本强、牟川	ISTP
881	Multi–layer Iterative Multiple Suppression Technology	SPG/SEG 南京 2020 年国际地球物理会议:南京	戴晓峰、徐右平、王浩、隆辉、江林	ISTP
882	川西北复杂构造带提高信噪比技术	SPG/SEG 南京 2020 年国际地球物理会议:南京	王艳香	ISTP
883	地震多属性分析技术预测巴西盐下 L 区碳酸盐岩储层厚度	SPG/SEG 南京 2020 年国际地球物理会议:南京	张勇刚	
884	阿姆河右岸 BP 气田盐下礁滩体识别与储层预测	SPG/SEG 南京 2020 年国际地球物理会议:南京	郝晋进、何巍巍、张亚军、沙雪梅、郝涛	
885	一种适用于变厚度地层的地震相分析新方法	SPG/SEG 南京 2020 年国际地球物理会议:南京	洪忠	
886	川西南二叠系火山岩气藏地震综合预测	SPG/SEG 南京 2020 年国际地球物理会议:南京	杨亚迪、代春萌、王秀姣、陈胜、董世泰	
887	基于深度学习的地震偏移速度分析方法	SPG/SEG 南京 2020 年国际地球物理会议:南京	罗腾腾、徐基祥、孙夕平	
888	Key Technologies for Seismic Exploration of Tight sandstone Gas Reservoirs in Narrow Channels	SPG/SEG 南京 2020 年国际地球物理会议:南京	曾华会	ISTP
889	Properties of Carbonate Rocks and Determination of Electrical Parameters from Nmr Logging Data	SPLWA:加拿大	王克文、武宏亮、冯周、刘鹏、赵太平	EI
890	Pre – stack Three – Parameter Seismic Inversion Method Based on Theory	Spriner series in Geomechanics Geoengineering:ISBN 978 – 981 – 15-2484-4	李群	EI

续表

序号	论文题目	期刊杂志名称/会议名称/出版社	作者	被收录情况
891	Identification of LTAF Lithologic Traps in Western Uplift Belt of JB Block in South Sumatra Basin	Springer Series in Geomechanics and Geoengineering:1	祝厚勤、马玉霞、洪国良、白振华	EI
892	Impact of Lithology Rock Types on the Fracture of a Complicated Carbonate Gas Reservoir with Low Porosity and Permeability A Case	Springer Series in Geomechanics and Geoengineering:1	祝厚勤、邢玉忠、张良杰、李铭	EI
893	Application of Waveform Indication Inversion in The Prediction of Thin Carrbonate Reservoirs in The AMU Darya Right Bank	Springer Series in Geomechanics and Geoengineering:1	孔炜、张良杰、程木伟、张宏伟	EI
894	Hydraulic Fracturing Evaluation Utilizing Single-well S-wave Imaging: Improved Processing Method and Field Examples	SPWLA:加拿大	刘鹏、武宏亮、李雨生、王克文、冯周	EI
895	Deformation of the Northwestern Junggar Basin(Che-Guai Region, Northwest China) and Implications for Hydrocarbon Accumulation	The Journal of Geology:128	黄林军、潘建国	SCI
896	Analysis of Main Control Factors of CBM Productivity and Optimization of Sweet Spot Area in S Block of Surat Basin	The Third International Conference on Physics, Mathematics and Statistics:昆明	崔泽宏、刘玲莉、王建俊、夏朝辉	EI
897	The Research Status and Summary of Adsorption and Retention Mechanism of Polymer	The Third International Workshop on Materials Science and Mechanical Engineering (IWMSME2020):杭州	刘阳、吴行才、翟志刚、石刚、叶银珠	EI
898	Valuable Data Extraction for Resistivity Imaging Logging Interpretation	Tsinghua Science and Technology:ISSN 1007-0214	任义丽、龚仁彬、冯周、李美超	SCI
899	Carbonate Platform-to-basin Transitions Associated with an Upper Ediacaran Intraplatform Trough in the Sichuan Basin, South China	第36届世界地质大会:印度-新德里	谷志东、张宝民、翟秀芬、姜华、鲁卫华	
900	Deep Learning for Automatic Recognition of Oil Production Related Objectsbased on High-Resolution Remote Sensing Imagery	第40届国际地球科学与遥感大会:美国	张楠楠、赵航、刘杨、刘松、马志国	EI
901	Spectral Properties Analysis of Wastewater in Oil Field and its Remote Sensing Detection with GF2	第40届国际地球科学与遥感大会:美国	刘杨、张楠楠、郭红燕、黄山红、黄妙芬	EI
902	Isolated Carbonate Platform Reservoir Multiple Grouped Discrete Fracture Network Modeling	第六届能源、环境与化学工程研究进展国际学术会议:济南	曾行、宋珩、许安著、梁秀光、何聪鸽	EI

续表

序号	论文题目	期刊杂志名称/会议名称/出版社	作者	被收录情况
903	Research and Application of High-performance Data Storage and Transmission Technology in Microservice Environment	第三届大数据与应用统计国际学术研讨会:线上	李昆颖、丁宇、时迎、王丽玲、甄泽冰	EI
904	Current Application Situation and Developments of Low-cost Sand Proppant in China	第三届环境与地球科学国际学术研讨会:成都	郑新权、王欣、梁天成、杨能宇、才博	EI
905	Research on User Behavior Recommendation Algorithm for Business Process	第三届先进算法与控制工程国际学术会议:线上	李昆颖、丁宇、李效恋、时迎、张文婷	EI
906	Nano-flooding Technology Challenging Oil Displacement Limit	第四届化石与再生能源技术国际研讨会:HOUSTON 线上	王平美、罗健辉、杨海恩、肖沛文	
907	Study on Rheological Dynamics and Thermodynamics of High Temperature Fracturing Fluid Crosslinking Process	国际流变学大会:巴西里约热内卢	许可、卢拥军、常进、方波、秦伟伟	EI
908	Analysis on Mechanism to Improve the Recovery in Tight Oil Reservoirs by Imbibition	国际渗流力学会议:上海	何春明、陈进、王效超、李帅、承宁	EI
909	Parameter-Variable Experiments for Conductivity of Acid Etched Fractures	国际石油工程大会:昆明	何春明、段贵府、蔡军、王效超、吴刚	EI
910	Analysis of Gas Supply & Demand in China and Suggestions for China's Gas Industry Development	国际未来环境与能源(ICFEE 2020):日本	余源琦、高阳、李明鹏、杨慎	
911	Geology Engineering Integration Technology for Low Permeability	2019 油气田勘探与开发国际会议(IFEDC):西安	张合文、崔明月、赫安乐、晏军、崔伟香	EI
912	Fracture Face Damages and Numerical Investigation of Their	2019 油气田勘探与开发国际会议(IFEDC):西安	岳雯婷、John Yilin Wang	EI
913	The Impact of Completion and Stimulation Activities on Gas Production in	2019 油气田勘探与开发国际会议(IFEDC):西安	岳雯婷、王熠、常毓文、王作乾	EI
914	Oil & Gas Distribution and Main Controlling Factors in Foreland Basins,South America	2019 油气田勘探与开发国际会议(IFEDC):西安	刘亚明	EI
915	Application of Optimization Method Based on Water Flooding Law in Edge and Bottom Water Reservoirs	2019 油气田勘探与开发国际会议(IFEDC):西安	刘剑、齐梅、童艺、张亮、杨朝蓬	EI
916	Multi-perspective Sand Connectivity Analysis and Optimal Water Injection Deployment	2019 油气田勘探与开发国际会议(IFEDC):西安	李剑、张艳玲、张训华、李云波、张克鑫	EI
917	Exploration History of Mariann South Oilfield and Inspiration in Tarapoa Block、Oriente basin,South America	2019 油气田勘探与开发国际会议(IFEDC):西安	马中振、周玉冰、田作基、阳孝法	EI

序号	论文题目	期刊杂志名称/会议名称/出版社	作者	被收录情况
918	Sand Body Structure and Genesis in the Braided River Delta Front	2019油气田勘探与开发国际会议(IFEDC):西安	孙天建、齐梅、黄文松、徐芳、孟征	EI
919	Characteristics and Genesis of Heavy Oil in Orinoco Heavy Oil Belt in East Venezuela Basin	2019油气田勘探与开发国际会议(IFEDC):西安	黄文松、张超前、孟征、徐芳	EI
920	Barrier/Interbed Quantitative Characterization And Modeling in M Block in Orinoco Heavy-oil Belt	2019油气田勘探与开发国际会议(IFEDC):西安	徐芳、黄文松、孟征、孙天建、张文旗	EI
921	Reservoir Quality Assessment of Estuary Loose Sandstone	2019油气田勘探与开发国际会议(IFEDC):西安	齐梅、孙天建、黄继新、徐芳、孟征	EI
922	Horizontal Well Placement in High Water Cut Oilfield:A Case of JE Oilfield in X Block in Oriente Basin,Ecuador	2019油气田勘探与开发国际会议(IFEDC):西安	张克鑫、霍红、陈和平、胡泉、万学鹏	EI
923	Influences of Fracture Development of Carbonate Reservoirs with Weakly Volatile Oil on Production Performance of Oil Wells	2019油气田勘探与开发国际会议(IFEDC):西安	孙猛、赵文琪、赵伦、王淑琴、张翼飞	EI
924	EOR Mechanism of Multi-Component Thermal Fluid Stimulation in Shallow Extra Heavy Oil Reservoir	2019油气田勘探与开发国际会议(IFEDC):西安	刘章聪、陈长春、杨朝蓬、李星民、沈杨	EI
925	Production Characteristics and Affecting Factors of Cold Production with Horizontal Wells in Extra Heavy Foamy Oil Reservoir	2019油气田勘探与开发国际会议(IFEDC):西安	沈杨、李星民、杨朝蓬、史晓星	EI
926	New Approach to Enhance Extra-Heavy Oil Recovery through Recreation of Foamy Oil behavior	2019油气田勘探与开发国际会议(IFEDC):西安	李星民、吴永彬、史晓星、杨朝蓬	EI
927	Feasibility of Horizontal-Well Steam Flooding for Extra-heavy Oil Reservoirs	2019油气田勘探与开发国际会议(IFEDC):西安	杨朝蓬、李星民、刘章聪、沈杨、刘剑	EI
928	Optimization of Operating Parameters in Oil Sands SAGD Process Using Genetic Algorithm	2019油气田勘探与开发国际会议(IFEDC):西安	梁光跃、刘尚奇、刘洋、刘章聪	EI
929	An Approach to Build Saturation Geological Model in Bottom Water Sandstone Reservoirs	2019油气田勘探与开发国际会议(IFEDC):西安	韩海英、许家铖、苏海洋、徐炜	EI
930	Determining Level of High-permeability Zone Based on Grey Relational Analysis and Fuzzy C-mean Clustering Algorithm1	2019油气田勘探与开发国际会议(IFEDC):西安	桑国强、张善严、王硕亮、富德奎	EI

序号	论文题目	期刊杂志名称/会议名称/出版社	作者	被收录情况
931	Performance Evaluation and Application of Binary mixed System in Medium-high Permeability Glutenite Reservoir-A Case Study of Badaowan Reservoir in Wellblock 530 of Block 8,Karamay Oilfield	2019油气田勘探与开发国际会议(IFEDC):西安	桑国强、张群、周朝辉、张善严、高明	EI
932	Comprehensive Application of Fluid Properties and Seismic Interpretaion in Research on Oil and Gas Migration:An Example of Bashituopu Reservoir in Markit Slope in Tarim Basin	2019油气田勘探与开发国际会议(IFEDC):西安	周波、冯金德、王东辉、石建姿、徐鹏	EI
933	Capillary Effects on Waterflooding Performance in Low Permeability Reservoirs	2019油气田勘探与开发国际会议(IFEDC):西安	傅礼兵、郝峰军、陈松、薄兵、倪军	EI
934	Reservoir Development Laws and Reservoir Forming Characteristics of Metamorphic Rock Buride Hill in the East of K Block,South Turgay Basin,Kazakhstan	2019油气田勘探与开发国际会议(IFEDC):西安	蔡蕊、张明军、罗曼、尹微、郭建军	EI
935	The Play Characteristic and Exploration Potential in Sedimentary Basins in Central Asia	2019油气田勘探与开发国际会议(IFEDC):西安	王素花、郑俊章、高书琴、王燕琨、张明军	EI
936	Study on Development Policy of Maintaining Reservoir Pressure in Condensate Gas Reservoir	2019油气田勘探与开发国际会议(IFEDC):西安	张安刚、范子菲、赵伦、何聪鸽、王进财	EI
937	Study on EOR Technology of Layered Alternating Cyclic Injection and Production in Non-Homogeneous Ordinary Heavy Oil Reservoirs	2019油气田勘探与开发国际会议(IFEDC):西安	单发超、赵伦、王成刚、陈礼、许安著	EI
938	AVO Modeling and its Application to Hydrocarbon Detection:A Case Study in BH_3 Structure,Kazakhstan	2019油气田勘探与开发国际会议(IFEDC):西安	樊长江、尹继全、梁秀光	EI
939	Evaluation of Water Driving Degree of Different Types of Sandstones Based on Permeability Heterogeneity	2019油气田勘探与开发国际会议(IFEDC):西安	王进财、范子菲、赵伦、陈礼、张祥忠	EI
940	Studies on EOR of Sandstone Oilfield with Low Viscosity and High Salinity During High Water Cut Stage—A Case of Kumkol Oilfield in Kazakhstan	2019油气田勘探与开发国际会议(IFEDC):西安	陈礼、赵伦、曹海丽、王进财、赵文琪	EI
941	Enrichment Regulation,Resource Potential and Prospects for Canadian Oil Sand Resources	2019油气田勘探与开发国际会议(IFEDC):西安	法贵方、原瑞娥、李之宇、王忠生、邵新军	EI

续表

序号	论文题目	期刊杂志名称/会议名称/出版社	作者	被收录情况
942	Analysis and Application of Water Drive Curve Characteristics of Water – bearing Gas Reservoirs –Taking B–P Gas Field in the Amu Darya Right Bank Area as an example	2019 油气田勘探与开发国际会议(IFEDC):西安	史海东、郭春秋、杨季里、郑悦、丁伟	EI
943	Flow Unit Classification and Characterization of Callovian – Oxfordian Carbonate Reservoir Bereketli – Pirgui Gas Field, the Right Bank of Amu Darya	2019 油气田勘探与开发国际会议(IFEDC):西安	邢玉忠、郭春秋、程木伟、杨辉廷、史海东	EI
944	Development Optimization Technology and Application of Conglomerate Reservoir based on Fine Geological Modeling	2019 油气田勘探与开发国际会议(IFEDC):西安	张晓玲、丁伟、胡云鹏、刘晓燕、代芳文	EI
945	Research and Application of the Evaluation System for A Complex Fault Block Sandstone Condensate Gas	2019 油气田勘探与开发国际会议(IFEDC):西安	张晓玲、丁伟、胡云鹏、刘晓燕	EI
946	A Study on CO_2 Enhanced Oil Rim Recovery for Complex Fault Block Sandstone Gas Condensate Reservoir	2019 油气田勘探与开发国际会议(IFEDC):西安	丁伟、胡云鹏、张晓玲、刘晓燕	EI
947	3D Finite Element Simulation of In–Situ Stress and Its Application in Coalbed Methane Exploration—A Case Study in Southern Qinshui Basin	2019 油气田勘探与开发国际会议(IFEDC):西安	孔祥文、张春书、胡广成、祝厚勤、汪萍	EI
948	A Case Study of Subsurface Uncertainty Analysis in Modelling Carbonate Reservoir	2019 油气田勘探与开发国际会议(IFEDC):西安	杨勇、张铭、别爱芳、吕杰堂、张文起、崔泽宏、夏朝辉	EI
949	A New Thought on Identification of Reef Shoal and Carbonate Sedimentary Environment Under Salt Gypsum Rocks	2019 油气田勘探与开发国际会议(IFEDC):西安	张良杰、王红军、张兴阳、郭同翠、龚幸林	EI
950	Application and Characterization Technology of Cleat in Medium–rank Coalbed Methane	2019 油气田勘探与开发国际会议(IFEDC):西安	曲良超、夏朝辉、段利江、张铭、刘玲莉	EI
951	Application of Geostatistical Inversion to Thin Reservoir Prediction in the Indonesian Project	2019 油气田勘探与开发国际会议(IFEDC):西安	李春雷、李丹梅、祝厚勤	EI
952	Dynamic Fracture and Matrix Heterogeneity and Remaining Oil Models of Ultra–low Permeability Reservoir	2019 油气田勘探与开发国际会议(IFEDC):西安	刘丽、王友净、李佳鸿	EI
953	Edge Water Production Mechanism and Water Control Measures for Fracture–porous Carbonate Gas Field	2019 油气田勘探与开发国际会议(IFEDC):西安	李铭、陈鹏羽、郭春秋、王红军	EI

序号	论文题目	期刊杂志名称/会议名称/出版社	作者	被收录情况
954	Geological Influential Factors on the SIS Well Productivity in Teviot-Brook Block, Moranbah Gas Field	2019油气田勘探与开发国际会议(IFEDC):西安	杨勇、别爱芳、别涵宇、张铭、崔泽宏、刘晓燕	EI
955	Prediction of the Planar Distribution of Liquid-Rich Hydrocarbons in Duvernay Shale in the West Canadian Sedimentary Basin	2019油气田勘探与开发国际会议(IFEDC):西安	祝厚勤、淮银超、孔祥文、邢玉忠	EI
956	Seismic Geomorphology of the LTAF Formation in JB Block, South Sumatra Basin	2019油气田勘探与开发国际会议(IFEDC):西安	祝厚勤、洪国良、马玉霞、胡广成、白振华	EI
957	Discussion on Sedimentary Facies Modeling Method of Tidal Delta Reservoir	2019油气田勘探与开发国际会议(IFEDC):西安	刘云阳、李孔绸、陈烨菲、曾行、何军	EI
958	Application of Multipoint Geostatistics in Facies Modeling of Braided River Delta	2019油气田勘探与开发国际会议(IFEDC):西安	陈烨菲、李孔绸、倪军	EI
959	A Method of Favorable Source Rock Evaluation and Prediction: A Case Study From Zhahaquan Oil Field, Qaidam Basin(NW China)	2019油气田勘探与开发国际会议(IFEDC):西安	田明智、刘占国、夏志远、王艳清、李森明	EI
960	The Impact of Glauconiteon Pay Zone Identification in T Member in X Block, Ecuador	2020 International Petroleum and Petrochemical Technology Conference	张克鑫	EI
961	Risk Management and Control for CO_2 Waterless Fracturing	2020 Offshore Technology Conderence Asia:吉隆坡	孟思炜、杨清海、段永伟、陶嘉平、陈实	EI
962	Well Integrity Analysis and Risk Assessment for Injection Wells in CO_2 Flooding	2020 Offshore Technology Conderence Asia:吉隆坡	张绍辉、吕永科	EI
963	Multistage Cementless Acid Fracturing in Side-tracking Slim Hole Using Innovative Packers with Anti-corrosive Thermo-plastic Vulcanizates	2020 Offshore Technology Conderence Asia:吉隆坡	童征、刘顺、张卫平、叶勤友、廖成龙	EI
964	Establishment and Application of New Supervisor Management System	2020 SPE HSE Conference:波哥大	张绍辉、毕国强、于文华、杨姝	EI
965	Field Test of CO_2-assisted Steam Flooding in Chinese Heavy Oil Reservoirs	2020 SPE Russian Petroleum Technology Conference:Russian	齐宗耀、席长丰、刘彤、张运军、沈德煌	EI
966	Evaluation of a Field-wide Post-Steam In-situ Combustion Performance in a Heavy Oil Reservoir in China	2020 SPE Russian Petroleum Technology Conference:Russian	赵芳、席长丰、张霞林	EI
967	Study on Processing Method of Acoustic Emission Signal for Hydraulic Fracture Measurement	智能控制、测量与信号处理国际学术会议暨智能油田研讨会:西安	付海峰、郑新权、才博、梁天成、邱金平	EI

序号	论文题目	期刊杂志名称/会议名称/出版社	作者	被收录情况
968	Identification and Distribution of Gas Hydrate in Xisha Area of South China Sea	第十届国际水合物大会（新加坡）：新加坡	杨志力、李林、叶月明、王彬、鲁银涛	'
969	Rapid Economic Evaluation Technology for Oil and Gas Development Projects in Africa	第五届能源工程与环境保护国际学术会议：厦门	邹倩、王克铭、法贵方、尹秀玲	EI
970	Optimization of Horizontal Well Fracturing Mode in Gaotaizi Tight Reservoirs of Long 26 Well Block in Daqing Oilfield	第五届能源工程与环境保护国际学术会议：厦门	刘立峰、白喜俊	EI
971	Logging Identification Method of Depositional facies in Sinian Dengying Formation of the Sichuan Basin	石油科学：2020（12）	冯庆付、肖毓祥、王泽成、陈宏奎、冯周	SCI
972	Evaluation of The Influence of Horizontal Well Orientation of Shale Gas on Stimulation and Production Effect Based on Tilt-meter Fracture Diagnostic Technology：A Case Study of Chang-ning Shale Gas Demonstration Area in Sichuan Basin, China	2020ARMA 美国岩石力学大会：美国科罗拉多	修乃岭、王臻、严玉忠、王欣、梁天成	
973	A New Research on the Stick-slip Mechanism by Studying the Rock Cutting Process	2020ARMA 美国岩石力学大会：美国科罗拉多	贺振国、石李保	EI、ISTP
974	Research on Decentralized Identity and Access Management Model Based on the OIDC Protocol	2020 电子商务与互联网技术国际学术会议：张家界	李昆颖、任安、丁宇、时迎、王晓博	EI
975	Semantic Understanding Processing Model Based on Machine Learning	2020 年 5G 移动通信与信息科学国际学术会议：广州	李昆颖、丁宇、时迎、徐洪超、曾玉飞	EI
976	Composition and Transformation Characteristics of Clay Minerals in Alkaline Lacustrine Basins	2020 年 Goldschmidt 国际地化会议：美国夏威夷	齐雯、吴嘉、白洁、潘树新、李智勇	EI
977	Ocean Euxinia Triggered the Late Ordovician Mass Extinction：Evidence from High-resolution Data in South China	2020 年 Goldschmidt 国际地化会议：美国夏威夷	邱振、邹才能、王红岩、董大忠、陈振洪	
978	Heterogeneity Characteristics and Controlling Factors of Thick Bioclastic Limestone Reservoirs	2020 年 Goldschmidt 国际地化会议：美国夏威夷	张杰	
979	Paleoenvironmental Characteristics of the Jiusi Formation and Potential for Shale Gas Exploration of Zhaotong Shale Gas Demonstration Zone, Southwest of China	2020 年 Goldschmidt 国际地化会议：美国夏威夷	王鹏万、李娴静、黄羚、贾丹、马立桥	
980	Reconstruction of Diagenetic History of Ancient Carbonate by LA-ICP-MS Trace Element Mapping	2020 年 Goldschmidt 国际地化会议：美国夏威夷	胡安平、杨翰轩、罗宪婴	ISTP

序号	论文题目	期刊杂志名称/会议名称/出版社	作者	被收录情况
981	Laser Ablation in Situ U-Pb Dating in Constraining the Diagenetic History and Porosity Evolution of Ancient Marine Carbonate Reservoirs	2020年 Goldschmidt 国际地化会议：美国夏威夷	沈安江、胡安平、梁峰	ISTP
982	Multi Geochemical Attributes in Lower-Ordovician Dolostones from Tarim Basin：Implications for Genesis of Dolomite and Porosity	2020年 Goldschmidt 国际地化会议：美国夏威夷	张友、郑兴平、沈安江、朱茂	
983	Research and Application of Broadband Seismic Exploration Technology in Deep Carbonate Imaging	2020年 SEG/Workshop：北京	曾华会	ISTP
984	Special Processing Method for Seismic Data Acquisition Based on Broadband, Wide-Azimuth and High-Density and its Application in Thin Sand Body Reservoir Identification	2020年 SEG/Workshop：北京	徐兴荣	ISTP
985	Integrating Hydrocarbon Detection for Fracture-cave Reservoir in Carbonate Rock	2020年 SEG 年会：Huston	王振卿、王宏斌、张虎权、石小茜	EI
986	Velocity Modeling Method for Carbonate Rocks Beneath Igneous Rocks in A area in Western China	2020年 SEG 年会：Huston	吴杰	ISTP
987	Application of HTI Anisotropy Correction for Wide-azimuth Seismic Data A Case Study of Tight Gas Exploration in Sichuan Basin，China	2020年 SEG 年会：Huston	苏勤	ISTP
988	A Solution for Static Correction of Seismic Data in Mountainous Areas with Thick Loess	2020年 SEG 年会：Huston	王孝	ISTP
989	Constrained Tomographic Inversion Static Correction Based on Adaptive Method	2020年 SEG 年会：Huston	王艳香	ISTP
990	Near-surface Q Compensation Based on Reflection Wave：Case Study of Lithologic Exploration in Western China	2020年 SEG 年会：Huston	刘伟明、凌越、李斐、王靖、肖明图	ISTP
991	Security Management System Construction of Information System Based on Big Data Analysis	2020年安全科学与工程国际学术会议：珠海	李昆颖、丁宇、李效恋、何旭、张文婷	EI
992	Distribution Characteristics of the Mudstone Interlayer and Their Effects on Water Invasion in Kela 2 Gas Field	2020年国际石油石化技术会议（2020 IPPTC）：中国上海	张永忠、孙勇、刘兆龙、刘华林	SCI、EI
993	Research and Practice on BusinessArchitecture Construction of Large Integrated System	2020年计算机工程与应用国际学术会议：广州	李昆颖、丁宇、何旭、史立丰、马先莹	EI

续表

序号	论文题目	期刊杂志名称/会议名称/出版社	作者	被收录情况
994	Application Research of Docker Based on Mesos Application Container Cluster	2020 年计算机视觉、图像与深度学习国际学术会议；重庆	李效恋、姜于玲、丁宇、魏代明、马先莹	EI
995	The Design and Research of Front—End Framework for Microservice Environment	2020 年计算机信息和大数据应用国际学术会议；贵阳	李昆颖、丁宇、申端明、李青	EI
996	Study of Controlling Factors on Productivity of Keshen Gas Field：A Deep Tight Sandstone Reservoir in Kuqa Depression	2020 年绿色能源、环境和可持续发展国际会议(GEESD)；线上	张永忠、冯建伟、罗瑞兰、刘兆龙	SCI、EI

（巴丹）

第八篇

大 事 记

2020 年大事记

1 月

2 日 集团公司纪检监察组组长、党组成员徐吉明到研究院调研。

同日 中国石油和化学工业联合会发布2019 年中国石油和化学工业优秀出版物奖评选结果,研究院院长马新华主持编著的《中国天然气地下储气库》获图书奖一等奖。

3 日 研究院在北京举办中国石油页岩油测井技术交流会。

同日 国务院国资委副主任、党委委员任洪斌到研究院看望全国劳动模范方义生。

8 日 研究院举办中国工程院重点咨询项目"支撑中国陆相页岩油革命的科技创新治理体系发展策略研究"开题准备暨研讨会。

10 日 研究院"中东巨厚复杂碳酸盐岩油藏亿吨级产能工程及高效开发"成果获国家科技进步奖一等奖。

15 日 中国石油与香港科技大学学术交流活动在研究院举办。

16 日 研究院召开安全生产与保密工作会议。

17 日 研究院举办离退休职工新春茶话会。

20 日 研究院召开党委中心组(扩大)学习会议,深入学习贯彻中央和集团公司深化改革部署,进一步统一思想、提高认识,稳妥推进人事劳动分配制度改革工作。

28 日 研究院新冠肺炎疫情防控领导小组召开会议,学习传达中央决策部署,贯彻落实集团公司工作要求,全面部署各项防控工作。

2 月

2 日 集团公司党组书记、董事长,集团公司新冠肺炎疫情防控工作领导小组组长戴厚良一行到研究院检查指导新冠肺炎疫情防控工作,看望慰问疫情防控一线的干部职工。

27 日—3 月 1 日 研究院党员干部踊跃捐款抗击疫情,万众一心、共克时艰。

28 日 研究院召开党委中心组(扩大)学习会议,集中学习中央全面深化改革委员会第十二次会议及统筹推进新冠肺炎疫情防控和经济社会发展工作部署会议精神、集团公司关于科技创新、科研作风建设方面的文件。

3月

14日 撤销总工程师办公室(专家室),成立科技咨询中心。科技咨询中心主要承担现有总工程师办公室(专家室)、国家油气重大专项秘书处(技术总师办公室)的工作职责,立足于咨询评估、技术把关、专项支撑、专家服务、学术交流5项工作。

同日,对国家油气战略研究中心组织机构进行调整。明确国家油气战略研究中心发展定位为油气战略、能源安全研究咨询机构。主要任务是围绕国家和集团公司油气发展战略、国家能源供应安全、全球能源发展态势等领域,自主开展综合性、前瞻性、战略性研究,为国家和集团公司在能源领域决策提供支撑。国家油气战略研究中心主任由院长兼任,设副主任,由院领导、院士或首席专家兼任。同时成立国家油气战略研究中心专家委员会,组建能源战略综合研究部,设立全球资源战略研究部、海外战略研究部、国内资源战略研究部、国内石油开发战略研究部、国内天然气发展战略研究部、新能源发展战略研究部、上游技术发展战略研究部、信息战略研究部等八个研究部,八个研究部不作为实体机构管理,人员隶属于现在单位,业务上接受能源战略综合研究部指导、管理和考核,为能源战略综合研究部提供业务支撑(勘研人〔2020〕27号)。

同日 设立廊坊科技园区,成立廊坊科技园区管理委员会。

同日,综合服务中心与基建办公室合并,组建综合服务中心(基建办公室),主要负责北京院区后勤支持与服务,承担物资采购管理,房产小型维修与管理,职工餐饮服务,工作区环境卫生、楼宇保洁和绿植服务等业务(勘研人〔2020〕29号)。

同日 工程技术中心更名为勘探与生产工程监督中心(勘研人〔2020〕31号)。

同日 马新华任国家油气战略研究中心主任(兼),邹才能任科技咨询中心主任(兼),免去郭三林兼任的法律顾问职务(勘研人〔2020〕32号)。

同日 免去陈健院副总经济师职务;王新民质量安全环保处处长职务;关德师科研管理处(信息管理处)副处长职务;张水昌石油地质实验研究中心主任职务;周灿灿测井与遥感技术研究所所长职务;段书府四川盆地研究中心副主任职务;石成方油田开发研究所副所长职务;朱怡翔油田开发研究所副所长职务;李莉数模与软件中心主任职务;欧阳坚石油工业标准化研究所所长职务;张研总工程师办公室(专家室)主任职务;赵力民总工程师办公室(专家室)副主任职务;罗健辉总工程师办公室(专家室)副主任职务;李小地技术培训中心主任职务;敬爱军科技文献中心副主任职务;宋玉林基建办公室副主任职务;刘为公综合服务中心副主任职务;黄建泰物业管理中心副主任职务;于兴国物业管理中心副主任职务;朱彤离退休职工管理处副处长职务(勘研人〔2020〕33号)。

同日 李忠兼任廊坊科技园区管理委员会主任;熊波任科研管理处(信息管理处)副处长,免去其办公室(党委办公室)副主任职务;李东堂任计划财务处负责人(二级正);路金贵任质量安全环保处处长,免去其基建办公室主任职务;曹锋任质量安全环保处副处长,免去其综合服务中心副主任职务;陈春任测井与遥感技术研究所所长,免去其审计处处长职务;于文华任工程监督中心副主任,免去其工程技术中心副主任职务;杨姝任工程监督中心副主任,免去其工程技术中心副主任职务;高圣平任物探钻井工程造价管理中心副主任;尹月辉任科技咨询中心副主任;王振彪任科技咨询中心副主任(二级正),免去其总工程师办公室(专家室)副主任(二级正)职务;赵孟军任科技咨询中心副主任,免去其总工程师办公室(专家室)副主任职务;孟明任综合服务中心(基建办公室)主任,免去其综合服务中心主任职务;代自勇任综合服务中心(基建办公室)副主任,免去其综合服务中心副主任职务;鲁大维任综合服务中心(基建办公室)副主任,免去其基建办公室副主任职务;王强任离退休职工管理处副处长;孙志林任离退休职工管理处副处长;赵玉集任廊坊科技园区管理委员会副主任,免去其渗流流体力学研究所副所长职务;王德建任廊坊科技园区管理委员会副主任,免去其企管法规处副处长职务;陈波任廊坊科技园区管理委员会副主任,免去其综合服务中心副主任职务;王梅生任廊坊科技园区管理委员会副主任(兼);张宝林任廊坊科技园区管理委员会副主任,免去其质量安全环保处副处长职务;徐玉琳任廊坊科技园区管理委员会副主任,免去其基建办公室副主任职务;唐玮任国家油气战略研究中心能源战略综合研究部副主任,免去其油田开发战略规划研究所副所长职务。免去:陈东企管法规处副处长职务;严开涛审计处副处长职务;宋清源质量安全环保处副处长职务;毕国强工程技术中心副主任(二级正)职务(勘研人〔2020〕34号)。

同日 成立中国共产党中国石油勘探开发研究院海外研究中心委员会,同时成立中国共产党中国石油勘探开发研究院海外研究中心纪律检查委员会;成立中国共产党中国石油勘探开发研究院机关委员会,下设办公室,与党群工作处合署办公;工程造价管理中心更名为中国石油物探钻井工程造价管理中

心,将中国石油工程造价管理中心廊坊分部党支部更名为中国石油物探钻井工程造价管理中心党支部;工程技术中心更名为勘探与生产工程监督中心,将工程技术中心党总支调整为勘探与生产工程监督中心党支部;物业管理中心党总支调整为物业管理中心党支部;总工程师办公室(专家室)党支部更名为科技咨询中心党支部;成立廊坊科技园区管理委员会党总支;由于石油大院社区居民委员会、基建办公室机构已经撤销,人员划转至综合服务中心,撤销石油大院社区居民委员会党支部、基建办公室党支部(勘研党字〔2020〕7号)。

同日 郭三林任机关党委书记(兼)(勘研党干字〔2020〕2号)。

同日 免去王新民质量安全环保处党支部书记职务;张水昌石油地质实验研究中心党支部副书记职务;周灿灿测井与遥感技术研究所党支部书记职务;石成方油田开发研究所党支部书记职务;李莉数模与软件中心党支部副书记职务;欧阳坚石油工业标准化研究所党支部副书记职务;赵力民总工程师办公室(专家室)党支部书记职务;张研总工程师办公室(专家室)党支部副书记职务;李小地技术培训中心党总支副书记职务;宋玉林基建办公室党支部书记职务;刘为公综合服务中心党支部副书记职务;黄建泰物业管理中心党支部书记职务(勘研党干字〔2020〕3号)。

同日 陈东任机关党委副书记,免去其企管法规处党支部书记职务;王建强任院工会副主席,免去其党群工作处(党委宣传部、工会、团委)党支部副书记职务;严开涛任人事处(党委组织部)巡察专员(二级正),免去其审计处党支部书记职务;杨遂发任人事处(党委组织部)巡察副专员(二级副),免去其油气地球物理研究所党支部副书记职务;曹宏任油气地球物理研究所党支部副书记;

陈春任测井与遥感技术研究所党支部副书记，免去其审计处党支部副书记职务；高圣平任物探钻井工程造价管理中心党支部书记，免去其工程技术中心党总支部书记职务；尹月辉任科技咨询中心党支部书记，免去其党群工作处（党委宣传部、工会、团委）党支部书记职务、院工会副主席、副处长职务；孟明任综合服务中心（基建办公室）党支部副书记；王强任离退休职工管理处党总支书记；赵玉集任廊坊科技园区管理委员会党总支书记，免去其渗流流体力学研究所党支部书记职务。免去：刘志舟院办公室（党委办公室）党支部书记职务；李芬院办公室（党委办公室）党支部副书记职务；韩永科科研管理处（信息管理处）党支部副书记职务；李东堂计划财务处党支部书记职务；张德强人事处（党委组织部）党支部书记职务；王盛鹏人事处（党委组织部）党支部副书记职务；王家禄企管法规处党支部副书记职务；张兴阳国际合作处党支部书记职务；路金贵基建办公室党支部副书记职务（勘研党干字〔2020〕4号）。

同日　侯连华任石油地质实验研究中心主任，免去其石油地质研究所副所长职务；张国生任国家油气战略研究中心能源战略综合研究部主任，免去其油气资源规划研究所副所长职务；闫伟鹏任技术培训中心主任，免去其石油地质实验研究中心副主任职务；陈建军任科技咨询中心常务副主任，免去其科研管理处（信息管理处）常务副处长职务；赵清任审计处处长，免去其计划财务处常务副处长职务；李益良任采油采气装备研究所所长职务；黄伟和任勘探与生产工程监督中心副主任，免去其工程技术中心副主任职务；司光任物探钻井工程造价管理中心主任，免去其工程技术中心副主任职务；张玉任石油工业标准化研究所所长职务（勘研人〔2020〕37号）。

19日　侯连华任石油地质实验研究中心党支部副书记，免去其石油地质研究所党支部书记职务；闫伟鹏任技术培训中心党总支副书记，免去其石油地质实验研究中心党支部书记职务；黄伟和任勘探与生产工程监督中心党支部书记；司光任物探钻井工程造价管理中心党支部书记；李益良任采油采气装备研究所党支部副书记；张玉任石油工业标准化研究所党支部副书记；陈建军任科技咨询中心党支部副书记。免去：张国生油气资源规划研究所党支部书记职务（勘研党干字〔2020〕5号）。

21日　曹建国任勘探开发研究院总会计师（石油任〔2020〕42号）。曹建国任勘探开发研究院党委委员（中油党组〔2020〕36号）。

4月

2日　研究院召开2020年工作会议暨职代会，党委书记、院长马新华作题为《支撑当前、引领未来，奋力开创世界一流研究院建设新局面》的工作报告。

同日　聘任魏国齐等23人为首席技术专家。魏国齐任构造地质首席技术专家；沈安江、潘建国任沉积储层首席技术专家；李剑任成藏与地球化学首席技术专家；陈志勇任资源评价与储量矿权首席技术专家；汪泽成任战略选区首席技术专家；张志伟任勘探部署首席技术专家；张研、雍学善任地球物理首席技术专家；田昌炳、贾爱林任开发地质首席技术专家;李熙喆、郭睿任开发部署首席技术专家;冉启全任气藏工程首席技术专家;马德胜、刘尚奇任三次采油首席技术专家;熊春明任采油气工程首席技术专家;丁云宏任储层改造首席技术专家;裴晓含任油气开采装备首席技术专家;陆家亮、常毓文任油气发展战略规划首席技术专家;郑得文任储库工程首席技术专家;龚仁彬任信息工程首席技术专家(勘研人〔2020〕43 号)。

3 日 研究院召开 2020 年党风廉政建设和反腐败工作会议。

8 日 国家油气战略研究中心工作会议在研究院召开。

8—9 日 研究院召开"十四五"国内油气勘探技术发展、油气井工程技术发展、海外油气勘探开发技术发展、国内油气开发技术发展和非常规、新能源、学科建设专项技术发展专项规划(草案)审查会。

9 日 集团公司总经理、党组副书记李凡荣到研究院调研。

10 日 邹才能任国家油气战略研究中心副主任(兼);胡永乐任国家油气战略研究中心副主任(兼);刘合任国家油气战略研究

中心副主任;陆家亮任国家油气战略研究中心副主任;常毓文任国家油气战略研究中心副主任(勘研人〔2020〕50 号)。

15 日 国家能源局油气司司长刘红一行到国家油气战略研究中心调研指导工作。

17 日 研究院召开"十四五"科技发展规划专家咨询评估会,"十四五"科技发展规划顺利通过专家咨询评估。

19 日 研究院压裂酸化技术中心完成煤层气公司吉平 1H 井全部 23 段水平井压裂施工,创造单井用液量、单井加砂量、单段加砂量和单段加砂强度等多项技术新指标,标志着国内第一口海陆过渡相页岩气水平井重点风险探井压裂成功。

21—22 日 集团公司党组成员、副总经理焦方正到研究院调研国内油气勘探开发工作。

28 日 研究院协助集团公司科技管理部组织召开能源技术创新"十四五"规划(油气专业组)专家论证会。

30 日 研究院召开主题为"战严冬、转观念、勇担当、上台阶"的五四青年座谈会,研究院党委书记、院长马新华参加并讲话。

5 月

7 日 研究院承担的中国工程院重点咨询项目"支撑中国陆相页岩油革命的科技创新治理体系发展策略研究"内部研讨会在北京召开。

18 日 对机关党委各党支部进行调整,党组纪检组驻勘探开发研究院纪检组党支部更名为党组驻勘探开发研究院纪检组党支部。撤销国际合作处党支部、企管法规处党支部、质量安全环保处党支部、审计处党支部。整合成立国际企管联合党支部、质量安

全环保审计联合党支部。成立能源战略综合研究部党支部(机关党字〔2020〕1 号)。

19 日 研究院承办中国工程院主办的"疫情冲击下中国能源安全与油气储备战略"研讨会。

同日 驻研究院纪检组组长、院党委委员吴忠良一行到杭州地质研究院调研。

25 日 研究院以视频形式召开主题教育活动宣讲会,研究院党委书记、院长马新华作《战严冬、转观念、勇担当、上台阶,全力支

撑集团公司打赢提质增效攻坚战》形势任务宣讲主题报告,研究院党委委员、副院长雷群主持会议。

27日 研究院与集团公司咨询中心签署战略合作协议。

28日 研究院组织召开中国石油学会石油工程专业委员会"提质增效－石油科技工作者在行动"技术论坛。

同日 研究院院长马新华会见中国海油

科技发展部总经理周建良一行,双方重点围绕科研项目管理和专业技术人才激励方面的问题进行深入交流。

29日 研究院召开党委中心组(扩大)学习,华为公司专家作数字化转型专题讲座。

同日 研究院举办"中国石油测井企校协同创新联合体"签约暨揭牌仪式。

同日 集团公司纳米化学重点实验室首届学术委员会会议在研究院召开。

6月

6月3日 国家科技部重大专项司沈建磊副司长一行到国家油气战略研究中心调研。

同日 免去赵书贵西北分院纪检监察处(审计处)处长职务;郭庆新杭州地质研究院党委委员职务;吴建鸣杭州地质研究院海相油气地质研究所党支部书记职务;庄锡进杭州地质研究院计算机应用研究所党支部书记职务(勘研党干字〔2020〕6号)。

同日 免去郭庆新杭州地质研究院副院长职务;谢锦龙杭州地质研究院矿权储量技术研究所所长职务(勘研人〔2020〕86号)。

4日 免去雍学善西北分院副院长、总工程师职务;沈安江杭州地质院海相油气地质研究所所长职务;李剑天然气地质研究所所长职务;贾爱林气田开发研究所所长职务;郭睿中东研究所所长职务;冉启全油气开发战略规划研究所所长职务;马德胜采收率研究所所长职务;常毓文海外战略与开发规划研究所所长职务;郑得文地下储库研究所所长职务;龚仁彬计算机应用技术研究所所长职务;李潮流测井与遥感技术研究所副所长职务;范国章 杭州地质院计算机应用研究所所长职务(勘研人〔2020〕88号)。

同日 免去雍学善西北分院党委委员职

务;李剑天然气地质研究所党支部副书记职务;贾爱林气田开发研究所党支部副书记职务;郭睿中东研究所党支部副书记职务;冉启全油气开发战略规划研究所党支部副书记职务;马德胜采收率研究所党支部副书记职务;常毓文海外战略与开发规划研究所党支部副书记职务;郑得文地下储库研究所党支部副书记职务;龚仁彬计算机应用技术研究所党支部副书记职务(勘研党干字〔2020〕7号)。

9日 中国石油储气库评估中心揭牌及分中心授牌仪式在北京举行,研究院首席专家郑得文等作为库容评估分中心代表参会。

12日 中国石油勘探开发研究院召开海外油气业务"十四五"勘探开发专业规划阶段审查会。

同日 研究院与中国地质大学(北京)签订战略合作协议。

22日 李建忠任石油天然气地质研究所(风险勘探研究中心)(油气田环境遥感监测中心)党支部副书记,免去其石油地质研究所党支部副书记职务;杨涛任油气资源规划研究所(矿权与储量研究中心)党支部副书记,免去其油气资源规划研究所党支部副书记职务;陈春任测井技术研究所党支部副书记,免去其测井与遥感技术研究所党支部副书记职务;胡福祥任信息技术中心党支部书记,免去其计算机应用技术研究所党支部书记职务(勘研党干字〔2020〕9号)。

同日 杨威任石油天然气地质研究所(风险勘探研究中心)(油气田环境遥感监测中心)党支部书记,免去其天然气地质研究所党支部书记职务;张福东任油气资源规划研究所(矿权与储量研究中心)党支部书记,免去其新能源研究所党支部书记职务;张虎俊任油田开发研究所党支部书记,免去其油田开发战略规划研究所党支部书记职务;刘先贵任提高采收率研究中心(中科院渗流流体力学研究所)党支部副书记,免去其渗流流体力学研究所党支部副书记职务;崔明月任工程技术研究所党支部副书记(勘研党干字〔2020〕10号)。

同日 肖毓祥任致密油研究所党支部书记;何东博任气田开发研究所党支部副书记,免去其迪拜技术支持分中心、阿布扎比技术支持分中心党支部书记职务;丁国生任地下储库研究中心(储气库库容评估分中心)党支部书记,免去其地下储库研究所党支部书记职务;王红岩任页岩气研究所党支部书记,免去其非常规研究所党支部副书记职务;孙粉锦任煤层气研究所党支部书记,免去其新能源研究所党支部副书记职务;刘志舟任海外综合管理办公室党支部书记;李勇任中东研究所党支部副书记;刘新云任工程技术研究所党支部书记;熊波任新能源研究中心党支部书记;冯梅任信息技术中心党支部副书记;吴淑红任人工智能研究中心党支部书记;李欣任人工智能研究中心党支部副书记。免去:吕伟峰采收率研究中心党支部副书记职务(勘研党干字〔2020〕11号)。

同日 撤销油气田开发研究所,属于原油气田开发研究所的海相碳酸盐岩油气田开发职能纳入海相油气地质研究所,海洋深水油气田开发职能纳入海洋油气地质研究

所(勘研人〔2020〕93号)。

同日 对西北分院部分机构及业务进行调整整合,油气地质研究所更名为盆地实验研究中心;数据处理研究所更名为地震资料处理解释中心(勘研人〔2020〕94号)。

同日 对机关部门内设机构及职能进行优化,将原隶属于办公室(党委办公室)的值班室、房产科人员及业务并入综合服务中心(基建办公室),业务领导归办公室(党委办公室);将原隶属于办公室(党委办公室)的采购办公室职能调整至科研管理处;将原隶属于质量安全环保处的安保队伍人员及业务调整并至综合服务中心(基建办公室),业务领导归质量安全环保处;将廊坊院区原部分机关工作人员划至廊坊科技园区管理委员会(勘研人〔2020〕95号)。

同日 企管法规处与审计处合署办公,组建企管法规处(审计处)。

同日 非常规研究所更名为页岩气研究所;压裂酸化技术服务中心更名为压裂酸化技术中心;计算机应用技术研究所更名为信息技术中心;地下储库研究所更名为地下储库研究中心(储气库库容评估分中心);新能源研究所更名为新能源研究中心;测井与遥感研究所更名为测井技术研究所(勘研人〔2020〕97号)。

同日 石油地质研究所更名为石油天然气地质研究所,原属于天然气地质研究所的天然气风险勘探业务及人员划归石油天然气地质研究所,原属于测井与遥感研究所的遥感业务及人员划归石油天然气地质研究所。石油天然气地质研究所加挂"风险勘探研究中心"和"中国石油天然气股份有限公司油气田环境遥感监测中心"两块牌子,按照"一个机构、三块牌子"运行(勘研人〔2020〕98号)。

同日 油气资源规划研究所加挂"矿权与储量研究中心"牌子,按照"一个机构、两

块牌子"运行（勘研人〔2020〕99号）。

同日 对业务相近的科研及服务保障单位进行业务调整，将原隶属于石油地质实验研究中心的太阳能制氢业务及人员、采油采气装备所的金属电池研究业务及人员、油气资源规划研究所的地热研究业务及人员整合到新能源研究中心。将原隶属于新能源研究所的天然气水合物业务及人员整合到石油地质实验研究中心。将原隶属于物业管理中心的卫生所、车队业务及人员划归综合服务中心（基建办公室）管理（勘研人〔2020〕100号）。

同日 撤销天然气地质研究所，属于原天然气地质研究所的成藏与地球化学以及相关实验研究业务及人员划归石油地质实验研究中心，天然气风险勘探业务及人员划归石油天然气地质研究所，天然气战略规划、项目评价、储量研究与管理等业务及人员划归油气资源规划研究所。撤销油气开发战略规划研究所，其油田开发、经济评价相关业务及人员划归油田开发研究所，气田开发、经济评价相关业务及人员划归气田开发研究所，战略研究业务及人员划归能源战略综合研究部。整合渗流流体力学研究所和采收率研究所的业务，组建提高采收率研究中心，同时挂中国科学院渗流流体力学研究所的牌子，按照"一个机构、两块牌子"运行。将隶属于原渗流流体力学研究所的核磁测井业务及人员并入测井研究所，堵水调剖业务及人员并入油田化学研究所，致密气业务及人员并入气田开发研究所，页岩气业务及人员并入页岩气研究所（勘研人〔2020〕101号）。

同日 成立信息化管理处。信息化管理处主要承担研究院信息业务计划与组织、管理与协调、培训与监督、联络与服务，数字化转型与智能化发展政策的贯彻落实以及领导决策的督促执行等。

同日 成立致密油研究所。

同日 成立煤层气研究所。

同日 将原隶属于数模与软件中心的油田开发业务划归油田开发研究所，在数模与软件中心现有人员基础上，整合研究院人工智能与软件研发骨干团队和人员，组建人工智能研究中心。

同日 韩永科任科研管理处处长，免去其科研管理处（信息管理处）处长职务；李建忠任石油天然气地质研究所（风险勘探研究中心）（油气田环境遥感监测中心）所长，免去其石油地质研究所所长职务；王居峰任石油天然气地质研究所（风险勘探研究中心）（油气田环境遥感监测中心）副所长，免去其石油地质研究所副所长职务；王铜山任石油天然气地质研究所（风险勘探研究中心）（油气田环境遥感监测中心）副所长，免去其石油地质研究所副所长职务；杨涛任油气资源规划研究所（矿权与储量研究中心）所长，免去其油气资源规划研究所所长职务；陈春任测井技术研究所所长，免去其测井与遥感技术研究所所长职务；王才志任测井技术研究所副所长，免去其测井与遥感技术研究所副所长职务；朱友益任提高采收率研究中心（中科院渗流流体力学研究所）副主任，免去其采收率研究所副所长职务；王强任提高采收率研究中心（中科院渗流流体力学研究所）副主任，免去其采收率研究所副所长职务；王皆明任地下储库研究中心（储气库库容评估分中心）副主任，免去其地下储库研究所副所长职务；刘人和任新能源研究中心副主任，免去其新能源研究所副所长职务；胡福祥任信息技术中心副主任，免去其计算机应用技术研究所副所长职务（勘研人〔2020〕107号）。

同日 赵明清任信息管理处处长，免去其科研管理处（信息管理处）副处长职务；乔德新任信息管理处副处长，免去其计算机应用技术研究所副所长职务；杨威任石油天然气地质研究所(风险勘探研究中心)(油气田环境遥感监测中心)副所长,免去其天然气地质研究所副所长职务;易士威任石油天然气地质研究所(风险勘探研究中心)(油气田环境遥感监测中心)副所长,免去其天然气地质研究所副所长职务;张福东任油气资源规划研究所(矿权与储量研究中心)副所长,免去其新能源研究所副所长职务;张虎俊任油田开发研究所副所长,免去其油田开发战略规划研究所副所长职务;刘先贵任提高采收率研究中心(中科院渗流流体力学研究所)主任,免去其渗流流体力学研究所所长职务;熊伟任提高采收率研究中心(中科院渗流流体力学研究所)副主任,免去其渗流流体力学研究所副所长职务;李五忠任煤层气研究所副所长,免去其天然气地质研究所副所长职务;穆福元任煤层气研究所副所长,免去其非常规研究所副所长职务;燕庚任海外综合管理办公室副主任,免去其海外综合管理办公室筹备组副组长职务;崔明月任工程技术研究所所长,免去其工程技术研究所筹备组负责人职务;姚飞任工程技术研究所副所长;李玉梅任综合服务中心(基建办公室)副主任,免去其物业管理中心副经理职务(勘研人〔2020〕108 号)。

徐斌任办公室(党委办公室)副主任;李辉任科研管理处副处长;李莹任国际合作处副处长;梁坤任油气资源规划研究所(矿权与储量研究中心)副所长兼能源战略综合研究部副主任;吕伟峰任提高采收率研究中心(中科院渗流流体力学研究所)副主任;肖毓祥任致密油研究所所长,免去其数模与软件中心副主任职务;白斌任致密油研究所副所长;何东博任气田开发研究所所长,免去其迪拜技术支持分中心、阿布扎比技术支持分中心副经理职务;丁国生任地下储库研究中心(储气库库容评估分中心)主任,免去其地下储库研究所副所长职务;完颜祺琪任地下

储库研究中心(储气库库容评估分中心)副主任;王红岩任页岩气研究所所长,免去其非常规研究所所长职务;赵群任页岩气研究所副所长;张晓伟任页岩气研究所副所长;孙粉锦任煤层气研究所所长,免去其新能源研究所所长职务;陈艳鹏任煤层气研究所副所长;范子菲任海外研究中心副主任;刘志舟任海外综合管理办公室主任,免去其办公室(党委办公室)副主任、保密办主任和海外综合管理办公室筹备组组长职务;李勇任中东研究所所长,免去其油田开发研究所副所长职务;刘新云任工程技术研究所副所长;熊波任新能源研究中心主任,免去其科研管理处(信息管理处)副处长职务;金旭任新能源研究中心副主任;冯梅任信息技术中心主任;张彀任信息技术中心副主任;李欣任人工智能研究中心主任,免去其油气资源规划研究所副所长职务;吴淑红任人工智能研究中心副主任,免去其数模与软件中心副主任职务;姜林任科技咨询中心(国家重大专项秘书处)国家重大专项技术总师办公室主任(勘研人〔2020〕109 号)。

同日　马龙任西北分院副院长,免去其西北分院副总地质师兼科研管理处(国际合作处)处长职务;关银录任西北分院副院长,免去其西北分院副总地质师兼企管法规处处长职务;陆富根任杭州地质院副院长,免去其杭州地质研究院副总经济师兼人事处(党委组织部)处长(部长)职务;倪超任杭州地质院副院长;免去陈启林西北分院副院长职务(勘研人〔2020〕110 号)。

同日　赵喆任开发战略规划研究所所长(勘研人〔2020〕111 号)。

同日　成立致密油研究所党支部、煤层气研究所党支部、人工智能研究中心党支部、海外研究中心综合管理办公室党支部、海外研究中心工程技术研究所党支部。撤销油气开发战略规划研究所党支部、数模与软件中

心党支部、天然气地质研究所党支部、渗流流体力学研究所党支部、海外研究中心综合管理办公室筹备组临时党支部、海外研究中心工程技术研究所筹备组临时党支部。石油地质研究所党支部更名为石油天然气地质研究所(风险勘探研究中心)(油气田环境遥感监测中心)党支部、油气资源规划研究所党支部更名为油气资源规划研究所(矿权与储量研究中心)党支部、测井与遥感研究所党支部更名为测井技术研究所党支部、采收率研究所党支部更名为提高采收率研究中心(中科院渗流流体力学研究所)党支部、压裂酸化技术服务中心党支部更名为压裂酸化技术中心党支部、地下储库研究所党支部更名为地下储库研究中心(储气库库容评估分中心)党支部、非常规研究所党支部更名为页岩气研究所党支部、新能源研究所党支部更名为新能源研究中心党支部、海外战略与开发规划研究所党支部更名为开发战略规划研究所党支部、计算机应用技术研究所党支部更名为信息技术中心党支部(勘研党字〔2020〕22号)。

同日　免去宋杰数模与软件中心党支部书记职务;郭彦如气田开发研究所党支部书记职务(勘研党干字〔2020〕8号)。

同日　免去宋杰数模与软件中心副所长职务;郭彦如气田开发研究所副所长职务;董大忠非常规研究所副所长职务;冯超敏西北分院计算机技术研究所所长职务(勘研人

〔2020〕106号)。

24日　姚根顺兼任杭州地质研究院纪委书记、工会主席;陈启林任西北分院党委副书记、纪委书记、工会主席;马龙任西北分院党委委员;关银录任西北分院党委委员;陆富根任杭州地质研究院党委委员;倪超任杭州地质研究院党委委员(勘研党干字〔2020〕12号)。

同日　赵喆任开发战略规划研究所党支部副书记(勘研党干字〔2020〕13号)。

28日　研究院党委到香山革命纪念地开展纪念建党99周年红色教育实践活动。

30日　研究院与海峡能源有限公司签订战略合作协议。

同日　研究院召开党委中心组(扩大)学习,学习习近平总书记在出席全国两会期间重要讲话精神和全国两会精神。

同日　杭州地质研究院党群工作处(纪监审办公室)更名为党群工作处(纪委办公室),其审计职能划归办公室(党委办公室),办公室(党委办公室)更名为办公室(党委办公室)(审计处)(勘研人〔2020〕113号)。

同日　西北分院纪检监察处(审计处)更名为纪委办公室(审计处)(勘研人〔2020〕114号)。

26日　研究院入选国家创新人才推进计划创新人才培养示范基地,国家级平台建设取得又一重大突破,成为三大油公司唯一拥有创新人才培养示范基地的单位。

7月

1日　集团公司党组成员、副总经理黄永章到研究院调研。

2日　人工智能研究中心成立。

6日　郑小武任海外研究中心副主

任(勘研人〔2020〕115号)。

17日　研究院举办2020届研究生部毕业典礼暨学位授予仪式。

同日　哈丁歇尔顿工程技术有限公司董

事长夏文武一行到研究院开展技术交流。

23日 国家能源局石油天然气司胡建武副司长一行到国家油气战略研究中心调研。

8 月

6日 研究院承办中国储气库高效建设及运行管理技术创新发展论坛。

7日 研究院召开2020年领导干部会暨上半年科研工作会议。

8月10日—9月21日 中国石油第五期复合型物探人才实训班在研究院举办。

12日 研究院与东方地球物理公司签订战略合作协议。

18日 研究院与休斯敦技术研究中心召开国际科技合作交流对接会。

26日 研究院举办共青团中国石油勘探开发研究院第六次代表大会。

28日 研究院召开党委中心组(扩大)学习,集中学习《习近平谈治国理政》第三卷。

9 月

22日 国家油气战略研究中心和研究院在北京联合举办《全球油气勘探开发形势及油公司动态(2020年)》发布会。

23—24日 研究院举办第二届油田开发战略规划暨提质增效对策研讨会。

28—29日 中国石油第二届化学驱大幅度提高采收率技术研讨会在成都召开,本次会议由中国石油学会石油工程专业委员会主办,中国石油勘探开发研究院、高分子材料工程国家重点实验室(四川大学)、四川大学高分子研究所、《油田化学》杂志社、中国石油天然气集团公司油田化学/纳米化学/三次采油重点实验室、中国石油油田化学剂及材料专业标准化直属工作组等单位联合承办。

10 月

13日 国家档案局经科司企业处处长蔡盈芳、中国科学院档案馆副馆长张静一行到研究院开展科研数据管理情况交流调研。

16日 研究院总工程师胡永乐退休(石油人事〔2020〕58号)。

同日 研究院党委书记、院长马新华获第二十九届孙越崎能源科学技术奖能源大奖。

17—19日 国际仿生工程学会创建10周年系列学术活动在威海举办,研究院作为学会创始成员单位组织企业委员会论坛并参加学术研讨,杨清海获国际仿生工程学会优秀会员奖。

20日 研究院参加金砖国家工商理事会工商论坛。

21—23 日　研究院党委书记、院长马新华一行到西北分院帮联的甘肃省庆阳市镇原县新集乡吴塬村调研脱贫攻坚帮扶工作，并到西北分院进行调研。

22 日　非常规油气重点实验室获国际实验室认可合作组织（ILAC-MRA）和中国合格评定国家认可委员会（CNAS）颁发的实验室认可证书，其检验能力和检验结果在世界范围内 100 多个实验室认可机构得到互认。

26 日　郭泽清获中国地质学会第十届黄汲清青年地质科学技术奖。

29—30 日　股份公司第四届智能物探技术研讨会在研究院西北分院召开。勘探与生产分公司副总经理赵邦六出席会议。

11 月

3 日　研究院召开中国石油与俄气公司地下储气库合作工作组 2020 年工作会议。

8 日　延时趾端滑套在重庆页岩气水平井上顺利完成现场试验，标志着国内首套可溶延时式趾端滑套现场试验取得成功。

13 日　邓峰获 2020 年"朱良漪分析仪器青年创新奖"，邓峰是中国石油首位被授予此奖项的职工。

19 日　多学科交叉"创客小组"形成的创新管理成果《技术创新团队构建新模式探索与实践》获全国石油石化企业管理现代化创新优秀成果一等奖。

20 日　研究院召开改革三年行动实施部署会暨对标世界一流管理提升行动启动会。

23 日　集团公司党组书记、董事长戴厚良到基层党建联系点勘探开发研究院石油天然气地质研究所党支部，宣讲党的十九届五中全会精神，与党员干部面对面座谈交流，代表集团公司党组看望慰问干部员工。

25—26 日　阿布扎比国家石油公司（ADNOC）以视频会形式召开"追求边际油藏卓越开发"研讨会，研究院应邀代表 CNPC 参会并作报告。

27 日　研究院魏晨吉获得"全国劳动模范"称号。

12 月

3 日　中国石油集团经济技术研究院党委书记、副院长、工会主席余国一行到研究院交流调研。

8 日　李忠任院长助理，免去其副总会计师职务；王盛鹏任院长助理，免去其人事处处长职务；曹宏任院长助理兼科研管理处处长，免去其油气地球物理研究所所长职务；张宇任人事处处长，免去其办公室主任职务；夏永江任国际合作处处长；韩永科任油气地球物理研究所所长，免去其科研管理处处长职务；毕国强任勘探与生产工程监督中心主任；张兴阳任海外研究中心副主任，免去其国际合作处处长职务；燕庚任海外研究中心生产运营研究所副所长，免去其海外研究中心综合管理办公室副主任职务；张士清任综合服务中心（基建办公室）副主任，免去其办公室副主任兼信访办主任职务；王德建任廊坊科技园区管理委员会常务副主任（二级副）；代自勇任北京市瑞德石油新技术有限公司副经理,免去其综合服务中心(基建办公室)副主任职务;史立勇任办公室副主任;苏艳琪任计划财务处副处长;杨晶任人事处副处长;张娜任信息化管理处副处长;高日胜任海外研究中心综合管理办公室副主任;鲍敬伟任科技咨询中心(国家重大专项秘书处)开发部主任(三级特);赵波任综合服务中心(基建办公室)副主任;吴兵任综合服务中心(基建办公室)副主任(勘研人〔2020〕191号)。

同日　牛嘉玉任海外研究中心生产运营研究所所长;严谨任海外研究中心综合管理办公室副主任;胡勇任海外研究中心生产运营研究所副所长;吴亚东任海外研究中心生产运营研究所副所长(勘研人〔2020〕192号)。

同日　刘化清任西北分院院长助理兼科研管理处处长,免去其西北分院油气战略规划研究所所长职务;张惠良任杭州地质研究院院长助理;苟均龙任杭州地质研究院副总会计师(勘研人〔2020〕193号)。

同日　张瑞雪任海外研究中心纪委书记,免去其派驻纪检组正处级纪律检查员职务;张宇任党委组织部部长,免去其党委办公室主任职务;韩永科任油气地球物理研究所党支部副书记;毕国强任勘探与生产工程监督中心党支部副书记;张士清任综合服务中心(基建办公室)党支部书记,免去其党委办公室副主任职务;史立勇任党委办公室副主任;杨晶任党委组织部副部长;魏铁军任气田开发研究所党支部副书记。免去王盛鹏党委组织部部长职务;曹宏油气地球物理研究所党支部副书记职务(勘研党干字〔2020〕14号)。

同日　雷振宇任西北分院党务助理职务(勘研党干字〔2020〕15号)。

9日　马德胜任准噶尔盆地研究中心主任、党支部书记;曹正林任准噶尔盆地研究中心常务副主任;张善严任准噶尔盆地研究中心副主任;丁彬任准噶尔盆地研究中心副主任;史立勇任准噶尔盆地研究中心党支部副书记;徐洋任准噶尔盆地研究中心副主任;黄林军任准噶尔盆地研究中心副主任;魏国齐任塔里木盆地研究中心主任、党支部书记;朱光有任塔里木盆地研究中心常务副主任;李君任塔里木盆地研究中心副主任兼党支部副书记;孙贺东任塔里木盆地研究中心副主任;张荣虎任塔里木盆地研究中心副主任;余建平任塔里木盆地研究中心副主任;贾爱林任鄂尔多斯盆地研究中心主任、党支部书记;郭智任鄂尔多斯盆地研究中心常务副主任;魏铁军任鄂尔多斯盆地研究中心党支部副书记;赵振宇任鄂尔多斯盆地研究中心副主任;李涛任鄂尔多斯盆地研究中心副主任;雷征东任鄂尔多斯盆地研究中心副主任;李熙喆任四川盆地研究中心主任、党支部书记;李伟任四川盆地研究中心常务副主任;张静任四川盆地研究中心副主任;王永辉任四川盆地研究中心副主任;张建勇任四川盆地研究中心副主任;高日胜任四川盆地研究中心党支部副书记。免去李建忠准噶尔盆地研究中心主任职务;姚根顺四川盆地研究中心主任、党支部书记职务(勘研党字〔2020〕32号)。

10日　赵玉集任办公室主任,免去其廊坊科技园区管理委员会副主任职务(勘研人〔2020〕204号)。

同日　赵玉集任党委办公室主任,免去其廊坊科技园区管理委员会党总支书记职务(勘研党干字〔2020〕16号)。

10—11日　研究院在中国石油运输公司组织国际化青年英才"跨专业、跨学科、跨领域"综合能力培训班。

14—15日　研究院院长、党委书记马新华一行到深圳华为技术有限公司开展调研交流并签订战略合作协议。

15日　研究院院长、党委书记马新华一

行到深圳清华大学研究院调研交流并签订战略合作协议。

同日 集团公司2020年科技专家委员会会议在北京市塔里木石油宾馆召开,研究院李德生、翟光明、郭尚平、戴金星、胡见义、韩大匡、贾承造、袁士义、胡文瑞、赵文智、李宁等11位院士参加会议。

19日 研究院副院长穆龙新退休(石油人事〔2020〕80号)。

22日 集团公司外部董事王久玲、刘国胜一行到研究院调研。

23日 研究院召开2020年石油非常规油气重点实验室学术委员会会议。

24日 研究院院长马新华和副院长邹才能分别受聘为国家能源页岩气研发(实验)中心主任和常务副主任(勘研科〔2020〕207号)。

25日 赵玉集任办公室(党委办公室)党支部书记;曹宏任科研信息联合党支部书记;赵明清任科研信息联合党支部副书记;张宇任人事处(党委组织部)党支部书记;夏永江任国际企管联合党支部书记。免去张宇办公室(党委办公室)党支部书记职务;韩永科科研管理处(信息管理处)党支部书记职务;赵明清科研管理处(信息管理处)党支部副书记职务;王盛鹏人事处(党委组织部)党支部书记职务;张兴阳国际企管联合党支部书记职务(机关党字〔2020〕3号)。

同日 科研管理处(信息管理处)党支部更名为科研信息联合党支部(机关党字〔2020〕4号)。

25—27日 研究院院长马新华带队参加中国石油2020年度油气田开发年会。

26日 窦立荣任勘探开发研究院党委委员(中油党组任〔2020〕170号),窦立荣任勘探开发研究院常务副院长(一级副)(石油任〔2020〕120号)。

28日 研究院与玉门油田签订新能源业务合作协议。

同日 研究院举办集团公司纳米化学重点实验室首届学术委员会会议。

30日 在金砖五国解决方案大赛中,研究院提交的方案《北京“蓝天计划”治理空气污染》在住房与城市环境组39项方案中获得第2名,《利用分布式新能源解决偏远牧区用水问题》方案在绿色经济组32项方案中获第3名。

同日 研究院与中油国际拉美公司签订合作协议。

31日 研究院召开党委中心组(扩大)学习会议和务虚会,学习党的十九届五中全会精神,谋划“十四五”和下一步发展。党委书记、院长马新华作学习十九届五中全会精神主题宣讲和总结讲话。

(廖峻、孔娅)

第九篇

规章制度

规章制度目录

2020 年,研究院持续制、修订一系列重要规章制度,具体目录如下:

一、行政管理

(1)中国石油勘探开发研究院会议管理办法(勘研办〔2020〕8 号)

(2)中国石油勘探开发研究院职工周转住房管理(暂行)办法(勘研办〔2020〕144 号)

(3)中国石油勘探开发研究院集体宿舍管理办法(勘研办〔2020〕144 号)

(4)中国石油勘探开发研究院职工公寓住房管理办法(勘研办〔2020〕144 号)

(5)中国石油勘探开发研究保密管理规定(勘研办〔2020〕187 号)

(6)中国石油勘探开发研究涉商业秘密人员保密管理办法(勘研办〔2020〕187 号)

(7)中国石油勘探开发研究商业秘密保护管理办法(勘研办〔2020〕187 号)

(8)中国石油勘探开发研究保密要害部门部位保密管理暂行办法(勘研办〔2020〕187 号)

二、科研管理

(1)中国石油勘探开发研究院科学技术委员会章程(试行)(勘研科〔2020〕21 号)

(2)中国石油勘探开发研究院知识产权管理办法(勘研科〔2020〕133 号)

(3)中国石油勘探开发研究院实验室建设与运行管理办法(勘研科〔2020〕135 号)

(4)中国石油勘探开发研究院科技成果奖励办法(勘研科〔2020〕137 号)

(5)中国石油勘探开发研究院科研项目管理办法(试行)(勘研科〔2020〕140 号)

三、计划财务管理

(1)中国石油勘探开发研究院授信业务实施细则(勘研财〔2020〕57 号)

(2)中国石油勘探开发研究院担保业务实施细则(勘研财〔2020〕58 号)

(3)中国石油勘探开发研究院投资管理实施细则(勘研计〔2020〕190 号)

(4)中国石油勘探开发研究院大修项目管理办法(勘研计〔2020〕197 号)

(5)中国石油勘探开发研究院职工托儿费用报销管理办法(勘研财〔2020〕210 号)

四、人事劳资管理

(1)中国石油勘探开发研究院领导人员因私出国(境)管理暂行办法(勘研人〔2020〕118 号)

(2)中国石油勘探开发研究院机关人员选调办法(暂行)(勘研人〔2020〕123 号)

(3)中国石油勘探开发研究院盆地研究中心管理办法(暂行)(勘研人〔2020〕124 号)

(4)中国石油勘探开发研究院企业年金实施办法(勘研人〔2020〕141 号)

(5)中国石油勘探开发研究院企业过渡年金实施办法(勘研人〔2020〕142 号)

(6)中国石油勘探开发研究院三级干部选拔聘任管理办法(勘研人〔2020〕148 号)

(7)中国石油勘探开发研究院专项奖励管理办法(暂行)(勘研人〔2020〕195 号)

(8)中国石油勘探开发研究院接收录用应届毕业生、博士后暂行办法(勘研人〔2020〕202 号)

(9)中国石油勘探开发研究院二级单位领导人员选拔任用工作规范(勘研党干字

〔2020〕1 号）

五、经营与法律事务管理

（1）中国石油勘探开发研究院管理创新成果奖励办法（暂行）（勘研企管〔2020〕61 号）

（2）中国石油勘探开发研究院管理创新项目管理办法（暂行）（勘研企管〔2020〕130 号）

（3）中国石油勘探开发研究院重大经营风险事件报告工作管理办法（勘研企管〔2020〕147 号）

（4）中国石油勘探开发研究院业务外包管理办法（勘研企管〔2020〕153 号）

（5）中国石油勘探开发研究院重大涉法事项法律论证管理细则（勘研企管〔2020〕167 号）

（6）中国石油勘探开发研究院领导人员履行推进法治建设职责实施细则（勘研党字〔2020〕25 号）

六、外事管理

（1）中国石油勘探开发研究院国际交流管理办法（勘研外〔2020〕183 号）

（2）中国石油勘探开发研究院因公出国管理办法（勘研外〔2020〕184 号）

七、技术培训管理

（1）中国石油勘探开发研究院博士后工作管理办法（勘研培〔2020〕150 号）

八、工会管理

（1）中国石油勘探开发研究院帮扶工作实施细则（勘研工字〔2020〕12 号）

九、党务管理

（1）中国石油勘探开发研究院信息门户与对外网站管理办法（勘研党字〔2020〕16 号）

（2）中国石油勘探开发研究院党委学习贯彻习近平总书记重要指示批示精神落实机制（勘研党字〔2020〕20 号）

（3）中共中国石油勘探开发研究院委员会工作规则（勘研党字〔2020〕21 号）

（4）中国石油勘探开发研究院党委理论学习中心组学习实施细则（勘研党字〔2020〕27 号）

（5）中国石油勘探开发研究院党委关于进一步改进会风文风的十四条措施（勘研党字〔2020〕30 号）

（6）中国石油勘探开研究院加强督促检查工作实施细则（勘研党字〔2020〕33 号）

（陶怡名）

第十篇

机构与人物

2020 年中国石油勘探开发研究院组织机构图

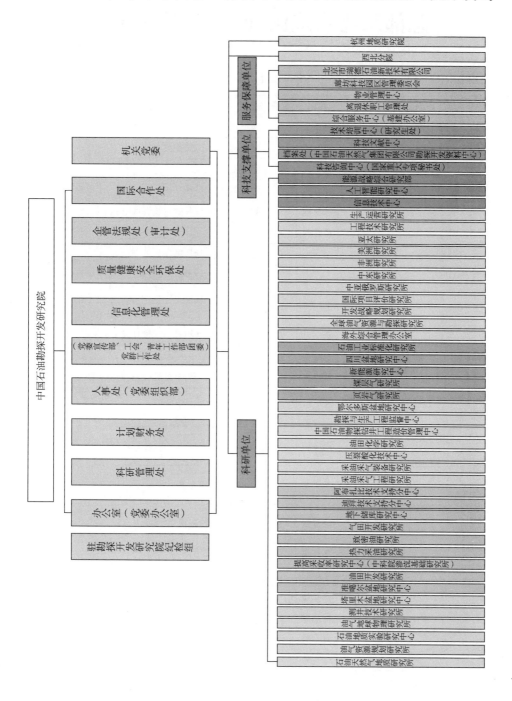

2020 年中国石油勘探开发研究院
总部及北京院区处、所主要领导

（截至 2020 年 12 月 31 日）

序号	工作单位	姓名	性别	现职务
1	院部	马新华	男	院长、党委书记兼国家油气战略研究中心主任
2	院部	窦立荣	男	常务副院长、党委委员
3	院部	雷群	男	党委委员、副院长
4	院部	宋新民	男	党委委员、副院长
5	院部	邹才能	男	党委委员、副院长兼科技咨询中心主任
6	院部	曹建国	男	党委委员、总会计师
7	院部	胡素云	男	党委委员、总地质师
8	院部	吴忠良	男	集团公司党组纪检组派驻勘探开发研究院纪检组组长、党委委员
9	院部	郭三林	男	党委副书记、工会主席、机关党委书记
10	院长助理	李忠	男	院长助理、廊坊科技园区管理委员会主任
11	院长助理	王盛鹏	男	院长助理
12	院长助理	曹宏	男	院长助理、科研管理处处长、科研信息联合党支部书记
13	集团公司党组纪检组派驻勘探开发研究院纪检组	宁宁	男	党支部书记、副组长
14	集团公司党组纪检组派驻勘探开发研究院纪检组	郑海新	男	副组长
15	集团公司党组纪检组派驻勘探开发研究院纪检组	王子龙	男	副处级纪律检查员
16	集团公司党组纪检组派驻勘探开发研究院纪检组	韩玉堂	男	副处级纪律检查员
17	办公室（党委办公室）	赵玉集	男	主任、党支部书记
18	办公室（党委办公室）	李芬	女	副主任
19	办公室（党委办公室）	张红超	男	副主任
20	办公室（党委办公室）	徐斌	男	副主任
21	办公室（党委办公室）	史立勇	男	副主任
22	科研管理处	李辉	女	副处长
23	计划财务处	李东堂	男	负责人（二级正）、党支部书记
24	计划财务处	高利生	男	副处长兼迪拜技术支持中心副经理
25	计划财务处	华山	女	副处长

序号	工作单位	姓名	性别	现职务
26	计划财务处	苏艳琪	女	副处长
27	人事处(党委组织部)	张　宇	男	处长(部长)、机关党委委员
28	人事处(党委组织部)	张德强	男	副处长(副部长)兼巡察办主任(二级正)
29	人事处(党委组织部)	王晓梅	女	副处长(副部长)
30	人事处(党委组织部)	杨　晶	女	副处长(副部长)
31	人事处(党委组织部)	严开涛	男	巡察专员(二级正)
32	人事处(党委组织部)	杨遂发	男	巡察专员(二级副)
33	机关党委	陈　东	男	副书记
34	党群工作处(党委宣传部、工会、青年工作站/团委)	王建强	男	处长(部长)、院工会副主席、机关党委委员
35	党群工作处(党委宣传部、工会、青年工作站/团委)	梁忠辉	男	副处长
36	党群工作处(党委宣传部、工会、青年工作站/团委)	闫建文	男	副处长(副部长)
37	党群工作处(党委宣传部、工会、青年工作站/团委)	韦东洋	男	副处长(团委书记)
38	信息化管理处	赵明清	男	处长、科研信息联合党支部副书记
39	信息化管理处	乔德新	男	副处长
40	信息化管理处	张　娜	女	副处长
41	质量安全环保处	路金贵	男	处长、质量安全环保审计联合党支部书记
42	质量安全环保处	曹　锋	男	副处长
43	企管法规处(审计处)	王家禄	男	企管法规处处长、国际企管联合党支部副书记
44	企管法规处(审计处)	赵　清	男	审计处处长、质量安全环保审计联合党支部副书记
45	企管法规处(审计处)	邹冬平	男	企管法规处副处长
46	国际合作处	夏永江	男	处长、党支部书记
47	国际合作处	李　莹	女	副处长
48	石油天然气地质研究所(风险勘探研究中心)(油气田环境遥感监测中心)	李建忠	男	所长、党支部副书记
49	石油天然气地质研究所(风险勘探研究中心)(油气田环境遥感监测中心)	杨　威	男	党支部书记、副所长
50	石油天然气地质研究所(风险勘探研究中心)(油气田环境遥感监测中心)	易士威	男	副所长

续表

序号	工作单位	姓名	性别	现职务
51	石油天然气地质研究所 （风险勘探研究中心）（油气田环境遥感监测中心）	王居峰	男	副所长
52	石油天然气地质研究所 （风险勘探研究中心）（油气田环境遥感监测中心）	王铜山	男	副所长
53	油气资源规划研究所 （矿权与储量研究中心）	杨　涛	男	所长、党支部副书记
54	油气资源规划研究所 （矿权与储量研究中心）	张福东	男	党支部书记、副所长
55	油气资源规划研究所 （矿权与储量研究中心）	梁　坤	男	副所长兼能源战略综合研究部副主任
56	石油地质实验研究中心	侯连华	男	主任、党支部副书记
57	石油地质实验研究中心	柳少波	男	副主任
58	石油地质实验研究中心	袁选俊	男	副主任
59	石油地质实验研究中心	张　斌	男	副主任
60	油气地球物理研究所	韩永科	男	所长、党支部副书记
61	油气地球物理研究所	曾庆才	男	副所长
62	油气地球物理研究所	董世泰	男	副所长
63	测井技术研究所	陈　春	男	所长、党支部副书记
64	测井技术研究所	王才志	男	副所长
65	油田开发研究所	李保柱	男	所长、党支部副书记
66	油田开发研究所	张虎俊	男	党支部书记、副所长
67	油田开发研究所	高兴军	男	副所长
68	提高采收率研究中心 （中科院渗流流体力学研究所）	刘先贵	男	主任、党支部副书记
69	提高采收率研究中心 （中科院渗流流体力学研究所）	朱友益	男	副主任
70	提高采收率研究中心 （中科院渗流流体力学研究所）	熊　伟	男	副主任
71	提高采收率研究中心 （中科院渗流流体力学研究所）	王　强	男	副主任
72	提高采收率研究中心 （中科院渗流流体力学研究所）	吕伟峰	男	副主任
73	热力采油研究所	王红庄	男	所长、党支部副书记
74	热力采油研究所	李秀峦	女	党支部书记、副所长

序号	工作单位	姓名	性别	现职务
75	热力采油研究所	蒋有伟	男	副所长
76	致密油研究所	肖毓祥	男	所长、党支部书记
77	致密油研究所	白　斌	男	副所长
78	气田开发研究所	何东博	男	所长、党支部副书记
79	气田开发研究所	韩永新	男	副所长
80	气田开发研究所	位云生	男	副所长
81	气田开发研究所	魏铁军	男	党支部副书记
82	地下储库研究中心 （储气库库容评估分中心）	丁国生	男	主任、党支部书记
83	地下储库研究中心 （储气库库容评估分中心）	王皆明	男	副主任
84	地下储库研究中心 （储气库库容评估分中心）	完颜祺琪	男	副主任
85	页岩气研究所	王红岩	男	所长、党支部书记
86	页岩气研究所	赵　群	男	副所长
87	页岩气研究所	张晓伟	男	副所长
88	煤层气研究所	孙粉锦	男	所长、党支部书记
89	煤层气研究所	李五忠	男	副所长
90	煤层气研究所	穆福元	男	副所长
91	煤层气研究所	陈艳鹏	男	副所长
92	采油采气工程研究所	张建军	男	所长、党支部副书记
93	采油采气工程研究所	李文魁	男	党支部书记、副所长
94	采油采气工程研究所	蒋卫东	男	副所长
95	采油采气工程研究所	师俊峰	男	副所长
96	采油采气装备研究所	李益良	男	所长、党支部副书记
97	采油采气装备研究所	张朝晖	女	党支部书记、副所长
98	采油采气装备研究所	沈泽俊	男	副所长
99	压裂酸化技术中心	王　欣	女	主任、党支部副书记
100	压裂酸化技术中心	卢拥军	男	党支部书记、副主任
101	压裂酸化技术中心	王永辉	男	副主任兼四川盆地中心副主任
102	压裂酸化技术中心	翁定为	男	副主任
103	压裂酸化技术中心	才　博	男	副主任
104	油田化学研究所	管保山	男	所长、党支部副书记
105	油田化学研究所	王胜启	男	党支部书记、副所长
106	油田化学研究所	耿东士	男	副所长
107	中国石油物探钻井工程造价管理中心	司　光	男	主任、党支部副书记

续表

序号	工作单位	姓名	性别	现职务
108	中国石油物探钻井工程造价管理中心	高圣平	男	党支部书记、副主任
109	勘探与生产工程监督中心	毕国强	男	主任、党支部副书记
110	勘探与生产工程监督中心	黄伟和	男	党支部书记、副主任
111	勘探与生产工程监督中心	于文华	男	副主任
112	勘探与生产工程监督中心	杨姝	男	副主任
113	石油工业标准化研究所	张玉	女	所长、党支部副书记
114	石油工业标准化研究所	孔祥亮	男	党支部书记、副所长
115	海外研究中心	张瑞雪	女	纪委书记
116	海外研究中心	范子菲	男	副主任
117	海外研究中心	张兴阳	男	副主任
118	海外研究中心综合管理办公室	刘志舟	男	主任、党支部书记
119	海外研究中心综合管理办公室	高日胜	男	副主任
120	全球油气资源与勘探规划研究所	万仑坤	男	所长、党支部书记
121	全球油气资源与勘探规划研究所	计智锋	男	副所长
122	全球油气资源与勘探规划研究所	温志新	男	副所长、党支部副书记
123	油气开发战略规划研究所	赵喆	男	所长、党支部副书记
124	油气开发战略规划研究所	张爱卿	男	党支部书记、副所长
125	油气开发战略规划研究所	杨桦	女	副所长
126	国际项目评价研究所	王建君	男	所长、党支部书记
127	国际项目评价研究所	王青	男	副所长
128	国际项目评价研究所	雷占祥	男	副所长
129	中亚俄罗斯研究所	郑俊章	男	所长、党支部副书记
130	中亚俄罗斯研究所	赵伦	男	党支部书记、副所长
131	中亚俄罗斯研究所	许安著	男	副所长
132	中东研究所	李勇	男	所长、党支部副书记
133	中东研究所	张庆春	男	党支部书记、副所长
134	中东研究所	冯明生	男	副所长
135	非洲研究所	张光亚	男	所长、党支部副书记
136	非洲研究所	肖坤叶	男	党支部书记、副所长
137	非洲研究所	王瑞峰	男	副所长
138	美洲研究所	陈和平	男	所长、党支部副书记
139	美洲研究所	田作基	男	党支部书记、副所长
140	美洲研究所	齐梅	女	副所长
141	亚太研究所	王红军	男	所长、党支部副书记
142	亚太研究所	夏朝辉	男	党支部书记、副所长

序号	工作单位	姓名	性别	现职务
143	亚太研究所	郭春秋	男	副所长
144	工程技术研究所	崔明月	男	所长、党支部副书记
145	工程技术研究所	刘新云	男	党支部书记、副所长
146	工程技术研究所	姚 飞	男	副所长
147	生产运营研究所	燕 庚	男	副所长
148	新能源研究中心	熊 波	男	主任、党支部书记
149	新能源研究中心	刘人和	男	副主任
150	新能源研究中心	金 旭	男	副主任
151	信息技术中心	冯 梅	女	主任、党支部副书记
152	信息技术中心	胡福祥	男	党支部书记、副主任
153	信息技术中心	张 戮	男	副主任
154	人工智能研究中心	李 欣	男	主任、党支部副书记
155	人工智能研究中心	吴淑红	女	党支部书记、副主任
156	科技文献中心	许怀先	男	主任、党支部副书记
157	科技文献中心	王旭安	男	党支部书记、副主任
158	档案处 (中国石油天然气集团公司勘探开发资料中心)	贾进斗	男	处长、党支部副书记
159	档案处 (中国石油天然气集团公司勘探开发资料中心)	田春志	男	党支部书记、副处长
160	科技咨询中心 (国家重大专项秘书处)	陈建军	男	常务副主任、党支部副书记
161	科技咨询中心 (国家重大专项秘书处)	尹月辉	男	党支部书记、副主任
162	科技咨询中心 (国家重大专项秘书处)	王振彪	男	副主任(二级正)
163	科技咨询中心 (国家重大专项秘书处)	赵孟军	男	副主任
164	科技咨询中心 (国家重大专项秘书处)	姜 林	男	国家重大专项技术总师办公室主任
165	科技咨询中心 (国家重大专项秘书处)	鲍敬伟	男	开发部主任
166	能源战略综合研究部	张国生	男	主任、党支部书记
167	能源战略综合研究部	唐 玮	男	副主任
168	技术培训中心(研究生处)	闫伟鹏	男	主任、党总支副书记
169	技术培训中心(研究生处)	张 旻	女	党总支书记、副主任

续表

序号	工作单位	姓名	性别	现职务
170	技术培训中心(研究生处)	张凤华	女	副主任
171	综合服务中心(基建办公室)	孟明	男	主任、党支部副书记
172	综合服务中心(基建办公室)	张士清	男	党支部书记、副主任
173	综合服务中心(基建办公室)	鲁大维	男	副主任
174	综合服务中心(基建办公室)	李玉梅	女	副主任
175	综合服务中心(基建办公室)	赵波	男	副主任
176	综合服务中心(基建办公室)	吴兵	男	副主任
177	离退休职工管理处	王凤江	男	处长、党总支副书记
178	离退休职工管理处	王强	男	党总支书记、副处长
179	离退休职工管理处	王梅生	男	副处长兼廊坊科技园区管理委员会副主任
180	离退休职工管理处	孙志林	男	副处长
181	物业管理中心	刘晓	男	副经理(主持工作)
182	物业管理中心	梅立红	女	副经理、党总支副书记
183	物业管理中心	郭志超	男	副经理
184	廊坊科技园区管理委员会	王德建	男	常务副主任(二级副)
185	廊坊科技园区管理委员会	陈波	男	副主任
186	廊坊科技园区管理委员会	张宝林	男	副主任
187	廊坊科技园区管理委员会	徐玉琳	女	副主任
188	北京市瑞德石油新技术有限公司	崔思华	男	常务副经理、党支部书记
189	北京市瑞德石油新技术有限公司	聂涛	男	副经理
190	北京市瑞德石油新技术有限公司	代自勇	男	副经理
191	四川盆地研究中心	李熙喆	男	主任、党支部书记
192	四川盆地研究中心	李伟	男	常务副主任
193	四川盆地研究中心	张静	男	副主任
194	四川盆地研究中心	张建勇	男	副主任
195	四川盆地研究中心	高日胜	男	党支部副书记
196	准噶尔盆地研究中心	马德胜	男	主任、党支部书记
197	准噶尔盆地研究中心	曹正林	男	常务副主任
198	准噶尔盆地研究中心	张善严	男	副主任
199	准噶尔盆地研究中心	丁彬	男	副主任
200	准噶尔盆地研究中心	徐洋	男	副主任
201	准噶尔盆地研究中心	黄林军	男	副主任
202	塔里木盆地研究中心	魏国齐	男	主任、党支部书记
203	塔里木盆地研究中心	朱光有	男	常务副主任
204	塔里木盆地研究中心	李君	男	副主任、党支部副书记

序号	工作单位	姓名	性别	现职务
205	塔里木盆地研究中心	余建平	男	副主任
206	塔里木盆地研究中心	张荣虎	男	副主任
207	塔里木盆地研究中心	孙贺东	男	副主任
208	鄂尔多斯盆地研究中心	贾爱林	男	主任、党支部书记
209	鄂尔多斯盆地研究中心	郭　智	男	常务副主任
210	鄂尔多斯盆地研究中心	魏铁军	男	党支部副书记
211	鄂尔多斯盆地研究中心	赵振宇	男	副主任
212	鄂尔多斯盆地研究中心	李　涛	男	副主任
213	鄂尔多斯盆地研究中心	雷征东	男	副主任
214	迪拜技术支持分中心	杨思玉	女	经理
215	迪拜技术支持分中心	潘志坚	男	副经理
216	迪拜技术支持分中心	高利生	男	副经理

（韩冰洁、廖峻）

2020 年中国石油勘探开发研究院
西北分院领导

（截至 2020 年 12 月 31 日）

序号	单位	姓名	性别	职务	备注
1	西北分院	杨 杰	男	院长、党委副书记	
2	西北分院	陈蟒蛟	男	党委书记、副院长	
3	西北分院	陈启林	男	党委副书记、纪委书记、工会主席	
4	西北分院	卫平生	男	党委委员、副院长、安全总监	
5	西北分院	袁剑英	男	党委委员、副院长、总地质师	
6	西北分院	马 龙	男	党委委员、副院长	
7	西北分院	关银录	男	党委委员、副院长	

2020 年中国石油勘探开发研究院
杭州地质研究院领导

（截至 2020 年 12 月 31 日）

序号	单位	姓名	性别	职务	备注
1	杭州地质研究院	熊湘华	男	院长、党委副书记	
2	杭州地质研究院	姚根顺	男	党委书记、副院长、纪委书记、工会主席	
3	杭州地质研究院	斯春松	男	党委委员、副院长	
4	杭州地质研究院	陆富根	男	党委委员、副院长	
5	杭州地质研究院	倪 超	男	党委委员、副院长	

（韩冰洁、廖峻）

2020 年中国石油勘探开发研究院
两院院士

序号	姓名	性别	院士类别
1	李德生	男	中国科学院院士
2	郭尚平	男	中国科学院院士
3	戴金星	男	中国科学院院士
4	胡见义	男	中国工程院院士
5	韩大匡	男	中国工程院院士
6	赵文智	男	中国工程院院士
7	邹才能	男	中国科学院院士
8	刘 合	男	中国工程院院士
9	李 宁	男	中国工程院院士

2020 年中国石油勘探开发研究院专家名录

首席技术专家

（共 23 名，以姓氏笔画为序）

丁云宏　马德胜　田昌炳　冉启全　刘尚奇　李　剑　李熙喆　汪泽成
沈安江　张志伟　张　研　陆家亮　陈志勇　郑得文　贾爱林　郭　睿
龚仁彬　常毓文　雍学善　裴晓含　熊春明　潘建国　魏国齐

技术专家

（共 68 名，以姓氏笔画为序）

万玉金　王友净　王兆明　王社教　毛凤军　尹秀玲　尹继全　邓胜徽
甘利灯　石　阳　叶继根　田中元　冯　梅　毕海滨　朱华银　朱如凯
刘卫东　刘建东　刘洪林　刘晓华　关文龙　米石云　苏明军　杜政学
李红兵　李　志　李宜坤　李相博　李　群　李潮流　杨正明　杨立峰
时付更　吴忠宝　宋　珣　张善严　陈竹新　陈建平　陈俊峰　武宏亮
范国章　易成高　罗文利　罗　霞　周进高　周相广　郑立臣　郑雅丽
赵　喆　胡自多　胡志明　胡　英　胥　云　聂　臻　贾德利　夏　静
郭东红　郭建林　郭秋麟　郭彬程　唐红君　陶士振　黄文松　黄福喜
曹正林　曹　刚　雷征东　冀　光

（廖峻）

2020 年中国石油勘探开发研究院
各级各类荣誉

序号	荣誉称号	颁发单位	获奖集体/个人
1	全国劳动模范	中共中央、国务院	魏晨吉
2	国家创新人才推进计划创新人才培养示范基地	科学技术部	研究院
3	第二十九届孙越崎能源大奖	孙越崎基金委员会	马新华
4	第十届黄汲清青年地质科学技术奖	中国地质学会	郭泽清
5	2018—2020 年度首都文明单位标兵	首都精神文明建设委员会	研究院
6	朱良漪分析仪器青年创新奖	中国仪器仪表学会	邓峰
7	中央企业 2019 年度信息工作先进个人	国务院国资委	张红超
8	集团公司特等劳动模范	集团公司	魏晨吉
9	集团公司劳动模范	集团公司	张光亚、刘文卿
10	集团公司政策研究工作先进集体	集团公司	研究院办公室(党委办公室)
11	集团公司政策研究工作先进个人	集团公司	张国生、张红超
12	集团公司第四届优秀标准奖一等奖	集团公司	王霞、甘利灯、张延庆、蔡加铭、李凌高、姚逢昌等"储层地球物理预测技术规范";李贵中等"煤层气含量测试方法"
13	集团公司海外油气合作先进集体	集团公司	海外研究中心、迪拜技术支持分中心
14	集团公司海外油气合作十大杰出员工	集团公司	范子菲
15	集团公司海外油气合作模范员工	集团公司	陈和平、万仑坤、聂臻、赫安乐
16	集团公司海外油气合作优秀员工	集团公司	赵伦、夏朝辉、雷占祥、毛凤军、赵喆、高日胜、高严、童敏
17	集团公司软科学研究优秀成果奖一等奖	集团公司	马新华、刘合、胡文瑞、鲍敬伟、张国生、苏健、郑得文、党录瑞、魏国齐、徐斌"中国页岩气规模有效开发途径研究";冯金德、唐红君、梁坤、石建姿、唐玮、许萍、张虎俊、白喜俊、王东辉、田雅洁"大力提升国内油气勘探开发力度的相关重要问题研究"

序号	荣誉称号	颁发单位	获奖集体/个人
18	集团公司软科学研究优秀课题	集团公司	李国欣、易士威、郭绪杰、范士芝、杨帆、金武弟、吴立明、林世国、高阳、李明鹏、杨青、杨桂茹、余源琦、邵丽艳、杨慎、关辉、张锐锋、王文革、杨少勇"高效勘探项目对标管理体系模型研究与应用"
19	集团公司抗击新冠肺炎疫情先进集体	集团公司	研究院国际合作处
20	集团公司抗击新冠肺炎疫情先进个人	集团公司	李玉梅、王叶
21	集团公司2019年度管理创新奖一等奖	集团公司	向峰云等"集团公司首批矿权内部流转创新机制与实践";吴淑红、韩永科等"科技项目实施完全项目制管理试点及认识"
22	集团公司2019年度质量管理先进个人	集团公司	仪晓玲、张绍辉
23	集团公司2019年度安全生产先进个人	集团公司	买炜
24	集团公司2019年度节能节水先进基层单位	集团公司	研究院西北分院计算机技术研究所能源信息研究室
25	集团公司2019年度节能节水先进个人	集团公司	余洋、楚婷婷
26	集团公司2019年度HSE管理体系优秀审核员	集团公司	滕新兴
27	集团公司2017—2020年度地质资料管理先进工作者	集团公司	贾进斗、彭秀丽、周春蕾、谢童柱、姚丹、卜宇
28	《集团年鉴》工作优秀集体	集团公司	研究院办公室(党委办公室)
29	集团公司直属优秀共产党员	集团公司直属党委	胡英、席长丰、张义、陈艳鹏、许安著、任义丽、王叶、刘坤、苏勤、王宏斌、李森明
30	集团公司直属优秀党务工作者	集团公司直属党委	李芬、李世欣、李林
31	集团公司先进基层党组织	集团公司直属党委	研究院中亚俄罗斯研究所党支部、地下储库研究所党支部、西北分院机关第一党支部
32	集团公司2019年度信息工作先进单位	集团公司	研究院
33	集团公司2019年度信息工作先进个人	集团公司	张红超、汪梦诗、赵群、郭正
34	档案工作先进集体	集团公司	研究院档案处(集团公司勘探开发资料中心)
35	档案工作先进个人	集团公司	杜艳玲、彭秀丽、周春蕾、谢童柱

序号	荣誉称号	颁发单位	获奖集体/个人
36	集团公司"党课开讲啦"优秀组织单位	集团公司党组组织部	研究院
37	集团公司2018—2019年度人事统计工作先进个人	集团公司人事部	江珊
38	集团公司2019年度研发费加计扣除工作先进单位	集团公司财务部	研究院
39	集团公司2019年度研发费加计扣除工作先进个人	集团公司财务部	谷华、苏艳琪、朱艳清、余兰、郭祖军、卢山、卞亚南、王霞、程蒲、崔红伟、刘虹、郑曼、王小勇、冯星、孙长安、闫晓芳、艾昭伟
40	集团公司2019年度企业所得税管理工作先进单位	集团公司财务部	研究院
41	集团公司2019年度工程建设项目竣工验收工作先进个人	集团公司规划计划部	曾博
42	集团公司2015—2019年度后评价工作先进个人	集团公司规划计划部	马荣
43	集团公司"十三五"统计工作先进单位	集团公司规划计划部	研究院
44	集团公司"十三五"统计工作先进个人	集团公司规划计划部	王小岑、郭威、郭翠翠、张磊、李效恋
45	2019年度集团公司出国管理先进集体	集团公司国际部	研究院
46	2019年度集团公司优秀外事专办员	集团公司国际部	唐萍、田园、白洁、徐志诚
47	集团公司川渝页岩气2019年度勘探开发工作特别贡献奖暨勘探发现奖	集团公司川渝页岩气前线指挥部	四川盆地研究中心
48	集团公司首届企业文创产品评选最佳艺术效果奖、最具潜力奖	集团公司思想政治工作部	研究院
49	2018—2019年度集团公司优秀共青团员	集团公司思想政治工作部	陈一航
50	2018—2019年度集团公司优秀共青团干部	集团公司思想政治工作部	蔚涛
51	2018—2019年度集团公司最美青工	集团公司思想政治工作部	吴松涛
52	集团公司2019—2020年度离退休系统宣传思想工作优秀组织单位	集团公司离退休职工管理中心(老干部局)	离退休职工管理处
53	集团公司2019—2020年度离退休系统宣传思想工作优秀通讯员	集团公司离退休职工管理中心(老干部局)	高飞霞、宋秀娟

续表

序号	荣誉称号	颁发单位	获奖集体/个人
54	"同心奔小康、奋进新时代"系列主题征文活动优秀组织单位	集团公司离退休职工管理中心（老干部局）	离退休职工管理处
55	"同心奔小康、奋进新时代"系列主题征文活动优秀作品奖一等奖	集团公司离退休职工管理中心（老干部局）	张玉兰
56	集团公司在京单位退休人员社会化管理工作先进集体	集团公司离退休职工管理中心（老干部局）	离退休职工管理处
57	集团公司在京单位退休人员社会化管理工作先进个人	集团公司离退休职工管理中心（老干部局）	王凤江、王梅生、宋秀娟
58	2019年度集团公司直属青年岗位能手	集团公司直属团委	任义利、吴海莉、何辛、吴松涛、李世欣
59	集团公司直属青年文明号	集团公司直属团委	西北分院油气生产物联网项目组、中东哈法亚技术支持团队、杭州地质研究院深水油气勘探技术支持团队
60	第四届集团公司直属十佳青年岗位能手	集团公司直属团委	冯周
61	第二届集团公司直属青年岗位创新大赛二等奖	集团公司直属团委	吴松涛、冯佳睿、田华
62	第二届集团公司直属青年岗位创新大赛创新能手奖	集团公司直属团委	雷诚
63	集团公司2020年度优秀储量报告奖一等奖	勘探与生产分公司	毕海滨、徐小林、戴传瑞、赵启阳、孙秋分、鞠秀娟、王柏力、袁自学、冯乔、赵丽华、王霞、孟昊、徐良、周明庆、凌灵"中国石油勘探与生产分公司2020年度SEC证实储量半年评估结果汇总报告"
64	勘探与生产分公司2019年度安全生产先进工作者	勘探与生产分公司	滕新兴
65	勘探与生产分公司2019年度环境监测先进工作者	勘探与生产分公司	郭红燕
66	勘探与生产分公司2019年度质量计量标准化先进工作者	勘探与生产分公司	王金芬
67	勘探与生产分公司2019年度节能技术标兵	勘探与生产分公司	郭以东
68	2019年度中国石油和化学工业优秀图书奖一等奖	中国石油和化学工业联合会	马新华、丁国生等编著《中国天然气地下储气库》
69	2020年度石油石化企业管理现代化创新优秀成果奖一等奖	中国石油企业协会	汪萍、胡勇、孔祥文、曲良超、丁伟、胡云鹏、赵文光、李铭、刘玲莉、崔泽宏、张晓玲、刘晓燕"中石油海外非常规气储量资产化管理体系建设与实践"

续表

序号	荣誉称号	颁发单位	获奖集体/个人
70	2020年度石油石化企业管理现代化创新优秀论文奖一等奖	中国石油企业协会	邹倩、王克铭、尹秀玲、易成高、陈荣"全球油气上游资产交易特点与区域影响因素分析";李嘉、彭云、梁涛"油气行业弃置费支付模式及案例分析";王曦、郜峰、白福高、何欣、徐金忠"埃克森美孚公司战略动向及对中国石油公司启示";刘合、赵喆、张国生、苏健"石油资源型城市转型的思考与探索——以大庆市(大庆油田)为例";刘合、赵喆、金旭、王晓梅、姚子修、李建明、杨清海、孟思炜、任义丽、王晓琦、贾德利、苏健"技术创新团队构建新模式探索与实践"
71	2019年度全国天然气学术年会优秀论文奖一等奖	中国石油学会天然气专业委员会	李楠"页岩气平台井智能化排水采气技术研究"
72	第二十九届孙越崎优秀学生奖	孙越崎基金委员会	姜晓宇、曹庆超
73	2020年度SPE亚太北部区域服务奖	美国石油工程师学会(SPE)	杨清海
74	2020年度石油石化好技术	中国科协企业创新服务中心	采油采气工程研究所"高效智能排水采气技术"
75	2019年度院先进集体	研究院	油气资源规划研究所、油田开发研究所、油田化学研究所、地下储库研究所、海外研究中心新项目评价团队、人事处(党委组织部)、计算机应用技术研究所、西北分院西部勘探研究所、杭州地质研究院海相油气地质研究所
76	2019年度院先进工作者	研究院	李世欣、刘兵、张弢、谷华、杨晶、郗桐笛、张力文、许刚、买炜、卞亚南、卫延召、陶小晚、赵振宇、吕芳、毛治国、鲁雪松、杨昊、陈胜、周红英、康郑瑛、郭振华、蔚涛、高严、冯金德、周体尧、高明、郭二鹏、吴忠宝、王伟俊、杨超、王拥军、邓峰、杨清海、王臻、谢宇、舒勇、韩睿婧、张绍辉、张云怡、程宏岗、国建英、唐海发、初广震、孟德伟、胡志明、孙军昌、施振生、陈姗姗、李君、张凡芹、卫国、胡贵、陈瑞银、郜峰、张宁宁、王燕琨、冯敏、张克鑫、丁伟、时付更、帅训波、何旭、马锋、高日丽、周春蕾、芦蓉、何福忠、贺永红、才雪梅、毛亚军、高金旺、王乐祥、宋晓江、庚勐、龚德瑜、刘国海、冯刚、刘超、腾团余、马轮、吴杰、姚军、常德宽、柴永财、蔡萍、关银录、张虎权、王建功、马宏霞、孙秋分、杨志力、叶月明、宫清顺、佘敏、张杰

序号	荣誉称号	颁发单位	获奖集体/个人
77	2019年度院十大科技进展	研究院	石油地质研究所、杭州地质研究院"准噶尔盆地南缘下组合重大领域基础地质研究及高探1战略突破"；采收率研究所"注气开发上产千万吨关键技术及规划研究"；西北分院"柴达木盆地切克里克凹陷油气成藏条件、关键技术与勘探突破"；压裂酸化技术服务中心"页岩油气缝控压裂技术研究与实践"；油田化学研究所"纳米驱油技术"；非常规研究所、四川盆地研究中心"四川盆地页岩油气新领域认识突破与风险井位部署论证"；国际项目评价研究所、全球油气资源与勘探规划研究所、美洲研究所、杭州地质研究院"深水油气资产评价技术助推中国石油成功中标巴西盐下巨型优质勘探开发项目"；四川盆地研究中心"微生物丘滩优质储层成因机制、精细表征与分段改造助推川中震旦系大气区建设"；阿布扎比技术中心、数模与软件中心、油田开发所、迪拜技术中心"中东地区孔隙型碳酸盐岩油藏表征和地质建模技术"；杭州地质研究院"基于深度学习的地震深度域解释新技术及工业化应用"
78	2019年度院青年十大科技进展	研究院	黄士鹏"短期暴露型岩溶储层的综合判识与分布预测技术及应用"；冯周"微电扫描成像测井图像智能分析方法及应用"；秦勇"玛湖致密砾岩油藏开发优化技术"；何春明"'扩—溶—堵—转'一体化酸压技术创新与实践"；邱振"奥陶纪—志留纪转折期全球重大地质事件与页岩气富集"；傅礼兵"一种基于生产动态变化的水驱效果评价及指标预测方法"；朱大伟"中石油海外低模量孔隙型碳酸盐岩压裂设计关键技术与应用"；任义丽"基于深度学习的岩心样本图像智能化分析技术研究与应用"；吴海莉"油气生产物联网系统平台研发及应用"；曹鹏"巨型灰岩油藏储集单元判识技术及在哈法亚油田的应用"

（廖峻、孔娅）

2020 年中国石油勘探开发研究院
退休职工简表

序号	姓名	性别	出生年月	退休前工作单位
1	穆龙新	男	1960.12	院部
2	胡永乐	男	1960.10	院部
3	李明宝	男	1960.1	综合服务中心（基建办公室）
4	李培贞	男	1960.1	物业管理中心
5	周庆彬	男	1960.1	物业管理中心
6	陈毓云	女	1965.1	工程技术中心
7	申秀云	女	1965.1	非洲研究所
8	吴虹	女	1965.1	离退休职工管理处
9	朱怡翔	男	1960.2	油田开发研究所
10	支联有	男	1960.2	渗流流体力学研究所
11	刘京平	男	1960.2	科技文献中心
12	高琴	男	1960.2	物业管理中心
13	王文环	女	1965.2	油田开发研究所
14	曾良君	女	1965.2	非常规研究所
15	欧阳坚	男	1960.3	石油工业标准化研究所
16	李小地	男	1960.3	技术培训中心（研究生部）
17	刘为公	男	1960.3	物业管理中心
18	崔钢	男	1960.3	物业管理中心
19	郑红菊	女	1965.3	石油天然气地质研究所
20	高世霞	女	1965.3	油气资源规划研究所
21	林青	女	1965.3	物业管理中心
22	彭燕	女	1965.3	科技文献中心
23	杨青	女	1965.4	天然气地质研究所
24	杨蕾	女	1965.4	档案处
25	齐会芬	女	1965.4	离退休职工管理处
26	卢春梅	女	1970.4	综合服务中心（基建办公室）
27	汪烨华	女	1970.4	北京市瑞德石油新技术公司
28	宋玉林	男	1960.5	基建办公室
29	袁红	女	1965.5	科研管理处（信息管理处）
30	韩秀丽	女	1965.5	油气地球物理研究所

续表

序号	姓名	性别	出生年月	退休前工作单位
31	薛蕙	女	1965.5	渗流流体力学研究所
32	张文龙	男	1960.6	石油地质实验研究中心
33	董汉平	男	1960.6	渗流流体力学研究所
34	陈强	男	1960.6	北京市瑞德石油新技术公司
35	白淑艳	女	1965.6	油气资源规划研究所
36	李云娟	女	1965.6	美洲研究所
37	李蓬	男	1960.7	计算机应用技术研究所
38	于兴国	男	1960.7	物业管理中心
39	郑晓静	女	1965.7	计划财务处
40	杨悦	女	1965.7	油气开发战略规划研究所
41	臧焕荣	女	1965.7	非常规研究所
42	秦宇	女	1970.7	物业管理中心
43	张义杰	男	1960.8	科技咨询中心
44	吴丽萍	女	1965.8	人事处（党委组织部）
45	王淑英	女	1965.8	石油地质实验研究中心
46	高书琴	女	1965.8	中亚俄罗斯研究所
47	黄雪皎	女	1965.8	渗流流体力学研究所
48	吴世昌	男	1960.9	计算机应用技术研究所
49	刘洪	男	1960.9	物业管理中心
50	高永荣	女	1965.9	热力采油研究所
51	李莉	女	1965.9	数模与软件中心
52	王金芬	女	1965.9	油田化学研究所
53	张书芝	女	1965.9	气田开发研究所
54	周永胜	男	1960.10	全球油气资源与勘探规划研究所
55	张万国	男	1960.10	廊坊科技园区管理委员会
56	李新景	女	1965.10	石油地质实验研究中心
57	王霞	女	1965.10	提高采收率研究中心
58	丁爱芹	女	1965.10	采油采气装备研究所
59	许志赫	女	1965.10	压裂酸化技术服务中心
60	刘玉梅	女	1965.10	综合服务中心（基建办公室）
61	段永洪	女	1970.10	物业管理中心
62	张怀斌	男	1960.11	油田化学研究所
63	华爱刚	男	1960.11	廊坊科技园区管理委员会
64	舒玉华	女	1965.11	工程技术研究所
65	丁玉梅	女	1970.11	油气地球物理研究所

续表

序号	姓名	性别	出生年月	退休前工作单位
66	李乐天	女	1966.11	人事处(党委组织部)
67	刘兵	男	1960.12	综合服务中心(基建办公室)
68	刘素民	女	1965.12	气田开发研究所
69	毕秀玲	女	1965.12	采油采气装备研究所
70	李军	男	1960.12	石油天然气地质研究所
71	郑晓东	男	1960.12	油气地球物理研究所
72	黄建泰	男	1960.12	物业管理中心
73	张颖	女	1965.12	杭州地质研究院
74	程庆	男	1959.12	西北分院
75	马秀兰	女	1964.12	西北分院
76	李碧宁	女	1965.1	西北分院
77	张俊梅	女	1965.1	西北分院
78	杨琦	女	1965.3	西北分院
79	王瑾	女	1965.3	西北分院
80	周玉萍	女	1965.3	西北分院
81	赵书贵	男	1960.4	西北分院
82	徐尚成	男	1960.4	西北分院
83	完颜容	女	1965.5	西北分院
84	丁彩琴	女	1965.8	西北分院
85	丁玉英	女	1965.9	西北分院
86	马建华	女	1965.10	西北分院

（韩冰洁）

内 容 提 要

本书是中国石油勘探开发研究院组织编纂的专业性年鉴,全面、系统、客观地记述了中国石油勘探开发研究院 2020 年的基本情况、发展状况、取得成绩等,为领导机关决策和规划及各界人士了解、研究该企业提供权威、可靠的资料。

本书可作为关注和需要了解中国石油勘探开发研究院发展状况的各界人士的参考用书。

图书在版编目(CIP)数据

中国石油勘探开发研究院年鉴. 2021 / 中国石油勘探开发研究院编. —北京 : 石油工业出版社,2024.6
ISBN 978-7-5183-5649-2

Ⅰ. ①中… Ⅱ. ①中… Ⅲ. ①油气勘探-研究院-中国-2011-年鉴②油田开发-研究院-中国-2021-年鉴
Ⅳ. ①TE-24

中国版本图书馆 CIP 数据核字(2022)第 183330 号

出版发行:石油工业出版社
　　　　(北京安定门外安华里 2 区 1 号楼　　100011)
　　　网　　址:www. petropub. com
　　　编辑部:(010)64250213　图书营销中心:(010)64523633
经　　销:全国新华书店
印　　刷:北京晨旭印刷厂

2024 年 6 月第 1 版　2024 年 6 月第 1 次印刷
787×1092 毫米　开本:1/16　印张:31.5　插页:12
字数:780 千字

定价:200.00 元
(如出现印装质量问题,我社图书营销中心负责调换)